- "十一五"国家重点图书出版规划项目
- 中国有色金属丛书

薄膜与涂层
现代表面技术

戴达煌 刘 敏 编著
余志明 王 翔
田荣璋 主审

中南大学出版社
www.csupress.com.cn

内 容 简 介

本书从薄膜与涂层现代表面技术的涵义、分类、应用和发展出发,较详尽地介绍分析了各类现代表面技术的特点、适用范围、典型的技术路线、工艺设备和应用实例。全书共分七章,主要内容有:材料表面技术与工程概论、热喷涂技术、材料现代表面改性技术、薄膜化学气相沉积技术、薄膜物理气相沉积技术、表面复合离子处理技术和材料表面微细加工技术等内容。并使实验研究紧密结合发展应用实例,体现薄膜与涂层材料现代表面技术的进展和发展趋势,把一些最新研究成果及工程应用尽我们所能,反映在各章之中;为"表面与整体"的优化设计、制造,为制备综合性能良好且具优异特性的薄膜与涂层提供技术参考。

本书可作为薄膜与涂层材料的一本基本教材。可供各大专院校相关材料专业高年级学生使用。同时,又可供各工业部门、有关的科技人员,研究、设计、制造薄膜与涂层材料时阅读、参考。

前 言

材料现代表面技术与工程是材料科学与工程发展的一个新兴领域。从20世纪60年代至80年代期间，等离子体、电子束、激光束、离子束、微波、超音速火焰、超音速等离子体、超高真空等先进科学技术的成果被逐步应用到材料表面技术与工程后，使表面技术有了质的飞跃，因而在上世纪80年代被列入世界10项关键技术之一的先进技术。表面技术获得极为迅速广泛的发展，沉积的薄膜和制备的涂层在相当大的程度和应用范围内把材料表面改造成具有人们期望的各种优异功能，其应用涉及机械、冶金、石化、能源、交通、环保、航空航天、核能、兵器等工业和微电子、光电子、计算机、通讯、光学、磁学、声学、半导体等领域；成为快速发展的现代表面工程技术。其产品不断推陈出新、更新换代影响着众多领域，特别是高新技术领域的发展；如上世纪70年代离子注入技术应用于半导体材料表面改性，引发了电子工业革命性的发展，使半导体器件从单个晶体管加工发展到平面集成电路加工；到90年代，包括有现代表面技术所组成的微细加工技术，已经不限于用在超大规模的集成电路核心加工工艺上，进而应用于微机电系统(MEMS)的制造，把技术推进到微纳米加工水平，成为当今微纳米研究与产业化不可缺少的重要工艺手段。特别应该指出的是，通过表面改性后，材料在提高零部件耐蚀、耐磨、耐热、抗高温氧化、导热、隔热、热反射的性能及一些特殊的功能如导电、绝缘、超导、透明导电，半导体特性、存储记忆、电磁屏蔽、传感、热、声、光、电、磁转换、抗辐射、抗老化、抗疲劳、亲油、亲水、可焊、粘着、催化、鲜艳色彩、图文等都有独特的优势。可以预料，在新的世纪里，材料现代表面技术必将吸引更多的跨学科的科技工作者的投入，我们相信，现代表面技术与工程是一门正在发展的新兴学科，其先进涂层的制备和优异薄膜材料的沉积，将会纳入到"表面与整体"的工程系统及产品总体的优化设计与制造，并在工业的技术进步与高新技术的发展中发挥独特的促进作用。

本书以现代表面技术为重点，结合薄膜与涂层材料的特点，与工程应用发展实例，简明论述了现代表面技术与工程的涵义、分类和工程应用；在涂层与薄膜沉积技术中，重点讲述先进的热喷涂技术与工业应用；离子轰击与三束（电子束、激光束、离子束）材料表面改性；先进的气相沉积与复合处理技术；最后扼要地介绍了当今微细加工技术等内容。力求突出体现现代表面技术特点的先进涂层制备和性能优异的薄膜材料沉积。主张把材料"表面与基体"视为一体，进行设计与制造，以经济有效的方法，改善材料表面区的形态、化学成分、组织结构、应力状态，赋予材料表面新的复合性能，从而使许多新构思、新材料、新器件实现新的工程应用。

全书总体思路由戴达煌提出，中南大学田荣璋教授主审。第1章由戴达煌编写，第2章由刘敏编写，第3、第4章由戴达煌、陈妍朦编写，第 5 章由余志明、戴达煌编写，第 6 章由戴达煌编写，第 7 章由王翔编写。戴达煌、陈妍朦统稿了全书，陈妍朦负责全书的校对、绘图等工作。书中引用了一些国内外学者的著作、论文的观点与论述的成果，在此对他们致以深深的谢意。

在编写过程中，得到了广州有色金属研究院领导和中南大学出版社的支持；中南大学田荣璋教授的鼓励以及广州有色金属研究院材料表面工程研究所同事们的帮助，对此谨表我们衷心的感谢。

由于薄膜与涂层现代表面技术科学发展迅速，涉及的内容与应用又多又广，加之编写时间仓促，编者学术水平又很局限，缺点、错误、疏漏难免，敬请读者批评指正。

戴达煌

于广州有色金属研究院

材料表面工程研究所

2007 年 4 月

目 录

第1章　材料表面技术与工程概论 (1)

1.1　材料表面技术与工程的概述 (1)
- 1.1.1　材料表面技术与工程实施的目的 (1)
- 1.1.2　材料表面技术与工程的分类和基础理论 (2)

1.2　材料表面技术与工程应用 (12)
- 1.2.1　航空航天工业中的应用 (13)
- 1.2.2　汽车工业中的应用 (15)
- 1.2.3　城市建设中的应用 (17)
- 1.2.4　家用电器工业中的应用 (18)
- 1.2.5　钢铁工业中大型部件的应用 (19)
- 1.2.6　电力、石化、机械工业中的大型部件上的应用 (22)
- 1.2.7　功能材料和元器件中的应用 (23)
- 1.2.8　电子技术中的应用 (24)
- 1.2.9　保护、优化环境中的应用 (25)
- 1.2.10　研究和制备先进新材料中的应用 (27)

1.3　材料表面技术与工程发展 (36)
- 1.3.1　材料表面技术与工程的概念 (36)
- 1.3.2　材料表面技术与工程的发展展望 (37)

参考文献 (39)

第2章　热喷涂涂层技术 (41)

2.1　概述 (41)
- 2.1.1　热喷涂涂层形成原理 (41)
- 2.1.2　热喷涂涂层的技术特点 (41)

2.1.3 热喷涂的技术分类 …………………………………（42）
 2.1.4 热喷涂涂层材料的特点和分类 ……………………（45）
 2.1.5 热喷涂发展的历史概况 ……………………………（58）
2.2 热喷涂技术的物理基础 ……………………………………（59）
 2.2.1 热喷涂的热源特征 …………………………………（59）
 2.2.2 热喷涂涂层形成过程及其结构 ……………………（64）
 2.2.3 热喷涂过程中粒子沉积的行为 ……………………（66）
 2.2.4 金属粒子飞行过程中的氧化 ………………………（67）
 2.2.5 热喷涂粒子的速度和温度 …………………………（68）
 2.2.6 热喷涂涂层的残余应力 ……………………………（71）
 2.2.7 热喷涂涂层的结合机理 ……………………………（72）
2.3 热喷涂的方法及装置 ………………………………………（73）
 2.3.1 火焰喷涂 ……………………………………………（73）
 2.3.2 电弧喷涂 ……………………………………………（82）
 2.3.3 等离子喷涂 …………………………………………（86）
 2.3.4 激光喷涂和喷焊 ……………………………………（96）
 2.3.5 电热热源喷涂 ………………………………………（98）
2.4 热喷涂涂层的制备工艺 …………………………………（104）
 2.4.1 基体表面预处理 …………………………………（104）
 2.4.2 喷涂工艺 …………………………………………（105）
 2.4.3 涂层精加工 ………………………………………（112）
2.5 微/纳米热喷涂涂层 ………………………………………（113）
 2.5.1 微/纳米热喷涂简介 ………………………………（113）
 2.5.2 等离子喷涂的纳米结构涂层 ……………………（115）
 2.5.3 超音速火焰喷涂的微/纳米结构涂层 ……………（118）
 2.5.4 电弧喷涂纳米结构涂层 …………………………（119）
 2.5.5 微/纳米热喷涂技术的应用前景 …………………（120）
2.6 热喷涂工艺技术的工业应用 ……………………………（121）

  2.6.1 热喷涂技术在航空航天工业中的应用 …………(121)
  2.6.2 热喷涂技术在现代钢铁工业中的应用 …………(130)
  2.6.3 热喷涂技术在能源工业中的应用 ………………(137)
  2.6.4 热喷涂技术在包装、印刷工业中的应用 ………(142)
  2.6.5 热喷涂技术在造纸机械上的应用 ………………(145)
  2.6.6 热喷涂技术在纺织工业中的应用 ………………(150)
  2.6.7 热喷涂技术在汽车工业中的应用 ………………(150)
  2.6.8 热喷涂技术在化学工业中的应用 ………………(153)
  2.6.9 热喷涂在舰船空泡腐蚀防护上的应用 …………(154)
  2.6.10 人工种植体生物功能中的应用 ………………(155)
  2.6.11 远红外辐射涂层的节能应用 …………………(157)
  2.6.12 热喷涂技术应用于喷涂成型 …………………(157)
  2.6.13 热喷涂用于模具的制造 ………………………(158)
  2.6.14 大型钢结构件的长效防腐蚀 …………………(158)
 参考文献 ……………………………………………………(159)

第3章 材料现代表面改性技术 ………………(162)

 3.1 概述 …………………………………………………(162)
 3.2 等离子体的材料表面改性处理技术 ……………(163)
  3.2.1 等离子体的物理概念及其产生方法 …………(163)
  3.2.2 等离子渗氮的原理 ……………………………(165)
  3.2.3 离子渗氮的优缺点和理论 ……………………(168)
  3.2.4 等离子渗氮的设备和工艺 ……………………(169)
  3.2.5 等离子渗氮的工程应用 ………………………(176)
  3.2.6 等离子渗碳与碳氮共渗表面改性技术 ………(206)
  3.2.7 等离子渗硫、等离子硫氮共渗、硫氮碳共渗 …(212)
 3.3 电子束与材料表面改性技术 ……………………(216)
  3.3.1 电子束与材料表面改性特点 …………………(216)

3.3.2　电子束与材料相互作用 …………………………… (217)
　　　3.3.3　电子束与材料表面改性装置 ………………………… (219)
　　　3.3.4　电子束与材料表面改性工艺 ………………………… (222)
　　　3.3.5　电子束与材料表面改性的应用 ……………………… (230)
　3.4　激光束与材料表面改性技术 …………………………………… (231)
　　　3.4.1　激光束与材料表面改性的特点 ……………………… (231)
　　　3.4.2　激光束与材料的相互作用 …………………………… (232)
　　　3.4.3　激光束与材料表面改性设备 ………………………… (243)
　　　3.4.4　激光与材料表面改性工艺 …………………………… (245)
　　　3.4.5　激光束表面改性在工程材料中的应用 ……………… (266)
　3.5　离子注入与材料表面改性技术 ………………………………… (274)
　　　3.5.1　简介 …………………………………………………… (274)
　　　3.5.2　离子注入的基本原理和优缺点 ……………………… (275)
　　　3.5.3　离子注入机 …………………………………………… (280)
　　　3.5.4　离子注入的改性机理 ………………………………… (285)
　　　3.5.5　离子注入材料的工业应用 …………………………… (289)
　参考文献 ……………………………………………………………… (313)

第4章　薄膜化学气相沉积技术 ……………………………… (316)

　4.1　概述 ……………………………………………………………… (316)
　4.2　等离子体增强化学气相沉积技术 ……………………………… (321)
　　　4.2.1　等离子体增强化学气相沉积技术中等离子体的
　　　　　　 性质和特点 ……………………………………………… (321)
　　　4.2.2　射频等离子体化学气相沉积(RF－PCVD)技术
　　　　　　 ……………………………………………………………… (325)
　　　4.2.3　直流等离子体增强化学气相沉积技术 ……………… (339)
　　　4.2.4　脉冲直流等离子体化学气相沉积技术 ……………… (347)
　4.3　激光化学气相沉积(LCVD)技术 …………………………… (355)

  4.3.1 激光化学气相沉积设备 …………………………（355）
  4.3.2 激光化学气相沉积工艺 …………………………（357）
  4.3.3 应用 ………………………………………………（362）
 4.4 微波等离子体化学气相沉积技术 ……………………（364）
  4.4.1 微波等离子体 CVD 装置 ………………………（365）
  4.4.2 微波等离子体 CVD 沉积工艺与应用 …………（367）
 4.5 金属有机化学气相沉积（MOCVD）技术 …………（369）
  4.5.1 金属有机化学气相沉积的原理 ………………（370）
  4.5.2 MO 源 ……………………………………………（370）
  4.5.3 金属有机化学气相沉积设备与工艺 …………（373）
  4.5.4 金属有机化学气相沉积技术的应用 …………（379）
 4.6 分子束外延技术 ………………………………………（383）
  4.6.1 分子束外延的特点 ……………………………（383）
  4.6.2 分子束外延的原理 ……………………………（384）
  4.6.3 分子束外延装置与分类 ………………………（384）
  4.6.4 分子束外延的生长工艺 ………………………（389）
  4.6.5 分子束外延的应用 ……………………………（390）
 4.7 化学气相沉积金刚石薄膜技术 ………………………（390）
  4.7.1 金刚石薄膜的优异的性能 ……………………（391）
  4.7.2 沉积制备金刚石膜的方法 ……………………（394）
  4.7.3 化学气相沉积金刚石膜机理 …………………（397）
  4.7.4 金刚石薄膜制备与应用研究的主要进展 ……（400）
  4.7.5 展望 ……………………………………………（407）
 参考文献 ……………………………………………………（409）

第5章 薄膜物理气相沉积技术 ……………………（411）

 5.1 概述 ……………………………………………………（411）
 5.2 真空蒸发镀膜技术 ……………………………………（414）

5.2.1　简介 ……………………………………………………… (414)
　　　5.2.2　真空蒸发镀膜原理 ………………………………………… (415)
　　　5.2.3　真空蒸发镀膜方式及设备和工艺 ………………………… (419)
　　　5.2.4　真空蒸发镀膜的应用 ……………………………………… (428)
　5.3　溅射镀膜技术 ………………………………………………… (431)
　　　5.3.1　简介 ……………………………………………………… (431)
　　　5.3.2　溅射镀膜原理 ……………………………………………… (433)
　　　5.3.3　溅射镀膜的方式 …………………………………………… (437)
　　　5.3.4　溅射镀膜装置和工艺 ……………………………………… (441)
　　　5.3.5　溅射镀膜的应用 …………………………………………… (442)
　5.4　离子镀膜技术 ………………………………………………… (456)
　　　5.4.1　简介 ……………………………………………………… (456)
　　　5.4.2　离子镀膜的原理和特点 …………………………………… (457)
　　　5.4.3　离子镀膜的工艺 …………………………………………… (464)
　　　5.4.4　活性反应离子镀 …………………………………………… (467)
　　　5.4.5　空心阴极离子镀 …………………………………………… (474)
　　　5.4.6　射频溅射离子镀 …………………………………………… (477)
　　　5.4.7　磁控溅射离子镀 …………………………………………… (480)
　　　5.4.8　真空电弧离子镀 …………………………………………… (494)
　　　5.4.9　热阴极强流电弧离子镀 …………………………………… (503)
参考文献 ………………………………………………………………… (506)

第6章　表面复合离子处理技术 …………………………… (508)

　6.1　概述 …………………………………………………………… (508)
　6.2　离子注入与镀膜的技术复合 ………………………………… (509)
　　　6.2.1　离子束辅助沉积技术 ……………………………………… (509)
　　　6.2.2　离子团束沉积技术 ………………………………………… (528)
　6.3　激光与气相沉积、电子束与气相沉积技术复合

6.3.1　激光与气相沉积技术复合 ……………… (537)
　　　6.3.2　电子束与气相沉积技术的复合 …………… (537)
　6.4　等离子喷涂与激光技术复合 ………………………… (538)
　　　6.4.1　用等离子喷涂与激光复合技术提高钢基材的性能
　　　　　　………………………………………………… (538)
　　　6.4.2　用等离子喷涂与激光复合涂层技术提高精锻机芯
　　　　　　棒的高温、高速锻打的使用寿命 ………… (540)
　　　6.4.3　激光雕刻柔版印刷用高线数陶瓷涂层网纹辊 … (541)
　　　6.4.4　等离子喷涂与激光涂覆技术复合提高涂层的性能
　　　　　　………………………………………………… (545)
　　　6.4.5　等离子喷涂与离子注入技术复合提高材料表面硬
　　　　　　度和摩擦性能 ……………………………… (546)
　6.5　多种表面沉积技术制备多层复合膜层 ……………… (546)
　　　6.5.1　用多种气相沉积技术制备发光器件的多功能复合
　　　　　　膜层 ………………………………………… (546)
　　　6.5.2　用多种表面处理技术制备在临界压应力下不易塌
　　　　　　陷的多层复合膜 …………………………… (549)
　6.6　磁控溅射与阴极多弧离子镀的技术复合 …………… (550)
　6.7　多层硬质复合膜与纳米多层膜技术 ………………… (555)
　　　6.7.1　多层硬质复合膜与纳米多层膜沉积设备 … (555)
　　　6.7.2　多层硬质耐磨膜 ………………………………… (555)
　　　6.7.3　纳米超硬多层膜 ………………………………… (556)
　参考文献 ……………………………………………………… (562)

第7章　材料表面微细加工技术 …………………… (564)
　7.1　概述 ……………………………………………………… (564)
　7.2　表面微细加工技术简介 ……………………………… (565)

7.2.1 光刻加工 ·· (565)

7.2.2 电子束微加工 ······································ (569)

7.2.3 离子束微加工 ······································ (572)

7.2.4 激光束微细加工 ···································· (579)

7.2.5 超声波加工 ·· (581)

7.2.6 微细电火花加工 ···································· (584)

7.2.7 微细电解加工 ······································ (587)

7.2.8 微电铸 ·· (588)

7.2.9 LIGA 技术加工 ···································· (590)

7.2.10 准 LIGA 技术加工 ································· (593)

7.3 微细加工技术是微电子技术发展的工艺基础 ·············· (594)

7.3.1 微电子微细加工技术 ································ (594)

7.3.2 微细加工技术是微电子技术发展的工艺基础 ············ (598)

7.4 微机电系统加工技术 ···································· (599)

7.4.1 微机电系统加工技术与特点 ·························· (600)

7.4.2 微机电系统加工的典型器件与系统 ···················· (601)

7.4.3 微机械与微机电系统常用材料 ························ (611)

7.4.4 微机电系统加工的多样化与标准化 ···················· (612)

7.5 微机电系统研究开发概况与产业化前景 ···················· (614)

7.5.1 国外微机电系统研究开发概况及产业化前景 ············ (614)

7.5.2 我国微机电系统技术研究开发概况和发展方向

·· (616)

参考文献 ·· (618)

第1章 材料表面技术与工程概论

1.1 材料表面技术与工程的概述

材料表面技术是一个十分宽广的科学技术领域。是一门具极高使用价值的基础技术。随着工业现代化，规模化，产业化，以及高新技术和现代国防用先进武器的发展，对各种材料表面性能的要求愈来愈高。20世纪80年代，被列入世界10项关键之一的材料表面技术，经过近20余年的发展，已成为一门新兴的，跨学科的，先进的，综合性强的现代材料表面工程技术，形成支撑当今技术革新与技术革命发展的重要工程技术。

1.1.1 材料表面技术与工程实施的目的

固体材料表面技术与工程实施的主要目的：

(1) 提高材料抵御环境的能力(如耐磨、耐蚀、耐疲劳、抗高温氧化、防辐射等)。

(2) 赋予材料表面具有机械功能、装饰功能、物理功能和特殊功能(包括声、电、光、磁、热及其转换和各种特殊的物理、化学性能)。

(3) 按固体材料表面的失效机理和性能的特殊要求，实施特定的表面加工来制备具有优异性能的构件、零部件和元器件等先进产品。

通过使用先进的镀膜与涂层技术在材料表面上涂镀各种优异性能的涂镀层来实现上述目的。在本书中谈及的主要是各种物理气相沉积(包括真空蒸发镀、溅射镀、阴极多弧镀、空心阴极离子镀、磁控溅射镀等)、化学气相沉积、分子束外延、离子束合成等技术。

另外，也谈及离子冲击处理与三束(激光束、电子束、离子束)改性和复合处理与微细加工等。

然而在当今国内外表面技术的发展和实际应用中，都把各类表面技术作为一个系统工程进行优化设计和优化组合。使材料"物尽其用"；使各类表面技术"各展所长"。作为一个完整的概念，表面工程它又是一门典型的学科交叉，系统性强，涉及面广的边缘学科。学科的交叉，使表面工程应运而生，表面工程的发展又促进了各类新型表面工程材料的发展。各种表面薄膜加工的需要，又促进了各种表面镀膜方法的发展。在相关学科的理论基础上，通过对材料表面的物理、化学特性，表面与界面的检测方法及技术等研究，以"表面、界面"为核心，逐步形成了与其他学科相关的诸如"表面失效分析、表面摩擦与磨损、表面腐蚀与防护、表面界面与功能效应、疲劳及环境脆化、表面机、力、热、光、声、电、磁等功能膜层的设计、表面功能特性间的耦合转换、复合性能、低维材料的结构"等表面工程理论基础。表面工程的发展，反过来又为各类学科不断开辟崭新的研究领域，在显示其学术价值的同时，由于表面工程在国民经济及国防先进武器装备上的日益广泛应用，其经济效益和社会效益令人瞩目。

1.1.2　材料表面技术与工程的分类和基础理论

1.1.2.1　表面技术的分类和表面工程学

现代材料表面技术，主要是综合采用最新的电子技术，真空技术、冶金、物理、化学、材料等各学科的最新知识和等离子体、离子束、电子束、激光束、微波的最新成果。把材料表面与基体视作一个统一的系统进行设计与改性，以最经济和最有效的方法改变材料表面及近表面区的形态、化学成分、应力状态和组织结

第 1 章 材料表面技术与工程概论

构，赋予其新的复合性能，从而获得许多新构思，新材料，新器件以实现新的工程应用。我们把这种多功能综合化的，用于提高材料表面性能的各种新技术，统称为现代材料表面技术。材料表面技术一般可按图 1-1 的方式进行分类。

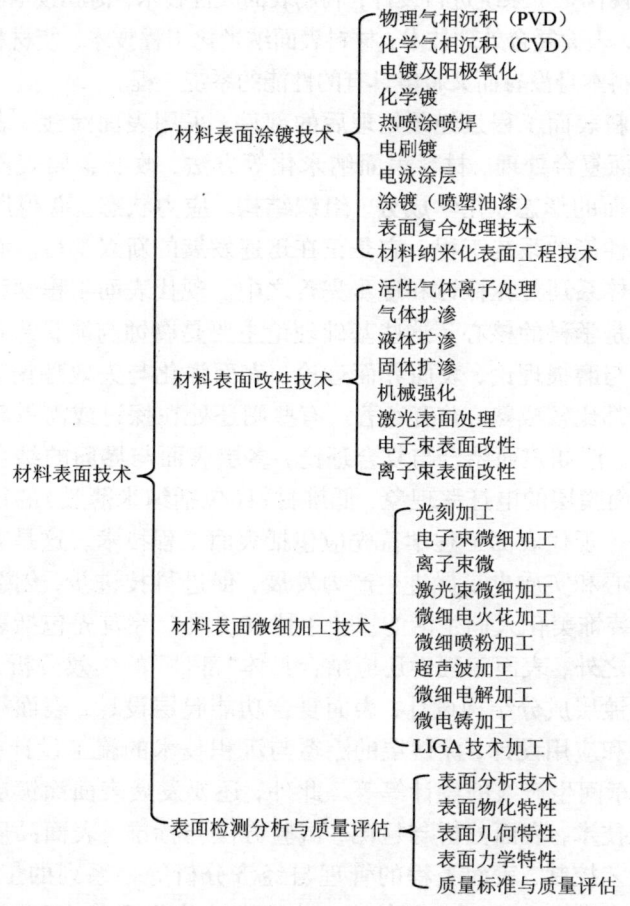

图 1-1　材料表面技术分类

随着表面科学技术的迅速发展与工程应用，表面工程学也已逐渐形成正在发展中的新兴学科。目前，表面工程学科的体系，正在不断的进行探索和完善。表面工程这一概念，在20世纪80年代初，最早由英格兰伯明翰大学Tom Bell教授提出。表面工程是把材料表面与基体视作一个系统进行设计，利用表面改性技术，薄膜技术和涂镀层技术，表面复合处理技术，材料表面纳米化工程技术，使材料表面获得材料本身没有而又希望具有的性能的系统工程。

材料表面工程是经预处理后的部件，采用表面涂镀、表面改性、表面复合处理、材料表面纳米化等方法，改变金属表面或非金属表面的形态、化学成分、组织结构、应力状态，获得所需材料表面性能的系统工程。它是正在迅速发展的新兴学科。有关它的学科体系还处在探讨和逐步完善之中。现代表面工程学科的基础理论是学科的核心。这些基础理论主要是腐蚀与防护理论，表面摩擦与磨损理论，表面界面理论，表面强化与失效理论等，这些理论都比较成熟，并有专著。有些则还处在探讨或需重新建立的理论，诸如表面结合与复合理论，多层表面与界面的结合与复合、表面膜层的电迁移现象、低维材料（包括纳米薄膜）的结构理论等等。现代表面工程学首先应包括表面工程技术。这是表面工程的核心和实质也是促进生产力发展，促进科技进步，创造社会财富，装饰美化人们生活的重要手段和工具。除首先包括表面工程技术之外，表面工程学还应结合具体"部件"的失效分析，进行表面涂镀层成分结构设计，表面复合功能膜层设计，表面涂镀层的选择和应用设计，涂镀层的涂覆与沉积技术的施工设计，设备设计，车间生产线的设计等等。此外，还要发展表面涂镀层的材料加工技术，表面分析与检测，试验方法与标准，表面品质的评估与工艺控制，表面工程的管理与经济分析等一系列的工程化、规模生产的成套表面工程技术，才能真正构成现代表面工程学。为此，表面工程学的涵义见图1-2。

第1章 材料表面技术与工程概论

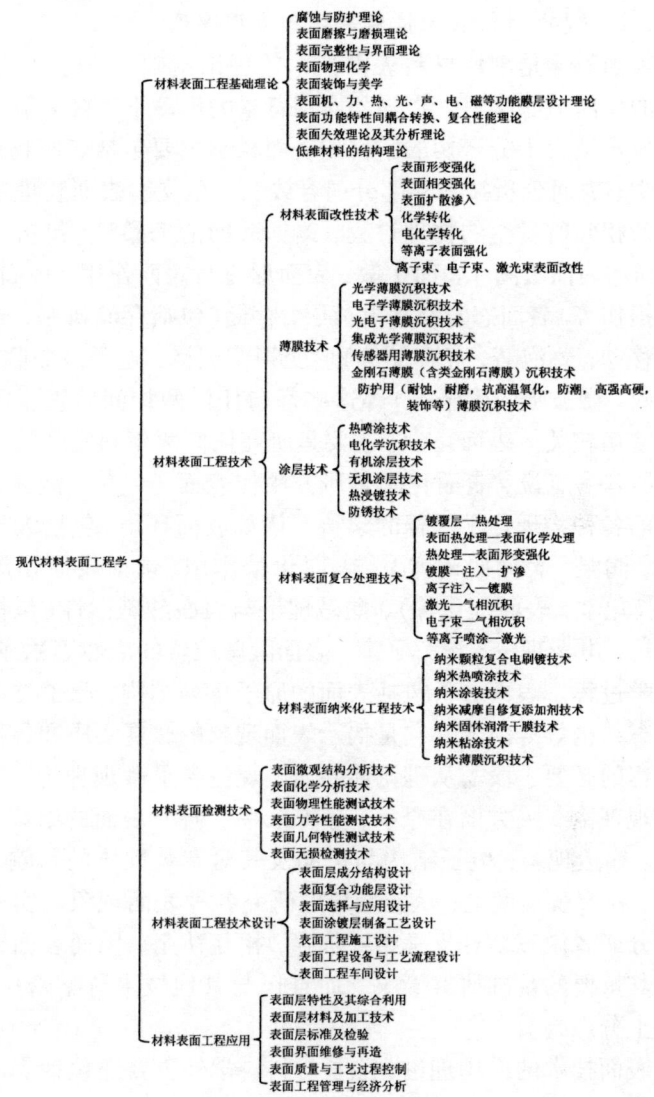

图1-2 表面工程学

1.1.2.2 现代材料表面技术基础和应用理论

表面科学是现代材料表面技术的理论基础，是近 20 多年来发展的一门边缘学科。在强烈应用背景的推动下，它又是一门与应用技术结合十分密切的学科。表面科学主要包括表面物理、表面化学、表面分析技术三部分内容或三个分支。表面物理主要是研究两相间所发生的物理过程，诸如表面的完整性（包括清洁表面，固体表面吸附，表面扩散，表面形成与表面作用，表面表征，辐照损伤等）表面态及空间电荷层，存储（包括存储机制，磁畴及畴壁移动，磁泡畴，光存储等）形变相变记忆，电磁波吸收（包括光吸收，微波吸收隐蔽等）等这些都与任何两相间所发生的物理过程密切相关。表面化学，主要是研究任何两相间发生的化学过程，具体一点说，表面化学是研究固体表面与气体、液体、固体之间的各种物理化学过程的学科。诸如表面环境（包括大气表面化学，润湿，表面吸附等），表面化学作用（包括表面作用与活性，膜化学，表面催化等），酸碱理论与表面酸碱活性（包括酸碱质子论，电子理论，溶解平衡，表面酸碱位置的活性等），两相间的化学过程。表面分析包括表面的原子排列结构，原子类型和电子能态结构等等内容。它是揭示表面现象的微观实质和各种动力学过程的必要手段。从理论体系看，既包含了微观理论，又包含了宏观理论。一方面在原子、分子水平上研究表面的组成，原子结构，输运现象，电子结构与运动及其对宏观性质的影响；另一方面，在宏观尺度上，从能量角度研究各种表面现象。实质上这三部分或者说三个分支是相互依存，相互补充。因而表面科学不仅有其重要的基础研究意义，而且还与其他技术科学密切相关，应用十分广阔。

表面技术的应用理论，除了材料科学外主要还包括表面失效分析，摩擦磨损理论，腐蚀与防护理论，表面结合、复合、界面理论、真空技术，气体放电与等离子体物理，离子溅射，薄膜生长、电磁理论、半导体物理、功能效应等等,这些主要理论对表面技术的发展与应用具有直接的指导意义。

1.1.2.3 材料表面涂镀层技术

涂镀层技术是指采用表面技术在零部件或工件表面涂覆一层或多层表面层而形成的技术。有金属化学沉积涂镀层(俗称电镀涂层),有机、无机涂层,热浸镀层,堆焊涂层,电火花涂层,热喷涂涂层等。本书只讲述热喷涂涂层技术。热喷涂是采用气体、液体、燃料或电弧、等离子弧、激光等做热源,使金属、合金、金属陶瓷、氧化物、碳化物、塑料以及它们的复合材料等喷涂材料,加热到熔融或半熔融状态,借助于焰流和高速气体将其雾化,并推动这些雾化后的粒子喷射到经过预处理的基体材料表面或零部件表面,从而形成附着牢固的具有某些功能的热喷涂涂层。若将喷涂涂层再加热重熔,又可使涂层与基材产生冶金结合。采用热喷涂技术可使零部件表面获得各种不同的性能,诸如耐磨、耐热、耐蚀、抗氧化、润滑等性能,而且在对许多材料表面进行喷涂时,其工艺灵活、层厚可达 $0.5 \sim 5$ mm,对基体材料的组织和性能影响很小。当今,热喷涂涂层技术已广泛应用于航空航天、能源、机械、冶金、石化、纺织、汽车、舰船、包装印刷、造纸等工业部门。

1.1.2.4 表面薄膜与沉积技术

运用现代的表面沉积方法,在部件或衬底表面上沉积出厚度为 100 nm 至数微米厚的一种沉积技术,称为薄膜沉积技术。薄膜技术的内容包括薄膜材料,薄膜沉积制备技术,薄膜分析表征,结合实际应用或工程应用,还应包括薄膜设计与选择技术等等。就薄膜材料的功能用途,可按图 1-3 大体分类成装饰功能薄膜、物理功能薄膜、机械功能薄膜和特殊功能薄膜四大类。从膜的组成又可分为金属膜、合金膜、有机化合物膜和陶瓷膜。从薄膜涵盖的内容看,十分广泛。

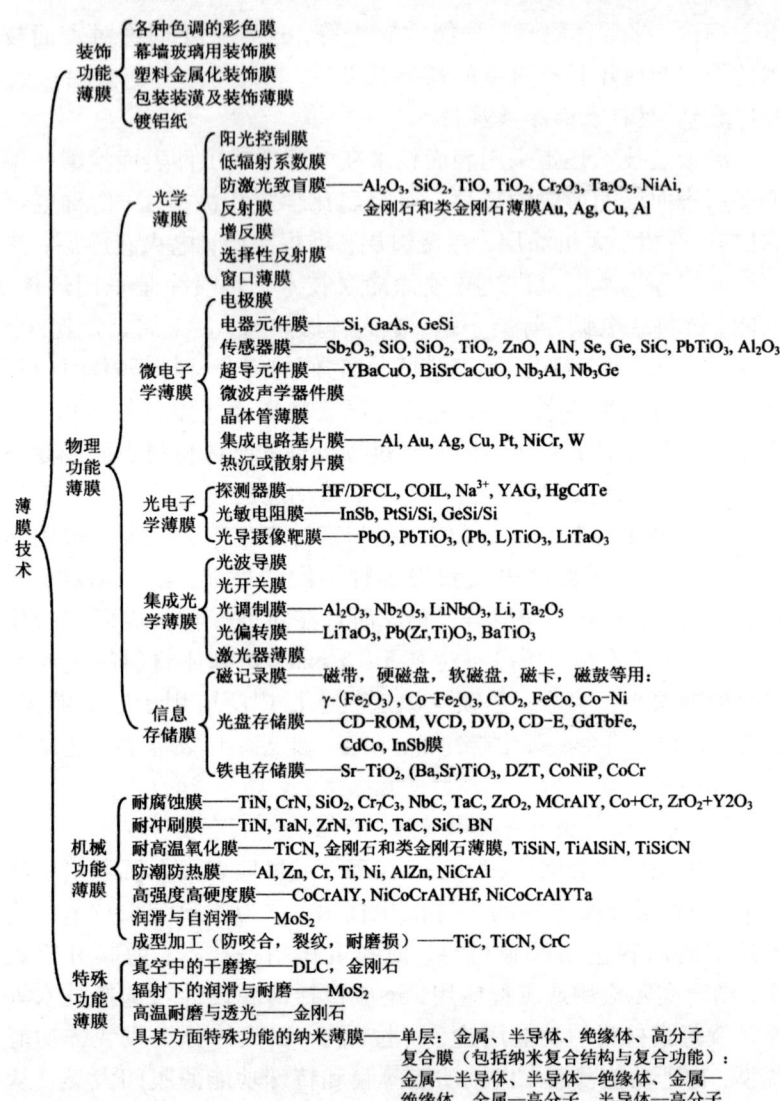

图1-3 薄膜功能分类

1.1.2.5 材料表面改性技术

运用现代技术，改变材料表面、亚表面的成分、结构和性能的处理技术称之为表面改性技术。主要包括六大类，见图 1-4。

```
                    ┌ 喷丸强化
         表面形变强化┤ 辊压强化——在金属表面、亚表面形成压应力区
                    └ 孔挤压强化

                    ┌ 感应加热表面淬火
         表面相变强化┤ 激光表面淬火——在金属表面、亚表面形成新的相变区，形成硬化层
                    │ 电子束表面淬火
                    └ 流态床表面硬化

                    ┌ 非金属离子注入——硼、氮、磷
         离子注入    ┤ 金属离子注入——铬、钽、银、铅、锡
                    │ 复合离子注入——钛+碳、铬+碳、铬+钼、铬+磷
材                  └ 离子束混合——钛+氮、钼+硅、钛+钯
料
表                  ┌ 非金属元素表面扩散——渗碳、氮、硼、硅、碳氮共渗
面       表面扩散渗入┤ 金属元素表面扩散——渗锌、锡、铍、铝、铬、钨、钼、钒
改                  └ 复合元素表面扩散——渗铝铬、铝硅、铝钛、铜铟、铝铬硅、钨钼硼硅
性
技                  ┌ 化学氧化——在铝、镁、钢、铜表面上形成氧化膜
术                  │ 钝化——在钢、铜、锌、镉、铝、镁、钛上形成钝化膜
         化学转化   ┤ 磷化——在钢铁上形成磷化膜
                    │ 草酸盐处理——在钢铁上形成草酸盐膜
                    │ 着色——在钢、铜、不锈钢、钛、铬形成颜色
                    │ 钢件的发蓝——在钢件上形成黑色氧化膜
                    └ 磨光、滚光、抛光——提高表面完整性和光洁度

                    ┌ 耐蚀阳极氧化——在铝、镁、钛表面形成耐腐蚀氧化膜
                    │ 粘结阳极氧化——在铝、镁表面形成易于粘结的氧化膜
         电化学转化 ┤ 瓷质阳极氧化——在铝表面上形成瓷釉状氧化膜
                    │ 硬质阳极氧化——在铝表面上形成高耐磨的硬氧化膜
                    │ 微弧等离子体阳极氧化——在铝表面上形成超高硬度层或新型彩色装饰
                    └ 阳极氧化原位合成——在铝表面上形成多种铝质功能材料膜
```

图 1-4 表面改性技术

1.1.2.6 材料表面复合处理技术

现代材料表面技术在工程技术应用中，往往需要进行优化设计和优化组合。这种从工程技术应用设计出发，把两种或更多的表面技术组合的技术称为复合处理技术。在迅速发展中，随着材料工程应用和使用性能要求的不断提高，表面复合处理已经获得良好的应用功效，有的还有意想不到的效果。

1.1.2.7 材料表面微细加工技术

表面微细加工技术是表面技术的一个组成部分。这里所指的材料表面微细加工技术主要有光刻、电子束、激光束、离子束微细加工和电火花、电解、超声、电铸加工、气相沉积等。这类表面微细加工技术已在高新技术中得到应用，特别对微电子工业的发展起着十分重要的作用。从精细化上看，已从微米级亚微米级发展到纳米级，其中，半导体器件、集成电路的飞速发展，对表面微细加工技术的严格要求最为典型。涉及到的表面微细加工技术主要包括：

（1）电子束、离子束、激光束的材料表面微细加工。

（2）化学气相沉积、等离子化学气相沉积、MOCVD、分子束外延、真空蒸发镀膜、真空溅射镀膜、离子镀膜、热氧化等的薄膜沉积制造。

（3）湿法刻蚀、溅射刻蚀、等离子刻蚀、离子束刻蚀等图形刻蚀。

（4）离子注入扩散掺杂。

当然还有一些其他技术共同构成微细加工技术，如LIGA、准LIGA加工等。

1.1.2.8 材料纳米化表面工程技术

材料纳米化表面工程技术是纳米材料和纳米技术与表面工程交叉、复合、综合开发应用的现代材料表面先进新技术。从金属材料表面形成纳米结构表层的技术途径看，有"表面沉积或涂覆"、"表面自身纳米化"和"混合纳米化"三种方式。在当今，已经开发成的多种实用的材料纳米化表面工程技术有：纳米薄膜沉积制备技术、纳米热喷涂技术、纳米颗粒复合电刷镀技术、纳米减摩自修复添加剂技术、纳米固体润滑干膜技术、纳米粘接剂技术、纳米涂装技术、金属表面纳米化技术等。纳米材料的奇异特性，保证了纳米化表面工程技术涂层与薄膜的优异性能。这些优异性能主要体现在涂层与膜层性能大幅度的提高，解决了许多传统表面工程技术难以解决的表面技术问题。如高性能的声、光、电、磁功能膜和超硬膜的沉积制备，通过对与介质接触的材料表面进行纳米化处理，可起抗蚀、抗高温的作用，以实现耐蚀材料和抗高温材料选用普通材料等等。在现代的工业产品中，材料纳米化表面工程技术将可大显身手，成为21世纪现代表面工程技术中最为活跃的表面工程技术。

1.1.2.9 材料表面分析和测试

材料表面分析与测试不仅对揭示材料本质和发展新的表面技术提供了坚实的基础，而且也为工程化生产、科学的选择表面技术分析，防止表面故障，改进工艺设备提供了强有力的手段和科学依据。

主要应用电子显微镜(TEM)，场离子显微镜(FIM)，扫描隧道显微镜(STM)，原子力显微镜(AFM)，X射线衍射仪，电子衍射仪，X射线光谱仪和电子探针，质谱仪和离子探针，激光探针，电子能谱仪，弹道电子发射显微镜(BEEM)，扫描近场光学显微镜(SNOM)和光子扫描隧道显微镜(PSTM)等先进测试手段，进行表面形貌显微组织结构分析，表面成分分析，表面原子排列结构分析，表面原子动态和受激态分析，表面的电子结构分析。在表面检测上，虽然项目繁多，种类复杂，特殊性强，但其主要还应包括外观检测(特别是表观缺陷——针孔、斑点、起皮、起皱、色点、霉点、残缺、波纹、色差、线道、手纹、疤斑；表面粗糙度、表面光亮度等)，涂镀层的厚度；涂镀层与基材的结合强度(结合力);涂镀层的硬度、耐蚀性、孔隙率;涂镀层的内应力、脆性、延展性、耐磨性、可焊性、接触电阻、耐蚀、耐热、耐湿、耐候性等。

1.1.2.10 现代材料表面工程技术设计

现代材料表面工程技术设计要应用材料表面工程的成就,设计新的表面层,减少表面缺陷,增加表面完整性并赋予表面一些特定的功能或表面装饰,或提高表面耐蚀性、耐磨性、抗疲劳性或多种功能兼备。人们在现代工程技术的设计中,力争把最优化的表面界面层设计贯穿于产品或整个工程之中,充分运用计算机技术,借助于数据库、知识库,经演绎、归纳等科学方法,获得最佳效应的设计系统,这类设计系统主要是:

(1)基体材料的成分、结构、状态和性能。

(2)材料表面涂镀层或处理层的成分、结构、厚度、结合强度以及各种条件下所具有的优异性能。

(3)实施表面处理或加工的设备、工艺、流程、性能检测与质量评价。

(4)结合管理、经济实效、环保、市场营销等分析设计,等等。

1.2 材料表面技术与工程应用

由于材料表面工程技术是应用物理、化学、电子学、机械学、材料学等多学科的最新知识,对产品或材料表面进行处理,赋予材料表面减摩、耐磨、耐蚀、耐热、隔热、抗氧化、抗疲劳、防辐射以及声光电磁热等特殊功能的技术。不仅技术含量高,产品附加值高,综合收益大,投资见效快,而且节约材料资源,保护环境,降低能耗,所以它的应用及其广泛和重要。从当前工程应用量较大上看,表面工程技术主要是改善机械零部件、电子、电器元器件、人体生物医学植入体等部件基体材质表面性能的科学和技术。对机械零部件，主要通过表面技术处理提高机械零部件表面的耐磨、耐蚀、耐热性和抗疲劳强度等性能，使整个机器在高速、高温、高压、重载、强介质腐蚀等恶劣工况下能持续、安全的运行；对电子电器元器件，主要通过表面处理提高元器件表面的电、磁、声、光等物理性能，使经表面处理的元器件产品容量大、传输快、体积小，具有高转换率、高可靠性、高稳定性；对于家电产品，主要通过表面处理提高家电产品表面的耐蚀、美观等性能；对于生物医学材料，主要通过表面处理提高人造骨骼等人体植入件的耐磨、耐蚀及与人体的生物相容性，以保证患者的健康，能正常生活。可以说，表面工程技术的应用，已成为21世纪工业发展的关键技术之一。下面对一些具有代表性，又十分重要的方面看一看它的应用。

1.2.1 航空航天工业中的应用

在航空航天工业的防护上常用材料表面工程中的涂镀技术，热浸镀技术，物理气相沉积技术（PVD）来提高飞机、运载火箭、卫星、宇宙飞船、导弹等在各种飞行恶劣环境下对材料性能产生的影响进行防护，提高材料表面性能，起到保护航空航天飞行器免遭环境影响而失效，以提高航空航天产品的先进性和使用的可靠性。典型的有：

运载火箭的高温防护。如运载火箭箱体受推进剂、燃料、液氧－液氢的腐蚀和分解作用；洲际导弹弹头头部再入大气层，处于受严重气动力和气动热循环，表面温度急升等。

表面功能上运用涂刷、物理气相沉积（PVD）、贴膜、离子注入等方法，使涂层具有一些表面功能的作用。如第四代的飞机，在停飞或飞行过程中，遇到－50℃的空气摩擦升温至200℃，飞机的雷达罩要求抗雨蚀、砂尘冲击、磨蚀、抗静电，良好的透波性。飞机的蒙皮、雷达罩、发动机的尾喷管、座舱玻璃的隐身涂层,钛紧固件与飞机上铝合金蒙皮接触加速铝合金的腐蚀问题、高强度钢部件,镀镉-钛,锌-镍。通过薄膜减阻,节省燃油,军用发动机轴承的离子注入铬+磷,可解决点蚀、磨蚀,提高发动机轴承的使用寿命。

就耐磨涂层在航空发动机零部件上应用看,据英国RR公司统计,1976年前发动机零部件60%因磨损而报废,采用耐磨涂层后,报废率下降至30%。当前采用HVOF和气体爆燃喷涂的涂层有50余种,如高低压压气机叶片、涡轮叶片、轮载封严槽、齿轮轴、火焰筒外壁、衬套、副翼滑轨、制动装置等。目前国内开发的某新机种上,规定采用几种热喷涂耐磨涂层达几百个零件,其中四种最关键的耐磨涂层必须采用HVOF和爆燃喷涂工艺。表1-1为热喷涂耐磨涂层在国内航空上的部分应用实例。

表1-1 热喷涂耐磨涂层在国内航空上的应用

零 部 件	耐磨涂层材料
发动机涡轮轴	NiCrBSi - Ni - Al
涡轮叶片叶冠	X - 40
三叉戟发电机轴	Co - WC
三叉戟机翼滑轨	Ni_3Al - WC
三叉戟前轮轴、套筒	Co - W
发动机燃油导管	NiCrSi
某机型发动机用涡轮机叶片	NiCoCrAlYTa

抗热障、抗高温氧化上常采用渗镀、磁控溅射、低压等离子喷涂(LPPS)和阴极多弧镀技术和渗镀技术。还有封严、耐磨、减摩、阻燃、润滑等涂层。如在叶片上早期渗镀Al-Cr, Al-Si, Al-Ti,用PVD法在叶片上沉积Al-Cr, Al-Si, Al-Ti, 20世纪80年代用PVD法沉积MCrAlY和用LPPS法喷涂

NiCoCrAlYTa、NiCoCrAlYHf、NiCoCrAlYHfSi、NiCoCrAlYTaHf 超合金涂层。现今已用 NiCoCrAlYTa 六元超合金涂层装备了国产的战机，进一步提高了叶片的抗氧化性能和抗热腐蚀的能力。还研制成功适用于450℃钛合金叶片 WC/Co 耐磨涂层；适用于840℃以下涡轮机叶片、叶冠、涡轮后机匣的 CoNiCrW 耐磨涂层；适用于350~1600℃的聚苯脂铝封严涂层，镍包石墨封严涂层。根据不同使用环境特点，发动机部件涂覆大量的、类型各异的涂覆层，甚至在一个关键零部件上，采用多种涂层。如在钛合金压气机转子叶片、叶身上喷涂耐磨耐冲刷的涂层，而在榫头部位电镀防粘防咬合的银镀层，在叶尖上用防钛燃烧的阻燃涂层。又如在涡轮机叶片、叶身上用 PVD 法沉积 MCrAlY 抗高温氧化粘结涂层，再沉积 Y_2O_3 稳定的 ZnO_2 陶瓷涂层，而榫头仅允许沉积厚度较薄，对机械疲劳性不损伤的抗氧化涂层，叶尖则喷涂抗氧化的高温耐磨封严涂层等。今天波音飞机先进的起落架也已使用超音速火焰喷涂的 WC 涂层，军机上用的钛合金传动轴花键、摩擦受力的关键部位都沉积有类金刚石膜层。表1-2是热喷涂涂层技术在航空航天工业中关键部件的应用实例。

1.2.2 汽车工业中的应用

当今的现代汽车工业，充分利用各种表面技术，已使汽车成为深受人们喜爱的、完美艺术的现代交通工具。

在汽车车身、底盘、电气设备、发动机、塑料件都在涂装生产线上进行表面处理。

在汽车钢构件的耐蚀与耐磨以及汽车的活塞环、连杆、齿轮、销轴与表面技术都已完全实用化。

此外运用喷涂技术在轿车、载重汽车的变速箱从动齿轮表面喷金属钼涂层，使表面硬度 HV 可达700~1000，大大提高了齿轮使用的耐磨寿命。

表 1-2 热喷涂涂层技术在航空航天工业中关键部件的应用实例

领域	零部件	喷涂方法	涂层材料	涂层用途
火箭技术	火箭头部和喷管	等离子喷涂	Al_2O_3、ZrO_2、W	耐热、抗冲蚀
	喷气推进弹体整流罩	等离子喷涂	Al_2O_3、ZrO_2	绝热
宇宙飞行器	宇宙研究装置	等离子喷涂	Al_2O_3、ZrO_2、W、氧化物、碳化物	防粘连、绝热、热辐射
	超短波天线	等离子喷涂	Al_2O_3	绝热、绝缘
航空	喷气发动机涡轮及压气机叶片	等离子喷涂、HVOF	Co−WC、TiC、Cr_2O_3	耐冲蚀
	叶片	等离子喷涂、HVOF	Ni−Al、NiCrBSi	耐热
	燃气涡轮叶片	等离子喷涂	Ni−Al、Al、Al_2O_3	耐热
	燃烧室内衬	等离子喷涂、HVOF	CoCrAlY、MgO·ZrO_2	耐热
	起落架轴轴颈	等离子喷涂、HVOF	硬质碳化物及其合金	耐磨
	机翼及机身承力结构	等离子喷涂	纤维增强复合材料	强度、刚度
	前整流舱	等离子喷涂	聚苯脂、硅铝	滑动、封严
	机匣	等离子喷涂	镍包石墨、镍包硅	耐磨、润滑可磨、封严

在汽车用铸模、铝模具上进行表面处理,不仅提高了脱模效果,还提高模具使用寿命50%,且零部件的光洁度高。

车刀、铣刀、滚刀、发动机凸轮轴、缸套等的强化其中涂层刀具在汽车机械加工中的应用效果十分明显。不仅减少了刀具的消耗,延长了刀具的使用寿命,更使机械加工切削速度加快,被加工的零件光洁度高。目前,汽车工业用的齿轮滚刀、花键滚刀、插齿刀、圆盘拉刀、圆形样板刀、钻头、丝锥大都采用物理化学气相沉积的现代表面技术,在刀具上沉积 TiN, Ti(CN),(TiAl)N, ZrN, HfN 等。如经 TiN 沉积的剃齿滚刀、花键滚刀使用寿命分别提高 2~2.5 倍和 3~4 倍。在我国的成都、哈尔滨、上海、北京等地已建有专用的涂层刀具生产线,供应 TiN 的涂层刀具系列产品。

在采用表面改性技术上,如用喷丸强化,使汽车的汽阀弹簧、变速箱的倒挡齿轮解决了断裂;用滚压强化,使球铁曲轴抗变疲劳极限提高152%;发动机用凸轮轴,用离子渗氮,使凸轮轴的表面硬度 HV 达到 650~720,其轴的耐磨性、抗擦伤性能显著提高;发动机的缸体、缸套采用激光表面淬火处理,在表面形成螺旋状分布的激光强化层硬度 HV 可达 680~750,不仅改善了缸套与活塞的润滑,还使摩擦系数降低,耐磨性提高 25%~30%,延寿 25%~42%。1998 年国内已形成 12 条年产 120 万件汽车缸套的激光表面处理生产线。此外,用离子注入 N,C 的改性技术,也可大幅度提高金属成形刀具、模具的使用寿命,因其目前生产成本相对较高,离子注入没有普遍采用。

1.2.3 城市建设中的应用

居民的住房越来越舒适漂亮;高级宾馆、文化娱乐大剧院、歌舞厅、音乐厅、超级市场、购物中心、高层的摩天大厦等现代城市建筑,所用的各种玻璃幕墙、精美华丽的表面装饰,都是采用表面涂镀技术。电视机、收音机、移动通讯用的发射塔以及进入家庭的自来水、电话、暖气、煤气、天然气埋入的各种管线，用钢结构的都需要进行表面防护。为解决城市交通的拥挤，各种立交桥、钢缆斜拉桥、路灯杆、路标等都在设计上采用了表面防护技术。

1.2.4 家用电器工业中的应用

表面技术不仅制备出精美的家电产品，更重要的是提高和改善了家电产品的使用性能，创造出许多具有时代特征、美好形象和市场竞争力的质优产品。如含氟涂料具有的耐热、耐磨、防粘等优良特性，在家电中的电饭锅、抽油烟机、煎锅、电熨斗、烤炉上得到应用，大大地提高了这类家电产品的使用性能。在空调器中的蒸发铝肋片中，因制冷过程中凝露水的腐蚀，使空调器的使用寿命大为降低，现今在铝肋片的表面涂敷上一层薄薄的疏水膜，就可使凝露水珠粗化，迅速从铝肋片上脱落，从而避免了对铝肋片的腐蚀，提高了空调器的整体使用性能，并延长了空调器的使用寿命。各种花色品种的闪光涂料、透明涂料、多彩涂料、无光涂料，在洗衣机、电冰箱、电饭锅、电风扇、空调器、电视机、收音机、VCD、DVD 机都普遍得到应用，从而促进了家用电器的发展和档次的提升。

目前看，用表面技术主要是提高家电产品的防护、装饰和使用性能。主要有涂料涂装、电镀、功能转化膜、表面抛光、表面着色等。在表面涂装上，广泛采用静电粉末喷涂技术，就粉末涂料用量而言，1998 年，年用量为 8 t，其中 70% 以上用于家用电器，不仅提高了外观品质，还提高了耐蚀性能。有的空调器设备外壳，先用阴极电泳底漆，再涂耐候粉末涂料，一些室内机的塑料外壳，用光固涂料，总体品质和外观装饰都可和国外同类产品外观相媲美，远销海外。塑料金属化、塑料镀膜、耐磨耐蚀塑料镀膜、无铬钝化、低温磷化、高红外（高强度红外辐射）快速凝固技术等一些表面工程技术,都会在我国家用电器的市场竞争中得到广泛的应用和发展。

1.2.5 钢铁工业中大型部件的应用

在传统的钢铁工业中,主要是解决大型部件耐磨、耐蚀的难题,大多以各种表面喷涂的技术为主。从西方发达国家各种"辊类"在钢铁工业中的应用上看,取得显著应用实效的热喷涂辊类占各种辊类数的85%以上。如Co-WC喷涂的张紧辊,使用寿命由镀硬Cr的2.5年提高到5年;又如退火炉辊,过去平均每月需停机30 min进行检修,经热喷涂后,则可保持3年内不检修,还大幅提高了钢带的品质。在日本钢铁公司热喷涂的退火炉辊的比例,从1982年的20%上升到1989年的100%,而带钢因辊面"结瘤"引起产品报废,由80%下降到零。在热浸镀Zn、Al、Sn生产线上应用的沉浸辊,因受熔融液体对沉浸辊、稳定辊694~800℃铝液和452~570℃锌液的浸蚀,同时又因钢带内辊面带动,运动速度高达35~40 m/s,合金辊一般在铝液和锌液中的使用寿命分别为2~3天和10天,就在辊面上产生很深的磨痕和蚀坑,并划伤钢带表面,使钢带次品率增加,采用等离子喷涂$Al_2O_3 + TiO_2$、$MgO-ZrO_2$、$MoAl_2O_3$与NiCrAlY形成梯度涂层,涂层总厚为1 mm;和用HVOF喷涂Co-WC涂层,由于喷涂的涂层材料与Al、Zn液不润湿,不发生化学反应,上述两种喷涂工艺的涂层分别在热浸Al、Zn生产线上运作,其使用寿命提高3~4倍。表1-3是各种辊类经热喷涂在钢铁工业中的应用实例。

在我国,钢铁工业中的轧辊、炉底辊,通过表面耐磨热喷涂涂层技术处理,其使用寿命提高2~4倍。如在武钢硅钢片生产线上采用等离子喷涂NiCr-8% Y_2O_3/ZrO_2涂层于硅钢片高温退火炉辊防积瘤,该炉辊长2700 mm,工作部位长1500 mm,辊径⌀20 mm,工作温度890~920℃,工作介质为氮氢还原性气氛,

表1-3 热喷涂在钢铁工业中各种辊类部件上的应用

部件名称	喷涂材料	喷涂方法	涂层层厚/mm	涂层硬度HV	最高工件温度/℃	中间层材料	结合强度/MPa
炉辊(CAL,CGL)	50%SiO_2 – ZrO_2 CoCrAlY – Al_2O_3 CoCrAlY – Y_2O_3 + CrB_2	等离子喷涂 爆炸喷涂	1.0	400 700 1000			400 100 100
镀锌导辊(CGL)	Co – WC	HVOF	1.0	1300			150
炉辊(APL)	5.5BN/Ni – 14Cr – 8Fe – 3.5Al 涂层/Ni – 4Cr – 4Al 20SiO_2 – 80CoNiCrAlY 44SiO_2 – 28CaO – 17MgO – MnO	火焰喷涂	1.0~2.5 1.0~2.5 0.2 0.2				
炉辊(CAL,CGL)	WC – Co WC – NiCr	爆炸喷涂			540℃无氧 450℃有氧		
炉辊(CAL,CGL)	Cr_3C_2 – NiCr Cr_3C_2 – MCrAlY CoCrTaAlY + 氧化物 Al_2O_3 NiCrAlY + Al_2O_3 氧化物	爆炸喷涂			850℃无氧 750℃有氧 1200℃无氧 850℃有氧 1250℃有氧 ≥1300℃有氧/无氧		

第1章 材料表面技术与工程概论

续表1-3

部件名称	喷涂材料	喷涂方法	涂层层厚/mm	涂层硬度HV	最高工件温度/℃	中间层材料	结合强度/MPa
炉辊(CAL)	Co25Cr10Ta8Al0.8Y	爆炸喷涂		1000			
炉辊(CAL)	Co基-氧化物-碳化物金属陶瓷 Cr_3C_2-25NiCr ZrO_2-SiO_2 Cr_3C_2-20NiCr Al_2O_3-50Cr_2O_3 ZrO_2-Y_2O_3	等离子喷涂		700 700 776 270	1050℃ 950℃ 900℃ 950℃	NiCrAlY NiCrAlY	100 95 95 7.4 2.0
炉辊(CAL)	CoCrTaAlY+CaI_2O_3+Cr_2O_3 Co-ZrO_2-SiO_2	等离子喷涂		350	1100℃ 1000℃	Co-NiCr-AlTaY	100

注:CAL——连续退火炉辊;CGL——连续热镀锌生产张辊;APL——不锈钢带退火酸洗生产线辊

并具有不同露点,涂层后使用寿命超过 6 个月,最长达两年,抗积瘤效果明显,硅钢片品质达设计要求。又如,在宝钢轿车用薄板生产线上的大型退火炉辊(CAPL 辊),用 HVOF 喷涂工艺喷涂了一层与铁的亲和力低、膨胀系数与炉辊基体材质相匹配,能耐高温磨损,能长期维持表面粗糙度的涂层,该涂层可使炉辊面减少积瘤的发生,使生产的轿车薄板获得了高的品质,使用寿命达 4 年以上。此外,高炉的渣口、风口、各种加热管、热偶保护管、连铸机的轧辊以及大型挤压机的柱塞等大型关键部件,都可通过喷涂耐高温氧化的复合陶瓷涂层加以解决,大大减轻了连续生产过程中的检修、抢修,延长了大型部件的使用寿命,经济效益十分明显。

1.2.6　电力、石化、机械工业中的大型部件上的应用

电力工业中的锅炉"四管"通过喷涂耐磨、耐蚀的 Ni – Cr,Fe – Cr – Al,可使锅炉的使用寿命提高 6~10 倍。汽轮机汽缸结合面,由于气蚀造成漏气,致使汽缸结合面损坏。通过涂镀耐高温耐磨的镍基合金,完全可以得到修复,完好如新的使用,如我国大亚湾核电站用的汽轮机汽缸盖。又如火电厂用的磨煤机,火轮机的叶轮,吸排风机叶轮,喷涂耐磨耐蚀的镍基合金,WC,使排风吸风叶轮使用寿命提高 3 倍以上。

在石化工业中,大量的石油贮罐,通过喷涂防腐铝,可使防腐年限达 15 年以上。化工中的容器、管道、各种反应釜通过喷涂耐蚀的金属、陶瓷、塑料都可使使用寿命延长。化工厂大量的液泵、叶轮、耐磨环喷上耐蚀耐磨的 Cr_2O_3。各种阀门喷上耐蚀耐磨的镍基不锈钢都十分见效。

在机械工业中表面技术的用途更为宽广,一些大型的轴类、电机转子喷上镍基合金,高碳钢,在耐磨上已经很普遍。一些机械的密封环喷涂 WC + Co 十分耐磨,效果显著。还有在长江三峡

工程用的挖泥船用的柴油机大型曲辊，磨损后采用电弧喷涂在现场施工，用铝青铜作底层，再喷 3Cr13 工作层，修复后使用寿命大大延长。

1.2.7 功能材料和元器件中的应用

这里所指的功能材料主要是那些具有优异的物理、化学、生物功能，以及一些声、电、光、磁等互相转换的功能，并用之于高新技术的材料。它是当今制造诸多先进设备并独具特殊功能的核心部件材料，往往起着十分独特的关键作用。这类功能材料常与元器件相组合形成一体，并以元器件的优异特性对材料的功能作出评价。

如电学特性的导电性、超导性、电阻特性、绝缘性、半导体性、波导性、低接触电阻特性、约瑟夫逊效应等。通过表面技术中的涂装技术，化学镀技术，气相沉积（物理、化学）技术，离子束表面改性技术，离子注入等技术来制备。如现今的液晶显示用的导电玻璃，表面扩散制成的 Nb–Sn 线材，一些薄膜电阻材料，绝缘涂层，半导体薄膜材料，波导管，低接触电阻开关，约瑟夫逊器件等等。

磁学特性的磁记录，存储记忆，电磁屏蔽和磁阻等，通过气相沉积技术，涂装等表面技术制备出磁记录介质、磁带、磁泡材料、电磁屏蔽材料、薄膜磁阻元件等等。

光学特性的发光特性，反射性，防反射性，增透性，光选择透过性，分光性，光选择吸收性，偏光性，光记忆等，通常通过电镀、化学转换处理，涂装，气相沉积等表面技术制备出发光材料，反射镜，防眩反射镜，激光材料增透膜，反射红外线，透过可见光的透明隔热膜，多层介质膜组成的分光镜，太阳能选择吸收膜，起偏器，薄膜光致变色材料以及各种镜头的保护膜等等。

声学特性的高保真传声、声表面波、声反射和声吸收等。通常用气相沉积涂装等表面技术制备声学振膜装成高保真喇叭，声表面波器件及吸声涂层等等。

化学特性的耐腐蚀、防玷污、杀菌，选择性过滤，活性等。通过大多数的表面技术制备出在多种介质和温度条件下的耐蚀防护涂层，各种医用器件的防沾性，餐具镀银杀菌，镀金刚石膜防菌以及各种分离膜材料、活性剂等等。

热学特性的导热、耐热、蓄热、热反射、热膨胀、保温绝缘、吸热等，大多用电镀、涂装，气相沉积等表面技术制备出散热材料、集热板、集热管、双金属温度计、保温材料、耐热涂层，高层建筑用的热反射镀膜幕墙玻璃、吸热材料等等。

各种转换功能诸如光－电，电－光，热－电，电－热，光－热，力－热，力－电，磁－光，光－磁等转换功能。这类功能的转换往往通过涂装、粘结、气相沉积、等离子喷涂来制备薄膜太阳能电池，电致发光器件，电阻式温度传感器，薄膜加热器，选择性涂层，电容式压力传感器，磁光存贮器，光磁记录材料等等。

1.2.8　电子技术中的应用

电子技术的飞速发展，促成了电子产品不断推陈出新，日新月异。特别是个人计算机与高速计算机的发展，离不开集成电路的技术支撑，正因为有了由大规模集成电路和超大规模集成电路所构成的微电子器件，才出现了近代的电子技术。这些大规模、超大规模的集成电路的材料基础，就是厚度为微米级到纳米级范围的薄膜。20世纪70年代中，所用离子注入对微电子电路实现的表面改性，用离子注入取代热扩散工艺进行的精细掺杂，定量掺杂，使芯片元件的集成度越来越高，存储能力越来越大，发展成为今天的超大规模集成电路。VCD，DVD

光盘的出现与发展和今天的普及，也得益于真空表面蒸发镀膜技术的成熟与发展。镀制的膜层已经实现了反复使用的可擦光盘。现代薄膜技术的不断发展，促进了信息密度的大提高。一个信息密度为 $10^6 bit/cm^2$ 的光盘（$<100\ cm^2$）可存 30 页的论文，同样大小的光盘，把信息密度提高到 $10^8 bit/cm^2$，就能储存 300 页的书 10 本，若提高到 $10^{10} bit/cm^2$ 和 $10^{12} bit/cm^2$，分别能储存 300 页的书 1000 本和 10 万本，一块 3.5 英寸的软盘可存的书相当于一个省级图书馆。$10^{12} bit/cm^2$ 的超高信息存储密度，它比现行的微电子器件的密度高 4~6 个数量级，要达到 $10^{12} bit/cm^2$ 的超高信息存储密度，是一种用真空沉积而得的"有机复合薄膜"。用真空热壁法沉积成的具有纳米尺度的 m-NBMN/DAB 复合膜（其中m-NBMN 为强有机电子受体，DAB 为电子给体）用扫描隧道显微镜（AFM）和 STM 写入和读出。目前在国内，氧化铟锡（ITO）靶材通过大面积磁控溅射的方法，镀制的 ITO 导电玻璃已广泛用于与大规模集成电路相匹配的液晶显示器。从手表、时钟、计算器发展到计算机终端显示，移动电话显示，各种仪器仪表，通讯等大面积的显示器，我国的 ITO 导电玻璃年生产规模已大于 300 万 m^2，远销西方发达国家和东南亚。随着数字技术现代化模拟技术的发展，液晶平面显示器必将取得更大的发展和更广泛的工业应用。

1.2.9 保护、优化环境中的应用

大气净化 根据测算，人类造成的总的温室效应大约比人类所产生的 CO_2 造成的温室效应大 1.5 倍，CO_2 是产生温室效应的主要气体，以及飞机、汽车等的废气排放治理方法中经常采用气相沉积和涂覆的表面技术，制成触媒载体就是其中的一种有效治理的技术途径。

水质净化 水质净化过滤膜材可通过表面沉积、喷涂、涂覆

技术进行制备。

杂质吸附 经表面技术制备成吸附剂，可使空气、水、溶液中的有害成分被吸附，还可去湿、除臭。如冰箱、厕所、厨房中用的除臭剂，就是在氨基甲酸乙酰泡沫上涂覆铁粉，经烧结制成具有除臭功能的除臭剂。

抗菌灭菌 目前 TiO_2 光催化剂引人注目，它可以把一些污染的物质分解，同时又因这种催化剂有粉状、粒状、薄膜状而易利用。若在 TiO_2 光催化剂中加入银、铜、锌、铂等元素，不仅可增强 TiO_2 的光催化作用，更具抗菌、灭菌之作用。又如在医院的病房门手柄表面沉积上一层"类金刚石"薄膜不仅具有防霉的干净功效，更可以防止因细菌的粘附而引起细菌性疾病的传染。

活化功能，在水的净化器装置中涂覆上远红外的陶瓷涂层，使水具有活化作用，有利于人的饮水健康。

生物医学上，使用的医用涂层仍可保持基体材料性质的基础上增加生物活性，保证基体表面生物学性质，阻止基体材质离子向周围组织溶出扩散，并大幅度提高基体材质表面的耐磨性、绝缘性和生物相容性。用等离子喷涂、气相沉积、离子注入等先进表面技术，在不锈钢的高频手术刀表面上沉积类金刚石膜，利用类金刚石膜表面能小、不润湿等特点，通电开刀时不发出难闻臭味，不粘肉，十分锋利。明显地改善了医务人员的工作条件。在人工心脏瓣膜的不锈钢和钛上，先表面沉积非晶硅，然后改变条件，使沉积层从富硅逐渐变成富碳，最后再表面沉积类金刚石膜，进一步改善了膜/基结合，也满足了人工机械心脏瓣膜的生物相容性。又如人工关节中的凸球，关节的转动部分的接触面因长期摩擦产生磨屑与肉体接触会使肌肉变质、坏死，导致关节失效。利用类金刚石膜无毒、不受液体浸蚀，沉积在人工关节转动部位上不会因摩擦产生磨屑，更不会和肌肉发生反应，可大幅度延长人工关节的使用寿命。另外，还有在金属材料上涂覆或沉积生物陶瓷用作人造骨、人造牙等医学用植入体。

绿色能源中太阳能电池，热电半导体，制冷磁流体发电，风能发电，海浪发电，太阳能热水器等。在这些能源装置中都采用着表面的沉积、涂镀技术。又如人们现今利用自然光的洁净能源，通过涂敷、沉积镀膜的表面技术方法，研究能调光、调温的"智慧窗"，用涂层和膜层使洁净的自然光为人的舒适服务。

马路上行驶的汽车、飞机的起降、城市建设的施工所产生的噪声污染一直是城市居民十分关心的问题。其中降噪的一种有效办法是在一些关键部位和周围环境中使用表面技术涂覆一种表面降噪吸音材料，可减小噪声造成的污染。

1.2.10 研究和制备先进新材料中的应用

先进的高新技术发展很大程度依赖于先进新型材料优异性能的发现和应用。许多材料经表面技术的处理或加工，可以获得许多远离平衡态往往又具有一些特殊性能的新材料。特别在薄膜的微结构、晶粒演变、超晶格结构，配制二元、三元、多元合金，各种化合物膜、多层膜，多相材料等方面展示出十分丰富新颖的研究成果。特别是等离子体、电子束、离子束、激光束、微波等离子的一些最新成果的应用和一些先进的化学气相沉积、物理气相沉积、离子注入和离子辅助沉积、高速火焰喷涂、低压等离子喷涂、液体喷涂、冷喷涂等先进表面工艺技术的涌现，对现代材料表面工程起到了巨大的促进作用，引发了材料表面技术的新进展，导致材料表面技术的新进步。表1-4列举了一些通过材料表面技术在研制新材料中的应用实例。

表 1-4 表面技术在研制和生产新材料的应用实例

序号	新型材料	简　要　说　明	表面技术及其所起作用
1	金刚石薄膜	为金刚石结构。硬度高达 8000~10000 HV。室温热导率达到 11(cm·K)，是铜的 2.7 倍。有较好的绝缘性和化学稳定性。在很宽的光波段内透明。与 Si、GaAs 等半导体材料相比，有较宽的禁带宽度。它在微电子技术，超大规模集成电路，光学、光电子等方面有良好的应用前景，有可能是 Ge、Si、GaAs 以后的新一代的半导体材料制备	金刚石一般是在高温高压条件下进行的。现在主要用化学气相沉积(CVD)和等离子体化学气相沉积(PCVD)等方法在低压条件下制取该新型材料简要说明表面技术及其所起作用
2	类金刚石碳膜	是一种具有非晶碳和微晶碳结构的非晶含氢碳膜和不含氢碳膜，又名 i-C 膜、a-C 膜、a-C:H 膜、ta-C 膜等。其化学键为 sp^3 到 sp^2。在拉曼谱上特征峰为 1552 cm^{-1} 至 1558 cm^{-1} 的漫散射峰在 1332 cm^{-1}。类金刚石碳膜的一些性能接近金刚石膜，如高硬度、高热导率、高绝缘性、良好的化学稳定性，从红外到紫外光学透过率等。可考虑用作光学器件上保护膜和增透膜，工具的耐磨层、真空润滑层、生物植入体的膜层	所用的表面技术与金刚石薄膜相似，但生产条件要求较低，通常可用低能量的碳氢离子的等离子体分解或多弧镀等技术来制得，阴极电弧镀碳离子束沉积合物的离子束沉积技术，设备相对较简单，成本较低，容易实现工业生产。主要缺点是结构为亚稳态等

续表1-4

序号	新型材料	简 要 说 明	表面技术及其所起作用
3	立方氮化硼薄膜	具有立方结构。硬度和导热率仅次于金刚石，而耐氧化性、耐热性和化学稳定性比金刚石更好。具有高电阻率、高热导率、掺入某些杂质可成为半导体。目前正逐步用于半导体、切削刀具、电路基板、光电开关以及耐磨、耐热、耐蚀涂层	不是天然存在，能在高温高压下合成，也可在低压下合成，具体方法很多，低压法主要有化学气相沉积(CVD)和物理气相沉积(PVD)两大类，均可得立方氮化硼膜
4	超导膜	用YBaCuO等高温超导薄膜可望制成微波调制、检测器件、超高灵敏的电磁场探测器件、超高速开关存贮器件，用于超高速计算机等	主要采用物理气相沉积如真空蒸发、溅射，分子束外延等方法制备。沉积膜为非晶态，经高温氧化处理后转变为具有较高转变温试的晶态薄膜
5	LB薄膜	LB膜是有机分子器件的主要材料。它是由羧酸及其盐、脂肪酸基膜以及其他有机物构成的分子单分子层或多层薄膜。LB膜在分子聚合、光合作用、磁学特征的薄膜，激光、声表面波、红外检测、光微电子、光电器件等等领域有广泛的应用	将制备的有机高分子材料溶于某种易挥发的有机溶剂中，然后滴在水面或其他液溶液上，待溶剂挥发后，液面保持恒温和被施加一定的压力，溶质分子沿液面形成致密排列的单分子层。接着用适当装置将分子逐层转移、组装到固体载片上，并按需制备几层到数百层LB膜。利用LB膜功能体系实现分子尺度上的装配

续表 1-4

序号	新型材料	简要说明	表面技术及其所起作用
6	超微颗粒型材料	超微颗粒是指超越常规机械粉碎的手段所获得的微颗粒。尺寸范围大致为 $1\sim10$ nm，而小于 1 μm 的颗粒称为微粉，小于 1 nm 的颗粒称为纳米微粉，$1\sim10$ nm 的颗粒称为纳米微粒，是目前研究的重点。由于超微颗粒的表面效应，小尺寸效应和量子效应，使超微颗粒在光学、热学、电学、磁学、力学、化学等方面有着许多奇异的特性。例如能显著提高多颗粒的活性和催化率，增大磁性颗粒的磁记录密度，提高化学电池、燃料电池和光化学电池的效率，增大对不同波段电磁波的吸收能力等等；也可作为添加剂制成导电的合成纤维、橡胶、塑料或者成为药剂的载体，提高药效等等	通常用机械粉碎的方法，得到颗粒尺寸下限大约为 1 μm，所以超微颗粒要用表面技术来制备。例如用气相沉积的方法，即在低压惰性气体中加热金属或化合物，使其蒸发后冷凝，而控制惰性气体的种类与气压可以得到不同粒径的颗粒
7	纳米固体材料	是指由尺寸小于 15 nm 的超微颗粒在高压力下压制成型，或再经一定热处理工序后制成的具有超细组织的固体材料。按其组成，可分为纳米金属材料、纳米陶瓷材料、纳米复合材料和纳米半导体材料等。它们的界面体积分数高，界面处原子间距与同成分普通固体材料有很大的差异，在力学、热学、磁学性能方面有一定的差别。例如，纳米陶瓷具有一定的塑性，可进行挤压和轧制，又变成普通陶瓷，又如纳米陶瓷尺寸长大到微米量级，然后退火使晶粒尺寸长大到微米量级；纳米金属有更高的强度，纳米陶瓷有优良的导热性；纳米金属有更高的强度等等，因而有广泛的潜在应用	纳米固体材料需要用纳米粉粒做原料，而纳米粉粒通常是用气相沉积等方法制备的

续表 1-4

序号	新型材料	简要说明	表面技术及其所起作用
8	超微颗粒膜材料	是将超微颗粒嵌于薄膜中构成的复合薄膜,在电子、能源、检测、传感器等许多方面有良好的前景	通常用两种在高温互不相溶的组元制成复合靶,然后在基片上沉积生成复合膜。改变靶中组分的比例,可改变膜中颗粒大小和形态序号新型材料简要说明表面技术及其所起作用
9	非晶硅薄膜	非晶硅太阳能电池的转换效率虽不及单晶硅器件,但它具有合适的禁带宽度(1.7~1.8eV),太阳辐射峰附近的光吸收系数比晶态硅大一个数量级,便于采用大面积薄膜工艺生产,因而工艺简便,成本低廉。同时这种薄膜还可制成摄像管的靶、位敏检测器件和复印机感光鼓等	等离子体化学气相沉积等
10	微米硅	又称纳米晶。其晶粒尺寸在 10 nm 左右。它的带隙达 2.4 eV,电子与空穴迁移率都高于非晶硅两个数量级以上,光吸收系数介于非晶硅与晶体硅之间。可取代掺氢的 SiC 作非晶硅太阳能电池的窗口材料以提高其转换效率,也可考虑制作异质结双极型晶体管、薄膜晶体管等	等离子体化学气相沉积、磁控溅射等

续表 1-4

序号	新型材料	简 要 说 明	表面技术及其所起作用
11	多孔硅	多孔硅的孔隙度很大，一般为 60%~90%。光激发它在室温下发出可见光，也能电致发光。制成频带宽、量子效率高的光检测器。它的禁带宽度明显超过晶体硅	以硅为原料在以氢氟酸为基的电解液中阳极氧化而制得
12	C_{60}	由 60 个碳原子组成空心圆球具有芳香性分子。它四周是由 12 个正五边形碳环（苯环式）构成，和 20 个正六边形碳环（碳－碳单键结构），尤如一个"足球"。C_{60} 分子的物理性质相对稳定，化学性质相对活泼，它和它衍生物具有潜在的应用前景。已发现 K_3C_{60} 以及 Rb、Cs 等碱金属掺杂在的超导性。目前这类材料的 T_c 已超过 40K，高于其他有机超导体，进一步发展后可望成为一种高性能低成本的超导材料	C_{60} 是 Rohlfing 等人在 1984 年将碳蒸气骤冷淬火时通过质谱图发现的
13	纤维增强陶瓷基复合材料	是以各种金属纤维、玻璃纤维、陶瓷纤维为增强体，以水泥、玻璃陶瓷等为基体，通过一定的复合工艺结合在一起所构成的复合材料。这类材料具有高强度、高韧性和优异的热学、化学稳定性，是一类新型结构材料。目前除了纤维增强水泥基复合材料等已获得实际应用外，还有许多重要的纤维增强陶瓷仍处于实验室阶段，但在一系列高新技术领域中有着良好的应用前景	受力状况对于结构材料在力场中来说是重要的。复合材料在力场中，只有通过界面才能使增强剂和基体二者起到协同作用。界面是影响复合材料性能的复合材料的关键之一。在一些重要的复合材料中，例如碳纤维等增强陶瓷基复合材料复合，但纤维必须通过一定的表面处理，使纤维与基体"相容"

续表 1-4

序号	新型材料	简要说明	表面技术及其所起作用
14	梯度功能材料	选择两种不同性质材料，连续地改变两种材料的组成和结构使其结合部位的界面消失，得到连续平稳变化的非均质材料。其组织连续变化，材料的功能随之变化。这种材料用于航天、航空领域，可以有效地解决应力与热解问题，获得耐热性与力学强度都优异的新功能。此外，还可望在核工业、生物、传感器、发动机等	许多领域有广泛的应用许多表面技术如等离子喷涂、离子镀、离子束合成薄膜技术、化学气相沉积、电镀、电刷镀等，都可制备出梯度功能材料
15	多元复合膜	这是在单层单相 TiN、TiC 膜基础上发展的一种多元复合膜，主要是提高材料的硬度、抗氧化温度、热稳定性和高温摩擦系数，典型的有 TiSiN (4000HV, 热稳定性 1100℃, 500℃的摩擦系数 0.5); TiAlSiN (硬度 4500 HV, 热稳定性 900℃, 500℃摩擦系数 0.4); TiSiCN (硬度 4500 HV, 热稳定性 1200℃, 500℃摩擦系数 0.15)。已开始用于热作模腔模具, 飞机叶片热锻模、切边模、齿轮精锻模、硬质合金精锻模、冲裁模、铣刀、车刀、镀膜上	用脉冲直流等离子体化学气相沉积和 PVD 进行复合沉积制备的多元复合膜具有硬度高、热稳定性好、高温摩擦系数低的优异性能，特别适用于复杂型腔热作模具表面强化

续表 1-4

序号	新型材料	简要说明	表面技术及其所起作用
16	多层硬质耐磨膜	通常用不同性能的单层膜复合，一般用得较多的模式是在硬质膜的最顶层生长一层低摩擦系数的固体润滑膜来减小摩擦系数，提高耐磨寿命。典型的膜是 TiN/MoS_2，$TiN/Me+C$（即掺金属的类金刚石）等，已开始用于刀具、汽车零件、信息储存器、医学植入体上	用磁控溅射、有直流多靶、射频、单极或双极溅射、过滤的阴极电弧沉积，多源的等离子辅助化学气相沉积，电弧与激光，阴极电弧沉积与非平衡磁控溅射组合进行合成沉积成不同性能的单层复合成多层硬质耐磨膜序号新型材料简要说明表面技术及其所起作用
17	纳米超硬多层膜	把两种纳米级的薄膜重复交叠成纳米多层结构的超硬膜，其硬度比单一膜层的硬度高得多，这些纳米多层结构的超硬膜有 TiN/VN（硬度 5600 HV），TiN/NbN（硬度 5100 HV），TiN/VNbN（硬度 4100 HV）；TiC/VC（硬度 5200 HV）；TiN/CN_x（硬度 4500～5500 HV），ZrN/CN_x（硬度 4000～4500 HV）；WC/TiN（硬度 4000 HV）；TiC/NbN（硬度 4500～5500 HV），TiN/Nb（硬度 5200 HV），$TiAlN/Mo$（硬度 5100 HV）	通过不同靶源开启、关闭或屏蔽不同靶源或通过工件旋转时，经过不同部位的源来沉积。这些源可以是金属，氮化物、碳化物、氧化物，或通入气体产生化学反应，或直接沉积在工件表面上。具体采用的工艺技术方法组合，在任又需根据应用性能要求与工件实际形状进行组合选择，但在工艺上主要控制好两种不同膜层的厚度（调制比）和两层膜的厚度（调制周期），因为在这个调制周期范围内，硬度才会出现这高硬的峰值

续表 1-4

序号	新型材料	简 要 说 明	表面技术及其所起作用
18	纳米超硬混合（复合）膜	这是一种在薄膜基底上具有纳米尺寸单晶金属或粒子的纳米复合超硬混合膜，具有优异的电子输运、磁、光、超导、力学等性能。S. Veprek 提出的纳米超硬复合膜的设计原则。有：nc-TiN/α-Si$_3$N$_4$、nc-VN/BN；ZrN/Cu，ZrN/Y 等。nc-W$_2$N/α-Si$_3$N$_4$ 和 nc-VN/α-Si$_3$N$_4$ 的硬度可在 5000～7000 HV 范围内变化，并获得了热稳定性，抗氧化性达 800℃，硬度为 10000 HV 的 nc-TiN/α-Si$_3$N$_4$/α 或 nc-TiSi$_2$纳米超硬混合膜	方法与 17 号中的纳米多层结构超硬膜相同。其关键是 S. Veprek 提出的设计原则应保证实现达到成分调制，在低温沉积中要避免异质结构在小调制周期易出现的向扩散造成硬度下降和两种材料中各组分的晶粒尺寸须控制在纳米范围接近纳米晶向稳定的极限
19	微/纳米热喷涂层	与传统的涂层相比，微/纳米结构涂层在强度、韧性、抗蚀耐磨、热障、抗热疲劳等性能上均有改善，且具有上述多种性能，纳米热喷涂层有单一的纳米涂层（纳米晶）、两种或多种纳米晶，添加纳米的复合涂层（微晶+纳米晶）等，是热喷涂技术的重要发展方向。目前研究的涂层主要有 WC/Co 系列、Ti/Al 等金属间化合物、Cr$_2$O$_3$、Si$_3$N$_4$、ZrO$_2$、Al$_2$O$_3$/ZrO$_2$、Al$_2$O$_3$/TiO$_2$、316 不锈钢、Cr$_2$O$_3$、Si$_3$N$_4$、生物陶瓷，其中 WC/Co 研究最多，主要用于高温耐磨，其耐开裂耐磨损比传统的 WC/Co 涂层性能提高，硬度为传统 WC/Co 涂层的 2 倍，且具韧性	制备微/纳米结构的热喷涂涂层的方法有超音速 火焰 喷涂（HVOF），真空 等离子喷涂（LPPS），高能等离子喷涂（HEPJ），双丝电弧喷涂技术（TWAS）和其他先进的热喷涂技术

1.3 材料表面技术与工程发展

1.3.1 材料表面技术与工程的概念

人们使用材料表面技术历史悠久，早在战国时代，我国已有钢的淬火。从发展上看，表面技术始于工业革命。近 30 年来发展更为迅速。表面工程这一概念，是在 20 世纪 80 年代初，由英格兰伯明翰大学 TomBell 教授提出。作为一个学科发展的重要标志就是 1983 年英国伯明翰大学表面工程研究所的建立和 1985 年《表面工程》国际刊物的发行。1986 年，在匈牙利布达佩斯举行的国际材料与热处理第五届年会上，根据 TomBell 主席的提议，把"国际材料与热处理联合会"改名为"国际热处理与表面工程联合会"。日本京都大学名誉教授、工学博士远滕吉郎在 1985 年出版了《表面工学》专著，书中概括了表面工程的主要目的是金属表面的损伤及防止方法，主要内容有：表面性质及几何形状；接触和摩擦；腐蚀；磨损；环境脆化；环境疲劳；转动疲劳；接触疲劳；空化腐蚀等。此后，表面工程的国际学术会议又连续召开。相继于 1987 年国内建立了表面工程研究所，1988 年出版了《表面工程期刊》(1998 年改名为"中国表面工程")，1993 年中国机械工程学会成立了表面工程分会，且每年在中国都有多达 5～6 次表面技术与工程的学术会议。与此同时，在中国，也举办了多次国际表面工程学术会议。随着表面科学技术的迅速发展和工程应用，表面工程学已逐渐发展形成新兴的学科。在国内外，有关的高等院校相继设立了"表面工程"专业，许多院校和研究单位都建立了表面工程研究所、表面工程中心，以"表面"命名的公司、企业，也不断开拓市场，自第六个"五年计划"以来，表面工程技术已取得几百亿元的经济效益。国家已把表面工程作为节能节材的重大措施，在国家的"九五"、"十五"和"十一五"计划中都列有研究项目。许多先进的表面工程技术的基础理论研究都在国家"863"、"973"及国家重大技术创新计划中列为专项。应该说，经过近30年的发展，这一新兴的、跨学科的、综合性强的表面技术与工程已经成为一门具有独立研究对象、坚实的理论基础、丰富的研究内容和工程应用的综合性交叉学科。已经成长为材料科学与工程的一个重要分支。

1.3.2 材料表面技术与工程的发展展望

在材料的表面及近表面区成为材料科学研究的热点以后，电子技术、真空技术、冶金、物理、化学、机械、材料等学科的最新知识和电子束、激光束、等离子体、微波、超音速等离子体的最新成果均被引进到材料表面技术领域，有力地促进了现代表面改性技术、薄膜沉积技术、先进的涂层技术的快速发展。由此形成并发展起来的材料表面技术与工程，跨上了一个崭新的台阶，发展成为一门新兴的、跨学科的、综合性强的先进的现代材料表面工程技术。它的多学科及工程技术的边缘交叉、复合渗透，为从材料的表面保护到新型功能材料的揭示、展现，乃至应用，提供了坚实的基础。

经过30余年的发展，形成的现代材料表面技术与工程，在20世纪80年代曾被国际科学技术界誉为最具发展前途的十大技术之一。进入20世纪90年代，各国竞相把材料表面工程列入研究发展规划。美国工程科学院向国会提出2000年前要加强发展的九大科学技术项目中，表面工程就是其中的一项。材料的表面改性，沉积的机械功能、装饰功能、物理功能（如声、光、电、磁以及它们间的转换），特殊功能（如防辐射、自润滑、吸收、隐身、红外、催化、抗老化等）薄膜，涂覆的各种涂层（如超合金涂层）已经在一定程度上实现了把材料表面改造成人们所期望的各种表面功能和各种性能优异的产品，并在各个传统的工业领域，特别是高新技术的发展中展现出诱人的市场前景。它的广泛渗透性和工程实用性遍及机械、石化、冶金、交通、能源、环保、航空航天等工业以及微电子、光电子、计算机、通讯、光学、电学、磁学等领域。成为既是学科交叉的边缘学科，又是获得广泛应用的工程技术。表面技术与工程的产品，不断推陈出新，更新换代，促进了许多科学技术的高速发展。诸如离子注入半导体掺杂，已成为超大规模集成电路制造的核心工艺技术；使半导体从单个晶体管的加工发展到平面集成电路加工；离子注入、离子刻蚀、电子束曝光等表面技术的结合，形成了集成电路的微细加工新技术，使掺杂层更薄，线条更细，促成了集成电路的发展实现质的飞跃，使集成电路的特征尺寸接近 $0.1~\mu m$。蓬勃发展的微电子工业，带动了计算机工业、光通讯工业、家电产业和微机电系统的全面发展与技术大提升。其影响极其深远。随着复合处理技术和纳米表面工程技术的出现，多功能复合处理工业机的问世，以及对各种功能涂层、膜系、多层复合膜系的系统研究和应用，对各工业部门高技术的发展产生着重要的影响。经过30余年的研究、开拓应用，材料表面技术与工程已经取得了第一个突破性进展和令人瞩目的成就，形成了材料表面技术与工程学科体系和特色，特别在解决材料发展的复合化、轻量化、多功能化、智能化方面显得十分突出。利用表面技术研制出的各种性能优异、功能独特的新材料，被相关行业用于设计、生产新产品、新器件，促进了行业整体水平的提高。

当前，涂层与薄膜现代表面技术得到迅猛发展的一个重要原因是：它所研究的涂层与薄膜材料不仅和现代表面沉积制备的最新技术紧密结合，而且还与当今高新技术的发展紧密相连并广泛应用。我们可以预计，在材料表面技术与工程已经取得的第一个突破性进展和令人瞩目的成就的基础上展望21世纪。同样可以认为，21世纪将是材料表面技术与工程辉煌发展的时期，将会取得第二次重大突破性进展。在新的世纪里，各行各业、各项工程、各项新产品的设计，都会普遍地把材料表面工程设计与制造纳入工程或产品的总体设计之中。其中超大规模集成电路和当今迅速发展的微机电系统(MEMS)的产品，就是把先进的现代表面微细加工新技术纳入表面工程和总体设计之中最为典型的高技术产品。即进行了"表面与整体"同步设计、制造；进行表面设计、表面加工、表面装饰，赋予产品表面所需的优异性能，制造出新世纪、新时代的高性能的产品。这种产品结构功能的微型化，不仅仅是节约资源和能源，更重要的是导致多功能的高度集成和生产成本的大幅下降，从而获得最大的技术经济效益和社会效益。

我们有充分的理由相信，材料表面技术与工程是主导21世纪的关键技术之一。随着科学技术的发展，材料表面工程的内涵更加丰富、功能更全面、技术交叉更紧密，其在制造业中的应用及发展，前景更加光明，应用更加广阔。经过我国表面科学技术与工程专家、学者以及广大的科技人员的奋力拼搏，我国的表面工程学科和技术必将向着纵深发展，向着现实生产力的方向转化。不断发展具有我国特色的和自主知识产权的现代材料表面科学工程体系，为实现材料工业的可持续性发展，展示出材料表面工程的独特优势作用。

参 考 文 献

[1] 戴达煌，周克崧，袁镇海等编著.现代材料表面技术科学.北京：冶金工业出版社，2004. 1~23
[2] 钱苗根，姚寿山，张少宗编著.现代表面技术.北京：机械工业出版社，1999. 1~12
[3] 李金桂等主编.现代表面工程设计手册.北京：国防工业出版社，2000. 27~29，39~42，47

[4] 周克崧,戴达煌等. 中国表面工程与技术发展现状及展望. 中国工程院中国材料发展现状及迈入 21 世纪对策第三次学术研讨会论文集. 广州：1998

[5] 戴达煌,孙洪志编. 先进有色金属材料及制备技术,见：有色金属材料咨询研究组,有色金属材料咨询报告. 西安：陕西科学技术出版社, 2000. 215~323

[6] 李金桂. 现代表面工程技术的新进展. 航空工程与维修. 1999(188)：13~15

[7] 王国端,汤宝流. 表面工程与中国家电工业材料保护. 1999(10B)：29~32

[8] 李金桂. 现代表面工程的重大进展. 材料保护. 2000(1)：9~11

[9] 徐滨士,马边宁. 表面工程及其未来发展. 机械热加工科学的未来论文集. 北京：国家自然科学基金委员会. 1988

[10] 徐滨士主编. 面向 21 世纪的表面工程. 北京：机械工业出版社, 1997

[11] D R Roudell and W Neagle. Surface Analysis Techniques and Applications. London：Great Britain. 1990

[12] Arthur W Adamson. Physical Chemistry of Surface – fifth Edition. New York：Johu Wiley and Sons. Inc 1990

[13] 陈国平. 我国薄膜产业化的现状及展望. 真空. 1997, 2(1)：1~5

[14] 陈宝清. 离子束材料改性原理及工艺. 北京：国防工业出版社, 1995

[15] John B Wachtman and Richard A Haber. Ceramic Films and Coatings. Park Ridge, N J. U S A：Noyes Publications. 1993

[16] 张彪,郭景坤. 环境意识材料. 科学. 1996, 48(5)：56~58

[17] 中国材料研究学会. 生物及环境材料Ⅲ – 2(总 17). 北京：化学工业出版社, 1997

[18] 张彦仲. 航空环境工程与科学,见：中国工程编辑委员会,中国工程科学. 2001(3)7：2

[19] 徐滨士,刘世参主编. 中国材料工程大典(16 卷 9. 上). 北京：化学工业出版社, 2006. 3~7

[20] 李长久,热喷涂,见徐滨士,刘世参主编. 中国材料工程大典. 16 卷材料表面工程(上). 北京：化学工业出版社, 2006. 306~308

第 2 章 热喷涂涂层技术

2.1 概述

2.1.1 热喷涂涂层形成原理

热喷涂用火焰、等离子射流、电弧等某种热源将涂层材料(丝、棒、粉)加热到熔融或半熔融状态,借助焰流或高速气体将其雾化,并加速把这些雾化后的粒子形成的高速熔滴喷射到基体表面,经扁平化,快速冷却凝固沉积成具有某种功能的涂层技术。近年来,也把所谓的"冷喷"技术(后面还要谈及)纳入热喷涂范畴。一般只要具有熔融状态,能形成融态粒子或似熔融态粒子的材料,均可通过热喷涂技术形成涂层。其原理示意见图 2-1。对于给定的材料,描述高速粒子的参量一般主要是粒子的尺寸、速度与温度。主要通过这三个工艺参数来调整涂层的结构和性能。

2.1.2 热喷涂涂层的技术特点

热喷涂技术是表面涂层的重要方法,其工艺特点是:
(1)涂层的基体材料几乎不受限制。可制备的基体可以是金属材料、无机材料和有机材料。
(2)涂层材料选择范围广。只要材料的熔点远低于沸点或拟熔融的材料都可实施用于喷涂。例如金属及其合金、陶瓷、塑料以及它们的复合材料和具有特殊性能的不同材料构成的复合涂层。

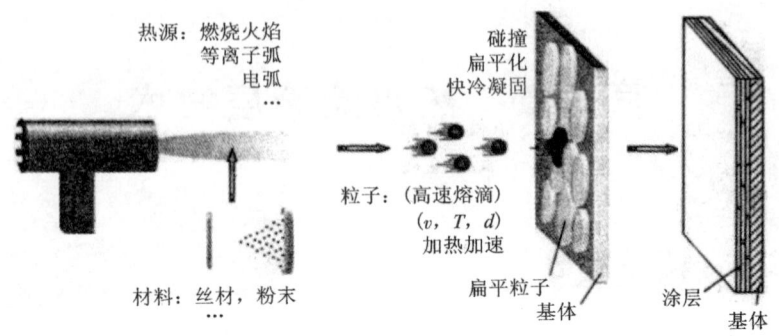

图 2-1 热喷涂原理示意图

(3)喷涂基体的尺寸和形状不受限制。可以在表面进行整体喷涂,也可对大型构件的需要喷涂的局部表面进行喷涂。

(4)基体材料性能在喷涂中一般不变。除火焰喷涂外,其他喷涂方法在施工中基材受热温度低、基体其组织结构与性能一般不变,工件变形也很小甚至可忽略。

(5)涂层厚度可在比较大的范围内变化。最厚的可达数毫米。

(6)可喷涂成形直接制造机械零件实体。该法是在先成形模的表面形成涂层,然后再用适当的方法脱除形成模后成为成形产品。

(7)对喷涂小零件、小面积的涂层,经济性差。

(8)操作间需通风换气。

2.1.3 热喷涂的技术分类

2.1.3.1 热喷涂的方法分类

在热喷涂过程中,对涂层材料的加热及使熔融材料气雾化后熔粒的加速,是最关键的要素,对热源的应用和控制是其中重要的环节。图2-2是按不同的热源对热喷涂进行的分类。

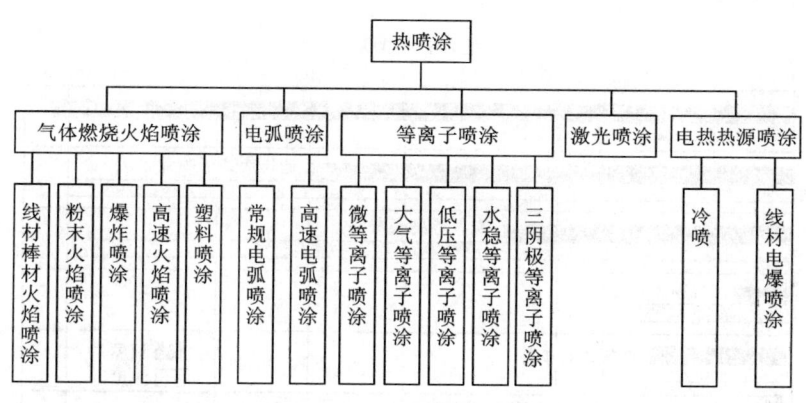

图2-2 热喷涂的分类

图2-2中所示的各种热喷涂方法都有其本身的一些特点。如常规气体火焰喷涂和常规电弧喷涂,设备简单,成本低,便于携带,可在现场施工。主要以制备金属涂层为主,适合在对性能要求不是特别高的部件上使用。等离子喷涂则主要是用来制作高熔点金属涂层、陶瓷涂层。爆炸喷涂及高速火焰喷涂的特点是涂层材料的粒子速度快,可达到音速或超音速,所以涂层致密且与基体结合好,可制作高品质的金属涂层、金属陶瓷及高温合金涂层。

2.1.3.2 主要热喷涂方法应用的比例

主要传统喷涂方法可达到的粒子速度及焰流温度如图2-3所示。1960年以来主要喷涂方法的应用比例如图2-4所示。

从图2-4可见,在上世纪60年代主要应用的喷涂方法是火焰粉末及火焰线材喷涂,占70%。随着80年代等离子喷涂技术的不断完善,其应用比例也不断提高,达到55%,尤其是在航空航天领域得到广泛的应用。到20世纪末期,高速火焰喷涂(HVOF)以其涂层致密,低孔隙率,涂层与基体结合好,生产效率高等特点,占据了25%的应用比例,但等离子喷涂仍然占据着48%的最大比例。

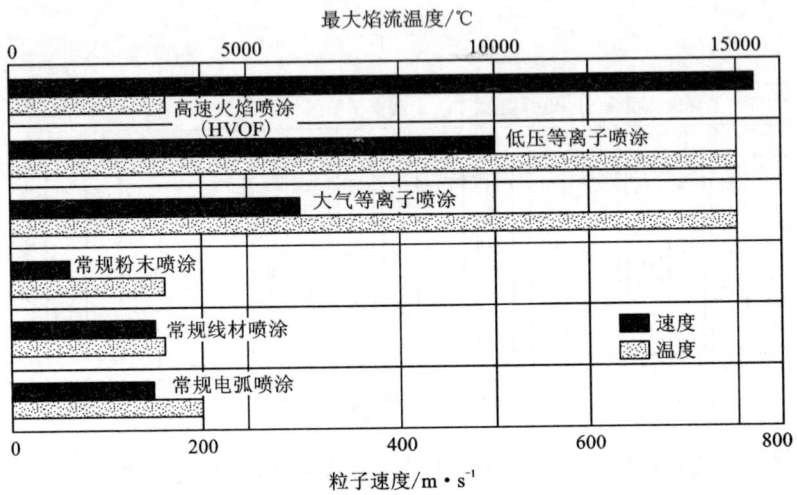

图2-3 主要传统喷涂方法的粒子速度及焰流温度

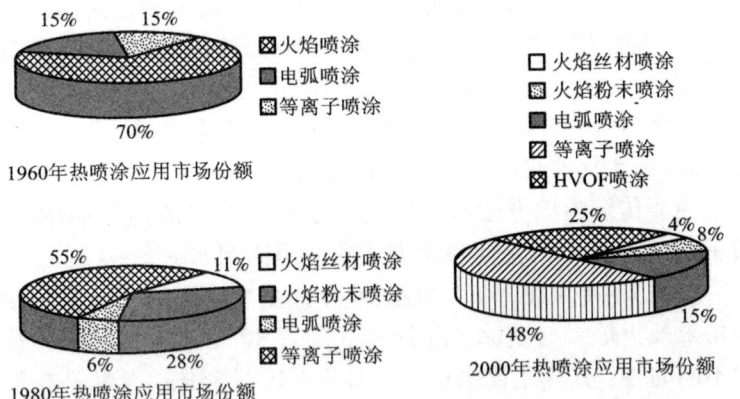

图2-4 主要热喷涂方法在不同时期的应用比例

2.1.4 热喷涂涂层材料的特点和分类

2.1.4.1 热喷涂涂层材料的特点和要求

涂层的性能是与涂层制作的工艺和涂层材料的性能密切相关。所以热喷涂技术的发展和应用是与喷涂材料的发展互相促进紧密相关的。

从原则上讲，只要在一定温度以下不升华，不分解的固态材料均可用于喷涂。所以被广泛应用于喷涂的材料，既包括金属、陶瓷，也包括塑料聚合物及其复合材料，但作为喷涂材料还有一些特定的要求：

(1)应有一定的热稳定性，在焰流的高温中不升华，不分解。

(2)涂层材料和基体应有相近的热膨胀系数，以防在涂层形成过程中的急冷造成因和基体的热膨胀系数相差过大，收缩不均匀，形成巨大的热应力，使涂层从基体上剥离或龟裂。

(3)涂层材料在熔融或半熔融状态下应和基体有较好的浸润性，以保证涂层与基体有良好的结合性能。

(4)涂层材料是粉末时，其尺寸分布应比较窄，且要有好的流动性才能获得好的均匀的涂层。当涂层材料是棒材或丝材时，应有较好的成型性能，且尺寸也应均匀准确。

2.1.4.2 热喷涂材料的分类

喷涂材料从形态上分有线材、棒材和粉末三大类。

(1)线材(以金属线材为主)，主要用于火焰喷涂、电弧喷涂和线爆喷涂。

(2)棒材主要是由陶瓷材料做成，用于火焰喷涂。

(3)粉末材料主要用于等离子喷涂、爆炸喷涂和火焰喷涂。

由表2-1和表2-2可以看出，热喷涂的涂层材料的范围是十分广阔的。可以根据不同的用途选择不同的涂层材料来达到所要求的目的。热喷涂主要应用于防腐、耐磨、耐蚀、抗高温氧化、隔热、密封、热辐射、固体润滑及尺寸恢复等(见表2-3)。

其中粉末的用途最广，用量也最大。粉末材料的品种列于表2-2中。它的制作方法有：熔炼气雾法、熔炼(或烧结)破碎法、气相或液相包覆法和团聚法。图2-5为粉末的典型形态图。

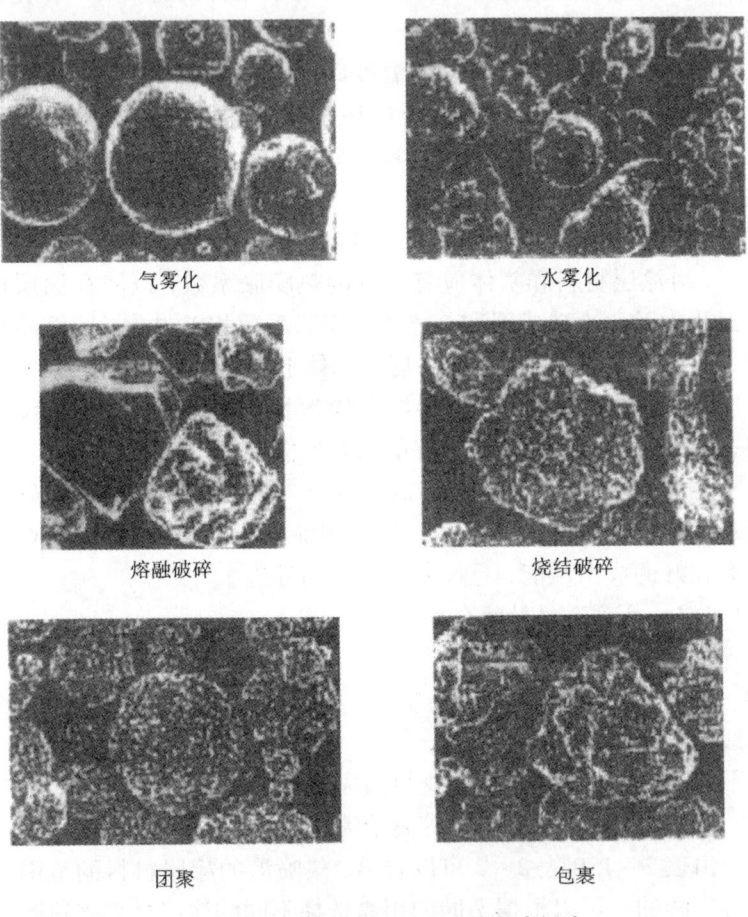

图2-5 各种不同制作方法的粉末形态

表 2-1　热喷涂棒材和线材

类别	材料品种
金属线材	Zn, Al, Cu, Ni, Mo, Sn, Ti, Ti-Ni, Ti-6Al-4V Zn-Al, Al-Re, Cu-Zn, Cu-Al, Cu-Ni, Cu-Sn Pb-Sn, Pb-Sn-Sb(巴氏合金) Fe-C, 不锈钢, Fe-Cr-Al, Ni-Cr, Ni-Cr-Al Ni-Cr-Fe, Ni-Cu-Fe(蒙乃尔合金)
棒材	Al_2O_3, TiO_2, Cr_2O_3, Al_2O_3+MgO, $Al_2O_3+SiO_2$; $ZrSiO_4$, ZrO_2
复合线材	铝包镍, 镍包铝, 金属包碳化物, 金属包氧化物, 塑料包金属, 塑料包陶瓷

表 2-2　热喷涂粉末材料

类别	分类	品种
金属	纯金属	Sn, Pb, Zn, Al, Cu, Ni, W, Mo, Ti 等
	合金	(1)Ni 基合金: Ni-Cr, Ni-Cu; (2)Co 基合金: CoCrW; (3)MCrAlY 合金: NiCrAlY, CoCrAlY, FeCrAlY; (4)不锈钢; (5)铁合金; (6)铜合金; (7)铝合金; (8)巴氏合金
	自熔性合金	(1)Ni 基自熔性合金: NiCrBSi, NiBSi; (2)Co 基自熔性合金: CoCrWB, CoCrWBNi; (3)Fe 基自熔性合金: FeNiCrBSi; (4)Cu 基自熔性合金
陶瓷	金属氧化物	(1)Al 系: Al_2O_3, $Al_2O_3 \cdot SiO_2$, $Al_2O_3 \cdot MgO_2$; (2)Ti 系: TiO_2; (3)Zr 系: ZrO_2, $ZrO_2 \cdot SiO_2$, $CaO-ZrO_2$, $MgO-ZrO_2$, $Y_2O_3-ZrO_2$; (4)Cr 系: Cr_2O_3; (5)其他氧化物: BeO, $SiO_2 \cdot MgO$
	金属碳化物及硼氮硅化物	(1)WC, W_2C; (2)TiC; (3)Cr_3C_2 和 $Cr_{23}C_6$; (4)B_4C, SiC

续表 2-2

类别	分类	品种
复合物	包覆粉（液相沉积，气相沉积，电化学沉积）	(1) Ni 包 Al； (2) Ni 包金属及合金； (3) Ni 包陶瓷； (4) Ni 包有机材料
	团聚粉（包覆团聚，擦筛，浆料喷干等）	(1) 金属 + 合金； (2) 金属 + 自熔性合金； (3) WC 或 WC-Co + 金属及合金； (4) WC 或 WC-Co + 自熔性合金 + 包覆粉； (5) 氧化物 + 金属合金； (6) 氧化物 + 包覆粉； (7) 氧化物 + 氧化物
	熔炼粉及烧结粉	碳化物 + 自熔性合金，WC-Co
塑料		(1) 热塑性粉末：聚乙烯，尼龙，聚苯硫醚； (2) 热固性粉末：环氧树脂

表 2-3 热喷涂材料的应用领域

类型		涂层材料
防腐涂层	阳极性防护涂层（抗大气及浸渍腐蚀涂层）	Zn, Al, Zn-Al, Al-Mg
	阴极性防护涂层（抗化学腐蚀涂层）	Cu 基合金，Ni 基合金，蒙乃尔合金，不锈钢，Pb 合金，塑料
	抗高温氧化涂层	Ni 基合金，Co 基合金，MCrAlY 系合金，Ni-Cr 合金，Fe-Cr-Al，Ni/Al 复合材料，Al_2O_3，Al_2O_3-TiO_2

续表 2-3

类 型		涂 层 材 料
耐磨涂层	耐磨粒磨损及冲蚀磨损涂层	WC-Co, Ni-Cr, Cr_3C_2, TiC-Co, Fe-Cr-B-Si, Ni-Cr-B-Si, Co-Cr-W, 铝青铜, Ti-Ni, Al_2O_3-TiO_2, Cr_2O_3-SiO_2-TiO_2, Ni-Cr-Mo-B-Si
	耐磨棒磨损涂层	Mo 及 Mo 合金, 青铜, Ni-Al, Ni-Cr-B-Si, N-B-Si, Co-Cr-W, Al_2O_3, Al_2O_3-TiO_2, 巴氏合金(Pb-Sn-Sb)
	在强腐蚀介质中的耐磨涂层	自熔性合金, Ni 基合金, Cr_2O_3, ZrO_2-MgO, ZrO_2-SiO_2, Ni-Cr-Cr_3C_2
特殊功能涂层	热障涂层	ZrO_2-Y_2O_3-ZrO_2-CaO, ZrO_2-MgO
	封严涂层	Al-Si-石墨, BN-(Ni-Cr-Fe-Al), BN-(Fe-Al), Ni-石墨, Al-Si-聚苯酯
	固体润滑涂层	500℃以下应用: Ni-石墨, Ni-MoS_2, Ni-硅藻土, Cu-石墨, Al-Si-聚苯 500~700℃应用: Ni-Cr-硅藻土, Ni-Cr-Al/MoS_2
	导电	Cu, Al, Ag, Zn
	绝缘	Al_2O_3

(1)金属线材

1)锌线材：由于锌的标准电极电位(-0.9 V)比铁(-0.44 V)要低，因此锌喷涂到钢或铁基的部件上就可在介质中作为牺牲阳极对基体阴极进行有效的保护，使基体不受电化学腐蚀。这一般用于防大气腐蚀及 pH 6~12 的常温水介质中的腐蚀。但在酸或强碱的环境或 60℃以上的水介质或硫及氧化物污染的空气中均不具耐蚀性。这是由于在上述情况下锌和铁的电极电位会发生逆转，从而使基体产生孔蚀。一般喷锌用于桥梁、铁塔、水闸等钢结构的防腐上。只要喷涂 0.2 mm 的锌层，可在大气、海水中保持几年至十几年不锈蚀。为避免有害元素对锌涂层耐蚀性的影响,对喷涂锌材的纯度要求在 99.85% 以上。锌中加铝可提高耐蚀性,铝含量为 16% 的 Zn-Al 合金,广泛用于大型桥梁、铁路配件、钢窗,电视台天线,水闸门和容器等。

2) 铝线材:铝因其表面在大气中可以生成非常致密的 Al_2O_3 膜,所以有非常好的耐腐蚀性。在含 SO_2 气体的大气中及沿海的大气中,以至 pH 在 4~8 的弱酸性及中性溶液中都具有比锌更好的耐腐蚀性。在 60℃ 以上的水中也仍有良好的耐蚀性。但在强酸、强碱和有氯离子存在的情况下有孔蚀倾向。铝的标准电位为 -1.67 V,比铁低,它也是一种优良的阳极保护材料,因此铝涂层可在淡水和盐水贮罐、食品及啤酒的贮藏器中得到应用,对在 SO_2 气氛中的钢铁构件也可以进行防护。钢结构上的铝涂层在 500℃ 以上就会产生铝向铁中的扩散,形成 Fe-Al 合金,它在高温下有良好的抗热氧化性能,可在 950℃ 的高温下使用。

作为喷涂用的铝线材纯度应高于 99.7%,这样涂层的耐性才会得到保证。

3) 锌-铝合金线材:喷涂用的 Zn-Al 合金线材中,铝含量在 5%~30% 之间,铝含量越高耐蚀性越高,但拉丝加工也越困难。Zn-Al 合金的标准电位接近锌,但其抗蚀性比锌和铝更强。这是由于 Zn-Al 涂层中的富锌部分比富铝部分先快速发生腐蚀,其腐蚀产物会填塞到涂层的孔隙中,所以会降低涂层被腐蚀的速度。

4) 碳钢及低合金钢线材:主要用于机械零部件磨损后的尺寸修复。

5) 不锈钢线材:不锈钢种类很多,从组织上可分为马氏体,铁素体和奥氏体三大类,还有奥氏体和铁素体的复相不锈钢,沉淀硬化及相变诱生塑性不锈钢等类型。马氏体不锈钢含 12%~18% Cr,Cr13 为其典型钢种。此类钢在急冷时会产生马氏体相变而硬化，并有4%的体积膨胀率，所以在喷涂后要注意缓冷。这种不锈钢一般用于有硬度要求而耐蚀性能要求不高的地方。铁素体不锈钢含15%～30% Cr，Cr18为典型钢种。在常温下为铁素体组织，它具有良好的耐蚀性能。奥氏体不锈钢的典型钢种为Cr18Ni8，常温下为奥氏体组织，它具有优良的耐蚀和耐热性，及良好的加工性能，没有磁性。

6) 铜及铜合金线材：纯铜可作导电涂层，黄铜(Cu-Zn)可作装饰涂层，铝青铜[Cu-(7%～11%)Al]有很好的耐硫酸、盐酸腐蚀性能，尤其对海水的耐蚀及耐磨性能良好，用于作泵的叶片，船的螺旋桨，气闸阀门，轴瓦等零件的涂层。

7) 镍及镍合金线材：镍在低于500℃以下的大气中几乎不氧化，在1000℃以下氧化也不严重，对水及许多化学介质有良好的耐蚀性能。常用作喷涂线材的为镍铬合金及镍基的蒙乃尔合金(Ni-Cu-Fe)，镍铬合金有极好的抗高温氧化性能，蒙乃尔合金则有优良的耐酸蚀和耐海水腐蚀的性能。镍及其合金线材主要用于作耐酸蚀、泵柱塞轴等的涂层。另外，镍包铝的线材可作为结合性良好的底层材料。

8) 钼线材：钼是难熔金属，其熔点为2625℃，再结晶温度在900℃左右，有良好的高温强度及加工性能，它也是金属中唯一能耐热浓盐酸腐蚀的材料。但钼极易氧化，在700℃时挥发显著。钼有自粘结性能，但不能作为铜合金，硅铁，镀铬及氮化表面的涂层材料。它有耐磨减震的特点，常用于内燃机气缸、活塞环及变速箱的同步齿环上。

(2) 金属粉末

1) 对喷涂粉末的要求：用于喷涂的金属粉末不仅应满足化学成分及涂层的使用性能要求，还应满足以下的要求：

① 粉末的粒度分布要比较窄。

② 粉末的流动性应较好。流动性以50 g粉末在⌀2.5 mm标

准漏斗中全部流过所需的时间 S 来表示。S 越小流动性越好。

③粉末的松装密度越接近同材料块材的密度越好。

2)金属粉末的分类：一般金属粉末通常按成分可分为镍基，铁基，铜基等类型。它们一般采用熔融雾化及机械混合，机械球磨合金化，包覆法等办法制作。自熔性合金粉也是现在被广泛使用的热喷涂粉末，下面就着重介绍一下自熔性合金粉末。

3)自熔性合金粉末：自熔性合金粉末是指铁、镍、钴为基的合金中加入了强的脱氧元素硼和硅后，使其熔点降低，且能自行脱氧造渣的低熔点合金。

①镍基自熔性合金粉末：一般镍基自熔性合金有两个系列，即 Ni–B–Si 系列和 Ni–Cr–B–Si 系列。

Ni–B–Si 合金粉末，即在镍中加入适量的硼和硅制成。硼对硬度有显著影响，而硅则较小。硼含量应小于5%，否则会降低涂层塑性及涂层与基体的结合强度。为了防止生成碳硼化物和游离碳对塑性的影响，此类合金的碳含量要求控制在较低的水平。有时用硼铁作原料制造镍硼硅合金，所以铁含量会高达10%左右。此类合金涂层硬度不太高，具有良好的韧性，抗氧化性和耐热冲击性。有一定的耐磨性能。

Ni–Cr–B–Si 合金粉末，此系合金是应用最广泛的自熔性合金粉末，它是在 Ni–B–Si 里又添加了 Cr。铬既能在镍基合金中产生固溶强化，还会与 Ni–B–Si 中的 B 和 C 结合成硬质化合物，所以可提高涂层的硬度和耐磨性以及抗氧化性和耐腐蚀性。若该合金中的 B、C、Si 元素含量适当增加，其涂层硬度会从 25HRC 增到 60HRC，但韧性有所下降。在 Ni–Cr–B–Si 系中加入适量的铜可提高涂层在 H_2SO_4、HCl、HNO_3 中的的耐蚀性。Ca 和 Pt 的加入可以提高涂层的红硬性及高温下的耐磨性。

Ni–Cr–B–Si–M：在 Ni–Cr–B–Si 中加入30%以上的钼，可以消除涂层内的 Ni_3B 网状结构，提高涂层的韧性，从而显著提高涂层的耐气蚀性能。此合金主要用于水轮机的过流部件上。

②铁基自熔性合金粉末：铁基自熔性合金粉末是在铁基合金中加入适量的镍和硼，碳等元素。当其中的镍含量大于37％，铬含量大于15％后，涂层除具有奥氏体基体外，还有碳化物和硼化物存在，所以此类合金涂层比一般不锈钢有更好的耐热、耐磨、耐蚀的性能。而当合金中含有较高的碳和铬时，涂层中会出现更多的碳化铬及硼化铬，使涂层更硬更耐磨，但脆性较大。由于此类粉末的价格较低，耐磨性能也不错，因此大量应用于农机、工程机械、矿山机械等部件上，用于制造模具的耐磨涂层。

③钴基自熔性合金粉末：这类合金是在 Co－Cr－W 合金的基础上加入适量的 B 和 Si 元素而形成的。由于 Co，Cr，W 能使涂层具有优良的高温性能和综合力学性能，Co 和 Cr 能形成稳定的固溶体且在此合金中又有大量弥散的碳化物（Cr_3C_2，$Cr_{23}C_6$，WC）和硼化物（CrB，Cr_2B）所以有极好的红硬性和耐磨、耐蚀性。由于该粉价格昂贵，所以仅用于需要耐高温的重要零件的喷涂上，如高温高压阀门密封面、涡轮叶片、飞机发动机部件等零件上。含碳化钨的自熔性合金粉即在镍基、钴基自熔性合金粉末中加入30％～80％的碳化物，以进一步提高其在500℃以上和耐磨性，可使硬度由 50HRC 提高到 75HRC。这类合金主要用于高温下抗磨粒磨损或磨蚀的部件涂层上。

4）复合粉末：复合粉末是指单颗粉粒是由两种或两种以上不同成分的固相所组成的粉末，其中不同成分的固相之间有明显的界面，且各相之间一般为机械结合。制造这种粉的方法主要有液相或气相沉积法的包覆粉，也有用有机粘结剂粘结的团聚粉或固相烧结破碎的复合粉。其中用得最多的是 Ni－Al 和 Ni－Cr－Al 系的复合材料（镍包铝，镍铬包铝，铝包镍等）。由于这些材料的组分在一定温度下发生反应并可放出大量的热量，使粉末粒子在喷涂过程中温度升高使粉粒处于熔化状态并以高速沉积到基体上,可以保证涂层本身的致密度和使涂层与基体有良好的结合,一般可做粘结底层,也可做工作层。另外,作为硬质涂层的涂层材料,如 Co－WC，Ni/WC，Ni－Cr/Cr_2C_3，Ni/Al_2O_3 等用得也很广泛。复合粉末类型示意图如图 2－6 所示。用于制造工作在 500℃ 以下的自润滑涂层的复合粉末有：Ni/石墨，Ni/MoSi，Ni/硅藻土，Cu/石墨；工作在 500～700℃ 的有：Ni－Cr/硅藻土，Ni－Cr－Al/硅藻土，Ni－Cr－Al/MoS_2 等。

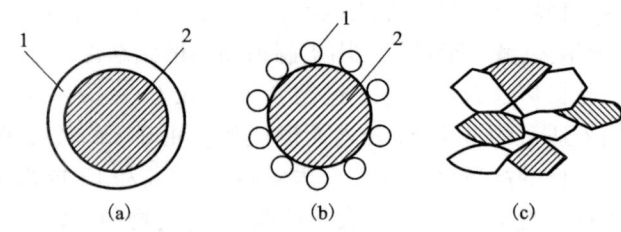

图 2－6　复合粉末类型示意图
(a)包覆型；(b)团聚型；(c)烧结破碎型
1——包覆材料；2——芯核

(3) 陶瓷材料

由于陶瓷材料具有耐高温、耐腐蚀、耐磨损及其他光、声、电、磁等特殊的功能,所以陶瓷材料也是热喷涂涂层材料的一个极其重要的组成部分。

陶瓷涂层一般采用等离子喷涂的方法来制作,即用粉末状陶瓷作为涂层材料。而当采用火焰为热源来制作涂层时,也可用烧结的陶瓷棒或将陶瓷粉填充到塑料管中制成柔线来制作陶瓷涂层。

喷涂用的陶瓷粉末一般可用熔炼后破碎法,烧结后破碎法,喷雾法,溶胶－凝胶法,团聚法来制作。常用的热喷陶瓷材料有 Al_2O_3，TiO_2，Cr_2O_3，ZrO_2，WC，TiC，Cr_2C_3 等,它们的物理性能列于表 2-4 中。

表 2-4 热喷涂陶瓷粉末的物理性能

项 目	Cr_2O_3	Al_2O_3	TiO_2	ZrO_2	WC	Cr_3C_2	TiC
结晶形态	六方	γ-(Al_2O_3)	金红石	立方	六方	斜方 D5	面方
维氏硬度(HV)	1200			1000	1800	1400	3000
热膨胀系数/$\times 10^{-6}$℃$^{-1}$	6	7.4	3.2	9.5	A:5.2 B:7.3	10.3	7.74
导热系数/W·(cm·K)$^{-1}$	6.27×10^{-4}	4.18×10^{-4}	8.36×10^{-5}	2.1×10^{-6}	1.21	0.191	0.21

1)氧化铝：氧化铝资源丰富，价格低廉，且具有许多优良的性能，所以是使用最多的高熔点氧化物。

氧化铝常见的有 α-Al_2O_3（六方），γ-Al_2O_3（立方），δ-Al_2O_3（正方）相，在低温下 Al_2O_3 呈 γ 结构，到 1200℃ 以上就会转变为 α-Al_2O_3，这时体积会收缩 13%，α-Al_2O_3 是氧化铝各种相中最稳定的一种。一般热喷涂用的就是 α-Al_2O_3。α-Al_2O_3 用火焰喷涂时会形成 γ-Al_2O_3；用等离子喷涂时会形成 γ、α、δ-Al_2O_3 相，这种涂层有良好的耐磨及绝热性能和抗无机酸、盐及 NaOH，$NaCO_3$，熔融玻璃等腐蚀，但涂层使用温度应低于 1200℃。在喷涂后要想获得全 α 相则可把涂层加热到 1200℃，保温 2h 缓冷，即可获得 α-Al_2O_3 涂层。在全 α-Al_2O_3 情况下，涂层可在 1900℃ 以下的氧化性气氛或强还原性气氛中使用。

为了提高氧化铝的韧性及耐冲击性能，可在氧化铝中加入 3% ~ 50% 的 TiO_2。可用于泵类密封面、机械易磨损的零部件表面。

2)氧化铬：喷涂用氧化铬粉末，是由纯度为 99% 以上的高纯氧化铬粉经熔融破碎后制得，它在 500℃ 以下有良好的耐磨性，

200℃以下对各种化学介质有良好的耐蚀性能。致密的涂层经磨削抛光后可达镜面。主要用于耐磨、耐蚀的机械零部件上。如造纸用的压轧辊及柔版印刷用的网纹辊表面就采用了氧化铬涂层。

3）氧化钛：氧化钛有三种晶型，即金红石型、锐钛矿型和板钛矿型。这三种晶型中只有金红石型 TiO_2 在熔点以下是稳定的，其他两种在加热时都会不可逆地转化为金红石型。喷涂用的氧化钛是经熔融破碎后制得的，纯度为 99.2% 的金红石型 TiO_2。涂层在 500℃ 以下有优良的耐磨性，主要用于低温易磨损部件的表面。在等离子喷涂过程中若采用还原性气氛时，由于 TiO_2 产生氧的缺位，所以会有一定的导电性能。

4）氧化锆：氧化锆由三种相组成，即单斜(m)、四方(t)、立方(c)相：

$$m\text{-}ZrO_2 \underset{}{\overset{1170℃}{\rightleftharpoons}} t\text{-}ZrO_2 \underset{}{\overset{2370℃}{\rightleftharpoons}} c\text{-}ZrO_2 \underset{}{\overset{2680℃}{\rightleftharpoons}} 液态 ZrO_2$$

$$(2-1)$$

由于 ZrO_2 由单斜(m)、四方(t)时会发生 5% 以上的体积变化，所以单纯的 ZrO_2 涂层极易产生裂纹而剥落。为了使 ZrO_2 在高温下不发生相变，所以就必须在 ZrO_2 中加入一定量的稳定剂，如 CaO、MgO、Y_2O_3、CeO 等化合物。在加入适量稳定剂后经高温处理就可获得在室温到 2300℃ 范围内均稳定的立方晶结构，从而消除在加热及冷却过程中涂层内部因相变而引起的体积突变，涂层也就不易开裂剥落。但在温度变化过程中涂层和基体之间仍存在着因膨胀系数的差异而引起的热应力，这对涂层与基体的结合不利。为此适当控制 ZrO_2 涂层中的稳定剂，使经高温处理后仍存在着一定量的四方晶氧化锆，使得在温度变化造成的热应力作用下有四方相向单斜相相变发生。这将消耗一定能量，同时适当的体积变化引起的微裂纹也使热应力得到了释放。因此，部分稳定的 ZrO_2 比完全稳定的 ZrO_2 有更好的抗热性能。但由于 CaO 的蒸气压高,在喷涂时易产生损耗,使 ZrO_2 的稳定性受到影响。而用 MgO 作稳定剂的 ZrO_2,在急冷时会析出 MgO,这不仅影响了 ZrO_2 的稳定性,而且使涂层的隔热性能也下降。一般讲 Y_2O_3 和 CeO 作为 ZrO_2 的稳定剂性能最好。氧化锆主要用于隔热涂层,MgO - ZrO_2 在熔融金属中有良好的抗浸蚀性能。

5) 碳化物:碳化物陶瓷单独作为喷涂材料作涂层比较困难。一般都要与起粘结作用的金属(钴、镍)合用,做成金属陶瓷才能将硬而脆的碳化物颗粒连接起来,达到一定的强度,并改善了塑性,这样才能进行喷涂。主要的碳化物材料是碳化钨、碳化铬和碳化钛。WC - Co 熔点 1260℃,是最常用的金属陶瓷。它的硬度很高,有极强的耐磨性,通常用于 500℃ 以下的需抗磨损的部件上。TiC - Co(如 TiC - 47% Co)熔点 1492℃,有优良的高温耐磨性,通常用于较高温度的耐磨部件上。Cr_3C_2 - Ni - Cr 涂层在 550 ~800℃ 下具有优良的耐磨耐蚀性能。

(4) 塑料喷涂用塑料粉末

可分为热塑性树脂和热固性树脂两种。

1) 热塑性树脂粉末常用的有聚乙烯,尼龙和 EVA 树脂。热塑性树脂粉末在喷涂中被加热后呈软化状态,并粘附在基体表面形成均匀的涂层后再固化。

2) 热固性树脂粉末这类粉末以环氧树脂为代表,其粉末由树脂、颜料、填充料、硬化剂以及其他微量添加剂组成。这类材料在喷涂后会在基体上形成涂层,同时也会产生收缩,所以应加一定的填充剂,如 TiO_2、$CaCO_3$、SiO_2 等物质。喷涂时树脂软化流动(100 ~ 130℃)的过程中也会进行不完全的固化反应。因此,喷涂后应将涂层在 130 ~ 170℃ 温度下保温一段时间,使之完全固化。环氧树脂涂层内有封闭式小孔,所以它可提高绝热效果。塑料涂层主要用于防腐。

2.1.5 热喷涂发展的历史概况

热喷涂技术自 1910 年由瑞士工学博士 M. U. Schoop 完成了最初的喷涂装置,并获得德国专利至今已近一个世纪。在这近一百年之中,热喷涂技术得到了巨大的发展,现在它已发展成为一门种类繁多、实用性强的工程科学技术。我们回顾这近一百年的发展情况,可以看出,在热喷涂发展的过程中,这项技术始终是围绕着涂层材料粒子的熔融状态、速度及喷涂环境的气氛三个主要因素的最佳匹配而进行的。开始时采用火焰作为热源,由于焰流的温度低,速度小,只能喷涂一些低熔点的金属及合金,涂层的品质也很差。后来又开发了以电弧作为热源,可喷涂导电的丝材来制作涂层。20 世纪 40 年代末 50 年代初,人们为了改善涂层材料粒子的熔融状态,研制出了自熔性合金粉末,它的出现有力地推动了热喷涂在火焰温度较低的情况下在工业领域中的大量应用。50 年代末期,开发了等离子焰流技术,它的焰流温度达万度以上。到 60 年代,大气等离子喷涂技术(APS)在工业上得到了应用,它的出现使难熔金属及陶瓷的涂层制作变成了现实。这大大扩展了热喷涂涂层材料的应用范围,同时涂层的品质也得到了明显的改善。在此期间,美国联合碳化物公司的燃气爆炸喷涂研制成功,用于制备高品质的碳化物涂层。为了适应工业部门对大面积、高品质、低成本涂层的要求,20 世纪 70 年代至 80 年代,热喷涂主要是向高能、高速、高效、高品质方面发展,研制成功了 80~100 kW 的高能等离子喷涂设备及低压等离子喷涂设备(LPPS)和 200 kW 的水枪等离子喷涂设备。为了解决喷涂小内孔的困难,日本研制成功了线爆喷涂装置。到 80 年代,热喷涂技术又有了新的发展,即由美国的 Browning 先生发明了超音速火焰喷涂(HVOF)技术,使火焰的焰流速度达 6 倍音速以上,从而加快了涂层材料粒子的飞行速度,大大提高了涂层的致密度及与基体的结合强度。同时电弧喷涂也进行了改进,加快了焰流速度,制作出了超音速电弧设备。90年代,热喷涂技术中又增添了一种称作"冷喷"的技术,它是由俄国人首先开发的。它的特点是粒子被加热的温度低于600℃,对不同涂层材料粒子一般在100~600℃之间。粒子没有熔化,但粒子的飞行速度特别高,最高可达800 m/s以上。涂层致密,热应力小,与基体结合好,它引起了人们广泛的兴趣。近年来许多现代科学技术如计算机控制,机器人持枪操作等在热喷涂中的应用,大大提高了热喷涂技术的水平,并使涂层品质及沉积的效率有了巨大的提高。现在,热喷涂已经广泛地应用于航空、航天、机械、石化、电子、兵器、冶金、能源、轻纺、造船等国民经济的各个领域之中。它已逐步被人们所认识和重视,在国民经济各部门中所占的地位也越来越显著。

2.2 热喷涂技术的物理基础

2.2.1 热喷涂的热源特征

热喷涂的热源可分为气体火焰燃烧、电弧、等离子及激光等。采用不同的喷涂热源,其喷涂方法及装置也不同。

2.2.1.1 燃气火焰

燃气和助燃气体氧在点火燃烧时产生热量和一定速度的气流。常用的燃气与氧燃烧的热特性如表2-5所列。

表2-5 几种常用的燃气与氧组分燃烧的热特性

燃气	分子式	含热量/$(kJ \cdot m^{-3})$	火焰最高温度/℃	燃烧速度/$(cm \cdot s^{-1})$
乙炔	C_2H_2	58227	3100	285
氢	H_2	12770	2690	483
丙烷	C_3H_8	98481	2640	81

乙炔－氧气的燃烧反应式为

$$C_2H_2 + 2.5O_2 = 2CO_2 + H_2O \qquad (2-2)$$

从表2-5中可以看出，乙炔的火焰温度和燃烧强度最高，这意味着乙炔焰的焓值高，可使涂层材料粒子在短时间内达到熔融状态。但由表2-2也可看出，乙炔和氢的燃烧速度非常快，所以要特别注意火回引起的安全问题。为此，现在采用燃气量大的高速火焰系统的燃气大部分推荐用丙烷或丙烯。

燃气火焰一般分为三种：

(1) 中性焰(如图2-7所示)，即乙炔在氧中充分燃烧的状态，它由焰芯、内焰和外焰组成。焰芯为光亮的蓝白色，外面是隐隐可见的淡白色内焰。外焰由内至外颜色从淡蓝色逐渐变为橙黄色。宜采用中性焰喷涂金属材料。

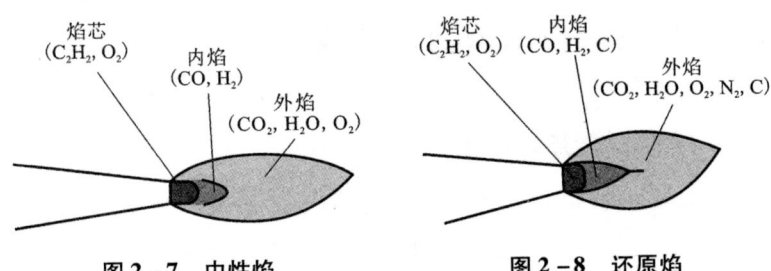

图2-7 中性焰　　　　　图2-8 还原焰

(2) 还原焰(如图2-8所示)，即乙炔相对氧气的比例偏大。焰芯较长，呈蓝色。内焰呈淡蓝色。外焰呈橘红色。当乙炔比例过大时会冒黑烟，采用该类焰会提高涂层中的碳含量且喷涂效率低。

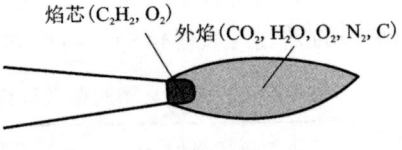

图2-9 氧化焰

第2章 热喷涂涂层技术

（3）氧化焰（如图2-9所示），即氧气相对乙炔的比例偏大。焰芯短而尖，呈青白色，轮廓不太明显。内焰难以辨出。外焰呈蓝紫色。此焰温度高于3000℃，氧化性强，不宜喷涂金属材料，但适宜喷涂陶瓷材料。

2.2.1.2 电弧

两电极之间串接上一个电阻，通上一定的电压，在先短路接触然后拉开适当的距离就会在两电极之间产生持久放电的现象，这就是电弧。电弧可产生高达6000℃的高温，以此来加热涂层材料。电弧的电压分布如图2-10所示，电弧的特性曲线如图2-11所示。从图2-10可以看出，在阴极和阳极附近均有陡的电压降，而弧柱部分的电压降较平缓且均匀。当弧长保持一定时，调节回路电阻可以改变电弧电流，电弧电压保持不变；当电弧电流保持一定，改变弧长，则电弧电压随弧长的增加而增加。

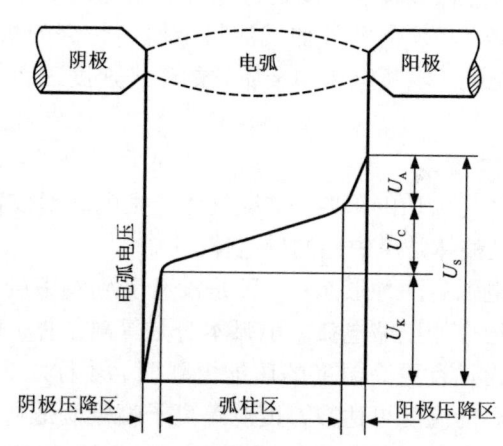

图2-10 电弧各区的电压分布

U_A——阳极电压降；U_K——阴极电压降；
U_C——弧柱电压降；U_S——电弧电压

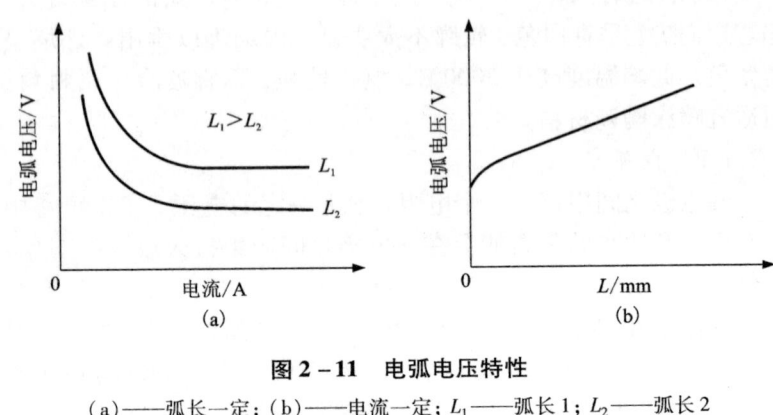

图 2-11 电弧电压特性

(a)——弧长一定;(b)——电流一定;L_1——弧长1;L_2——弧长2

电弧喷涂就是用导电的被喷涂材料丝作自耗电极,短接后将电弧引燃,同时把金属丝不断送进以补充熔化的电极。为了保持电弧稳定燃烧,必须借助外加气流将金属熔化部分从端部吹走,还应在电弧电压、电弧电流和金属丝的送进速度三者之间建立平衡关系。

2.2.1.3 等离子弧

等离子体是物质的第四态,即气体产生电离形成数目相等的正、负离子且整体是呈中性的导电体。

一般讲电弧有两种形态:一种是没有受到约束的自由弧,另一种是受到约束的压缩电弧。电弧本身是等离子体,但只有当电弧被压缩成为具有更高温度的压缩电弧时,才称之为等离子弧。等离子弧中心的温度可达数万度。等离子喷枪就是利用阴极及水冷铜阳极的喷嘴间利用高频起弧形成电弧,再在气流及水冷铜喷嘴的条件下产生热收缩。同时一定流向的电弧会产生自磁性压缩和水冷喷嘴的机械尺寸使电弧的压缩,从而产生了等离子弧。

等离子弧有三种形式:

(1)非转移弧[如图2-12(a)所示],喷嘴接正极,钨极接负极,二者之间形成电弧,并由高压气体将高温电弧从喷嘴中喷出,在这过程中电弧被压缩形成了等离子弧。这种等离子弧可用于喷涂、切割或作为热源促进化学反应等。

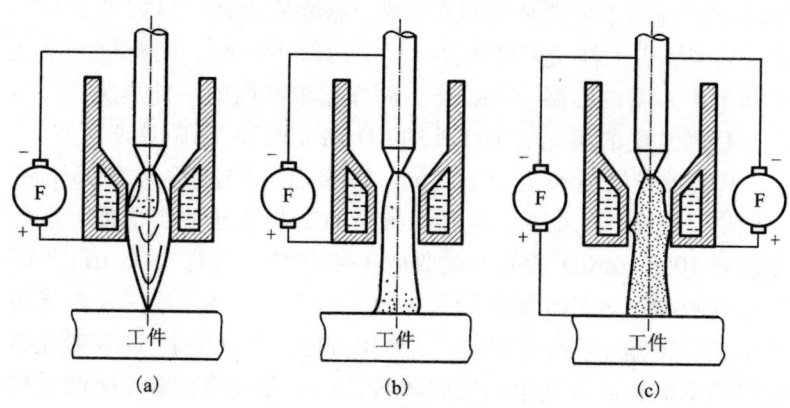

图 2-12 等离子弧的形式
(a)非转移弧;(b)转移弧;(c)联合型弧

(2)转移弧[如图2-12(b)所示],工件接电源正极,钨极接负极,电弧在钨极与工件之间形成。转移弧多用于喷焊、焊接、熔炼及切割。

(3)联合弧[如图2-12(c)所示],是非转移弧及转移弧并存的等离子弧,主要用于粉末喷焊。

等离子弧的特点是:

(1)温度高,可达 10000 K 以上,且能量集中,是十分理想的热喷涂的热源。

(2)可控性好,通过气体的选择及喷嘴尺寸的变化以及电参数的调节来控制等离子的气氛和功率。

(3)稳定性好,能长时间保持稳定的燃烧。

等离子弧源适用于做陶瓷材料、高熔点合金的喷涂热源。

2.2.1.4 激光

激光作为一种特殊光波具有极好的单色性、高度的方向性、相干性、高亮度、超短脉冲及可谐调性等一系列突出的特点。由于具有极高的单色性和空间相干性,激光束表现出良好的聚焦特点,其聚焦点的能量密度可达 $107 \sim 1012$ W/cm^2,因此可产生数千乃至上万度的高温。它可作为制作粉末涂层的一种热源。

目前常用的激光器为红外的 CO_2 激光器和 YAG 激光器。CO_2 激光的波长为 10.6 μm,YAG 激光的波长为 1.06 μm。一般讲,随波长的缩短,金属对激光的吸收率通常会增加。多数金属对 10.6 μmCO_2 激光的吸收率不到 10%,而对 1.06 μm YAG 激光的吸收率为 CO_2 激光的 $3\sim4$ 倍。同时 1.06 μmYAG 激光可采用光纤传输,柔性化程度高,使用方便。另外随着 YAG 激光器输出功率的提高及光束品质的改善,YAG 激光有代替 CO_2 激光的趋势。目前 YAG 已有 6 kW 输出功率的商品。

2.2.1.5 电热热源

用电流通过电阻时产生的热源来加热喷涂材料。

2.2.2 热喷涂涂层形成过程及其结构

整个热喷涂涂层形成的过程有三步:

(1)喷涂粒子的产生;

(2)喷涂材料粒子与热源的相互作用,在热源作用下,喷涂材料被加热,熔化加速,同时还发生高温高速粒子与环境气氛的作用过程;

(3)高温高速熔融粒子与基体(或已沉积形成的涂层)的作用,包括熔融粒子与基体的碰撞,与此同时伴随着横向流动扁平化,急速冷却凝固。

这些基本过程对所形成的涂层组织结构以及性能影响较大。

图 2-13 和图 2-14 分别是熔融 Ni 粒子在不锈钢表面沉积过程的模拟图和喷涂涂层结构的示意图。

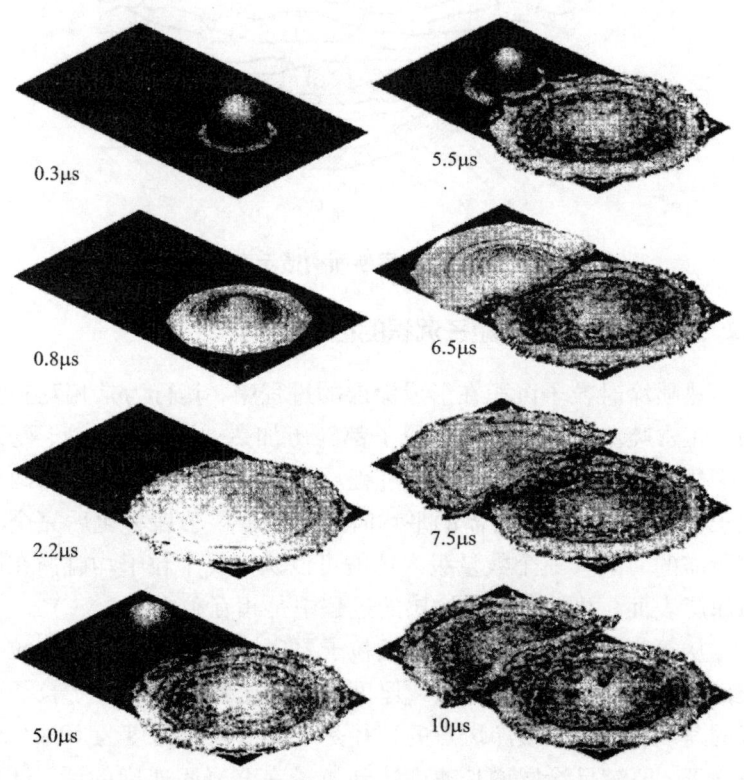

图 2-13　熔融镍粒子在不锈钢表面沉积的模拟图

图 2-13 是两颗熔融镍粒子先后在不锈钢基体上沉积过程的模拟图。从图中可以看出热喷涂涂层的形成过程。

图 2-14 是喷涂层结构的示意图，它显示出热喷涂涂层是层状结构，其中存在着孔隙夹杂。

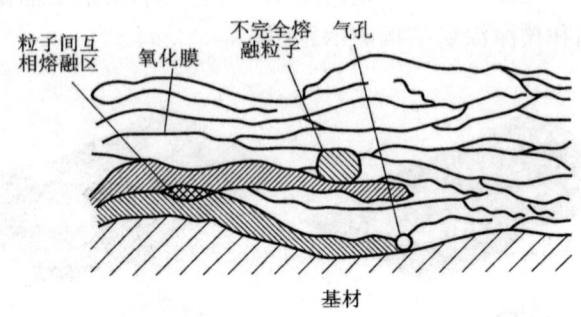

图 2-14　涂层断面构造示意图

2.2.3　热喷涂过程中粒子沉积的行为

热喷涂时粒子沉积在形成涂层的过程中，其行为是相互独立的。正常喷涂条件下，每个粒子都经历加热、加速、碰撞、变形扁平化、冷却凝固与吸附沉积过程。实验和计算表明：相邻两个粒子相继碰撞基体，所需的平均时间比一个粒子扁平化后完全凝固所需的时间大三个数量级。这就可以认为每个粒子均碰撞在固态涂层表面，并且在形成涂层的过程中是相互独立的。

从等离子喷涂看，如果后续粒子要碰撞在未完全凝固的粒子表面，就需要涂层沉积速度或厚度增加的速度大于或等于粒子的凝固速度，在假设喷涂斑点的直径是 2 cm，粒子密度为 10 g/cm³ 条件下，要满足涂层增长速度达到粒子完全凝固速度的话，计算得出约为 0.088 m/s。在定点喷涂且沉积效率达 100% 的情况下，其送粉速度计算结果需要大于 10000 kg/h。这一速度，约为实际使用送粉速度(5~10 kg/h)的三个数量级。所以，实际是：后续粒子基本上是碰撞在完全凝固的粒子表面。因此后续粒子碰撞在未凝固粒子的概率非常小。可以认为，热喷涂工艺过程中，粒子的沉积行为是相互独立的。

2.2.4 金属粒子飞行过程中的氧化

在传统热喷涂中，采用的是高温热源，如高温等离子、电弧、燃焰等，其他粉末或线材加热到熔化状态，在实施喷涂工艺过程中，因空气的卷入，难免会产生金属粒子的氧化。也因焰流本身就有一定浓度的自由氧，也会造成一定程度的粒子氧化。对一些高速喷涂(如爆炸喷涂、超音速火焰喷涂)，其粒子速度虽高，在焰流中停留时间短，但粒子在经历表面熔化过程中，也会有一定程度的氧化。这些氧化物将以夹杂的形式存在于制备的金属涂层之中。因氧化物的脆性特点和与母体金属的线膨胀系数不同，会使涂层剥离、脱落。也因涂层中氧化物的存在影响涂层的耐蚀性和其他力学性能。另一方面，涂层中的氧化物的高硬度，也会提高涂层的耐磨性能，可见，热喷涂涂层工艺过程中金属粒子的氧化是影响涂层使用性能的关键之一的因素。

一般认为，金属粒子在热喷涂过程中氧化主要有两个阶段：一个在粒子送入高温气流后的整个飞行过程中；另一个是粒子碰撞基体扁平沉积后仍受高温气流的作用。哪一个阶段是控制粒子氧化的主要阶段？其与粒子的颗粒大小密切相关。粒子的氧化，一般讲，包括新鲜金属表面的快速初始氧化和随后通过表面氧化膜进行扩散控制的氧化。在热喷涂的高温下，一般呈抛物线氧化规律。金属粒子的氧化程度主要与气氛中氧的浓度、粒子温度、粒子在高温区滞留的时间和粒子的比表面积有关。实际上讲，粒子的直径不仅决定着粒子在焰流中的加热、加速特性，还决定着粒子的比表面积，所以粒子的大小将对粒子的氧化产生较显著的影响。

当喷涂材料一定时，金属粒子的氧化程度主要取决于喷涂方法与喷涂的工艺参数。研究发现，飞行过程中的熔融粒子，由于粒子速度与气流速度不同，在较大雷诺数时，可能造成表面新鲜金属再次氧化,从而加重了金属粒子的氧化程度。

就热喷涂金属粒子氧化机制而言,大量研究结果表明,粒子直径是影响粒子氧化的重要因素,粒子在飞行中,粒子的含氧量随喷涂距离增长而增加,不同粒度的粉末,氧化程度是不同的。当粉末较细时,飞行过程中,造成粒子氧化占主要部分,因此飞行过程是氧化控制的主要过程,含氧量将随喷距的增长而增加。当粉末较粗时,扁平化后氧化所占的比例较大,因此扁平化后氧化是控制的主要过程,含氧量将随喷距的增长而减少。对中等粒度大小的粉末,两个阶段的氧化程度相当,因此是综合控制的氧化,含氧量是随喷距的增长变化较小。这样控制好金属粒子的粒度就可实现对粒子氧化机制的控制。

在喷涂材料一定条件下,减少金属粒子氧化的措施主要有:

(1)粒子粒度范围选择,其粒子粒度的大小,应根据选用的喷涂方法的不同略有不同,一般应大于 30 μm。

(2)喷涂工艺的选择,应根据不同的方法,相应选择较小的功率参数,对火焰喷涂,尽量减小氧燃比,使火焰呈还原性。喷距在选择上,根据粒子的加热加速特性,应适中,使粒子在速率较高、温度较低状态下沉积到基体上,而且基体处于较低温度的气氛中。

(3)惰性气体保护。设计特殊的惰性气体保护装置,可有效降低粒子飞行过程中的氧化。

2.2.5 热喷涂粒子的速度和温度

在喷涂过程中,喷涂材料的粒子在沉积到基体时的温度、速度及喷涂的气氛是决定喷涂涂层品质的关键。在一般情况下,喷涂材料粒子的速度越高,温度越高(即达到熔融状态的粒子所占的比例越大),则涂层越致密,涂层与基体的结合强度越大。

2.2.5.1 喷涂粒子的飞行速度

由于喷涂粒子是在焰流中被加速的,所以焰流的速度越高,在焰流中被加速的被喷涂粒子的速度也越高。焰流的速度在喷枪出口处最高,随着离枪口距离的增加而下降,如图2-15所示。喷涂粒子在焰流中开始是加速,在达到最大速度后,随着离枪口距离的增加而减速。

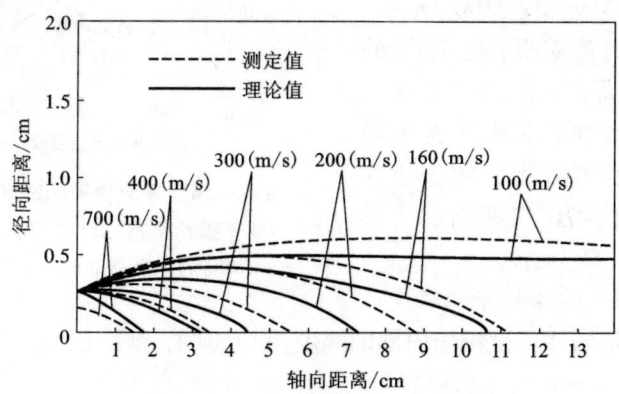

图2-15 Ar-H_2 等离子射流的速度场

我们知道在等离子射流中的粒子,其速度变化为

$$\frac{dv_p}{dt} = \frac{3}{4} \frac{C_d \rho_i}{D \rho_p}(v_i - v_p)^2 \quad (2-3)$$

式(2-3)中:v_p——喷涂粒子的速度;v_i——等离子射流的速度;C_d——粒子的阻力系数;ρ_i——等离子射流的密度;ρ_p——粒子密度;D——粒子直径。

因为 $v_p \ll v_i$,所以式(2-3)可简化为

$$\frac{dv_p}{dt} = \frac{3}{4} \frac{C_d \rho_i}{D \rho_p} v_i^2 \quad (2-4)$$

由式(2-4)可以得知,喷涂粒子的加速度与等离子射流速度

的平方、密度成正比；与喷涂粒子的大小、密度成反比。有数据表明，等离子喷涂功率在 15~20 kW 时，距喷嘴 100 mm 处氧化铝、钼和镍基自熔合金粒子的平均速度分别为 155 mm/s、100 mm/s、75 m/s。当然等离子喷枪的功率越高，其粒子的速度也就越高。氧化铝粒子在不同等离子弧功率下，粒子速度和距喷枪嘴出口距离的关系如图 2-16 所示。

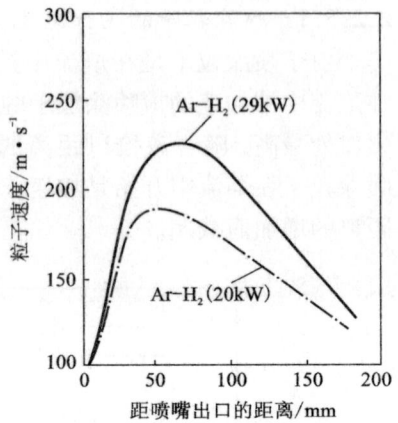

图 2-16 喷涂粒子的速度与等离子弧功率及喷涂距离的关系
（喷涂粒子为 18 μm 的 Al_2O_3）

2.2.5.2 喷涂粒子的温度

在焰流中，设粒子内部的温度是均匀的，则涂层粒子的温度变化为

$$\frac{dT_p}{dt} = 6h(T_j - T_p)/\rho_p D C_p \qquad (2-5)$$

式 (2-5) 中，T_p——粒子的温度；h——粒子的热扩散系数；T_j——焰流温度；ρ_p——粒子的密度；D——粒子的直径；C_p——粒子的热容量。

由式 (2-5) 可知，粒子的温度变化与焰流的温度及粒子的热扩散系数成正比；与粒子的直径、热容和密度成反比。

对于粉末喷涂而言，热源对粉末的加热是依靠粒子表面向内传热而达到熔融状态。若假定粒子进入焰流时表面即可达到熔点，并在高于熔点的焰流中继续加热，则可由式 (2-6) 推算出粉粒内部离表面 90% 的深处达到熔融时的粉粒最大直径

$$D_{max} = 2ht/0.3 \qquad (2-6)$$

式(2-6)中，D_{max}——粉粒的最大直径/cm；h——粒子材料的热扩散系数/(cm²·s⁻¹)；t——在焰流中的加热时间/s。

由式(2-6)可知，热喷涂时涂层材料粒子的最大允许直径取决于其热特性。表2-6列出了不同材质的粉粒在高于熔点的焰流中停留时间为 0.1 ms，且表面为熔融状态下加热时所计算出的粒子的最大直径。由表2-6可以看出，金属、碳化物、氮化物较氧化物容易喷涂。

表2-6 不同材质粉粒等离子喷涂时的加热特性

喷涂材料	ZrO_2	UO_2	TiC	TaC	ZrC	TiN	B_4C	4340钢（日本）	304钢（日本）	W
热扩散系数 $h/(cm^2 \cdot s^{-1})$	0.005	0.025	0.04	0.09	0.05	0.07	0.06	0.08	0.05	0.63
最大粒径 $D_{max}/\mu m$	26	58	72	110	82	96	90	104	82	280
喷涂难易[①]	5	4	3	1	3	2	2	1	3	1

注：① 1 易于喷涂，5 为难于喷涂；1~5 表示从易到难。

2.2.6 热喷涂涂层的残余应力

当熔融的涂层材料粒子撞击到基体表面，涂层会产生变形及因急冷而凝固收缩而在涂层内产生较大的残余应力。它影响涂层与基体的结合，也影响涂层的品质，限制了涂层的厚度。热喷涂的涂层应力，一般有激冷应力、层间应力、冷却应力、喷丸应力等；涂层内最终的残余应力就是这几种应力的叠加。涂层最终的残余应力是拉应力还是压应力以及残余应力的大小与喷涂的工艺条件、涂层材料及基材的物理特性有关。对高速喷涂工艺而言，涂层内存在压应力，有利于制备较厚的涂层，而等离子喷涂与电弧喷涂涂层与基体界面一般为拉应力，其随涂层厚度的增加而增大。

2.2.7 热喷涂涂层的结合机理

2.2.7.1 涂层与基体的结合

热喷涂涂层材料和基体之间的结合通常有三种结合方式：

(1) 机械结合。涂层材料颗粒以熔融状态撞击经表面粗化的基体表面时，会形成扁平状的液态薄片紧贴在基体上，随即快速冷凝。在其冷凝过程中，会因收缩而咬住高低不平的基体部分，形成机械结合。这是热喷涂涂层与基体结合的主要形式。

(2) 物理结合。即当高速的熔融粒子撞击到基体表面且紧贴的距离达到基体原子间晶格常数范围时，就会产生范德瓦尔力，而由此引起的结合属于物理结合。一般在基材表面十分干净或进行活化后才有产生这种结合的可能性。

(3) 冶金结合。当高速熔融粒子撞击到基体表面且二者紧密接触时，若熔融粒子的热量足以使涂层粒子和基体材料产生互扩散或形成微区的化学冶金反应，即可形成冶金结合。一般产生冶金结合后，涂层与基体的结合强度会达到较高的水平。

2.2.7.2 涂层内涂层材料粒子间的结合

涂层材料粒子间的结合也是以机械结合为主，扩散与冶金结合也起着一定影响。

2.2.7.3 提高涂层结合强度的方法

喷涂过程中熔融涂层粒子撞击到基材表面形成薄片沉积，并发出热量的情况可用吉布斯自由能降低来进行分析：

$$\Delta G = \Delta G_{表面} - T_{接触}\Delta S_s + \Delta H_s \quad (2-7)$$

$$\Delta G_{表面} = \gamma_{AB} - (\gamma_A + \gamma_B) \quad (2-8)$$

式(2-7)中：$\Delta G_{表面}$——因表面能变化而引起的自由能的变化；$T_{接触}$——粒子与基体接触时的温度；ΔS_s——因出现界面扩散而增加的熵；ΔH_s——因原子结合状况及电子态的变化而引起的热焓变化。

式(2-8)中：γ_A，γ_B——A，B 二种材料的表面能；γ_{AB}——材料 A，B 接触时产生的界面能。通常只有当 $\gamma_{AB} < \gamma_A + \gamma_B$ 时，材料 A，B 才能润湿接触，且当材料 A，B 完全接触时，ΔG 表面降到最小。从式(2-8)中可知：

(1) 材料 A，B 表面越干净，则 γ_A，γ_B 越大；材料 A，B 表面接触得越多，$\Delta G_{表面}$ 就会降得越多，结合强度就越高。要达到这个状态就要求涂层粒子熔融状态好，撞击速度高，这样与基材接触的面积也就越大。

(2) 从式(2-7)中得知，提高接触温度则 $T_{接触}\Delta S_s$ 也就大，使 ΔG 更小，涂层与基材结合好。

(3) 当沉积过程中发生扩散或冶金反应时，ΔH_s 会变小，故也会使 ΔG 变小。但这里应指出的是，当材料 A，B 由于发生扩散或冶金反应而产生脆性的金属间化合物时，虽会使 ΔH_s 变小，使 ΔG 也变小，但金属间化合物脆性大，残余应力使其易产生裂纹并扩展，所以对结合力的增加不利。

2.3 热喷涂的方法及装置

2.3.1 火焰喷涂

火焰喷涂法可分为线材喷涂、棒材喷涂和粉末喷涂三种。而粉末喷涂又可分为常规粉末喷涂和高速火焰喷涂（HVOF 或 HVAF）。

2.3.1.1 线、棒材喷涂

它们都是将线材或棒材从喷枪中心孔送出，由燃料气体-氧的火焰将其熔化，用压缩空气将熔化的材料雾化成微粒，并将其喷射到基体表面沉积成为涂层。其线或棒是通过喷枪内的驱动机构送线滚轮将线（或棒）连续送入。其原理图和装置连接示意图分别如图 2-17 和图 2-18 所示。

典型的线材火焰喷涂装置是由压缩空气供给系统、氧-乙炔供给系统、线材盘架及线材火焰喷枪与辅助装置等五部分组成。

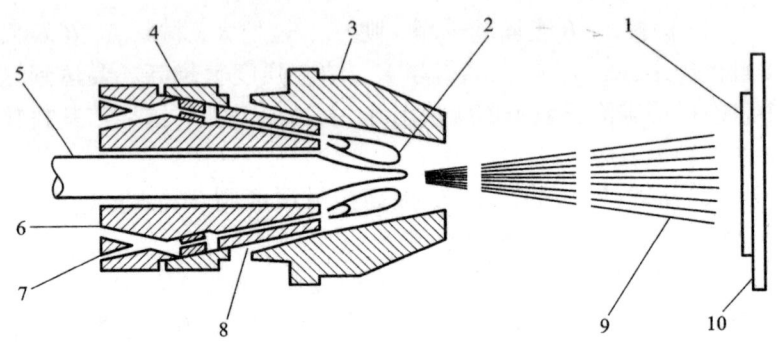

图 2-17　线材及棒材火焰喷涂原理示意图

1——涂层；2——燃烧火焰；3——空气帽；4——气体喷嘴；5——线材或棒材；
6——氧气；7——乙炔；8——压缩空气；9——喷涂射流；10——基体

线材火焰喷涂的特点是操作简单，设备运转费用低，可以固定也可手持操作，灵活轻便，适合于户外现场施工。同时它的喷涂工艺参数调节方便，可适应从低熔点合金到高熔点的钼涂层的制作，且喷涂速率、沉积效率及涂层结合强度也可达一定的高度。同时工件的表面温度可以控制在较低的水平，不易产生变形，为此在金属涂层的制作上得到了广泛的应用。法国和俄罗斯采用这种线材火焰喷涂也可喷由塑料管包覆的 Al_2O_3、Al_2O_3 + TiO_2 及 TiO_2 陶瓷粉末制作陶瓷涂层，并取得良好的效果。

2.3.1.2　常规粉末火焰喷涂

常规粉末火焰喷涂的原理如图 2-19 所示。通过气阀分别将燃气和氧气引入喷枪，经混合后从喷嘴的环形或梅花孔中喷出点燃，产生火焰。枪上设有粉斗或进粉管，利用送粉气流产生的负

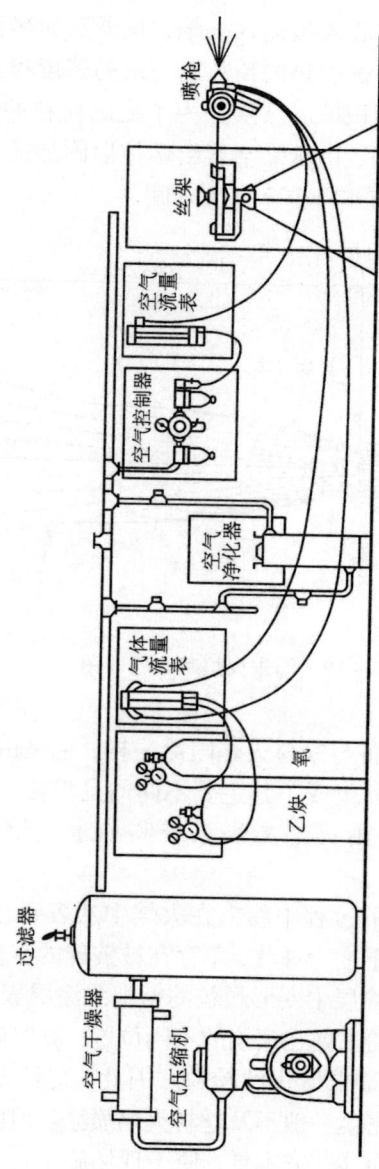

图 2-18 线材火焰喷涂装置连接示意图

压，将粉末吸到喷嘴中心喷出进入火焰，粒子被加热到熔融或半熔融状态，同时焰流将被加热的粉粒以一定的速度喷射到工件上形成扁平粒子，不断沉积形成涂层。为了提高粉粒的速度，有的喷枪设有压缩空气喷嘴，由压缩空气给熔粒以附加的推力。一般火焰喷涂粒子的速度在 40~100 m/s 之间。

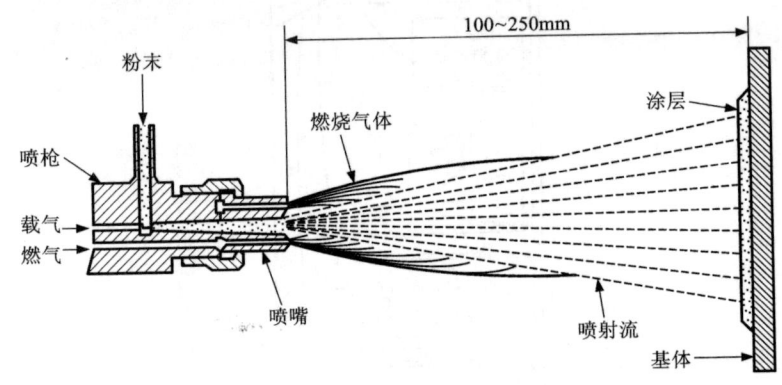

图 2-19　粉末火焰喷涂原理图

粉末火焰喷涂设备与线材火焰喷涂一样，也是由氧气及乙炔供给系统、喷枪等部分组成。其主要不同的是喷枪。粉末火焰喷枪种类较多，但都是由火焰燃烧系统和粉末供给系统两部分组成。

在粉末火焰喷涂的过程中粉末在火焰中从表到芯被加热熔化而在表面张力的作用下变为球状，不存在被破碎的雾化过程，因此粉末的粒度就决定了涂层中变形颗粒的粗细及涂层表面的粗糙度。在喷涂过程中，由于粉末处在火焰的不同位置，被加热的程度不一样，所以还会存在少量未熔化的粉粒。因此，这种方法形成的涂层，其结合强度和致密度一般不及丝材火焰喷涂。但由于该方法设备最简单、轻便，投资少，成本低，便于现场施工，工艺简单容易掌握,所以对一些要求不是特别高的工况,该方法广泛用于机械零部件及化工容器、辊筒表面制备耐蚀、耐磨涂层,以及机械部件进行修复及强化,对一些要求较高的工况,可在喷涂后再进行重熔得到更致密的涂层及较高的结合强度,使其应用面得到进一步的扩大。另外,还可采用此方法制备用于防腐的塑料涂层。

2.3.1.3 高速火焰喷涂(HVOF 或 HVAF)

高速火焰喷涂是 20 世纪 80 年代初期由美国的 Browning 先生开发的。最先商品化的产品是 Jet - Kote Ⅱ。由于它的焰流速度可达 3 倍音速以上,所以这种方法可得到非常致密,结合强度高,热应力小的涂层,为此,引起人们的广泛关注,并在近年来得到进一步改进后,在工业上得到了越来越广泛的应用。

图 2 - 20 是最早开发的 Jet - Kote Ⅱ 高速火焰喷枪的原理图。燃气(丙烷,丙烯或氢气)和氧气分别在 700 kPa 压力下输入燃烧室,同时从喷枪喷管的轴向圆心处由载气(N_2 或压缩空气)送入涂层粉末。燃气和氧气在燃烧室混合燃烧形成高压热气流,通过 4 个喷嘴将热气流通入长 150 mm 的喷管,在喷管里形成一束高

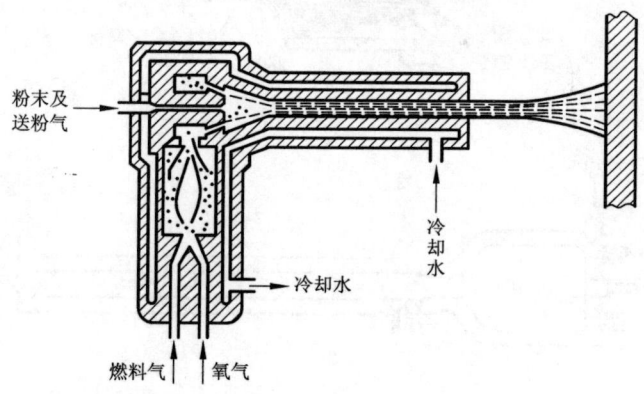

图 2 - 20　Jet - Kote 超音速粉末火焰喷枪原理

温射流,将进入射流中的粉末加热熔化并加速,射流通过喷管时受到水冷壁的压缩,在出口处燃烧的高温射流迅速膨胀,就产生了超音速火焰。其焰流速度可达3倍音速以上,是普通火焰喷涂焰流速度的4~5倍,也明显高于一般的等离子焰流速度。在这样的高速气流推动下,涂层材料粒子的速度也可高达500 m/s。但这种喷枪在喷涂低熔点金属及细颗粒粉末时,粉末颗粒容易在喷嘴内沉积,造成堵嘴。这种方法要求粉末粒度分布均匀性高。

近年来HVOF(氧气作助燃气)和HVAF(空气作助燃气)得到了迅速的发展,相继出现了DJ-2700,JP-5000,SB-250,500等设备。图2-21(a)是DJ-2700的原理图。它用压缩空气来进行冷却,燃气和氧气在高压下送至枪喷口处点燃,环形流动的热气流受到外围压缩空气罩流的压缩,使之加速达到超音速。焰流速度可达1400 m/s以上,粉末从枪中心送入焰流中加热加速。图2-21(b)

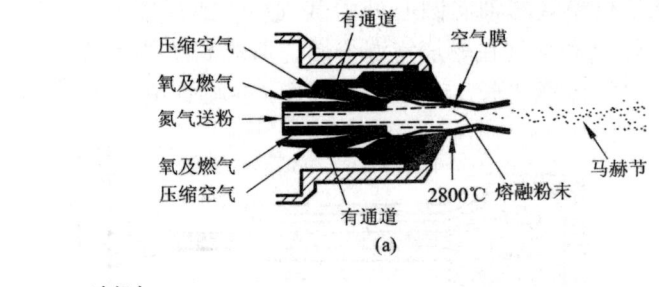

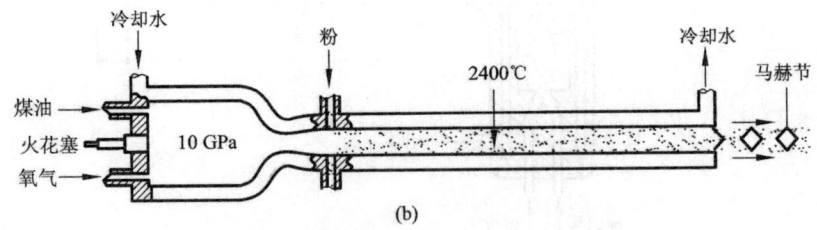

图2-21 高速火焰喷涂设备原理图
(a) DJ2700;(b) JP5000

第2章 热喷涂涂层技术

是 JP-5000 的原理图。它的特点是可采用航空煤油作为燃料，在燃烧室中与氧混合燃烧，形成高压气流。通过一个拉瓦尔型喉颈进入长枪管，使气流得到加速产生超音速束流。被喷涂的粉末由枪管以一定的角度送入热气流中。由于煤油燃烧时的体积膨胀率大于氧气与丙烯的体积膨胀率，所以 JP-5000 产生的高温束流的速度高于 Jet Kote II 和 DJ 喷枪，但氧气耗量也比 Jet Kote II 和 DJ 喷枪大很多。

图 2-22 是 SB-500 的原理图。该设备的特点是：①采用空气作为助燃气。在燃烧室中设有催化物的组件，它可使燃气和空气的混合气体在较低的温度下点燃，这就可以在气体总流量明显增加的情况下，混合气仍能稳定地充分燃烧，这也保证了低的焰流温度和高的焰流速度。另外，这些催化剂的表面可以吸附着反应气体，这也就保证了在较宽的气体比例范围内的混合气都能进行燃烧。这样就使得的火焰温度在 1900~1200℃ 的范围内调节，该设备仍可稳定工作。此温度低于许多材料的熔点，因此材料粒子也就不会粘在枪管上。另外，温度低，气体密度大，这样粉末粒子的速度就会很高。②采用了二级加速结构，即混合气先在主燃烧室燃烧后再进入一个附加的燃烧室中进行二次燃烧，焰流经二次加速后涂层材料粒子的速度可高达 800 m/s。

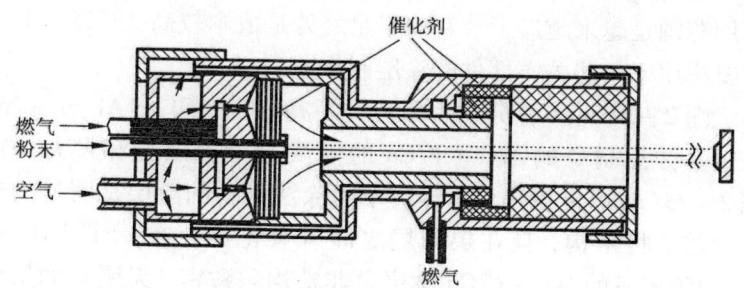

图 2-22 SB-500 的原理图

总之，采用高速火焰喷涂工艺制作的涂层与基体结合强度高，涂层致密，孔隙率小于1%。如 WC－Co 涂层与基体的结合强度可达 90 MPa 以上。涂层的残余应力小，可喷涂厚涂层，且由于火焰温度较低，粒子飞行速度快，所以粉末被氧化的程度低。HVOF 最适宜喷涂碳化物基的粉末，如 WC－Co，NiCr－Cr_3C_2，WC－Co－Cr 等。这种方法的涂层性能已可与爆炸喷涂媲美，但它的工作效率、工作条件的可变范围比爆炸喷涂更优越。近年来，自从 HVOF 在航空发动机部件（压缩机叶片、压缩机静止叶片、轴承套等）上应用以来，已经基本上实现了标准化。随着 HVOF 技术的不断进步和完善，该技术已应用于沉积耐蚀耐磨的合金涂层上。如 Incone/NiCrFe）、Triballoy（CoMoCr）和 Hastelloy(NiCrMo)材料，有的地方也正在将 MCrAlY 涂层的制作采用 HVOF 的方法代替低压等离子喷涂作为热障涂层的结合底层的手段。另外，对较低熔点的陶瓷材料，如 Al_2O_3，Al_2O_3－TiO_2 也可采用 HVOF 的方法来制作耐冲刷及绝缘的涂层。目前采用此方法制作涂层代替镀硬铬已在大型液压缸轴，大口径缸体内壁，飞机起落架的装置上得到使用。还对热浸镀锌槽中的沉没浸辊，因受锌液熔蚀严重，通过 HVOF 喷涂 WC－Co 涂层，改善了熔蚀，使沉浸辊的使用寿命增加 2～8 倍以上。可见 HVOF 的应用范围是越来越广了。它的不足之处是成本较高，所以目前仍主要应用于一些关键部件的涂层制作上。

图 2－23(a)(b) 分别为用大气等离子喷涂和 HVAF Sb－250 在钢基材上制备的 WC－17Co 的硬质合金涂层金相照片。由图 2－23(a)可以看出，用等离子喷涂法制备的涂层是明显的非均匀的层状结构，且在层与层之间有氧化物存在；而用 HVAF Sb－250 制备的 WC－17Co 涂层是非常均匀致密，无明显的层状结构存在。

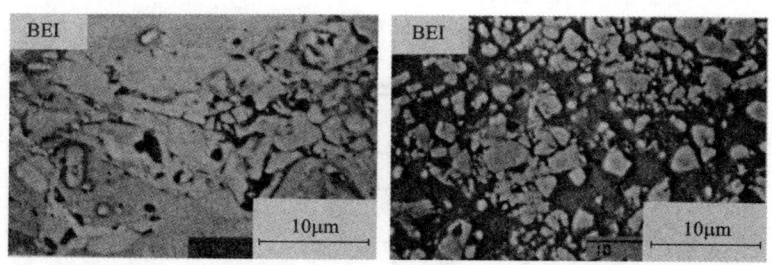

图 2-23 在钢表面上的 WC-17Co 涂层金相照片
(a)采用大气等离子喷涂法制作；(b)用 HVAF Sb-250 制作

2.3.1.4 爆炸喷涂

爆炸喷涂技术产生于 20 世纪 50 年代中期，先由美国 R. M. Poorman 等人将燃气爆炸冲击波引入热喷涂领域，60 年代前苏联研制出了爆炸喷涂设备。后来该技术在美国联合碳化物公司得到很大的完善和改进，制出了性能极好的碳化钨涂层，并成功地应用在重要机械设备的关键部件上。但该技术一直处于保密状态，直到 20 世纪 80 年代才逐步扩散到世界各地。爆炸喷涂的主要特点是涂层与基体的结合强度高，涂层孔隙率小(可达 0.5%)，喷涂材料广泛、工件受热小，不发生相变或形变。涂层在制作过程中受空气污染小。制备耐磨、耐蚀涂层具有独特的优势。我国从 20 世纪 70 年代开始，经引进、消化、吸收、自行研制，现有各种型号气体爆炸喷涂设备 20 台左右，在配套的涂层材料、工艺质量保证、爆燃理论等方面做了大量工作。爆炸喷涂的原理图如图 2-24 所示。

爆炸喷涂时，首先将一定量的氧气和燃气(乙炔、氢、甲烷、丙烷、丙烯等)由供气口送入水冷的喷枪内腔，同时从另一个口将粉末送入与上述气体混合，通过火花塞点火，使气体爆炸产生高压及热能，将粉末加热到熔融或半熔融状态。熔融粒子被加速

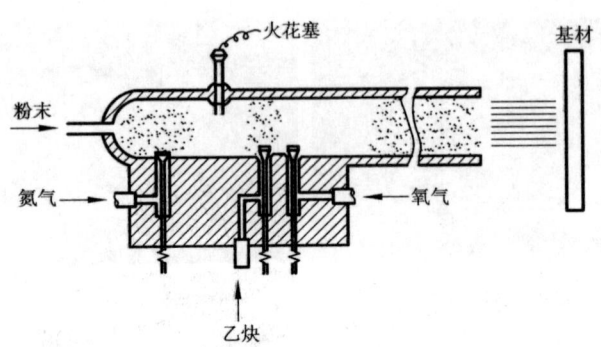

图 2-24 爆炸喷涂枪的基本原理

到 2 倍音速以上,撞击到基体并沉积形成致密的涂层。每次爆炸后氮气注入枪筒内,直到下一个爆炸过程开始。爆炸的频率为 6~8 次/s。由于爆炸喷涂有强烈的冲击波,所以有很大的噪音,在操作时要注意隔音防护。每次爆炸可形成直径约 ⌀20 mm,厚度 5~10 μm 的涂层。

现今爆炸喷涂的应用领域已从航空航天等高科技领域逐步向冶金、机械制造、石化、纺织机械等一般工业部门转移。

2.3.2 电弧喷涂

2.3.2.1 常规电弧喷涂

电弧喷涂是以电弧为热源将两根被喷涂的材料的导电丝,分别接到直流电源的正负极作为自耗性电极,利用其端部在两根丝分离时产生的电弧作为热源熔化丝材,用压缩空气将熔化的丝材雾化成颗粒后再将其加速,喷射到基体表面形成涂层。在机械制造、电力电子和修复领域中获得广泛应用。图 2-25 为电弧喷涂的原理图。

电弧喷涂时,两根电极丝的端部在电弧和气流中频繁地产生

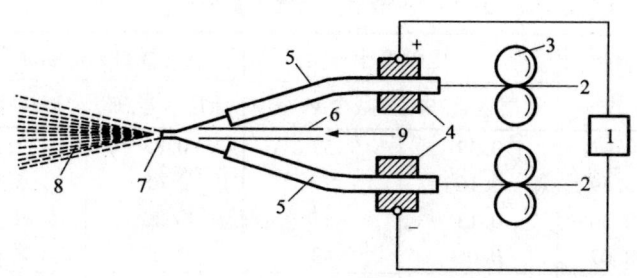

图 2-25　电弧喷涂原理图

1——直流电源；2——金属丝；3——送丝滚轮；4——导电块；5——导电嘴；
6——空气喷嘴；7——电弧；8——喷涂射流；9——压缩空气

金属熔化-熔化金属脱离-熔滴雾化成微粒的过程。在每过程中阳极和阴极的熔化速度有差异，但总的熔化速度是一致的。影响电弧喷涂的品质和涂层表面粗糙度的关键是熔滴雾化后微粒的粒度。由于电弧喷涂的熔粒温度比线材火焰喷涂高，所以电弧喷涂涂层与基体的结合强度也高，但易氧化的元素的烧损量也比较高。图 2-26 和表 2-7 的数据都证实了以上的结论。

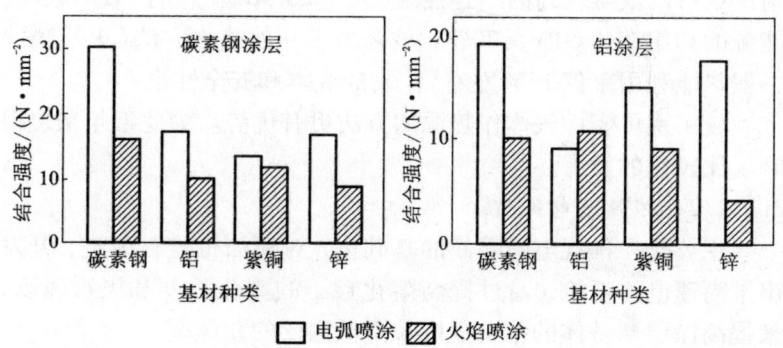

图 2-26　涂层结合强度比较

表 2-7 涂层元素减少量的比较

喷涂材料 元素含量/%	电弧喷涂		线材火焰喷涂	
	涂层含量/%	减少率/%	涂层含量/%	减少率/%
C				
0.91	0.39	57	0.88	3.3
0.69	0.16	77	0.65	5.8
0.30	0.13	57	0.30	0
0.07	0.01	43	0.05	28.6
Mn				
0.41	0.30	26.8	0.35	14.6
0.50	0.36	28.0	0.48	4.0
0.52	0.36	30.1	0.46	11.5
0.60	0.45	25.0	0.55	8.3
Si				
0.23	0.14	30.6	0.21	10.0
0.27	0.22	18.5	0.27	0
Cr 1.18	1.14	0.5	1.12	0.5

电弧喷涂的设备一般由整流电源、控制装置、喷枪、送丝装置、压缩空气、空气过滤器及干燥器组成。由于电弧喷涂设备比较轻便，易于现场操作，且在不提高工件温度又不使用打底层的情况下可以获得较高的结合强度（大于 20 MPa），生产效率较高，能源的利用率达 60%~70%，显著高于其他喷涂方法（火焰喷涂一般热能利用率仅 15% 左右）。它的成本和安全性也较采用可燃性气体作热源的方法更有优势。为此近年来也得到了比较快的发展。

2.3.2.2 超音速电弧喷涂

主要是在常规电弧喷涂的基础上，对喷涂枪进行改进，开发出了高速电弧喷枪，通过提高熔化粒子的雾化程度和飞行速度，来提高涂层与基体的结合强度及降低涂层的孔隙率。

(1) 超音速电弧喷涂的特点 超音速电弧喷涂的气流速度可达 600 m/s 以上，比常规电弧方法高出 1 倍，这样就可把粒子的飞行速度大幅度地提高到 350 m/s，同时改善了金属液滴的雾化效果，其粒径一般为普通电弧方法的 1/3～1/8，并使粒子束更加集中，提高了沉积效率、涂层与基体的结合强度以及涂层的致密度。

(2) 提高电弧喷涂射流速度的途径

1) 采用拉瓦尔喷管使雾化空气达到超音速，如图 2-27 所示。

2) 采用燃烧器用液体或气体燃料与空气混合燃烧所形成的高压来产生高速气流，其结构简图如图 2-28 所示，燃烧器式高速电弧喷枪如图 2-29 所示。

3) 采用高速射流二次雾化的方法使熔化液滴进一步细化，图 2-30 是这种枪的结构示意图，即中心轴向气流为第一次雾化气流，侧面与轴向或一定角度的环状气流为二次雾化气流，它可使粒子更加细化，且提高飞行速度。

超音速电弧喷涂的出现，使电弧喷涂技术上升到一个新的高度。其经济性能好、实用性强，是一项适合我国国情，易于推广的高新技术。它对节

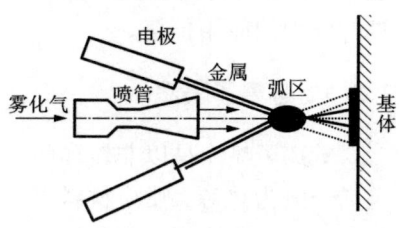

图 2-27 高速电弧喷涂枪的示意图

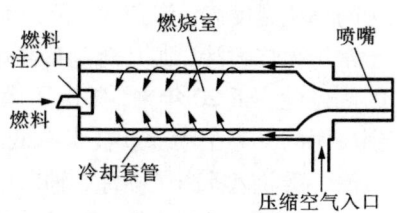

图 2-28 空气-液体燃料燃烧器简图

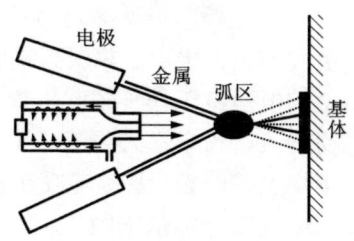

图 2-29 燃烧器式高速电弧喷涂枪示意图

材、节能有重大意义,特别在船舶及其他海洋钢结构防腐、电站锅炉管道防热腐蚀、耐冲蚀、贵重零部件的修复等方面具有巨大的应用价值。

2.3.3 等离子喷涂

等离子喷涂是以非转移的等离子弧为热源,喷涂材料以粉末形式送入焰流中制备涂层的一种方法。由于这种喷涂方

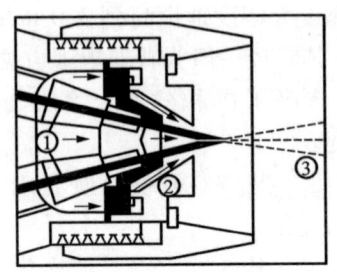

图2-30 高速电弧喷涂枪示意图(二次雾化)

1——电弧喷涂丝;2——压缩空气;
3——喷射微粒流

法的焰流温度高,流速大,所以制备的涂层孔隙率及结合强度均优于常规火焰喷涂,尤其对制备高熔点的金属涂层及陶瓷涂层有更大的优越性。近20年来,等离子喷涂技术有了飞速的发展,现已得到应用的等离子喷涂新技术有低压等离子喷涂、高能、高速等离子喷涂、超音速等离子喷涂、轴向中心送粉等离子喷涂及微等离子喷涂、水稳等离子喷涂等。这些新设备、新工艺、新技术在航空航天、原子能、能源、交通、先进制造业中的应用日益广泛重要。

2.3.3.1 常规等离子喷涂

常规等离子喷涂是将枪的阴极和喷嘴(阳极)分别接到直流电源的负正极上,并用高频电源使极间气体电离产生电弧,所产生的电弧被工作气体吹出枪口,产生高温高速的等离子射流;送粉气流将粉末送入射流之中被加速加热,形成高速飞行的熔融或半熔融的颗粒,从喷嘴喷出撞击到基体表面形成涂层。其原理图和装置图分别示于图2-31和图2-32。等离子喷涂装置一般由直流电源、高频发生器、控制装置、送粉器、冷却水装置和喷枪组成。工作气体一般由氩气、氮气和氢气组成。

目前市场上使用的等离子喷涂设备的功率大都为40~120

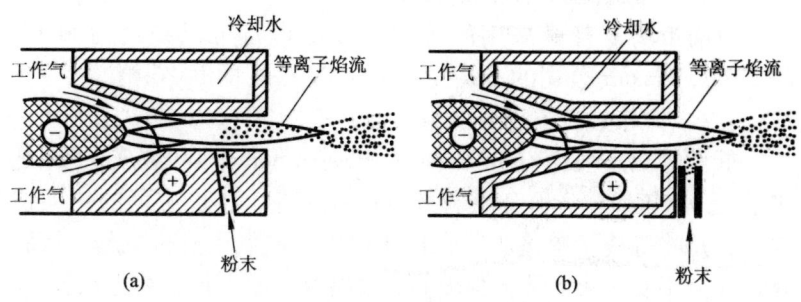

图 2-31　等离子喷涂原理图

(a)内送粉式；(b)外送粉式

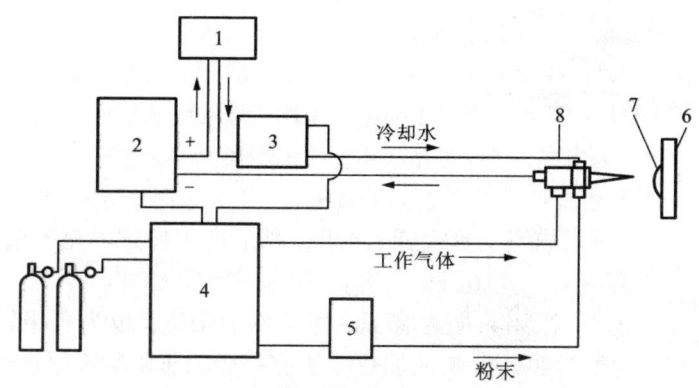

图 2-32　等离子喷涂装置的基本组成

1——冷却水循环水泵及热交换器；2——直流电源；3——高频发生器；
4——控制装置；5——粉末供给装置；6——基材；7——涂层；8——喷枪

kW。由于被喷粉末大部分是通过送粉气流与轴向成一定角度送入等离子焰流中的，送粉气流会使等离子焰流温度降低，再加上枪的冷却水和周围空气也会带走一些热量，真正用于加热粉末的电能仅为输入总能量的 15%～20%。一般大气中的等离子喷涂，无论是内送粉还是外送粉其粉末的沉积率仅有 50% 左右。

目前市场上普遍采用的等离子喷涂设备可以归结为 Metco 7M, 9M, Praxair 公司的 SG - 100 和 GTV 公司的 F - 6 枪。

2.3.3.2 低压等离子喷涂

低压等离子喷涂(Low Pressure Plasma Spray, LPPS 或 VPS)是 20 世纪 70 年代末，80 年代初才开始在工业上推广应用的一项技术。它是将等离子喷涂工艺在低压保护性气氛中进行操作，从而获得成分不受污染，结合强度高，涂层致密的一种工艺方法。

低压等离子喷涂的设备主要由真空系统，冷却和除尘系统，喷涂工作室，持枪机器人系统及与其联动的工件夹持系统，等离子喷涂系统，转移弧电源系统，控制系统等组成。图 2 - 33 为低压等离子喷涂装置的示意图。由于机器人、工作台及等离子喷枪均在低压工作室中工作，所以这些设备的电器部分一定要采取加罩，通冷却气等办法来防尘，防热。尤其对等离子喷枪要采用特殊的绝缘措施，因稀薄的气体十分容易电离，造成短路起弧将喷枪烧损。

低压等离子喷涂的工艺过程是：

(1) 先将工作室抽真空到 2.6 Pa，然后向工作室中充入氩气，使室内压力达 1.3×10^3 Pa。

(2) 预热　采用正向转移弧，即工件为阳极，枪为阴极对工件进行预热。这种转移弧的加热方法比一般的非转移弧预热可节省 50% 的时间。(对小的工件可省去预热工序)

(3) 电清理　采用反向转移弧，即工件为阴极，枪为阳极，利用电弧对工件表面进行溅射清理，可将工件表面的氧化膜及其他污物去除，从而产生一个活性很高的表面，以使涂层和基体产生一定的冶金结合。(实用中均已用联合弧将电路接通后，再用转移弧工作)

(4) 涂层的制备　在电清理后继续充氩气入工作室，使其压力达 $3.9 \times 10^3 \sim 2.0 \times 10^4$ Pa，具体的值随工况要求的不同而不同。其压力应严格控制在设定值的 ±5% 以内，否则会对涂层的质量造成不良影响。

（5））冷却　喷涂完毕后工作室要继续维持低压惰性气氛直到工件冷却到100℃以下，再充入空气。

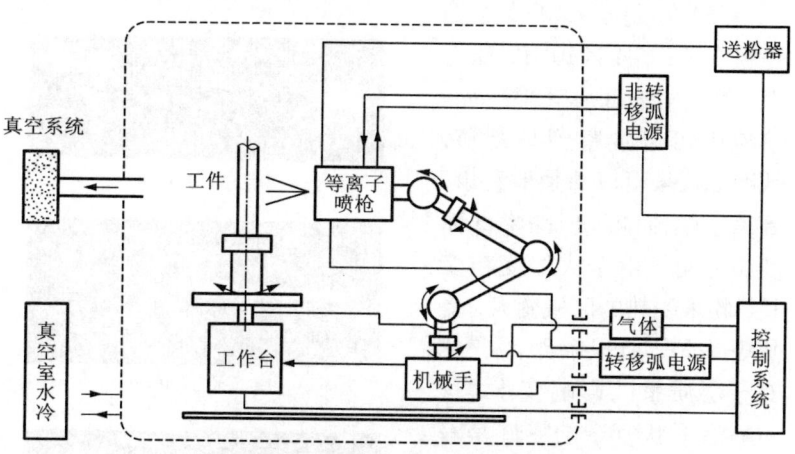

图 2-33　低压等离子喷涂装置示意图

低压等离子喷涂的特点：

（1）在低保护性气氛中工件，可防止在喷涂过程中涂层材料被空气中的氧和氮污染，从而保持了涂层成分和原始材料成分的一致性。

（2）在低压下等离子射中的焰流速度可达 2000 m/s，这样就可使 30 μm 的 NiCrAlY 的粒子速度达 300 m/s 的高速。所以涂层的致密度可达理论密度的 99% 以上，而采用常压等离子喷涂工艺制作的涂层的致密度只能达理论值的 90% ~ 95%。

（3）由于喷涂过程是在保护性气氛中进行，所以允许基体的温度达 650℃，这样制出的涂层应力较小，可以制作厚度达 5 mm 的涂层。

（4）在低压等离子喷涂工艺中采用了电清理，使得基体表面活性提高。同时低压喷涂时的粒子飞行速度快,动能大,涂层与基体可以形成冶金结合,所以涂层与基体结合好。如 Ti - Ni 合金涂层与高锰铸铝青铜的结合强度可达 68 MPa。

(5)在低压中,等离子焰变粗变长,在 4×10^3 Pa 压力下,等离子焰可长达 300 mm。焰流中可以观察到马赫节,从图 2-34 可以清楚地看出,等离子焰流随气压的降低而变长变粗。由于火焰变粗变长,粉末受热的区域变大,受热更均匀,所以喷距的变化对涂层质量的影响变小,这对喷涂形状复杂的零件是有好处的。

(6)低压喷涂在罐内进行,粉尘及噪音的污染小。

(7)低压喷涂过程中焰流速度快,粒子速度也快,被加热的时间短。所以要得到好的涂层品质及高的沉积率,就要求粉末的粒径分布范围小,且较细,一般在 5~35 μm 之间为好。此工艺主要用于活性金属材料的涂层(如钛、锆、钽合金)及

常压(101 kPa)

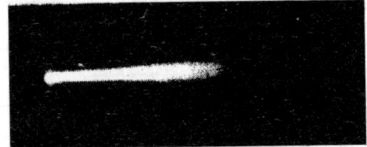
氩气压力(20 kPa)

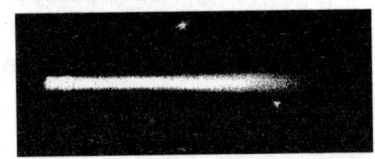
氩气压力(8.1 kPa)

氩气压力(4 kPa)

图 2-34 不同气压条件下等离子焰流状态

对成分要求严格,且不受氧氮污染,结合强度要求高,且孔隙率低的涂层(如 MCrAlY 系合金)的制作上。图 2-35 是分别用大气

等离子喷涂（a）和低压等离子喷涂（LPPS）（b）制作的 Ti–Ni 合金涂层样品金相照片。图 2-36（a）（b）分别为荷兰 KP.OT 公司生产和广州有色金属研究院研制的低压等离子喷涂设备。

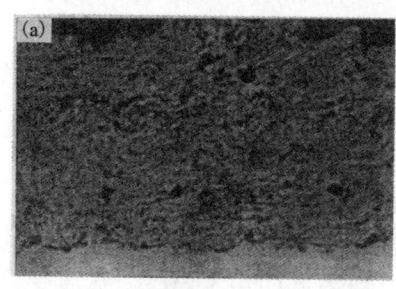 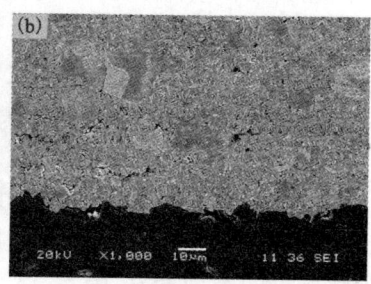

图 2-35　Ti–Ni 合金涂层金相图　200×
（a）用大气等离子喷涂法制作；（b）用低压等离子喷涂（LPPS）法制作

图 2-36　低压等离子喷涂装置图
（a）荷兰 KP.OT 公司生产的设备；（b）广州有色金属研究院研制的设备

钛合金很活泼，在大气下喷涂会生成大量流动性差的氧化钛和氮化钛，形成大量孔洞。而在低压保护性气氛中喷涂，涂层不会被大气污染，孔洞少，涂层致密。近年来在低压等离子喷涂技术上又有了新的发展，开发了"低压等离子薄膜喷涂"新工艺，即在

$2 \times 10^2 \sim 1 \times 10^3$ Pa 的保护性压力下进行等离子喷涂。在这样的气压下焰流变粗变长，送进的粉末可被均匀加热，但火焰的焓会下降，所以喷涂的功率就要加大（约 70 kW），以使熔融粒子短时间内在大面积基体上形成均匀致密的薄涂层。低压等离子薄膜喷涂的涂层厚度介于传统的化学气相沉积（CVD）、物理气相沉积（PVD）与热喷涂涂层的厚度之间。此工艺可制作诸如导电、绝缘、生物、电磁等特殊的功能涂层。

2.3.3.3 微等离子喷涂

该技术是 20 世纪 90 年代由乌克兰巴顿焊接研究所开发的。它的特点是具有层流等离子射流，发散角只有 $2° \sim 6°$，而普通的等离子枪的发散角达 $10° \sim 18°$。功率低（$1 \sim 3$ kW），基体受热低，噪音小（$30 \sim 50$ dB）。可在极薄的基体（如厚度 0.5 mm 的不锈钢薄板，厚度 1.0 mm 的锰片）上进行喷涂。这种喷涂方法的功率虽低，但能量集中，其束斑直径小于 $\varnothing 5$ mm，所以仍可喷涂各种材料，特别适宜制备小零件及薄壁件的精密涂层，且该设备重量轻，适合于现场的维修工作。

微等离子喷涂与常规等离子喷涂的参数比较列于表 2－8。从表 2－8 可以看出，微等离子喷涂工艺有明显的特色。此项技术将会在电子、医疗、家用电器等领域得到广泛的应用。

表 2－8　微等离子喷涂与常规等离子喷涂的比较

喷涂参数	微等离子喷涂	常规等离子喷涂
功率/kW	$0.5 \sim 2.0$	$25 \sim 40$
流量/(L·min^{-1})	$0.15 \sim 0.5$	$30 \sim 40$
生产率/(kg·h^{-1})	$0.25 \sim 2.5$	$30 \sim 6.0$
束斑直径/mm	$1.0 \sim 5.0$	$12 \sim 30$
噪声/dB	$30 \sim 50$	$100 \sim 130$
每涂层的比能耗/[kW·(h·kg)$^{-1}$]	$0.8 \sim 1.5$	$8 \sim 10$
粒子速度/(m·s^{-1})	$15 \sim 16$	$100 \sim 150$

2.3.3.4 三阴极等离子喷涂

三阴极等离子喷涂是最新开发的应用于工业领域的等离子喷涂技术。该技术的核心是等离子喷枪由三个平行的相互绝缘的阴极和几个被绝缘环串联的阳极喷嘴组成，只有离阴极最近的一个绝缘环上的喷嘴作为阳极工作。这三个阴极采用分别供电。现在工业市场上得到应用的有 Sulzer Metco 公司的 Triplex Ⅱ 和 Mettech 公司的 Axial Ⅲ 两种喷枪。

三阴极喷枪的优点是：

（1）将原来单阴极的单电弧分为三个电弧，降低了喷嘴及阴极因过热而烧损的可能性，即延长了喷嘴及阴极的寿命。

（2）由于三根阴极各自离阳极都处于偏位置有一个最短的距离，根据"最小的热焓要求最小的弧长"的原理，对每个阴极尖端只有一个与对应的阳极弧根。为此解决了阳极弧根的周向运动及轴向运动，所以可以保持弧的稳定性。

（3）为避免送粉气流对电弧稳定性的影响，采用了喷枪中心送粉，如加拿大 Mettech 公司的 Axial Ⅲ。这样可使粉的沉积效率大大提高，喷涂同样面积及厚度的涂层与常规等离子喷涂相比仅需一半的时间，可见其工作效率是很高的，对于大型工件或大批量部件的喷涂其优越性更加突出。由于电弧稳定，噪音也比常规等离子喷涂的 120 dB 低，仅为 90 dB 左右。表 2-9 列出了 Triplex Ⅱ 和常规等离子喷枪的喷涂效率及粉的沉积效率的对比结果。从表 2-9 可以看出，三阴极等离子喷涂技术比常规等离子喷涂技术要优越。

2.3.3.5 水稳等离子喷涂

水稳等离子喷涂的喷枪是用水作等离子弧气体，根据液流漩涡形成空腔的构思设计出来的。喷枪的结构如图 2-37 所示。其电弧腔的轴向组装着几只彼此绝缘的金属导流环。一定压力的水进入喷枪后，经导流环的切向小孔进入电弧腔，沿腔壁面形成旋

表2-9 三阴极与单阴极喷涂送粉速率及沉积效率的比较

材料	常规等离子喷涂		三阴极等离子喷涂(TriplexⅡ)	
	送粉率 /(g·min^{-1})	沉积效率 /%	送粉率 /(g·min^{-1})	沉积效率 /%
Al_2O_3	60	60	150	80
Cr_2O_3	50	45	150	50
$Al_2O_3 - 13\% TiO_2$	60	70	150	85
$ZrO_2 - 8\% Y_2O_3$	80	30	150	50
$Ni - 5\% Al$	80	70	200	90

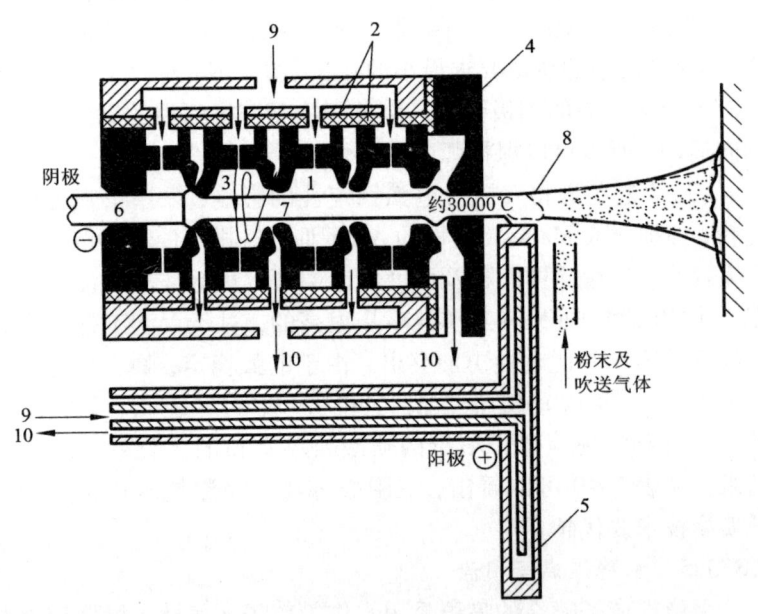

图2-37 水稳等离子喷涂原理示意图

1——电弧腔；2——导流环；3——水流漩涡；4——喷嘴；5——旋转阳极；
6——碳棒（阴极）；7——电弧；8——等离子射流；9——进水口；10——出水口

涡而后流出腔室。水流漩涡依附在壁上，在电弧腔中形成空腔。喷枪的前端有水冷喷嘴，并在喷嘴边部装有水冷的旋转阳极。喷枪的后端中心处装有密封且前后可转动的碳棒阴极，借助于金属丝短路在阴阳极间使水流电离，产生电弧。液流漩涡将弧柱和弧腔金属壁绝缘并冷却压缩电弧，即产生了电弧等离子体。等离子焰离开喷嘴后体积迅速膨胀而产生高速等离子射流。在喷嘴出口处向焰流中送入粉末，就形成了熔融的喷涂粒束，可沉积在基体上形成涂层。

与气稳等离子弧不一样，水稳等离子焰的能量集中，焰长度大，所以喷涂的效率较高。水稳等离子喷涂由于是将水蒸气中的氢氧电离，因而弧压高达340 V，而电流较低，为400~500A，即功率可达160 kW。另外，该等离子焰中含有30%以上的氧，呈氧化气氛，所以对喷涂金属或碳化物材料均不太合适，它适用于大面积氧化物陶瓷材料的喷涂。由于水稳等离子喷涂功率大，焰流长，对大颗粒的粉末，如60~80 μm，也可进行喷涂。这样它的成本比气稳等离子喷涂低很多。表2-10是水稳和气稳等离子喷涂的比较。

表2-10 水稳等离子喷涂与气稳等离子喷涂的比较

项 目	水稳等离子喷涂	气稳等离子喷涂
等离子射流温度/℃	<30000	<15000
喷枪输出功率/kW	160	<80
射流高温区域	射流离喷嘴出口90 mm出温度达10000℃以上，火焰长度约为气稳等离子射流的3倍，高温区域体积比气稳等离子射流大数十倍	
生产效率/(kg·h^{-1})（以喷Al$_2$O$_3$为例）	30~50	2~5

续表 2–10

项 目	水稳等离子喷涂	气稳等离子喷涂
涂层致密度/(g·cm^{-3})	3.3~3.4	3.3~3.5
涂层与基体结合强度/N·mm^{-2}	14~27	<14
适合喷涂的材料	氧化物陶瓷	金属、碳化物及氧化物陶瓷
成本	制备同样的陶瓷涂层,总成本是气稳等离子喷涂的1/30~1/40	制备同样的陶瓷涂层,施工的作业是水稳等离子喷涂的10倍
制备陶瓷涂层厚度/mm	2~20	<2
可喷涂的粉末粒度/mm	60~80	<40

2.3.4 激光喷涂和喷焊

激光是具有高度的方向性、单色性、相干性、可调谐性和高能量密度的一种特殊光波。聚焦以后焦点附近的能量密度可达 10^7 ~ 10^{12} W/cm^2 以上。激光可作为一种热源来制备有特殊要求的涂层。

光在材料表面的反射、透射及吸收是光这种横向电磁波与材料作用的结果。金属中存在大量的自由电子,光子能量小通常只对金属中的自由电子起作用,即光子的能量通过自由电子作为中间体传递给晶格。因金属中自由电子密度很大,故透射光波在金属中仅能穿透 10 nm 左右的深度。一般讲金属对激光的吸收是随波长的变短而增加的,如金属对 10.6 μm 波长的 CO_2 激光的吸收率不到 10%,而对波长为 1.06 μm 的 YAG 激光的吸收率比 CO_2 激光高出 3~4 倍。通常情况下当照射到金属材料上的激光功率

密度达 $10^4 \sim 10^5$ W/cm² 时,材料表层即可熔化;当激光功率密度达 10^6 W/cm² 时,材料即会强烈气化,并形成深熔小孔,这时金属对激光的吸收率达 90% 以上;当激光功率密度超过 10^7 W/cm² 时,将会出现等离子体对激光的屏蔽现象。

激光喷枪的原理图如图 2-38 所示。激光喷枪的工作原理是,激光光束经透镜聚焦在喷枪出口的喷嘴前沿,要喷涂的粉末或线材向焦点输送,进入焦点的粉末或线材的端部被激光光束熔融。压缩空气从环状喷嘴喷出,把熔融的材料雾化成微细的颗粒喷射到基材的表面形成涂层。喷枪中的透镜保护气可对透镜进行保护。

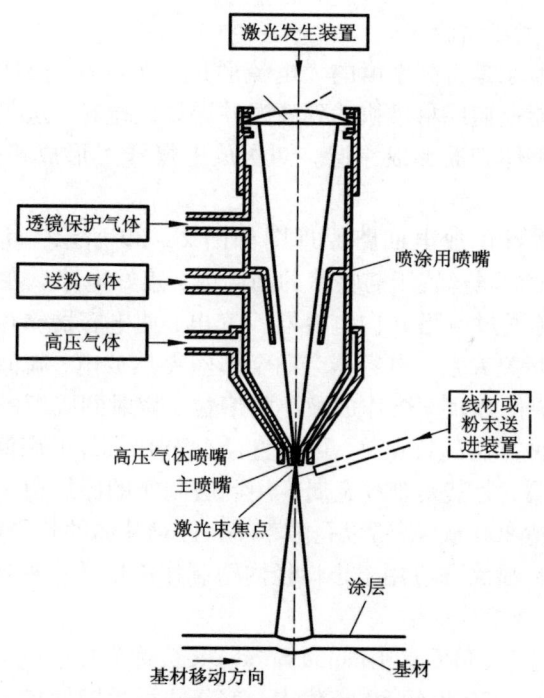

图 2-38 激光喷涂用喷嘴结构示意图

调节激光光束的焦距使其焦点落在基体上,就可将粉末和基材同时熔融,形成喷焊层。

目前商品化的 CO_2 激光器的功率已达 45 kW,其量子效率高达 40% 以上。工业器件总效率也可达 25%,已在工业生产中应用。近年来随着新型二极管激光泵浦的 YAG 激光器技术的改进,其效率也可达 10% 以上,且近年来开发出可通过光纤传输的 YAG 激光,使得激光喷涂枪可由机器人握持进行柔性的空间运动,使激光喷涂的工业化前景变得具有更大的吸引力。

2.3.5 电热热源喷涂

2.3.5.1 线爆喷涂

线爆喷涂是将高密度的大电流通过作为喷涂材料的线材时,因电热的能量使线材极快达到高温并爆炸成微粒,这些微粒以高速撞击到基体表面形成涂层。一次放电爆炸可形成 $4\sim7~\mu m$ 厚度的涂层。

线爆喷涂的放电回路原理图如图 2-39 所示,其工作原理为,将被喷金属丝置于需喷涂的圆筒内,接好电路。在开关 K 断开时,电源通过电阻 R 向电容器 C 充电,使电容器储存足够的电量。闭合开关 K 后,电容器会向金属丝突然放电,瞬间电流可达数万安培,使金属丝爆炸成微小的熔粒,喷射到圆筒的内壁形成涂层。这种方法的特点是,可在直径小于 10 mm 的圆筒内壁喷涂所有的金属,尤其是难熔金属。用此法制作的涂层由于熔粒喷射速度可高达 500 m/s,所以孔隙率小,且对基体的热影响也很小,是对其他热喷涂法应用于小口径内壁制作涂层的一种补充。

2.3.5.2 冷喷涂

冷喷涂(Cold Gas-dynamic Spray)又被称为冷空气动力学喷涂或动力喷涂。20 世纪 80 年代中,前苏联科学院西伯利亚分院在用示踪粒子进行超音速风洞试验发现,当粒子速度超过某一临界

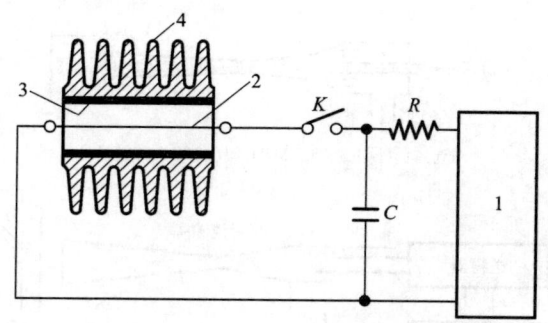

图 2-39　脉冲放电线爆喷涂原理

1——充电装置；2——金属丝；3——涂层；4——工件；
C——电容；R——充电电阻；K——放电开关

速度时，示踪粒子对靶材表面的作用从冲蚀转变成为加速沉积，因此在 1990 年提出了冷喷涂的概念。俄罗斯学者 Panyrin 等人最先开展了冷喷涂的研究，并先后在美国、欧洲获得专利。2000 年在加拿大召开的国际热喷涂会议上组织了专门的讨论，研讨冷喷涂的发展与应用，由此引起了美、德、日、加、中、韩等国的极大关注，开始了相关的基础与应用研究。所以冷喷涂技术是近来出现的新型喷涂工艺。其原理图、装置图、粒子的温度和速度曲线分别如图 2-40、图 2-41、图 2-42 所示。冷喷涂的工作原理是，利用电能把高压气流加热到一定的温度（100~600℃），该气流再经收放型拉瓦尔管加速产生超音速的束流（300~1000 m/s），用该束流加速粉末粒子，以超音速撞击到基体的表面，通过固体的塑性变形形成涂层。由于粉末粒子在喷涂过程中没熔化，是以固态变形叠加而形成涂层的。同时，先沉积的粒子又受到后沉积粒子的撞击，故使涂层会更加致密，与基体结合更加牢固。这种形成涂层的机制称为微锻造效应。

冷喷涂系统分别由喷枪、送粉、气体温度控制、气体调节控

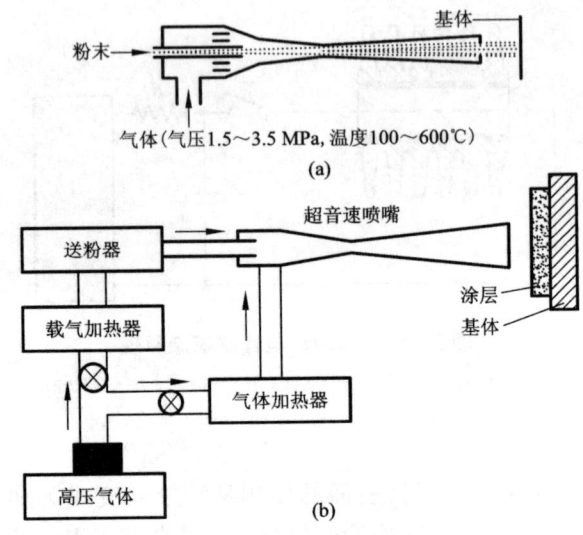

图 2-40 冷喷涂原理图

图 2-41 冷喷涂装置图

制、高压气源系统等部分组成。其中喷枪为冷喷系统的关键,主要由收放型拉瓦尔(Laval)喷嘴构成。

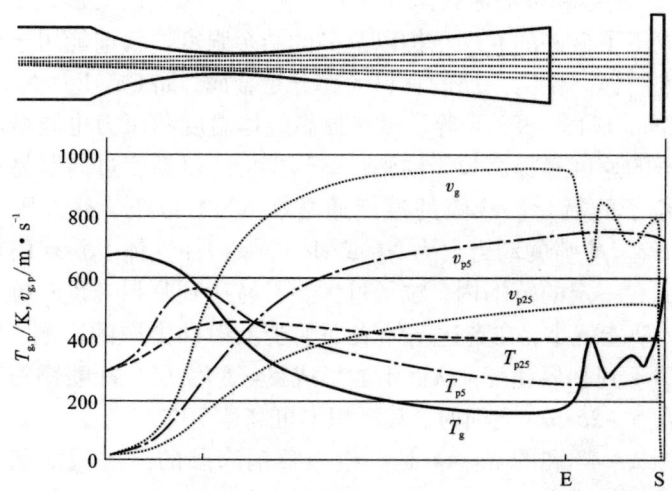

图 2-42 沿着喷嘴轴向运动的铜粉末粒子的温度和速度曲线

$T_0 = 678$ K; $P_0 = 2.5$ MPa; 喷嘴膨胀比 = 9; 喷嘴喉管直径 $\varnothing 2.7$ mm;

V_g, T_g——气体速度, 温度曲线;

V_{p5}, T_{p5}——粒径 5 μm 粒子的速度, 温度曲线;

V_{p25}, T_{p25}——粒径 25 μm 粒子的速度, 温度曲线

要达到通过微锻造效应形成良好的涂层应满足下列两个基本的条件:

(1)粒子的速度要达到临界速度,对于不同的材料有不同的临界速度(见表 2-11)。

表 2-11 冷喷涂技术中常用的几种材料的临界速度

材料	临界速度/(m·s^{-1})	材料	临界速度/(m·s^{-1})
Cu	560	Fe	620
Ni	620	Al	680

(2) 基体和被喷涂粉末粒子均要有一定的塑性变形性能,否则形成不了良好的涂层结构以及高的结合强度。目前能用于冷喷涂技术制作高性能涂层的材料大部分是金属,如 Cu、Fe、Ni、Al、Ti、Incane1718、SS316 等。虽然提高气体温度和压力也能增加粉末粒子的速度和提高粒子的塑性变形能力,但温度过高容易造成粉末粒子的氧化。冷喷的温度通常在 600℃ 以下,最大压力为 3.5 MPa。冷喷的动力气为 N_2 或 He 等保护性气体。粉末的粒径应限定在一定的范围内,粒子过大,不易达到临界速度;粒子太小,其动能就小,在到达基体表面前受反射冲击波的影响,极易减速达不到临界速度,从而不能形成良好的涂层。冷喷铜粉末的粒径在 5~25 μm 之间时,其沉积率可高达 70%。

图 2-43 和图 2-44 是一组冷喷铜涂层的涂层截面和表面图。从这组图中可以看出,冷喷涂层十分致密且是由类似于锻造

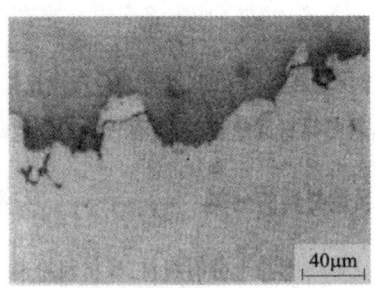

图 2-43 冷喷铜涂层表面形貌和截面图(未浸蚀)

的粒子堆积而成的,不像热喷涂那样是由变形的熔融粉末颗粒所沉积的层状组织。从图 2-44 可以看出,涂层的表面层不是十分致密,这也证明了冷喷涂层内部密度高,除颗粒本身变形贴合在已形成的涂层上以外,后继粉末粒子的冲撞形成微锻(micro-forging)也是重要的因素。这种涂层的致密度也可由高真空中的

图 2-44 冷喷铜涂层的涂层截面图

漏气率验证,即在厚 5.5 mm 的涂层一侧抽真空到 0.1 Pa,另一侧充 He 气,测得其漏气率是 10 Pa/s,基本达到高真空部件对漏气率的要求。另外,从分析 Cu 涂层中的含氧量得知,仅 $0.1\% O_2$,和粉末的含氧量相当。

上述冷喷涂层的喷涂参数为:

粒径: 5~25 μm 喷枪行走速度: 125 mm·s^{-1}
压力: 2.5 MPa 线距间隔: 1.7 mm
气体温度: 400℃ 每道沉积厚度: 200~230 μm
送粉速率: 3 kg·h^{-1} 沉积率: 72%
喷距: 30 mm 喷嘴膨胀率: 9%

冷喷有以下特点:

(1)涂层致密,其成分可以保持与原始喷涂粉末一致。可保证良好的导热、导电等性能。

(2)涂层中的残余热应力低,且为压应力,利于沉积厚涂层。

(3)涂层具有稳定的相结构。

(4)基体工件温度低,热影响小。

(5)由于涂层具有锻造结构,其硬度高于同样成分的块体材料。

(6) 冷喷涂层是形变组织，经特殊条件下的后处理后，可以得到纳米结构的组织。

(7) 冷喷的沉积斑点可以调节，故可以省去热喷涂过程所需要的遮挡工作。

(8) 设备及运行成本低。粉末还可进行回收利用。

(9) 工作环境较好，无高温辐射，噪音仅在 70~80dB。操作安全。

(10) 几乎所有的金属及合金均可进行喷涂。

由于冷喷有以上的特点，它可应用于防腐、导热、导电、电子器件及无挥发性的塑料涂层等的制作，尤其对钛合金涂层的制作有良好的前景。现也开始用此技术制作纳米 WC-Co 耐磨涂层和在金属基体上制备薄涂层（仅几个微米厚），甚至可用于快速成型、直接生产零部件。。

该项技术现在还在不断地完善之中，相信随着技术的不断改进，它的应用领域将得到大大拓展到航空航天、石化、能源、汽车、电子、军事和其他工业。

2.4 热喷涂涂层的制备工艺

2.4.1 基体表面预处理

要使涂层和基体有良好的的结合，基体表面的预处理是一个重要的影响因素，它关系到制备出涂层的成败。基体表面预处理的要求就是表面必须清洁，并要有一定的粗糙度，因此，喷涂前基体一定要进行表面净化和粗化的加工处理。

2.4.1.1 净化处理

净化处理即将待喷涂表面的油污、氧化物、油漆及其他污物去除。

(1) 溶剂清洗是利用有机溶剂可以溶解有机油脂的特性清洗基材表面,除去油脂。常用的除油溶剂有工业汽油、三氯乙烯、四氯化碳、丙酮等。常采用的方法是浸泡擦刷,喷淋及蒸气脱脂等方式。

(2) 碱液清洗这是一种廉价的除油方法,常用的洗涤剂有氢氧化钠、磷酸三钠和碳酸钠水溶液。对除油脂和污物很有效。一般采用浸洗方法,待基体表面的油脂溶解后,再用水冲洗干净。

(3) 加热脱脂此法是去除多孔工件油脂的有效方法,即将被喷涂的工件加热到 250~450℃,使微孔中的油脂挥发,再用喷砂去除表面残留的积炭。

(4) 喷砂净化采用喷细砂去除表面油漆及氧化皮,喷射角度应小于 30°。此工序不能代替喷砂粗化工序。

2.4.1.2 粗化处理

粗化处理是在净化后的基体表面形成均匀凹凸不平的粗糙表面,并控制其粗糙度,增加涂层与基体的结合面,产生更多的表面"抛锚效应"点,并使涂层产生压应力,减少涂层的宏观残余应力,使涂层和基体产生更强的结合。常用的粗化的办法有喷砂、电拉毛、机械加工(车沟槽、压花等)等。在喷砂粗化时喷砂的角度应保持 60°~75°,应避免 90°,以防砂粒嵌入基体表面,同时经喷砂的表面粗糙度应适度,应小于 10 μm,一般认为是被喷涂材料粒子粒度的 3/4 为最好。喷砂后的基体表面应均匀。

2.4.2 喷涂工艺

喷涂工艺参数是十分复杂的,影响涂层品质的参数涉及到热源、喷涂的材料特性、雾化的参数、操作的参数、工件的温度及喷涂的环境等多方面因素。但喷涂工艺参数的最终优化是要保证被喷涂的材料粒子都能进入焰流中并被加热到熔融或半熔融状态,以高速射向基体并均匀地沉积在基体上形成致密的与基体有良好结合的涂层。

2.4.2.1 热源参数

热源参数在热喷涂是十分重要的参数。它包括热源的功率、焰流温度、射流的气氛和速度,这些参数直接影响喷涂材料的熔化状况,最终决定沉积涂层的速率、品质和效率。燃气和氧气的流量决定了火焰喷涂的火焰性质和火焰的能率。火焰能率一般取决于燃气的流量,而喷枪功率的提高往往是通过改进枪的喷嘴结构来实现的。电弧喷涂的热功率是由电弧电压和电流所决定的。电弧电压的选择主要取决于喷涂材料的性质,而喷涂的速率取决于电弧电流的大小,即电弧电流越大,喷涂速率越高,从表 2–12 可以看出,对同一种材料,其电弧电流越大,则喷涂速率也越大。

表 2–12　电弧喷涂的喷涂速率/$kg \cdot h^{-1}$

喷涂材料	电弧电流/A		
	100	200	400
钼	3.2	5.0	10.0
锌	8.2	15.9	40.9
铝青铜	8.6	7.3	15.0
巴氏合金	11.4	18.2	40.9
不锈钢	4.1	8.6	18.6
碳素钢	3.9	7.7	18.2

等离子喷涂的热源参数包括了电弧的功率及离子气的种类、流量和压力。等离子弧的热焓既取决于喷枪的输入功率,又受等离子气的种类、流量和压力的影响。因为高温、高速、高焓的大功率等离子射流可以使喷涂速率和沉积效率都大幅度提高,所以水稳等离子及超音速大功率等离子喷涂都将弧电压提高到 300 V 以上。表 2–13 是不同热源参数下,等离子喷涂氧化铝的喷涂速

率和沉积效率。

表 2-13 氧化铝用等离子喷涂的喷涂速率和沉积效率

项　目	气稳等离子喷涂	水稳等离子喷涂	超音速等离子喷涂
输入功率/kW	40	160	200
弧电流/A	500	500	500
弧电压/V	80	320	400
喷涂速率/kg·h^{-1}	2	20	20
沉积效率/%	60	~70	~80

2.4.2.2 喷涂材料的送进量

无论喷涂的材料是线材、棒材还是粉末，在热源参数确定的情况下，送进量太大，沉积率就会降低，涂层品质也会下降；若送进量太小，就会使喷涂速率下降，从而降低了生产效率，增加了喷涂的成本。所以喷涂材料的送进量要控制得恰当。

2.4.2.3 雾化参数

对于线材的喷涂是用外加压缩空气对熔化材料进行雾化并对熔粒进行加速的，所以雾化的压力和流量对雾化效果有极大的影响。压力和流量过大，会干扰热源，影响热源的温度和稳定性；压力和流量过小，则雾化颗粒过大，影响涂层的品质。

2.4.2.4 操作参数

(1) 喷涂距离 喷涂距离直接影响着喷涂材料粒子沉积到基体上速度和温度，也就是说，影响着涂层的品质。由于在喷涂过程中材料粒子的速度和温度都要发生变化，颗粒飞行的速度是先加速后减速，粒子的温度也是先升温，随着距喷嘴的距离的增加又会出现降温。喷距过长则粒子到达基体时的温度及速度均会过低，造成颗粒反弹沉积不上去，或涂层品质不好，且喷距过长粒子被氧化的程度也会提高。喷距过短则粒子在焰流中停留时间过短,还未能被充分加热和加速,也会影响沉积率和涂层质量,而且热源还会对基体产生较大的热影响,甚至使基体过热变形或烧损。所以喷距应控制在合理的范围内。在实践中常常采用玻片迅速测定最佳喷距,即玻片在一定的喷距下迅速垂直通过喷射流,使熔滴撞击到玻片上,熔滴凝固后在显微镜下观察熔滴在玻片上撞击冷却后的形态(如图2-45所示)。若喷距太近则沉积率低且沉积的颗粒中心部位会从玻片反弹出去而造成空洞,如图2-45(a)所示。喷距合适则熔滴与玻片撞击后产生许多辐射状的喷溅图形,如图4-45(b)。喷距过大则由于颗粒温度下降,沉积时在与玻片撞击后不会出现喷溅状,只有一个个的圆饼状沉积形态,如图2-45(c)所示。当然玻片试验的结果是反映出了喷涂粒子被加热的状态,它除受喷距的影响外,还受焰流温度和粒

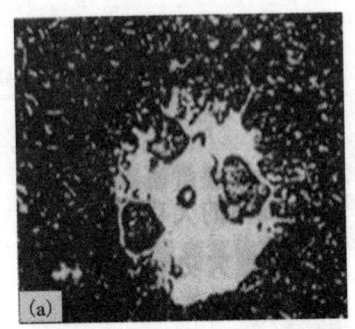

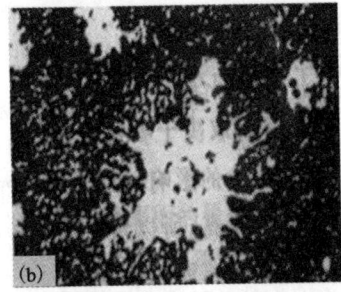

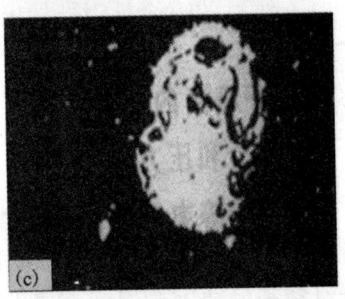

图2-45 不同喷距熔滴在玻片上沉积的形态
(a)喷距过小;(b)喷距合适;
(c)喷距过大

子飞行速度的影响。所以可以通过玻片试验的结果来调节相关的参数，以达到最佳的优化喷涂工艺。

（2）喷涂角度：喷涂角度是指焰流轴线与基材表面切线之间的夹角。一般该角度应大于45°，否则会出现"遮蔽效应"，其结果是沉积的涂层上有许多孔，使涂层强度大大下降，一般喷涂角为60°~90°。

（3）喷枪和工件的相对移动速度：在喷涂速率和沉积效率确定的条件下，喷枪和工件的相对移动速度决定了每遍喷涂的涂层厚度。为了得到均匀的涂层组织，一般每遍喷涂厚度火焰喷涂控制在0.1~0.15 mm，等离子喷涂控制在0.05 mm左右。喷枪移动太慢容易引起基体过热，要得到厚涂层应通过多次喷涂来实现，喷枪和工件的相对速度一般控制在7~18 m/min。

2.4.2.5 工件温度的控制

在热喷涂过程中热量总会传导到基体上，因此必须控制工件的温度，以防止基体及涂层过热，控制基体和涂层的相对膨胀而引起的热应力。

（1）在大多数情况下，喷涂之前总是要对基体进行预热，其目的是：

1）去除基体表面的湿气。

2）控制基体和涂层的相对膨胀，以加强两者之间的结合强度。预热后涂层的抗热冲击性能大大提高，减少了产生裂纹的倾向。

3）由于基体的温度不同，熔融液滴在撞击基体后其冷却喷溅的形态也不一样，即熔滴在撞击基体后熔融材料在基体上伸展时所受到的接触阻力不一样，这也会形成不同的涂层品质。图2-46就是镍熔滴在不同温度的钢板上沉积的情况。由图2-46可见，在基体温度高些时熔滴的喷溅延展情况比较理想。预热的基体表面应不氧化和基体不变形。一般预热温度在70~150℃。

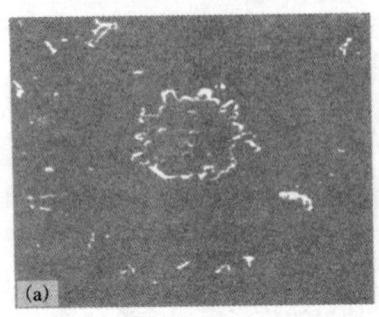 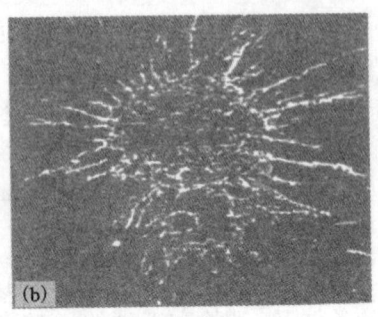

图 2-46　不同温度下镍熔滴在钢基体上喷溅的形态
(a)基体温度 20℃；(b)基体温度 368℃

（2）冷却　为了控制工件的温度防止过热，通常采用三种方法：

1）在喷涂过程中对工件吹风，可使工件温度不超过 200℃；

2）在喷涂过程中，控制喷枪与工件的移动速度，防止工件的局部过热；

3）喷涂小工件采用间歇喷涂的方式。

2.4.2.6　喷涂气氛的控制

由于在大气中进行喷涂时，喷涂材料都免不了有一定程度的氧化，所以在喷涂化学性质活泼的材料或对涂层成分要求严格的情况下，应在保护性气氛或真空中进行喷涂。在喷涂过程中对一些要求组织结构细密，孔隙度小的涂层特别要注意喷涂过程中的除尘，尤其是一些大直径的工件在吸尘力度不够时会形成涡流，使喷涂中产生的尘埃抽不出去而重新沉积在涂层中，这样就会影响涂层的质量，所以喷涂过程中必须重视除尘，以防止喷涂环境中细小尘埃在涂层中的沉积。

2.4.2.7　涂层的后处理

（1）封孔处理：热喷涂涂层一般均有一定数量的孔隙，从不到 1% 至大于 10%。孔隙也有连通的和不连通的。为了提高涂层的抗蚀性，一般采用封孔处理消除孔隙对涂层抗蚀性能的影响。

常用的封孔剂列于表 2-14。

表 2-14 封孔剂类别及材料

类　别	封　孔　剂　材　料
非干燥型	(1)石蜡;(2)油;(3)油脂
空气干燥型	(1)油漆、氯化橡胶;(2)空气干燥型酚醛、环氧酚醛;(3)乙烯基树脂;(4)聚酯;(5)硅树脂;(6)亚麻子油;(7)煤焦油;(8)聚氨酯
烘烤型	(1)烘烤酚醛;(2)环氧酚醛;(3)稀的环氧树脂;(4)聚酯;(5)聚酰胺树脂
催化型	(1)环氧树脂;(2)聚酯;(3)聚氨酯
其他	(1)硅酸钠;(2)乙基硅酸酯;(3)厌氧丙烯酸酯

(2)扩散处理：扩散处理是在涂层制备完成后，在一定的温度下保温，使涂层向基体内扩散，产生表面合金化的扩散层，使之产生冶金结合，这样就进一步提高了涂层和基体之间的结合强度，同时也提高了涂层的致密度和涂层的耐蚀性。如在钢铁件上喷铝，在涂层表面涂刷上含有 Al 的煤焦油封孔剂或水玻璃等保护剂，以防止涂层氧化，然后在 900~1000℃下保温 1h，这样处理后的 Al 和 Fe 之间会产生 Al-Fe 扩散合金层，渗铝层能防止 900℃下的氧化腐蚀。又如 MCrAlY 系统合金在镍基合金表面沉积后也要经过 1080℃/4h 缓冷到 870℃/32h 的真空热处理后达到抗高温氧化性能及提高结合强度的要求。

(3)涂层的重熔处理：这个后处理主要是针对自熔性合金涂层而言的。涂层重熔的目的是提高涂层的致密度，使合金成分组织更加均匀，进一步消除残余应力，使涂层与基体产生良好的冶金结合。重熔可采用火焰重熔、感应重熔、激光重熔、炉内加热重熔等方法。

2.4.3 涂层精加工

(1) 涂层机械加工特点：涂层的机械加工与普通整体材料的机械加工相比，有以下特点。

1) 涂层一般韧性较小，比较硬，不易切削，且切削过程中刀刃上温度高，容易磨损，所以切削过程中应注意冷却；

2) 涂层和基体的结合强度有限，故不能随受过大的切削力，否则容易出现涂层的剥落；

3) 涂层一般较薄，加工余量不太大，所以要精心操作。

(2) 切削涂层的刀具：鉴于涂层的机械加工难度较大，所以一般采用硬质合金刀具，陶瓷刀具和立方氮化硼刀具来加工。而硬质合金刀具以选用添加碳化钽、碳化铌(YW,YA)的细晶硬质合金刀具为好。陶瓷刀具则以氧化铝为主要成分的普通陶瓷刀具中加入一定量的碳化钛烧结而成的组合陶瓷刀具为宜。

(3) 刀具几何参数：热喷涂涂层对刀具的几何尺寸总的要求是：刀刃的强度和良好的散热条件，还应注意刀具的刚性，同时在切削时径向分力不宜过大。

(4) 切削工艺：喷涂涂层的车削应先从涂层面的端部去除突出的涂层部分开始。在切削这部分涂层时要特别注意进刀的位置和进刀量。车削的速度一般应控制在 $10\sim30$ m/min 范围。粗车进刀量一般在 $0.08\sim0.15$ mm/道，而精车的进刀量一般为 $0.03\sim0.08$ mm/道。总的原则是：小进刀量切削，多道次完成切削。

(5) 涂层的磨削加工：通常涂层要加工到精确的尺寸及高的光洁度，尤其是对硬脆的陶瓷涂层，磨削加工是唯一的方法。对涂层的磨削加工压力不能太大，否则会破坏涂层的结构形成裂纹，另外由于涂层的导热性较差，所以磨削时应有足够的冷却介质。磨削加工的品质也和砂轮的选择及磨削的工艺参数密切相关。

在砂轮的选择上，应尽可能用锐利的砂轮，使其磨削快，不过热。一般金属涂层可选用氧化铝及碳化硅砂轮，对于硬的涂层则可采用金刚石砂轮。砂轮磨料的粒度，粗磨可用30~60目，精磨采用60~120目。在砂轮粘结剂的选择上，磨金属涂层一般采用陶瓷粘结剂，这可提高磨削速度和达到精确的尺寸；对陶瓷涂层一般选用树脂粘结剂，以达到快速磨削和低的表面粗糙度。磨削工艺参数主要是砂轮速度v_1，轴向移动速度f_a，工件速度v_w和径向进给量f_r等参数的选择。

砂轮速度v_1过低和过高均会使砂轮磨耗增大，砂轮速度过低还会降低工件表面的光洁度。碳化硅砂轮速度(v_1)为20~25 m/s，人造金刚石砂轮速度(v_1)为15~25 m/s。

轴向移动速度f_a大，虽然可提高生产率，但砂轮的磨耗大，加工表面粗糙。一般外圆磨f_a为0.5~1 m/min，平面磨f_a为10~15 m/min。

工件速度(v_w)过高容易产生振动，一般v_w为10~20 m/min。

径向进给量(f_r)的选择原则是，加工精度要求越高，涂层硬度越高时，径向进给量就越小。一般情况下，外圆磨f_r为0.005~0.015 mm/dst(毫米/双行程)；内圆磨f_r为0.002~0.01 mm/dst；平面磨f_r为0.005~0.02 mm/dst。

2.5 微/纳米热喷涂涂层

2.5.1 微/纳米热喷涂简介

热喷涂技术已发展成为制备微/纳结构涂层的较好之一的技术。微/纳米结构涂层的制备是热喷涂技术的重要发展方向。纳米热喷涂涂层大致有三类：第一是单一的纳米涂层体系(纳米晶)；第二是两种(或多种)纳米材料所构成的复合涂层体系(纳米晶+非晶纳米晶);第三是添加纳米材料的复合体系(微晶+纳米晶)。目前的研究大部分集中于第三类。即在传统的涂覆层技术基础上,喷涂纳米结构颗粒喂料。在较低成本下使涂覆层功能得到提高。纳米热喷涂的关键技术主要有:①纳米结构喂料的制备方法及其对涂层性能的影响;②纳米颗粒材料热喷涂层与基体间的界面问题;③纳米颗粒材料在热喷涂涂层动态制备过程中的物理、冶金、化学等过程;④纳米涂层中纳米颗粒材料中其他材料的协同效应。纳米材料热喷涂涂层原理如图2-47所示。据有关文献报道,纳米材料热喷涂技术包括超音速火焰喷涂(HVOF)、低压等离子喷涂(LPPS)、超音速等离子喷涂(HEPJ)、高能等离子喷涂(HEPS)、双丝电弧喷涂(TWAS)和其他先进的热喷涂等。

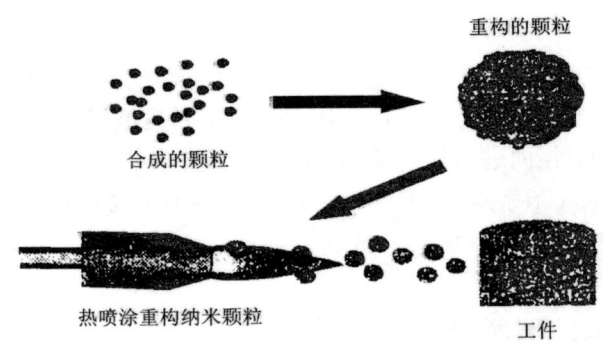

图 2-47 纳米材料热喷涂原理

从国内外报道看,美国已成功地研究了用等离子喷涂 ZrO_2 纳米结构涂层, Al_2O_3/TiO_2 纳米结构涂层。还采用高能等离子喷涂(HEPS)喷涂了 WC/Co 涂层。国内有全军装备维修表面工程研究中心用超音速等离子喷涂 Al_2O_3/TiO_2 和 WC/Co 纳米结构涂层,中科院硅酸盐所研究了等离子喷涂过程中纳米 TiO_2 的结果变化和离子注入的特性,广州有色金属研究院也用高速火焰喷涂的方法对 WC/Co 纳米涂层进行过一些试验。从目前国内外研究看,等离子喷涂纳米结构涂层的开发研究报道相对较多,也是最有可能实现实用化的纳米颗粒材料热喷涂技术。其中关键技术是纳米结构喂料的制备方法及其对涂层性能的影响和纳米颗粒材料热喷涂涂层与基体间的界面问题。

2.5.2 等离子喷涂的纳米结构涂层

2.5.2.1 纳米结构涂层的组织

用超音速等离子喷涂技术制备的 Al_2O_3/TiO_2 和 WC/Co 纳米结构热喷涂涂层的宏观、微观结构(SEM)及电子衍射于图 2-48、图 2-49、图 2-50 所示,其工艺参数见表 2-15。

表 2-15 超音速等离子喷涂纳米结构喂料的工艺参数

喷涂材料	n-Al_2O_3/TiO_2	n-WC/Co	Ni/Al 打底层
喷涂功率/kW	30	25	35
工作电压/V	120	100	140
工作电流/A	250	250	250
Ar/H_2 压强/MPa	0.9	0.9	0.9
Ar 流量/($m^3 \cdot h^{-1}$)	3.8	4	3.8
H_2 流量/($m^3 \cdot h^{-1}$)	0.12	0.1	0.15
喷涂距离/mm	150	150	140
送粉 N_2 压强/MPa	0.7	0.7	0.7
送粉 N_2 流量/($m^3 \cdot h^{-1}$)	1.0	1.0	1.0

在 Al_2O_3/TiO_2 涂层中,主要由 α-Al_2O_3,γ-Al_2O_3 和锐钛矿的 TiO_2 组成,其显微硬度 1284 HV0.2。

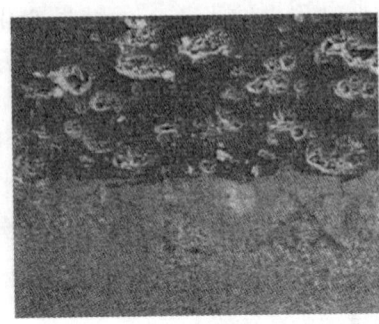

图 2-48　等离子喷涂纳米结构涂层

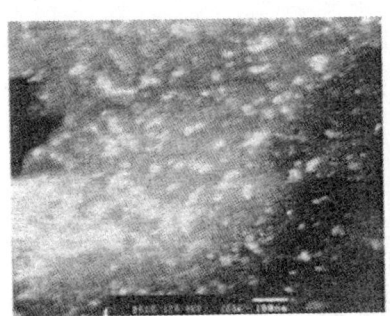

图 2-49　涂层的微区形貌和电子衍射图

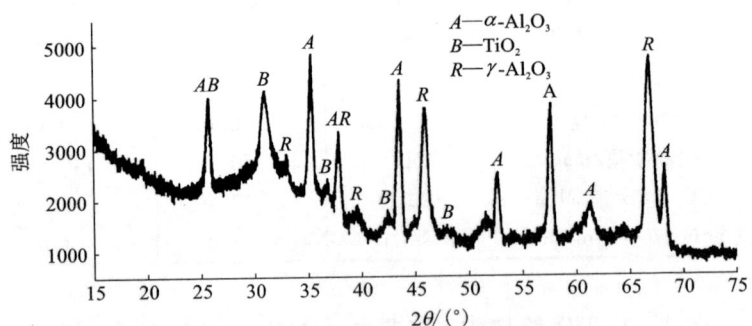

图 2-50　复合纳米热喷涂涂层 X 射线衍射图

2.5.2.2 涂层的结合强度和硬度

纳米结构 Al_2O_3/TiO_2 涂层的结合强度和显微硬度如表 2-16、2-17 所示。

表 2-16 纳米 Al_2O_3/TiO_2 涂层的结合强度

试样编号	拉力/kN	结合强度/MPa
1	13.8	27.2
2	12.0	23.6
3	19.2	37.8
4	18.3	36.1
5	21.2	41.8
平均值		33.3

表 2-17 纳米 Al_2O_3/TiO_2 涂层的显微硬度

测试点	载荷/g	显微硬度 HV
1	200	1284
2	200	1196
3	200	948
4	200	1116
5	200	1284
平均值		1166

2.5.2.3 涂层的高温磨损性能

图 2-51、图 2-52 分别是纳米 Al_2O_3/TiO_2 和 WC/Co 复合热喷涂涂层的摩擦系数测试结果。试验采用 Si_3N_4 球作对偶件，加载 15N，摩擦半径 10 mm，线速度 0.3 m/s，滑动距离 500 m。试验结果测得的纳米颗粒 Al_2O_3/TiO_2 涂层—Si_3N_4 和纳米颗粒 WC/Co 涂层—Si_3N_4 平均摩擦系数分别为 0.8 和 0.5。从测试结果可知，纳

米 WC/Co 复合涂层的耐磨性优于纳米 Al_2O_3/TiO_2 涂层。纳米结构的复合涂层耐磨性与传统的涂层相比,提高了 3~8 倍。

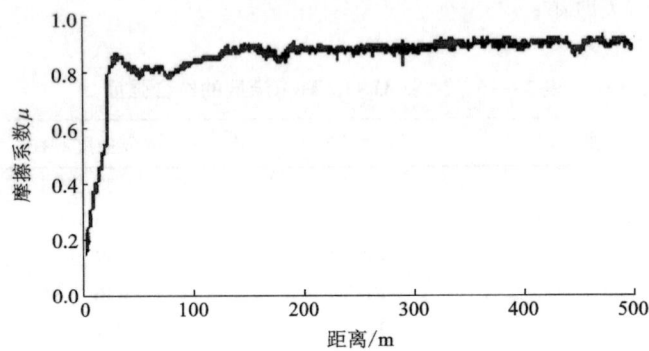

图 2-51 纳米 Al_2O_3/TiO_2 复合涂层摩擦系数

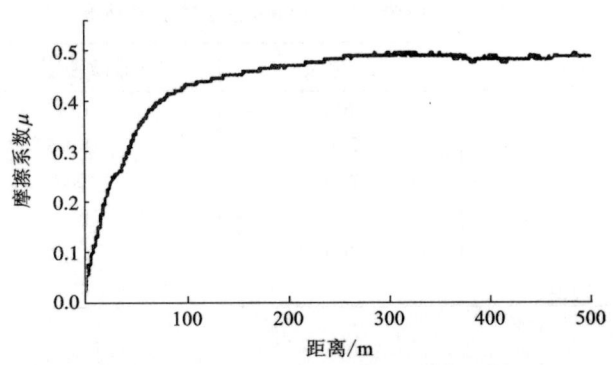

图 2-52 纳米 WC/Co 复合涂层摩擦系数

2.5.3 超音速火焰喷涂的微/纳米结构涂层

超音速火焰喷涂(HVOF)相对工作温度低,形成的纳米结构组织致密,结合强度、硬度高,孔隙率、涂层表面粗糙度低,备受关注。

美国 RUTGERS 大学和海军研究室共同开发了制备纳米

WC/Co粉的专利技术,称为喷射转换工艺。其 WC 和 Co 混合均匀。A. H. Dent 等人的研究表明,用 HVOF 技术喷涂的 WC/Co 系列纳米结构喂料形成的涂层比 WC 涂层有更加优异的耐磨性能,WC/12Co 和 WC/15Co 纳米结构涂层尤为突出。Co 元素的添加,改善了涂层的脆性,有利于涂层耐磨性的提高。从纳米结构的 WC/Co涂层中观察到纳米级的 WC 微粒散布于非晶态富 Co 相中,WC 颗粒与基相结合良好。涂层显微硬度明显增加,耐磨性能提高。HVOF 是目前被认为是制备高温耐磨涂层技术较为理想的技术,WC/Co 系列纳米结构涂层的成功制备,将大为拓宽了 HVOF 技术在耐磨领域的应用。

2.5.4 电弧喷涂纳米结构涂层

电弧喷涂纳米结构涂层时,首先将纳米粉体材料制备成微米级的纳米结构喂料,然后以喂料和其他合金元素为芯,以金属为外皮制备电弧喷涂用粉芯丝材,经喷涂后获取纳米结构电弧喷涂涂层,其过程示意见图 2 – 53。表 2 – 18 是美国 D. G. Atteridge 和 M. Becker 等人进行电弧喷涂(TWAS)纳米结构涂层所用的喷涂粉芯丝材的组成,其外皮和芯材的体积比是1:1,喷涂粉芯丝材的电压要比喷涂实心的丝材时低。他们用上述三种丝材喷涂到经喷砂预处理的碳钢基体上,喷涂电流200A,电压25~35 V,涂层厚度1 mm。研究发现,随 WC 含量的增加和电压的升高,涂层的耐磨性得到改善。冲蚀磨损实验表明,430 不锈钢—WC/6% Co 粉芯丝材纳米结构喷涂层的耐磨性优于 Ni 基喷涂层,表 2 – 18 中编号为1、2、3 号的三种涂层的结合强度分别为 52 MPa、63 MPa、71 MPa。其中 Ni 基和430 不锈钢基纳米结构喷涂涂层的孔隙率分别为3%和7%。电弧喷涂所呈现的涂层优异性能和较低的成本,将会成为纳米粉体材料热喷涂技术开发的一个重要方向。

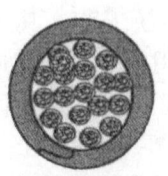 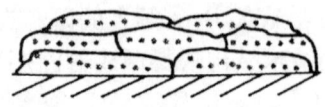

纳米结构喂料　　金属外皮，喂料为芯　　纳米结构电弧喷涂层
　　　　　　　　的粉芯丝材(截面)

图 2-53　电弧喷涂纳米结构涂层的制备

表 2-18　喷涂粉芯丝材组成

编号	外皮材料	芯　材　料
1	Ni	6% WC/Co 微米级纳米结构喂料
2	Ni	15% WC/Co 微米级纳米结构喂料
3	430 不锈钢	6% WC/Co 微米级纳米结构喂料

2.5.5　微/纳米热喷涂技术的应用前景

目前看，国外用热喷涂方法研究开发的纳米结构热喷涂涂层主要是 WC/Co 系列、Ti/Al 等金属间化合物、ZrO_2、Al_2O_3/TiO_2、Al_2O_3/ZrO_2、316 不锈钢、Cr_2O_3、Si_3N_4、生物陶瓷等，其中对 WC/Co 系列纳米结构涂层研究最多，主要应用在高温耐磨上。从现实分析情况看，用热喷涂技术组装纳米结构涂层还是一项比较复杂的技术，因研究时间短，涂层还不能达到设计要求，涂层结构颗粒大多为 100~200 nm 的亚微颗粒，还不是真正的纳米级。涂层的致密度还不够高，涂层在性能上还没达到突破性进展，发展空间还很大。在国内，还没真正掌握热喷涂用纳米结构喂料的制备工艺，研究工作还局限于从国外购买纳米结构喂料进行喷涂，研究水平与美国等发达国家相比有较大差距，国内热喷涂纳米颗粒材料尚处于试验研究阶段。从已有的研究结果看，用热喷涂技术制备纳米结构涂层的防腐、耐磨性能优异，尤其在航

空发动机上有良好的应用前景。相信在纳米热喷涂基础研究不断加强、加深和开拓应用的基础上，微/纳米颗粒材料热喷涂技术将会在我国国民经济建设中发挥技术上的重要作用。

2.6 热喷涂工艺技术的工业应用

热喷涂技术工艺及操作简便、灵活，特别适合现场施工和工件局部修复，而且喷涂材料丰富，能赋予工件表面耐磨、耐蚀、抗高温、绝缘、隔热等多种功能，不但是新设备表面强化和预保护的有效方法，而且也是现场设备维修的经济而有效的手段。被广泛应用于各工业领域中的各种通用机械部件，如各种轴类、阀门、风机等的强化和修复，并取得了十分显著的防护效果和经济效益。随着近年来热喷涂技术的进步，如低压等离子、高能、高速等离子喷涂、高速火焰喷涂等新技术的相继问世，以及各种新型优质喷涂材料的不断开发，使得过去热喷涂涂层结合强度低、抗冲击性能差等弱点得以克服。新的热喷涂手段的应用给涂层性能带来质的飞跃，涂层孔隙度可降至 $0.5\% \sim 1.0\%$；涂层与基体的结合强度可高达 $70 \sim 140$ MPa。特别是优质的热喷涂涂层，通过超精加工可以达到硬铬镀层的表面光洁度，成为部分取代严重污染环境的硬铬镀层制备工艺的涂层，受到广泛的关注和重视。随着工业生产的发展和技术的不断进步，热喷涂涂层在现代工业部门的应用范围不断在扩大，特别在众多高技术及高负荷的工业部门获得了成功的应用。

2.6.1 热喷涂技术在航空航天工业中的应用

热喷涂技术较早应用于航空航天。其涂层品种多，技术含量高，应用范围广，是热喷涂技术在航空航天成功应用的高技术领域。虽然航空领域中的飞机发动机，航天领域中的宇宙火箭等工况条件十分恶劣,对涂层的可靠性要求又非常苛刻,随着热喷涂技术的发展与进步和高性能涂层材料的不断开发,低压等离子喷涂、高速火焰喷涂等新技术的问世,使涂层质量有了质的飞跃,在航空工业中的应用也越来越广泛,当代新型航空涡轮发动机中有一半以上的零部件都是应用有涂层的部件(零件数达2000多个,约3000多处),主要应用于耐磨、耐蚀、抗氧化、封严,成为航空制造工业中不可缺少的制造工艺。表2-19是热喷涂技术在航空航天工业中的部分应用。下面再介绍一些典型的应用。

2.6.1.1 在航空涡轮发动机中的应用

航空涡轮发动机对零部件的性能要求高,这是因为它处在高温、高速、高负荷等恶劣条件下工作,图2-54是航空发动机中应用热喷涂涂层技术的部分重要部件。主要涉及的是高温防护、耐磨、热障和封严涂层技术,典型实用实例如下。

(1)涡轮发动机叶片高温防护:处在高温热端的部件最主要是叶片。它长期在高温、高速、高负荷、高温燃气腐蚀等恶劣工况下运行。当今,虽然开发了高性能的超合金材料、采用空心加气膜的冷却结构,但仍满足不了高温部件在不断提高涡轮进口温度下的工作要求。在叶片表面用低压等离子喷涂的方法制备一层抗高温和耐热蚀的超合金高温防护 MCrAlY(M:Ni、Co、CoNi)超合金涂层,是解决这一难题的有效工艺。经多年的研究表明,经低压等离子喷涂的 MCrAlY 涂层致密,涂层/基体结合强度大于70 MPa、涂层成分稳定、生产效率高,已经成为当今涡轮机叶片超合金涂层生产的首选工艺。为适应更高涡轮进口温度的要求,采用 MCrAlY 涂层作底层,在其表面再喷涂一层稳定的氧化物陶瓷(如 Al_2O_3、$ZrO_2-Y_2O_3$ 等)。这种新一代的高温防护层已在美国投入批量生产。据有关资料报道,一级涡轮叶片表面喷涂 0.25 mm 的 $ZrO_2-Y_2O_3$ 涂层后,可使冷却空气流量减少 50%、比油耗改善 1.3%、使用寿命提高 4 倍。图2-55、图2-56分别为国产某机种上用的 MCrAlY 涂层叶片和热障涂层防护的动、静叶片。

表2-19 热喷涂涂层技术在航空航天工业中关键部件的应用实例

领 域	零部件	喷涂方法	涂层材料	涂层用途
火箭技术	火箭头部和喷管	等离子喷涂	Al_2O_3,ZrO_2,W	耐热、抗冲蚀
	喷气推进弹体整流罩	等离子喷涂	Al_2O_3,ZrO_2	绝热
宇宙飞行器	宇宙研究装置	等离子喷涂	Al_2O_3,ZrO_2,W、氧化物、碳化物	防粘连、绝热、热辐射
	超短波天线	等离子喷涂	Al_2O_3	绝热、绝缘
航空	喷气发动机涡轮及压气机	等离子喷涂、HVOF	Co-WC,TiC,Cr_2O_3	耐冲蚀
	叶片	等离子喷涂、HVOF	Ni-Al,NiCrBSi	耐热
	燃气涡轮叶片	等离子喷涂	Ni-Al,Al_2O_3	耐热
	燃烧室内衬	等离子喷涂、HVOF	CoCrAlY,$MgO\cdot ZrO_2$	耐磨
	起落架轴颈	等离子喷涂	硬质碳化物及其合金	耐磨
	机翼及机身承力结构	等离子喷涂	纤维增强复合材料	强度、刚度
	前整流舱	等离子喷涂	聚苯脂、硅铝	滑动、封严
	机匣	等离子喷涂	镍包石墨、镍包硅	耐磨可磨、封严

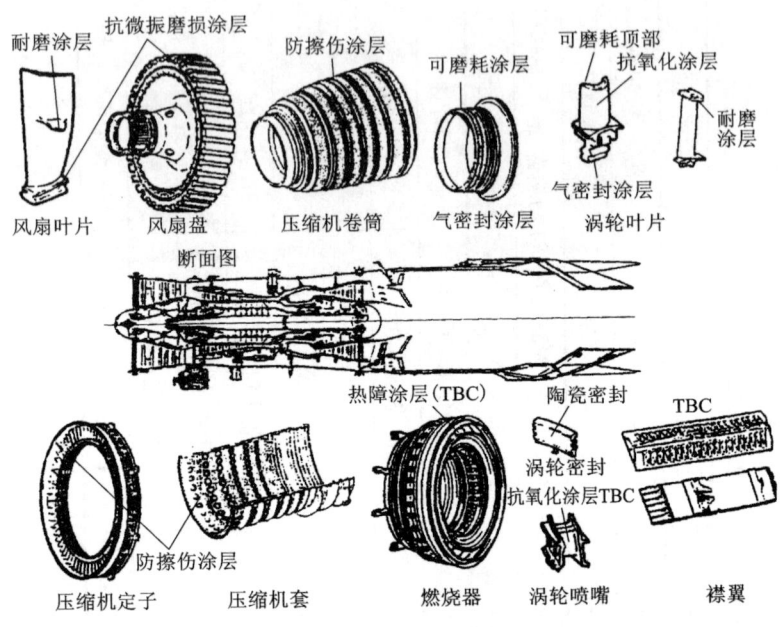

图 2-54　航空发动机中应用热喷涂涂层的部分部件

（2）热端部件的热屏蔽：目前，国外涡轮发动机为提高推力，涡轮发动机的进口温度已达 1400~1500℃。温度的提高，使涡轮发动机热端的部件金属材料的耐热性能满足不了在高温条件下稳定、长期工作，所开发的新的耐高温合金（如单晶材料、定向结晶材料）及部件结构上加强冷却，是解决了一些问题。但近 20 年来，高温合金上限温度的提高，似乎已接近金属材料可能达到的极限 1200 多摄氏度；若再提高进口温度，使用的高温合金就难承受。为克服这一困难，采用热喷涂技术，在高温部分的高温合金表面喷涂一层抗氧化的 NiCr、NiAl、MCrAlY 合金（MCrAlY 合金性能最好）作粘结底层，再用高熔点、热导率低的氧化物陶瓷（Al_2O_3、ZrO_2 等，其中以 Y_2O_3 部分稳定的 ZrO_2 隔热性能最好）隔热表层组成的"热障涂层"使高温合金部件工作温度降低。表 2-20 是加力燃烧室外壁有无涂层的温度比较。

图 2-55　国产 MCrAlY 涂层涡轮叶片

图 2-56　采用热障涂层防护的动、静叶片

表 2-20　加力燃烧室外壁有无涂层的温度比较/℃

截　面	I	II	III	IV	V
无涂层	779	742	810	819	792
有涂层	733	680	688	754	708
温差	46	62	122	65	84

"热障涂层"使用效果明显。目前，我国主要采用两层的涂层结构，用 CoNiCrAlY 底层＋稳定的 ZrO_2 工作层，已在新型的发动机燃烧室，加力燃烧室等热部件上应用。当今，热障涂层在涡轮发动机上应用的部件有燃烧室，加力燃烧室涡轮部件及热燃气通道等，在火箭发动机部件中，如喷管、导弹鼻锥等。现今，对热障涂层的改进，主要是从多层或梯度功能涂层的设计、粘结底层的预氧化处理、热障陶瓷工作层的渗铝处理、陶瓷工作层激光改性处理等进行研究和发展。

(3) 气路的密封和间隙控制

涡轮发动机气路中微小的间隙直接影响发动机的功率、推力和效率和燃油的消耗。有数据表明，仅叶尖漏气造成的效率损失就占整机损失的 10%～40%；一台高压涡轮机内间隙每减少 0.13 mm～0.25 mm，油耗可减少 0.5%～1.0%。因此，气路封严对发动机来说无论从技术性能上还是经济上都十分重要。

采用复合粉末，在基体上喷涂软质的可磨耗密封涂层，是航空工业中迅速发展起来的高温密封、控隙技术，是现代热喷涂涂层的重要应用之一。它是在配合件的接触运动中，由可磨耗涂层的被磨削而自动形成所必需的间隙，提供最佳的密封状态。可磨耗封严涂层用于空气密封部位、压气机或涡轮叶片与金属表层结构或机匣之间的密封，还用于迷宫式密封，用来疏导冷却空气，减少发动机压缩空气的损失，并保持转子轴的压力平衡。这类封

第2章 热喷涂涂层技术

严涂层的材料主要有镍(镍铬、镍铬铝)/硅藻土(石墨)、聚苯酯/铝(铝硅)等。另一类封严涂层为不可磨耗涂层,它实际上是一种耐磨涂层。它是通过将相对运动的对方(如蜂窝状金属箔)磨削形成封严沟槽来提供最佳的密封状态。这类封严涂层使用的材料为耐磨的硬质材料,如含氧化钛的氧化铝、氧化锆等。涂层应用于叶尖、篦齿等部位。我国常用的封严涂层见表2-21。

表2-21 我国航空发动机中常用封严涂层

序号	涂层名称	使用温度/℃	涂层工艺	主要应用部位
1	聚苯酯	-18~340	P	压气机和润滑系统封严
2	聚苯酯-铝(铝硅)	350	P	压气机封严
3	银铜合金	400	P,F	盘轴封严环
4	铝硅-石墨	450	P,F	涡轮篦齿封严
5	镍-石墨	480	P,F	涡轮篦齿封严
6	镍铜硅-石墨	650	P,F	涡轮篦齿封严
7	镍-硅藻土	750	P,F	涡轮封严
8	镍铬-硅藻土	850	P,F	涡轮封严
9	镍铬铝-硅藻土	950	P,F	涡轮封严
10	镍铬铁铝-氮化钛	850	P,F	涡轮导向叶片、外环
11	氧化铝-氧化钛	700	P	耐磨套篦齿封严
12	氧化锆-氧化钛	850	P	涡轮封严
13	镍铝、镍铬铝	900~1000	P,F	涡轮封严
14	镍铬铝钇-氧化锆	1100	P	涡轮封严
15	镍铬铝钇	1100	LPPS	涡轮封严

注:P—等离子喷涂,F—火焰喷涂,LPPS—低压等离子喷涂

(4)机械部件的耐磨损

航空发动机零部件工作条件恶劣,磨损机理复杂,往往有两种或两种以上的磨损类型同时存在。特别是微振磨蚀是航空发动

机中较为突出的一种磨损破坏,它产生在两个有一定正压力作用并有极微小的相对运动(一般小于 25 μm)的金属表面。微振磨蚀造成的表面损伤会加速其他形式的破坏产生。采用热喷涂涂层对发动机零件进行抗磨强化是十分有效的技术措施。航空发动机中常用的耐磨涂层如表 2-22。

表 2-22 发动机中常用的耐磨涂层

功能	涂层材料	喷涂方法	使用温度/℃	应用举例
耐撞击	WC - Co	D,P	≤450	钛合金压气机阻尼台,空气导管
	CoCrNiW	D,P	≤840	涡轮叶片叶冠
	TiC	D,P	≤850	涡轮叶片叶冠
	NiCrBSi	D,P,F	≤900	风扇叶片阻尼台,安装边
耐微振	Cr_3C_2 - NiCr	D,P	≤980	涡轮部分
	Cu - Ni - In	P	≤450	压气机叶片榫头等
	铝青铜	P	≤300	4~8 级扇形块焊接组件
耐粘着	Mo	P,F	≤350	轴
	Cr_2O_3	P	≤540	耐磨环
	NiCrBSi	P,F	≤600	涡轮叶片叶冠配合面

注:D—爆炸喷涂;P—等离子喷涂;F—氧乙炔火焰喷涂

2.6.1.2 在飞机上的应用

除航空发动机外飞机上的其他部件也越来越多地采用热喷涂涂进行表面的防护和强化。图 2-57 所示为直升机中部分喷涂部件。

(1)飞机外表面的防雷击和抗干扰

为了减轻飞机的质量和隐身,飞机上已大量采用轻质的非金属复合材料。由于这种复合材料不导电,需要在其表面上涂覆一层

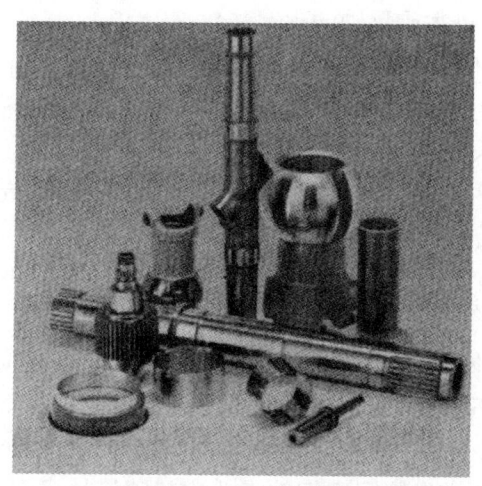

图 2-57　直升机中部分喷涂部件

导电的涂层(如铝等),来屏蔽外来信号的干扰和防止雷击造成的破坏。涂层部位有复合材料尾翼、升降副翼及前机身仪器舱盖等。

(2)起落架部件的防护和强化

飞机起落架是飞机起落过程中受力的关键部件,其中的一些部件如起落架主轴、液压柱塞等,其表面一般都采用镀硬铬进行腐蚀防护和耐磨强化。由于镀铬工艺对环境造成严重的污染,因而受到越来越严格的限制。一项以高速火焰喷涂涂层代替硬铬镀层在起落架上应用的研究和评价工作,正由美国和加拿大的多个部门和一些大的公司于 1996 年开始实施。经过几年的工作,目前已从疲劳性能、腐蚀性能、耐磨性能及氢脆等方面对涂层进行了评价。结果表明,WC-Co 系列(WC-17Co,WC-10Co-4Cr)材料的高速火焰喷涂涂层在上述各个方面都等于或优于硬铬镀层。目前,热喷涂涂层防护和强化的起落架已经在商用波音客机上得到应用。

(3) 直升机主旋翼轴的耐磨强化

直升飞机的旋翼产生升力使飞机升空并进行飞行，主旋翼轴除了传递扭矩外还需负担整个飞机的质量，是十分关键的部件。该轴表面也采用 WC - Co 涂层来进行防护和强化。

其他一些涂层也常用于飞机辅件表面，如迷宫壳体喷氮化硼密封、随动活塞杆柱塞表面喷涂金属钼涂层等。

2.6.2 热喷涂技术在现代钢铁工业中的应用

钢铁工业的主体设备大都在特有的高温、高负荷及腐蚀环境的恶劣条件下工作，存在大量磨损、腐蚀及热破损等难题。长期以来，热喷涂技术在钢铁工业设备的维修与强化方面得到了广泛的应用。从西方发达国家钢铁工业中热喷涂技术应用的对象看，各式各样的辊类占全部热喷涂部件的 85% 以上。各种通用机械的轴类、阀类、风机，等等，采用热喷涂涂层后都获得了十分显著的防护效果。然而，随着工业技术的进步，钢铁工业不断采用大量为生产高速度化、高度自动化和产品高品质化所需的新技术，对设备性能和可靠性的要求更高。飞速发展的热喷涂新技术为解决现代钢铁工业的设备表面强化难题提供了有效的手段。热喷涂涂层在现代钢铁工业中的应用有了新的拓展，并在一些高负荷、高精密度的要求中获得成功应用。典型的应用如下。

2.6.2.1 连续铸造模

连续铸造模表面因金属凝固层的摩擦而磨损，一直采用镀铬处理来提高连铸模表面的耐磨性。但镀铬层在高温下硬度急剧下降（见图 2 - 58），其防护效果并非十分理想。采用在高温下硬度不显著下降的自熔合金涂层并辅以增强涂层与基体结合的技术措施（如镀镍、喷涂粘结底层等）后，涂层连铸模的耐用性为镀铬层的 10 倍以上。

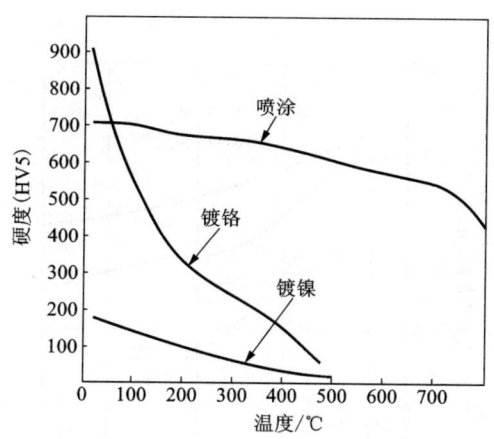

图 2-58 喷涂涂层与镀铬层的硬度与温度的关系

2.6.2.2 连续铸造辊

连续铸造生产线中的支承辊、导辊、夹紧辊等部件常因各种应力及冷热疲劳等因素的影响,在辊面圆周方向上产生大的裂纹而导致辊子破坏失效。采用自熔合金强化辊面后,该涂层在使用过程中仅在其晶粒晶界上产生传播速度非常小的微细裂纹,大大延长了连铸辊的使用寿命,也防止了铸材表面缺陷的发生,提高了铸材的品质。

2.6.2.3 冷轧加工辊

冷轧生产线中的加工辊(如张紧辊、导辊和矫直辊等)要求其表面耐磨,在使用过程中表面粗糙度的变化要小,具有恒定的夹持力。该辊一般采用表面镀铬,其耐磨性不够,影响使用寿命。而在其辊面热喷涂 WC-Co 涂层,并再进行电镀或无电镀等特殊处理后,会使表面粗糙度的变化十分缓慢,表面夹持力不易下降(见图 2-59)。试验表明,经这种殊处理的涂层辊的耐磨性为镀铬辊的 5-10 倍。

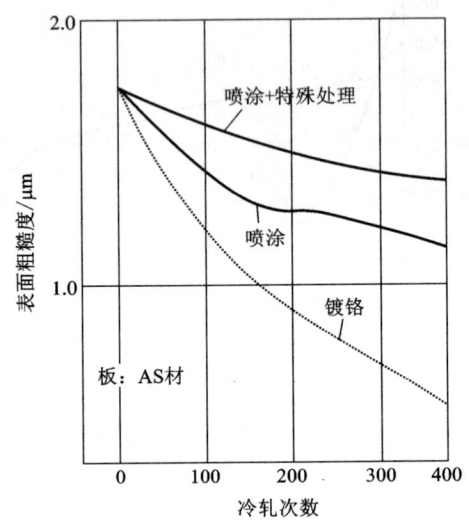

图 2-59　各种涂层表面粗糙度的变化

2.6.2.4　连续退火炉炉辊

连续退火炉一般由加热带、均热带和冷却带组成，钢板在配置于炉内的炉辊上呈 180°绕卷接触进行热处理。由于钢板表面的氧化物在炉内气氛下还原成铁而粘附在辊面上形成积瘤，当钢板通过辊面传送时，会在钢板表面上留下凹坑、划伤等缺陷，影响钢板表面品质。

汽车工业的高速发展，对冷轧和镀锌钢板的表面品质提出更高要求。为提高钢板品质，连续退火生产线(CAPL)和连续热浸镀生产线(CGL)中炉辊用涂层技术应运而生。该涂层技术 20 世纪 80 年代始于日本，80 年代中期就已被大规模地推广应用于几乎所有的 CAPL 和 CGL 炉辊，80 年代末在欧洲和美国才受到重视和应用。

炉辊涂层技术即是采用热喷涂方法在炉辊表面喷涂一层与铁的亲和力低,并且其热膨胀系数与炉辊基体材料相匹配,还耐高温磨损、能长期维持表面粗糙度的涂层。该涂层可使炉辊辊面减少积瘤的发生,因而能获得表面品质良好的高品质汽车用钢板。

对应不同的处理温度,开发出了一系列的涂层材料(见表2-23),以适应不同应用的需求。目前新型炉辊涂层材料的研究仍很活跃,据报道,日、美等国相继开发出含硼化物及含氮化物的涂层材料,均具优良的抗积瘤性能,炉辊寿命最长的可达6年。图2-60是广州有色金属研究院用HVOF设备和工艺为上海宝钢研制的大型连续退火炉用的涂层炉辊。

表 2-23 在各种温度下使用的炉辊涂层

温度/℃		涂层材料
无氧	有氧	
540	450	WC-Co,WC-NiCr
850	750	Cr_3C_2-NiCr,Cr_3C_2-MCrAlY
1200	850	CoCrAlYTa + 氧化物
1200		NiCrAlY + 氧化物
>1300		氧化物

2.6.2.5 熔融镀锌生产线部件

在薄板钢带连续热浸镀锌生产线中的沉没辊、稳定辊、辊轴承和轴承支撑等部件,沉浸于452~570℃的Zn液中,经受着Zn液腐蚀和磨损,10天左右就会产生很深的磨痕和蚀坑,工作寿命都较短。防止Zn的浸蚀主要是防止Zn向涂层材料内的扩散,图2-61为Zn在各种材料及涂层中的扩散深度。由图可知,

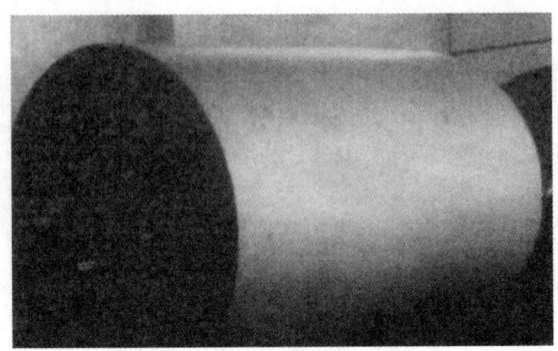

图 2-60 连续退火炉炉辊（$\varnothing 1600 \times 1900$ mm）

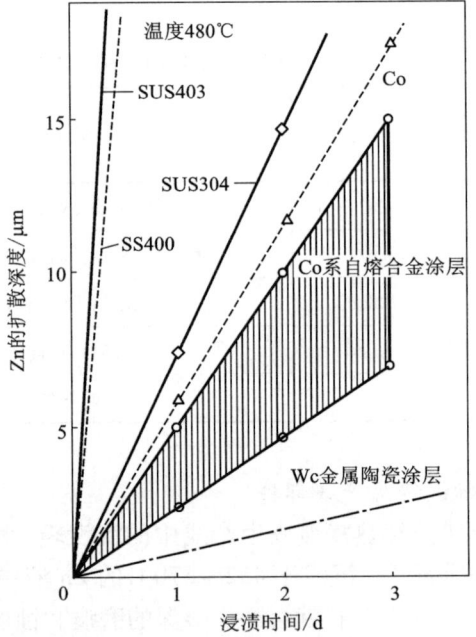

图 2-61 Zn 在各种材料和涂层中的扩散度

SUS304 等不锈钢材在短期内就受到激烈的浸蚀；Co 基自熔合金比前述不锈钢的耐熔融 Zn 浸蚀效果为好，但偏差较大；WC – Co 显示了最优良的耐熔融 Zn 的浸蚀性能。

研究中还发现，Zn 中加入了一定量的 Al 后会减缓 Zn 在 WC – Co 涂层中的浸入速度，因而开发出一种新的涂层处理方法，该方法在金属陶瓷涂层表面通过某种工艺(扩散、浸渍等)制备一层阻挡 Zn 渗入的 Al 扩散层。试验结果表明，当 WC – Co 涂层表面扩散层 Al 的浓度为 10%～20%时，Zn 贯穿 100 μm 厚度的 WC – Co 涂层所需的时间为 130～150 天；而当扩散层 Al 的浓度达 30%～40%时，Zn 贯穿同样深度的 WC – Co 涂层的时间长达 1000 天以上。

硼化物也具有非常好的耐 Zn 浸蚀的性能。采用硼化物作为耐熔融锌腐蚀涂层材料的方案也已实施。也有采用等离子喷涂 $Al_2O_3 + TiO_2$，$MgO – ZrO_2$，$MoAl_2O_4$ 与 NiGAlY 形成的梯度涂层(总厚度为 1 mm)做沉没辊，稳定辊的工作涂层，因其涂层材料与 Zn 液不润湿、不产生化学反应，可使带涂层的沉浸辊稳定辊的运动寿命提高了 3～4 倍。图 2 – 62 为正在喷涂处理的沉没辊。

2.6.2.6 导电辊

电镀生产线镀锡和镀锌用的导电辊，由具有导电性的 Fe 系和 Cu 系材料及 Hastelloy 耐蚀合金制造，并在其表面镀 Ni 或 Cr。由于在电镀过程中受到腐蚀、磨损及附着异物等影响，其寿命很短。一般来说，希望电镀导电辊涂层材料应具有以下性能：

(1) 导电率能满足电镀工艺的要求；

(2) 腐蚀和磨损难于引起表面性状的变化；

(3) 表面应难于附着或电积异物，即使附着时也容易清除。

有关电镀导电辊涂层材料有多种方案的报道，其中一种非晶态喷涂涂层在实用中工作 70 天后表面仍无变化，而镀 Cr 辊的寿命仅为 30 天。

图 2-62 正在喷涂处理的沉没辊

2.6.2.7 金属加工工、模具

金属加工变形时用的工、模具如拉深模、锻造用芯棒等,在工作过程中经受金属坯料的摩擦和加工力的作用,当进行高温变形时还要经受高温的作用。工作条件恶劣。要求工模具表面具有高硬度,抗粘着、抗冲击、耐磨和抗冷热疲劳等性能。采用热喷涂金属陶瓷涂层对其表面进行强化,可大大提高其使用性能、延长使用寿命。如锻造无缝管(炮筒、石油钻铤等)用精锻机芯棒,表面制备 30~50 μm 厚的 WC-Co-Cr 涂层后,每根芯棒可锻无缝管 80~100 根。该涂层美国联合碳化物公司采用爆炸喷涂方法制备,广州有色金属研究院采用低压等离子喷涂工艺制备精锻机芯棒涂层也获得成功,芯棒使用寿命达到同样水平。又如不锈钢制品拉深模表面采用高速火焰喷涂工艺制备 WC-Co 涂层后,硬度、耐磨性和防粘着性提高,修模频率由原来的 500 件/次,提高到 7000 件/次,寿命也由原来的拉制 3 万件提高 3~8 倍,而且不锈钢制品的品质也获改善。

随着钢铁工业对设备部件表面强化的要求的不断增长,热喷涂技术作为一种实用而有效的涂层表面处理技术，在钢铁工业中一定会得到更为广泛和普及的应用。

2.6.3 热喷涂技术在能源工业中的应用

2.6.3.1 火力发电厂锅炉"四管"的防腐蚀和抗冲蚀

火电厂锅炉的"四管"（水冷壁管、过热器管、再热器管和省煤器管），常因高温腐蚀和煤灰冲蚀而减薄。若造成爆管或泄漏事故，不但对电厂的安全造成威胁，而且会增加电厂临时性检修和大修的工作量，带来巨大的经济损失。采用抗高

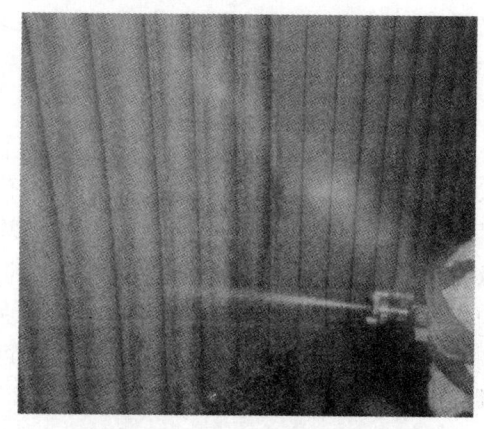

图 2-63 电厂锅炉管的现场喷涂

温腐蚀和抗冲蚀性能优良的热喷涂涂层对锅炉"四管"进行防护，可延长其使用寿命。目前已开发用于"四管"防护的涂层已有多种，如 Al、NiCr、Ni(Fe)CrAl、Cr_3C_2/NiCr、Metco465、TAFA45CT（43%Cr-0.1%Fe-4.0%Ti-Ni）等涂层，其中以 TAFA45CT 涂层防护效果最好，其磨蚀率为 0.025 mm/a，工作寿命可达 5~10 年。图 2-63 为电厂锅炉管现场喷涂作业时的现况。

2.6.3.2 燃机电站燃气轮机热通道部件的防护

燃气轮机作为一种先进的动力装置，自 20 世纪中叶以来，短短的几十年间以其卓越的性能获得了飞速的发展。除航空工业外，发电是燃气轮机的另一种应用领域。随着环保要求的提高，对电力污染控制的日益严格，工业发达国家有逐渐以燃机电站代

替燃煤蒸汽电站的发展趋势。

发电用燃气轮机有航空发动机同样热通道部件的防护问题。但发电用燃气轮机的工作温度一般来说要比航空发动机的低,使用的燃料油品质要差,特别是一些利用工业尾气(如石油炼制)的烟气轮机,由于燃气中存在大量微细粒子,对部件造成冲蚀,因此用于叶片的防护涂层往往采用 $Cr_3C_2/NiCr$、WC-NiCr、及 CoCrW 等更抗固体粒子冲蚀的材料。

2.6.3.3 发电机汽缸尺寸恢复

热喷涂是恢复零部件尺寸的一种经济有效的方法。无论是因工作磨损还是因加工超差造成工件尺寸不合要求时,均能利用热喷涂技术予以恢复。热喷涂方法既没有焊接时的变形问题,也不像特殊的电镀工艺那样昂贵。同时,新的涂层表面可以与工件的构成材料相同也可以采用更为耐磨或抗蚀的材料。修复各种轴类和柱塞件是热喷涂技术的典型应用,如回转轴、汽车轴、往复柱塞、轴颈等,此外,轧辊、造纸烘缸以及石油化工工业中的泵类叶轮叶片及外壳等也常采用热喷涂技术进行修复。而发电机汽缸中分面现场修复是热喷涂技术恢复工件尺寸的又一个成功的应用实例。发电机汽缸在长期的使用中,中分面由于受到微振、热汽流腐蚀和冲蚀的作用,时常发生多处形状不同、大小不等、深浅各异的破坏,引起泄漏而影响发电机效率。采用热喷涂方法分别对各破坏处进行填补,然后通过打磨使得汽缸平面恢复平整,并达到所要求的尺寸精度。热喷涂技术设备简单、操作灵活的特点,是质量大、结构复杂和价格昂贵的汽缸中分面现场维修的安全(不会产生变形)简便而高效的方法。图2-64是广东大亚湾核电站汽轮机汽缸面被气流冲蚀后进行热喷涂密封维修后的现场景观。

2.6.3.4 核反应堆中的防辐射、减磨、耐蚀及防氚渗透

核反应堆中许多关键部件工作于强辐射、高温、干摩擦等特

图 2-64 对汽轮机缸面进行热喷涂密封维修现场

殊条件下,而且又不可能经常进行维修保养。因此,核反应堆部件的防护显得格外重要。

(1)辐射防护涂层

B_4C 是一种低原子序数材料,它能高度吸收 X 射线,不会被核子激活;硬度和汽化温度都较高。ICF(inertial confinement fusion)第一级壁采用 B_4C 热喷涂涂层防护辐射的损伤。W 在等离子体中的浸蚀率低,离子化的距离短。热喷涂 W 涂层在 MCF(magnetic confinement fusion)中用来防护暴露在等离子体中的偏转器表面。B_4C 和 W 涂层都采用低压等离子方法制备。

(2)减磨、耐蚀涂层

高温气冷堆中使用高压氦气作为初级冷却剂,由于氦气中不可避免地混入一些低浓度杂质气体,这种不纯氦气在800℃以上时,能对反应堆中大量使用的奥氏体合金材料产生强烈的碳化腐蚀作用。又由于高温氦气中氧分压很低,金属表面难以形成有效的氧化物保护膜。而且奥氏体材料本身具有较高的粘着系数。当这些无保护膜的配合面间受到高应力作用时，会产生"自焊"现象。如产生相对运动，则会因高摩擦而导致严重的粘着磨损，以至完全卡死。此外，反应堆部件还因热胀冷缩造成的微幅滑动，以及氦气流流动冲击而引起微动磨损现象。美国 GA 公司多年来从事高温气冷堆的耐磨耐蚀涂层的研究。这些涂层以碳化铬（Cr_3C_2、Cr_7C_3、$Cr_{23}C_6$）为基本成分，粘结剂为 Ni-Cr 合金。涂层的制备以爆炸喷涂和高速火焰喷涂方法为好。研究还发现，长期处在高温氦气中的 Cr_3C_2 和 Cr_7C_3 是不稳定的，它们会与粘结剂中的 Cr 发生反应，逐步转变成 $Cr_{23}C_6$。而且这种相变伴随着体积收缩，产生复杂的应力状态，从而加速涂层剥落。同时，还分解出自由 C 原子，促进基体合金表面碳化。因此，$Cr_{23}C_6$ 基涂层的抗剥离性明显优于 Cr_3C_2 和 Cr_7C_3 基涂层。而且 $Cr_{23}C_6$ 的摩擦系数明显低于 Cr_3C_2，采用 $Cr_{23}C_6$ 涂层自配对时可大大减轻高温下合金表面的自焊和变形。$Cr_{23}C_6$ 基涂层方案有 $Cr_{23}C_6$ + NiCr 或 Cr_3C_2 + NiCr 涂层为底层，上面覆以不含粘结剂的 $Cr_{23}C_6$ 层。这种复合涂层在低氧含量的氦气中，耐磨和耐蚀性能均显著提高。

研究还表明，在高温氦气中，部分稳定的 ZrO_2 自配对时也具有优良的抗粘着、防自焊性。如 8% CeO_2 稳定的 ZrO_2 涂层其摩擦系数和磨损率均低于 Cr_3C_2 基涂层；ZrO_2 - 15% Y_2O_3 涂层在高温氦气中也无自焊发生，并具有较低的摩擦系数和足够的耐磨性。涂层采用低压等离子喷涂制备。

(3) 电绝缘及氚渗透障涂层

Y_2O_3 具有高的电阻率，并且与液态金属锂具有很好的相容性。在反应堆的液态金属中作为电绝缘涂层用。基体采用热膨胀系数与其相近的 410SS 材料，涂层厚度 150 μm，涂层采用低压等离子方法制备。Y_2O_3 还具有防止氚渗透的功能。

2.6.3.5 固态氧化物燃料电池

固态氧化物燃料电池（SOFC）作为一种高效和低环境污染并

直接将化学能转换为电能的转换器，日益引起人们的兴趣和高度重视。但是，固态氧化物燃料电池要获得大规模的应用，除了提高性能和稳定性外，先决条件是其制作工艺技术要有突破，以实现大幅度地降低成本（与传统能源系统相比，SOFC 系统成本高 2~3 个数量级）。除了选择价廉的材料外，采用较薄的设计和用热喷涂工艺替代原制备工艺，是实现成本降低的有效途径。采用直流等离子或射频（感应）等离子喷涂工艺生产 SOFC，核心部件能够获得特殊的性能，并已获得非常满意的结果。与目前的设计和制造工艺相比，至少可以降低材料成本 50%。

平板型 SOFC 的原理见图 2-65。

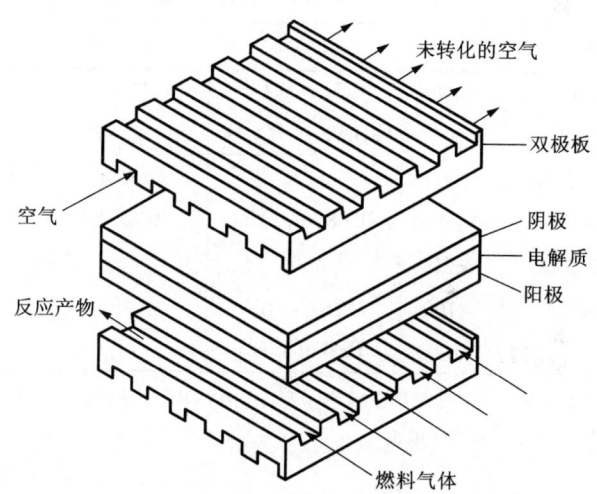

图 2-65　平板型固体氧化物燃料电池原理

固体氧化物燃料电池中心部件由气密的离子导体电解质以及两个多孔电极构成（空气电极—阴极；燃料电极—阳极）。电势（电力）的产生，是氧气在阴极/电解质界面的还原，和燃气在阳极/电解质三相界面的电化学氧化形成的。形成的 O^{2-} 从阴极向阳极迁移,而对应的电子则从外部负载移动。为了获得足够的氧离子传导率,电解质温度应在 900~1000℃,在此温度范围内,其功率密度可达几百 mW/cm^2。每个电池的电压 0.8~1.0 V。为获得更高的工作电压和电功率,可以将若干个电池并联或串联组成电池堆。其中的双极板内部联结器起着将电池的电联接起来,而将不同的气体分别导向电极并将阳极侧形成的 H_2O 和 CO_2 导出。此外,它们也起着电池堆的机械支撑作用。SOFC 元件及其适用的等离子制备方法列于表 2-24。

表 2-24 SOFC 及其适合的制备方法

涂层成分	厚度/μm	材料	品质	制备方法[①]
双极板	1000	Cr5Fe1Y_2O_3	致密	RF-VPS
铬扩散阻挡层	30	La0.9Sr0.1Cr_2O_3	致密	HVVPS
连接层	100		多孔	RF-VPS
阴极	50~100	La0.08Sr0.2MnO_3	分级气孔	APS/VPS
电解质	<50	YSZ	涂层、分级、致密	HVVPS
阳极	~100	YSZ-Ni	分级、开口气孔	VPS
基材/气体分配器	~1000	Cr5Fe1Y_2O_3	开口气孔	RF-VPS

注:①RF-VPS——射频真空等离子喷涂;HVVPS——高速真空等离子喷涂;APS——空气等离子喷涂

2.6.4 热喷涂技术在包装、印刷工业中的应用

包装、印刷行业随着国民经济的发展和人民生活水平的提高而得到迅速的发展。生产高效和产品高质的要求,使得包印刷设备不断进步,生产技术不断提高。热喷涂技术为满足这种需求提供了有效的技术支撑。热喷涂涂层技术在该领域的典型应用

如下。

2.6.4.1 柔版印刷机网纹辊

柔版印刷以其印刷周期短、生产成本低、安全环保（采用无毒性的水性墨水）等优点而日益受到重视，在印刷市场的份额也在逐年不断上升。印刷中担负储墨和计量功能的网纹辊（又名 anilox 辊）是柔版印刷机的关键部件。它的表面根据不同需要刻蚀有不同密度和不同容积的孔穴，以便储存墨水并将所储存的墨水转移到印版上。传统的网纹辊是采用机械或电雕的方法在金属辊面上进行网孔的刻蚀，然后再进行表面镀铬。镀铬网纹辊的耐磨性能不好，而且只能刻蚀 100～200 线/英寸的低线数网纹，其印刷品质不好，图像也不够清晰。先进的柔印机网纹辊表面喷涂高密度（孔隙度小于 1%）、高硬度（1200～1300 HV）的氧化铬陶瓷涂层，并配合以涂层超精密加工方法进行表面抛光，然后采用计算机控制的激光加工技术进行所需形状、深度和容积的网孔刻蚀。超精加工后的热喷涂涂层的粗糙度可以达到 $R_a = 0.05 \mu m$ 的水平，刻蚀的网线线数可以达到 1600 线/英寸的高密度，网孔形状和容积为更精确，大大提高了印刷品质。特别是氧化铬涂层的耐磨性能十分优异，其使用寿命比镀铬层提高 30 倍以上。此外，印刷机械中的许多部件如送纸、导纸、压印等辊件或零件也多采用热喷涂涂层（如 WC – Co、Cr_3C_2 – NiCr、塑料 + 玻璃球等）进行防磨、防蚀和防滑等功能强化。图 2 – 66 为网纹辊及其网孔形状。

2.6.4.2 瓦楞辊

生产包装纸箱用瓦楞纸的瓦楞辊辊面齿部，由于在运行过程中受到纸板及外来硬粒子的摩擦、磨损，要求具有较高的硬度和较好的耐磨性能。

瓦楞辊一般由碳钢或合金钢等材料制造，通棠采用低温碳化或氮化和激光或高频表面淬火处理，使其表面形成一层硬化层。一般还在硬化层上镀上一层硬铬镀层来进一步提高瓦楞辊表面的

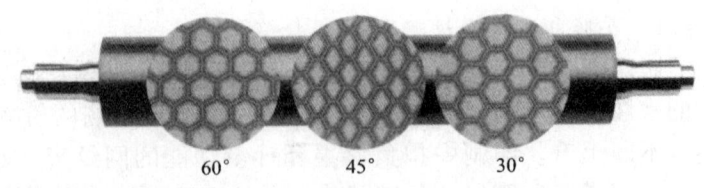

图 2-66 网纹辊及其网孔形状

耐磨性。

瓦楞辊虽经上述处理，仍不能满足生产上不断提高的性能要求。希望能开发出性能更好、寿命更长的瓦楞辊，期待有比镀铬更好的表面处理技术。

近年来，美国、日本、德国等工业发达国家开展了热喷涂涂层在瓦楞辊上的应用研究，并已有多项专利技术问世。这些技术采用高速火焰喷涂(HVOF)方法在瓦楞辊表面制备一层碳化物金属陶瓷涂层，如 WC-Co、WC-NiCr 等。碳化物金属陶瓷硬度高(1000~1250 HV)，具有优良的耐磨性。磨损试验结果表明，用 HVOF 喷涂 WC-Co 涂层的磨耗率仅为镀铬层的五分之一。

高速火焰喷涂具火焰速度高，火焰温度适中的特点，特别适合喷涂碳化物金属陶瓷材料，其涂层致密且与基体的结合强度高($\geqslant$700 MPa)。因此，用 HVOF 喷涂 WC-Co 涂层在瓦楞辊上的应用获得了十分显著的效果。据有关资料报道，国外采用热喷涂涂层强化的瓦楞辊，其工作寿命已达到制造瓦楞纸近亿米的程度。国内广州有色金属研究院等单位已开发成功 WC-Co 涂层瓦楞辊，并批量生产，图 2-67 是瓦楞辊及表面涂层的分布。

2.6.4.3 电晕辊

高分子薄膜如氯化乙烯、聚乙烯、聚丙烯等薄膜具有质轻、机械性能好、耐化学腐蚀及绝缘性能优良等特点，广泛用于包装、印刷及电力电容等领域。但是这些高聚物不含极性基团，化

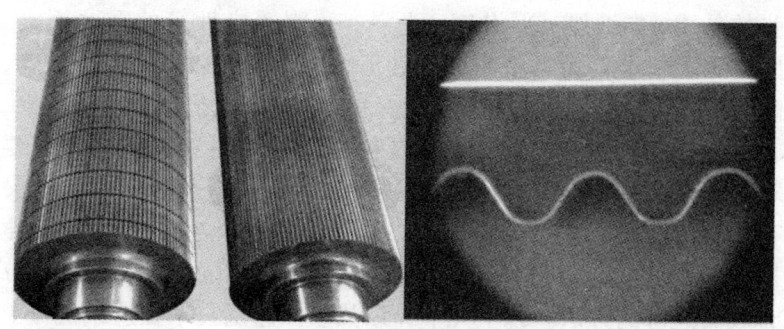

图 2-67　瓦楞辊及涂层分布

学性质较为稳定，与其他亲水基团结合困难。一般在使用前必须预先进行电晕处理，使薄膜的非极性表面产生极性基团，改善其浸润张力，提高薄膜的可蒸镀性和可印刷性，并使得同质或异质高分子薄膜彼此间更容易直接接合。

电晕放电处理时，高分子薄膜在介电的电晕辊上通过，几千至上万伏的高压电极对其进行电晕放电，因此要求电晕辊具有优良的电绝缘性。此外，电晕放电时还产生臭氧，故还要求其具有化学稳定性。过去电晕辊是采用金属辊体表面镶衬硅橡胶、环氧树脂等高分子材料。但是在电晕处理的环境中，这些镶衬材料会很快老化变质，影响使用寿命。

陶瓷材料具有优异的绝缘性能和化学稳定性。采用 Al_2O_3 陶瓷涂层替代橡胶和环氧衬套是切实可行的技术方案。为保证涂层的绝缘性，涂层还应进行封孔处理。

2.6.5　热喷涂技术在造纸机械上的应用

造纸原料经过处理制成纸浆后，通过抄纸机成形、脱水、压制、干燥、压光、涂覆而成成品纸张。抄纸机由大量辊子构成，这些辊子不但是传送纸张的工具，同时它的表面状态还是决定纸张的品质，如纸厚、平滑度、光泽、印刷适应性等的重要因素。因此除了要求辊面具备耐磨、耐腐性能外，还必须具有不沾着、耐湿纸剥离、亲油、亲水等功能。长期以来，人们采用冷硬铸钢、合成橡胶、花岗岩、金属镀层及树脂涂层等材料来适应这些要求。由于这些材料本身性能的局限性，特别是近年来造纸工艺又有要求速度和温度提高的趋势，有必要对这些辊面性能进行优化提高。热喷涂涂层技术不失为提高造纸机械表面性能的一种十分有效而经济的方法。以下几节介绍热喷涂涂层技术在造纸机械上的应用实例。

2.6.5.1 陶瓷涂层的应用

造纸机械是最早使用陶瓷材料的机械之一，陶瓷的耐磨性、耐蚀性、亲水性、亲油等特性在造纸机械上得到了有效的应用。但是，陶瓷材料具有韧性低、缺陷敏感性高、局部荷重荷热能力弱等缺点。为了更好地利用陶瓷材料，有必要在设计上解决这些问题。具体地说，就是要有效地利用陶瓷和金属适当分担其作用的复合构造材料，而能实现它的一种制造工艺便是热喷涂。造纸机械中应用热喷涂陶瓷涂层技术的部件如下。

(1) 石头辊

石头辊是花岗岩质的，由于要提高脱水性，挤压须高温化，导致破坏事故的发生，使高速使用受到限制。在钢基体上等离子喷涂氧化物陶瓷涂层或金属陶瓷涂层可以代替石头辊，不但节约了花岗岩资源，性能也获得提高。

(2) 网辊

本辊为支持和传送塑料丝网的丝网辊，其表面原由橡胶被覆，为了除去附着的纸而设置的刮板相对滑动而磨损，3~5个月就需研磨。改用碳钢壳体，在其表面喷涂 Ni 合金打底层和灰色氧化铝表面工作层后，提高了网辊的耐磨性能。

(3) 脱水板

脱水板为一种陶瓷烧结件。大型的陶瓷件烧结比较困难，小件的陶瓷块通过组装后会因为存在接缝而对丝网产生损伤。在 SUS316 不锈钢的整体基体上喷涂陶瓷涂层，可解决这一难题。抽吸箱的丝网的滑动部件(宽 300 mm ×长 500 mm ×厚 50 mm 的 Al_2O_3 烧结件)也可应用这一陶瓷涂层技术进行改造。

此外，还有导卫板可采用 Al_2O_3 – TiO_2 涂层来提高其耐磨性，减少刮刀对它的磨损。

2.6.5.2 金属陶瓷涂层的应用

碳化物金属陶瓷硬度高(1000～1100 HV)耐磨性好。试验证明，碳化物金属陶瓷的耐粘着磨损性能是冷硬铸钢的 10 倍，抗磨粒磨损能力比硬质镀铬层高 4 倍。特别是碳化物金属陶瓷涂层与硬质镀铬层相比，它在高温下仍能维持高的硬度，而硬质镀铬层由于是靠残余应力维持硬度，故在高温下由于应力消除而引起硬度的降低。此外，金属陶瓷涂层对水溶液的润湿性与镀铬层也差不多。特别是高速火焰喷涂的碳化物金属陶瓷涂层经超精密加工后，表面粗糙度可以达到硬质镀铬层的镜面水平。因此，这类涂层能在造纸机械上获得很好的应用。

(1) 机器轧光辊

机器轧光辊为冷硬铸钢辊，它是影响纸品最终品质的重要部件。由于辊间的滑动、热粘着和金属刮板的磨损以及水修整环的腐蚀，为维持表面镜面状态，每 0.5～4 个月就要周期性地进行再研磨加工。而在辊面喷涂 WC 金属陶瓷涂层并进行镜面加工(R_{amax} 为 0.5～0.6 μm)的涂层辊在连续运转 15 个月后，初期的表面粗糙度几乎没有变化。

(2) 光泽压光辊

波纹纸板箱和化装箱使用的厚纸具有纸质硬、腰强的特性，一般称为纸板。用于化妆品和药品等的高级纸容器的为白板纸，印刷后即成商品。

白板纸的重要性能是白纸光泽和印刷适应性。为了获得这种性能,要进行高岭土及碳酸钙涂覆的涂工处理,光泽压光辊就是实现这一功能的辊件。

光泽压光辊的特点是表面的镜面光泽能,它对纸板的白纸光泽品质的影响极大。由于涂覆带来的 Al_2O_3、SiO_2、TiO_2 等微小粒子及刮板对辊面的擦伤,使镜面性降低,必须频繁地对辊面进行净化作业,一般 6~10 个月必须更换新辊,造成维修费用的增加和生产中断。为了提高辊面的镜面维持能力,采用喷涂 WC 金属陶瓷涂层并进行镜面加工(R_{amax} 为 0.5~0.2 μm)来替代过去一直采用的硬质镀铬层。应用的结果,在可以定期使用刮板并取消辊面净化操作的同时,可长期维持表面镜面状态。此外,近年来为改善本辊的所谓"熨斗"效果,其操作温度有从 150~160℃ 提高到 300℃ 左右的倾向。在该温度下硬质镀铬层已不能维持其原硬度,而 WC 金属陶瓷的硬度不会降低,可继续发挥优良的耐磨性。

光泽压光辊在现场连续运行时间为 2~3 年以上,表面光泽维持能为白纸光泽度约 70 点。在所有实机运转的例子中,涂料和刮板对表面的损伤实际可以忽略,连续运转时间还有望增加。

(3) 顶压辊

面巾纸、卫生纸等家庭用薄纸,都要进行称之为"皱纹加工"的工序,通过用合金钢制的板,使缠卷在辊上的湿纸强制脱离。该辊表面要求具有良好的耐湿纸剥离性和抗刮板(通常为 SK 钢)擦伤性能。采用 WC 金属陶瓷涂层能满足这一要求,减少了设备的维修并且提高了纸的品质。

(4) 上浆辊

近年来新闻纸的操作速度有所提高,而纸的厚度有所减薄。上胶处理的目的是为了改善纸的强度。在高速压胶中使用的是门辊型涂层机,为了稳定地拾取和传送浆料并耐刮板的磨损,采用

WC – Cr_3C_2 – Ni 涂层涂覆辊面来提高上浆辊的性能。

（5）后干燥辊

该辊跟随在压浆之后，为了防止粘附浆料，安装了清理刮板来清除外来的粘附物，为了防止刮板对辊面的磨损，在辊面上喷涂 WC – Co 涂层进行强化。

（6）缠卷鼓

随着纸的宽度的增加，纸卷需要进行重卷，在重卷鼓上喷涂 WC – Co 涂层可以获得高的缠卷性能。

2.6.5.3 合金涂层

造纸烘缸在造纸机械中是重要的部件之一，它对纸张的品质起着决定的作用。烘缸由铸铁制成，直径大。其内部因蒸汽加热，表面受纸浆中的化学介质及蒸汽腐蚀，工作条件恶劣。因此，它的表面由于损伤需经常进行磨削，既影响了生产，烘缸寿命也很短。长期以来大多采用热喷涂涂层（如不锈钢等）对烘缸表面进行修复和强化，取得了良好的效果。

图 2 – 68 和图 2 – 69 分别为抄纸机烘缸高速火焰喷涂和经镜面加工后的轧光辊。

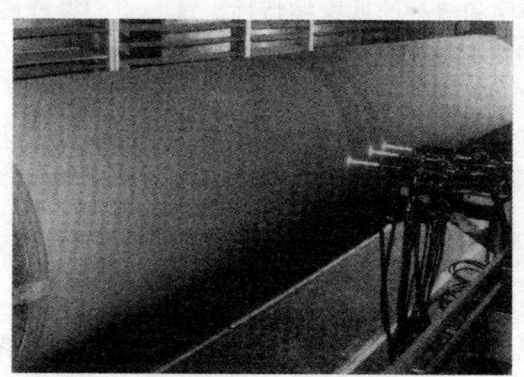

图 2 – 68　抄纸机烘缸高速火焰喷涂

图 2 - 69　经镜面加工后的轧光辊

2.6.6　热喷涂技术在纺织工业中的应用

纺织机械中纤维磨损是一个十分突出的问题，$Al_2O_3 - TiO_2$ 涂层是备受纺织工业青睐的耐磨涂层。其中 TiO_2 的加入是为了改善涂层的韧性和耐冲击性。尽管这类涂层具有耐磨、耐热抗氧化、高绝缘等功能，但纺织工业中大量零部件看中它的是其对纤维的高耐磨性和超常的低摩擦特性。这一点，很难被其他材料所替代。纺织机械中采用涂层强化的零部件有，倍捻机锭子转环、导丝轮、热辊、冷辊、紧缩辊、纱线导架、罗拉、绕槽筒、高速丝头等。而且，这些应用已形成系统化、规模化和规范化了。图 2 - 70 为采用热喷涂涂层的部分纺织机械零部件。

2.6.7　热喷涂技术在汽车工业中的应用

热喷涂涂层在汽车工业中的应用日益增多并在进一步发展之中。现代汽车采用热喷涂涂层进行表面防护和强化的零部件如图 2 - 71 和表 2 - 25 所示。

第 2 章　热喷涂涂层技术

图 2-70　采用热喷涂涂层的部分纺织机械零部件

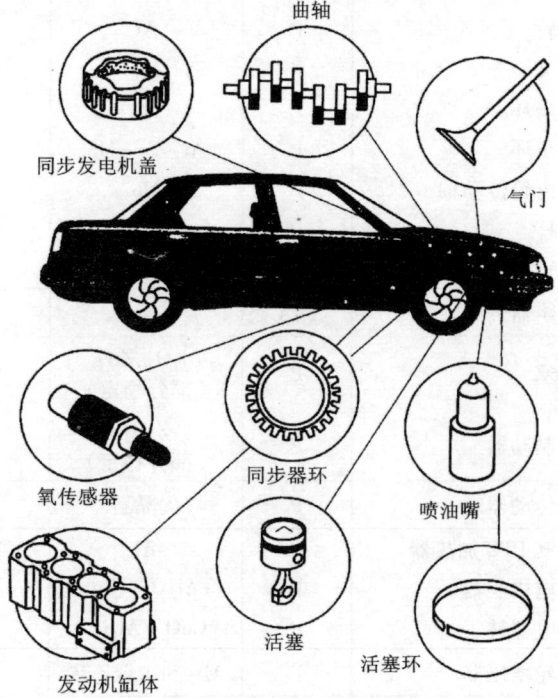

图 2-71　汽车中热喷涂部件示例

表 2-25 汽车零部件喷涂工艺和涂层材料

功能	零件名称	喷涂工艺	涂层材料	备注
耐磨	活塞环	F	Mo	批量
	活塞环	P	FeCr 合金	批量
	油缸	D(W)	Mo 钢丝	越野赛摩托车
	阀梃杆	A	0.8% C 钢丝	批量
	往复泵活塞发动机阀	F	Al(扩散处理)	
	往复泵活塞发动机阀	F	Mo	赛车
	侧架	P	$Cr_3C_2 - NiCr$	赛车
	转子架	P	$Cr_3C_2 - NiCr$	赛车
	飞轮	P	Al	赛车
	拨叉	F	Mo	批量
	同步环	F	Mo	批量
	同步环	P	Al-Si-Mo	批量
	小齿轮传动轴	P	Mo	批量
	连杆	P	Mo	赛车
	摇臂	F	自熔合金	批量
防腐	消声器	F,A	Al	批量
隔热	活塞	P	Al_2O_3, ZrO_2（部分稳定）	批量
	盘制动器	P	ZrO_2（部分稳定）	批量
保护膜	氧传动器	P	尖晶石	批量
电器性能	吸气 PTC 加热器	P	Al	批量
	发电机底盘	P	$Al_2O_3 - Cu$	批量
	分电器转子	P	$CuO + Al_2O_3$	批量
控隙	涡轮增压器	P	Al+Si+聚乙烯	批量

2.6.8 热喷涂技术在化学工业中的应用

化学工业设备突出的问题是腐蚀。造成腐蚀的环境是由许多复杂的因素所构成，即使是同一工艺，不同的设备中材料的腐蚀也多少会有所差异。评价化工设备上喷涂涂层的耐蚀性能，最可靠的方法就是进行挂片或工厂设备试验，对其进行实地长期的考核。这一点也是制约防蚀涂层普及应用的主要原因。此外，化工设备中应用的涂层必须进行封孔处理，以完全隔断基材与环境的接触。

(1) 石油精制废水处理装置

石油精制中的废水处理装置，汽提法处理废水，以除去其中的油分、硫化氢和氨。其汽提塔为一高约 20 m 的塔，塔的顶部及位于该部位的冷凝器等采用 SUS405 或 316L 不锈钢材料。由于环境中的硫化氢和氨的作用，该处在短期内便发生腐蚀减薄及应力腐蚀裂纹。腐蚀速率为每年 5 mm。对该部位采用 TiO_2 陶瓷涂层进行防蚀处理后再用硅树脂进行封孔处理，使用 80 年后仍在正常地运行。

本装置中的气液分离槽，为碳钢制，处于潮湿的硫化氢环境中。该处的流体温度为 60℃，是最易发生氢脆损伤的环境。过去只能采用非破坏性检查对氢脆裂纹进行监视和及时更换新的分离槽的办法，来确保其安全运行。该槽经采取上述陶瓷涂层防护后，损伤不再发生。

(2) 石油精制酸气去除装置

酸气去除装置用碳钢制造，是使硫化氢及碳酸气在 MEA 等水溶液中进行中和的装置，高约 30 m。本装置在使用过程中由于环境的不同，会局部地发生起泡、碳酸腐蚀或孔蚀以及应力腐蚀等腐蚀破坏。该装置经喷涂 Al_2O_3 或 TiO_2 陶瓷涂层后，经过 20 年仍未有异常。值得指出的是：对使用不同中和剂的不同工艺，对所用的涂层材料应有所选择。

(3) 聚(氯)乙烯单体回收槽

该回收槽为 SUS 不锈钢制,使用过程中产生孔蚀和应力腐蚀裂纹。经采用喷涂多孔 NiCr 涂层,并用 TiO_2 与低浓度的环氧树脂封孔防护,运行可达十年以上。

(4) 硫(酸)铵反应槽

该槽为 SUS316 不锈钢制,使用中会发生硫铵结晶的磨损和应力腐蚀裂纹。经采用 Cr_2O_3 和 TiO_2 的复合涂层、硅环氧封孔后,其耐用年限为母材的三倍以上。

(5) 制碱设备的腐蚀防护

石棉隔膜法制碱过程中的最终浓缩缸一般由纯 Ni 制作,高温下 Ni 在含有 NaCl 和 $NaClO_3$ 的苛性碳酸钠环境中,受到激烈的腐蚀。此外,高温下用浓碱液来生产各种诱导产品的设备中,也存在同样的腐蚀问题。试验和实用的结果表明,在 Ni 表面喷涂 50% Ni – 50% Cr 合金涂层后的防蚀效果是十分有效的。线材电弧喷涂的 50% Ni – 50% Cr 涂层的腐蚀速度是 Ni 母材的七分之一。喷涂层材料与母材 Ni 也不会产生接触腐蚀。

(6) 机械部件的耐磨耐蚀

陶瓷材料如 Al_2O_3、Al_2O_3 – TiO_2、Cr_2O_3 等,由于兼备优异的耐磨和耐蚀性能,在化工机械中广泛用作柱塞、衬套、止推垫、中间体套、机械密封环等零部件的表面耐磨、耐蚀防护。不仅提高其使用寿命,还有效地防止了化工设备的"跑、冒、滴、漏"发生。

2.6.9　热喷涂在舰船空泡腐蚀防护上的应用

流体中高速运动的物体常受到空泡腐蚀(又称气蚀),如舰、船的螺旋桨、水轮机叶片、泵、阀门等,工作过程中都因受到气蚀的损伤而降低效能,甚至完全失效。一般来说,铝青铜具有一定的抗气蚀的能力，但其能力有限，当流体速度进一步提高时，其损害速率加快，满足不了高速舰艇的要求。

近等原子 Ti–Ni 合金是一种多功能材料，除了具有形状记忆、超弹性、耐磨、耐蚀等优良性能外，还具有高阻尼和消振特性，能降低过程中产生的振动和噪声，因而是一种优异的抗气蚀材料。Ti–Ni 合金及其热喷涂涂层与 45 号钢的抗空蚀数据见表 2–26。

表 2–26　Ti–Ni 合金及其涂层与 45 号钢的抗空蚀数据

材　料	试验时间内的质量损失/mg	
	2h	16h
45 号钢	54.8	447.1
Ti–Ni 涂层（涂层厚度 0.7~0.8 mm）	4.6 4.9 4.2	28.1 30.4 27.3
Ti–Ni 合金	0.4	1.7

海军快艇用铝青铜螺旋桨表面经采用低压等离子喷涂 Ti–Ni 合金涂层后，经海上运行试验，其抗空泡腐蚀的能力为无涂层铝青铜螺旋桨的 5 倍。

2.6.10　人工种植体生物功能中的应用

外科手术中普遍采用各类不锈钢质的植入体、修复体，如人工关节、人工齿等（见图 2–72 和图 2–73）；在临床应用发现，这种材料的表面状态不能令人满意，与人体组织结合不够紧密。此外，不锈钢中的金属元素 Cr、Ni 在人体内会逐渐释放，可能会引起身体的毒性感染、发炎。金属 Ti 化学性能稳定、与人体体液相容和与人体组织有很好的接合能力。羟基磷灰石（HA）是一种

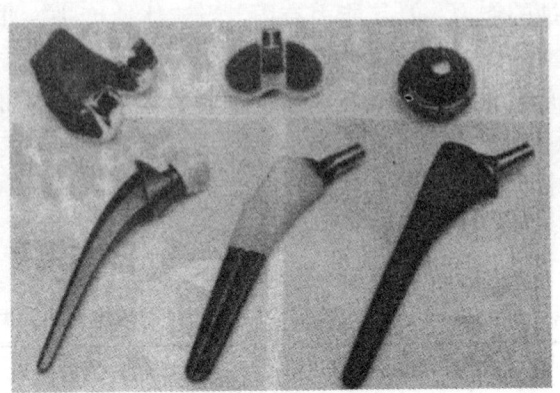

图 2-72　各种人工骨

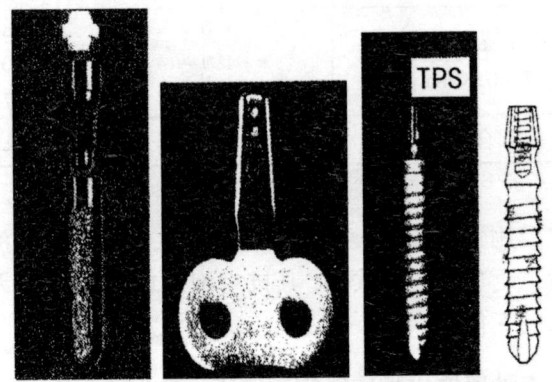

图 2-73　各种人工齿根

生物陶瓷材料，是成骨成分之一。在不锈钢或钛金属基体上喷涂 Ti 或羟基磷灰石涂层，能有效地克服金属型人工骨骼与生物体组织不相容和体液腐蚀问题，并能改善人体组织与人工植入体的结合。同时热喷涂涂的粗糙表面还能增大接触表面，促进人工种植体与组织的结合；消除了即使材料本身不含化学致癌源，但因人工种植体表面连续光滑相也可能致癌的可能性；有利于负荷力向各个方向分散，增加固位力。为了提高涂层质量并防止涂层材料的污染，生物功能涂层一般采用低压等离子喷涂工艺制备。

2.6.11 远红外辐射涂层的节能应用

某些复合氧化物如氧化钛-氧化锆、氧化钛-氧化锆-氧化铌等，具有较高的热辐射系数和优良的长波辐射特性，是远红外辐射材料。这些氧化物在受热时能够辐射出远红外波，这种波的能量极易被高分子有机物（如油漆）、水、空气等物质的分子吸收引起共振而产生内热，从而加速过程的进行。在电加热元件上喷涂远红外辐射涂层，其节电效率一般平均在25%～40%。

2.6.12 热喷涂技术应用于喷涂成型

(1) 应用水等离子喷涂方法制造陶瓷成型体

水等离子喷涂是一种在高速回转的水形成的隧道里产生电弧，以分解水蒸气形成的氢和氧作工作气的喷涂方法。与通常的等离子喷涂方法相比，水等离子喷涂的焰流更大、更长，其能量更高，特别适合于陶瓷材料的大量喷涂。

水等离子喷涂陶瓷（WAPLC，Water Plasma Oxide Ceramic）成型，是在原型上喷涂形成所定厚度的陶瓷涂层，然后将涂层与原型分离，制成陶瓷成型品的一种工艺。

水等离子喷涂成形的特点是，可以制造烧结成形法无法制造的薄壁件、大型件；可成型由异种陶瓷构成的多层成型品；成本低廉。但是由于水等离子喷涂时，碳化物、氮化物会发生分解，故水等离子喷涂不适合于这类材料的喷涂成型。图2-74为用水等离子喷涂成型的部分部件。

(2) 难熔金属材料的喷涂成型

难熔金属由于熔点高，大型的或薄壁的难熔材料部件很难用

图 2-74 水等离子喷涂成型的部件

常规的压制、烧结工艺进行制造。采用热喷涂的方法,在部件的芯型上喷涂所需厚度的涂层。脱膜后便得到所需的制件。采用喷涂成型的难熔金属部件如 W 坩埚($\varnothing 700 \times 1200$ mm),W 火箭喷嘴等。

2.6.13 热喷涂用于模具的制造

电弧喷涂对基材的热影响小,母型可以采用金属、木材、石膏塑料、皮革等材料;电弧喷涂层的热变形和收缩小,尺寸精度和复制性能优良,是一种制作能忠实于母型的简易模具的有效方法。与其他制模工艺(如电铸、机械、铸造等)相比,电弧喷涂制模具有简单易行和耗时短的特点,最适合用于那些频繁改换品种及中等批量生产的产品。电弧喷涂制作的简易模其成型次数为 10000~50000 次,主要用于注塑成型、吸塑成型和冲压成型模的制造。用于喷涂成型的喷涂材料有 Zn 合金、Cu 合金及不锈钢线材。采用电弧喷涂的制作的简易模具和采用这种模具型的产品如图 2-75 所示。

2.6.14 大型钢结构件的长效防腐蚀

一些大型钢铁构件,如输变电铁塔、钢结构桥、海上钻井平

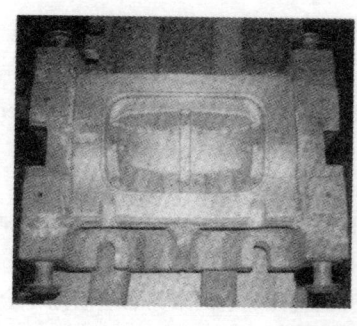 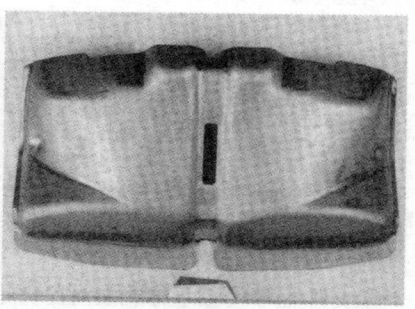

图 2-75　电弧喷涂的压制用模具及其制品

台、煤矿井架、城市马路上用的大型钢灯架、化工容器如储罐等，长期暴露于大气、海洋、工业及城乡大气和不同介质（海水、河水、溶剂及油类等）环境之中，都受到不同程度的环境氧化和浸蚀。对这类大型钢结构，常采用喷涂 Al、Zn、Al-Zn、Al-Mg 合金及不锈钢等涂层，涂层经适当封孔处理，对其进行防护，可达 20 年以上的长效防护效果。

参 考 文 献

[1] 周克崧. 热喷涂技术. 见：戴达煌，周克崧，袁镇海编著. 现代材料表面技术科学. 北京：冶金工业出版社，2004，126~192
[2] 李长久. 热喷涂. 见：徐滨士，刘世参主编. 中国材料工程大典. 第16卷. 材料表面工程（上）. 北京：化学工业出版社，2006. 231
[3] 高荣发主编. 热喷涂. 北京：化学工业出版社，1991
[4] 美国焊接学会编. 热喷涂原理与应用技术. 麻毓璜，贾永昌等译. 重庆：四川科学技术出版社，1987
[5] 陈学定，韩文政主编. 表面涂层技术. 北京：机械工业出版社，1993
[6] 周克崧. 先进的热喷涂技术及其应用. 稀有金属材料与工程，第30卷，2001
[7] 杨跃华编著. 等离子喷涂和燃烧火焰喷涂技术. 北京：国防工业出版

社, 1984
[8] 徐滨士, 刘世参编著. 表面工程新技术. 北京: 国防工业出版社, 2002
[9] H Eschnauer 编著. 热喷涂用的粉末材料, 1987
[10] Gerard Barbezat. Triplex II A New Era in Plasma Technology. 20 sulzer technical review 2002(1)
[11] A. R. Nicoll. Protective coatings and their processing – thermal spray
[12] T. Stoltenboff. An analysis of the cold spray process and its coatings. J. of thermal spray technology, 2002, 11(4)
[13] 支树平. 热喷涂技术在航空发动机上的应用, 全国第三届热喷涂年会论文集. 1998
[14] 耿家林. 热喷涂技术在航空工业中的应用, 全国第三届热喷涂年会论文集. 1998
[15] 吴运新, 汪复兴等. 高温气冷反应堆中的摩擦磨损及表面涂层技术. 表面工程. 1994, 1: 11~15
[16] 周克崧, 洪瑞江, 朱明仁. 低压等离子喷涂 Ti 涂层在生物种植体上的应用. 全国首届热喷涂年会论文. 1996, 127~132
[17] M Saws, J Oohori. Application of Thermal Spraying Technology at Steel Works. Procceding of ITSC1995, 37~42
[18] G Irons, D Poirier, A roy. The Application of High Power High Velocity Plasma Coating on Roll for the Paper and Printing Industies. Proccedings of ITSC1995, 205~210
[19] Cavasin A, Brzezinski T, Grenier S, et al. W and B_4C Coating for Nuclear Fusion Reaction. Procceding of ITSC1998, 1998, 957~962
[20] Henne R, Schiller G, Borck V, et al. SOFC Components Production – An Interesting Challenge for DC – and RF – Plasma Spraying. Proccedings ITSC'1998, 1998, 933~93
[21] 谷和美. WCサ-ソッ溶射皮膜の性質とその応用. 溶射技术, 1990, 9(4): 57~67
[22] 陶慎永. レ-ザ雕刻を施した印刷用セテミック溶射ロール. 溶射技术, 1991, 11(2): 66~72
[23] 植野军二. 化学プテント分野にわける溶射技术応用の现状と将来.

溶射技术, 1993, 13(2): 45~52
[24] 出羽昭夫. 制纸分野にわける溶射技术応用の现状と将来. 溶射技术, 1993, 13(3): 48~54
[25] 原田良夫. 铁钢(制铁プロセスロ-ル)分野にわける溶射技术応用の现状と将来. 溶射技术, 1993, 13(2): 32~39
[26] 徐滨士, 刘世参主编. 中国材料工程大典. 第17卷. 材料表面工程(下). 北京: 化学工业出版社, 2006. 351~356

第 3 章 材料现代表面改性技术

3.1 概述

金属材料表面改性这里主要是指金属表面形变强化、表面相变硬化、金属表面扩渗、等离子表面处理、电子束表面处理、激光束表面处理、离子注入技术等。

金属表面强化(如喷丸强化)是提高机械零部件疲劳断裂抗力、应力腐蚀和氢脆断裂抗力的一种行之有效的表面处理强化技术。

金属表面相变硬化是一种使材料基体韧度不变,通过感应加热淬火、火焰加热淬火、激光或电子束加热淬火等方法来显著提高金属材料的表面硬度的一种强化技术。具有加热速度快、易控、材料基体韧性好的特点。

金属表面扩渗主要是指渗碳、渗氮等表面化学热处理和渗铝、渗铬、渗硅、渗硼等表面合金化。它是把机械零部件或工件放入有一定活性的介质中,致使金属元素或非金属元素扩散渗入金属表层,从而改变金属表面的化学成分,获取希望的组织与性能的一种技术。这种技术是提高金属材料的表面硬度、耐磨性能、耐蚀性能和高温抗氧化性能的极其实用的技术。

金属表面形变强化、相变硬化、表面扩渗,大多属于金属表面热处理范畴,也是金属材料表面改性广泛应用的工程技术。

从现代表面技术与工程出发,在本章中,只介绍与现代表面技术相关的等离子表面处理、电子束表面处理、激光束表面处理和离子注入与材料表面改性技术相关的、先进的现代表面技术与工程应用。因为这些技术的出现、应用与发展，显著地改变了材料表面渗层的组织结构，大大提高了渗层的品质，加上工艺过程的可控性好，展示出具有广阔的工程应用前景。如激光束的表面改性，在激光相变硬化、激光合金化、激光熔凝与激光非晶化处理，激光熔敷、激光诱导沉积等一些现代表面技术上美、日、英、德等先进发达国家都把激光的加工技术、研究与发展，放在比较高的技术地位。又如，离子注入与材料表面改性业已成为半导体掺杂与生产的关键工艺，当离子注入进入半导体材料表面改性和微细加工发展与应用的结果，使超大规模集成电路成为现实，实现了集成电路的腾飞，从而引发了微电子、计算机、通讯和工业自动化的革命。因此本章撰写的重点是在材料现代表面改性新技术。

3.2 等离子体的材料表面改性处理技术

等离子材料表面改性处理技术，又称为离子冲击（或轰击）扩渗处理技术或离子冲击表面处理技术。是辉光放电、等离子体在低于 0.1 MPa 的特定气氛中，用工件作阴极在和阳极之间产生的辉光放电所进行的一种使金属表面改性的处理工艺。常见的有离子渗氮、离子渗碳、离子碳氮共渗、离子渗硼、离子渗硫、离子硫氮共渗、离子硫氮碳共渗等，它显著地改善了金属表面渗层的组织，提高了渗层品质。

3.2.1 等离子体的物理概念及其产生方法

等离子体是一种电离度超过 0.1% 的电离气体。是由带正电荷的离子，带负电荷的电子和中性分子和原子组成的集合体。虽然等离子的整体呈中性，但含有相当数量的电子和离子，表现出相应的电磁学性能。如等离子体中有带电粒子的热运动扩散,有电场作用下的迁移等等。它是一种物质的能量较高的聚集状态,被称为物质的第四态。利用粒子的热运动、电子碰撞、电离波能量以及高能离子等方法可获得等离子体。也就是说,利用外加的电场或磁场的方法,可方便地获得等离子体。在低温等离子体中,主要利用"气体放电"来获得。

图 3-1 是一个含有稀薄气体的真空容器。在阴阳两电极之间施加一个直流电压,气体中便有少量的自由电子在外加电场的

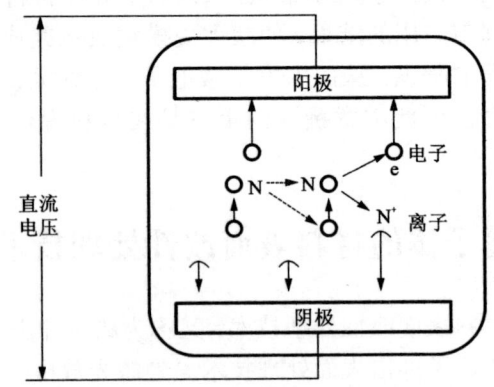

图 3-1 真空容器中的低压气体(以氮气为例)
在电场作用下离化而产生等离子体

驱动下向阳极运动,正离子向阴极运动,从而形成很微弱的电流。流过气体总电流的大小和两极之间的外加电压按图 3-2 所示的伏安特性曲线(AB 段)变化。随着外加电压逐渐升高,电子在向阳极运动过程中获得了较大的速度和动能,在和气体分子或原子相碰撞时,使中性的分子或原子离化,从而产生更多的自由电子和离子。一次电子以及新形成的二次电子继续受电场加速,产生更多的碰撞和气体离化。当外加电压超过一定值(图 3-2C

点)又称点燃电压时,雪崩式的碰撞及气体离化使得空间的电子和离子数量急剧增加,阴极表面及附近空间产生辉光。这时尽管两极间的电压维持一定,阴极表面有辉光的部分以及两极之间的电流迅速增大,直到辉光覆盖整个阴极表面。这时的辉光称为正常辉光(图3-2DE段)。此后当外加电压继续增高时,两极间流过的电流继续增大,电流和电压的关系进入EF段所示的异常辉光放电区。当外加电压进一步增加且超过一个临界值(F点)时,两极之间的电流急剧增大,产生电弧放电。

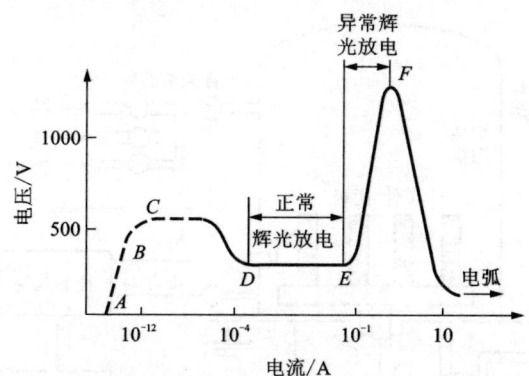

图3-2 低压气体直流放电伏安特性曲线

3.2.2 等离子渗氮的原理

Fe-N和Fe-N-C系相图是离子渗氮处理钢部件,提高性能原理的最重要基础。工业上主要使用的直流辉光离子渗氮技术,是遵循气体辉光放电的原理。其工作范围是在异常辉光放电区。在此区,等离子的强度及电流密度通过调节外加电压来控制。离子渗氮设备由炉体、真空系统、供电、供气和控制系统组成,如图3-3所示。炉盘以及待处理的工件作为阴极,炉壁作为阳极。工作开始时抽真空以排除炉内的空气。当真空度达到10

~100 Pa 时,引入工作气体(通常是氮和氢的混合气体)使炉内压力回升到 100~1000 Pa 之间。然后在阴极工件和阳极炉壁之间施加一个 40~1000 V 的直流电压。在外加电场的作用下,带负电荷的电子向阳极运动,并在运动的过程中不断地与气体分子产生碰撞使氮和氢的分子及原子离化。带正电荷的离子加 N^+、H^+ 等加速向阴极工件表面运动,在与工件表面相撞时产生溅射效应。同时离子的动能转化成热能将工件加热到处理温度。因此离子渗氮可以不需要外加热源而由等离子体直接加热。

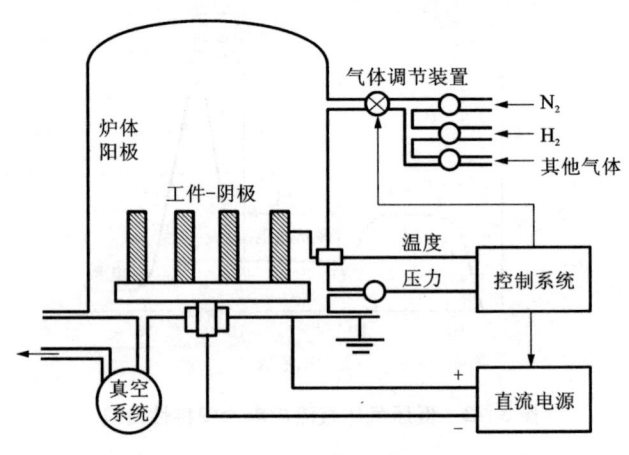

图 3-3 离子渗氮设备示意图

从渗氮机理上来讲,离子渗氮可分三个阶段:第一阶段活性氮原子的产生,第二阶段活性氮原子从介质中迁移到工件表面,第三阶段氮原子从工件表面转移到心部。其中第三阶段受扩散所控制,各种工艺技术相差不大。离子渗氮时,活性氮原子是靠外加电场作用下由具有高动能的电子与氮分子和氮原子的碰撞而形成,其反应过程如下。

1)电子与气体分子的碰撞使气体分子分解成原子,如
$$e + N_2 \Rightarrow -2N + e$$
2)电子与气体原子的碰撞产生正离子并释放电子
$$e + N^0 \Rightarrow -N^+ + 2e$$

这些过程受气体成分、工作压力及各种电参数影响,与温度关系不大。即使在很低的温度下,气体分子仍能分解,活性氮原子仍能形成。

关于离子渗氮过程中氮从空间转移到工件表面的机理尚有争议,有多种解释和模型。其中"溅射-沉积"理论被认为是氮从等离子气氛中进入工件表面的主要迁移方式。该理论可用图3-4所示的模型来描述。当高能离子轰击钢铁工件表面时,由于机械和蒸发的原因,使零件表面的铁原子脱离基体飞溅出来,产生阴极溅射效应。被溅射出来的铁原子在靠近工件表面的空间与活性氮原子反应形成渗氮铁(FeN)分子,FeN分子凝聚后再沉积到零件表面。在渗氮温度下FeN不稳定,依次分解成含氮较低的Fe_2N、Fe_3N和Fe_4N并释放出氮原子。一部分氮通过扩散进入零件表面形成渗氮层,另一部分再返回等离子区。氮化铁(FeN)的不断形成及其在工件表面的沉积,提供了形成渗氮层所需的氮源。

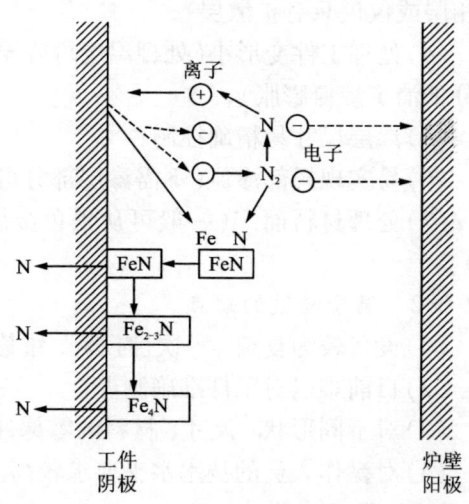

图3-4 离子渗氮的"溅射-沉积"模型

3.2.3 离子渗氮的优缺点和理论

3.2.3.1 离子渗氮的优点

(1) 渗氮速度快(一般为气体渗氮时间的 1/3~1/5);

(2) 热效率高,无需外加热源,靠离子轰击加热,省能省气;

(3) 渗层组织脆性小,易控(通过质量流量计,有效控制氮碳含量比,氢氮含量比。可获脆性小的 ε 单相层或薄薄的韧性 γ' 相单相层或仅仅只有扩散层);

(4) 处理工件变形小(处理温度可降至 400℃,加上阴极溅射部分抵消了渗氮膨胀);

(5) 渗层尺寸易精确控制;

(6) 易实现局部渗氮(不需渗层部分可采用涂覆屏蔽);

(7) 处理材料面广(一般可从黑色金属到有色金属和稀有金属)。

3.2.3.2 离子渗氮的缺点

(1) 设备较为复杂,一次性投资、维修、维护费用相对较高;

(2) 目前难以对工件准确测温;

(3) 对不同形状、尺寸、材料的零部件难以混合装炉;

(4) 对操作人员的技术水平要求较高。

3.2.3.3 离子渗氮的理论

离子轰击阴极材料表面发生一系列的物理、化学现象。这些物理化学现象在整个渗氮过程中的工艺作用是很复杂的。例如,氮从气相转移到固相,并非只有一种途径,以哪一种作用为主,我们的实践认为,不能一概而论。它的主次关系全靠不同辉光的放电条件(如气体种类、成分、炉压、电压等)而定。归结起来,离子渗氮的主要理论如下。

(1) 溅射和沉积理论:这一理论是由 J. Kollbel 于 1965 年提出的。他认为,离子渗氮时,渗氮层是通过反应阴极溅射形成的。在真空炉内，稀薄气体在阴极、阳极间的直流高压下形成等离子体，N^+、H^+、NH_3^+等正离子轰击阴极工件表面，轰击的能量可加热阴极，使工件产生二次电子发射，同时产生阴极溅射，从工件上打出 C、N、O、Fe 等。Fe 能与阴极附近的活性氮原子形成 FeN，由于背散射又沉积到阴极表面，FeN 分解，FeN→Fe_2N→Fe_3N→Fe_4N，分解出的氮原子大部分渗入工件表面内，一部分返回等离子区。

(2)氮氢分子离子化理论：M. Hudis 在 1973 年提出了分子离子化理论。他对 40CrNiMo 钢进行离子渗氮研究得出，溅射虽然明显，但不是离子渗氮的主要控制因素。他认为对渗氮起决定作用的是氮氢分子离子化的结果，并认为氮离子也可以渗氮，只不过渗层不那么硬，深度较浅。

(3)中性原子轰击理论：1974 年，Gary. G. Tibbetts 在 N_2—H_2混合气中对纯铁和 20 号钢进行渗氮，他在离试样 1.5 mm 处加一网状栅极，之间加 200 V 反偏压进行试验，得出对离子渗氮起作用的实质上是中性原子，NH_3分子离子化的作用是次要的。但他未指出活性的中性氮原子是如何产生的。

(4)碰撞离析理论：我国科学家认为，无论在 NH_3、N_2—H_2或纯 N_2 中，只要满足离子能量条件，就可以通过碰撞裂解产生大量活性氮原子进行渗氮。

3.2.4 等离子渗氮的设备和工艺

3.2.4.1 设备

辉光离子渗氮的设备不论结构形式与功率大小，其主要是由真空炉体、供电系统(电源与操控系统)，气体动态平衡的供气和真空泵抽气系统三大部分组成。图 3-5 是辉光离子渗氮炉的总体装置示意图。图中 1~5 为真空系统，6~23 为真空炉体，24~36 为供电、供气与操控系统。目前国内电气系统大都采用三相

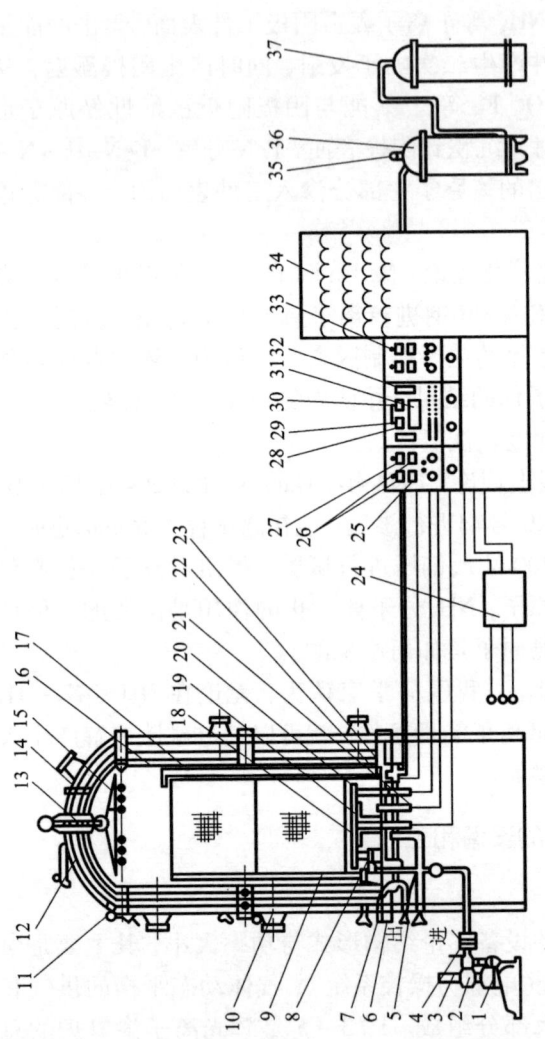

图3-5　LD50ZT型辉光离子渗氮炉总体装置示意图

1——真空泵；2——电磁带放气阀；3——排气阀；4——蝶阀；5——抽气管；6——炉底盘；7——密封圈；8——辅助支撑；9——阴极网；10——观察窗；11——水阀；12——炉壳接线柱；13——吊挂阴极装置；14——上部测温装置；15——工件吊盘；16——隔热屏；17——氨气管；18——工件托盘；19——堆放阴极装置；20——底部测温装置；21——阳极接线柱；22——真空规管；23——铠装热电偶；24——整流变压器；25——交流电压表；26——交流电流表；27——电流表；28——XCT101型测温仪表；29——照明灯；30——时钟；31——电阻真空计；32——转子流量计；33——电流量表；34——电阻柜；35——压力表；36——干燥罐；37——氨气瓶

半控两组桥串联副边调压的可控硅整流电路,输出 0～1000 V 连续可调直流电源。设有快速灭弧装置、控温、安全保护装置,以保证工艺上的有效监控。真空炉体由顶盖、炉体和炉底盘组成。为保护密封部件,炉体做成夹层,中间通水冷却。为使炉体内温度均匀,降低热损,炉内加有隔热屏。一般以炉体作阳极(也可因工件需要,设置辅助阳极),根据需要在炉顶盖或底板上专门设置阴极,并设有进气、抽气、观察孔和热电偶等。供气由氨瓶(也可用氮、氢瓶)减压阀、氨分解器、稳压器、混合器、质量流量计等组成。抽气由真空机械泵、真空检测仪、真空电磁阀等器件组成。根据工艺需要,应分别控制供气、抽气,确保气流的动态平衡。现今,不少采用脉冲电源,实现了正压、负压、正负压多种脉冲工艺,提高了渗层的品质,特别在处理对有深孔、小孔、盲孔、狭缝的零部件,其内壁都能较好地获得均匀的渗层。结合工艺和自控需要,目前,在工程上实现了微机控制,编有较为丰富的实用软件。此外国内已有较为成熟的微机氮势控制,碳势控制专柜和微机群控系统,大大地推进了辉光离子氮化工艺研究与工程应用的发展。

辉光离子渗氮炉的种类:所谓种类,是按真空炉型而定。大致分为四种基本形式,用于处理不同类型的零部件。图 3-6 就是四种基本炉型的示意图。

钟罩炉:结构简单,炉体由钟罩和底盘组成,工件堆放于底盘的阴极盘上,是目前国内应用较广的一种炉型。

通用炉:根据被处理工件的长度,可任意加接炉体。普通工件可堆放在炉膛的阴极盘上,或置于阴极盘上的工件架上,而轴类零件可吊挂在炉子顶部的吊挂式阴极装置上。这种炉体结构相对复杂,密封面增加,易产生泄漏。但因其装载量大,通用性强,可根据需要组合炉体,也是一种广泛采用的基本炉型。

井式炉:是一种长轴类零部件(如镗杆、长轴、丝杠、光杠

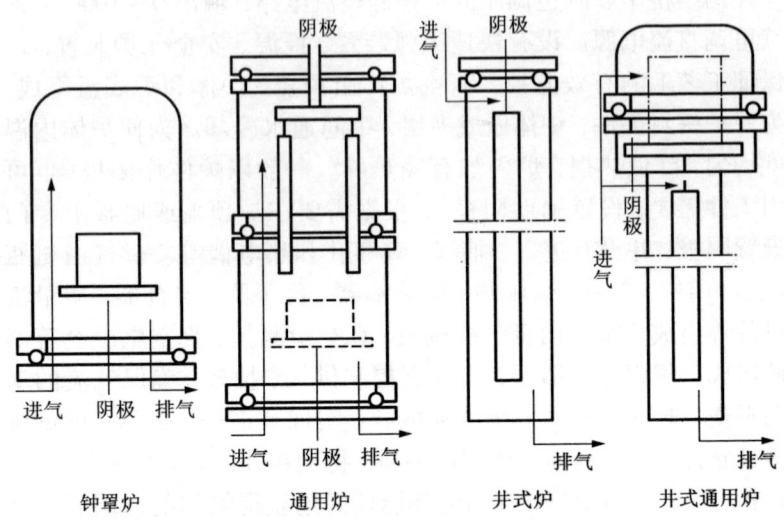

图3-6 辉光离子渗氮炉炉型示意图

等)辉光离子氮化专用炉。

井式通用炉：是井式炉与钟罩炉的组合炉。

3.2.4.2 离子渗氮的工艺参数

离子渗氮的渗层由化合物层和扩散层组成。扩散层的基体是氮在铁中的固溶体，其上弥散分布着细小的合金及铁的氮化物，依靠弥散强化使渗层扩散区的硬度得到提高。但是，不同的处理方法得到化合物层的组织和性能却有很大的差别。

由于离子渗氮通常使用纯净的氮气和氢气，炉内气体成分、工作压力、电压等参数都很容易调节。从而离子渗氮既可得到无化合物层而只有扩散层的渗层组织，也可以使表面的化合物层为单一的 γ' 相。当在氮氢混合气体中再加入少量含碳气体时，可以得到单一 ε 相的表面化合物层。由于溅射的原因，离子渗氮化合物层厚度较薄。这些化合物层脆性小而且致密，具有高的硬度、良好的耐磨性和抗蚀性,对零件的疲劳性能没有不利影响。因此离子渗氮后的工件可以直接使用,无需将性能优越的化合物层磨去。

离子渗氮的主要工艺参数包括气体成分、处理温度和保温时间。其他参数有工作压力、工作电压以及电流密度等。

(1) 温度和时间的影响

温度和时间是影响离子渗氮组织和性能的两个主要因素。扩散层的深度随处理温度增加而显著增加;随时间延长呈抛物线关系增长,开始增长很快,后来增长趋势减缓。增加温度和延长处理时间使更多的氮渗入金属表面从而使渗层的硬度提高。但温度过高或保温时间过长时,渗氮层组织粗化反而使渗层的硬度下降。尽管这时总渗层可能很厚,但有效渗层深度并不大。化合物层表面晶粒的长大以及缺陷的增多也使得渗氮工件的表面硬度在较高温度渗氮后有所下降。

从对化合物组织和性能上看,当渗氮时间短或温度低时,化合物层由 γ' 和 ε 两种氮化物组成。随温度的升高和时间的延长,ε 相的含量逐渐下降。在时间足够长或温度足够高时,化合物层仅由 γ' 组成。提高温度或延长时间也使化合物层的厚度增加。但是与气体渗氮不同的是,离子渗氮化合物层厚度总体上比较薄,一般不超过 15 μm。这主要是离子渗氮过程中的溅射效应造成。一方面氮原子的扩散使化合物层的厚度增加,另一方面溅射使表面已形成的化合物层被去除。厚度的增长速度主要取决于气体的成分、温度和时间;而溅射率和工作压力、电流电压以及材料成分有关。当溅射率和厚度的增长率达到平衡时,化合物层的厚度将不会继续增加。

温度和时间在对渗层深度和硬度有影响的同时,也改变了渗层内残余应力的大小和分布。已经证明,随温度增加和时间的延长,残余压应力的厚度相应增加,但是渗层中的最大压应力及表面的压应力值下降。高温或长时间渗氮甚至可能在工件表面形成残余拉应力。这对渗氮零件的疲劳性能有不利的影响。

工业生产中离子渗氮常用的温度范围一般在 450~600℃ 之间。选择低温工艺能得到较高的表面硬度，并保持工件的心部强度，但渗层浅且承载能力较差。选择较高温度可以得到厚的渗层，从而零件有较高的承载能力。但这时必须考虑零件的变形、渗层硬度以及心部强度的变化。渗氮时间根据零件的材料、渗氮层深度要求以及渗氮温度而定。可以从几十分钟到几十个小时。总体来讲，离子渗氮选用的时间比气体渗氮要短。

(2) 气体成分的影响

离子渗氮一般使用氮气和氢气的混合气体。其中氮气在混合气体中所占的体积百分比称为氮势。离子渗氮也可以用氨气或氨气与氮气的混合气体。氨气可以认为是氮势为 25% 的氮氢混合气体。除氮和氢以外，在渗氮气氛中有时也有少量的碳。它可以是通过外加含碳气体例如甲烷得到，也可以是由于溅射使钢表面的碳进入气氛中。总之，气氛中氮和碳的含量是影响化合物层组织和结构的两个最重要的因素。这一点很容易从 Fe-N 二元以及 Fe-N-C 三元相图来理解。

与气体渗氮相似，在一定的温度和时间条件下，离子渗氮气氛中的氮势有一个临界值。在此临界值以下，钢表面不会形成化合物层，从而实现光亮渗氮。但应注意的是当氮势太低时，将没有足够氮原子形成渗层，渗层的硬度和总厚度会降低。在临界值上，化合物层的厚度随氮势的增加而增加。然而，当氮氢混合气氛中氮的含量高于一定值时，化合物层的厚度将不再继续增加反而下降。使用 100% 的氮气很难达到渗氮效果。这可能是由于纯氮离子在正常电压条件下不足以产生溅射效应而无法实现"溅射-沉积"模型中的 FeN 沉积所造成的。

氮势和气氛中碳质量分数对化合物层相组成的影响可以根据

Fe－N 或 Fe－C－N 相图确定。随着氮势的增加，渗层表面氮浓度增加，因此化合物层中 ε 相的比例增加而 γ' 相的比例降低。渗氮气氛中碳的存在扩大 ε 相区而缩减 γ' 相区。因而碳有利于 ε 相的形成。随着气氛中碳质量分数的增加，化合物层中的 ε 相迅速增多。当碳质量分数达到一个临界值时，化合物层基本上由单相 ε 组成。为了得到 γ' 单相化合物层，应使用较低的氮势和贫碳气氛；反之，为了得到单相 ε 或以 ε 为主的化合物层，则应选用较高的氮势并且气氛中应有适量的碳存在。

气体的成分对扩散层的影响相对较弱。在能保证化合物层形成的条件下，氮势在很宽的一个范围内变化都不会对扩散层的组织和性能有比较明显的影响。因为当化合物层形成后，在化合物层和扩散区的界面即建立起相对稳定的氮浓度梯度。此后扩散区厚度的增长主要取决于氮向内部的扩散速度，而与气氛中氮碳的质量分数关系不大。

(3) 气体压力的影响

炉内的工作压力可以在 100～1000 Pa 之间变化。工业生产中通常选用的压力为 200～600 Pa。气体压力影响等离子体辉光放电特性，从而对渗层特别是化合物层的组织和结构产生影响。当炉内工作压力很高时，单位体积内气体分子/原子数量增加，虽然碰撞机率增加，但电子和离子的自由程缩短，动能下降，因此不仅气体离化比率下降，而且离子轰击工件表面引起的溅射效应也下降。依据"溅射－沉积"理论，将没有足够的铁形成 FeN 沉积，因此化合物层厚度减薄。相反，当炉内工作压力很低时，电子或离子的动能因自由程增大而增加，这使得阴极表面溅射出来铁的自由程也增大，而工件表面附近形成 FeN 以及 FeN 沉积到工件表面的几率降低。离子动能的增加使溅射率增大，新形成的化合物层也很快地被去除。另外，压力低时，因为轰击工件的离子数量减少，为了维持渗氮温度则必须增加工作电压使离子的动能进一步增大。所有这些因素使得低气压时氮向工件表面的总迁移速率下降,而导致化合物层变薄。

由于气体压力影响到氮向工件表面的迁移速率及化合物层的增长速度,因此它对扩散层的厚度也有影响。但这种影响一般只局限在渗氮初期。渗氮时间较长时,气压在一定范围内变化对渗层的深度没有明显影响。因为在化合物层形成后,扩散区和化合物层界面的氮浓度梯度基本上不受气体压力的影响。这时渗层的深度由氮的扩散速度来决定而与工作压力关系不大。这一点和气体成分对扩散区的影响极为相似。

3.2.5 等离子渗氮的工程应用

辉光等离子渗氮具有速度快、生产周期短、工艺效果好、工件变形小、易实现局部渗氮、节电、耗气少、成本低、对环境无污染、可大幅度提高工件的耐磨性能和抗疲劳强度等一系列优点,已在工程机械的中小负荷上的耐磨损、耐疲劳的零件上取得了良好的实效。如各种发动机的曲轴、缸套、塑料挤压机用螺杆、套筒、铝型材挤压模具、长轴瓦楞辊等,都在批量生产中取得了显著的经济效益和社会效益,这里就从工程应用的典型零部件中举些实例。

3.2.5.1 塑料挤压机的螺杆等离子渗氮

螺杆与套筒是挤塑机的心脏,是挤塑机的关键部件。

(1) 主要技术要求:根据螺杆的工作条件,要求螺杆表层具有高的耐磨性和耐蚀性。螺杆的内部有一定的综合力学性能,表面光洁,精度高,能承受一定温度。

基体材质:需经调质处理。处理后硬度为 260~300 HB。

表面硬度:$\geqslant 840$ HV5。

渗层深度:$\geqslant 0.5$ mm。

(2) 材质的选定和前处理:螺杆系精度要求较高的零件,一般选用38CrMoAl钢,经调质处理后,精车外圆与铣螺纹。为消除应力,减少变形,经(600℃±10℃)×12h高温回火,然后再渗氮。

(3)等离子渗氮工艺:螺杆系精密部件,一般都采用炉顶部垂直多根吊装,缓慢加热。使螺杆在处理过程中尽量减少变形,等离子渗氮的工艺通常选用:

①560℃×34h;
②520℃×18h+560℃×12h;
③510℃×15h+570℃×15h+460℃×2h。

上述工艺中的①、②、③段等离子渗氮效果差不多,②段渗氮稍快些。图3-7是螺杆经等离子渗氮处理后的螺杆渗层硬度的分布。

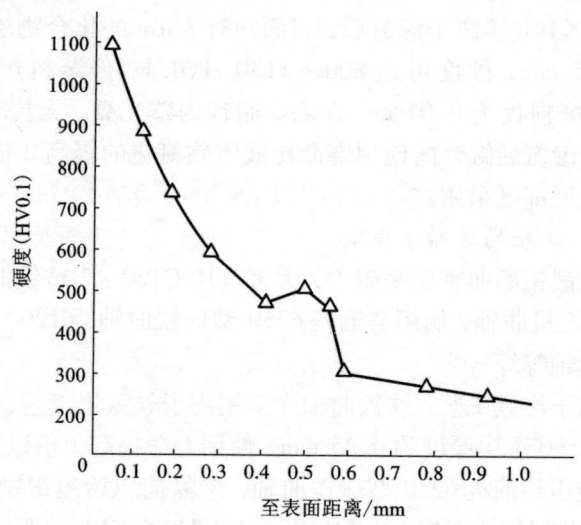

图3-7 35CrMoAl螺杆处理后的硬度分布

3.2.5.2 缸套的等离子渗氮

缸套等离子渗氮应用效果明显,特别是柴油机和冷冻机的缸套最为典型,并已得到广泛的应用。

(1)柴油机的缸套:缸套内孔直径$\varnothing$150 mm,高 380 mm,薄壁。用 LD-150 型离子渗氮炉处理。缸套分四层堆放,每层每圈 21 只,每炉装 84 只。在每一竖行缸套中用一根$\varnothing$20 mm 的辅助阳极,装炉前缸套必须清洗干净。一般采用一段等离子渗氮工艺。

①575℃×16h;

②565℃×17h;

③540℃×20h。

用三种工艺处理的缸套渗层的深度可参见表 3-1,缸套不同部位的硬度参见表 3-2。

(2)冷冻机缸套:冷冻机缸套选用的是 HT520 灰口铸铁,采用 510℃×10h 等离子渗氮后,表面约有 7 μm 的化合物层,渗层约有 0.15 mm,硬度可达 800~1130 HV0.1,经装机运行试验 10000h,磨损仅为 0.01 mm 左右,而且内壁光亮,无拉毛现象。用等离子渗氮后缸套的使用寿命比液体软氮化的提高 2 倍,国内的冷冻机厂都已采用。

3.2.5.3 曲轴的等离子渗氮

目前锻钢的曲轴越来越少,大多改用 QT60-2 球铁曲轴,如 170 型制冷机曲轴,船用柴油机 6250 型球铁曲轴,6120、6150 型汽油机曲轴等等。

等离子渗氮工艺:球铁曲轴大多用离子软氮化工艺,560℃×10h 保温,其渗层厚度约 0.25 mm,使用寿命提高 1 倍以上。

对船用柴油机 6250 型球铁曲轴,渗氮前原始组织中 65% 珠光体,球化级别为 3 级,用 510℃×6h+540℃×8h 的两段渗氮工艺。其表面硬度达 850 HV0.1。曲轴渗氮层的硬度分布曲线见图 3-8。对其硬度、深度脆性的检查见表 3-3。

第3章 材料现代表面改性技术

表3-1 不同工艺处理的缸套渗层深度

工艺	渗层深度/mm				硬度及变形
	上缸上口试样	上缸下口试样	下缸上口试样	下缸下口试样	
565℃×17h	0.42~0.44	0.48~0.51	0.47~0.50	0.45~0.47	全炉合格
575℃×16h	0.48~0.50	0.47~0.49	0.50~0.52	0.48~0.50	全炉合格
560℃×17h	0.40~0.42	0.44~0.46	0.47~0.48	0.46~0.48	全炉合格
565℃×17h	0.45~0.47	0.47~0.49	—	0.43~0.45	全炉合格
565℃×17h	0.45~0.48	0.48~0.50	—	0.47~0.49	全炉合格
540℃×20h	0.47~0.49	0.48~0.50	—	0.46~0.48	全炉合格

表3-2 缸套不同部位的硬度

工艺	缸套部位					
	大端		中端		小端	
	渗层深度/mm	硬度(HRA)	渗层深度/mm	硬度(HRA)	渗层深度/mm	硬度(HRA)
560℃×17h	0.39~0.47	77~77.3	0.43~0.45	76.2~76.9	0.42~0.44	77.5~78.3
560℃×17h	0.53~0.55	78.8~79	0.48~0.50	76.9	0.56~0.67	77~78

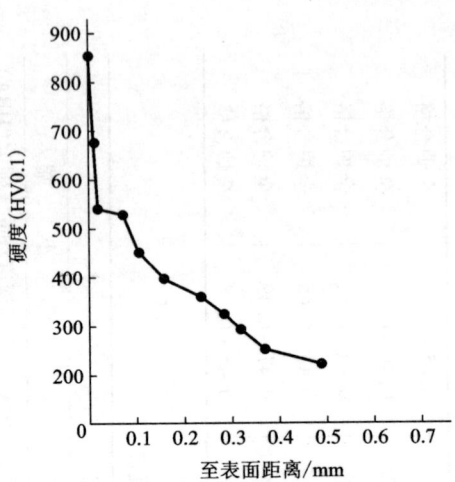

图 3-8　QT60-2 曲轴的渗氮硬度曲线

表 3-3　硬度、深度、脆性试验

化合物层/μm	扩散层/μm	硬度(HV0.1)及压痕
甚微	0.255	762;732;792,压痕规整
甚微	0.259	818;835;813,压痕规整
甚微	0.270	824;818;802,压痕规整
甚微	0.221	824;847;813,压痕规整

3.2.5.4　齿轮的等离子渗氮

等离子渗氮的齿轮变形小、耐磨损、抗疲劳、耐腐蚀、噪声小、并且可简化加工工序。不论齿轮材料成分差异和齿轮模数的大小，经等离子渗氮处理后，在应用上都取得了很好的实效。

等离子渗氮工艺：主要根据齿轮模数来设计渗氮层深度。根据渗氮层深度，确定保温时间；根据齿轮材料的成分，确定渗氮温度。一般齿轮模数在 0.25 以下时，渗氮深度约为 0.3 mm。下面列

出一些等离子氮化时,不同材料的氮化温度和氮化时间,供参考:

航空控制仪表用齿轮:

  材料:3Cr13   工艺:550~560℃×5h
  996~1206 HV

机床用齿轮:

  材料:20Cr   工艺:530~540℃×12h
  20CrMo   530℃×12h
  38CrMoAl   520~570℃×14h
  20CrMnTi   530℃×12h

军用齿轮:

  材料:40Cr   工艺:520℃×12h

经等离子渗氮后的齿轮耐磨性、耐疲劳性能得到提高,而且处理工艺使齿轮变形小,运行时噪音小。

3.2.5.5 35CrMo 钢制瓦楞辊的等离子渗氮

(1)瓦楞辊的技术要求:瓦楞辊是瓦楞纸生产线上最终压制成形的关键部件,表面耐磨性、耐蚀性不够,使用寿命较短。在技术上总体要求基体保持良好的综合性能,表面又具有高的耐磨耐蚀性,具体指标是:齿部渗氮深度≥0.35 mm,表面硬度≥55 HRC,轴向变形≤0.03%(辊长2~4 m)。

(2)设备:用图3-9广州有色金属研究院自行研制的LHD-150D型吊挂式离子氮化炉进行等离子渗氮。吊挂的目的是尽量减少长轴瓦楞辊在处理中的变形。考虑到渗氮层的均匀性,加有辅助网状阳极,围在长轴瓦楞辊的周围。

(3)工艺:

1)温度对工件综合机械性能的影响:温度主要影响化合物层、扩散层的厚度。从图3-10可知,处理温度对渗氮层深度有显著影响。随温度的升高,渗层厚度大幅度增厚。这与渗入元素在35CrMo钢中的扩散系数随温度的升高而显著增大有关。

图 3-9　生产型 LHQ-150D 5.5m 的吊挂式离子氮化炉

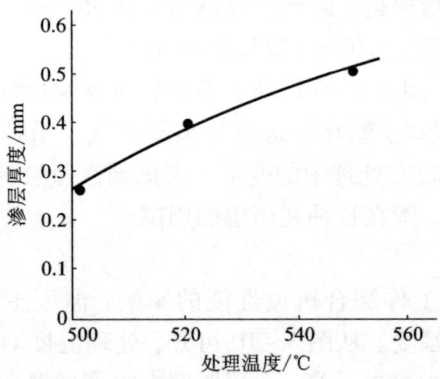

图 3-10　氮化温度对渗层深度的影响

图3-11是不同渗氮温度,氮化物层厚度与时间的关系。图中表明,在氮化时间相同的条件下,处理温度高,氮化物层(化合物层)就厚。图3-12表明,氮化处理温度低,表面硬度高;氮化处

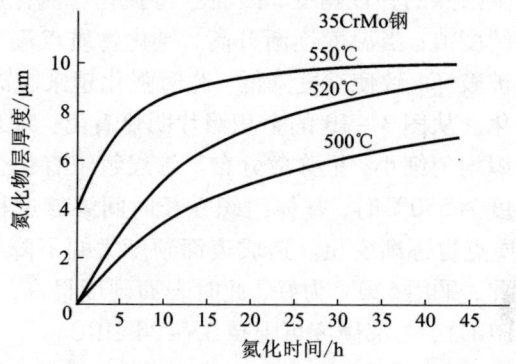

图3-11 不同氮化温度与时间对氮化物层厚度的影响

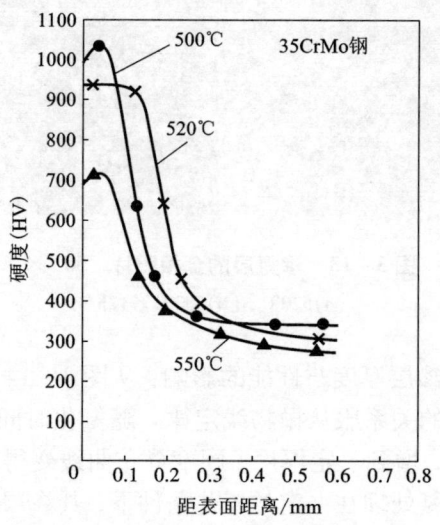

图3-12 渗氮温度对渗层硬度分布的影响

理温度高，表面硬度低。但处理温度低时，硬度分布曲线较陡，处理温度高时，硬度分布较为平缓。这是因在较低温度下离子渗氮时，形成弥散度很大而且与母相保持共格关系的氮化物，致使母相晶格产生强烈的弹性畸变，因而获得强化。氮化后，表面层具有最高的硬度值；当温度逐渐升高，氮化物质点逐渐变粗，共格关系陆续被破坏，致使硬度降低，此时强化越来越靠非共格析出的弥散强化。从图 3-13 的金相照片明显看出：520℃氮化时，整个金相组织均匀细小，呈弥散分布。渗层组织有化合物层和扩散层。当温度为550℃时，基体组织在长时间渗氮过程中变得粗大，氮化物质点也逐渐变粗。造成表面硬度大幅下降，心部硬度也下降。因此，采用520℃为好，此时表面硬度最高，为 900 HV 左右(>55 HRC)，心部硬度可保持 33~34 HRC。

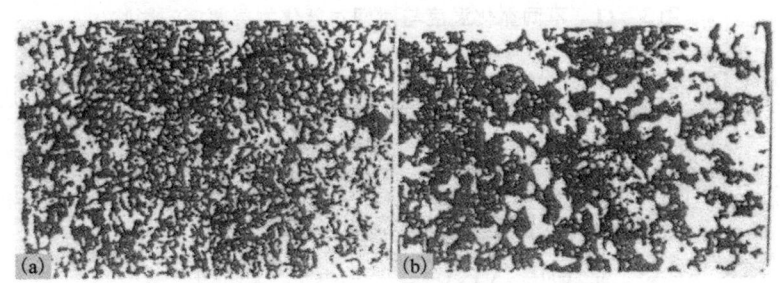

图 3-13　渗氮层的金相照片　500 ×
(a)520℃，(b)550℃×12h

2) 时间对渗层厚度与性能的影响：从图 3-14 可知，处理时间与渗层深度的关系服从抛物线定律。随氮化时间的增长，渗氮层的深度增加，增到一定厚度，硬度分布曲线变得平缓。35CrMo钢的等离子渗氮处理在一定的工艺条件下，其渗层的深度与处理时间的平方根成正比。从实验数据看，处理时间在 12h 以上，可以达到所要求的渗氮层深度≥0.35 mm。

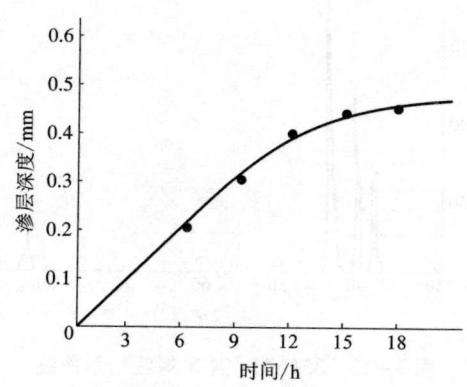

图3-14 渗层深度与时间的关系(35CrMo, 520℃)

3) 气氛:气氛主要影响化合物层的组织与厚度。根据工件的工作负载和工作表面受纸浆腐蚀的工况,及经氮化处理后工件表面只有单一的ε相组织才最耐蚀。在调节气氛时必须逐步提高氮势,最终使表面的化合物层形成单一的ε相,实验采用的N_2/H_2为1;2/1;2.5/1;3/1;3.5/1;4/1。当$N_2/H_2=1$时,X射线衍射峰只有单一的$\gamma'(Fe_4N)$相;随氮比例的增加,$\varepsilon(Fe_{2-3}N)$相对量增加,当达到$N_2/H_2=3.5/1$时,X射线衍射峰就出现了如图3-15所示的单一的ε相,再提高氮的浓度,X射线衍射峰也只有单一的ε相,表明只要$N_2/H_2 \geq 3.5/1$,就能生成单一的、硬度高的、耐蚀性好的ε相。

通过上述对工艺的几点分析,选择520℃×12h,$N_2/H_2 \geq 3.5/1$的渗氮工艺,就可获得基体综合性能不变,表面硬度大于55 HRC,耐磨耐蚀性高,渗层深度达到≥0.35 mm 的瓦楞轴强化的技术要求。

(4)均温的控制:均温是保证长轴瓦楞辊变形小的关键。工

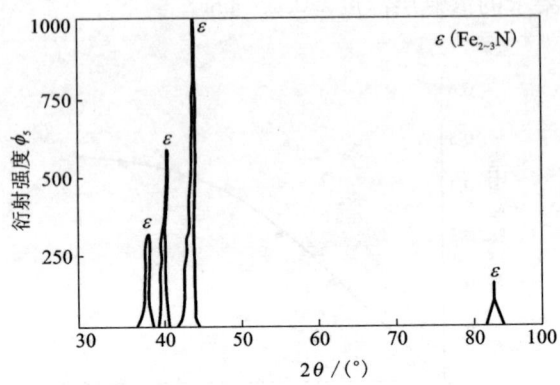

图 3-15 35CrMo 钢 X 射线衍射曲线

件的均温受气压、气氛、电流密度等因素的制约和影响。

1) 气压气氛的影响：工件长 2.3~2.6 m，由于气压在离子渗氮炉中的上下部有差异，使得渗氮炉中上下部的电流密度相应也有差异，电流密度又直接影响着工件温度。经摸索，在 100 Pa 时，工件上下部的升温基本均匀，但总的气流量不足，溅射相当强烈，工件温度也达不到氮化温度。当气压调到 200 Pa 时，电流密度增加，工件温度也升高，且上下部温度较为均匀。实践证实，要根据工件齿的大小和窄缝的大小综合地去调节气氛和总流量，一般在 200~500 Pa 范围内，氮化炉中有较均匀的温度场。

2) 电流密度：由于长轴瓦楞辊是轴向对称，它在渗氮过程中的热交换基本均等。经实验，在 520℃ 氮化温度下，电流密度一般控制在 $2~3$ mA/cm^2 为宜。从在 200~500 Pa，500℃、520℃ 和 550℃ 下处理后的随炉上部与下部样的渗层深度检查结果（见表 3-4）看，在同一处理温度下，上下部位的渗层厚度基本一致，间接证明整个工件的温度场较为均匀。经 520℃ × 12h，200~500 Pa 处理后，经厂家实测轴向变形为 0.01~0.02

μm,完全达到要求。

表3-4 随炉上下部位试样渗层检查结果

位置	试样号	渗层厚度/mm	渗氮工艺
上部样	1	0.293	500℃×12h
	3	0.396	520℃×12h
	5	0.496	550℃×12h
下部样	2	0.256	500℃×12h
	4	0.384	520℃×12h
	6	0.462	550℃×12h

(5)等离子渗氮后的产品：图3-16是经520℃×12h，N_2/H_2≥3.5/1，炉压为200~500 Pa，电流密度为2~3 mA/cm^2工艺条件下处理的长轴瓦楞辊产品。其表面化合物层为单一的ε相组织，化合物层厚度为6 μm，齿部氮化层深度0.4 mm，表面硬度900 HV左右，轴向变形为0.01~0.02 μm。

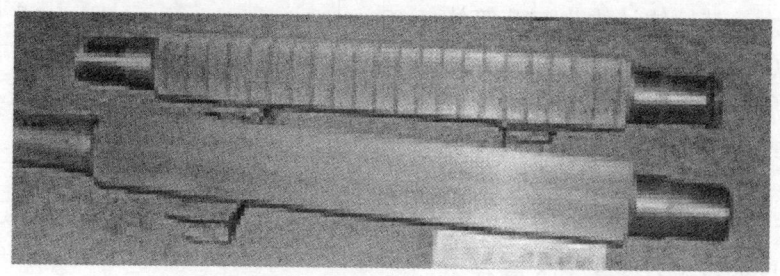

图3-16 离子氮化高精度大型瓦楞辊产品

3.2.5.6 H13钢铝型材挤压模具的等离子处理与应用

H13钢挤压模具在高温下使用寿命短、工作面抗粘合性差，模具工作带易粘铝瘤等问题。在铝型材挤压生产中,既划伤铝型材表面,影响产品质量,又造成模具工作带擦伤。等离子渗氮能解决模具的硬性与韧性,高温耐磨性与抗热疲劳之间的矛盾。具有渗氮层致密,强韧性兼备,与基体能牢固结合,且处理过程无公害、低能耗、低成本、处理快,可大幅度提高和改善模具的使用性能及延长使用寿命。

(1)设备 在广州有色金属研究院自行研制的120 kW离子冲击炉中进行,炉体结构中可比较灵活地加置辅助阳极,炉装载量比较大。其炉体结构为三节筒体(如图3-17所示),可根据所处理的工件情况选择两节或单节炉体。

图3-17 120kW离子冲击炉

(2)工艺

1)温度与时间对渗层厚度的影响:图3-18是在氮氢氩气氛中,炉压为1333 Pa,4.5h,H13钢处理温度

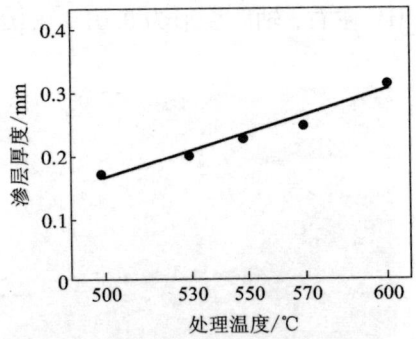

图3-18 离子处理温度对H13钢渗层厚度的影响

对渗氮层厚度的影响。从图3-18可知,渗氮层厚度随温度升高而增厚。温度的升高对渗层厚度影响显著的原因是,渗入元素在

H13钢中的扩散系数随温度的升高而显著增大所致。

离子处理时间与渗层厚度之间的关系也服从抛物线定律,即在一定的工艺条件下,渗层厚度与处理时间的平方根成正比。

鉴于H13钢与3Cr2W8V模具钢的回火温度一般都取570~590℃与580~600℃,且在高温下长时间进行离子处理会促使渗层脉状氮化物的形成,而造成渗层变脆,因而离子处理的温度选择520~560℃为宜。处理时间选4~6h为好。这样,既可保持模具钢的基体硬度又能保证其表面有足够的化合物层和扩散层厚度,且强韧性较好。

2)工作气压对离子处理效果的影响:表3-5和图3-19是H13钢在78%氮势气氛,540℃×2h离子处理后,分别对试样进行的渗层X射线相组成分析和渗层的金相标定结果。从表3-5中可知,随工作气压升高,$\varepsilon(Fe_{2-3}N)$相与$\gamma'(Fe_4N)$相两种氮化物增加,炉压超过1066.4 Pa后,氮化物相数量减少,表征化合物相数量的衍射主峰相对强度之和随工作气压的升高,在1066.4 Pa

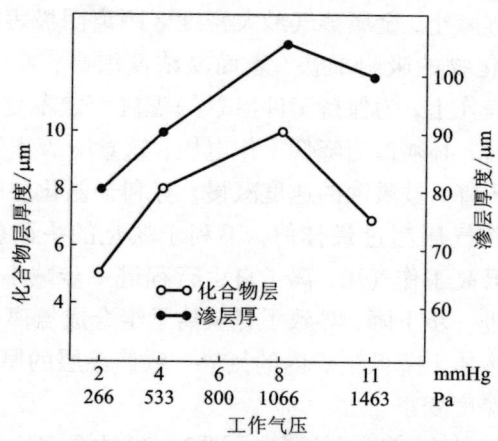

图3-19 工作气压对渗层厚度与化合物层厚度的影响

表 3-5 H13 钢样在四种工作气压下经 540℃, 2h 离子
处理后渗层相组成的 X 射线相对衍射强度

工作气压 /Pa	ε-Fe$_{2-3}$N (100)	γ'-Fe$_4$N(111) ε-Fe$_{2-3}$N(002)	ε-Fe$_{2-3}$N (101)	γ'-Fe$_4$N (200)	衍射主峰相 对强度之和
266.6	29	23	71	15	138
533.2	30	29	73	18	150
1066.4	32	40	80	18	170
1466.3	32	28	65	18	143

处出现极值。这与图 3-19 中所显示的化合物层与渗氮层的厚度与工作气压的关系曲线中的极值特征得到印证。这一特征现象表明,在提高工作气压时,既有促进加速离子渗入的作用,也有削弱渗入的效应存在,它是相互制约的矛盾,在低于工作气压最佳值的压力范围内,有利于氮化成为矛盾的主要方面,这是因在低压等离子包围工件的情况下,金属蒸气在离子对阴极表面的自由程几倍长的地方有最大的密度。因此,工作气压升高,会使金属原子自由行程减小,金属蒸气最大密度区距离阴极表面变近,工件表面对氮化物的吸附加快,表面氮浓度增高,使渗层厚度增厚。在工艺操作上,为保持工件(试样)温度恒定不变,在升高工作气压的同时,必须适当降低工作电压,这意味着离子对试样表面轰击能量下降,被溅蚀的速度减慢,有利于氮化层的形成与增厚,一旦工作气压超过最佳值,不利于氮化的一面就起主导作用。这是因升高工作气压,离子自由行程进一步减小,其所需的工作电压再进一步下降,导致了氮氢离子组合成氨离子的速度提高。这时从本质上降低了炉内的氮势。致使渗层的厚度,尤其是化合物层的厚度变小。

3)工作气氛对相组成的影响:图 3-20 中是 H13 钢在(520~560℃)×4.5h,工作气压为 1066.4~1333 Pa,工作气氛分别为

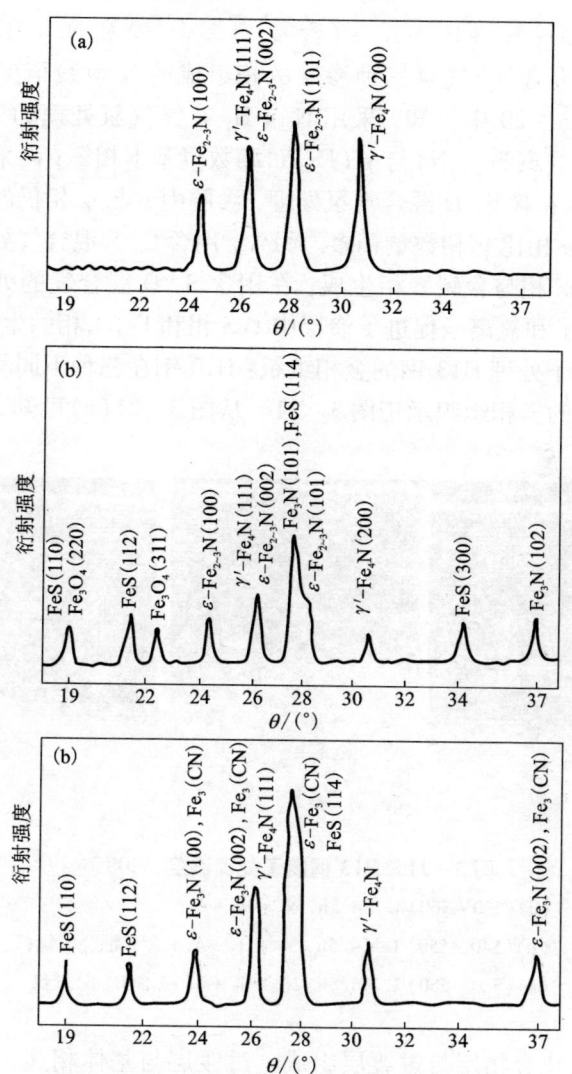

图 3-20 H13 钢三种气氛的 X 射线衍射曲线
(a) $N_2 + H_2 + Ar$; (b) $N_2 + H_2 + Ar + $(含 C, S 混合气); (c) $N_2 + H_2 + Ar + $(含 S, O 混合气)

$N_2 + H_2 + Ar$; $N_2 + H_2 + Ar +$(含C, S 混合气)和 $N_2 + H_2 + Ar +$(含S, O 混合气)气氛三种渗层的相组成的 X 射线衍射分析结果。从图 3-20 中可知,采用 $N_2 + H_2 + Ar$ 气氛处理的 H13 钢,表面渗层中 $\varepsilon(Fe_{2-3}N)$ 与 $\gamma'(Fe_4N)$ 相数量基本相等;而采用另外加含 C, S 和含 S, O 混合气氛处理,渗层中 ε 与 γ' 相仍然为主要成分,但 ε 相比 γ' 相数量稍多。另外,用含 C, S 混合气处理的试样中有 FeS 相与含碳 ε 相生成;在用含 S, O 混合气的处理过程中,硫离子和氧离子促进了渗层中 FeS 相和 Fe_3O_4 相的生成。

4)离子处理 H13 钢的金相组织:H13 钢在三种不同气氛下离子处理后的金相组织示于图 3-21。从图 3-21(a)可知,渗氮层

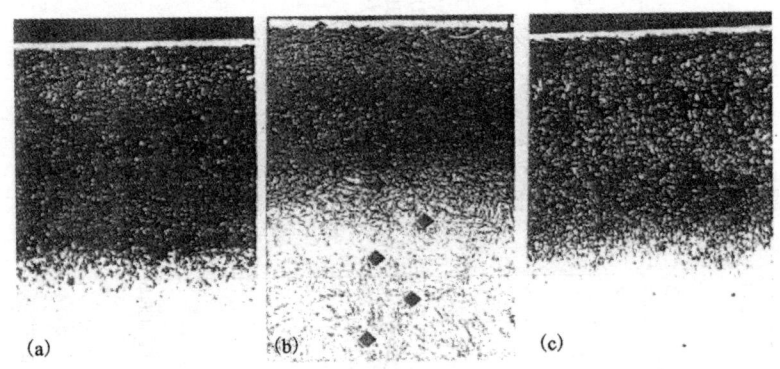

图 3-21　H13 钢离子处理渗层　200×
(a)(520~560)℃×4.5h, $N_2 + H_2 + Ar$;
(b)(540~550)℃×4.5h, $N_2 + H_2 + Ar +$含 C 混合气氛;
(c)(520~560)℃×4.5h, $N_2 + H_2 + Ar +$(含 C, S)气氛

由白亮的化合物层与过渡层组成。过渡层与基体相连,基体(心部)组织为回火马氏体加合金碳化物;浅黑的过渡层组织是低氮马氏体加细粒合金碳化物;深黑过渡层则为高氮马氏体加细粒合

金碳化物。图 3-21(a)中化合物层(白亮层)由数量各半的 $\varepsilon(Fe_{2-3}N)$ 和 $\gamma'(Fe_4N)$ 化合物所组成。图 3-21(b)中的化合物层由含碳的 ε 相与不含碳的 γ' 相化合物组成。图 3-21(c)中的化合物层由 FeS,含碳的 ε 相,不含碳的 ε 相和 γ' 相化合物组成,FeS 位于白亮层(化合物层)最外端,呈黑色。经检验,采用上述离子处理工艺所得的 H13 钢表面渗层的脆性、疏松级别和化合物形态级别均为 1 级,表明渗层不仅致密,而且强韧性兼备。

5)离子处理渗层的硬度分布:经优选后的离子渗氮工艺和气体软氮化处理的 H13 钢,表面渗层的硬度分布曲线见图 3-22,图中显示了离子氮化工艺比气体软氮化在同一深层上硬度都高。其渗层的硬度梯度分布也较合理,也正是离子氮化处理的表层具有更佳的耐磨性能和与基体更好的结合性能。

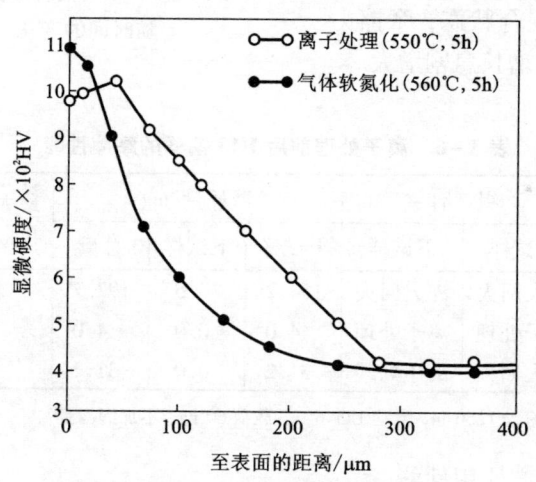

图 3-22 H13 钢试样渗层硬度分布曲线

6)离子处理 H13 钢的耐磨性能:550℃×6h 处理的 H13 钢摩

擦试验结果见表 3-6，并通过摩擦力矩随时间的变化看其抗咬合特征（见图 3-23）。表 3-6 中数据表明，离子处理的 H13 钢耐磨性能为未处理（淬火、回火态）试样的 6~48 倍，而最大摩擦力矩仅为未处理试样的 1/6。图 3-23 显示出离子处理试样有良好的抗咬合性能，试验在 50 min 内无任何咬合迹象，摩擦力矩变化极微；而淬火回火态试样在 20 min 内达到严重咬合状态，摩擦力矩随时间的增长急剧增大。

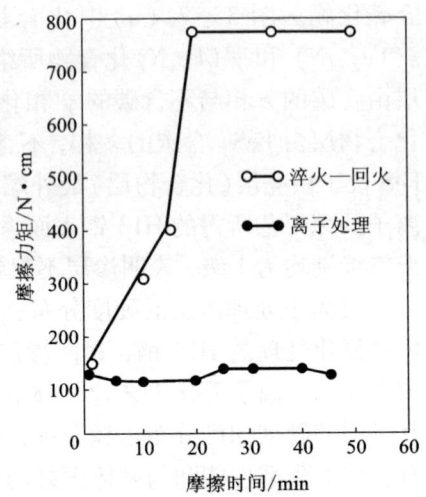

图 3-23　H13 钢样摩擦力矩随时间的变化

表 3-6　离子处理前后 H13 钢样的摩擦性能

序号	组合		磨耗量/mg			最大摩擦力矩 /kg·cm
	上试样	下试样	上试样	下试样	总量	
1	淬火回火	淬火回火	154.2	38.5	192.7	78
2	离子处理	离子处理	4.0	0.0	4.0	13
3	淬火回火	离子处理	31.2	0.0	31.2	55

注：试验滚动 1256 m，滑动 125.6 m，载荷 60 kg，不加润滑剂

(3) 生产使用性能

广州有色金属研究院与华北铝加工厂、西南铝加工厂、东北轻合金加工厂联合攻关，处理了小批量的铝型材挤压模具。为广东的铝型材加工厂处理了 H13 与 3Cr2W8V 钢模具十多吨，包括

图 3-24 离子氮化处理后的铝型材挤压模具

平模和分流组合模，工具带间隙（铝型材厚度）有 1.4、1.3、1.2、1.0、0.9、0.8 mm 等共 12 种规格，大量生产实际使用表明，寿命提高 3~8 倍。3Cr2W8V 模具的通料量由原来的平均不到 4t，提高到 12t 以上，H13 钢分流组合模具通料量提高到 14t 以上。而且显著地提高了铝型材的表面品质。减少了模具工作带抛光的次数，提高了工效取得了很高的经济效益和社会效益。图 3-24 是经离子氮化处理后的一些铝型材挤压模具。

3.2.5.7 钛及其合金等离子氮化的性能和应用

钛及其合金具有很优异的综合性能。在化工、航空、航天、核工业、石油天然气等能源工业中得到比较广泛的应用。但是，钛及其合金有两大缺点，一是在还原性介质（如 HCl、H_2SO_4）中不耐腐蚀，二是不耐磨损。钛及其合金经等离子氮化处理，正是解决这两大弊端的有效技术，是进一步拓展钛及其合金的应用领域的有效技术。

(1) 钛材等离子氮化的有关性能

1) 表面硬度、相组成与耐磨性能：表 3-7 是钛材等离子氮化前后表面硬度和相组成关系。可见,等离子氮化可大幅度提高钛材及其合金的表面硬度。940℃处理,纯钛硬度提高 6~8 倍,TC4, TA7 均可提高 3~4 倍。即使在 800℃处理,其表面硬度也有显著提高。表面硬度的提高幅度与氮化层的相组成直接相关,以 δ 相为主的氮化层表面硬度比以 ε 相为主的氮化层高得多,即氮化层中 δ 相与 ε 相的相对含量决定了该层的表面硬度。表面硬度随氮化层中 δ 相的相对含量增大而增加的倾向,随试样载荷的减少愈加明显。

表 3-7 钛材氮化前后表面硬度及其与相组成的关系

序号	材质	主要工艺参数	表面硬度 HV0.3	表面相分析结果
1	TA2	未氮化	160~190	α-Ti
2	TA2	940℃,2h,纯 N_2	1200~1620	δ 为主,ε 极少
3	TA2	800℃,2h,$N_2/Ar=1$	850~1100	ε 为主,δ 少量
4	TC4	未氮化	310~330	$\alpha+\beta$
5	TC4	940℃,2h,$N_2/H_2=1$	1385~1670	单一 δ 相
6	TC4	800℃,2h,$N_2/Ar=1$	800~1100	ε 为主,δ 少量
7	TA7	未氮化	330~350	α-Ti
8	TA7	970℃,2h,纯 N_2	1500~1800	单一 δ 相
9	TA7	800℃,2h,纯 N_2	1050~1280	ε 为主,δ 少量

TA2 和 TC4 氮化前后的摩擦试验结果见表 3-8。由表 3-8 可见,经等离子氮化处理,可大幅度提高钛材的耐磨性能,即磨耗量和摩擦系数大幅度降低以及摩擦面显著改善。经两种不同氮化条件处理的 TC4 的摩擦性能的差异,实际上反映了氮化层相组成各不相同,采用 800℃×6h,$N_2/H_2=1$ 处理,TC4 表面生成 ε 相为主的氮化层,摩擦性能得到大幅度的提高;采用 920℃×4h,$N_2/H_2=2/1$ 处理,表面生成近单一的 δ 相,摩擦性能得到更大幅度的提高。

表 3-8 TA2 和 TC4 氮化前后的摩擦试验结果[1]

材质	组合		磨耗量/mg			摩擦系数	摩擦面状况	摩擦距离/m	滑动距离/m	润滑情况
	上试样	下试样	上试样	下试样	总量					
TA2	未氮化	未氮化	528.1	104.2	632.3	0.48	粗糙擦伤	1257	125.7	不充分润滑
	氮化[2]	氮化[2]	31.5	22.8	54.3	0.10	光滑	1257	125.7	不充分润滑
	氮化[2]	氮化[2]	46.7	55.3	102	0.18	光滑	1885	188.5	无润滑
TC4	未氮化	未氮化	378.2	221.8	600.0	0.46	粗糙擦伤	1885		不充分润滑
	氮化[3]	氮化[3]	22.4	17.7	40.1	0.10	光滑	1885		润滑
	氮化[4]	氮化[4]	45.1	47.2	92.3	0.12	光滑	1885		润滑

注：① 试验采用 25 kg 负荷，滚动线速度为 0.418 m/s，相对滑动线速度为 0.042 m/s；
② 氮化条件：920℃×4h，纯 N_2；
③ 氮化条件：920℃×4h，$N_2/H_2 = 2/1$；
④ 氮化条件：800℃×6h，$N_2/H_2 = 1$

2) 抗张性能和弯曲性能:表 3-9 是 850℃×2h 纯氮和 $N_2/Ar=1$ 处理的 TA2 标准棒状拉伸试验结果。结果表明,等离子氮化后,抗张性能并无显著变化,未氮化试样的强度极限大于经氮化处理试样的强度极限,而未氮化试样的相对延伸率比经氮化处理试样的低,这显然与未氮化试样的半冷硬状态有关。采用退火板材试样进行氮化处理后的抗张强度,接近或略高于退火试样的抗张强度才是正常的。处理后会降低纯钛试样的截面收缩率。降低氮势有助于减小截面收缩率的下降幅度,导致氮化物中 ε 相含量增加,因而提高了氮化层乃至试样的整体塑性。

表 3-9 TA2 试样氮化前后抗张性能

序号	状 态	抗拉强度/N·mm^{-2}	相对伸长率/%	截面收缩率/%
1	未氮化(半冷硬)	456	28	60.5
2	氮化(纯 N_2)	412	29	47
3	氮化($N_2/Ar=1$)	402	29.5	57.5

表 3-10 是厚 1.5 mm,宽 15 mm,长 150 mm 的 TA2 板材弯曲试样在各工艺条件下处理的弯曲性能。从表中可以看出,氮化工艺特别是氮化气氛对氮化层的抗弯曲性能有明显影响,含 H_2 达 50%,钛因强烈吸氢而变脆。若开始时 $N_2/H_2=1$,600℃左右停氢或减氢($N_2/H_2=8/1$),则弯曲性能得以显著提高。这是因有少量氢的存在,氮-氢复合离子在接触阴极时分解,提供了足以渗透表面的活性氮,从而加速了氮化过程;另一方面是因钛在 550~600℃强烈吸氢,而在提高温度和较低工作气压和氢分压下,钛的氢化物发生分解,放出氢,同时得到活性钛,促进和强化了氮化过程。这也是采用 600℃减氢或停氢工艺既可以在较低温度氮化得到较高的表面硬度,同时又能完全避免氢脆的道理。

氮化气氛对氮化层抗弯曲性能更明显地影响表现在充氩以降低氮势，使氮化层获更高的抗弯性能。这是因氮势浓度降低，改变了表面化合物层的成分和结构，得到了 ε 相为主的化合物，因而提高氮化层韧性，X 射线衍射分析完全证实了这一点。

表 3-10 氮化前后钛材的弯曲性能

序号	主要工艺参数	硬 度 HV0.3	最大抗弯负荷 /N	弯曲角 /(°)	
1	850℃×4h,N_2/H_2=1	1000~1250	735	0	脆断
2	940℃×2h,纯 N_2	1200~1320	931	12.0	韧裂
3	910℃×2h,N_2/H_2=1,600℃停 H_2	1200~1400	1029	17.0	韧裂
4	800℃×2h,N_2/Ar=1/2	900~1150	1059	36.5	韧裂
5	未氮化的纯钛	160~190	2087	148.5	韧裂

3) 腐蚀性能：氮化前后，TA2、TC4、TA7 在 HCl 和 H_2SO_4 中的腐蚀速率示于表 3-11。由表 3-11 可见，等离子氮化处理大大提高了三种钛材在 HCl 和 H_2SO_4 中的耐蚀性能。比较看，TC4 经等离子氮化处理耐还原性介质腐蚀性最好，TA2 次之，TA7 再次之。这与等离子氮化处理后表面氮化物层中的 δ 相含量的多少顺序有关。根据上面谈及的主要工艺参数对氮化层相的影响规律，特设计出三种工艺条件对 TC4，TA7 施行等离子氮化处理，并对氮化层的相组成作了精细分析，继而在两种腐蚀条件下进行腐蚀试验，结果见表 3-12。不难看出，随氮化物层中 δ 相含量的增加，两种钛合金的耐蚀性能也相应大幅度提高，可以认为，钛材氮化层中 δ 相比 ε 相更耐腐蚀。

表 3-11 三种材质氮化前后在 HCl 和 H_2SO_4 中的腐蚀性能

材质	处理工艺条件	腐蚀速率/mm·a^{-1}		
		20% HCl	120% H_2SO_4	25% HCl
TA2	未氮化	0.7646	0.6254	0.5959
TC4	未氮化	0.7932	0.6095	0.5873
TA7	未氮化	0.4008	1.5744	1.7625
TA2	930℃×5h,$N_2/H_2=2$	0.0000	0.0000	0.0046
TC4	930℃×5h,$N_2/H_2=2$	0.0000	0.0000	0.0039
TA7	930℃×5h,$N_2/H_2=2$	0.0000	0.0000	0.0626

表 3-12 氮化试样的相分析结果及腐蚀性能

序号	氮化处理主要工艺	$\delta(200)/\varepsilon(111)$ X射线衍射强度比		腐蚀速率/mm·a^{-1}			
				20% HCl[①]		10% H_2SO_4[②]	
		TC4	TA7	TC4	TA7	TC4	TA7
1	720℃,5h,$N_2/Ar=1$	1/3	1/5	0.2185	0.9233	0.0033	0.0035
2	870℃,5h,纯 N_2	6/1	1.1/1	0.0031	0.3143	0.005	0.0014
3	930℃,5h,$N_2/H_2=2$	17/1	15/1	0.0000	0.0000	0.0000	0.0000

注：①经前两种工艺处理的试样的试验时间 700h, 第三种工艺处理试样的试验时间为 336h, 试验温度均为 30℃；

②试验时间均为 720h, 试验温度均为 30℃

(2) 工程应用

钛及其合金经等离子渗氮后大幅度的提高了钛材的表面硬度、耐磨性能与在还原性介质中的耐腐蚀性能，而且还可保持基体钛合金难能可贵的综合性能。近 20 年来在化工、湿法冶金、医学应用以及天然气田开采工程上，采用等离子渗氮的钛制部件越来越多，并取得了显著的经济和社会效益。广州有色金属研究院先后研制推广在工程上应用的离子渗氮钛制部件如下：

1)湿法冶金用的离子氮化加热盘管:在湿法冶金液槽中常需加热一些介质,而且介质又带有腐蚀性。采用在经离子氮化的钛合金盘管,管内通高温蒸气对湿法冶金的液槽进行加热十分安全有效。使用寿命长,为湿法冶金的生产解决了技术难题。

2)离子氮化钛制轴套:用于化工厂萃酚生产关键设备的中和锅搅拌轴上,既保证了密封性能,又使生产系统稳定正常。过去,用未经离子氮化的钛轴套,一个月就有泄漏,三个月必须停产检修。经离子氮化的$\varnothing 110\times 10\times 230$ mm 的钛轴套使用三年多,系统仍稳定正常,收到了十分好的综合技术经济效益。另外,化工厂的纸浆车间用的SO_2钛风机上,采用经离子氮化后的$\varnothing 75\times 5\times 250$ mm 的钛制轴套,五年多来,仍完好地使用,且密封性能良好。过去用粉末冶金的钛轴套、不锈钢轴套,因耐磨耐蚀性差,造成泄漏。采用表面渗成氮化钛的离子氮化钛制轴套,可以彻底解决这一老大难的技术难题。

3)离子氮化钛制阀芯阀座:在脱硫的碱液循环管路上,用1Cr18Ni9Ti 阀芯,18 天便损坏,而采用经离子渗氮在钛制阀芯上渗成一层氮化钛的气动阀芯、阀座,使用三年多经调查仍完好无损。

4)人工关节:钛制人工关节,虽与人体有较好的生物相容性,但其最大的问题是在关节的转动部分接触界面会因长期摩擦产生磨屑与肉体接触会使肌肉变质、坏死,导致关节失效。这主要是钛及其合金不耐磨,在人体中引发的炎症反应,经离子渗氮后的钛制人工关节,经临床应用,取得良好效果。

5)等离子氮化的钛制阀板、阀座:我国的天然气开采,从国外引进了新型的平行板式井口,国内在消化这一先进技术的同时,也已研制了这种平行板式井口。其中高压防硫采气井口的心脏关键密封部件——大面积阀板、阀座的材质,特别是密封面的材质这一关键技术。

针对井口现场实况，通过探索钛材离子氮化工艺研制出我国独特的离子氮化钛合金阀板阀座，为确保了天然气井安全生产，除了上面已经论述到离子氮化后的一些相关性能，如表面硬度、耐磨性能，抗张性与弯曲性能，HCl 中的耐蚀性能等外。结合含硫天然气井模拟介质中的腐蚀性能进行试验。表 3-13 ~ 表 3-16 分别为离子氮化钛材在 H_2S 中的电化学腐蚀，恒应力拉伸腐蚀，弯曲和氢脆的试验结果。从表中可以看出，氮化钛材在饱和 H_2S 介质中基本无腐蚀；在恒应力拉伸腐蚀中，氮化钛材断裂时间都达到了 300h 的要求，表明它对 H_2S 介质很不敏感，即使开裂，裂纹也不会扩展；而且在饱和的 H_2S 溶液中，腐蚀后的氢脆系数很低，意味着若没有氢的来源就不存在氢脆现象。表 3-17 是四种常用材质在含硫天然气井模拟介质中的抗硫性能，从表中可知经离子氮化的钛合金在三种重要的抗硫性能上具有全面优势。

表 3-13 氮化钛材室温电化学腐蚀的试验结果

氮化材质	H_2S 浓度 /($mg·L^{-1}$)	试验时间 /h	腐蚀速率 /($mm·a^{-1}$)	耐蚀等级	备注
TA2	2500~2800	766	0~0.00031	1	
TC4	2500~2800	766	0~0.00028	1	在液相中
TA7	2500~2800	766	0~0.00036	1	
TA2	2500~2800	766	0~0.00030	1	
TC4	2500~2800	766	0~0.00025	1	在气液相中
TA7	2500~2800	766	0~0.00032	1	

注：1. 以上三种氮化钛材试样中有 40%~50% 的试样失重为零，其余试样的失重为 0.0001 g；

2. 耐蚀等级参照前苏联均匀腐蚀十级标准：1 级 <0.001 mm/a，属完全耐蚀

表 3-14 氮化钛材恒应力拉伸腐蚀试验结果

材质	数量	所加应力 /MPa	氮化条件	H_2S 浓度 /($mg \cdot L^{-1}$)	断裂时间 /h	备 注
TA7	4根	632	850~900℃,3.5h, N_2, $H_2/Ar=1$	2500~3000	>334	加载一天发生伸长,试验后氮化层开裂
TC4	4根	744			>334	无伸长,氮化层未开裂

注:此试验进行334h后,将试样取下,8根试样都未断裂

表 3-15 氮化钛材筒支架弯曲试验结果

材质	数量	氮化条件	硬度 HV0.3	H_2S 浓度/($mg \cdot L^{-1}$)	最大挠度/mm	最大弯曲角
TC4	6根	900~950℃,4h	1350~1500	2500~3000	5.3	18°21′
TA7	6根		1050~1300		4.1	14°30′

表 3-16 两种钛材氢脆试验结果

材质	状态	氮化条件	空白试样弯曲次数	腐蚀试样弯曲次数	氢脆系数/%
TA7	未氮化	—	16	16	0
TA7	未氮化	—	16	16	0
TA7	氮化	900~950℃,4h	7	7	0
TA7	氮化	850~900℃,4h	7	5.83	16.7
TC4	未氮化	—	43	47	-19.3
TC4	未氮化	—	52	42	19.23
TC4	氮化	900~950℃,4h	7	7	0
TC4	氮化	850~900℃,4h	6.3	4.9	22.2

注:腐蚀介质中 H_2S 浓度为 2681~3167 mg/L

表 3-17 四种常用材质在含硫天然气井模拟介质中的三种抗硫性能

材质	腐蚀速率/(mg·m⁻²·h⁻¹)	氢脆率/%	应力腐蚀性能 所加应力/MPa	应力腐蚀性能 持续时间/h	备注
35CrMo(锻)	>700	~65	457.6	287(均值)	断
318合金	440~690	36~51	344.0	250~369	断
美国K蒙乃尔	6.5~11.5	3.3~3.8	310.4	310	未断
离子氮化TC4	0~0.2	~0	744.0	334	未断

表 3-18 平板阀阀板的有关性能

部件产家与规格	硬度 HV0.3 要求	硬度 HV0.3 实测	粗糙度 Ra/μm 要求	粗糙度 Ra/μm 实测	平面不平度/μm 要求	平面不平度/μm 实测	两面不平行度/μm 要求	两面不平行度/μm 实测
美国 FMC-O.C.T 709.3×10⁵Pa-65	713~856	700~900	0.2	0.8~0.4	10	1.3	10	<10
广州有色金属研究院 709.3×10⁵Pa-65	713~856	900~1200	0.2	0.2~0.1	10	0.3	10	<10
广州有色金属研究院 608.0×10⁵Pa-65	713~856	1100~1300	0.2	0.05~0.025	10	1.0	10	<10
四川钻采厂与广州有色金属研究院 450.3×10⁵Pa-65	713~856	1300~1600	0.2	0.2	6	0.5	15	<10

在这些基础试验完满后，依据平板阀板座的设计图纸，研制了经离子氮化处理的钛合金平板阀板阀座。表 3-18 是国内外研制的四种平板阀的有关性能。经广州有色金属研究院离子氮化处理后的平板阀的检测数据，四项性能指标已达到或超过设计要求，而且与同规格美国的 FMC-O.C.T 阀板相比，经离子氮化处理的钛合金阀板具有更高的表面硬度和尺寸精度。图 3-25 为离子氮化处理的钛合金平板阀板和阀座。

图 3-25 离子处理后的 TC4 钛合金阀板与阀座

在试验现场，首先通过模拟井口压力为 60 MPa，水压保持 15 min 的密封试验；其次，在水压为 40~42 MPa 时，测得的扭距为 32~35 N·m，仅为美国 KQ-700-65 阀板测得的扭距数的 1/2；为喀麦隆 700-52 阀板扭距数的 3/4；第三，在地面静态 27.2 MPa 天然气压力下，经 225 天，开启 675 次后又进行在 27.2 MPa 的密封压力试验，10 min 内，压力未降，仍保持原有压力；第四，在现场井口作动态天然气生产应用，在关井压力为 27.9 MPa(生产时为 25.2~26.4 MPa，H_2S 66.7%，CO_2 5.43%)，日产天然气

$10 \times 10^4 \sim 30 \times 10^4 \text{m}^3$,凝析油 $10 \sim 16\text{t}$,共运行 510 天,取下阀板阀座检查,KQ350 - 65 型板座经离子氮化处理的密封面仍保持金黄色光泽,阀板关闭部位有与阀座接触环痕。经测定环痕粗糙度 Ra 为 $0.2\ \mu\text{m}$,其余部位 Ra 为 $0.4\ \mu\text{m}$,环痕与其他部位间测不出不平度;阀座密封面边缘表面 δ 相已部分去除,露出维氏硬度在 1100 以上的 $\delta + \varepsilon$ 两相复合层,其密封面的粗糙度 Ra 为 $0.2 \sim 0.1\ \mu\text{m}$。KQ - 700 - 65 型阀板近孔处有较深擦伤痕,板面有细密磨痕;阀座有明显擦伤与磨损外,有微观疏松孔洞。

离子处理的部件在国内天然气田开采得到应用,进一步证明了作为离子处理的钛合金密封组合件的密封可靠性好,开启灵便,可在高压气井上安全可靠运行。

3.2.6 等离子渗碳与碳氮共渗表面改性技术

等离子渗碳和碳氮共渗分别是在低于 0.1 MPa 的渗碳气氛和含碳氮气氛中,以工件作阴极、炉体作阳极,在两极之间施加直流电压、工件周围空间产生辉光放电进行的一种渗碳或碳氮共渗的工艺。

3.2.6.1 渗碳、碳氮共渗的原理与特点

(1)原理

等离子渗碳和等离子碳氮共渗与等离子渗氮原理基本相同。等离子渗碳所需的活性碳原子或离子,以及碳氮共渗所需的碳,氮原子或碳,氮离子可通过热分解反应或通过工作气体的电离来获得。以等离子渗碳的丙烷为例,在等离子渗碳中的反应过程如下:

$$C_3H_6 \xrightarrow[900 \sim 1000℃]{\text{辉光放电}} [C] + C_2H_6 + H_2$$

$$C_2H_6 \xrightarrow[900 \sim 1000℃]{\text{辉光放电}} [C] + CH_4 + H_2$$

$$CH_4 \xrightarrow[900\sim1000℃]{辉光放电} [C] + H_2$$

式中[C]为活性碳原子或离子。

建立辉光放电后,等离子体中离子化的碳原子对工件表面的轰击使渗碳速度变得非常快。当碳离子到达溅射清洗后的工件表面,很快在工件表面形成高的碳浓度梯度,导致碳在工件表面快速扩散形成渗碳层。

(2)特点

1)渗层均匀性好:这是因异常辉光放电能在复杂的非平面的工件表面产生均匀的活性碳浓度。

2)渗碳速度快:这是因离子轰击,使被处理的工件表面清洁与活化,加上渗碳气的热分解和电离的双重作用,在直流电场作用下,加速了碳向工件的渗入和扩散,缩短了渗碳的时间.与常规气体渗碳相比,可缩短50%。

3)渗层易控制:只需控制好电参数、工作炉压、碳势、通气量、时间、温度等参数,就可方便地控制好表面碳的浓度和硬化层深度。

4)渗碳效率高:渗碳效率 $\eta = \dfrac{扩散到工件中的碳量}{供碳气中的碳量} \times 100\%$。

在常规气体渗碳中 $\eta < 20\%$,而等离子渗碳效率 $\eta > 55\%$。

5)渗碳工件品质好:工件表面不产生脱碳层,无晶界氧化,表面清洁光亮,变形小。工件的耐磨性,抗疲劳强度较常规渗碳都高,并可对难渗碳件(如含Cr不锈钢件)进行渗碳处理。

3.2.6.2 等离子渗碳的设备

按加热方式分为两类:

(1)辉光放电加热型的等离子渗碳设备:基本上与常规的钟罩式等离子渗氮炉相同,靠辉光放电加热。为提高设备的升温保温能力和温度均匀性,在工件周围加装与工件等位的片状或管状的辅助阴极,以减少工件的热辐射损失,提高加热效率,同时改善工件的温度均匀。由于等离子渗碳温度在 800~1050℃,应加强炉子的隔热,在工件与炉罩间、阴极工件台与炉底板间加装一层金属辐射屏,其用不锈钢板作圆筒,内部再充填 40 mm 的绝热材料(如石墨毡或石墨毡陶瓷纤维)。

(2)电阻加热与辉光放电的复合加热(双热源)型等离子渗碳设备:如图 3-26 所示。这种炉型以电阻辐射加热为主,放电加热为辅。这类设备的辉光放电加热,主要是为离解渗碳(或碳氮共渗)的气体提供活化能以活化工件表面,从而加速渗碳。若辉光放电电流密度小于 $0.2\ mA/cm^2$,就会削弱离子轰击与渗碳的

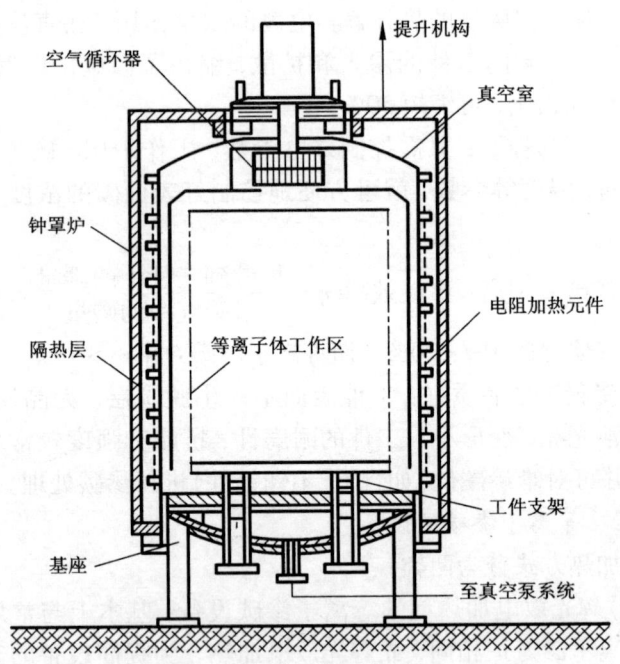

图 3-26 等离子渗碳炉的示意图

第3章 材料现代表面改性技术

效果。目前国内外的生产型等离子渗碳设备,大多采用如图3-27所示的炉型。这种炉型是在真空渗碳炉的基础上,加一套高压直流辉光放电装置,并带有淬火室的双室炉。

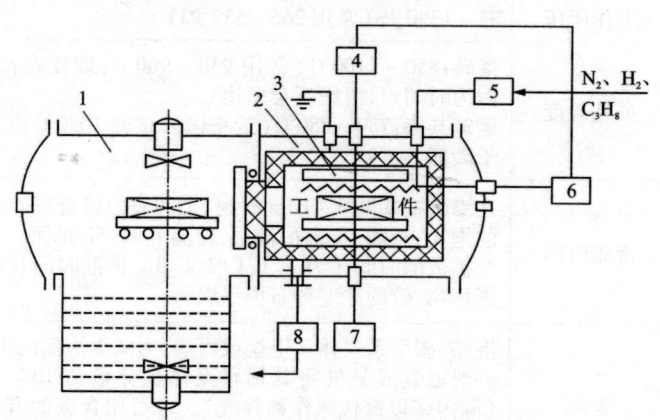

图3-27 真空离子渗碳炉示意图
1——淬火冷却室;2——加热室;3——阳极;4——温度测控系统;
5——渗碳气体处理与流量控制系统;6——加热电源;
7——离子电流;8——真空获得系统

3.2.6.3 等离子渗碳、碳氮共渗工艺与应用

(1)等离子渗碳、碳氮共渗的工艺参数:表3-19是等离子渗碳、碳氮共渗的一些主要工艺参数。装料后关闭炉门抽真空至3.3~6.65 Pa后,先用电阻加热至900℃以上,使工件表面脱气净化,再通少量氢气溅射清洗均温一段时间,然后按工艺选定的流量通入渗碳(碳氮共渗)气体,并将炉压保持在6.65~1330 Pa之间的某一值时,接通辉光电源,产生辉光放电,进行等离子渗碳或等离子碳氮共渗。当渗碳到达设计的预定时间后,即停止供给渗碳气体,并熄灭辉光,进行真空扩散,然后炉内降温并淬火。

表 3-19　离子渗碳、离子碳氮共渗的一些主要技术参数

序号	项目	数据
1	极限真空度	3.3~6.65 Pa
2	工作所压	33~1330 Pa(常用 266~532 Pa)
3	处理温度	渗碳:850~1100℃(常用 930~960℃,即使在高温,因为时间短,组织不会恶化) 碳氮共渗:780~880℃(近来国外试验 1050℃高温离子碳氮共渗)
4	渗碳时间	在渗碳初期的 5~10 min 内,工件表面就可以达到碳的饱和,若需 1 mm 的渗层,保温 1~1.5h 即可。渗碳与扩散的时间比为 1:1,1:2,1:3。扩散时间长渗层更均匀,碳的浓度分布更平缓
5	渗剂	渗碳、碳氢系气体-甲烷或丙烷,为减少炭黑的出现,一般以氢或氩气将其稀释至体积分数为 10% 左右(国内多以氮代氢作稀释气)。也可用含碳的有机液体,如乙醇、丙酮、苯等。 碳氮共渗:除上述供碳剂外,再加氨
6	放电电流密度	单纯辉光加热的设备:2.5~15 mA/cm^2。双重热源加热的设备:0.2~2.5 mA/cm^2

(2)影响渗层效果的主要因素

1)温度:温度越高,渗层表面碳的浓度相应增高,渗入速度加快。对深层的渗碳件,宜用高温离子渗碳。

2)时间:在开始阶段,渗层表面碳的浓度随处理时间的增长而提高;而渗层的深度,随处理时间的延长,按抛物线规律增厚。

3)合金元素:这方面,观点并非一致。一般认为,钢中不同的合金元素对离子渗碳的速度没有影响。根据我们的试验认为:应视合金元素对形成碳化物的强弱来看其影响,实验上看,含有强碳化物形成元素的钢(如 20CrMnTi)就比少含或不含合金元素的钢渗入速度要快,而且在渗层的硬度上也会有点区别。

4)渗层中的氮:由于渗层中氮的存在与扩散,促进了碳的扩散。但是在等离子处理渗碳或碳氮共渗中,对渗层的生长速度差不多相同,看来,渗氮层中氮含量对渗层生长速度影响不大。

(3)应用

1)18CrMnTi 钢制汽车后桥被动齿轮:气氛:$C_3H_8/N_2=8\%$,880℃×3h 强渗+$C_3H_8/N_2=2\%$,880℃×4h 扩散。结果渗层深度为 1.19 mm,淬火后硬度 HRC 为 64,回火后硬度 HRC 为 60.5~61。

2)15CrNi6 钢制齿轮(115 kg/个):每炉处理 2 个。960℃×75 min 渗碳+960℃×225 min 扩散,最终渗碳层深度 1.4 mm,表面硬度 HRC 为 65。

3)18Cr2Ni4W 钢制齿轮轴:$NH_3+C_6H_6$ 气氛,900℃×3h,离子碳氮共渗后,炉内气淬,渗层厚度 1.6 mm,淬火后变形小,弯曲摆差<0.06 mm,齿面平行度差在 0.01~0.02 mm 以内。

4)18Cr2N4W 钢制柴油机喷油嘴针阀体:CH_4 气氛,900℃×1.5h 渗碳+900℃×10 min 扩散+炉冷+-60℃×1.5h 冷处理+升温至 200℃×1.5h 回火,渗层厚度 0.4~0.9 mm,≥58 HRC。

5)20CrMo 钢制大马力推土机履带销套:采用图 3-28 的"多次渗碳-扩散法",即把总的处理时间分成几个"渗-扩"周期。这种 960±5℃×12h 的连续渗-扩的顺序处理是在渗氮气氛为 N_2 1200 mL/min,$C_3H_8/N_2=10\%$,扩散时 $C_3H_8/N_2=2.5\%$ 以下,放电参数 540 V,5A,电流密度 0.78 mA/cm^2,炉压 357~400 Pa,处理后,渗层厚度为 2.904 mm,淬火硬度 66~67 HRC,200~220℃回火后 62~63 HRC。

6)钨合金作穿甲弹头,通过等离子渗碳来提高穿甲弹头的表面硬度。在通常的渗碳温度下,碳在钨中的溶解度几乎为零。经等离子渗碳可形成碳化钨的化合物区,因为碳化钨是很硬的化合物。

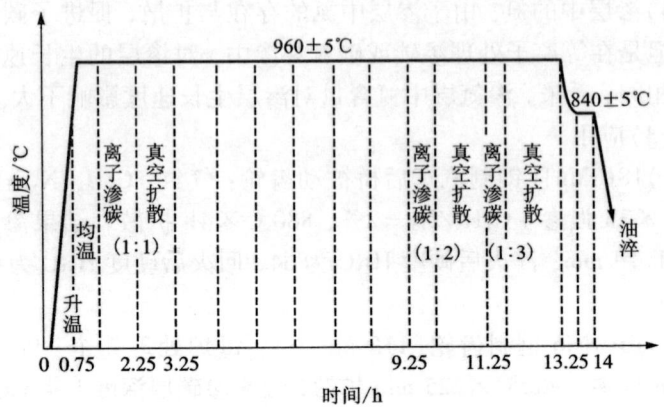

图 3-28 销套离子渗碳处理工艺曲线

(注：图中数字比为渗-扩时间比)

3.2.7 等离子渗硫、等离子硫氮共渗、硫氮碳共渗

当前对于工件用等离子渗硫、硫氮和硫氮碳的共渗工艺研究与应用还较少。用气体渗硫，硫氮、硫碳氮的共渗报道较多。

3.2.7.1 等离子渗硫

主要是在钢的表面生成一层多孔的松软的由 FeS，FeS_2，Fe_3S_4 所组成的薄薄的硫化物，起减摩润滑作用，提高钢制部件的耐磨性、抗咬合性，达到提高部件的使用寿命。工艺上有：

(1) 低温离子渗硫：在 LD-35 型离子炉上，以负压的方式，用 CS_2 作硫源，(180~200)℃×1h，CS_2 流量为 40 L/h，对 Cr12、GCr15、45 号钢和 20CrMnTi 等钢件(先经硬化处理)进行试验，试验结果表明，渗硫后的钢件耐磨性比未渗硫的提高 2~3 倍，摩擦系数减小，抗咬合性能显著提高。

(2) 中温离子渗硫：用高纯(99.999%)的氢氩(1:1)气为载气，以瓶装 H_2S(纯度 99.99%)为硫源，经(500~560)℃×(2~2.5)h

离子渗硫。经检测，含硫层厚度为 50 μm，在工艺中表明，其一，硫化氢的输入量极为重要，它的最佳量的范围很窄，3%左右，稍微过量，就会造成硫化层起皱，起皮，直至剥落。在操作工艺上，须用较高的辉光放电电压(700~1200 V)，因为电压过低，H_2S 不易分解，就会产生过量的 H_2S。其二，硫对炉体内的构件造成污染（如炉型阳极等处），这些污染的硫会影响炉气成分中硫的百分浓度的准确控制。其三，要注意 H_2S 所引起的对金属构件的腐蚀，特别是引起密封橡胶的变质损害(可用 1Cr18Ni9Ti 金属构件和氟橡胶密封圈)。用中温工艺对铸铁的柴油机缸套进行实用性试验，结果表明，具有抗咬合、抗拉花、提高使用寿命的效果。

也有在工模具上经等离子渗硫，提高了工模具的耐磨和抗咬合性能，从而提高了工模具的使用寿命。

3.2.7.2 等离子硫氮、硫碳氮共渗

在离子渗氮时，添加含硫的 H_2S 气氛，就可实现离子硫氮共渗，其渗层具有硫化物的减摩性及渗氮层的耐磨性的综合效果。

(1)等离子硫氮共渗工艺：气源：$NH_3/H_2S = 20/1 \sim 30/1$，570℃×2h 左右。其渗层出现的是多层结构，从最表层向基体依次是：含 FeS，$Fe_{1-x}S$ 相的硫化物薄层→含 $\varepsilon(Fe_{2-3}N)$ 与 $\gamma'(Fe_4N)$ 相的化合物层→氮的扩散层→基体。对应的硬度梯度最外层很低，次表层为高硬度区，往内就是对应的硬度梯度的扩散层。

在等离子硫氮共渗中，气氛的配比对渗层组织结构的影响，一般规律是：随 H_2S 气体的增多，表面含硫量提高。化合物层厚度（包括氮化物）与总深度变化规律一致，即随 H_2S 含量的增加而增厚，到一定值后反而变薄。表 3-20 是不同气氛配比对 W18Cr4V 和 40Cr 钢在 520℃×4h 的渗层硬度、厚度及含硫量的影响。

(2)等离子硫碳氮共渗工艺：在等离子碳氮共渗工艺中添加含硫气氛，即可实现硫碳氮共渗。它采用的气源通常有 C_2H_5OH、CS_2 挥发性气和 NH_3 的混合气。表 3-21 是 20CrMnTi 钢经 570℃×3h

表3-20 不同气氛配比对渗层硬度、厚度及含硫量的影响

序号	气氛配比 $v_{(NH_3)}:v_{(H_2S)}$	表面硫含量 $w(S)/\%$	W18Cr4V 渗层深度 /mm	W18Cr4V 表面硬度 HV0.05	40Cr 渗层深度 /mm	40Cr 表面硬度 HV0.05	脆性等级 (HV5压痕)
A	100%氨		0.110	1302	0.28	692	I
1	15:1	0.057~0.06	0.110	1302	0.28	698	I
2	10:1	0.079~0.093	0.116	1283	0.31	676	I
3	5:1	0.13~0.18	0.130	1275	0.32	644	I
4	3:1		0.107	1197	0.27	575	I~II
5	2:1	0.36	0.093	1095	0.23	539	I

注:1. 离子硫氮共渗温度(520±10℃),时间4h;2. 脆性等级见GB11354《钢铁零件渗氮层深度测定和金相组织检验》

表3-21 混合气气氛气流量比对离子硫碳氮共渗层厚度的影响

序号	流量比(混合气:氨气)	化合物层厚度/μm	渗层总深度/mm	表面情况
A	100% NH₃ 离子渗氮	18	0.38	未剥落
1	1:10	8	0.26	剥落
2	1:15	12	0.38	剥落
3	1:20	20	0.42	未剥落
4	1:25	25	0.45	未剥落
5	1:30	30	0.47	未剥落
6	1:45	20	0.42	未剥落

离子硫碳氮共渗，其混合气体流量比对渗层厚度的影响。从表中可以看出，随混合气流量的增加，化合物层厚度和渗层总深度先增后减；当 C_2H_5OH、CS_2 在混合气中占的比例过大（如 1∶15 或 1∶10）时，不仅化合物层厚度和总深度减薄，而且发生表面剥落，这是因表面含碳量增加，使含硫量过高，硫化铁层过厚，脆性提高所致。

未剥落离子硫碳氮共渗的温度和时间对渗层组织结构也有影响。温度高、时间长，会使表面硫化铁层过厚，也易导致表面剥落。

(3) 应用

1) W18Cr4V 钢制梅花扳手冲头，经离子硫碳氮共渗处理，其使用寿命比常规处理提高 1~1.5 倍，可冲 3600~4000 件。

2) 冲不锈钢手表带的高速钢冲模，没经处理的只能冲 40 万次，经硫碳氮共渗后，可冷冲 100 万次，寿命提高 1.5 倍，其工艺为：$NH_3 + CS_2 + C_2H_5OH$ 混合气作气源，用 (550 ± 10) ℃ × (10~30) min。

3) 高速钢推刀（加工高硬度、花键孔），经 520℃ × 0.5h 硫氮离子处理，比常规的热处理的使用寿命提高 3.2~3.7 倍。

4) 电风扇零件用的 3Cr2W8V 压铸模，经 520~560℃ × 4h，在 $NH_3 + CS_2 + C_2H_5OH$ 混合气源下处理的硫碳氮共渗的平均使用寿命为 8 万件，比用常规热处理后再进行离子渗氮处理的压铸模（生产了 3~4 万件）使用寿命提高了 1 倍。

5) 用于铝合金挤压的 3Cr2W8V 热挤压模，(520~540)℃ × (2~3)h 离子渗氮 + 再通入 $C_2H_5OH∶CS_2 = 2∶1$，流量 20L/h，(520~540)℃ × 1h，离子三元共渗后，可挤压铝锭 200 余个，比经常规淬火回火使用的 3Cr2W8V 热挤压模使用寿命提高 4~8 倍。

6) 45 号钢，气源为 [67% C_2H_5OH（体积百分比）+ 33% CS_2

(体积百分比)]:NH_3 = 1:3，经 570℃×3h 离子硫碳氮共渗处理后，干摩擦条件下的摩擦系数可由 0.14~0.15 下降至 0.08，使 45 号钢的耐磨性显著提高。

3.3 电子束与材料表面改性技术

电子束表面改性处理技术是近十多年发展起来的表面改性处理新技术。它是用高速的电子束经聚焦线圈和偏转线圈照射到金属表面，并深入金属表面一定深度，与基体金属的原子核及电子发生相互作用，其能量的传递主要通过电子束的电子与金属表层电子碰撞，能量以热能的形式传给金属表面原子，致使被处理的金属表面温度迅速升高。利用电子束对材料表面 0.01~0.2 mm 范围作用的能量加热、熔化，实现对材料表面硬化(淬火)、表面熔凝、熔覆、合金化和非晶化等材料表面改性。

3.3.1 电子束与材料表面改性特点

电子束与材料表面改性工艺的主要特点见表 3-22。

表 3-22 电子束与材料表面改性工艺的主要特点

序号	优　　　　点	缺　　　　点
1	能量密度高，可达 10^9 W/cm^2。而一般表面改性的热源能量密度最高只有 10^5 W/cm^2	需在真空条件下处理,其灵活性和适应性差
2	可局部改性极小的面积。聚集微细(电流 1 mA~10 mA 时，能聚集 10 μm~100 μm；电流 1 pA 时，聚集可 <0.1 μm)，故热影响区小	只能处理小尺寸的零件
3	作用时间短(10^{-7} s),工件变形小	生产效率较低

续表 3－22

序号	优 点	缺 点
4	由于在真空度为 1.33×10^{-2} Pa 条件下进行改性处理,产生污染少,工件不易氧化。特别适用于易氧化的金属及贵重合金以及半导体材料的改性处理	易生产放射性射线,有害健康,需加防护措施
5	由于通过磁场或电场直接控制电子束强度、位置及聚集,故可实现高精度、高速度、无惯性控制(精度为 0.1 μm 左右,速度 > 100 m/s)	

3.3.2 电子束与材料相互作用

由于电子束中的电子可以偏转、吸收或输送。在撞击材料时引起二次电子发射或造成原子激发和离子化,甚至还会引起 X 射线和 γ 射线的辐射,这主要取决于电子能量和撞击材料的性能。如果电子的动能主要转变成热能,就可用于表面工程。

被加速的电子到达工件表面,在穿透工件表面中很快被减速,一个单独的电子会在材料的晶格、单个原子、粒子之间运动,其结果是这些粒子的电场被破坏,产生原子和粒子的迁移,它们振动的振幅会加剧,使温度显著升高,这样,加工的材料就在电子激活的区域被加热。

在一次电子穿透加工材料时,与加工材料的电子发生碰撞。这些电子可能是自由电子,也可能是晶格中的束缚电子。于是一部分二次电子被从材料中激发出来,这种现象称为二次发射。一次电子由阴极发射,而其他电子由于碰撞可被从原子中激发,它们可穿越轨道进一步远离原子核,这些电子发出 X 射线电磁辐射。

而材料的加热是因材料晶格的电子弹性和非弹性碰撞所产生的，是材料吸收电子束能量的结果。在吸收能量过程中，其能量交换区位于加工材料的表面，并瞬间进入材料表面的下面。其能量交换区域的大小，取决于加工材料中电子的弥散程度。因碰撞，电子的初始高能量降低了，在穿透路径开始时，电子束的发散程度很小，其发射随电子能量的降低而增大，由于电子波的波长很小，所以电子束穿透材料的深度也很小。实际是电子束的全部能量都在材料表层下转变成热量，这个层厚可用下式表述：

$$Zr = 10^{-12} \frac{U^2}{\rho} K \tag{3-1}$$

式中：Zr——电子束流穿透的最大深度/cm；

K——经验系数，$K = 2.1$；

ρ——材料密度/(t·m^{-3})；

U——加速电压/V。

电子穿透材料的深度，随加速电压的增加而增厚，随材料密度的增大而降低。若加速电压分别为 10 kV、20 kV、50 kV、100 kV，其在钢中穿透的厚度分别为 0.3 μm、1.05 μm、6.1 μm、27 μm，而在铝中穿透的厚度分别为 0.8 μm、3.1 μm、19.4 μm、80 μm。

加速电压常用范围是 30~50 kV，在黑色金属中电子穿透的深度从几微米到 40 多微米，加速电压越高，电子穿透受热金属或熔化金属的深度就越大。

而电子束的截面电流密度的分布呈高斯型，束流中功率密度的分布与电流密度的分布成正比，其沿电子束进入材料厚度方向释放的能量密度分布也可近似地用高斯曲线表示，因此电子束和材料作用的结果，所产生的热，其分布具有正交体积分布的特点。

3.3.3 电子束与材料表面改性装置

电子束表面改性装置主要由电子枪、真空、控制、电源、传动等五部分系统组成,其结构如图3-29所示。

(1)电子枪系统:电子枪是电子束表面改性的加热源。有热阴极发射枪和等离子发射枪。常用的是热阴极电子枪,其结构如图3-30所示。由发射阴极(纯W或纯Ta制成,能发射大量热电子),控制栅极和加速阳极所组成。在控制栅极的上方加负偏压,用以初步聚焦和控制电子束的强弱,自偏压线路给栅极提供比阴极负几百到近千伏的偏压,当阴极电位和阴极高度(阴极尖端至栅极孔的距离)一定时,电极间的电位分布主要取决于栅极电位,使阴极尖端发射的电子限制在 $100 \times 150~\mu m^2$ 的区域内。当阴极加热电流或阴极本身电阻变化导致发射电子束流变化时,自偏压回路将自动改变栅偏压,从而调整阴极尖端发射电子区域的大小,使电子流的发射稳定饱和。偏压对电子束的控制如表3-23所列。从

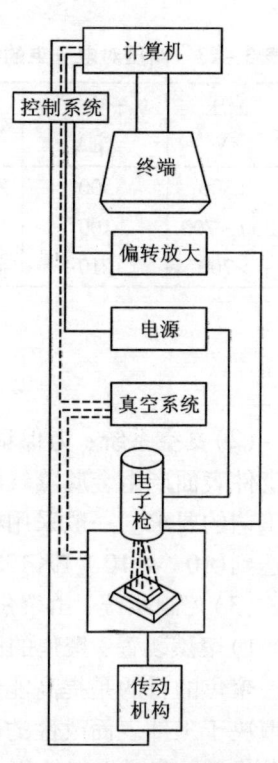

图3-29 电子束表面改性设备结构示意图

阴极加热发射出来的电子其动能还远不能满足电子束表面改性的要求,需通过图3-30中的中央带小孔的阳极板对发射出来的电子加速,以使电子束获得足够大的动能。这种类似于三极静电透

镜系统对阴极发射的电子束起着聚焦作用,在阳极孔附近形成一直径为 50 μm 左右的第一交叉点,即电子源,电子枪的亮度与电子流密度,加速电压成正比,而与阴极热力学温度成反比。

表 3-23 偏压对电子束的控制

偏压 /V	电子束电流 /μA	效果
<300	500	发散
300~700	100	会聚
>700	10	截止

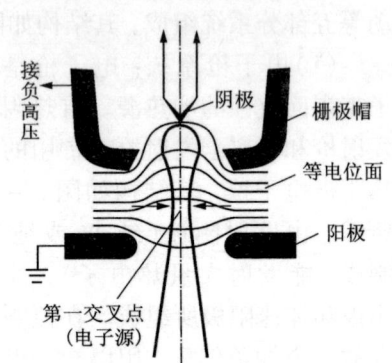

图 3-30 电子枪原理示意图

(2)真空系统:为保证发射阴极免受高温下的氧化,减少它对工件表面产生金属蒸气的污染和电子的高速运动以及电子束改性工艺的要求。一般采用机械泵和扩散泵的两级真空系统,以保证达到 $(10^{-4} \sim 10^{-6}) \times 133.3$ Pa 的真空度。

(3)控制系统:由聚焦、加速、偏转、对准装置所组成。

1)聚焦装置:聚焦的原理是利用电磁透镜,通过磁场进行聚焦。聚焦的目的是提高能量密度,而电子束聚焦的大小,最终还是取决于工件表面改性的面积和性能要求,根据电子学原理,为消除像差,获得更细的焦点,常进行二次聚焦。

2)加速装置:加速装置的作用是使电子流得到更高的速度,在阳极或工件上加 $5 \times 10^4 \sim 15 \times 10^4$ V 的正高压(或在阴极上加负高压)。为避免热量扩散到工件上无需加热的部分,可使电子束作间歇脉冲运动,脉冲延时为 $1 \sim 10$ μs。

3)偏转装置:一般用磁偏转(也可用静电偏转)以改变电子

第3章 材料现代表面改性技术

束的运行方向,控制 x, y 两个方向上的焦点位置。

4) 对准装置:主要是通过莫尔干涉条纹探测器实现电子束的对准。这是一种利用莫尔干涉条纹原理,实现电子束对准的先进可靠的方法。

(4) 电源系统:因电子束聚焦和阴极发射强度与电压波动关系密切,要求电源电压波动范围不超过1%。各种控制电压与加速电压由升压整流或超高压直流发电机供给。电源有高压和低压两个基本电压,除电子枪外,都以低压供电,高压电源中有交流调压,高压升压变压器;高压整流元件,高压测量元件,电子束总束流测量元件;过流保护快速切断单元,自动稳压电压反馈单元;晶闸管输出端固定阻性负载,高压输出端固定阻性负载等。灯丝电源为发射电子提供能量。在阴极和阳极之间供 60~150 kV 的直流电压,调节电压的大小,即可改变加速电子的速度。偏压电源控制束流大小和通断,以适应不同功率的需要。高压电子流通过由聚焦电源控制的磁聚焦线圈把电子束聚焦成各种不同的束流。扫描电源通过磁偏转线圈控制电子流的运动方向,图 3-31 是电子束表面改性设备电源配置的示意图。

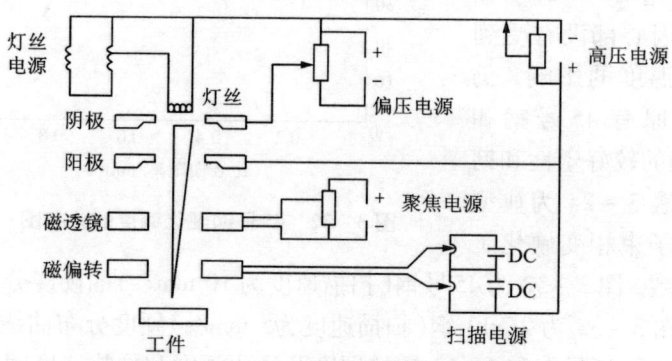

图 3-31 电子束设备电源配置示意图

3.3.4 电子束与材料表面改性工艺

(1)电子束表面硬化(即相变硬化,表面淬火):用散焦的方式利用电子束轰击金属工件表面,使工件表面被加热到相变点以上(奥氏体转变温度以上,加热速度为 $10^3 \sim 10^5 ℃/s$),即用 $10^8 \sim 10^{10}$ K/s 的高速冷却,产生马氏体等相变强化(即表面硬化或淬火硬化)。由于电子束加热能量利用率高,速度快,温度梯度大,冷却速度快,材料的相变过程时间短,奥氏体晶粒来不及长大,可获超细晶粒的组织,而使材料表层具有较高的强硬性和耐磨性。这种方法比较适合于碳钢、中碳低合金钢、铸铁等材料的表面强化。例如,对 45 号钢和 T7 钢,经 $2 \sim 3.2$ kW,束斑直径为 6 mm 的电子束,以 $3000 \sim 5000 ℃/s$ 的加热速度,在钢的表面形成隐针和细针马氏体,45 号钢和 T7 钢的表面硬度 HRC 分别达到 62 和 66。2Cr13 和 GCr15 钢的硬度分别可达 $46 \sim 51$ HRC(最高可达 $56 \sim 57$)和 66。因心部没有受到加热温度的影响,仍保持原有 45 号钢和 T7 钢的较好塑性和韧性。表 3 - 24 为典型的电子束相变硬化工艺参数,

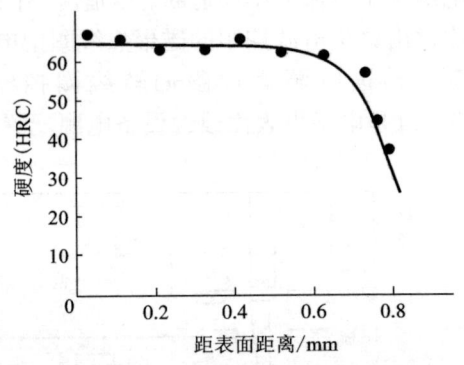

图 3 - 32　45号钢硬化深度的分布图

图 3 - 32 为 45 号钢(扫描速度为 10 mm/s)的硬度分布曲线,图 3 - 33 为 2Cr13 钢(扫描速度为5 mm/s)硬度分布曲线,图 3 - 34 为 45 号钢和 2Cr13 钢的硬度及硬化深度和加热速度间的关系曲线。

第3章 材料现代表面改性技术

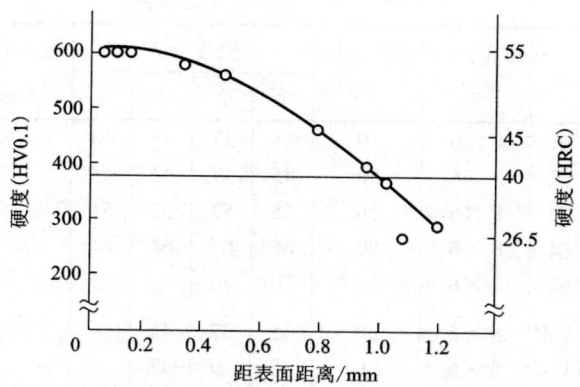

图3-33 2Cr13钢硬化深度的分布

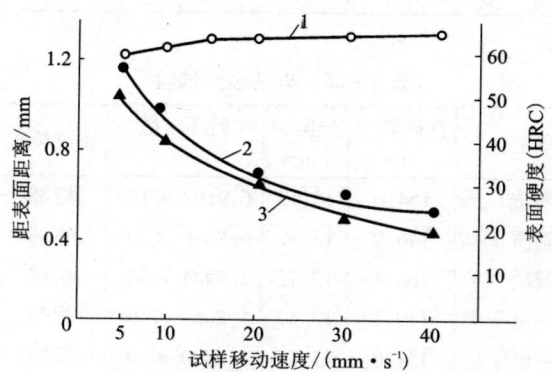

图3-34 硬度及硬化深度与加热速之间的关系
1——45号钢硬度曲线；2——45号钢硬化深度曲线；
3——2Cr13钢硬化深度曲线

2Cr13钢经电子束淬火后,抗疲劳性能大大提高,结果见表3-25。2Cr13钢经电子束表面淬火的循环次数比调质态提高2.6~3倍。

表 3-24 电子束淬火工艺参数

编号	材料	束斑尺寸/mm	加速电压/kV	束流/mA 1	2	3	4	试样移动速度/(mm·s^{-1})
1	45#钢	8×6	50	35	37	33	40	5
2	45#钢	8×6	50	45	47	43	41	10
3	45#钢	8×6	50	55	57	53	51	20
4	45#钢	8×6	50	65	67	63	61	30
5	45#钢	8×6	50	70	70			40
6	2Cr13钢	8×6	50	35	37	45		5
7	2Cr13钢	8×6	50	45	49	47		10
8	2Cr13钢	8×6	50	55	57	59		20
9	2Cr13钢	8×6	50	65	63	61		30
10	2Cr13钢	8×6	50	69	69			40

表 3-25 振动疲劳试验

序号	处理工艺	自振频率/Hz	全振幅/mm	循环次数/次	裂纹位置	备注
1	调质	154.0	13.12	6.9192×10^4	根部	
2	调质	146.9	13.12	6.7838×10^4	根部	
3	调质	160.1	13.12	3.9944×10^4	根部	更换夹具
4	调质+电子束	149.7	13.12	1.8069×10^5	根部	
5	调质+电子束	151.0	13.12	1.8579×10^5	根部	
6	调质+电子束	159.8	13.12	1.2103×10^5	根部	更换夹具

电子束表面淬火工艺,在 45 号钢、GCr15 钢导轨,船用柴油机活塞及一些工、模具上应用都取得了很好的效果。

(2)电子束表面熔凝:电子束表面熔凝是用高能量密度的电子束轰击工件表面,使表面产生局部的重新熔化,并在冷基体的作用下快速凝固,达到使组织细化,实现硬度和韧性的最佳结合，减少原始组织的显微偏析。电子束熔凝最适用于铸铁、高碳高合金钢。铸铁熔凝后形成莱氏体组织，进一步冷却，将引起奥氏体向马氏体转变，表面含 Mn, Mo 铸铁，熔凝后形成适于高温下工作的稳定碳化物。相当多的应用于模具，提高了模具的表面强度、耐磨性和热稳定性。表面熔凝的冷却速度相对较低，一般获得的组织为铸态，图 3-35 是 Al-Si 合金熔凝后的微观组织，它在快速凝固后形成与基体的组织结构和性能不一样，但有成分

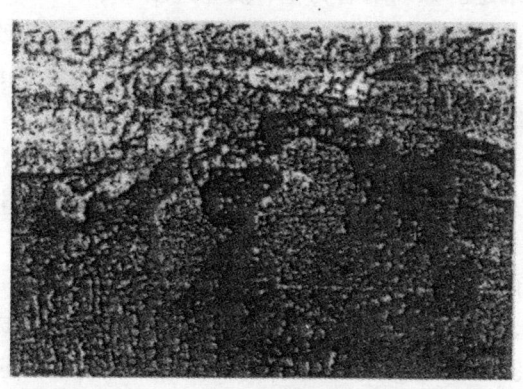

图 3-35　Al-Si 合金的熔凝的微观组织

一样的表面层。对某些合金，经电子重熔可使各组成相间的化学元素重新分布，降低某些元素的显微偏析程度，提高工件的表面耐磨性能。电子束表面重熔目前主要用于工模具的表面处理，在提高工模具表面强度、耐磨性和热稳定性的同时，仍保持工模具的心部的强韧性。如高速钢孔冲模具的端部刃口，经电子束重熔（熔凝）处理，可获得深 1 mm，硬度 66~67 HRC 分布均匀，表层细化，具有强度和韧性最佳配合的优良性能。加上电子束重熔是在真空下进行，重熔凝固过程中，利于工件表层除气，因此也可有效地提高铝合金、钛合金的表面处理品质。

(3)电子束表面合金化：预先将具有特殊性能的合金粉末涂敷在基体金属表面，再用电子束轰击加热，使特殊的合金粉末熔融在基体材料的表面上，从而在工件(基体)表面形成一层具有耐磨耐蚀耐热等性能的新合金表面层。它所需的功率密度约为相变硬化3倍以上或者增加电子束照射时间，促使基体表层在一定深度内发生熔化，以达到表面合金化的目的。

合金粉末选择是根据零部件的性能要求和电子束表面合金化的工艺要求来定。如以耐磨为主，就应选以W、Ti、B、Mo等元素及其碳化物；以耐蚀为为主，就应选以Ni、Cr元素；为改善电子束工艺，可添加Co、Ni、Si等元素。表3-26是一些典型的电子束表面合金化的结果。

电子束表面合金化已应用于高速线材轧机的导嘴，卧式自动螺母攻丝机料道，机械手挡块和一些工模具上。其使用寿命都得到大幅度的提高。

(4)电子束熔覆：按需要在基体材料表面预先涂覆一层特殊性能的合金粉，并用电子束加热将其熔化，在基体表面形成具有某些特性的覆层。它与电子束表面合金化有类似之处，但要防止涂覆层与基体过分地混合熔融而得不到所需要的涂层，这一点又是与电子束表面合金化不同。图3-36是电子束表面熔覆的微观组织。

电子束表面熔覆的工艺有粉末预置法和喂粉法两种。粉末预置法主要有粘结法与热喷涂法。喂粉法是用一个特殊设计的喂粉器，将配置好的合金粉末充分混合，并以一定的供粉速度送到电子束照射处。电子束一方面加热粉末，另一方面加热基体材料。

在选择合金粉末时，要使涂覆粉末材料的熔点低于基体材料的熔点为好。例如，铁基，镍基钴基等合金粉末，作为熔覆材料比较理想。工艺范围较宽，工艺性能也比较好。如果以耐磨为主要目的，可选用镍基碳化钨，或者在上述材料中添加一些高硬度的碳化物粉末，如B_4、C、WC、TiC和Cr_3C_2等。

表3-26 电子束表面合金化工艺及结果

粉 末		WC/Co	WC/Co+TiC	WC/Co+Ti/Ni	NiCr/Cr₃C₂	Cr₃C₂
粉末中合金元素含量		82.55% W 5.45% C 12.0% Co	68.52% W 7.92% C 13.60% Ti 9.96% Co	68.52% W 4.52% C 9.96% Co 7.65% Ti 9.35% Ni	20.0% Ni 70.0% Cr 10.0% C	86.7% Cr 13.3% C
涂层厚度/mm		0.11~0.12	0.10~0.13	0.13~0.15	0.16~0.22	0.15~0.17
电子束工艺参数	功率/kW	1.82	2.03	1.89	1.24	1.24
	束斑尺寸/mm	7×9	7×9	7×9	6×6	6×6
	移动速度/(mm·s⁻¹)	5	5	5	5	5
合金层	深度/mm	0.50	0.55	0.50	0.45	0.36
	显微硬度(HV0.1)	913~981	~1018	~946	~557	557~642
	显微组织	M+碳化物	M+碳化物	M+碳化物	γ+碳化物	γ+碳化物
合金层成分/%	C	1.55~1.65	1.81~2.22	1.51~1.67 2.43~2.81	3.85~5.12 7.11~9.78	5.80~6.52
	W	18.16~19.81	12.46~16.20	17.82~20.56	24.89~34.22	36.13~40.94
	Ti		2.47~3.21	1.99~2.30		
	Co	2.64~2.88	1.81~2.35	2.59~2.99		
	Fe	77.65~75.66	81.45~76.02	73.66~69.67	64.15~50.88	58.07~52.54

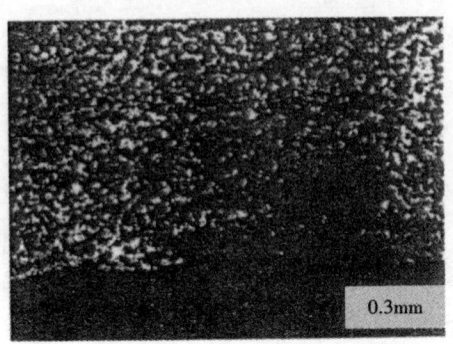

图3-36　电子束表面熔覆的微观组织

在2Cr13钢基体上,熔覆Co-Cr-W合金时,电子束加热参数为:加速电压50 kV,束流62 mA,束斑尺寸17 mm×5 mm,扫描速度10 mm/s。熔覆层的金相组织如图3-37所示。表面是一层精细树枝状结构熔覆层,接着是一层针状马氏体,再向里是极细的马氏体,然后过渡到基体。熔覆层与淬火层之间有一条明显的界线,形成犬牙交错的连接,表明熔覆层与基体是一种冶金结合,连接紧密。对熔覆层通过扫描电子显微镜分析表明:Co元素固溶于基体中,Cr,W元素主要分布在晶间,以复合碳化物的形式存在。通过X射线衍射分析表明,熔覆层是由Co的固溶体和$(Cr,Fe)_7C_3$、$Cr_{23}C_6$、$Cr_{12}Fe_{36}W_{01}$化合物组成。

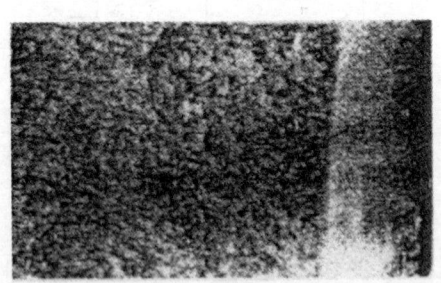

图3-37　2Cr13钢经电子束表面涂覆处理后的组织(200×)

第 3 章 材料现代表面改性技术

熔覆层极耐腐蚀，用一般腐蚀剂浸蚀只能观察到一层白亮层。用强酸腐蚀才能显示出树枝结构。

图 3-38 为 2Cr13 钢经电子束 Co-Cr-W 熔覆后强化层的硬度分布。由图可以看出，熔覆层最高硬度可达 49 HRC，熔覆层厚度在 0.14 mm 左右，2Cr13 钢基体在 40 HRC 以上的深度，可达 1 mm 以上。

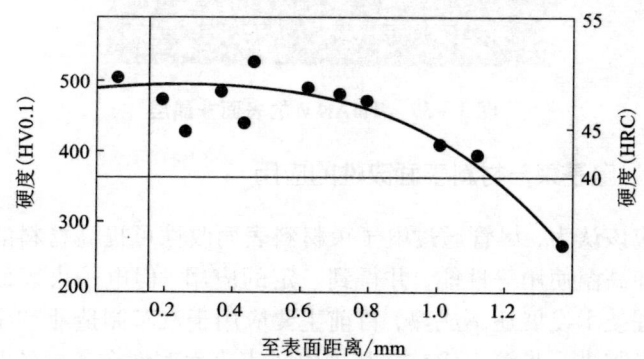

图 3-38　2Cr13 钢表面 Co-Cr-W 涂覆层硬度分布

电子束熔覆层的组织致密，有一定硬度，很好的耐腐蚀性能，同基体连接紧密，熔覆层里层的淬火层也可提高基体材料的强度。

(5) 电子束表面非晶化：电子束表面非晶化是利用聚焦的电子束高能量密度以及作用时间短的特点，使工件表面在极短的时间内迅速熔化，在基体与熔化的表层间产生很大的温度梯度，表层的冷却速度高达 $10^4 \sim 10^8 \, ℃/s$，致使表层几乎保留了熔化时液态金属的均匀性。经高速冷却，在材料的表面形成良好的非晶层。图 3-39 是 Ti6Al4V 合金经电子束表面非晶化的组织，该非晶化的组织具有高的耐蚀性和抗疲劳性能。

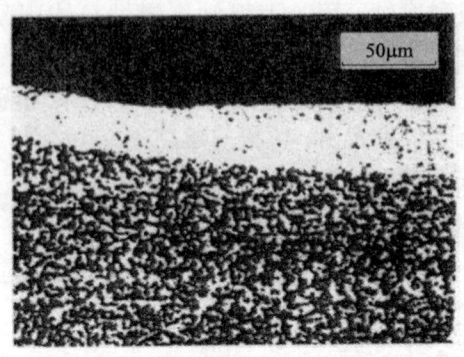

图 3-39 Ti6Al4V 的表面非晶层

3.3.5 电子束与材料表面改性的应用

应该认为,尽管通过电子束材料表面改性可提高材料的耐磨耐蚀和高温使用等性能,并得到一定的应用,但电子束表面改性的处理技术发展还不成熟,目前主要应用于汽车制造业和宇航工业。尚需进一步深入研究并拓展电子束表面改性在各行各业中的应用,其应用实例见表 3-27。就目前电子束材料表面改性加工的品质看,完全可与微光束材料表面改性加工媲美。

表 3-27 电子束与材料表面改性的应用实例

名 称	材 料	工 艺	效 果
电子束表面相变硬化	铸铁	功率 2 kW(温度为 1000℃ ~ 1050℃)冷却速度大于 2200 ℃/s	硬化层深 0.6 mm 表面团絮状石墨熔解,碳扩散到奥氏体中,获得细粒状石墨包围的变形马氏体
	高碳钢、中碳钢	功率 3.2 kW,冷却速度 3000 ℃/s ~ 5000 ℃/s	获得隐针马氏体组织,T7 钢表面硬度 66HRC,45 号钢表面硬度 62HRC

续表 3-27

名称	材料	工艺	效果
熔化、凝固与合金化改性	模具钢和碳钢	表面预先涂覆硼粉，WC、TiC 粉	可获得 Fe-B、Fe-WC 等合金层。Fe-B 层硬度 1266~1890 HV；Fe-WC 层硬度 1000 HV 左右
非晶化改性	镍金属	能量输入达 10^{-2}~1 J/cm^2，当熔化厚度为 2.5×10^{-2} mm 时，冷却速度高达 5×10^6 ℃/s	表层由晶态转为非晶态，其表层所生成的固体可以保留液体特有的微观均匀性
汽车离合器凸轮表面改性	SAE5060	用 4 kW，6 工位电子束设备每次处理 3 个，耗时 42 s	硬化层深度 1.5 mm 硬化层硬度 58HRC
薄形三爪弹簧片改性处理	碳为 0.7% 的碳钢	当注入功率为 1.75 kW，扫描频率 50 Hz 时，其加热时间为 0.5 s	表面硬度为 800 HV

3.4 激光束与材料表面改性技术

3.4.1 激光束与材料表面改性的特点

激光束与材料表面改性，是 20 世纪 70 年代发展起来的高新技术。它是用激光的高辐射亮度，高方向性，高单色性特点，作用于金属材料表面，使材料的表面性能得到提高。特别是材料的表面硬度、强度、耐磨性、耐蚀性和耐高温性，大大提高了产品的使用寿命。

激光与材料表面改性具有加热冷却速度快；处理效率高、效果好；工件变形小；激光束易控，易传输，易导向，易自控；省能、无污染等优点。它的表面改性，主要是激光表面相变硬化、激光冲击硬化、激光熔覆、激光合金化、激光非晶化和表面烧蚀、表面清洗、化学气相沉积等等。它的理论基础是激光与材料相互作用的一些规律，从工艺上看，它们各自的特点是作用在材料表面的激光功率密度不同，冷却速度不同所致。从表3-28中所列的各种激光表面改性工艺的特点，可明显地看出这一点。目前，主要用于汽车、机械、冶金、石油、机车、轻工、农机、纺织机械行业中的部件及配件和刀具、模具等。

表3-28 各种激光表面改性工艺的特点

工艺方法	功率密度 /($W \cdot cm^{-2}$)	冷却速度 /($℃ \cdot s^{-1}$)	作用区深度 /mm	作用时间 /s
激光相变硬化	$10^3 \sim 10^5$	$10^4 \sim 10^6$	$0.2 \sim 1$	$0.01 \sim 1$
激光熔覆	$10^4 \sim 10^6$	$10^4 \sim 10^6$	$0.2 \sim 2$	$0.01 \sim 1$
激光合金化	$10^5 \sim 10^6$	$10^4 \sim 10^6$	$0.2 \sim 2$	$0.01 \sim 1$
激光非晶化	$10^6 \sim 10^{10}$	$10^6 \sim 10^{10}$	$0.01 \sim 0.10$	$10^{-7} \sim 10^{-6}$
激光冲击硬化	$10^9 \sim 10^{12}$	$10^4 \sim 10^6$	$0.02 \sim 0.2$	$10^{-7} \sim 10^{-6}$

3.4.2 激光束与材料的相互作用

激光束与材料表面改性的物理基础是激光与物质的相互作用。激光与材料相互作用是指激光束辐射到各种物质所发生的物理、化学等现象，包括物质对激光的反射、吸收和能量转化，激光对物质的加热、熔化、气化和相关的力学效应及等离子体现象。

3.4.2.1 材料对激光的反射与吸收

激光从一种介质传播到另一种折射率不同的介质时，在介质间的界面将出现反射和折射。从光学薄材料，如空气或材料加工时的保护气氛(其折射率接近于1)到具有折射率为 $n_c = n + ik$ 的材料的垂直入射光,在界面处的反射率 R 为:

$$R = \frac{(n-\mu)^2 + k^2}{(n+\mu)^2 + k^2} \qquad (3-2)$$

式中: μ 为材料的磁导率,对于大多数材料通常 $\mu \approx 1$, k 为吸收指数。反射率描述了入射激光功率或能量被反射的部分。进入材料内部的激光,按朗伯定律,随穿透距离的增加,光强按指数规律衰减,深入表层以下 z 处的光强为:

$$I(z) = (1-R)I_0 e^{-\alpha z} \qquad (3-3)$$

式中: R 为材料表面对激光的反射率; I_0 为入射激光束的强度; $(1-R)I_0$ 为表面 $(z=0)$ 处的透穿光强; α 为材料的吸收系数, α 常用单位是 cm^{-1}。

吸收系数 α 对应的材料特征值是吸收指数 k,两者之间的关系为:

$$\alpha = \frac{4\pi k}{\lambda} \qquad (3-4)$$

式中: λ 为辐射激光的波长。吸收指数 k 是材料的复折射率 n_c 的虚部。材料对激光的吸收系数 α 除与材料的种类有关外,同时还与激光的波长有关。例如,GaAs 对可见光是不透明的,但对 CO_2 激光器和 Nd:YAG 激光器输出的红外光则是透明的;又如,石英玻璃对 YAG 激光是透明的,而对 CO_2 激光基本上是不透明的。将吸收系数 α 与波长有关的这种吸收称为选择吸收。

如果把光强降至 I_0/e 时激光所穿过的距离定义为穿透深度或趋肤深度,用 l_α 表示,有:

$$l_\alpha = \frac{1}{\alpha} = \frac{\lambda}{4\pi k} \qquad (3-5)$$

在弱吸收材料中,如透明光学材料或气体,激光束穿过材料的厚度通常小于穿透深度 l_α,材料中能量的吸收将取决于材料的厚度。

在强吸收材料中(对激光为不透明的材料)，如金属，吸收指数 k 大于1，穿透深度小于激光波长，除了极薄的箔之外，穿透深度远远小于材料的厚度，穿透到材料中的激光能量完全被吸收，吸收与材料的厚度无关。对于非透明的材料，吸收的激光功率部分可以通过反射率 R 求得，即：

$$A = 1 - R = \frac{4n}{(n+1)^2 + k^2} \qquad (3-6)$$

光在材料表面的反射、透射和吸收本质上是光波的电磁场与材料中自由电子或束缚电子相互作用的结果。金属中存在大量的自由电子，这些自由电子在激光电磁波的作用下强迫振动而产业次波。这些次波形成强烈的反射波和较弱的透射波。由于金属中的自由电子数密度大，因而透射光波在金属表面很薄的表层内被吸收。对于波长为 0.25 μm 的紫外光到波长 10.6 μm 的红外光的测量结果表明：光波在各种金属中的穿透深度为 10 nm 左右，吸收系数为 $10^5 \sim 10^6 cm^{-1}$。

CO_2 和 YAG 等红外激光照射到金属材料表面时，因光子能量小，通常只对金属中的自由电子发生作用，也就是说能量的吸收是通过金属中的自由电子这个中间体，然后电子通过碰撞将能量传递给晶格。当激光的波长较短(<0.5 μm)时，由于激光光子的能量较大，激光除与自由电子发生相互作用之外，还可对金属中的束缚电子发生作用，引起价带电子向导带电子的跃迁，从而使金属的反射能量降低，透射能量增强，金属对激光的吸收率增大。图 3-40 所示为室温下几种金属对不同波长激光的吸收率。一般而言，随着波长的缩短，金属对激光的吸收率通常将增加。多数金属对 10.6 μm 波长的 CO_2 激光的吸收率不足 10%，而对 1.06 μm 波长的 YAG 激光的吸收率约为 CO_2 激光的 3~4 倍。

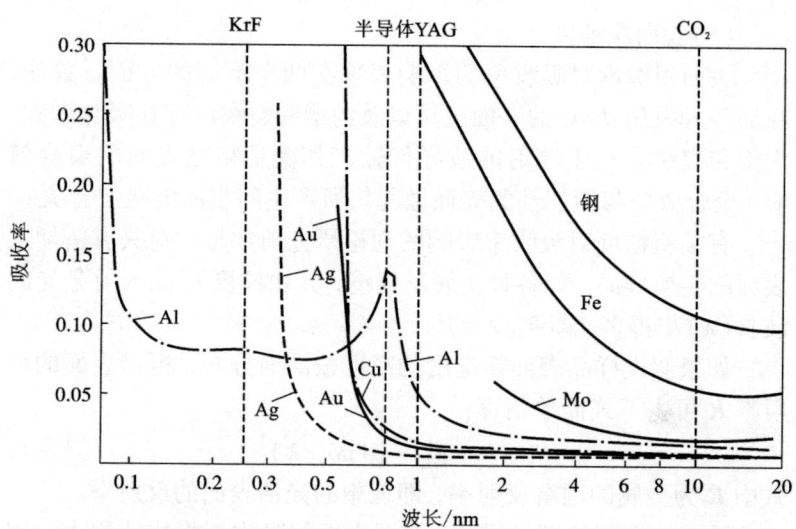

图3-40 室温下垂直入射时金属的吸收率与激光波长的关系

3.4.2.2 表面状态对金属光学特性的影响

金属吸收率的实验数据有很大的离散性,而且实验数据和理论计算值之间存在很大的差异。这种差异主要来自金属试样的表面状态,其与理想表面不同,实验测得的吸收率不仅是金属的固有性质决定,而且在很大程度上是由试样表面的光学性质决定的。因此,实际金属表面的吸收率 A 由两部分组成——金属的光学性质所决定的固有吸收率 A_i 和表面光学性质所决定的附加吸收率 A_{ext},即:

$$A = A_i + A_{ext} \qquad (3-7)$$

式中 A_{ext} 也称为试样的外部吸收率。

A_{ext} 由表面粗糙度(A_r),各种缺陷和杂质(A_{id})以及氧化层和其他吸收物质层(A_{ox})决定。

$$A_{\text{ext}} = A_{\text{r}} + A_{\text{id}} + A_{\text{ox}} \qquad (3-8)$$

(1) 表面粗糙度

表面粗糙度对吸收率的影响表现在两个不同的方面。首先，在那些入射角 $\theta \neq 0$ 的表面区域以及沟槽和裂纹内存在吸收增大，沟槽和裂纹有利于辐射的波导传输。其次是粗糙表面的聚合效应，聚合效应与周期性的表面微起伏所产生的表面电磁波有关。

有关粗糙度对吸收率影响的理论研究通常是针对具有精加工表面的金属样品，如各种金属反射镜，其粗糙度 δ_σ 比入射激光的波长(λ)小得多，即 $\delta_\sigma/\lambda \ll 1$。

如果假设样品表面粗糙度的高度按高斯分布，粗糙表面的反射率 R_r 可由下式简单估算：

$$R_\text{r} = R_\text{j}\exp[-(4\pi\delta_\sigma/\lambda)^2] \qquad (3-9)$$

式中 R_j 为金属的固有反射率，即理想的光洁表面的反射率。

随着表面粗糙度的增加，金属表面的吸收率将快速增大。因此，对于高品质的金属反射镜，计算时可以忽略粗糙度的影响，而对于普通的金属试样，粗糙度引起的附加吸收变得非常明显，与镜面相比，吸收率可以提高一倍。

(2) 缺陷和杂质

由于金属样品的表面存在一系列杂质和显微杂质，每种杂质都能对辐射的附加吸收做出一份贡献。

最常见的表面微观杂质是各种形状和大小不同的尘埃颗粒，金属表面的这类颗粒显著增加局部吸收率。

另一类常见杂质是金属表面抛光时留下的磨料颗粒，这些颗粒留在金属表面，或者镶入基体内部，这些非金属磨粒往往对激光有较高的吸收率。

增加金属试件吸收率的一个重要的因素是金属自身的缺陷，这些缺陷包括气孔、裂纹和沟槽(或空穴)。这些缺陷暴露于金属试件表面时将成为吸收激光的"陷阱"。这些缺陷处于表面之下时将使表面金属层和基体材料绝热,这种情况强化吸收的原因在于表层金属吸收激光后易于加热和金属吸收率的温度依赖性的联合效应。

(3) 氧化物

常规金属表面因暴露于空气,多数情况下覆盖着一层氧化物。氧化层的厚度 X 和结构取决于金属试件的准备和经历的时间,相当厚的氧化层可以使试件的吸收率增加一个数量级甚至更高。氧化层对吸收的影响还取决于激光波长。例如,通常情况下,铝表面的自然氧化铝是很薄的($X<10$ nm)。在准分子激光产生的紫外区 $\lambda\leqslant 220$ nm,薄的氧化膜层的附加吸收超过金属的固有吸收,即 $A_{ox} \geqslant A_i$;但是,同样的氧化铝膜对 CO_2 激光却是完全透明的。铝表面 4 nm 厚的自然氧化铝膜层对 CO_2 激光的附加吸收不足铝的固有吸收的 1.6%,即 $A_{ox} \leqslant 0.016 A_i$,然后采用阳极氧化处理铝表面所得到的氧化铝厚膜对 CO_2 激光的吸收率接近 100%。

3.4.2.3 金属吸收率随温度的变化

温度升高时,金属中电子的热运动加剧,直流电阻率增大。随温度升高,对红外激光,金属的固有吸收率会增大。对红外激光,金属吸收率与温度依赖关系可用下式简单的表示:

$$A(T) = A_0 + r(T - T_0) \qquad (3-10)$$

式中:A_0 为温度 T_0 下金属的吸收率;r 为吸收率的温度系数;T 为温度。

当金属从固相转变成液相时,每个金属原子的导电电子数、金属密度以及金属的直流电阻率同时改变,因此,我们可以预期在金属的熔点处从固态转变成液态时金属的吸收率有一个台阶增长。

实际材料加工时,金属试样表面氧化物、污染物、表面粗糙度以杂质和缺陷等都有影响,当金属表面与理想情况相差很大时,大多数情况下金属的光学性质的温度变化表现出特殊性,金属的吸收率与温度的关系在高温时可能会呈现相反的现象。图

3-41 为未经抛光的机械加工铝试样对 10.6 μm 波长激光的吸收率与温度关系的实验曲线,曲线 1 对应于基体材料的激光加热,曲线 2 和 3 对应于同一试样的重复加热。首先,我们注意到金属表面的初始的吸收率 $A(T_0) \approx 4\%$,远远大于纯金属的固有吸收率($\approx 1\%$);其次,每次后续加热,初始的吸收率 $A(T_0)$ 减小;第三,在熔点附近吸收率有下降的趋势。

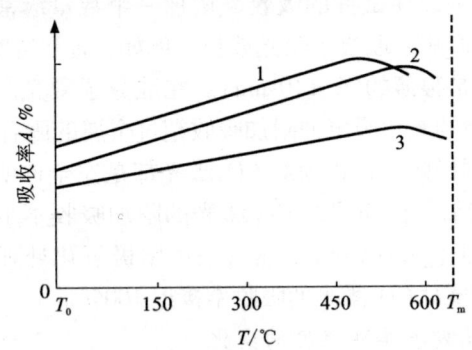

图 3-41　铝试样对 CO_2 激光的吸收率与温度的关系

3.4.2.4　反常吸收效应

强激光作用下,金属对激光的吸收出现突然增大的现象,其数值远远超过金属吸收率的温度依赖关系所决定的数值,这一现象称为金属的反常吸收,它与材料的蒸发和光致等离子体的形成有关。

等离子体强化吸收的机制常被解释为高温等离子体的短波长热辐射,即等离子体吸收激光能量之后再辐射出易于被金属吸收的短波光子以及等离子体的热传导和受等离子体压力作用而被迫返回表面的蒸气的凝结。由于等离子体的强化吸收效应,材料对 CO_2 激光的吸收率可以达到入射激光功率的 30% ~ 50%。

3.4.2.5　金属的激光加热

金属吸收激光是通过自由电子这一中间体,然后通过电子与晶体点阵的碰撞将多余能量转变为晶体点阵的振动。电子和晶体点阵碰撞总的能量的弛豫时间的典型值为 10^{-13} s，因此可认为材料吸收的光能向热能的转变是在一瞬间发生的。由于金属中的自由电子数密度很高，金属对光的吸收系数很大，为 $10^5 \sim 10^6$ cm^{-1}。对于从波长 0.25 μm 的紫外光到波长为 10.6 μm 的红外光这个波段内的测量结果表明，光在各类金属中的穿透深度仅为 10 nm 数量级，也就是说，透射光波在金属表面一个很薄的表层内被吸收。因此金属吸收的激光能量使表面金属加热，然后通过热传导，热量由高温区向低温区传递。

当匀强光束的激光作用时间足够长时($t \to \infty$)，试样表面光斑中心所能达到的最高温度为：

$$T(0,0,0,\infty) = \frac{AI_0 r_F}{K} = \frac{AI_0 r_F}{K} \frac{AP}{\pi r_F K} \qquad (3-11)$$

式中：P 为激光功率，I_0 为入射激光束强度，K 为材料导热系数，A 为金属的吸收率，r_F 为吸收率的温度系数。

对于高斯光束，试样表面光斑中心温度随时间的变化为：

$$T_C(0,0,0,t) = \left(\frac{AI_0 r_F}{K \sqrt{2\pi}}\right) \arctan\left[\left(\frac{8\alpha t}{r_F^2}\right)^{1/2}\right] \qquad (3-12)$$

当高斯光束激光作用时间足够长时($t \to \infty$)，试样表面光斑中心所能达到的最高温度为：

$$T_C(0,0,0,\infty) = \sqrt{\frac{\pi}{8}} \frac{AI_0 r_F}{K} = \sqrt{\frac{1}{2\pi}} \frac{AP}{r_F K} \qquad (3-13)$$

由于材料的热物理参数和吸收率实际上是随温度而变化的，因此在应用上述公式进行计算时，我们可以取一定温度范围内的平均值。对于光束相对于工件运动的情况，上述公式仍然适用，此时激光的作用时间可以近似取为 $t = 2r_F/V$，V 为光斑扫描速度。另外，只要激光的作用时间 $t \gg r_F^2/\alpha$，α 为材料的吸收系数。式(3-11)和式(3-13)仍然成立。计算表明，对于聚集光斑，当激光

的作用时间 $t>0.01$ s，光斑中心温度基本上达到稳定状态。

比较式(3-11)和式(3-13)，我们可以发现，对于具有相同功率和光斑大小的高斯光束和匀强光束，高斯光斑中心处所能达到的最高温度高于匀强光斑，其比值为：

$$T_C(0,0,0,\infty)/T(0,0,0,\infty) = \sqrt{\pi/2} \approx 1.25 \quad (3-14)$$

3.4.2.6 激光诱导等离子体

CO_2 和 YAG 激光均是可以在大气中传输的，但是将激光聚集到极小的光斑可以引起气体击穿，其现象类似于两个电极之间的放电。强激光束辐照下气体击穿的机理有三种，即多光子电离、级联电离和热驱动电离。

（1）多光子电离（MPI—Multiphoton Ionization）

要击穿气体使其电离需要有足够的能量，对大多数元素来说，其电离能为几至几十电子伏特，直接的单光子电离需要处于紫外光谱区的激光光子，因此可见光和红外光谱区的单光子是不足以使气体电离的。

但是，如果受激光辐射的气体原子或分子同时吸收多个光子，这些光子合起来的能量达到原子或分子的电离能，则可以引起气体击穿，这一过程就称为多光子吸收电离。

激光波长越长，原子电离能越大，多光子电离必须同时吸收的光子数目就越多。因此，多光子电离只有对短波长激光（$\lambda<1$ μm）是重要的。由于大多数气体的电离能超过 10 eV，CO_2 激光（$h_\nu=0.12$ eV）诱发多光子电离必须同时吸收 100 个以上的激光光子，这几乎是不可能的。

在强度为 I 的激光束辐射下，元素的多光子电离概率正比于 I^m，对于恒定的激光强度 I，多光子电离产生的电子数随时间线性增长。理论计算表明，红宝石激光（$\lambda=694$ nm，光子能量 $h_\nu=1.8$ eV），若引起氩气击穿时必须同时吸收 9 个光子，产生 1 个电子的理论强度为 2.4×10^{10} W/cm^2，而使气体完全电离所需的激

光强度则高达 19.8×10^{12} W/cm²。

(2)级联电离(Cascade Breakdown)

所谓级联电离即是自由电子通过逆韧致辐射吸收激光能量而被加速,获取了足够能量的自由电子与气体原子或分子发生非弹性碰撞而使原子或分子电离。

理论和实验研究均表明,级联击穿阈值强度与气体的电离能、激光频率的平方成正比,与气体压力成反比。气体的电离能越高、激光波长越短、气体压力越低,击穿阈值强度越高。同时,在相同条件下,光斑直径增大,击穿阈值将减小。增加初始电子数密度也可以降低击穿阈值。CO_2 激光直接引起大气击穿的阈值一般超过 10^8 W/cm²。

(3)热驱动电离(Thermal Runaway)

级联电离和多光子电离使气体击穿形成等离子体需要的激光功率密度一般超过 10^8 W/cm²,这取决于激光的波长和光斑大小。然而,有金属靶或激光材料加工时,等离子体的形成阈值可以降低到 $10^5 \sim 10^6$ W/cm²。

当激光作用于金属材料表面时,如果激光功率密度足够高,材料局部迅速熔化并产生强烈蒸发。材料的蒸发给激光作用空间提供了高温、高密度、低电离能的蒸发原子,这种高温金属蒸气因为热电离产生大量的自由电子,另一方面,材料表面的热发射也将提供大量电子,这两机制在材料表面上方产生的电子数密度可高达 $10^{13} \sim 10^{15}$ cm^{-3}。如此高密度的自由电子将通过电子 – 中性粒子的逆韧致辐射吸收激光能量,使金属蒸气的温度升高,导致进一步的热电离。更多电子的产生将使金属蒸气对激光的吸收进一步加强,从而使温度急剧升高,金属蒸气在极短时间内被击穿而形成金属蒸气等离子体。这种有固体靶或激光材料加工时气体的击穿机制称之为热驱动电离。

(4)激光支持的吸收波(LSAW 即 Laser – Supported Absorption Waves 缩写)

在激光作用下材料蒸发而在工件表面形成金属蒸气等离子体将通过两种方式与周围环境气氛相互作用：①高压蒸气等离子体的膨胀在环境气氛中形成冲击波；②能量通过热传导、辐射和冲击波加热向环境气氛中传递。

环境气体被加热后将产生一定的热电离，从而使冷态时为透明的气体开始吸收激光。一旦气体中的自由电子数密度达到一定的临界值，与金属蒸气击穿形成等离子体的加热过程相同，热的气体层对激光的吸收急剧加强并快速加热到等离子体状态。后续气体层又经历同样的过程——开始时通过等离子体的能量传递使气体加热，直到气体开始自持吸收激光；然后通过吸收激光能量快速加热到产生等离子体。这一过程不断持续重复进行，等离子体前沿(吸收区)逆着激光束的入射方向向前传播，形成激光支持的吸收波。根据传播机制的不同，吸收波可分为激光支持的燃烧波和激光支持的爆发波。

当激光功率密度 10^7 W/cm^2 时，虽然因等离子体的膨胀而形成的冲击波使气体的密度、压力和温度升高，但是，受冲击的气体对激光辐射仍为一种透明介质。工件表面形成的高温金属蒸气等离子体将通过热传导和热辐射使其周围的气体加热，等离子体前沿以亚音速向前推进，其速度为 $10 \sim 100$ m/s，这种等离子体称为激光支持的燃烧波。

在聚集状态下，当入射激光功率一定时，相对于焦点位置，激光支持的燃烧波 LSC 有一最大传播距离，而且，当外界条件变化时，LSC 波将自动调节其位置。然而，实际上却经常发现当 LSC 波到达其最大传播距离时将会熄灭，激光束重新照射至工件上，形成 LSC 波的过程又重新开始，等离子体周期性地产生和消失。

当激光功率密度大于 10^7 W/cm^2 时，等离子体的快速膨胀而形成很强的压缩波,受冲击的气体对激光辐射不再是一种透明介质,无需通过热传导和热辐射的方式从等离子体获取能量就可以加热到足够高的温度,等离子体前沿将以超音速向前运动,形成所谓的激光支持的爆发波。在聚集状态时,随着等离子体向前运动,激光功率密度不断降低,这种激光支持的爆发波将逐步转变成激光支持的燃烧波。

3.4.3 激光束与材料表面改性设备

激光束与材料改性设备主要由激光器、功率计、导光聚焦系统、工件工作台数控系统、软件编程系统等系统组成。

(1)激光器:现今,工业上常用的激光器有横流CO_2、YG和准分子激光器三种。①横流CO_2激光器多用于黑色金属大面积零件的改性;②YG激光器多用于有色金属或小面积零件的改性;③准分子激光器,其波长为CO_2的1/50,YG的1/10,它可使材料表面化学键发生变化,大多数材料对它的吸收率特别高,能有效地利用激光能量,称为第三代材料表面改性激光器。目前,准分子激光器主要用于半导体工业、金属、陶瓷、玻璃、天然钻石等材料的高清晰度无损标记,以及光刻加工等。在材料改性的固态相变重熔、合金化、熔覆、化学气相沉积、物理气相沉积等方面目前也有一些应用。表3-29是三种激光器的性能和适用范围比较。

(2)导光聚焦系统:导光聚焦系统是把激光束传输到工件的加工部位的设备,是一种从激光输出窗口到被加工工件之间的装置,它要根据加工工件的形状、尺寸及性能要求,把激光束的功率,经测量及反馈控制,光束传输、放大、整形、聚焦,并通过可见光同轴瞄准系统找准工件被加工部位,实现激光束的精细加工。整个导光系统主要有:光束质量监控设备、光闸系统、扩束望远镜系统,可见光同轴瞄准系统,光传输转向系统和聚焦系统等。

表 3-29 三种激光器性能比较

激光器类型	波长/μm	与材料表面耦合效率	光纤传输额定功率/W	结构	质量	商品最高功率/kW	研究最高功率/kW	方向性/mrad	运转效率/%	每瓦输出功率的成本	表面改性选择范围
CO_2	10.6	低	≤10	庞大	大	2,5,10	60	10^{-3}	10	低	相变硬化,熔覆,合金化
YAG	1.05	高	≤200	紧凑	小	0.05,0.1,0.2,0.4	1	10^{-2}	1~3	高	黑色金属晶化,有色金属表面改性,冲击硬化
准分子	0.193~0.351	最高	≤几瓦	大	较大	0.02,0.1,0.2	1	10		最高	化学和物理气相沉积

(3)功率计：目前国内外在生产线上都采用功率计来测量和控制激光输出功率的大小和稳定性。激光功率是描述激光器特性和控制加工品质的最基本参数，它是用光电转换的原理，利用吸收体吸收激光能量后转变成温升，通过温升的变化来间接测出激光功率。

(4)加工工件表面温度：激光束经传输、聚焦后作用于不同材料工件表面产生的温度变化是决定激光加工产品的品质所在。过去只能用假设的数学模型来计算激光加工时的工件表面温度，不可能完全反应温度场的真实情况。现今已可用热像仪测定钢铁材料受激光照射时表面的温度场分布，并研究出激光相变硬化非稳定态温度场的计算机软件，用这种软件可揭示激光扫描加热的全过程，定量描述激光加热的非稳定温度场，还可预测熔化区和相变区的形状和深度。

3.4.4 激光与材料表面改性工艺

3.4.4.1 激光表面相变硬化

(1)激光表面相变硬化的优缺点和适用范围：激光表面相变硬化，又称激光淬火。它是以 $10^4 \sim 10^5$ W/cm² 高能功率密度的激光束作用在工件表面，以 $10^5 \sim 10^6$ ℃/s 的加热速度，使受激光束作用的工件表面部位温度迅速上升到相变点以上，形成奥氏体，并通过仍处于冷却态的基体与加热区之间形成的极高的温度梯度的热传导，一旦激光停止照射，则以 10^5 ℃/s 的速度冷却，实现自冷淬火，形成表面相变硬化层。激光表面相变硬化的优点是：

1) 硬层组织细化，硬度比常规淬火高 15%~20%，耐磨性能提高 1~10 倍。

2) 加热速度快，成本低，周期短，自动化程度、生产效率高。

3) 对工件中的特殊部位，诸如，槽内壁、槽底小孔、深孔、盲孔、长腔筒内壁等，只要激光能照射到的，都可实现表面硬化。

4) 能精确控制硬化层深度。对大型部件、复杂部件、部件的局部硬化所引起的工件变形小，几乎无氧化脱碳，对零部件的表面粗糙度没太大影响，可作为工件加工的最后工序。

5）无需油、水等淬火介质，可实现自冷淬火，避免了对环境的污染，工艺过程易实现计算机控制。

其缺点是：

1）因金属表面对激光波长（10.6 μm）反射严重（一般反射为90%以上），以增大被处理工件材料对激光的吸收，需要在工件表面涂层和作其他预处理。

2）硬化层深度有限，一般在 1 mm 以下，如采取有效措施，可达 3 mm。

从材料上看，激光处理较为适用的材料是，钢铁材料和铸铁材料；部分有色金属材料，如铝、镁、铜、钛、锆合金等。从适用的零部件上看，激光处理最为适用于局部需硬化的零部件。目前主要用于汽车、机车、机床用零部件及其配件；刀具、模具；纺织机、风机、轻工机械及军工上应用的零部件。在美国也有用激光相变硬化替代渗碳、渗氮来处理导弹、飞机的重要零部件。在国内，已在航空、航天、兵器、汽车、机车等一些零部件上得到应用。

（2）激光相变硬化后的组织与力学性能。激光相变硬化的温度一般是在相变点以上 50~200℃ 之间完成的，其温度区间的数值随加热速度、钢的化学成分和原始组织的变化而变化。

1）组织：激光相变（淬）火后的组织分为相变硬化区、过渡区和基体三部分组成。碳素钢激光相变硬化区表层是极细的马氏体；合金钢表层为极细和板条或针状马氏体，未熔碳化物和少量残余奥氏体；铸铁表面为极细的马氏体和残余奥氏体，未熔碳化物及石墨。过渡区为复杂的多相组织，基体为原基体组织。

2）硬度：图 3-42 是不同碳素钢和合金钢在激光表面硬化后的硬度分布。激光相变硬化后，淬硬层的组织细化，硬度比常规的高 15%~20%。这是因为激光加热相变完成时间很短。同时，

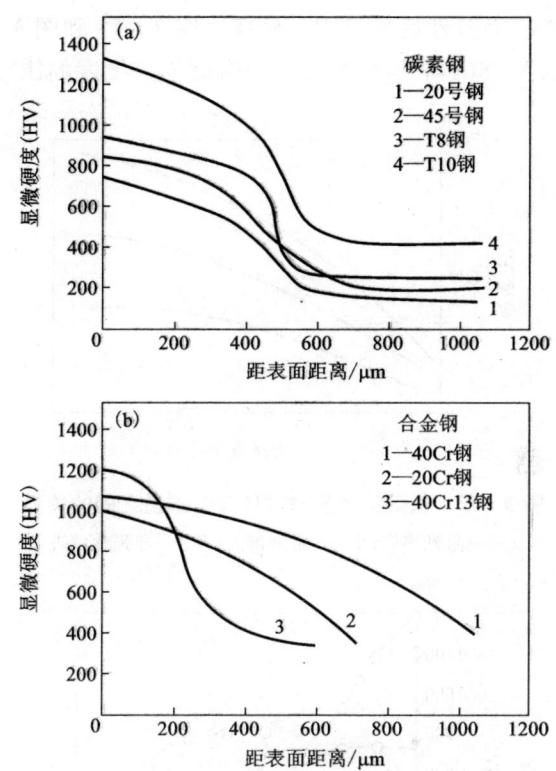

图 3-42 不同金属材料在激光表面硬化后的硬度分布

加热区的温度梯度又很大,造成奥氏体相变是在过热度很大的高温区短时间内完成,相变形核既可在原晶界和亚晶界形核,也可在相界面和其他晶体缺陷处形核。为此,快速加热相变结果,可获超细晶粒;快速加热又可使马氏体中的位错密度大增,残留奥氏体量也增高,此刻碳来不及扩散,奥氏体中碳量相当高,在奥氏体向马氏体转变中,出现高碳马氏体,致使硬度提高。这是激光相变硬化过程中各种强化因素促成硬度的增高。表 3-30 是金属材料激光表面改性后的组织与硬度。图 3-43 和图 3-44 分别是低碳钢和 W18Cr4V 钢激光淬火与常规淬火硬度的比较。

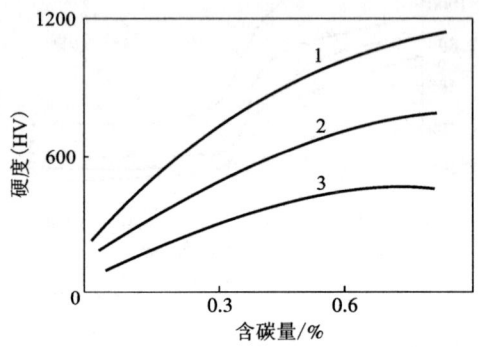

图 3-43 低碳钢的显微硬度与含碳量之间的关系
1——激光淬火；2——常规淬火；3——非强化状态

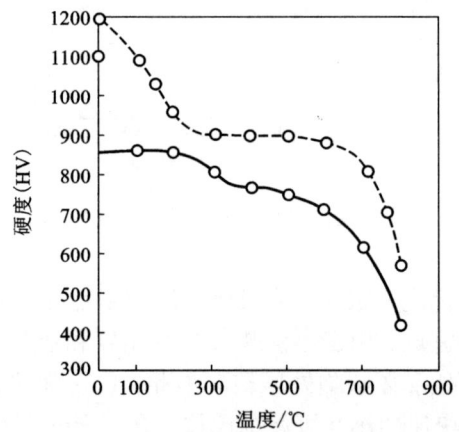

图 3-44 W18Cr4V 钢整体淬火(实线)和激光
淬火(虚线)后不同温度回火的硬度
（激光照射时间 1.5×10^{-3} s，光斑直径 5 mm）

表3-30 金属材料激光表面改性后的组织与硬度

材 料	激光淬火后组织结构及特性	表面硬度 HV50
亚共析碳钢	粗晶铁素体+细针状低碳马氏体，钢中固相淬火区的组织很不均匀	20号钢，500~600 HV
共析和过共析钢	高碳马氏体+残余奥氏体+未溶碳化物	700~1200 HV
合金钢 1. 低碳合金钢 12CrNi3A 2. 中碳钢 (40Cr,4Cr13) 3. 高碳低合金钢	高碳合金马氏体+未溶碳化物；高碳马氏体+未溶碳化物+残余奥氏体，组织极不均匀	40Cr, 1140 HV； 4Cr13, 1000~1200 HV
灰铸铁（亚共晶） 球墨铸铁（过共晶） 可锻铸铁	片状马氏体和共晶莱氏体中的渗碳体和共晶奥氏体，呈与热流方向平行的柱状生长特征	QT600-3, 800~1100 HV HT250, 740~1000 HV KTY350-10, 600~800 HV
钛合金	形成针状α'和α″相的马氏体	α'的硬度比α″高得多
锆合金	生成具有针状结构的马氏体α'相	溶解了气体的过饱和固溶体使硬度升高
纯铝及单相铝合金	细化晶粒，增加晶体缺陷，提高硬度	提高硬度幅度较小 (65 HV)
硬铝合金	通过淬火时效及晶粒细化提高硬度	220HV（激光淬火前已时效处理的除外）
铝青铜合金	原始组织为时效状态，激光处理后可使单相固溶体变成二相组织，可达到软化目的	由220 HV 降至120 HV
锡青铜合金	激光处理后由于枝晶间的偏析，析出了亚稳相	由86~107 HV20 提高至120~165 HV20

3) 耐磨性：表 3-31 是几种材料的激光相变硬化处理与其他处理后的耐磨性的比较。表中数据表明，激光相变形成的硬化层的耐磨性优于其他的渗碳层、渗氮层。

表 3-31　几种材料激光淬火与其他处理的耐磨性比较

材　料	处理规范	强化面积/%	磨损量/mg
18CrMnTi 钢	渗碳，淬火	整体	3.3~4.6
	激光强化	10	2.6~4.5
		20	1.9~2.2
		30	1.4~1.6
20Cr 钢	渗碳，淬火	整体	2.2~2.9
	激光强化	10	3.1~4.0
		20	2.5~3.1
		30	1.3~3.3
38CrMoAl 钢	渗氮	全表面	3.4~4.9
	激光强化	10	4.7
		20	2.9~4.5
		30	2.3~2.7
40Cr 钢	调质	整体	10.2~13.5
	激光强化	20	2.0~3.5
		30	2.3~2.7
45号钢	调质	整体	30.9~40.9
	激光强化	20	2.1~4.4
		30	2.2~2.9

4) 疲劳强度与残余应力：激光相变硬化后，会使其疲劳强度有较大的提搞，也会使工件表层产生较高的残余应力(可达 400 MPa)。

(3)激光表面改性工艺参数：主要包括激光输出功率 P，作用于工件表面的光斑直径 D，激光束在工件表面的扫描速度 V 和材料表面预处理情况等。激光处理后，相变硬化层的深度 H 与工艺参数的关系为：

$$H \propto \frac{P}{DV} \quad (3-15)$$

$$W = P/S \quad (3-16)$$

式(3-16)中：W 为功率密度；P 为输出功率；S 为光斑面积。

确定工艺参数时，应考虑加工件的材质特性，应用条件，服役工况，硬层深度、宽度、硬度等因素，确定这些因素后，只需调整激光功率、扫描速度、焦点位置即可达到激光表面改性的目的。图3-45是几种材料在激光光斑尺寸和扫描速度一定时，激光功率密度对激光相变层深度的影响。图3-46是激光扫描速度与硬化层深度的关系。图3-47是45号钢硬化层深度与扫描速度和激光功率密度的相互关系。

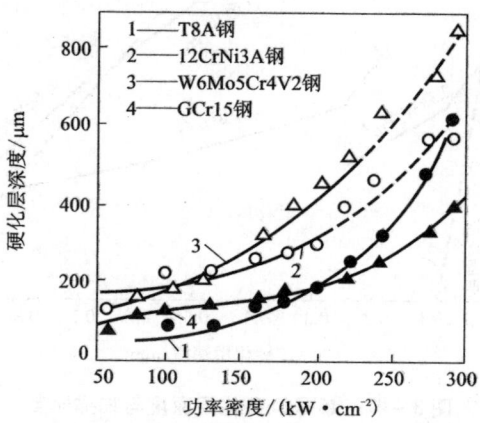

图3-45　激光功率密度与硬化层深度的关系

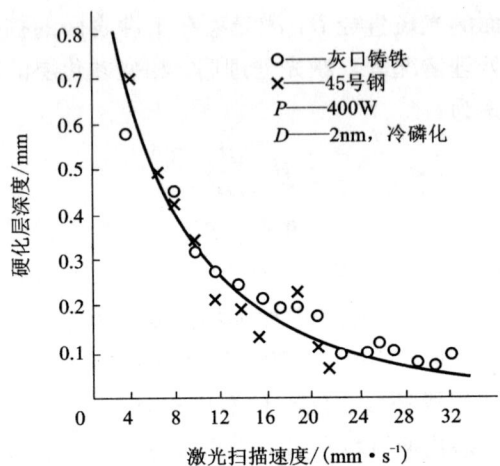

图 3-46 激光扫描速度与硬化层深度的关系

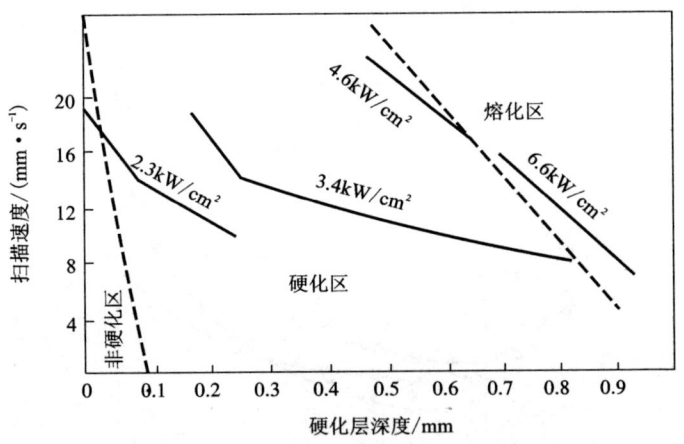

图 3-47 45号钢硬化层深度与扫描速度
和激光功率密度的关系

对脉冲式激光相变硬化，其影响因素有激光能量参数（激光能量、光斑直径、能量密度、脉冲宽度、脉冲频率），单个硬化斑尺寸，硬化图形等，其硬化区的显微组织具"鳞片状"特征，形成的原因是后面的脉冲激光作用区对相邻的硬化斑重叠区进行重新加热，加热温度超过 AC_1 温度的部位，将重新淬火，而低于 AC1 温度的部位将被回火软化。表 3-32 和表 3-33 分别是碳钢和几种合金钢在脉冲激光淬火后的硬化层深度 H 与显微硬度 HV 值。从表 3-32，表 3-33 中可以看到，同样激光参数下，淬火钢的硬化层深度比退火钢高 50~60 μm，淬火钢的显微硬度也要高于退火钢的显微硬度。脉冲激光淬火与连续激光淬火相比，生产效率低，硬化层浅，过渡层薄，但硬度高，表面粗糙度有所增大，适合处理精密的刀具和模具。

表 3-32　碳钢脉冲淬火的硬化层深度和显微硬度

加工条件	钢　种					
	20	45	45[①]	T8	T8[①]	T12
硬化层深度/μm						
无涂料	15	40	80	60	90	50
氩气	10	30	70	40	80	40
石墨,氩气	40	100	130	170	160	140
显微硬度 HV						
无涂料	500	950	850	950	830	950
氩气	550	1080	1080	850	850	900
石墨,氩气	680	980	980	850	1200	900

注：①为淬火钢，其余为退火钢

表 3-33 几种合金钢脉冲淬火的硬化深度和显微硬度

加工条件	钢 种					
	9CrSi	GCr15	CrWMn	CrWMn[①]	W6Mo5Cr4V2	W6Mo5Cr4V2[①]	Cr12MoV	Cr12MoV[①]

加工条件	硬化层深度/μm							
无涂料	110	120	55	120	40	100	40	110
氩气	100	90	50	110	40	90	40	90
石墨,氩气	180	150	110	200	50	120	50	150

加工条件	显微硬度 HV							
无涂料	1000	980	1000	1010	820	1220	630	900
氩气	950	830	1000	980	850	1220	850	1200
石墨,氩气	1000	900	1160	980	900	1100	520	1200

注：①为淬火钢，其余为退火钢

(4)黑化处理:黑化处理是激光淬火前的预处理,对金属而言,都是 10.6 μm 波长 CO_2 激光的良反射体,其反射率高达 70% ~80%(金属温度达到熔点时,反射率降到 50%)。对工件进行黑化处理的目的是增加吸收率。黑化处理的方法有,涂炭素墨汁(方法简便,易剥落,效果差);磷化(即在工件表面生成磷化膜,比较疏松,能吸收较多激光能);氧化(即在工件表面形成一层黑色 Fe_2O_3 膜层或含氧化铁和磷酸铁的混合物);激光专用黑色涂料(如清华大学研制的 QH-1 型专用黑色涂料,吸收率高,涂刷简单,效果较好)。

3.4.4.2 激光熔覆与合金化

激光熔覆是把所需配制设计的合金粉末,经激光熔化,成熔覆层的主体合金。熔覆层与基体金属有一薄层熔化,并构成冶金结合的一种激光表面处理技术。

激光合金化是用激光在把基体表面熔化的同时,加入合金元素。以基体作为溶剂,合金元素为溶质可构成配制的合金层的激光表面处理技术。

(1)熔覆用的合金粉与合金元素:激光熔覆一般用粒度为 0.154~0.045 mm 的球状热喷涂粉末。为减少熔覆层的残余应力,应使所用粉末的热胀性、导热性尽量与工件材料相近。用前要把粉末烘干。粉末应有良好的浸润性、流动性,熔覆中还应具有良好的造渣、除气、隔气性能。

激光合金化所用的合金元素是按工件要求的性能选定。常用的有 Cr,Mn,Mo 等合金元素,表 3-34 是一些合金粉末种类及特点。

(2)激光熔覆与合金化工艺:激光熔覆与合金化工艺参数和特点及试验结果见表 3-35 与表 3-36。

表 3-34 合金粉末种类及其特点

合金粉名称		特 点
自熔合金粉	1. 镍基合金粉 (NiBSi, NiCrBSi)	熔点低,自熔性好。有良好的韧性、耐冲击性、耐磨和抗氧化性。高温性能不如钴基粉
	2. 钴基合金粉	耐高温性能最好。抗氧化、抗振、抗磨、抗腐蚀性好,价格贵
	3. 铁基合金粉	成本低,但抗氧化性、自熔性均较差
	4. 碳化钨合金粉	用于磨损严重的条件下。在镍基、钴基、铁基合金中加20%~50%的碳化钨,在一定韧性的基础上,具有高耐磨和高的热硬性
复合合金粉末	1. 硬质耐磨复合粉末	具有优异的抗磨料磨损性能,是理想的耐磨材料
	2. 减摩润滑复合粉末	摩擦系数低,硬度低,多用于无油润滑或干摩擦、边界润滑以及无法保养的机械中
	3. 耐高温和隔热复合粉末(分金属型、陶瓷型、金属陶瓷型三类)	金属型:涂层致密度高,热传导快,是良好的高温涂层;陶瓷型:孔隙多,传热散热较慢,高温隔热性好,金属隔热层 (1200~1400℃),可做高温隔热层
	4. 耐腐蚀、抗氧化复合粉末(分金属、陶瓷、金属陶瓷型三类)	三类粉末均有无孔,致密,保护母材不受腐蚀和氧化的作用。化学稳定性、抗震性好,与母材结合力强

表 3-35 激光熔覆与合金化工艺参数及特点

种类	需控制的主要工艺参数	特点
1. 脉冲激光熔覆与合金化	激光束的能量、脉冲宽度、脉冲频率、光斑的几何形状及工件的移动速度	1. 可以在相当大的范围内调节合金元素在基体中的饱和程度； 2. 生产效率低，表面易出现鳞片状宏观组织
2. 连续激光熔覆与合金化	光束形状、扫描速度、功率密度、气体种类、气流流向、引入稀释成分、粒度、供给方式、供给量及稀释度（基体熔化面积面积÷基体熔化面积）	1. 生产效率高； 2. 容易处理任何形状的表面； 3. 层深均匀一致
3. 激光固态合金化（被渗入合金元素的物质形态在激光作用时是固态）	需控制的工艺参数同上。激光固态合金化工艺可分：非金属合金化，如碳、铝、硼、氮等；金属元素合金化，如铬、钨、钴等；化合物的合金化，如难熔金属碳化物 TiC、NbC、VC、WC 等	用于激光合金化的元素及其化合物具有广泛的可选择性，根据不同合金目的和工艺条件可以选择不同合金化物质
4. 激光液态和气态合金化（被渗合金元素的物质形态在激光作用前是气态或液态，被渗激光作用时是气态或液态）	渗入液态或气态物质工件中的元素或化合物成分、密度以及工件在其中被照射的激光功率密度，作用时间	1. 利用相应的液体、气体与金属表面发生反应，形成难熔硬质相； 2. 通过熔池对流可使金属间化合物均匀分布，提高耐蚀和耐磨性

表 3-36 激光合金化工艺参数及试验结果

合金元素	Cr	Cr,C	Cr,C,Mn	Cr,C,Mn,Al
粉末配料成分/%	100Cr	85Cr,15C	25Cr,50C,25Mn	24Cr,48C,24Mn,4Al
深度/mm	0.5	0.75	0.025	0.125
宽度/mm	16	25	25	25
涂粉方法	膏剂	膏剂	喷涂	喷涂
激光束性质	固定式	摆动式 690 Hz	摆动式 690 Hz	摆动式 690 Hz
光斑尺寸/mm×mm	18×18	6.4×19	6.4×19	6.4×19
激光功率/kW	12.5	5.8	3.4	5.0
扫描速度/(mm·s^{-1})	1.69	21.17	8.47	8.47
保护气体	He	He+Ar	无	无
合金铸层深度/mm	1.95	0.38	0.13	0.66
合金铸层宽度/mm	21	15	15	15
合金层中各成分/%	Cr16.0,Mn0.7	Cr43.0,C4.4	Cr3.5,C1.9	Cr0.9,C1.4

值得指出的是,对部分有色金属的激光熔覆远不如钢铁那么容易,如铝合金,钛合金。从铝合金看,其与熔覆的合金熔点相差大,加上铝表面存在一层致密、熔点高、表面张力大的 Al_2O_3 膜,常出现熔覆层与铝合金基体未浸润而脱落或熔覆元素被铝熔体混合而合金化。最为突出的还是熔覆层出现裂纹、气孔等缺陷。防止的方法有很多,其中采取对基体预热最为可行。一般铝合金激光熔覆与合金化的预热温度在 300~500℃,钛合金预热在 400~700℃,可以防止熔覆层开裂。

为保证激光熔覆层与合金化的质量,在工艺实施中,应注意成分的污染控制、氧化与烧损的控制,熔覆层开裂与气孔以及工件变形和表面粗糙度的控制。

3.4.4.3 激光表面非晶化

(1)激光非晶化的优缺点和非晶化原理:就非晶态合金而言,有许多优异的特性(见表 3-37)是晶态合金无法相比的。同样表面非晶态合金具有很高的耐磨性、耐蚀性,特殊的电学磁学和化学性能。它的原理是基于被加热的金属表面熔化,在大于一定临界冷却速度急冷到低于某一特征温度,以抑制晶体形核和生长,而获得非晶态金属。与急冷法制取的非晶态合金相比,激光法制取的非晶态合金的优点是:冷却速度高,达到 10^{12}~10^{13} K/s,而急冷法的冷却速度只能达到 10^6~10^7 K/s。可在金属零件的表面上形成可控的非晶层。对纯金属元素也可获得非晶。

激光法制取的非晶态合金的缺点是:目前还不能直接生产非晶金属薄带。激光一次扫描制造非晶合金的宽度不能过宽。

非晶化的原理:在激光快速熔凝时,短程有序区的尺寸 Z(短程有序区尺寸为 1.3~1.8 nm 是非晶)与激光作用参数的关系为:

$$Z = 0.94\lambda(\beta_0 \cos\theta) \qquad (3-17)$$

式(3-17)中;λ 为激光波长(μm);β_0 为 X 光像和电子衍射像第一个最大值的宽度(nm);θ 为光的反射角。

表 3-37 非晶态合金的特征

特 性		非 晶 态 特 点
力学性能	强度	比常用材料高 2000~5000 MPa
	弹性	比晶态金属低 20%~30%
	硬度	高,一般为 600~1200 HV
	加工硬化	几乎没有
	加工性	冷压延性达 30%
	耐疲劳性	比晶体金属差
	韧性	大
磁学性能	导磁性	可与 Supermalloy(铁镍钼超级导磁合金)相匹敌
	磁致伸缩	与晶体金属相同
电学性能	电阻	为晶体金属的 2~3 倍
	温度变化	霍尔系数温度变化小
其他	密度	比晶体金属约小 1%
	耐腐蚀性	比不锈钢高

在相同条件下，YAG 激光比 CO_2 激光更容易形成非晶态。这是因 YAG 激光波长比 CO_2 激光波长小一个数量级。

在激光加热表面形成熔体冷凝后，其结构取决于凝固过程的热力学和动力学条件。从热力学条件看，当过冷熔体的温度低于晶化温度 T_g 时，非晶态的自由能最低，此时原子扩散的能力接近于零，最可能形成非晶。当合金为过共晶成分，在晶化温度 T_g 附近凝固时，与形成非晶的竞争相不是平衡相，而是共晶组织。形成共晶的必要条件是必须在成分均匀的熔体中，通过扩散再分布完成生成共晶组成的重构，这就是结晶动力学障碍，使深共晶成分的合金容易形成非晶态。因此，在激光非晶化时，热力学的判断温度应是 T_g/T_n（T_n 为实际结晶的温度）。实际上，熔体合金急冷时，形成非晶更严格的判据是动力学，即取决于凝固过程的固－液界面移动速度 V_j 和热量扩散速度 V_r。

当 $V_j > V_r$ 时，凝固过程受热流控制，过冷度小，难得非晶。

当 $V_j \leq V_r$ 时，凝固过程受移动控制，过冷度很大，易形成非晶。

当短或超短激光脉冲($10^{-6} \sim 10^{-15}$ s)作用在金属表面时，超快速加热金属表面将在 $< 10^{-6}$ m 的薄层内形成过热度很高的熔体，在热量还未传导给基体的条件下，熔体与相邻基体间保持了很大的温度梯度，实现了熔体的超快冷却，使熔体过冷至其晶化温度 T_g 以下，从而在金属表面形成非晶。

(2)激光非晶化工艺：脉冲激光非晶化常用 YGA 激光器。为获微秒级、纳秒级(10^{-9} s)、皮秒级(10^{-12} s)、飞秒级(10^{-15} s)的脉宽，必须采用相应的锁模和调 Q 技术。对半导体材料的激光非晶化应采用倍频技术。连续激光非晶常用 CO_2 激光器。

非晶化工艺参数往往取决于被处理材料的特性。对易形成非晶的金属材料，其工艺参数为：脉冲激光能量密度 $1 \sim 10$ J/cm^2，脉宽 $10^{-6} \sim 10^{-10}$ s(激光作用时间)，连续激光功率密度大于 10^6 W/cm^2，扫描速度 $1 \sim 10$ m/s。

(3)影响激光非晶化的因素

1)合金成分的不均匀：激光非晶化与合金表面熔化和随后的冷却过程密切相关。当合金表面熔化的熔池寿命短到一定程度，若熔池内合金成分不均，各微小体积元之间的成分出现差异，又因作用时间太短，熔池中还保留了未熔的原始晶体。显然，原始组织弥散度不同，经同样条件的激光作用后，熔池成分的均匀性也不同，熔池成分的不均匀，其热力学参数亦各异，处在共晶点的成分形成非晶能力最大。成分不均匀的熔体过冷到低温时，将可能偏离共晶成分，非晶形成能力差的微小区域形成晶相。这些晶体又可立即成为相邻体积元的"杂质"而满足相邻微区非均匀形核的条件，从而降低了相邻区域形成非晶的能力。在高冷却速度下，熔体内微区成分不均匀，将促进扩散和形核所需的成分起伏，有助于晶体生长，降低了非晶形成能力。

2）晶态基体和熔池中未熔晶体对非晶形成的影响：因为晶态基体和熔池中的未熔晶体为过冷熔体提供了非均匀形核，甚至晶体外延生长的条件，也提高了熔体形成非晶所需的临界冷却速度。大量的实验结果证实，在激光非晶化时，所得的表面非晶层厚远小于熔层厚度，这正说明晶态基体对过冷熔体形成非晶的影响是不利的。

3.4.4.4 激光冲击硬化

（1）激光冲击硬化及原理：所谓激光冲击硬化是应用脉冲激光作用于材料表面所产生的高强冲击波或应力波，使金属材料表面产生强烈的塑性变形，在激光冲击区，显微组织呈现位错的缠结网络，其结构类似于经爆炸冲击及快速平面冲击的材料中的亚结构。这种亚结构明显地提高了材料的表面硬度、屈服强度和疲劳寿命。把这种激光冲击波作用产生的材料表面硬度与强度的提高统称为激光冲击硬化。这种冲击波是在激光功率密度为 10^9 W/cm^2，脉冲持续时间 20～40 ns 时，激光使材料表面薄层迅速气化，表面原子逸出期间发生动量脉冲而产生冲击波，这种大功率的激光作用，基本上是力学性质。冲击波产生的压力幅度约为 104 Pa，作用的范围局限于靠近激光照射表面附近的区域。

（2）工艺参数对材料力学性能的影响

1）对硬度的影响：激光冲击硬化多采用光开关钕玻璃激光器，功率密度为 10^9 W/cm^2，脉冲宽度为 20～100 ns。为提高应力波峰值，须先在样品上涂黑色涂料后再覆盖约束层（如石英、水或塑料等），可使峰压从无约束时的 1 GPa，提高到 10 GPa。考虑到应力波在材料内传播、反射和叠加作用，往往用两束激光同时冲击两相对表面。对铝合金激光冲击硬化效果与材料时效状态有关。其中以应力波峰压的影响为主。图 3 - 48 是铝合金不同时效态的实验结果。图 3-48 中(a)表明欠时效状态的铝合金表面硬度随峰压增加而提高。峰压超过 5 GPa 时，硬化作用达到饱和。图 3-48 中(b)则表明，峰值时效状态铝合金在峰压为 5 GPa 时无硬化作用，其材料的表面临界峰压为 8~10 GPa。状态不同，硬化效果不一的原因可能是应变硬化率不同造成的。

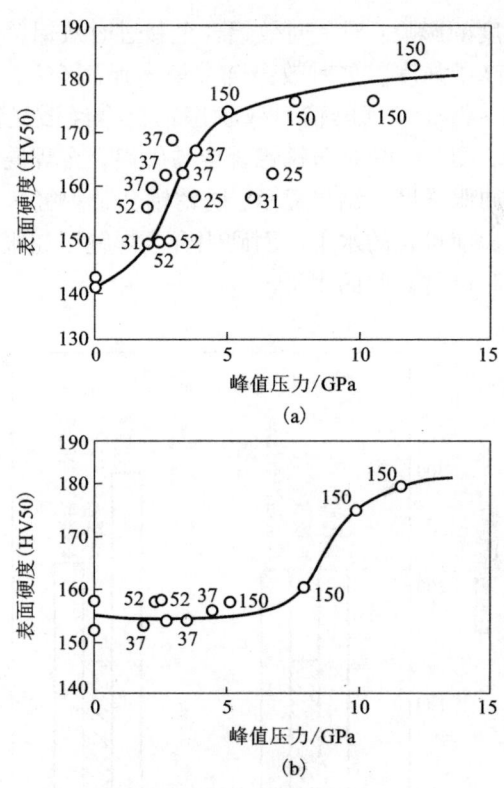

图 3-48　铝合金在不同峰压下的表面硬度

（每点标注的数字表示激光束脉宽，单位为 ns）
(a)欠时效状态铝合金；(b)峰值时效状态铝合金

对 Ti – V 合金，经激光冲击后，表面硬度增加 20%。对不锈钢一次冲击后，表面硬度几乎不增加，但冲击 5 次后，表面硬度累计增加 40%，经透射电镜分析，多次冲击后位错密度增加。

对薄型板材，激光冲击效应在表面处最大，在距离表面 1~2 mm 处降为零。这是因为应力波在向材料内部传播的同时，迅速衰减所致。

2) 对强度的影响：对欠时效铝合金和过时效铝合金经激光冲击处理均提高了强度。欠时效铝合金最多提高 6%，过时效铝合金提高 15%~30%。而峰值时效状态铝合金经激光冲击处理后强度无变化。图 3 – 49 是防锈铝合金与硬铝合金焊缝区经激光冲击处理后的屈服强度。结果显示，防锈铝合金焊缝区屈服强度提高到相当于焊前母材的水平。而硬铝合金焊缝区屈服强度提高到介于冲击前和母材之间的水平。

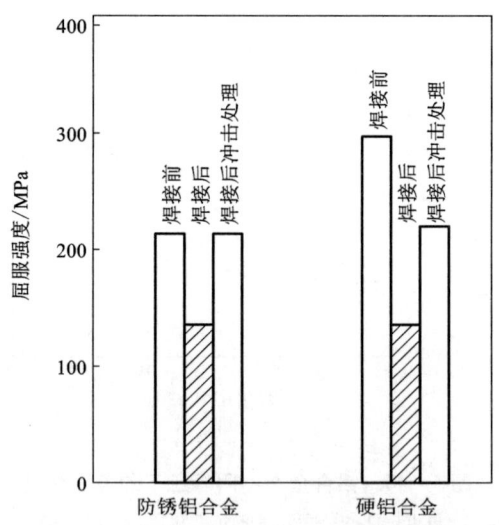

图 3 – 49　激光冲击前后铝合金焊缝区强度

3)对残余应力和疲劳的影响:激光冲击硬化的材料表面残余应力对提高疲劳寿命有重要的作用。当裂纹前沿进入激光冲击区后,与残余应力相互作用,会改变裂纹前沿的形状,从而降低裂纹的扩展速率。图3-50为铝合金圆形冲击区表面残余应力径向分布情况,中心位置残余应力较小,从中心至边缘之间有极大值,冲击区外是拉应力。图3-51是⌀0.5 mm 孔外环形冲击区表面残余应力分布。从图中可以看出,在冲击区外围也存在残余压应力,并在冲击区内上升到最大值。总之,激光冲击后的表面存在残余压应力,无疑具有抑制裂纹萌生和扩展的作用。

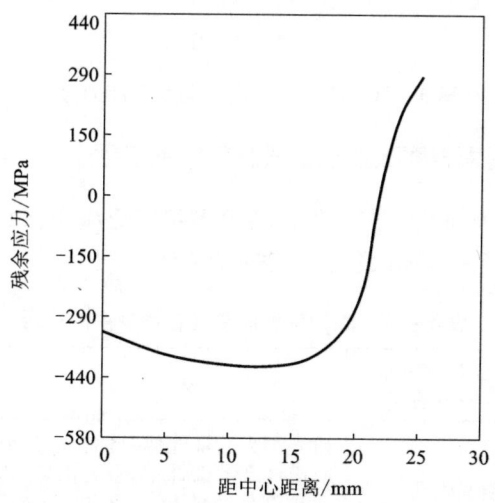

图3-50　铝合金圆形冲击区径向残余应力分布

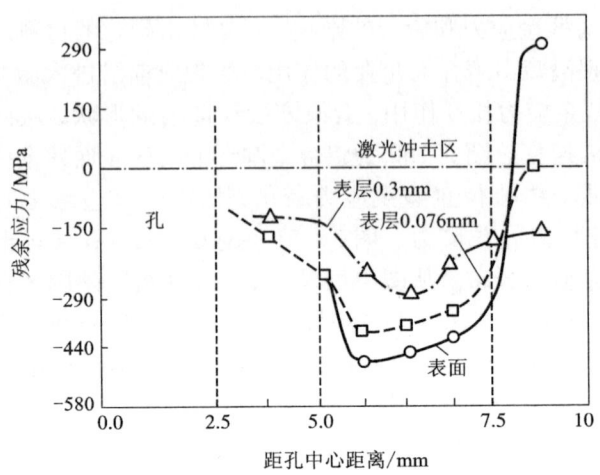

图 3-51 环形冲击区径向残余应力分布

3.4.5 激光束表面改性在工程材料中的应用

激光束表面改性在工程材料上得到广泛应用,主要在:
(1)激光束表面改性在铸铁中的应用:见表 3-38。

表 3-38 激光束表面改性在铸铁中的应用

材料名称	激光束表面改性种类	效 果
珠光体灰铸铁	激光强化	激光淬火后珠光体基体转变为细针状马氏体、奥氏体和渗碳体的混合组织,提高了耐磨性。与渗硼灰铸铁相比,其抗磨粒磨损性可提高 10%~44%
	激光熔凝硬化	表面可获得马氏体和莱氏体组织,表层硬度可达 800 HV 以上,抗压强度和断裂强度明显提高,硬度和耐磨性可与气体渗氮钢相比拟
	激光铬合金化	合金化层具有良好的抗回火性。电化学实验表明,铸铁表面熔入铬后,其耐蚀性有较大提高

续表 3-38

材料名称	激光束表面改性种类	效果
灰铸铁	激光渗碲	白口深度可达 2 mm,硬度达 68 HRC,显微硬度达 1900 HV
灰铸铁	激光 N-B 共渗	氮与硼渗入灰铸铁表面,形成多种硬质化合物,能使表面强化和细化组织,改善灰铸铁表面性能
球墨铸铁	激光熔化	由于激光熔化处理细化了组织和亚稳奥氏体基体的存在,使激光熔化处理过的球墨铸铁耐磨性得到有效的提高
球墨铸铁	激光重熔	可使普通球墨铸铁获得较好的耐蚀性,在 5% 的 H_2SO_4 溶液中和室温下,可使原不能钝化的球铁转变成很容易钝化的材料
球墨铸铁	激光表面熔化	可获得表面较平整、无裂纹、无气孔的熔凝带,熔凝带硬度高、耐磨性好,有效硬化深度可达 0.5 mm,性能可与 38CrMoAl 钢气体渗氮相比
铁素体球墨铸铁	激光铬合金化	可获得 0.2 mm 左右的合金层,层内无气孔,表面较平整,具有较高的硬度和好的抗高温回火性能,抗蚀性较基体有较大提高
不同基体球墨铸铁	激光硬化	可使球墨铸铁接触疲劳极限提高,增加硬化层深度,有利于提高球墨铸铁的接触疲劳极限
高磷铸铁	激光表面熔化 激光相变硬化	可使高磷铸铁表面具有较好的抗空气腐蚀性能
高磷铸铁	激光镍合金化	高磷铸铁经激光合金化后,具有较好的抗气蚀特性,与未处理试样相比,失重减少约 60%
CrNiMo 铸铁	激光硬化	表面硬度达 650~740 HV,耐磨性提高 1~2 倍
CrNiMo 铸铁	激光相变硬化和熔凝硬化	硬化效果显著,磨损量降低,使用寿命提高 3 倍
CrMoCu 铸铁	激光淬火	硬化率为 20%~40%,比电火花表面淬火的耐磨性提高 30%~100%
蠕墨铸铁	激光硬化	可显著改善抗摩擦磨损性能

(2)激光束表面改性改善金属材料的耐蚀性：见表 3-39。

表 3-39　激光束表面改性改善金属材料耐蚀性

材料名称	激光束表面改性种类	效　　　果
20号钢	激光铬、碳合金化	可得到有较好耐酸蚀性能的马氏体型不锈钢表面
45号钢	激光铬、钼合金化	表面固溶大量的铬。钼使铬均匀分布,使钢的高温抗氧化性能显著提高
45号钢	激光铬合金化	表面含铬量大于20%,使抗酸蚀性大为提高
60号钢	激光铬、碳合金化	使钢的耐酸、耐碱效果甚佳
Q235钢	激光熔覆镍、铬、硅、硼	提高了钢的抗电化学腐蚀性能,使钢的耐蚀性达到18-8不锈钢的相同水平
镀铬炮钢	激光熔化	改善了镀铬层的抗高温剥落、高温裂纹扩展和抗酸蚀能力
CrMoCu铸铁	激光相变微熔	表面熔化区石墨消失,而马氏体与基体的硬度与耐蚀性较高,故耐空蚀性有所提高
高磷铸铁	激光镍合金化	具有较好的抗空化腐蚀性能
灰铸铁	激光熔化	使灰铸铁表面的抗酸、碱腐蚀性能提高
铸造镍基合金	激光上釉	使组织细化,消除了铸造偏析,改善了合金的耐蚀能力
NiCrAlHf合金	激光重熔	可使组织细化,Hf在基体中的溶解度明显增大,形成高Hf析出物,提高了合金在高温下的抗氧化性

(3)激光束表面改性在汽车零件上的应用：见表 3-40。

表 3-40 激光束表面改性在汽车零件中的应用

零件名称	激光束表面改性种类	效　　果
凸轮轴(45号钢)	激光硬化	马氏体组织得到细化，无工艺变形，粗糙度小，抗磨损性能提高
凸轮轴 (CrNiMo 铸铁)	激光熔凝硬化	硬化层深度均匀，硬化效果显著，磨损量小，耐磨性提高
曲轴(45号钢)	激光淬火	表面获得很细的马氏体，最高硬度达 765HV，组织细化，钢的强度和疲劳寿命明显提高
曲轴主轴颈	激光淬火	平均磨损量比未激光淬火的低 10%
连杆轴颈	激光淬火	耐磨性提高 0.42 倍，寿命提高 10%，疲劳强度提高 15%
汽车排气阀座 (CrNiMo 铸铁)	激光淬火	表面硬度可达 650~740 HV，比未经激光淬火的阀座耐磨性提高 1~2 倍
发动机缸体 (灰铸铁)	激光淬火	表面硬度达 63.5~65 HRC，比未经激光淬火的耐磨性提高 2~2.5 倍
柴油机汽缸套 (灰铸铁)	激光强化	铸铁中的珠光体激光淬火转变为细针状马氏体、奥氏体和渗碳体的混合组织。残余奥氏体高达 50%，因而耐磨性提高
高速柴油机缸套 (高磷铸铁)	激光相变硬化、激光熔凝	表层可分别获马氏体或马氏体(外层)+莱氏体(内层)组织，该种组织，具有好的抗空化腐蚀性能
高压油泵 分油盘零件 (球墨铸铁)	激光熔凝	可获得表面平整、无气孔、无裂纹的熔凝带，有效硬化深度达 0.5 mm，耐磨性好，台架试验表明，性能与原 38CrMoAl 钢气体渗氮相近

(4)激光束表面改性在模具钢中的应用：见表3-41。

表3-41 激光束表面改性在模具钢中的应用

钢 种	激光束表面改性种类	效 果
Cr12钢	激光淬火	激光淬火后表层与基体相比具有较高的硬度、耐磨性和韧性
冲裁硅钢片的模具(Cr12钢)	激光微熔	模具表层硬度可达67HRC，比常规淬火高30%，模具寿命由2万次增加到50万次，且刃口还可修磨一次以上
搓丝板(9CrSi)	激光淬火	表面硬度、耐磨性、疲劳寿命可有很大提高，使用寿命提高20%~30%
冲孔模(GCr15)	激光淬火	表面形成具有良好塑性、韧性、强度和硬度高的超精细隐针马氏体及均匀分布的粒状碳化物，提高模具耐磨性，冲孔寿命提高1.32倍
3Cr2W8V	激光淬火	表面获得隐晶马氏体和未溶碳化物，奥氏体晶粒极细，对提高材料的耐磨性和临界断裂韧性有利，取得了较好的强韧化效果
轧辊(3Cr2W8V)	激光淬火	可使轧辊表面硬度达55~69HRC，淬硬层深度达1.5mm~2mm，轧辊使用寿命延长2倍
3Cr2W8V	激光熔覆镍基合金	表面可获无裂纹、无气孔的熔覆层，在600℃和800℃回火都具有良好的抗高温回火性能，其热疲劳抗力优于3Cr2W8V钢，可提高模具使用寿命
5CrNiMo渗硼层	激光重熔和相变硬化双重作用	与原渗硼层相比，强化层深度增加，硬度趋于平缓。合理选择工艺参数，可望改善渗硼层脆性
4Cr5MoV1Si	激光熔凝	激光熔凝区具有较高的硬度和良好的热稳定性，其抗塑性变形能力提高，对疲劳裂纹的萌生和扩展有明显抑制作用

(5) 激光束表面改性在工具钢中的应用：见表 3-42。

表 3-42　激光束表面改性在工具钢中的应用

钢　种	激光束表面改性种类	效　　果
高硅硅钢片剪切工具(T7)	激光淬火	可使硬度与耐磨性大幅度提高，寿命提高 3 倍
CrWMn 钢	激光合金化	适当配制复合合金粉末，可获得综合技术指标和优良的合金层，其最低体积磨损率为淬火 CrWMn 钢的 1/10，最高寿命提高 14 倍
W18Cr4V 高速钢盘形铣刀	激光淬火	可提高铣刀表面的硬度和红硬性，处理变形小，强化效果好，可提高刀具寿命
AISIT1 高速钢	激光上釉	表面硬化层厚度增加，硬度提高，硬度梯度减小，其硬度可与碳化物、陶瓷相比拟
W6Mo5Cr4W2	激光合金化	激光合金化区具有高的热稳定性
P6M5	激光复合处理	处理后可使钢抗软化温度比常规淬火高 70℃~100℃
W18Cr4V	激光熔凝	常规淬火平均显微硬度为 850 HV，熔凝层硬度在 914~961 HV 之间
M2	激光熔凝	M2 刀具耐用度比常规处理高 200%~250%
M35	激光熔凝	M35 刀具耐用度比常规处理高 20%~125%

(6) 激光束表面改性在有色金属中的应用：见表 3-43。

表 3-43　激光束表面改性在有色金属中的应用

材料名称	激光束表面改性种类	效　　　果
2024-T62 铝合金（紧固孔）	激光冲击	激光冲击处理在优选工艺参数条件下，能显著地提高坚固孔疲劳寿命
铝合金	激光熔覆	用镍基粉熔覆于铝合金上，可获得无裂纹的熔覆层，硬度在 70~110 HV 之间
2A12-T4	激光冲击	激光冲击处理可大幅度提高铝合金的疲劳寿命，这是由于微观组织中位错密度增加，使材料表层得到强化所致
铜材	激光熔覆	在铜材上进行熔敷 PdCuSi 合金非晶态涂层，可节省合金用量和避免成型加工的困难
过共晶 Al-Si 合金	激光熔凝	利用激光对合金表面的重熔急冷处理能有效地抑制初生相 Si 的长大，或形成完全共晶形态，有效地改善了材料的综合性能
航空铝合金 7475-T761 2024-T62	激光冲击	能有效地提高这两种航空铝合金的抗疲劳断裂的性能
7475-T761 航空铝合金	激光冲击	疲劳寿命可提高 89%
纯镁	激光熔覆 Mg-Al 合金	在纯镁基底上激光熔覆 Mg-Al 合金，合金的腐蚀速率比纯镁低两个数量级
钛合金	激光自淬火	使钛合金显微组织明显细化，硬度值提高，化学成分趋于均匀，改善了钛合金的耐磨、耐蚀性
Ti-Mo 合金	激光表面熔化	可以显著地减小合金的显微偏析

续表 3-43

材料名称	激光束表面改性种类	效 果
Ti6Al4V 钛合金（TC4）	激光合金化	经激光处理后，材料表层及次表层组织发生变化，硬度从 250 HV 提高到 800~900 HV，其耐磨性提高 2~3 倍
M38 铸造镍基高温合金	激光辐照（熔化-凝固）	激光熔凝处理可强烈改变 M38 表层的组织，有效地改善抗晶界腐蚀能力
耐酸铸造镍基合金钢	激光上釉	合金组织高度细化，大量高熔点第二相熔化，扩大了固溶度，基本上消除了铸造偏析，改善了合金的抗酸蚀能力
铸造铝合金 ZL109	激光重熔火焰喷涂层	激光重熔使涂层显微组织细化，品质明显改善，耐磨性能提高 1 倍以上
硬铝合金 2A12	激光表面强化	选择合适的工艺参数进行激光表面强化处理，可使硬化区的硬度由 130 HV 提高到 530 HV
高温镍基合金 K17	激光重熔 Ni-ZrO$_2$ 复合镀层	激光重熔处理后，进一步使表面硬度值提高 28 个单位，振动磨损量降低 20%，耐高温性能提高 10%，与高温镍基合金 K17 相比，耐高温氧化性能提高 20%
Ti6Al4V 钛合金（TC4）	镨（Pr）激光表面合金化	钛合金经激光表面镨合金化，改变了氧化膜的结构，抑制了氧的短路扩散，并改善膜的附着性和塑性，氧化速度显著下降，可显著提高 600℃ 大气中的抗氧化性
铸造铝合金 ZL109	涂敷激光熔凝处理	激光处理后的 ZL109 铸造铝合金，表面耐磨性比基体材料有了大幅度提高，最小的比基体提高 2.1 倍，最大的提高 4.3 倍
Cu-Ag、Cu-Al、Ag-Al、Cu-Ag-Al 贵金属合金	激光非晶化	这类合金的非晶态晶化速度快，亚稳晶相多是单相固溶相，具有作为相变形光盘介质材料的优异性能，有望成为擦写速度快，寿命高的相变型光记录材料介质

续表 3-43

材料名称	激光束表面改性种类	效果
Ni-Nb 及 Ni-Nb-Cr 合金	激光非晶化	激光获得的非晶态 60% Ni-40% Nb 的耐腐蚀性远优于晶态的 60% Ni-40% Nb,在 Ni-Nb 中加铬所得的非晶涂层其耐腐蚀性有很大提高,且优于 18-8 不锈钢
Al-Si 合金	激光表面合金化	可以显著细化合金表层的显微组织,显微硬度可由基体的 80~90 HV,提高到 250~280 HV
铝合金	激光表面熔敷 Ni-Cr 合金	涂敷层均匀平整,厚度达 1 mm,最高硬度为 680 HV,耐磨性比基体提高 8 倍
铸造铝合金 ZL104	激光表面熔化	经激光表面熔化处理的 ZL104 表层组织明显细化,其耐磨性较之未经激光处理的提高 2 倍
Al-Si 合金	激光表面 Ni、Cr 合金化	可获得深 3.5 mm~4 mm,宽 7 mm~9 mm 的合金层,表面致密、平整。合金层硬度为 140~190 HV,耐磨性比原材料提高 2.48~3.71 倍。与原工艺相比,铝合金活塞的使用寿命提高 2 倍以上

3.5 离子注入与材料表面改性技术

3.5.1 简介

离子注入是把气体或金属元素蒸气,通入电离室电离形成正离子,经高压电场加速,使离子获得很高速度后打入固体中的物理过程。离子注入所引起材料表面成分、微结构和形貌等方面的不同变化。已在表面非晶化、表面冶金、表面改性和离子与材料表面相互作用等方面取得了十分可喜的研究成果。用离子注入的方法，可获得高度的过饱和固溶表面、亚稳相、非晶态和平衡态合金等不同组织的结构，大大改善了工件的使用性能。目前离子注入已在微电子技术、宇航、生物工程、医疗、核能等高技术领域获得应用，特别是在工具、刀具、模具制造业的应用效果突出。早期对离子注入的研究和应用是模拟核反应堆中的燃料元件、结构部件材料，受中子、核裂变的碎片及其他荷能粒子的长期照射，使材料发生肿胀，表层剥落等辐照损伤。20世纪60年代离子注入又作为一项专门技术在半导体工业中找到了重要的应用，特别是在发展集成电路的精细掺杂工艺中，推动了集成电路的迅速发展，引发了微电子、计算机和自动化领域的革命。

离子注入在半导体工业的应用成功，激发了人们将离子注入技术应用于金属、陶瓷、高分子聚合物等材料的改性。20世纪70年代中期，发展了纯束流氮离子注入技术，并开始走向一定规模的工业生产。用离子束混合研究出几十种亚稳态合金和玻璃金属（非晶态金属），还提出了相应的模型。强束流脉冲注入，金属蒸发真空弧离子源（MEVVA源）和其他离子源的问世，为离子束材料的表面改性提供了强金属离子束技术，为基础研究和新材料及其应用研究提供了先进的技术工具、取得了许多离子注入实际应用的可喜进展，显示了诱人的应用前景。离子束增强沉积技术（IBED）和全方位离子注入新技术以及离子束表面分析技术，离子束刻蚀等技术在实际应用上都具有重要的价值。一些科学家预言，从20世纪90年代至2010年将是离子束材料改性发展的新时代。

3.5.2 离子注入的基本原理和优缺点

（1）基本原理：图3-52是离子注入设备基本原理的简图。其主要组成部分有：离子源（电离室、供电装置、引出电极），聚焦电极(系统),加速电极(系统)分析磁铁,扫描装置(系统),靶室,真空及排气系统。

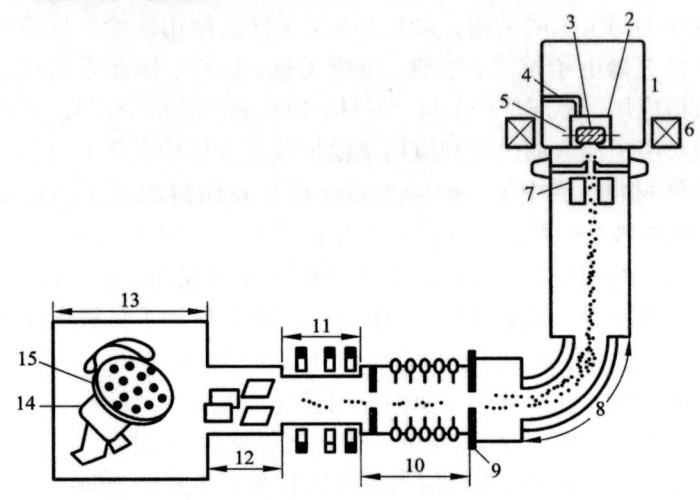

图3-52　离子注入设备原理图

1——离子源;2——放电室(阳极);3——等离子体;4——工作物质;
5——灯丝(阴极);6——磁铁;7——引出离子预加速;8——质量分析检测磁铁;
9——质量分析缝;10——离子加速管;11——磁四极聚焦透镜;12——静电扫描;
13——靶室;14——密封转动马达;15——滚珠夹具

从离子源发出的离子由几万伏电压引出,按其电荷质量的差异,将一定质量/电荷比的离子分选出来,在几万伏至几十万伏的离子加速管中进行加速,并获得高的动能,经聚焦透镜,使分析束聚于要轰击的靶面上,再经过扫描系统扫描轰击工件表面。在离子进入工件表面后,与工件内原子和电子发生一系列碰撞,这一系列的碰撞包括三个独立的过程。

1)电子碰撞　荷能离子进入工件后,与工件内围绕原子核运动的电子或原子间运动的电子的非弹性碰撞。其结果,可能引起离子激发原子中的电子或原子获得电子、电离或X射线发射等。

2) 核碰撞　荷能离子与工件原子核弹性碰撞(又称核阻止)，碰撞的结果是使工件中产生的离子大角度散射和晶体中产生辐射损伤等。

3) 离子与工件内原子作电荷交换　碰撞会损失离子自身能量，使荷能离子的能量减弱，经多次碰撞后，能量耗尽而停止运动，并作为一种杂质原子留在工件材料中。

研究的结果表明，离子注入元素的分布，根据不同的情况有高斯分布、埃奇沃思分布、皮尔逊分布和泊松分布。具有相同初始能量的离子在工件内的投影射程符合高斯函数分布。因此注入元素在离表面 x 处的注入离子浓度 $n(x)$ 可用下列方程描述：

$$n(x) = n_{max} \exp\left[-\frac{(R_p - x)^2}{2\Delta R_p^2}\right] \qquad (3-18)$$

式中：$n(x)$ 为距离表面 x 处的离子浓度(离子数/cm³)；n_{max} 为在 $x = R_p$ 处的离子峰值浓度(离子数/cm³)；R_p 为离子注入的有效距离，即投影射程(μm)，其取决于 R_c 的实际范围(R_c 在 x 轴上的投影)；R_c 为实际的渗入的距离，即从材料表面到离静止不动地方的距离(μm)；ΔR_p 为 R_p 值的标准偏差(μm)。

按高斯分布曲线的特征，其最大密度点的 R_p 值主要取决于离子的能量和原子的质量 m；散射 ΔR_p 的相对值 $\Delta R_p / R_p$ 主要取决于注入原子质量 m_1 和物质原子质量 m_2 的比值。离子的渗透的边界是 R_p 值，在 R_p 值附近，注入离子的浓度具有最大值。即当 $x = R_p$ 时，式(3-18)中 $n(x) = n_{max}$

$$n_{max} = \frac{\phi}{\sqrt{2\pi}\Delta R_p} \approx \frac{0.4\phi}{\Delta R_p} \qquad (3-19)$$

式中：ϕ 为注入剂量。根据式(3-19)可方便估算出注入层内峰值的浓度。

由于离子进入固体后，对固体表面性能发生的作用除离子注入固体内的化学作用之外，还有辐照损伤(离子轰击所产生的晶体缺陷)和离子溅射作用,这些在材料改性中都有重要的意义。

离子注入晶体时,离子注入的范围、数量和分布主要取决于相对于离子束入射方向结构取向。如果离子在物体里沿结晶学方向运动,如[110]、[111]面,就会产生离子束离子和晶格原子的相互作用,并且离子的注入范围按离子浓度分布的大小变化增加。这种现象被称为材料结构中的离子沟道效应。这一过程伴随离子所引起的缺陷数量减少,而减少的程度主要取决于物质的结果学取向和表面条件、温度及注入离子的数量与方向。

离子注入固体的深度相当小(只在特殊情况下才会超过 1 μm)。从基材原子和注入的原子间可形成化学键的观点看,离子注入是个非平衡热力学过程。由于注入原子和基材原子的充分混合,发生的扩散现象比包括熔化在内的普通冶金过程快 10^4 倍,因而产生用其他传统方法不可能获得的亚稳相。

离子注入基本上不会使基体材料体积增大,其注入伴随着压应力的形成和被注入材料表面温度的局部升高。在级联区,撞击离子会在不到 10^{-11} s 内使局部温度达到 1000℃ 左右。这主要取决于注入离子的能量和剂量,也可用能量密度描述。当能量密度为 10 kW/cm^2 时,材料表面在几分钟内就可加热到 350~500℃,当能量密度达 6000 kW/cm^2 最大值时,材料会熔化甚至蒸发。通常在注入过程中,不让基体材料表面温度超过 200℃,由此来消除或减少基体材料性能的变化和变形。

(2)优点

1)离子注入不同于任何扩散方法,可注入任何元素,不受固溶度和扩散系数的影响,即元素的种类不受冶金学的限制,注入的浓度也不受平衡相图的限制。可以获得不同于平衡结构的特殊物质和新的非平衡状态物质,在开发新的材料上,是一种非常独特的好方法。

2)对注入元素的数量可控性、重复性好。通过控制监测注入电荷的数量,即可控制注入元素的精确量;通过改变离子源和加速器的能量,可调整离子注入深度和分布;通过扫描机构,不仅可在大面积上实现均匀化,而且还可在小范围内进行局部的材料表面改性。

3)注入离子时,靶温可控制在低温、室温和高温。低温和室温离子注入可保证工件尺寸精度,不发生变形,退火软化,表面粗糙度一般无变化。由于在真空中进行,工件表面也不会氧化,可作为工件的最终工艺。

4)通过离子注入,可获得两层和更多层以上性能不同的复合层材料,而且复合层不易脱落,注入层薄对工件尺寸基本没影响。

5)通过磁分析器分析注入束,可获得纯的离子束流。

6)离子注入的直进性(横向扩展小)特别适宜集成电路微细加工的技术要求。

7)加速的离子可通过薄膜注入到金属衬底内,使薄膜和衬底界面处形成合金层,也可使薄膜与衬底牢固粘合,实现辐射增强合金化与离子束辅助增强粘合。

8)用多种离子注入,实现了注入层的抗磨耐蚀性能,又因在蒸发和溅射过程中伴随注入,改善了镀膜特性,发展了离子束辅助增强沉积技术。

由于离子注入技术具有上述的特点,这种高技术的出现,普遍引起了科技工作者的高度重视,特别是材料科技工作者的重视,并在许多的技术领域中得到应用,特别是半导体工业中的微细加工技术领域和材料的表面改性及应用领域。从目前的技术进展和发展水平看,离子注入也存在一些缺点。

(3)缺点

1)对金属离子的注入,还受到较大的局限。这是因为金属的熔点一般较高,注入离子繁多,组织结构、成分复杂,注入能量高,难于气化等特殊难题。1985年由美国人布朗设计和研制的金属蒸气真空弧放电离子源(MEVVA),引出了20～30种金属离子。为金属离子注入的材料改性提供了较好的技术支撑和潜在的应用前景。

2)注入层薄,一般<1 μm,如金属离子注入钢中,一般仅几十至二三百纳米。

3)离子注入一般直线行进,不能绕行(全方位离子注入除外)。对复杂和有内孔的零件注入困难。

4)目前还有一些特殊的物理问题需要解决,诸如工艺上高剂量的注入的溅射和升温,溅射腐蚀,注入过程中的优选溅射,高剂量注入元素浓度的修正、复杂形状的注入技术(倾斜注入、转动注入、柱体注入,以及注入后的溅射影响)等。

5)离子注入设备造价高,影响推广应用。

3.5.3 离子注入机

3.5.3.1 离子注入机的种类

按能量大小分:低能注入机(5～50 keV),中能注入机(50～200 keV),高能注入机(0.3～5 MeV)。

按束流强度大小分:低束流、中束流(几 μA 到几百 mA)和强束流(几 mA 到几十 mA)。

按束流状态分:稳流注入机和脉冲注入机。强束流注入机适用于金属离子注入。

按类型分:质量分析注入机(与半导体工业用注入机基本相同),能注入任何元素。工业用氮注入机,只能产生气体束流(几乎只出氮)。等离子源离子注入机,主要是从注入靶室中的等离子体产生离子束。

在国外,主要有美、英、日、瑞士、荷兰等国,主要在半导体集成电路的生产与研究单位。一般束流强度从几 μA 到十几 mA,能量从 10～3000 keV,均匀性 ±0.75%～±2.0%,注入 76.2～

101.6 mm 硅片能力为 100~300 片/h。对金属离子注入机,已有强氮离子注入机,束流强度达 30 mA,靶室直径达 2.5 m,可用于大型机器部件的氮离子注入。一般的金属离子注入机仅能获少数几种金属离子,远远满足不了对金属离子注入的技术要求。1986 年,美国加州大学布朗(I. G. Brown)等人研制开发成功金属蒸气真空弧源放电离子源——MEVVA 源(Metal Vapor Vacuum Arc),基本上满足了强的金属离子束流的需要,在这个 MEVVA 源的基础上,研制成各式强的金属离子注入机(见示意图 3-53)。1993 年,我国北京师范大学低能核物理所也试制了这种带 MEVVA 源的注入机,并取得成功。北师大在用 MEVVA 源离子注入机来改

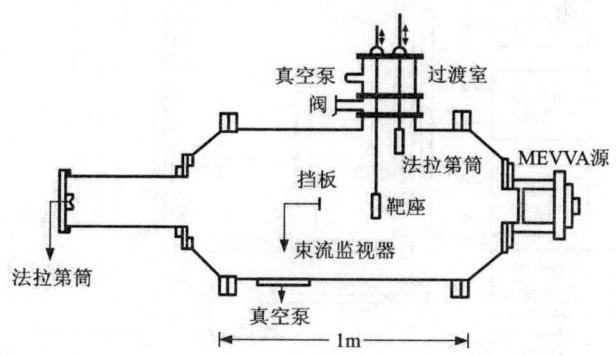

图 3-53 用 MEVVA 源的离子注入机示意图

善金属部件的耐磨性上,取得了良好的效果。由于对工件的处理不像半导体工业中遇到的是平面,而是各种各样的几何形状。这对离子束流机来讲,受束的"视线加工"方式限制,处理工件形状复杂的表面有较大困难,需要工件作复杂的三维运动,不仅设备制造困难,而且处理时间大大增长,处理总成本增加,不宜于工业规模生产。为克服这些困难,美国威斯康辛州立大学 J. conrad 和 C. Forest 提出把工件浸没在等离子体中进行处理的设想,即所

谓的全方位离子注入或称为浸没式离子注入。这是个很有工程实用价值的发展方向,国内外都在为之努力。我国核工业西南物理研究院等离子体应用开发中心,在国家863计划的支持下,研制成功全方位(浸没式)金属离子注入低温改性处理机,其示意如图3-54所示。其机体外形为一钢筒,放电电压加在8根分置于筒四周、上下作阴极的用电流直接加热的钨丝及筒壁之间。辉光放电形成的等离子体充斥于筒内空间。当工件和筒壁间加上负极性

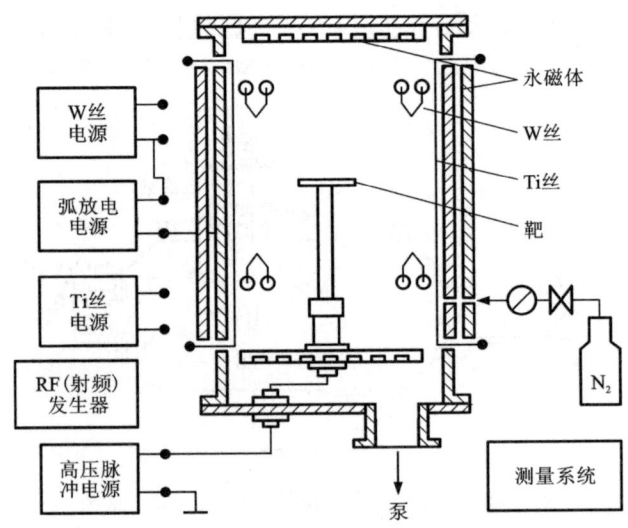

图3-54 我国研制的全方位离子注入机装置示意图

脉冲交流电压时,工件表面处等离子体鞘层中的电子即被推开,同时,正离子被加速,射向工件表面。对表面导电的工件,由于电场总垂直于工件表面,只要近表面处的等离子体和电分布比较均匀,对形状复杂的工件都可得到相当均匀的注入表层。该设备的真空室静压强为 8×10^{-4} Pa,等离子体密度为 $10^8 \sim 10^{10}$ cm^{-3},

脉冲负高压为 10~80 keV，脉冲宽度为 5~50 μs，脉冲频率为 5~500 Hz。现今该设备已安装在国家 863 新材料表面工程中心，并作生产运行。已处理过水压机油泵中的摩擦副、航空液压泵配流盘和电子及微电子工业用的精密模具等产品，并取得较好的应用效果。目前，在国外已用这类装置处理形状复杂的铣刀、工具、刀具和工件等。但还存在一些技术问题有待解决，如工件尖角处的尖端放电，电场和电流分布的均匀性，离子注入剂量的准确测量等等。如果能在这类设备中添加可用于沉积的粒子源，即可用于离子束辅助沉积薄膜的工业应用。

3.5.3.2 典型的工业用离子注入机

（1）工业强束流氮离子注入机：图 3-55 是英国哈威尔原子能研究中心弗利曼教授研制成的强束流离子注入工业机。注入机靶室为 $\varnothing 2.5 \times 5$ m，束流强度达 50 mA，采用弗利曼离子源引出纯氮的多条离子束，构成大面积束，束流直径可达 1 m，可进行多个离子源、多方位的注入，其最大的特点是束流强度大。

图 3-55 哈威尔的强束流氮离子注入机

（2）20N 型多用途离子注入机：图 3-56 是美国离子注入科学公司生产，较为普遍工业应用型离子注入机。靶室直径 1.2 m，采用桶形弧放电离子源，束斑直径 75 cm，N^{2+} 和 N^+ 离子束达 70 mA，工件台承重 75 kg，加工时，工件台可自动、手动旋转和 ±45°倾斜。

注入状态有屏幕显示。加工面积为 0.76 m²。装满一靶工具,注入量为 $3 \times 10^{17}/cm^2$,只需 30~45 min。注入机加速电压 20~200 kV,可安装 MEVVA 源,注入金属离子,也可安装等离子离子源,对复杂工件进行全方位注入。

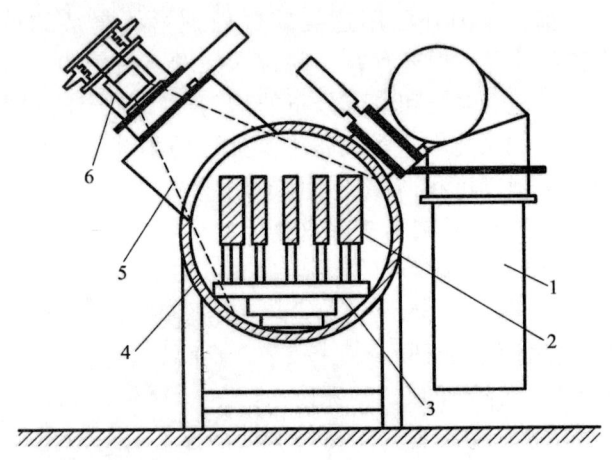

图 3-56　20N 型多用途离子注入机
1——扩散泵;2——工件;3——工作台;4——加工室;5——离子束;6——离子源

(3) 金属离子注入机:图 3-57 是美国 ISM 技术公司生产的金属离子注入机。在真空室顶端排列有 4 个离子源,距离子源 1.6 m 处可形成 2 m×1 m 的离子束加工面积。每个源可引出 75 mA 的束流,总束流达 300 mA。每个源有 6 个阴极,可旋转更换。加速电压 80 kV。

(4) 1090 型离子注入机:图 3-58 是丹麦物理公司生产的,靶室为 0.7×0.7×0.7 m,采用尼尔逊离子源,离子束流强度达 5~40 mA 的离子注入机。注入时先加速 50 kV,后加速 200 kV,有 90°的分析磁铁,分辨率为 250。用电磁铁对引出分析和聚集的离子束进行偏转扫描,后进行离子注入。注入面积为 40×40 cm。

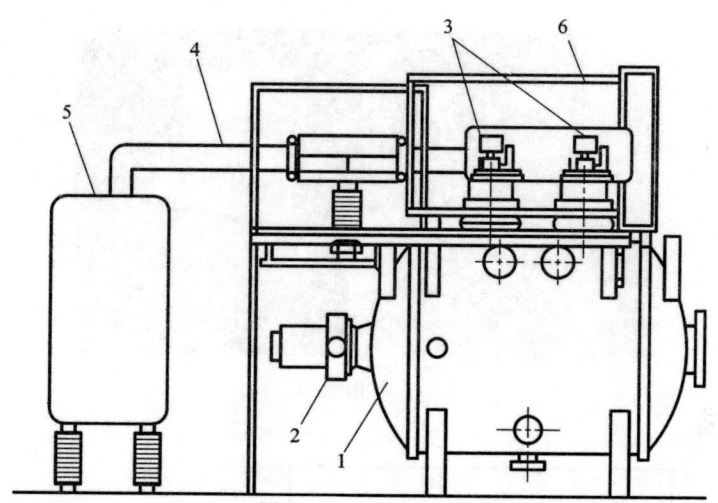

图 3-57　美国 ISM 技术公司生产的 MEVVA 离子注入机
1——真空靶室；2——抽气口；3——离子源；
4——高压电缆；5——高压电源；6——X 射线屏蔽罩

这种离子注入机在欧洲应用较多。

(5) 国内主要有建光机械厂生产的工业用离子注入机和核工业西南物理研究院等离子体应用开发中心生产的带 MEVVA 源的全方位离子注入机。

从目前有关的统计得知，在国外有数千台离子注入机，在国内有千余台离子注入机在运行。

3.5.4　离子注入的改性机理

3.5.4.1　提高材料表面硬度、耐磨性和疲劳强度的机理

(1) 提高材料表面硬度、耐磨性的原因

1) 超饱和离子注入和间隙原子固溶强化，使注入层体积膨

实物图

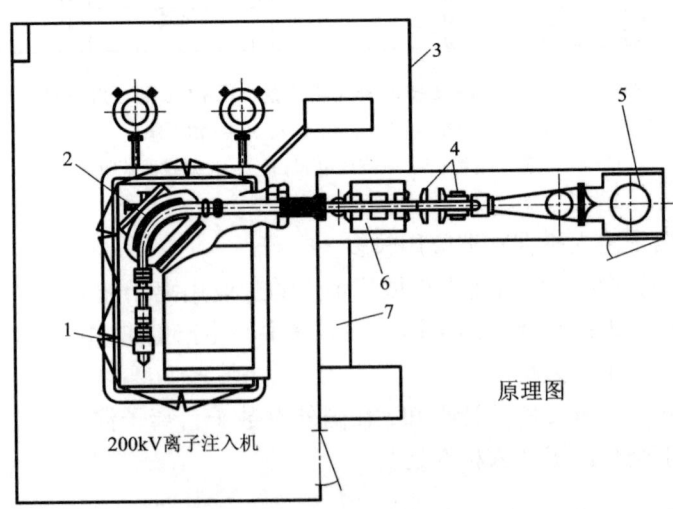

原理图

图 3-58　1090 型离子注入机

1——离子源；2——分析磁铁；3——保护箱；4——磁扫描；
5——靶室；6——聚集透镜；7——控制台

胀,注入层应力增大,阻止了位错运动,提高了材料表面硬度和抗磨性能。

2) 超饱和离子注入和替位原子固溶强化改善了材料表面的耐磨和抗氧化性能。如注入超饱和的 Y 离子,使不锈钢的抗磨损寿命提高 100 倍,并具有抗氧化性能。

3) 析出相的弥散强化。如注入非金属元素,其与金属元素形成各种氮化物、碳化物、硼化物的弥散相,这种硬化物的析出效果,使材料表面硬度提高,耐磨性增强。

4) 位错强化。如把 Ti 离子注入 H13 钢中,形成了高密度的位错网,同时还在位错网中出现析出相,这种位错网和析出相,使材料表面硬度和耐磨性得到提高。

5) 位错钉扎。大量的注入杂质聚集在因离子轰击产生的位错线周围,形成柯氏气团,并在位错上形成许多位错钉扎点,阻止位错运动,改善了抗磨性能。

6) 替位原子与间隙原子对强化。可阻止位错,提高材料的表面硬度和耐磨性。如 N、C、B 离子注入钢,这些小尺寸的原子易与 Fe 原子形成原子对,这种结构在晶格位置上形成更高势垒,阻止了位错运动,使钢得到强化。

7) 间隙原子对强化。若选取替位率低的两种元素注入钢中,这两种元素有很强的化合能力,并在钢中形成间隙原子对,这种结构容易缀饰位错,使钢得到强化,提高了耐磨性和表面硬度。

8) 晶粒细化强化。离子轰击导致晶粒细化,引起晶界增加,而晶界又是位错移动的障碍,使位错更加困难,使材料表面硬度明显提高。

9) 辐射相变强化、结构差异强化、溅射强化等机理都提高了材料表面的耐磨性能。

也有学者认为,耐磨性能提高,主要是离子注入引起摩擦系数降低。还有人认为与磨损粒子的润滑作用有关。如 Mo、W、

Ti、V 离子和 C 双注入钢中；Sn、Mo + S、Pb 注入钢都可使摩擦系数明显降低，形成自润滑。在分析离子注入表面磨损碎片，比没有注入的表面磨损碎片更细，接近等轴，不是片状，因而改善了润滑性，提高了耐磨性能。在众多注入元素中，氮离子的注入，摩擦性能改善的效果最佳。

(2) 使材料的疲劳性能得到改善的原因

1) 离子注入所产生的高损伤缺陷，阻止了位错的移动，形成可塑性表面层。

2) 由于注入离子剂量的增长，更多的离子充填到近表面区域，使表面产生的压应力可以压制表面裂纹的产生，因而改善和延长了材料的疲劳寿命。

3.5.4.2 提高材料表面耐腐蚀性能的机理

主要是注入元素改变材料的电极电位，改变阳极或阴极的电化学反应速率，从而提高材料的抗蚀特性。

(1) 离子注入元素在材料的表面形成稳定致密的氧化膜，从而改变了表面的性能，提高了材料表面的耐蚀性能。

(2) 离子注入使一些不互溶的元素形成表面合金、亚稳相合金、非晶态合金，从而提高了材料表面的耐蚀性能。

例如：核反应堆用包套的耐蚀镀层，因辐照肿胀而剥落，露出新鲜表面又进一步氧化。经钇离子注入后，防止了氧化物的脱落并减少了氧化；用铬离子注入铜中，形成新的亚稳态表面相，提高了铜的耐蚀性能；用 3.5% 的铅离子注入到纯钛（约 100 nm 深），在浓度为 1 mol/L 的沸腾 H_2SO_4 中耐蚀电位接近于铅，大大提高了钛材料耐还原性介质的性能；铅离子注入钛后，在表面形成钝化状态，可防止钛的缝隙腐蚀；在钢铁中注入硼或磷离子，能产生非晶态表层，在酸性溶液中可有效阻止阳极腐蚀。

提高材料表面耐蚀性的注入元素的离子种类有：

1) 气体离子：N、O、He、Ne、Ar、Kr、Xe。

2) 金属离子：Li、Mg、Y、Ti、Zr、Ta、Nb、Cr、Ni、Mo、W、Co、Pd、Cu、Ag、Au、Zn、Al、Sb。

3) 非金属离子：C、Si、P、As、B。

4) 稀土族：Ce、Er、Yb。

主要改性的材料是：纯铁、低碳钢、不锈钢、铝和铝合金、钛合金。

3.5.4.3 提高材料抗氧化性能的机理

(1) 离子注入元素在晶界富集，阻塞了氧的短程扩散通道，把锶、铕或镧注入钛，可快速扩散 50 μm 深，填充了晶界，形成 $SrTiO_3$，$LaTiO_2$ 或 $EuTiO_3$，填塞了氧原子通道，从而防止了氧进一步向内扩散。研究用 Ba 离子注入钛合金，形成 $BaTiO_3$，Y 离子注入高铬钢形成 $YCrO_3$，使抗氧化能力提高约 1 万倍。

(2) 离子注入形成致密的氧化阻挡层，如 Al_2O_3，Cr_2O_3，SiO_2 等某些氧化物形成致密薄膜，其他元素难以扩散通过这层薄膜，从而起到抗氧化的作用。

(3) 离子注入改善了氧化物的塑性，减少了氧化产生的应力，防止了氧化膜的开裂。

(4) 离子注入元素进入氧化膜后，改变了膜的导电性，抑制了阳离子向外扩散，从而降低了氧化速率。

3.5.5 离子注入材料的工业应用

3.5.5.1 在微电子工业中的应用

这是应用最早、最为广泛、最为有效、最为成功的先进技术。主要集中在集成电路和微电子加工上。引发了从集成电路(IC)发展到大规模集成电路(VLSI)、超大规模集成电路(ULSI)和吉规模集成电路(GSI)的一场微电子革命。它的微细加工，对发展离子注入浅结工艺和快速退火技术等等都实现了集成电路的腾飞。特别在集成电路的掺杂中，不仅满足了离子注入工艺的多样化，更实现了浅结工艺、超浅结工艺的微细化，使浅掺杂和细线条工艺，随芯片尺寸的增大，线条的变细，在最小图形尺寸，对准精度和有效沟道长度；结深、栅氧化层厚度、电容器厚度变薄，不断地刷新提高了集成度。在微电子的应用中，其意义极为深远。

3.5.5.2 在核反应堆材料模拟试验中的应用

在原子反应堆中，材料都受到中子束和离子照射，而引起核反应堆中材料体积的变化，特别是堆中的核心——燃料元件包壳材料和核燃料的肿胀，给反应堆的安全运行带来影响。要想确定材料在反应堆中能否经受得住考验，需用大量中子辐照几年以上才能有结果。由于离子的质量比中子大，用注入离子于金属上可以产生与注入大量中子状态相同或相当的变化，即通过离子注入向核反应堆材料进行大量的中子束辐照模拟试验，在很短的时间模拟出材料的损伤和辐照肿胀，判明该材料用于反应堆中是否安全可靠。特别是聚变堆和增殖堆的发展，更承受大量的中子束和离子的照射。这类研究在美国、英国进行得最多，在法国和联邦德国也取得了不少研究成果。我国结合反应堆工程的发展，在模拟生产堆、动力堆的发展和工程需要，作过相应的材料模拟实验，并取得了一些有实用价值的成果。

3.5.5.3 在冶金学上的应用

注入冶金学是物理冶金的一种研究手段，是一门新兴的学科。注入冶金，就是用离子注入技术制备新的表面合金。这种注入的表面合金是常规方法得不到的冶金参量和基体的性质。这些参量包括：注入原子晶格位置扩散，增强扩散，溶解度，沉淀等。为制备新的金属间合金提供了新的途径，用低温和高温两个温度范畴来看原子是否扩散，其依据是：

低温范围：

$$\sqrt{D_A(T)t} < a \text{ 温度较低，原子扩散约为零} \quad (3-20)$$

高温范围：

$$\sqrt{D_A(t)t} > a \text{ 温度较高，有明显的原子扩散} \quad (3-21)$$

式(3-20)和(3-21)中，D_A 为注入原子在其热峰值衰减后的扩散系数；T 为温度；t 为实验延续时间；a 为晶格常数。

在低温范围内，离子注入技术主要用于亚稳定相。因为实验的低温，原子扩散速度极小，可忽略不计，使得亚稳定相持续存在，超过固溶度而析出的第二相在低温范围并不析出。平衡的热力学在此时并不适用。离子注入可以在互不溶解的元素间形成置换式固溶体和非晶态合金等。

如在研究亚稳定相中，把3%的原子浓度的Au沿[100]方向注入到单晶Cu中，Au对Cu有100%的置换性；Au注入到Ag，Pd也得到100%的置换性。在常规下互不相溶的二组元，如3%原子浓度的W注入Cu中，有90%的W占据Cu的晶格位置，随后进行高温退火，W将会沉淀出来，就如同平衡时互不相溶一样。把Mo、Ru、Te、Bi注入Cu中，Mo、Cu注入Al中，都具有很高的溶解度，而紊乱程度很高。这类亚稳定置换式固溶体的注入成功，为制备研究新合金、新型材料提供了有效的手段。

又如在非晶态合金方面把30%原子浓度的镝注入到镍中，分析发现，有厚度大于1 nm的非晶表面层。用大于10%原子浓度的大剂量注入离子，可制备非晶表面合金，如用10%原子浓度的W注入Cu中，可得非晶表层。

在温度较高范围时，过程中发现有明显的扩散，注入条件下的亚稳定态通过扩散向着热力学平衡状态变化。此时的表面合金实为平衡态合金。用离子注入技术在较高的温度范围中，主要研究扩散动力学和第二相的形核与长大。

由于离子注入时，因轰击、碰撞在高温范围时，使表面产生过量的空位和间隙原子,促进了固相反应,大大增强了扩散,使注入离子的位移加快了几个数量级。如在研究 Zn 离子注入 Al 中,用 80 keV,剂量为 $3\times10^{16}/cm^2$ 的 Zn 注入到 Al 中。在 50℃ 时,用辐射法测定 Zn 在 Al 中的扩散系数增加了 10^6 倍。

在高温范围内,当离子注入浓度大于溶解度时,可用离子注入研究第二相的沉淀规律。因为离子注入会沉淀出第二相。而在合金中,第二相的存在又使合金的性能得到很大的提高,用离子注入法研究第二相的形核、长大,可有效地控制合金性能。如把 Sb 注入 Al 中,由于 Sb 在 Al 中溶解度很小(<0.1%原子浓度),发现在低注入剂量下即可有 AlSb 第二相沉淀,Al、Sb 熔点接近 650℃,而沉淀的 AlSb 的熔点却为 1050℃;AlSb 又是金刚石结构,与 Al 的 fcc 结构在电子衍射图上很容易区分。结果表明,在 300℃将 Sb 注入 Al 中,出现 AlSb 沉淀相。

材料中化学成分的变化会引起相变。相变时,相变区域需很大的变形。因此要促进相变,研究相变机理,要注入大量的离子方能引起相变,而形变引起的应力,用离子注入法是比较容易实现的。如 18-8 不锈钢在 77 K 用 $10^{17}/cm^2$ 的氮离子注入,可产生的黑色的小板条马氏体,而未注入的 18-8 不锈钢在 77 K 进行深冷处理,不会产生马氏体,离子注入直接获得马氏体,使 18-8 不锈钢表面硬化。如用对 18-8 不锈钢加工变形,当然也可间接获得马氏体。因此,离子注入法可以用来研究低温下奥氏体变成马氏体的机理。

3.5.5.4 在刀具、工具、模具等重要机械零部件上的应用

(1)刀具:在用氮离子注入加工较轻质的工具,可使寿命提高 2~12 倍,而且注入件的刀口锋利,加工效率高,表 3-44 是美、英、日等国的氮离子注入在刀具方面应用实效。

表3-44 氮离子注入在刀具方面的应用效果

序号	工件名称	被加工材料	效果
1	裁纸刀	1.6Cr1C 钢	延寿2倍
2	橡胶切刀	WC-6%Co	延寿12倍
3	醋酸纤维板切刀	铬钢板	增产
4	酚醛树脂切刀	M2 高速钢	延寿5倍
5	螺纹铣刀	M2 高速钢	延寿5倍
6	塑料切刀	铬钢筒	增产
7	牙科钻头	WC-6%Co	延寿2~7倍
8	电路板钻头	WC-6%Co	延寿2倍
9	齿轮插刀	WC-6%Co	延寿2倍
10	薄钢板切割刀	WC-6%Co	延寿3倍
11	面包切刀	高速合金钢	延寿6~8倍
12	手术刀	404 不锈钢	延寿数倍
13	罐头顶切刀	不锈钢	延寿3倍
14	剃须刀	不锈钢	抗氧化
15	树脂板钻头	SKD11 钢	延寿5倍

注：注入量为 $(3\sim4)\times10^{17}/cm^2$

(2)模具：离子注入既可保持模具尺寸的精度，又可延长模具的使用寿命。值得指出的是：注入拉丝模的孔径磨损，是沿直径方向均匀增大的，这就可继续拉更大直径的金属丝，一直可以继续使用。使用过的拉丝模再进行离子注入，又可进一步延续拉丝模的使用寿命。而未注入的拉丝模其磨损沿着径向的增长不均匀，这种损坏往往难以再继续使用。离子注入后的拉丝模具，可降低它与金属丝之间的摩擦系数，降低拉动金属丝的拉力，且拉出来的金属丝表面光滑，这些使拉丝模的使用寿命提高2~12倍。表3-45是离子注入在模具方面的应用效果。

表 3-45 离子注入在模具方面的应用效果

序号	模具名称	被加工材料	注入离子	效果
1	反向挤压模	WC-6%Co	N	延寿 3 倍
2	铜拉丝模	WC-6%Co	N	延寿 4~6 倍
3	铜杆拉模	WC-6%Co	$C(5\times10^{17}/cm^2)$	产量提高 5 倍
4	压延模	WC-6%Co	$CO(5\times10^{17}/cm^2)$	产量提高 5 倍
5	汽车环形冲压模	工具钢	N	延寿 3 倍
6	罐头压痕模	D2 钢	N	延寿 3 倍
7	金属丝导槽	硬铬钢	N	延寿 3 倍
8	钢丝拉模	WC-6%Co	N	延寿 18 倍
9	凹槽模	WC-6%Co	N	延寿 5~8 倍
10	注塑模	WC-6%Co	N	延寿 6 倍
11	硅钢片冲头	WC-6%Co	$B,N(4\times10^{17}/cm^2)$	磨损下降 30%
12	平面镦锻模	40CrMnV51(AISI H13)	N	延寿 18 倍
13	大型注塑杆	工具钢	N+Sn+Ag	磨损率下降 30%
14	反向罐头挤压模	AISI(SL-5-2)	N+Sn+Ag,低温退火	磨损率下降 85%
15	反向罐头挤压模	AISI(SL-5-2)	N	延寿 3 倍
16	工具揷块	4Ni1Cr 钢	N	降低磨损率 2/3
17	塑料挤压模	P-20 工具钢		延寿 2 倍

表 3-46 是世界各地工业报道的工业工具（部件）的一些试验数据。因磨损是十分复杂的过程，各个不同工厂使用条件也不相同，因此，各地工厂使用各种工具结果也出现明显差别，这里仅供参考。

表 3-46　国外离子注入工具和零件的试验数据

项　　目	离子	寿命	备　　注
金属成形刀具			
WC 拉丝模	N,C,CO	3~5 倍	
WC 深拉模	N	2 倍	
WC 旋锻模	N	2 倍	
铜用司太利 4 拉丝模	C	5 倍	
WC 冲压模和拉丝模	N	5 倍	
12Cr2C 钢和 1.6Cr1C 钢	N	4 倍	经周边注入和多次重磨，总寿命提高 100 倍
电机芯片的冲压模	N	5 倍	
镀黄铜带钢用钻头	N	3 倍	
环状钢压制工具	N	10 倍	
12Cr2C 钢成形工具	N	2.5 倍	
M2 螺纹切割板牙	N	4 倍	
低温用高速钢切齿刀具	N	2 倍	
H13 钢轧辊	N	4 倍	
高速钢工具	N	6 倍	
塑料生产工具			
注塑模具、浇道套、供料承磨套	N	提高 20%	摩擦和腐蚀普遍减少
热固性树脂用压头	N	5 倍	
酚醛塑料用 M2 压头	N	10 倍	
工具钢注塑螺杆	N	10 倍	
印刷线路板用 WC 钻头	N	2 倍	孔内洁净，粘着较少，钻孔时温度低

续表 3-46

项　目	离子	寿命	备　注
用于磨料填料的通用模制工具	N	10 倍	
工具钢制注塑模具喷嘴	N	2~5 倍	
铝制注塑模具和工具（塑料生产工具）	N	3 倍	生产中已采用铝制原型模具
镀铬黄铜制挤压工具	N	3 倍	
橡胶用 WC 切刀	N	2 倍	
其他用途			
12Cr2C 钢和 1.6Cr1C 钢	N	2 倍	
醋酸纤维用镀 Cr 钢冲模	N	3~10 倍	
钢制面包切刀	N	6 倍	
燃油电站喷油嘴	Ti,B	2~4 倍	
核反应堆燃料棒的不锈钢外壳	Y		防腐蚀,辐照下不剥落
坡莫合金记录磁头	B	1.5 倍	改善耐磨粒磨损性
52100 钢轴承	N	2 倍	
440C 不锈钢轴承	Ti+C		减少滚动接触疲劳
喷气发动机用钛合金涡轮叶片	Pt	100 倍	提高疲劳寿命,未测出磨损和磨粒磨损
钛合金假体（髋和膝关节）	N	1000 倍	防止腐蚀磨损,明显减少聚乙烯白杯的磨损
镀锡钢制髋关节	N	1000 倍	
Co-Cr 骨科假体	N		减少腐蚀和离子释放

　　在国内,近十年来,一些高等院校、科研院所、工厂已为国内近 100 个单位,在刀具、精密模具、精密零部件、电触头、航空工业等进行了氮离子注入,使用的工件使用寿命提高 1~10 倍。表 3-47 就是国内一些离子注入工业应用的实例。

在金属离子注入方面，国内起步较早。应用 MEVVA 源也取得了较好的成效。表 3-48 就是用 MEVVA 源注入 Ti，C 离子的一些应用实例。可以看到用强金属离子注入，进一步克服了强流氮离子的弱点，使加工不锈钢铣刀的使用寿命提高了 16 倍，加工高速钢的板牙寿命提高了 4 倍，加工不锈钢的钻头延寿 5 倍以上，H13 钢的挤压模具在挤压铝型材上延寿 30 倍，而且挤压力下降 15%。这些都显示出用 MEVVA 源注入的 Ti，C 离子具有极好的使用效果。

表 3-47 离子注入工业应用实例

注入工件名称	注入工件加工或使用场合	应用效果（提高耐用度）
高速钢三角花键插刀	40Cr 锻件插键槽	4~9 倍
高速钢滚齿刀	摇臂钻齿轮	1~2 倍
高速钢键槽铣刀	摇臂钻主轴铣键槽	3.5 倍
高速钢齿条铣刀	摇臂钻主轴铣齿	4 倍
硬质合金镗（铰）刀	铝合金，35CrMoAl	1~3 倍
硬质合金刀片（铣，车床用）	铸铁，45 号钢，GCr15，A3 钢等	1~3 倍
不锈钢泵轴	在酸中与密封圈摩擦	4 倍以上
不锈钢凸模	加工玻璃反射灯碗	10 倍以上
印刷板小孔冲模	印制板冲孔	3~4 倍
CrWMn 冲模	冲手表零件	1~3 倍
自动插件机专用刀具	进口电子元件自动插件机用	1~3 倍
继电器银触头	电话交换机用	2 倍
金刚石拉线模	拉不锈钢丝	1~2 倍

表 3-48 MEVVA 源注入 Ti, C 离子的应用实例

注入元素	工具(工件)名称	工具(工件)材料	被加工材料	效　果
Ti + C	铣刀	高速工具钢	不锈钢	延寿 16 倍,减少屑瘤
Ti + C	钻头	高速工具钢	不锈钢	延寿 5 倍,重磨仍有效
Ti + C	热挤压模	H13 钢	铝型材	延寿 30 倍,挤压力下降 15%
Ti + C	板牙	高速工具钢	45 号钢	延寿 4 倍
Ti + C	铣刀	高速工具钢	45 号钢	延寿 1 倍
Ti + C	牙用钻头	高速工具钢	牙齿	延寿 3 倍,降低粘着性
Ti + C	钻头	高速工具钢	45 号钢	延寿 3 倍
Ti, Ti + C	模具	H13 钢	铝型材	挤压力降低 15%
Ti + C	拉细铜管游动头	WC 硬质合金	铜管	延寿 2 倍,牵引力下降 10% 以上
Ti + C	钻头	高速工具钢	45 号钢	延寿 3 倍,转速提高 1 倍
Ti + C	板牙	高速工具钢	J60-005 铜棒	延寿 5 倍,降低材料粘附
Ti + C	盘状铣刀	高速工具钢	BC 复合材料	延寿 2 倍
Ti + C	卫星抽气泵	高速工具钢	转子定子	工作电流从 6.3A 下降到 4.7A

3.5.5.5 在医疗上的应用

离子注入技术在医疗上,主要应用于人造关节、断骨连接体、植入体最为有效。对 Co-Cr 合金骨科植入物,经离子注入后明显增强了抗蚀性,减少了毒性元素 Cr,Co,Ni 离子的释放。注入离子后,假体的寿命可超过患者的寿命。在欧洲、美国已广泛应用(见表 3-49)。

表 3-49 离子注入在医疗上的应用

序号	名称	被加工材料	注入离子及注入量/cm^{-2}	效果
1	人造髋关节	Ti6Al4V 合金	4×10^{17} N	寿命延长 100 倍
2	人造膝盖	Ti6Al4V 合金	4×10^{17} N	寿命延长 100 倍
3	人造关节	Ti6Al4V 合金	4×10^{17} N	寿命延长 100 倍
4	人造髋关节	Co-Cr 合金	$(2\sim4) \times 10^{17}$ N	寿命延长 10 倍
5	人造手、脚、肩腕等关节	Ti6Al4V 合金	4×10^{17} N	寿命延长 100 倍
6	固定骨骼植入体	不锈钢	$(2\sim4) \times 10^{17}$ N	寿命延长 10 倍
7	高分子聚合物	UHMWPF	$(2\sim4) \times 10^{17}$ N	寿命延长 10 倍
8	断骨连接体	硅橡胶	$(2\sim4) \times 10^{17}$ N	寿命延长 10 倍
9	牙科钻头	WC-6% Co	$(2\sim4) \times 10^{17}$ Ti	寿命延长 2~3 倍

3.5.5.6 在军事工业上的应用

早在 1983 年,美国国防部联合美国从事军事研究的科研院所和高等院校,制订了一项离子束联合发展计划。主要目的是应用离子束能技术改善燃气轮机、航天器、飞机以及舰艇和其他武器装备关键部件的性能。其中以美国海军实验室为首,研制适合工业应用的离子注入机,开展各种精密轴承、精密齿轮、燃料喷嘴、火箭往复活塞等关键部件的使用寿命研究与应用。经过几年的努力,上述部件大都通过了严格的例行实验,表 3-50 中 1~15 项列出了其应用的效果。可以看出,气轮机的燃料喷嘴,经 Ti,B

表 3-50　离子注入在军事工业方面的应用

序号	工具名称	应用环境	材料	注入离子	效果
1	气轮机轴承	卫星	440C 不锈钢	$Ti+C((3\sim5)\times10^{17}/cm^2)$	寿命延长 100 倍
2	气轮机轴承	卫星	440C 不锈钢	$Cr+C((3\sim5)\times10^{17}/cm^2)$	寿命延长 100 倍
3	发电机主轴承	火箭	M-50 钢	$Cr(1\times10^{17}/cm^2)$	改善点蚀
4	飞机主轴承	海上	M-50NIL 钢	$Ta((3\sim5)\times10^{17}/cm^2)$	抗磨损
5	仪表轴承	海上/航天	M-50 钢	Pb,Ag,Sn	降低摩擦系数
6	真空仪表轴承	海上/航天	52100/303 钢	Pb,Ag	固态润滑
7	直升飞机主轴承	海上	52100 钢	Cr,Cr+C(Mo)	防腐,抗磨损
8	发电机低温轴承	航天	440C 不锈钢	Ti+C 和 Ti+Cr	寿命延长 400 倍
9	气轮机热料喷嘴	航天	—	Ti+B	寿命延长 2.7 倍
10	燃料喷嘴	航天	—	N	寿命延长 10 倍
11	冷冻机阀门	航天	—	Ti+C	寿命延长 100 倍
12	压缩机往复活塞	火箭	—	Ti+C	极大降低磨损
13	火箭发电机齿轮	航天	9310 钢	Ta	极大降低磨损
14	火箭压缩机齿轮	航天	9310 钢	Ta	极大降低磨损
15	直升飞机主齿轮	军用/民用	9310 钢	Ta	载荷增加 30%

离子注入后，其高温使用寿命延长 2.7～10 倍。气轮机用主轴承和其他轴承经 Ti+C、Ti+Cr 离子注入后，使用寿命提高 100 倍；航天发电机液氮系统低温轴承使用寿命延长 400 倍，直升机传动齿轮注入 Ta 离子后，其载重量增加了 30%。

3.5.5.7 在提高材料性能上的应用

(1)金属离子注入明显降低材料表面的摩擦系数和磨损率、明显改善金属材料的耐磨、耐蚀、抗氧化和抗疲劳性能：分别见表 3-51～表 3-54。

改善腐蚀性能上，Mo、C 和 Mo+C 离子以及 Ti、C 和 Ti+C 离子共注入 H13 很有效。如在 Mo 和 Mo+C 注入 H13 钢中，通过电子显微镜和 X 射线衍射分析，发现有三元化合物 Fe_2MoC；Mo 的碳化物 MoC、MoC_x、Mo_2C；铁的碳化物 FeC、Fe_2C、Fe_5C_2；合金相 $FeMo$、Fe_2Mo 和游离的 Mo 等等。这些耐腐蚀相在注入层中形成后，使 H13 钢耐蚀性提高。经 Mo、Mo+C 离子注入后对 H13 钢腐蚀前的透射电镜观察和腐蚀后的扫描电镜观察表明，腐蚀后留下来的弥散的抗腐蚀相与透射电镜观察到的弥散强化相相似，证明弥散相具有很强的抗蚀性能。Ti 和 Ti+C 离子注入 H13 钢，其腐蚀特性与机理与 Mo 和 Mo+C 注入 H13 钢相类似，在 Ti、Ti+C 注入后生成 Fe_2Ti、$FeTi$ 合金相和 TiC、Fe_5C_3、Fe_7C_3 等金属碳化物，在注入层表面还有 TiO_2 钝化膜，其对抗腐蚀能力的提高都起作用。当然还有 W 和 W+C 对 H13 钢的离子注入，都有与 Mo、Mo+C 相似的结果。

对钴基碳化钨硬质合金，经离子注入后，显微硬度增加 20%。把氮离子注入到 Ni-Ti 形状记忆合金，会产生非晶态薄层，其摩擦性能明显下降。把 Al 离子注入 Cu 中，使滑移均匀化，明显提高疲劳寿命 50%～70%。把 Pt 离子注入钛合金涡轮叶片，在模拟高温条件对发动机进行运行试验，结果疲劳寿命增加 100 倍。

表 3-51 金属离子注入材料摩擦系数

材 料	离子	能量/keV	注量 /$\times 10^{17}$ cm^{-2}	负载/N	摩擦副	摩擦系数 未注入	摩擦系数 注入
低碳钢	Cr	150	3.5	1~2	红宝石球	0.5~0.6	0.42
低碳钢	Cu	150	1.0	0.5~2	AISI 1025 笔	0.5~0.6	1.10
En352	Sn	380	0.3	20	WC 球	0.25	0.10
En352	Mo	400	0.3	20	WC 球	0.25	0.24
En352	Mo+S	400	0.3	20	WC 球	0.25	0.20
304 不锈钢	Ti+C	90~180	2.0	0.5	440C 钢球	0.85	0.55
52100 钢	Ti	190	5.0	10	AISI 52100 钢	0.62	0.38
440C 钢	Ti+C	90~180	2.0	0.5	440C 钢笔	0.85	0.30
Co 基合金	Ti	190	5.0	10	52100 钢球	0.56	0.19
Co 基合金	Ti	190	5.0	10	WCrCo 合金	0.57	0.16
Co 基合金	Ti	190	5.0	10	WC 球	0.62	0.27
440C	Ti	140	4.0	0.245	440C 球	0.55	0.17
440C	Pt	147	1.0	0.245	440C 球	0.55	0.25
440C	Ta	181	4.0	0.245	440C 球	0.55	0.15
Al$_2$O$_3$ 单晶	Ti	300	0.77	5~25	纯铁笔	0.04~0.05	0.1
Al$_2$O$_3$ 单晶	Zr	300	0.17	5~25	纯铁笔	0.04~0.05	0.09
Al$_2$O$_3$ 单晶	Ti	180	0.5	1.0	铝球	0.45	0.26~0.38

表3-52 金属离子注入材料磨损率

材料	离子	能量/keV	注量 ×10^17/cm²	负载/N	摩擦副	磨损率/mm³·(N·m)⁻¹ 未注入	磨损率/mm³·(N·m)⁻¹ 注入
中碳钢	Mo	400	0.3	10~20	440C 钢笔	7×10^{-5}	1×10^{-5}
416不锈钢	Ti,Ti+B,Ti+C	75	2.0	20	注入钢304钢	—	100~300[①]
52100钢	Ti	190	5.0	—	金刚砂1~5μm	—	20~150[①]
H13钢	Ti	300	3.0	0.49	金刚石笔		10.4[①]
H13钢	Ti+N	300+100	2.0+2.0	0.49	金刚石笔		6.3[①]
H13钢	Mo	96	2.0	0.49	金刚石笔		2.0[①]
H13钢	W	75	2.0	0.49	金刚石笔		2.5[①]
440C	Pt	147	1.0	0.245	440C球		14.3[①]
440C	Ti	140	4.0	0.245	440C球		10.5[①]
440C	Ta	181	4.0	0.245	440C球		10.5[①]
304	Ti+C		2.0		316		165[①]
304	Ti+B		2.0		316		237[①]
Al₂O₃多晶	Ti	180	0.5	10	52100钢球	—	5[①]
Al₂O₃多晶	Ti	180	0.5	10	铝球	—	70[①]

注：①表示抗磨损增加倍数

表3-53 离子注入高循环疲劳寿命试验结果

材料	离子	能量/keV	注量 ×10^{17}/cm^2	应力幅度/MPa	实验方式	疲劳循环次数 未注入	疲劳循环次数 注入
AISI 1018 钢	N	150	2.0	345	悬梁旋转	10^6	2.5×10^6
AISI 1018 钢	N	150	2.0	345	悬梁旋转	10^6	1×10^8
4140 钢	N	100	2.0	400	悬梁旋转	8×10^3	8×10^4
304 不锈钢	Ti	200	2.0	—	悬梁旋转	—	—
纯铜	Ne	3000	5.0	—	—	6.1×10^6	9.6×10^6
多晶铜	O	120	0.5	120	伺服液压推位式	1.7×10^6	4.3×10^6
多晶铜	Al	100	500	100	伺服液压推位式	4×10^6	1×10^7
多晶铜	Cr	100	500	100	伺服液压推位式	4×10^6	8×10^6
Ti6Al4V	N	100	500	620		8×10^5	1.2×10^6
Ti6Al4V	C	75	2.0	620		8×10^5	5×10^6
Ni20Cr	C	125	2.0	700		1.5×10^5	2×10^6

表3-54 离子注入在提高金属材料性能上的部分应用实例

离子种类	母材	改善性能	适用产品
$Ti^+ + C^+$	Fe基合金	耐磨性	轴承,齿轮,阀,模具
Cr^+	Fe基合金	耐蚀性	外科手术器械
$Ta^+ + C^+$	Fe基合金	抗咬合性	齿轮
P^+	不锈钢	耐蚀性	海洋器件,化工装置
C^+, N^+	Ti合金	耐磨性,耐蚀性	人工骨骼,宇航器件
N^+	Al合金	耐磨性,脱模能力	橡胶,塑料模具
Mo^+	Al合金	耐蚀性	宇航,海洋用器件
N^+	Zr合金	硬度,耐磨性,耐蚀性	核反应堆构件,化工装置
Y^+, Ce^+, Al^+	超合金	抗氧化性	涡轮机叶片
Ti^+, C^+	超合金	耐磨性	纺丝模口
Cr^+	Cu合金	耐蚀性	电池
B^+	Be合金	耐磨性	轴承
N^+	WC+Co	耐磨性	工具,刀具

在金属材料性能改性方面,由于最近报道 MEVVA 源已开发出 48 种可提供的金属注入离子,因此有关这方面的探索与应用,特别是对金属材料的改性潜力是很大的。

(2)离子注入可提高陶瓷材料的硬度、抗弯强度、断裂韧性、改善摩擦性能和电学性能:陶瓷材料具有化学稳定性好(耐蚀、耐高温、耐氧化),强度高,摩擦系数低,体质轻等优异性能。而脆性大、韧性差不耐急冷急热等又是陶瓷材料最突出的缺点。陶瓷材料的力学性能与它的表面状况密切相关,离子注入可改变陶瓷材料的表层组织,结构应力状态等,从而提高陶瓷材料的力学性能。在改善陶瓷材料性能上主要是:

1)可增加硬度:陶瓷材料与注入条件有关,在注入量还未达到引起材料无序态值时,相对硬度随注入量的增大而加大。当注入量达到能形成无序态埋层时,其硬度则开始下降。而在注入层全部无序化时,其硬度会低于未注入区的硬度。表 3-55 是离子注入陶瓷层表面硬度的测量结果。实验结果表明:$3 \times 10^{16}/cm^2$ 的 Y 注入到 Al_2O_3 中硬度可增加 1.57 倍;$2 \times 10^{16}/cm^2$ 的 Ti 注入到 MgO 中,硬度可增加 2.3 倍;$3 \times 10^{16}/cm^2$ 的 Ti 注入到 ZrO 中,硬度可增加 1.6 倍;$1 \times 10^{17}/cm^2$ 的 Ni 注入到 TiB_2,硬度可增加 1.7~2.1 倍。

2)可引入表面压应力:注入到陶瓷材料表面的离子,在注入轰击、碰撞的过程中引入了大量的空位和间隙原子,会引起陶瓷材料表面体积的增大。如无序层体积可比其晶态体积大 30%(Al_2O_3),对 SiC 来说,无序态比其晶态体积大 30%~35%,因而在一定程度上降低了陶瓷材料表面在硬化过程中的剩余应力。

3)可使陶瓷材料抗弯强度提高,横向断裂强度得到改善:陶瓷的强度与表面状态密切相关。陶瓷工件的失效常发生在施加膨胀应力的周期性工件中,而往往又从表面开始,特别是表面出现流变或裂纹。而离子注入产生压缩应力,这是改善陶瓷强度的好

表 3-55 离子注入陶瓷层表面硬度

材 料	离 子	注入量, $\times 10^{16}/cm^2$	能量/keV	靶温/K	相对硬度[①]	测法	结构
Al_2O_3 (c 轴)	Cr	1~10	280	300	1.27~1.55	K-15	
	Cr	4	280	640	1.1	K-15	无序
	Cr	0.3	280	77	0.6	K-15	无序
	$Al+O_2$	4+6	90+50	77	0.45	ULL	
	Fe,Cu,Ti,W,Mo	1.5~4.0	多重	300	1.1~1.4	K-15	
	Ni	10	300	300	1.3	K-25	无序
a 轴	Ni	10	300	100	0.6	K-25	无序
	Y	3	300	300	1.57	K-25	
	Y	60	300	300	0.7	K-25	
	Ti	3.4	300	300	1.3	K-25	
	Cr	3.2	300	300	1.11	K-25	
MgO	Ti	2.0	300	300	2.3	K-10	
	Ti	35	300	300	0.8	K-10	无序
	Cr	6	300	300	2.0	K-10	无序
ZrO	Al	1	190	300	1.28	K-50	
(Y-FSZ)	Al	40	190	300	0.83	K-50	无序
	Ti	3	400	300	1.6	K-10	无序
TiB2 烧结	Ti	10	400	300	0.9	K-10	
	Ni	10	1000	300	1.7~2.1	K-15	
SiC(c 轴)	Cr	0.04	280	300	1.2	K-15	无序
	Cr	0.2	280	300	0.55	K-15	无序
	N_2	80	80	300	0.37	V-25	无序
SiC(烧结)	Ar	1.0	800	300	0.5	V-100	超低

注: ①相对硬度指离子注入表面硬度与未注入表面硬度之比; 测量方法: K——努氏硬度, V——维氏硬度, ULL——超低负载, 数字表示测量用的载荷克数

方法，其虽仅在陶瓷表面薄层改性，但对陶瓷的体特性影响较大。把 Ar 和 N 离子注入蓝宝石条和多晶 Al_2O_3，注入靶温 300K，对单晶 Al_2O_3，抗弯强度增加 60%，对多晶 Al_2O_3 抗弯强度增加 15%，用 Mn 离子注入蓝宝石，负载为 0.49N 时，注入 Mn 离子样品的抗弯强度是未注入的 2 倍。

4) 可使陶瓷材料断裂韧性增加：陶瓷脆性大，易碎，失效往往从"伤痕处"发生，用离子注入到 Al_2O_3 中，可使压痕破裂韧性 K_c 提高 15%～100%，在 300 keV 能量下，剂量为 $1\times10^{17}/cm^2$ 的 Ni 离子（靶温为 300 K 时）注入到 Al_2O_3 中，相对破裂韧性 K_c 提高 80%，在靶温为 100 K 时，注入层形成无序态，相对破裂韧性 K_c 增加 100%。若把离子注入 SiC，在未形成无序态时破裂韧性 K_c 可提高 32%。无序层出现后，其破裂韧性 K_c 可提高 20%～28%，离子注入 TiB_2，可使破裂韧性 K_c 提高 80%～100%。

5) 可改善陶瓷材料的摩擦性能：这主要是因为离子注入陶瓷表面后，改变了陶瓷材料表面的摩擦系数（μ），注入后形成无序层时，摩擦系数值最低。因此高的离子注入量是有效的。而较低的离子注入量，因压缩压力的增强，而降低了磨损率，如 SiC 晶体的摩擦系数为 0.5，当离子注入后形成的无序层的摩擦系数仅为 0.3。对 Ti 或 Ni 注入的 Si_3N_4，其摩擦系数为 0.09。Ti 或 Ni 注入的 ZrO 摩擦系数分别为 0.09 和 0.06。

6) 可使陶瓷材料电学性能得到改善：随着离子注入量的增大，空穴性高电荷态中心向低电荷态转化，如把 Fe 离子注入到 MgO 中，Fe^{3+} 将转化到 Fe^{2+} 态。这种向低电荷态的转化，将增加导电性，并最终使金属态 Fe^0 成分增加，甚至析出注入金属元素的金属颗粒，使陶瓷导电电阻大幅度下降，经研究表明，把 Fe 注入到 MgO，随注入量的增加，电阻率可下降 4 个数量级；随 Fe 注入量的增加，激活能可从 0.47 eV 下降到 0.16 eV。

(3) 有机聚合物材料：用离子注入可以提高有机聚合物的导

电性，耐蚀性，抗氧化等性能。这是因为离子注入过程中，使聚合物的表面断链，交联，石墨化。也可形成类金刚石或 SiC 表面，产生自由基，挥性气体的逃逸等。一个直接的表现是分子量分布及溶解度的变化，它与注入层中由离子注入沉积的能量多少有关。在研究有机聚合物材料离子注入改性中，离子能量为 10^3 eV ~ 10^6 eV 量级，注入剂量 10^{14} ~ $10^{17}/cm^2$。在低剂量时，可检测到链的交联和断开；中等剂量时，注入层显示出类似于含氢无定形碳的性质；在极高剂量时，注入层变石墨化。

1) 离子注入可降低有机聚合物的电阻：在离子注入过程中，激烈的原子碰撞，引起大分子的裂解，形成数量众多的小分子，有些小分子易挥发离开母体，如 H_2、CH_4、C_3H_3、C_6H_6、C_8H_8 等，形成了不可逆的结构变化，其中氢的损失量最大，形成了导电的石墨化表面。离子注入可使聚合物的表面电阻下降 4 ~ 14 个数量级。如离子注入聚苯硫醚(PPS)，电导率提高 14 个数量级。注入聚合物的电阻随不同注入离子种类虽有不同，但其电阻率的变化趋势是相同的，随注入量的增加，电阻率下降并达到饱和值；高能离子注入引起的饱和值比低能的低几个数量级，晶态聚合物的电阻率饱和值比无序态的饱和值低很多。

2) 离子注入可提高有机聚合物的硬度和抗磨损特性：这主要是因为离子注入后，在聚合物中形成新的结构，诸如聚合石墨化，类金刚石，SiC 结构和三维网形成等。聚合物结构的复杂性对表面硬度有重要的影响。把 B 离子分别注入到聚乙烯(PE)和聚苯乙烯(PS)后，其硬度分别增加 6.8 倍和 22.6 倍。用 2MeV 能量的 Ar 离子注入到聚羟基二联苯，其表面硬度是不锈钢的 4.2 倍。

3) 离子注入可提高有机聚合物的抗化学腐蚀，抗氧化特性：如把 Ar 离子和 Zr 离子分别注入到 PS 膜和 PC 膜，形成高交联的聚合物，在苯液中不会溶解，提高了 PC 膜，PS 膜的化学稳定性，这一特性对工具或工件保护很有价值。又如太阳能电池用的衬底聚合物,用 200 keV 的 B 离子或 300 keV 的 N 离子注入到聚羟基二联苯膜,其抗氧化性能得到明显改善。把 F 离子注入到导电聚合物薄膜具有抗氧化的性能,把注入后的聚合导电薄膜在空气中放置一年,其结构和导电性仍保持不变,而未注入 F 离子的导电薄膜一年后被氧化变脆。

(4)离子注入改善了磁泡材料的性能:磁泡材料是存储器和显示器的核心材料。目前超大规模集成电路磁性存储器利用了离子注入技术改善了磁泡材料的性能。诸如,在磁性存储材料中存在的硬磁泡,它不受电磁信号控制,严重影响存储性能。通过离子注入可使硬磁泡效应得到抑制。经离子注入后,引入的损伤层形成压应力层,使磁膜具有负磁滞收缩特性,将引起磁性的各向异性,因而补偿了由于生长而引起的非轴向的各向异性,在磁膜的表面形成平行于表面的磁分量,并以罩的形式包容着磁膜的出现,明显降低了硬磁泡所需的磁场强度,其结果是抑制了这种硬磁泡效应。其中离子的注入量十分关键,注入量太少,使注入层中损伤密度低,不足以产生平行的磁分量,注入量过大,又会导致磁膜严重破坏。用 200 keV 能量的 Ne 离子注入钇石榴石单晶薄膜,其最佳注入量为 $2 \times 10^{14}/cm^2$,H 离子的最佳注入量要高些,Fe 离子的最佳注入量略低。

(5)在其他材料方面的应用:如离子注入可改变玻璃的折射率,引起玻璃的透射和反透射的变化,已发现用 $2 \times 10^{17}/cm^2$ 的剂量,把 Ti,N 离子注入到玻璃,大大提高了玻璃对阳光,特别是对红外线的反射率。把 O,N 离子注入到玻璃,可改变玻璃对水的亲和性,若用接触角来表征,大大增加了接触角;若用 Ar 离子注入玻璃,则又减小了接触角。在石英玻璃中,因离子注入引起的损伤,导致损伤区的折射率高于其周围的未损伤区,而成为光玻导的腔壁。用离子注入加上电化学腐蚀,制备多孔硅和多孔碳化硅的发光薄膜，有关这类制备发光材料层的研究还在不断进行，还可把离子注入到高温超导薄层器件，以起隔离作用的尝试也都在进行研究。由于离子注入可以使改性的表面层与基体间无明显的界面，这就保证了改性表面层与基体的牢固结合。

从发展到今天的情况看，离子注入的许多独特的优势，诸如能量密度高，可控性好，加工精细等，都还有很大的潜力。从最新的报道，已可提供的48种(Li、C、Mg、Al、Si、Ca、Sc、Ti、V、Cr、Mn、Fe、Co、Ni、Cu、Zn、Ge、Sr、Y、Zr、Nb、Mo、Pd、Ag、Cd、In、Sn、Ba、La、Ce、Pr、Nd、Sm、Gd、Dy、Ho、Er、Yb、Hf、Ta、W、Ir、Pt、Au、Pb、Bi、Th、U)元素离子看，就很值得科技工作者做大量的研究、探索和应用。特别在实现新材料设计，在改善沉积膜机械、化学粘合特性，在配制二元、三元、多元合金，化合物和多层纳米膜时，除了对离子能量选择研究外，还有多层膜间的原子充分混合，膜/基间界面原子混合(增强膜/基结合)上应取得更多、更新的成果，以推动薄膜产业与应用的发展。此外，在双离子束和多离子束系统所形成离子束清洗、抛光、溅射与沉积，材料迁移，改性与混合，新材料的合成等等，会再一次把离子注入与材料表面改性推向新的阶段。特别用离子注入技术来研究薄膜的含气，应力，离子强化与扩散，低能离子注入，薄膜的微结构，晶粒的演变，超晶格结构，多层膜，多相材料等方面将会在新世纪的头十年中，展示出丰富、新颖的研究成果和更多的在高新技术领域中的应用。

3.5.5.8 离子束技术进展展望

由于这种独具特色的离子注入精确可控，不改变加工尺寸和无界面影响，特别在应用发展上适用于精密工模具的表面优化处理。

对于膜层性能而言，离子注入又能很好地改善沉积膜层的机械性能、化学特性和粘合特性。这对开发工艺，提高膜层性能，特别是粘合性能，意义深远。

现今，离子注入或者说多功能离子束技术在与其他薄膜表面沉积技术相结合发展中，尤其在提高膜层性能上，丰富薄膜沉积技术上，体现在：

(1) 离子溅射、离子混合和薄膜沉积技术方面：最为突出的是在薄膜沉积的设备中加上离子束，使沉积过程中伴随离子束轰击，增强了沉积原子能量和纵向与横向的运动能量，减少膜层内空洞的形成，同时通过轰击衬底表面，又可将离子注入到衬底，形成过渡层，增强了膜/基结合力。在提高膜层的抗腐蚀性能(包括抗气蚀)、抗氧化性能，提高抗磨损和自润滑性能上，特别优异。

(2) 全方位离子注入与沉积技术的结合，使沉积过程中伴有高能离子注入，边沉积，边注入，得到了十分明显的改性效果。而且还特别适宜于复杂形状的大工件沉积。近年来，"渗镀—沉积—注入"机的问世，特别体现出来，这类设备已有可处理质量1.4 t、复杂的塑料注塑模具；改善了用于集成电路板加工的渗 Co 的 WC 钻头，提高 TiN 工具、冲模、模具的使用寿命，使沉积的车刀使用寿命提高 8 倍，抗沙尘磨损特性提高 2.5 倍。

(3) 离子注入与离子镀技术结合，沉积多层的纳米薄膜性能优异。如在离子镀的沉积室中，加上离子束，把工件放置在 3 维卫星型转架上，转速为 1.5~8r/min，沉积室中安放 4 个矩形阴极，一侧安放 2 对阴极，如 TiAl(各 50%) 和 V(99.8%)。沉积时，通入 Ar 和 N_2 混合气。当工件对准 TiAl 阴极时，沉积 TiAl 膜；继而对准 V 阴极时，沉积 VN 膜，旋转一周，可沉积 2 层 TiAlN/VN 薄膜。TiAlN/VN 多层纳米薄膜就可这么方便沉积制备；而且，在沉积前，还可先用离子束对工件表面进行清洗和离子注入，增强膜/基结合力。制备的这类纳米多层膜，具有超高的硬度(TiAlN/VN, 5600 HV)。而且膜层结构致密，韧性好；膜/基结合力一般可达

70N,最高可达 140N。又如用此法沉积的 TiAlN/CrN 超晶格膜,在最佳周期 3.6 nm 时,硬度高达 5500 HV。虽然离子束和多层纳米膜沉积技术发展较晚,但其进展和发展趋势业已表明:所得到的沉积膜层具有更独特的特性。值得指出的是:离子束技术也是当今纳米微细加工技术中重要的关键工艺技术,特别在微机电产品(MEMS)这一新兴的高技术领域中,已提供了技术支撑。预料,离子束技术将会在材料表面纳米化工程中有更大的发展空间。在未来创建新的工艺表面工程工业应用中,将起到其他技术无法达到的效果;在改造传统工艺中必将取代低效率,高能耗,高污染的老传统工艺;在建立新的环保型绿色工业,在国民经济和国防建设应用上发挥更大的作用。

参 考 文 献

[1] 赵玉清. 电子束与离子束技术. 西安:西安交通大学出版社,2002
[2] 张通和,吴瑜光. 离子束材料科学和应用,北京:科学出版社,1999
[3] Zhang Tonghe, Zhang Huixing, Ji Chengzhou, et al, Industrialization of MEVVA Source ion implantation. Surface and Coatings Technology, 2000. B128~129:1~8
[4] 张通和. 离子注入. 李金桂主编. 现代表面工程设计手册. 北京:国防工业出版社, 2000. 368~378
[5] LeXY, HanJG, BaegSH, et al, Characternitation of WC – CrAlN hetero – structure of tained using a cathodic are ion plating process. Surface and Coatings Technology, 2003. 429:179~185
[6] 张通和,吴瑜光编著. 离子束表面工程技术与应用. 北京:机械工业出版社, 2005. 10~13
[7] 戴达煌,周克崧,袁镇海等编著. 现代材料表面技术科学. 北京:冶金工业出版社, 2004. 193, 203~205, 210~233, 236~245, 248~280, 286~301

[8] 钱苗根主编. 材料表面技术及其应用手册. 北京：机械工业出版社，1998. 645~655, 662~681, 683~685, 688, 698
[9] 徐滨士，刘世参主编. 中国材料工程大典(16卷). 北京：化学工业出版社，2006. 645~647
[10] 邸柏林. 论等离子体在表面技术中的应用. 表面技术. 1995, 24(1)：1~5
[11] 黄锡森. 金属真空表面强化的原理与应用. 上海：上海交通大学出版社，1989. 39
[12] 樊东黎. 等离子化学热处理的进展·我国热处理的现状和未来. 中国热处理协会，1994：27~40
[13] 谢红希，戴达煌，胡佑埘. 铝型材挤压模具离子复合处理工艺研究与应用. 广州有色金属研究院鉴定会报告，1990
[14] 侯惠君，谢红希，黄绍江. 35CrMo钢制长轴的离子氮化工艺研究. 广州有色金属研究院学术年会论文，1997
[15] R F Bunshan, C Deshpandy. Surface Processing with Partially Ionized Plasmas. Vaccum, 1990, 41：2190
[16] Shixu, et al. Thermal Relidfy of Stress in Suttered Refractory Metals and Componds. Thin Solid Film, 1994, 238：54
[17] Chen Sumei. Plasma-enhanced Chemical Vapor Depostion of Molybdenum. Surface Engineering, 1992, 3：261
[18] A Erdemic, C C Chen. Nucleation and Growth Mechanisms in Ion-plated TiN Film on Steel Substrate. Surface and Coating Technology, 1990, 41：285~293
[19] 周克崧，戴达煌. 中国表面工程与技术发展现状及展望. 中国工程院中国材料发展现状及迈入21世纪对策第三次学术研讨会. 广州，1998
[20] 戴达煌，胡佑埘，吕帝康等. 钛材离子氮化工艺对组织结构和性能的影响. 钛科学与工程. 长沙：中南工业大学出版社，1991. 649~653
[21] 胡佑埘，戴达煌，王秦晋等. 高压防硫采气井口用新型平板阀的研制与应用. 钛科学与工业. 长沙：中南工业大学出版社，1991. 649~653
[22] 徐滨士. 现代表面新技术与工程. 北京：国防工业出版社，2002. 290~291

[23] 曲敬信,汪泓宏主编. 表面工程手册. 北京:化学工业出版社,1998. 282~285,431-441,494~505
[24] 陈西善,柳襄怀. 离子注入表面改性. 钱苗根主编. 材料表面技术及应用手册. 北京:机械工业出版社,1998. 697~698
[25] 胡传炘主编. 表面技术处理手册. 北京:北京工业大学出版社,1997. 666-668,733~736
[26] Brown I G, et al. A Broad Beam, High Current Metal – ion Implantation Facility. Nucl Inst Meth. 1991, B55: 506~510
[27] Dearnaley G. Nuclear Instruments and Methods. 1990, B50: 358
[28] 许强龄等. 现代表面处理新技术. 上海:上海科学技术文献出版社,1994
[29] (美)T S Sudarshan. 表面改性技术工程师指南. 范玉殿等译. 北京:清华大学出版社,1992. 219
[30] 戴达煌,周克崧,袁镇海. 机械功能薄膜与装饰功能薄膜. 李金桂主编. 现代表面工程设计手册. 北京:国防工业出版社,2000. 568~570
[31] 戴达煌,孙洪志. 先进有色金属材料及制备技术. 中国材料发展现状及迈入新世纪对策咨询项目——有色金属材料发展现状及迈入新世纪对策咨询研究组. 西安:陕西科学技术出版社,2000. 229~230

第4章 薄膜化学气相沉积技术

4.1 概述

化学气相沉积（Chemical Vapor Deposition，简称 CVD）是利用气态的先驱反应物，通过原子分子间化学反应的途径生成固态薄膜的技术。通常情况下，CVD 过程有：反应气体到达基材表面；反应气体分子被加热的基材表面吸附，在基材表面产生形核的化学反应；生成物从基材表面脱离；生成物从加热的基材表面扩散形成结晶中心，使薄膜生长；没有反应的气体等被输运到沉积反应室外。

从工艺需要看，化学气相沉积（CVD）基本组成有初始气源及其供给系统、沉积反应加热室、真空及废气排放系统和电源控制系统等。

使用的混合气体主要是惰性气体（如 Ar）、还原气体（如 H_2）和反应气体（如 N_2、CH_4、CO_2、水蒸气、NH_3）等。有时也常用在室温下有高蒸汽压的液体，诸如 $TiCl_4$、$SiCl_4$、CH_3SiCl_3 等等，把这类液体，加热到一定温度（<60℃）通过载体氢、氩与起泡的液体，从供气系统中把上述蒸汽带入沉积反应室，也有把固态金属或化合物转变成初始气体，如气化铝就通过金属铝与氯气或者盐酸蒸汽反应而形成。

当混合气体导入沉积反应室后，反应室通过发热体（电阻丝、碳化硅棒、石墨）或感应加热，使沉积室中达到要求沉积反应的温度。若反应室壁的温度相当低时，称为冷壁 CVD；当用外加热源加热反应室壁,热流再从反应室壁辐射到基体或工件,称为热壁CVD。反应气体从沉积反应室排出,须经气体排放处理系统,去除废气中的有害有毒成分,去除固体微粒,在进入大气前将其冷却。这套系统的结构简单与复杂程度,取决于混合气体的毒性、有害成分和安全要求。因在高温气体中包含了许多反应物质,这些反应物质,有时会带有腐蚀性(如 $TiCl_4$ 分解后的 Cl^-),因此在真空泵前,为防止气体微粒的浸蚀,须加冷阱,以提高真空泵的使用寿命。图4-1是化学气相沉积设备的工艺流程示意图。工艺操作上,先把被处理的工件预先清洗干净后装炉。抽真空后,使工件处于高纯度氢气中。通过加热,去除残余在工件表面的氧化物,使工件表面进一步活化。工件表面活化后,通保护

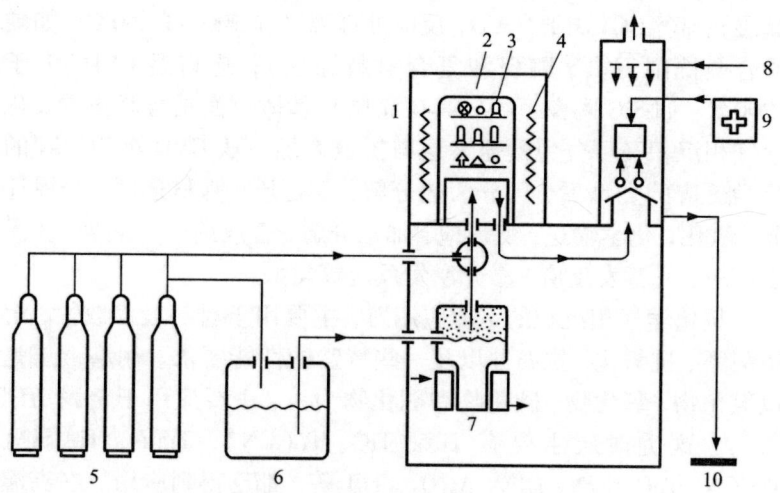

图4-1 CVD设备的工艺流程图

1——加热炉;2——反应炉;3——工件;4——加热元件;
5——高纯度气体;6——金属卤化物;7——蒸发器;
8——气体洗净装置;9——中和剂;10——排水

气体入工作室，并升温，加热达到预定沉积温度时，即进行反应沉积处理。处理中，控制气体流量与导入的金属卤化物之间的混合、反应温度、处理时间等工艺参数进行膜层的沉积。在膜层沉积过程中，排出的气体（如 HCl）经淋水气体洗净装置中和、除水后达到排放标准后再排放。沉积处理完后，通过水冷，使工作室冷却，达到卸炉温度后便可取出被涂覆处理好的工件。

从沉积化学反应能量激活看，化学气相沉积技术可分为热 CVD 技术、等离子辅助化学气相沉积体技术（PECVD）、激光辅助化学气相沉积技术（LCVD）和金属有机化合物沉积（MOCVD）技术等。从沉积化学反应温度来看，又可分为低温沉积（<200℃，如用高频等离子激活 CVD 和微波等离子激活 CVD）；中温 CVD（MTCVD 反应处理温度为 500~800℃，如硬质合金刀具沉积耐磨涂层）；高温 CVD（HTCVD，反应处理温度在 900~1 200℃，如硬质合金铣削刀具、陶瓷和复合材料涂层）；超高温 CVD（大于 1200℃，如 SiC 陶瓷）。从 CVD 涂层与基体界面结合状态看，化学气相沉积又可分为覆盖表层与扩散表层。从 CVD 沉积原理的化学反应的类型看，可分为热分解，氢还原，基材还原，金属还原，氧化，化学输送，氨反应，加水分解，合成反应，等离子体激发反应，光激发反应，激光激发反应等类型。

从化学气相沉积的工业应用看，主要用于材料表面改性，解决耐磨、抗氧化、抗腐蚀以及一些特殊的性能要求。耐磨镀层是以氮化物、氧化物、碳化物和硼化物为主，主要应用于金属切削刀具。这类镀层主要有 TiN、TiC、Ti(CN)、TiSiN、TiAlSiN、TiSiCN、TaC、ZrN、HfN、Al_2O_3、TiB_2 等，都已得到应用。在高温应用镀层上，主要是镀层的热稳定性。高分解温度的难熔化合物，比较适合于高温环境应用。有时，应用中还要考虑环境影响。如在真空和惰性气氛下使用，问题不大。涉及到反应性气氛，就须考虑它的氧化和化学稳定性。这样就可选用难熔化合物

第4章 薄膜化学气相沉积技术

和氧化物的混合物。除此之外，还有相容的热膨胀特性和强度，如环境有经常性的热震，选择难熔金属硅化物和过渡金属铝化物。这类应用包括火箭喷嘴、加力燃烧室部件、返回大气层的锥体、高温燃汽轮机热交换部件和陶瓷汽车发动机缸套、活塞等。

化学气相沉积在开发新材料方面也很有意义。诸如在陶瓷中加入微米的超细晶须，可使复合材料的韧性明显改善。化合物晶须可用化学气相沉积法来生产。在已经沉积生产出的 Si_3N_4、TiC、Al_2O_3、TiN、Cr_3C_2、SiC、ZrC、ZrN、ZrO_2 晶须等。使研究晶须在复合材料中的应用成为现实。

化学气相沉积是一种在沉积金属和化合物涂镀层中极为有用的薄膜沉积技术，和其他薄膜沉积技术相比，它的优点是：

(1)设备简单，操作维护方便，灵活性强，只需把原料作些改变，便可沉积制备性能各异的单一或复合镀层。

(2)适合涂镀各种复杂形状的部件，特别对涂镀带有盲孔、沟、槽的工件。

(3)涂镀层致密均匀，可以较好地控制镀层的密度、纯度、结构和晶粒度。

(4)因沉积温度高，涂镀层与基体结合强度高。

与物理气相沉积(PVD)法相比，从工艺上讲它最突出的缺点是沉积工艺温度太高(一般 900~1200℃)，被处理的工件在如此高的温度下，会变形，会出现基体晶粒长大，会出现基材性能下降。因此，有时要在沉积后增加热处理工艺来加以补救，特别是对于工具钢刀具、模具钢的处理，就显得逊色。为降低一般 CVD 法的沉积工艺温度，一直是 CVD 法改进提高的重要方向。目前主要的方法有：

(1)等离子体活化：即利用电磁的激发作用，使进入等离子区的反应气体经电子和分子之间的碰撞而分裂成原子状态，其中一部分被离化。这种利用电磁激发的能量取代热能活化，明显地降低了沉积过程的反应温度。如用 $TiCl_4$ 和 CH_4 在加热活化沉积 TiC 涂镀层是在 900~1 050℃，而采用等离子活化，可降低沉积温度至 500~600℃。这样就可沉积制备带涂镀层的高速钢刀具。

(2) 通过光和激光产生化学激发：光化学激发是反应气体吸收了该气体分子特征波长的光和光子向处于受激发状态或发生光照分解，促使沉积反应温度下降。如用 CO_2 激光来激发反应气体 BCl_3，可使工件的沉积温度降低，而且沉积速率提高。

(3) 选择合理的反应气体：如沉积 SiN 涂镀层时，用 SiH_4 - N_2H_4 - H_2 比用 SiH_4 - NH_3 - H_2 的沉积温度低。沉积 WC 涂镀层时，用 WF_6 - C_6H_6 - H_2 比用 WCl_6 - C_6H_6 - H_2 的沉积温度低。

(4) 采用有机金属化合物：因有机金属化合物具有金属和非金属原子间的化学结合力较弱的特点，能在比较低的温度下分解沉积。如用 $Ni(CO)_4$、$W(CO)_6$ 等金属羰基化合物，可在 600℃ 以下沉积出金属和金属碳化物。用二烃基胺沉积 Ti、Zr、Nb、TiN、ZrN、NbN 和用钇的四甲基庚二烷的螯合物等沉积 Y_2O_3 涂镀层都可降低沉积温度。

正因为化学气相沉积温度的下降，使用化学气相沉积的工艺应用范围就不断扩大。从目前情况看，适宜高温化学气相沉积（HTCVD）方法的材料是超硬材料、高铬工具钢、不锈钢和耐热钢等。适宜中温化学气相沉积（MTCVD）方法的材料是超硬材料、各种钢、陶瓷材料、金属间化合物、铜和铜合金、耐热耐磨硬质合金、烧结金属等。当然，对于 600℃ 以下的低温 CVD 沉积，其适宜的材料更为宽广。在全球范围内，当今化学气相沉积已经形成一个举足轻重的产业，目前，仅美国其市场规模就达数十亿美元。

本书考虑的重点是在现代表面技术上，它是以等离子体、电子束、激光束、离子束、微波等先进科学技术的成就为基础。因此，在化学气相沉积技术上，不再讲述普通的、一般的化学气相沉积技术，而重点讲述与等离子体、激光束、微波等先进技术密切相关的先进的等离子辅助化学气相沉积技术、激光化学气相沉积技术、有机化合物化学气相沉积技术、微波等离子体化学气相沉积技术以及分子束外延技术和用化学气相沉积金刚石膜的技术等内容。

4.2 等离子体增强化学气相沉积技术

4.2.1 等离子体增强化学气相沉积技术中等离子体的性质和特点

4.2.1.1 等离子体的性质

等离子体增强化学气相沉积等离子的性质（PECVD：Plasma Enhanced CVD）或等离子体辅助化学气相沉积（PACVD：Plasma Assisted CVD）是依靠等离子体中电子的动能去激活气相的化学反应。由于等离子体是离子、电子、中性原子和分子的集合体，在宏观上呈电中性。在等离子体中，大量的能量存储在等离子体的内能之中。等离子体分为热等离子体和冷等离子体。PECVD系统中是冷等离子体。它是通过低压气体放电而形成。这种在几百帕以下的低气压下放电所产生的等离子体是一种非平衡的气体等离子体。

这种等离子体性质是：①电子和离子的无规则热运动超过了它们的定向运动；②它的电离过程主要是由快速电子与气体分子碰撞引起；③电子的平均热运动能量远比重粒子如分子、原子、离子和自由基等粒子的运动能量高 1~2 个数量级；④电子和重粒子碰撞后的能量损失可在两次碰撞之间从电场中补偿。

由于 PECVD 系统中是低温的非平衡的等离子体，其电子温度 Te 和重粒子的温度 Ti 并不相同，很难用较少量的参量来表征一个低温非平衡等离子体。

但在 PECVD 技术中，等离子体的首要功能是产生化学活性的离子和自由基。这些离子和自由基与气相中的其他离子、原子和分子发生反应或在基体表面引起晶格损伤和化学反应,其活性物质的产额是电子密度、反应剂浓度及产额系数的函数。也就是说,活性物质的产额取决于电场强度、气体压强以及碰撞时粒子的平均自由程。由于等离子体内的反应气体因高能电子的碰撞而离解,使化学反应的激活位垒得以克服,可使反应气体的温度降低。PECVD 与常规 CVD 主要区别是在于化学反应的热力学原理不同。在等离子体中气体分子的离解是非选择性的。所以,PECVD 沉积的膜层与常规的 CVD 完全不一样。PECVD 产生的相成分可能是非平衡的独特成分,它的形成已不再受平衡动力学的限制。最典型的膜层是非晶态。

4.2.1.2 等离子体增强化学气相沉积的特点

(1)优点

1)沉积温度低。表 4-1 是一些膜层沉积中等离子体增强 CVD 与热 CVD 典型的沉积温度范围。

表 4-1 等离子体增强 CVD 与热 CVD 典型的沉积温度范围

沉积薄膜	沉积温度/℃	
	热 CVD	等离子体辅助 CVD
硅外延膜	1 000 ~ 1 250	750
多晶硅	650	200 ~ 400
Si_3N_4	900	300
SiO_2	800 ~ 1 100	300
TiC	900 ~ 1 100	500
TiN	900 ~ 1 100	500
WC	1 000	325 ~ 525

从表 4-1 中所示的等离子体辅助 CVD 沉积温度下,采用热 CVD 是根本不会发生任何反应。这是因为等离子体辅助 CVD 不

第4章 薄膜化学气相沉积技术

是靠气体温度使气体激发、离解，而是靠等离子体中电子的高能量。在辉光放电所形成的等离子体的电子温度能量在 $1 \sim 10$ eV，完全可打断气体原子间的化学键，使气体激发和离解，形成高化学活性的离子和各种化学基团（原子团）。

2）降低因膜/基材料热膨胀系数不匹配所产生的内应力。

3）沉积速率提高。这是因为多数的 PECVD 在辉光放电中所用的压力比较低，从而增强了反应气体与生成气体产物穿过边界层，在平流层和衬底表面之间的质量输运，同时膜层厚度的均匀性也得到改善。特别是低温沉积利于获得非晶态和微晶薄膜。

（2）缺点

1）在等离子体中，电子能量分布范围宽。除电子碰撞外，其离子的碰撞和放电时产生的射线作用又可产生新的粒子。从这一点上看，等离子体 CVD 的反应未必是选择性的，有可能存在几种化学反应，致使反应产物难以控制。有些反应机理也难以解释清楚。所以采用等离子体 CVD 难以获得纯净的物质。

2）因沉积温度低，反应过程中产生的副产物气体和其他气体的解吸进行得不彻底，经常残留沉积在膜层之中。在氮化物、碳化物、氧化物、硅化物的沉积中，很难确保它们的化学计量比。如在用此法沉积 DLC 膜（类金刚石）时，存在着大量的氢，对 DLC 膜的力学、电学、光学性能有很大影响。

3）对某些脆弱的衬底易造成离子轰击损伤。如对Ⅲ～Ⅴ族、Ⅱ～Ⅵ族化合物半导体材料。特别在离子能量超过 20 eV 时，就特别不利。

4）相对一般 CVD 而言，等离子体辅助 CVD 设备相对较为复杂，价格相对较高。

对其优缺点相比，等离子体增强 CVD 的优点是主流。现正获得越来越广泛的推广应用。在 PECVD 技术中，最广泛的是用于电子工业。表 4-2 列出了用 PECVD 技术的沉积的一些膜层材料。

表 4-2 PECVD 技术沉积的膜层材料

材料	沉积温度 /K	沉积速度 /(cm·s^{-1})	反应物
非晶硅	523~573	10^{-8}~10^{-7}	SiH_4,SiF_4-H_2,$Si(s)-H_2$
多晶硅	523~673	10^{-8}~10^{-7}	SiH_4-H_2,SiF_4-H_2,$Si(s)-H_2$
非晶锗	523~673	10^{-8}~10^{-7}	GeH_4
多晶锗	523~673	10^{-8}~10^{-7}	GeH_4-H_2,$Ge(s)-H_2$
非晶硼	673	10^{-8}~10^{-7}	B_2H_6,BCl_3-H_2,BBr_3
非晶磷	293~473	$\leqslant 10^{-5}$	$P(s)-H_2$
As	<373	$\leqslant 10^{-6}$	AsH_3,$As(s)-H_2$
Se,Te,Sb,Bi	$\leqslant$373	10^{-7}~10^{-6}	$Me-H_2$
Mo,Ni			$Me(CO)_4$
类金刚石	$\leqslant$523	10^{-8}~10^{-5}	C_nH_m
石墨	1073~1273	$\leqslant 10^{-5}$	$C(s)-H_2$,$C(s)-N_2$
CdS	373~573	$\leqslant 10^{-6}$	$Cd-H_2S$
GaP	473~573	$\leqslant 10^{-8}$	$Ga(CH_3)-PH_3$
SiO_2	$\geqslant$523	10^{-8}~10^{-6}	$Si(OC_2H_5)_4$,SiH_4-O_2,N_2O
GeO_2	$\geqslant$523	10^{-8}~10^{-6}	$Ge(OC_2H_5)_4$,GeH_4-O_2,N_2O
SiO_2/GeO_2	1273	~3×10^{-4}	$SiCl_4-GeCl_4-O_2$
Al_2O_3	523~773	10^{-8}~10^{-7}	$AlCl_3-O_2$
TiO_2	473~673	10^{-8}	$TiCl_4-O_2$,金属有机化合物
B_2O_3			$B(OC_2H_5)_3-O_2$
Si_3N_4	573~773	10^{-8}~10^{-7}	SiH_4-H_2,NH_3
AlN	$\leqslant$1273	$\leqslant 10^{-6}$	$AlCl_3-N_2$
GaN	$\leqslant$873	10^{-8}~10^{-7}	$GaCl_4-N_2$
TiN	523~1273	10^{-8}~10^{-6}	$TiCl_4-H_2+N_2$
BN	673~973		$B_2H_6-NH_3$
P_3N_5	633~673	$\leqslant 5\times10^{-6}$	$P(s)-N_2$,PH_3-N_2
SiC	473~773	10^{-8}	$SiH_4-C_nH_m$
TiC	673~873	10^{-8}~10^{-6}	$TiCl_4-CH_4(C_2H_2)+H_2$
GeC	473~573	10^{-8}	
B_xC	673	10^{-8}~10^{-7}	$B_2H_6-CH_4$

4.2.2 射频等离子体化学气相沉积(RF-PCVD)技术

4.2.2.1 装置

以射频(RF)辉光放电的方法产生等离子体的化学气相沉积装置，称为射频等离子化学沉积装置。一般射频放电有电感耦合与电容耦合两种。在选用管式反应腔体时，这两种耦合电极均可置于管式反应腔体外。在放电中，电极不会发生腐蚀，也不会有杂质污染，但往往需要调整电极和基片的位置。这种结构简单，造价较低，不宜用于大面积基片的均匀沉积和工业化生产。比较普遍的是在反应室内采用平行圆板形的电容耦合方式。这种结构的电容耦合射频功率输入，可获得比较均匀的电场分布。

在平板形的电容耦合系统中，图4-2是平板形反应室的截面

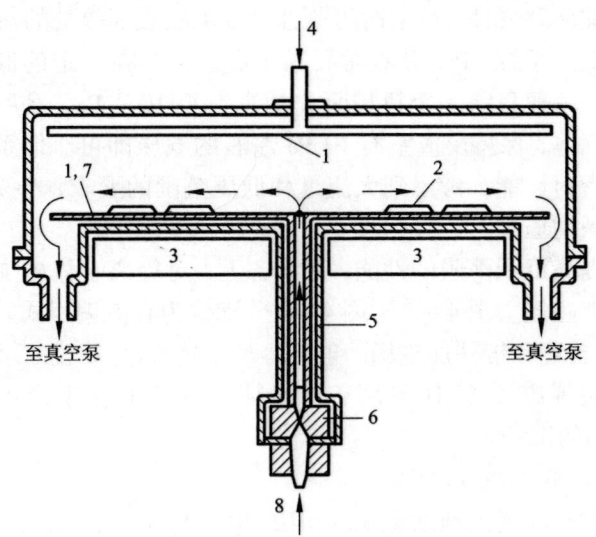

图 4-2　平板形反应室的截面图
1——电极；2——基片；3——加热器；4——RF输入；
5——转轴；6——磁转动装置；7——旋转基座；8——气体入口

图。反应室的外壳，一般用不锈钢制作，直径也可作得比较大。反应室圆板电极可选用铝合金，其直径比外壳略小。基片台为接地电极，两极间距离较小，一般仅几厘米，这与输入射频功率大小有关。一般来说，极间距只要大于离子鞘层，即暗区厚度的 5 倍，能保证充分放电即可。基片台可用红外加热。下电极可旋转，以便于改善膜厚的均匀。底盘上开有进气、抽气、测温等孔道。

电源通常采用功率为 50 W 至几百瓦，频率为 450 kHz 或 13.56 MHz 的射频电源。

在气源和气路上，由于工艺和沉积薄膜要求的不同，需选用各种不同的化学气体和反应气体。如在沉积 SiN 薄膜时，常选用硅烷和氨或氮气。各种气体分别经由各自的流量计、流量控制器然后汇入反应室。若要稀释反应气体和沉积前需对反应室净化，则可另加两路气体，放电时可刻蚀去除电极表面等处的沾染物。

对真空系统，PCVD 技术要求不高。只要在一定的低压下工作就行。一般只需一个机械泵先抽真空至 10^{-1} Pa，然后接着充入反应气体，保持反应室有 10 Pa 左右的气压即可。但系统要有良好的密封性能。考虑到大流量和低压范围的要求，必要时，可选用机械增压泵。

为提高沉积薄膜的性能，在设备上，对等离子体施加直流偏压或外部磁场。图 4-3 与图 4-4 分别位为直流偏压式射频等离子 CVD 装置和带外加磁场的射频等离子体 CVD 装置的示意图。

射频等离子 CVD 可用于半导体器件工业化生产中 SiN 和 SiO_2 薄膜的沉积。

4.2.2.2 氮化硅膜沉积工艺

用射频等离子辅助化学沉积法（RF-PCVD）大规模生产的第一种材料是氮化硅。因氮化硅质硬，化学稳定性好，对水汽和碱离子具有很好的扩散障作用，大量用作集成电路最外面的涂层和钝化膜。

第4章 薄膜化学气相沉积技术

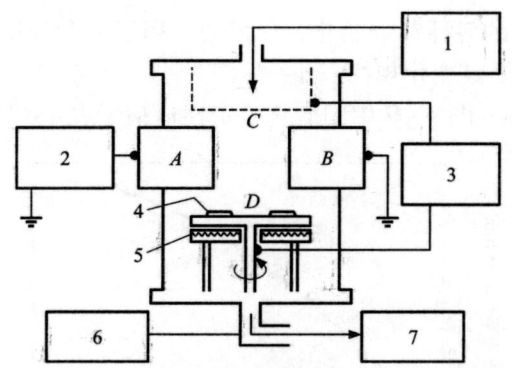

图4-3 直流偏压式射频等离子体CVD装置

A、B——高频振荡电源电极；

C、D——直流偏压电源电极 D 与基片台相连；

1——通入气体系统；2——4MHz振荡器；3——直流电源；
4——基片；5——加热器；6——压力计；7——真空泵

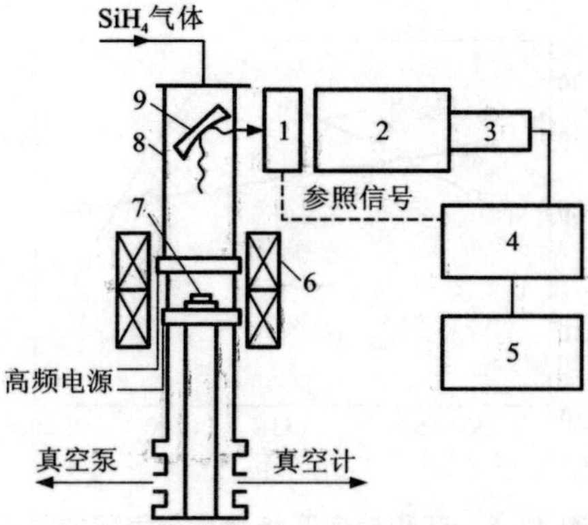

图4-4 带外加磁场的射频等离子体CVD装置

1——遮光器+石英玻璃；2——光谱仪；3——光电倍增管；
4——锁相放大器；5——记录仪；6——磁场线圈；
7——基片；8——石英管；9——反射镜

工艺上的各种参数变化,对膜的沉积速率和性能上的变化,经实验研究,其变化规律,可参见图4-5~图4-9。

图4-6~图4-9中的变化可定性概括于表4-3。

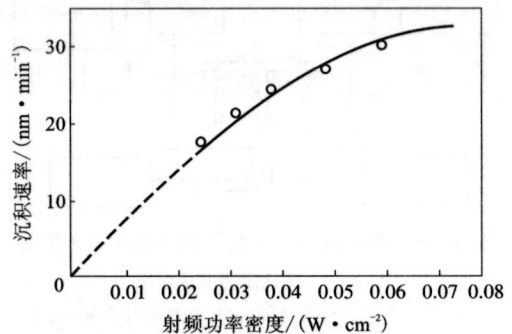

图4-5 沉积速率与射频功率密度的关系

温度300℃,$p = 81$ Pa,$q_v(SiH_4)/q_v(NH_3) = 0.2$[①]

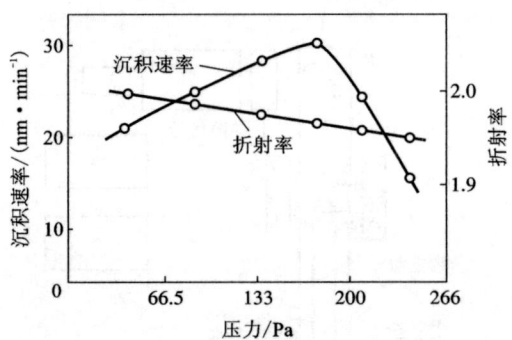

图4-6 沉积速率及折射率与气压的关系

射频功率密度:3.4×10^{-2} W/cm^2,温度:300℃,气体流量:300 cm^3/min,$q_v(SiH_4)/q_v(NH_3) = 0.21$[①]

注:① $q_v(SiH_4)$ 和 $q_v(NH_3)$ 分别表示 SiH_4 和 NH_3 的体积流量

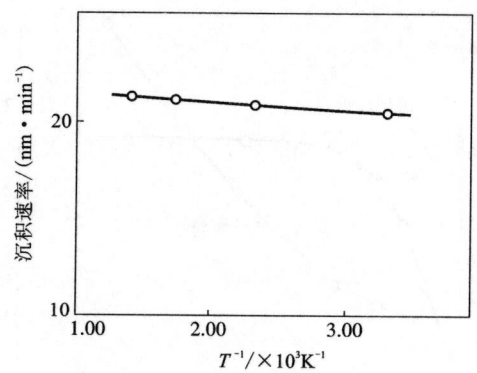

图 4-7　沉积速率与基材温度的关系

射频功率密度：3.3×10^{-2} W/cm², 气压：57.3 Pa,
气体流量：300 cm³/min, $q_v(SiH_4)/q_v(NH_3) = 0.21$

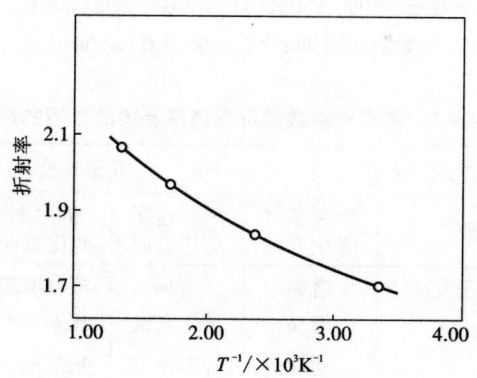

图 4-8　折射率与基材温度的关系

射频功率密度：3.3×10^{-2} W/cm², 气压：57.3 Pa,
气体流量：300 cm³/min, $q_v(SiH_4)/q_v(NH_3) = 0.21$

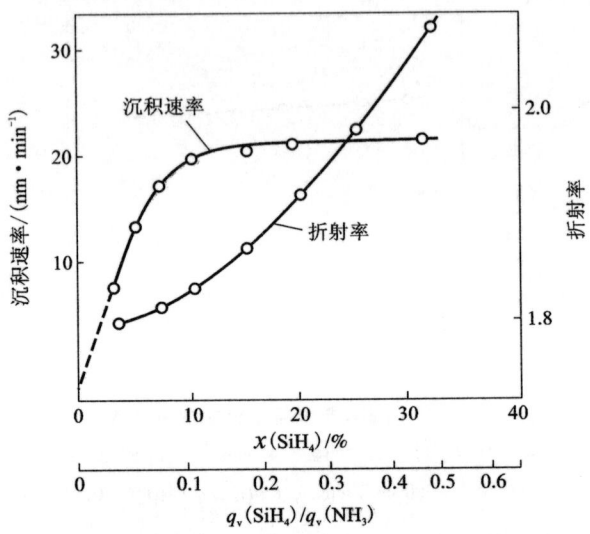

图4-9 沉积速率及折射率与气源流量比的关系

射频功率密度：5.1×10^{-2} W/cm², 温度：300℃,

气压：33.3 Pa, 气体流量：200 cm³/min

表4-3 各反应参数对沉积速率及膜的性质的影响

主动变化因子		受影响变化因子		
反应参数	反应参数 变化方向	沉积速率 变化方向	折射率 变化方向	炉内不均匀 性变化方向
射频功率密度	增加	增加	稍有增加	增加
系统内总压力	增加	先增后减	基本不变	增加
总流量	增加	基本不变	基本不变	先减后不变
流量比 $q_v(SiH_4)/q_v(NH_3)$	增加	先增后不变	增加	先减后不变
基片温度	增加	稍有增加	增加	基本不变

只要控制好各种反应参数的变化引起沉积速率的变化和膜层性质的变化就可沉积出优良的氮化硅膜。

4.2.2.3 二氧化硅膜的沉积工艺

(1) 射频功率与沉积速率的关系

图 4-10 是射频功率与沉积速率的关系曲线。从图中可知，在 AB 段，沉积速率与射频功率呈线性关系，在 BC 段沉积速率随射频功率的上升就比较缓慢。

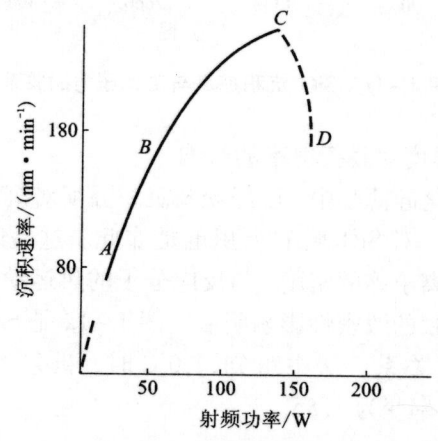

图 4-10 SiO$_2$ 沉积速率与射频功率的关系

虚线表示沉积速率急剧下降无法精确测定

(2) 工作炉压与沉积速率的影响关系

图 4-11 是沉积速率与工作炉压的关系曲线。在低压时，沉积速率随着工作炉压的增高而上升，上升的速率如图所示。当工作炉压继续升到更高时，沉积速率就迅速下降，这是由于在工作炉压较低时，反应气体分子密度低，被高电场加速的电子碰撞几率小，因而产生的等离子体密度也较小。沉积速率也较小。随工作炉压的增加，反应气体分子密度和等离子体密度显著增加，沉积速率就较快升高。当工作炉压更高时，电子的平均自由程减

小,加速电子的能量也显著减小,沉积速率就迅速下降。

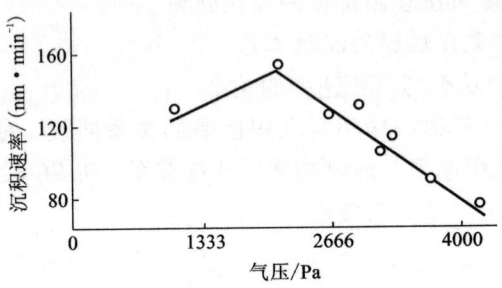

图4-11 SiO$_2$沉积速率与工作压力的关系

(3)沉积温度对膜折射率的影响

在沉积氮化硅薄膜中,已经谈及沉积温度对沉积氮化硅膜的速度影响极微。对SiO$_2$膜的沉积也是如此。这是因为沉积速率主要取决于等离子体的密度,与反应分子的热运动影响很小。只是沉积温度对膜的致密性影响明显。图4-12是SiO$_2$折射率与沉积温度的变化关系。从中可知,70℃时,折射率为1.40,到400℃时,折射率变为1.55。

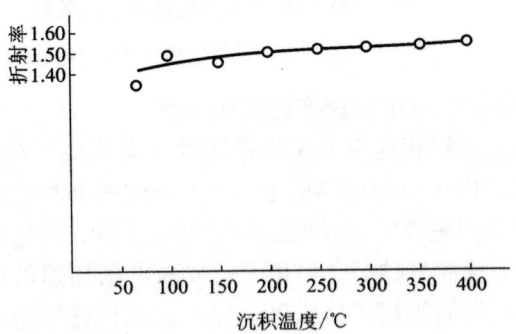

图4-12 SiO$_2$折射率随沉积温度变化的关系

第4章 薄膜化学气相沉积技术

(4) N_2O/SiH_4 流量比对膜折射率的影响

图 4-13 表示出 $q_v(N_2O)/q_v(SiH_4)$ 流量比值的变化所引起的折射率的变化。N_2O 含量增加，膜中 Si 的含量相对减少，折射率也下降。

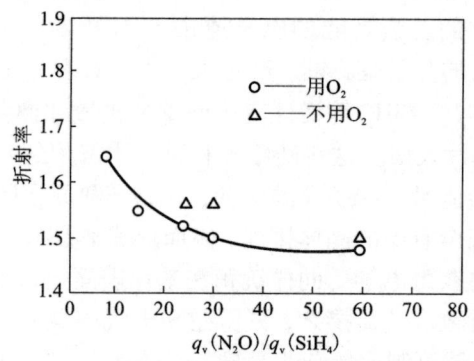

图 4-13 SiO_2 折射率与流量比 $q_v(N_2O)/q_v(SiH_4)$ 的关系

(5) 膜厚的均匀性

射频功率加大，会使反应气体消耗增大，在前后方向上会引起浓度差变大，致使沉积的 SiO_2 膜厚的不均匀。也可通过加大流量来改善（前已述）。但也有的报道认为，在某些设备中，气流入口处生长速率低。可在 N_2O 和 SiH_4 加氧来改善 SiO_2 膜厚的均匀，其理由是氧较活泼，容易在系统前端参加反应，因而增大了沉积速率。

4.2.2.4 非晶硅膜的沉积工艺

非晶硅的晶格势能高于单晶硅，这是因非晶硅具有短程有序、长程无序的结构和特性。但是非晶硅是处于亚稳态，再升高温度或激光退火中，就有可能按晶格周期重新排列，形成晶态。在 400℃ 就逐步出现微晶结构，600℃ 以上就能较快变成多晶结构。因而制备非晶硅（α-Si）基片温度宜在 300℃ 左右。用蒸发和

溅射法制备 α-Si，温度可满足要求，但制得的 α-Si 膜常含有大量悬挂键的缺陷能级，应用价值小；用一般的 CVD 法，温度一般在 580℃以上，得到的 α-Si 膜有明显的微晶结构。因此，Rf－PCVD 法成为制备 α-Si、α-Si:H、α-Si:F、α-Si:F:H 以及掺杂非晶硅的主要方法。它是把 SiH_4 气体在射频等离子辉光放电的条件下在基片表面沉积的。当高能的电子撞击 SiH_4 气体分子，并使其电离，即把 SiH_4 的分子键打断，产生大量的、具有一定能量的电子和 SiH^{+3}、SiH_2^{+2}、SiH_3^+ 等活性离子向基片扩散和漂移，获得电子后，沉积在基片表面。这些硅原子和原子团沉积到基片表面并迅速与基片交换能量。因基片温度低，硅原子和原子团所有的能量不足以形成完全有序的晶体排列，因而形成非晶硅。由于同时有氢化硅离子再获得电子后同样沉积在基片表面上，所以获取的非晶硅中常含有氢。若需掺杂，只需在 SiH_4 气中混入少量的磷烷或硼烷杂质源，就可制取掺杂非晶硅。

(1) 沉积速率与温度的关系

图4-14是沉积速率与温度的关系曲线，可见沉积速率受温度影响不大。实验证实，温度过低时，膜中会有大量的 $Si-H_2$ 键；温度过高有会形成多晶硅。

(2) 射频功率对沉积速率的影响

图4-15是射频功率与沉积速率的关系。射频功率仅与 SiH_4 的电离量有关。较低功率下，SiH_4 电离量少，沉积速率较低，膜层比较致密、均匀，呈无序网格非晶硅。膜中氢键结合以 $Si-H$ 为主，是理想的键合形式。当提高射频功率后，SiH_4 电离度增加，相应的沉积速率也增大。此时，随着功率的增加，会有晶化现象出现，就是在无序的网络结构中长出微小晶粒。功率再增大后，沉积的膜层就形成多晶结构。

(3) 气体流量与沉积速率的关系

因为沉积速率仅与 SiH_4 的电离量有关，当气体流量足够时，

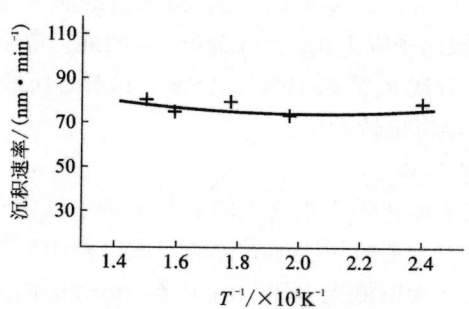

图4-14 非晶硅沉积速率与温度的关系

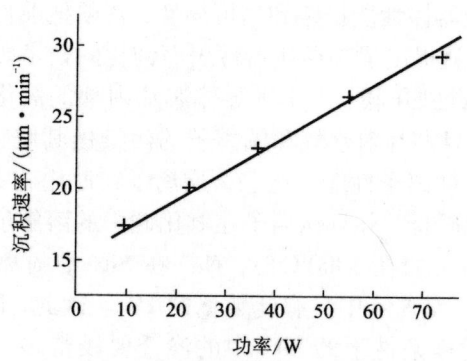

图4-15 非晶硅沉积速率与功率的关系

在射频功率不变的条件下,其单位时间内 SiH_4 的电离量变化很小,因而只要气体流量大于一定数值后,沉积速率基本上是一常数。只有当流量较小情况下,射频功率虽然不变,而沉积速率会因流量的增加而增大。

(4)硅烷含量与沉积速率的关系

硅烷的含量主要影响着 Si 膜的性能。因纯 SiH_4 通入真空沉积反应室易燃而不安全,也因 SiH_4 浓度过高,会使膜沉积太快。

太快膜层会不致密,引入缺陷,且沉积太快的膜在退火中氢逸出较快(一般沉积速率以 1 μm/min 为好)。因此,常用氢把 SiH_4 的浓度按体积百分比稀释到 10%~15%。这样,沉积速率也较合适,而且工艺操作也较安全。

4.2.2.5 工业应用

射频等离子体化学气相沉积的氮化硅膜、氧化硅膜、非晶硅膜在电子工业中主要应用于半导体的集成电路中作钝化膜。非晶硅还可应用制作太阳能光电池。由于半导体表面的原子结构与内部不同,表面状况对器件 P-N 结的性能有重要影响。表面若有微量的粘污,就极大地影响表面的电性能,诸如表面电导、表面态等。要保证器件性能稳定和高可靠性,就须把器件与周围环境气氛隔离,这就提出了半导体器件表面钝化的技术要求。

(1)氮化硅钝化膜:由于半导体芯片内部的氧化层抗钠离子的能力较差,且芯片对水气和钠离子的污染极其敏感,而氮化硅具有较好的抗钠离子性能。这些杂质离子在氮化硅中的扩散系数和迁移率又比较低,并且钠离子在氮化硅中的溶解度比在氧化硅中高出几百倍。如在 1000℃ 时,Na^+ 在 SiN 中的离子数密度达 $5\times10^{19}/cm^3$,而 SiO_2 中只有此数据的 1%。因此,Na^+ 在 SiN 中的渗透要比同样条件下的 SiO_2 中的渗透要浅得多。在非平面工艺器件中,SiN 钝化直接与 Si 接触,它的界面密度较大,大量的电荷可能导致器件 P 型表面的反型。加上,SiN 与 Si 性能差异较大,它们之间的接触应力也会在界面上产生缺陷。因此,实际在沉积 SiN 之前,先沉积一层氧化层,形成双层结构或氮化硅-氧化硅混合结构。

此外,SiN 膜还可作掩蔽膜。因为它不仅可阻挡 Na^+ 的侵入,还能对杂质硼、磷、砷、锑、镓、铟、锌和氧等有掩蔽功能,因而会在集成电路中作选择扩散的掩蔽膜。

(2)SiO_2 钝化膜:由于 SiO_2 具有良好的绝缘性能和一定的硬

度,常作为钝化层,把它制作在金属互连布线上面,既可起到保护和稳定半导体器件与芯片的介质膜,又可隔离并为金属互连和端点金属化提供保护。这层膜既是杂质离子的壁垒,又使器件表面具有良好的力学强度。

(3)非晶硅钝化膜:集成电路的制作中,钝化是在低温下进行的。SiN、SiO_2 膜虽能在低温下成膜,它们都属绝缘膜,不能屏蔽外电场,也不能抑制可动离子的干扰,尤其在 MOS 器件(有源晶体管)中,主要靠控制栅偏压来调节绝缘膜下的半导体表面的沟道层。绝缘膜对外电场及粘污的可动离子具有极化作用,会影响场调制作用。α-Si:H 是典型的半绝缘膜,能消除由于绝缘膜中的极化现象所引起的对 P-N 结的干扰,而且绝缘膜本身不具备固定电荷,系中性薄膜,因此作钝化膜不会引起局部的电场集中,工艺上,半绝缘的非晶硅因沉积温度低,膜的室温电阻率为 $10^9 \sim 10^{11} \Omega \cdot cm$,比较适用。

α-Si:H 钝化膜:对 P 型、N 型衬底都可适用。这是因为 α-Si:H 膜中同时有俘获正负离子的双重作用,膜中同时具有施主和受主型局域带能级。膜虽本身是中性,却能感应出相反符号的电荷,起到屏蔽外电场、保护 P-N 结的作用。在硅平面器件中,α-Si:H 钝化膜往往沉积在 SiO_2 上面。因 SiO_2 膜对氢原子的掩蔽能力差只需用低的退火温度(350℃),α-Si:H 中的氢原子就会穿过 SiO_2 层而到达 SiO_2-Si 界面,同时可填充界面上的缺陷态,降低界面态密度。

RF-PCVD 可大面积地以比较低成本制作 α-Si:H 膜,而制备的 α-Si:H 膜又具有极好的光导性能,有很高的可见光吸收系数,因而它是太阳光电池等多种重要的光器件的适宜膜层。用 α-Si:H 制作太阳光电池,不仅成本低,而且工艺简便,能耗小,能以玻璃或不锈钢等廉价材料作衬底,容易制造大面积的太阳光电池。在最近几年中,国际市场上太阳能光电池尺寸迅速增大,表明了非晶硅膜的应用与发展迅速。典型的非晶硅材料太阳光电池的三种不同的结构如图 4-16 所示。图 4-17 是 Kuwano 等人提出的多室分离的连续炉示意图。制作太阳光电池时可明显地消除施主和受主掺杂剂不必要的混合和对扩散。用这种射频炉子制作的 α-SiC/α-Si 异质结太阳光电池的转换效率从 6.1% ~ 8.15%，这种性能指标值得引起重视。

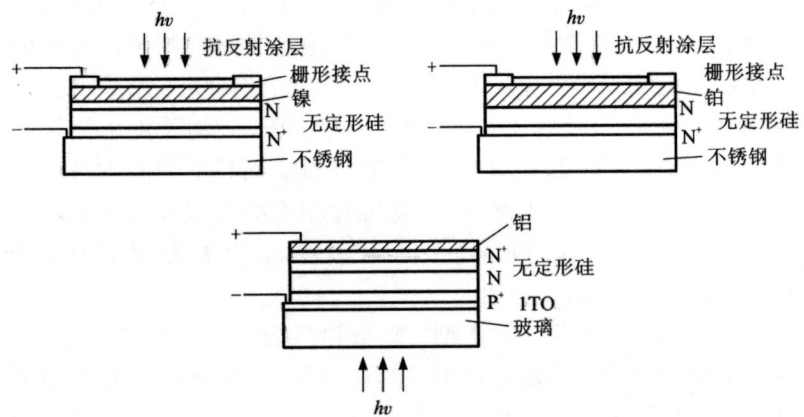

图 4-16　三种不同结构的非晶硅太阳光电池

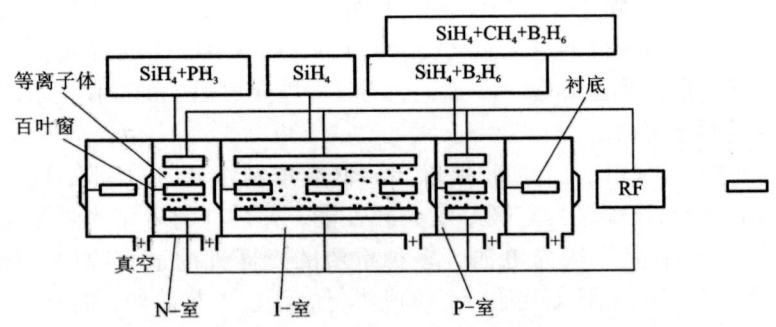

图 4-17　制作 α-Si 太阳光电池的连续反应室示意图

4.2.3 直流等离子体增强化学气相沉积技术

4.2.3.1 直流等离子体增强化学气相沉积装置(DC - PCVD)

图 4 – 18 是直流等离子增强化学气相沉积装置的示意图。主要包括炉体(反应室)、直流电源与电控系统、真空系统、气源与供气系统、净化排气系统。DC – PCVD 装置,适宜把金属卤化物或含有金属的有机化合物经热分解后电离成金属离子和非金属离子,为渗金属提供金属离子源。如用氢或氩气体载体,把 $AlCl_3$ 和 BCl_3 或 $SiCl_4$ 气体带入真空炉内,在直流高压电场的作用下,电离成铝离子、硼离子和硅离子。可进行渗铝、渗硼、渗硅。也可用 $TiCl_4$ 经电离产生钛离子,在直流高压电场的作用下,以高速撞击工件,进行扩散渗钛。若加入其他反应气体,可以在工件上沉积 TiN、TiC。

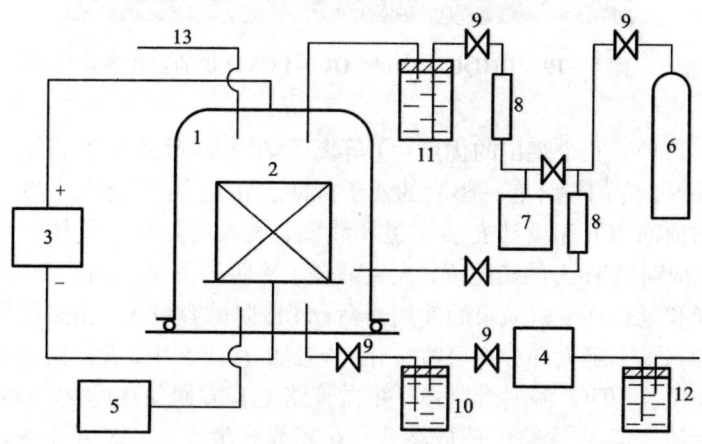

图 4 – 18 直流等离子增强化学气相沉积装置的示意图
1——炉体;2——工件;3——电源;4——真空泵;5——真空仪;
6——气源;7——稳压罐;8——流量计;9——阀;
10——冷阱;11——氯化物;12——净化器;13——测量仪

4.2.3.2 直流等离子体增强化学气相沉积炉

图 4-19 是广州有色金属研究院自行研制的 DHQC-850 型 DC-PCVD 炉。该炉体的外径尺寸为 $\varnothing 650 \times 850$ mm。

图 4-19　DHQC-850 型 DC-PCVD 炉的实物照片

该炉有几个突出的优点：①等离子场较大较均匀；②根据工件的外形，专门设计有一整套的便于拆卸、组装的布气系统；③在炉体的顶部和下部设计安装了磁场线圈，大大的提高了气体的离化率，特别是 $TiCl_4$ 的离化率，大大减轻了冷阱的负荷，方便了炉体的清理和延长真空机械泵的使用寿命；④冷阱的容量大，出来的腐蚀产物基本上绝大部分都可收集在大容量的冷阱之中，此冷阱适宜工业应用；⑤ $TiCl_4$ 源的管路短，并在管路上有方便使用的加热缠带，不会使 $TiCl_4$ 在管路中造成堵塞；⑥装载容量大，一次可装载硬质合金刀片 500 余片。

4.2.3.3　TiN 膜层的沉积工艺

在 DHQC-850 型 DC-PCVD 炉中，采用纯度为 99.9999% 的氮气和化学纯的 $TiCl_4$ 作为反应气体在装炉量为 500 余片的市售

YG、YT 硬质合金刀片。选用(500～700)℃×(0.5～1)h，电压 1100～1700 V，炉压 106～200 Pa。TiCl$_4$ 的油浴温度为 30～40℃。

(1) 膜层的相结构

图 4-20 分别为 560℃×1h 和 700℃×1h 在硬质合金上沉积膜层的 X 射线衍射谱线。沉积膜层均为 TiN 结构。图中显示，在

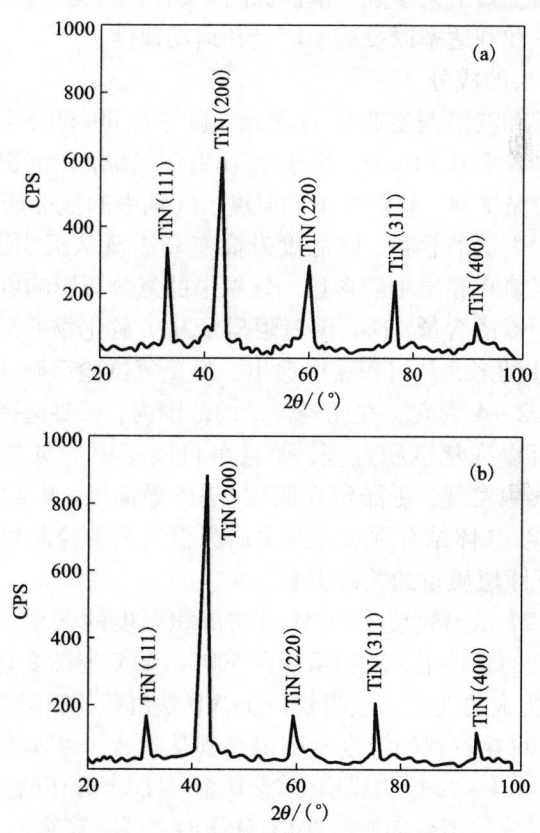

图 4-20　沉积膜层的 X 射线衍射谱线
(a)沉积温度 560℃，时间 1h；(b)沉积温度 700℃，时间 1h

(111)、(200)和(220)晶面都有明显的 TiN 衍射峰和(200)择优晶体取向。随着工艺条件的改变，TiN 结构会有某些变化。在同样的 $TiCl_4$ 分压条件下，在(200)晶面上，图中(b)的衍射谱线明显强于(a)的衍射谱线。两组谱线表明，在(200)晶面有择优取向。这与沉积方法有关。另外，基体温度是影响膜层沿何种方向择优生长的主要工艺参数。基体温度影响到达基面的原子或离子的扩散速率和到达率以及离子能量和运动速度。

(2)膜层的成分

用能谱和波谱测定膜层的成分，膜层含 80.00% Ti，2.28% Cl，16.96% N 和 0.81% O。由于用 $TiCl_4$ 作气源，在沉积生成的膜层中含有少量的氯，量的多少同温度、气氛中的氢分压有密切的关系。膜层中氯的含量，随温度升高有利于氯从沉积层中逸出，从而降低了氯在膜层中的含量。气氛中的氢分压影响着膜层的形成与膜层中氯的含量，这是因氢阻碍了高价氯化物的形成，并促进氯以 HCl 的形式从沉积层中逸出。经反复试验后确认，其含量在 $H_2/N_2 = 2 \sim 4$ 为宜。在此氢含量的范围内，只要选择的温度适当，不仅可以强化沉积过程，而且可将膜层中的氯含量降到极低。在观察中发现，氯滞留在膜层/基体界面处，影响着膜层的质量与膜层/基体结合强度，因此在沉积工艺中控制氢分压与温度，是保证膜层质量的关键因素。

图 4-21 示出膜层中 N/Ti 值与沉积温度的关系，在反应气体成分不变的条件下，沉积温度在 500~700℃ 范围变化，膜层中 N/Ti 未发生大的变化。表明 DC-PCVD 法沉积的膜层对沉积温度并不敏感，可在较宽的温度范围内得到化学成分基本变化不大的 TiN 膜层。图 4-22 标出膜层中 N/Ti 值与 $TiCl_4$ 分压的关系，当沉积温度和氮分压不变而改变 $TiCl_4$ 分压时，可在较宽的 $TiCl_4$ 分压范围内得到接近化学计量成分的 TiN 膜层。然而，在 $TiCl_4$ 的分压超出一定的范围时，明显地影响着膜层的色泽。当 $TiCl_4$ 输入量

过少时,膜层色泽不均,显示紫兰色或发红,成分分析表明,是 N/Ti 值高于化学计量成分的 $TiN_x(x>1)$;当输入量过多时,是 N/Ti 低于化学计量成分的 $TiN_x(x<1)$,膜层呈浅黄色。因此,只有当 $TiCl_4$ 的输入量在适量范围内,即 $x \approx 1$ 时,膜层接近金黄。

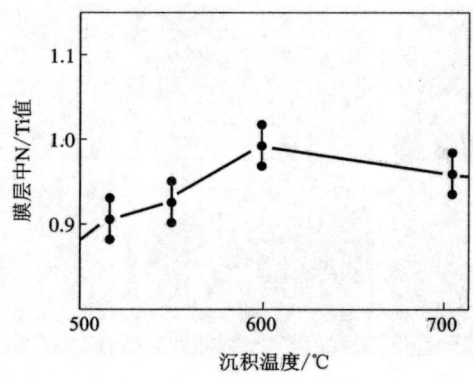

图 4-21 膜层中 N/Ti 值与沉积温度的关系

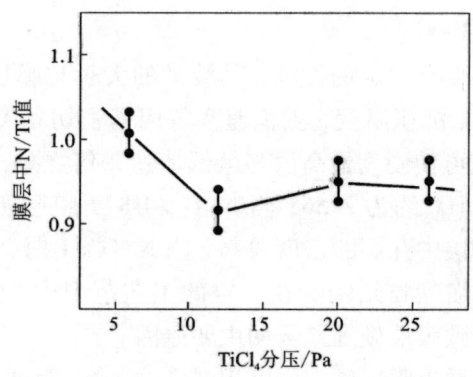

图 4-22 膜层中 N/Ti 值与 $TiCl_4$ 分压的关系

(3)膜层的断口形貌

图 4-23 示出沉积膜层的断口形貌的扫描电镜照片,样品分别取自沉积炉内的上、中、下部位。从图 4-23 看出,膜层厚度为 4.8~5.4 μm,膜层结构致密,无孔洞缺陷。

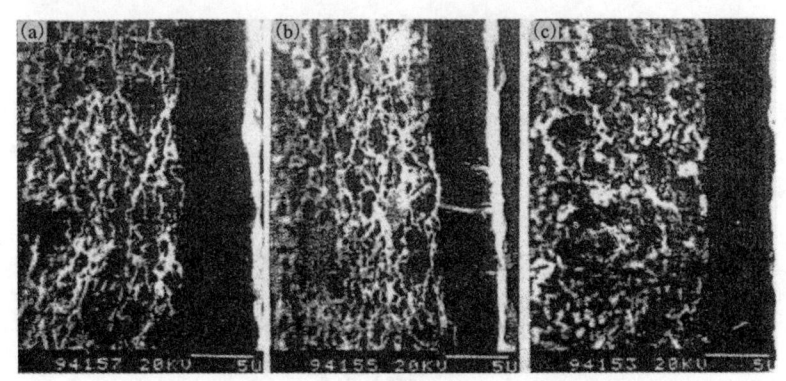

图 4-23 膜层断口形貌的扫描电镜照片,2000×
(a)上部样品;(b)中部样品;(c)下部样品

(4)膜层的硬度

膜层的硬度有一定的波动,其波动的大小与膜层中 N/Ti 的化学计量成分、沉积温度、沉积速率等因素密切相关。图 4-24 表明,N/Ti 值可使硬度最高值与最低值达 2 倍之差,当 N/Ti≈1 时,膜层硬度 HV 约为 2156;当 N/Ti>1 时,膜层硬度较低,从显微观察到膜层中孔洞的密度较高;当 N/Ti<1 时,膜层硬度较高,且具有较细晶粒结构。在一定的工艺范围内,膜层内 N/Ti 值的变化是导致膜层硬度差异的主要原因。

图 4-25 示出膜层硬度同沉积温度的关系,表明沉积温度对膜层硬度有影响,随着温度的升高,膜层硬度略有升高。

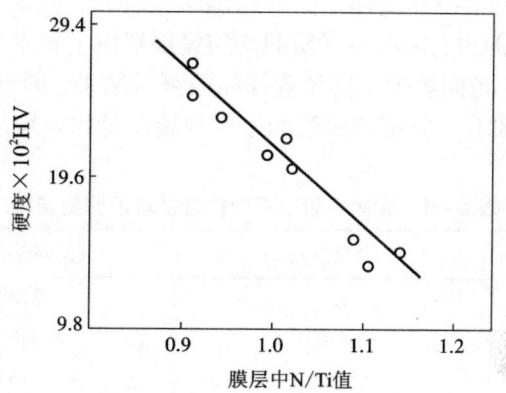

图 4-24 膜层硬度与 N/Ti 的关系

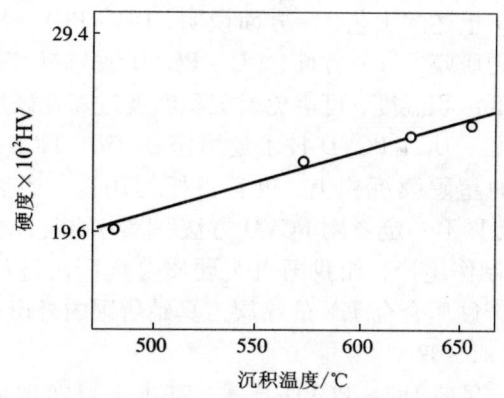

图 4-25 膜层的硬度与沉积温度的关系

(5) 反应气体与温度的均匀化

DC-PCVD 法虽然对工件具有较好的绕镀,但是为了保证批量地沉积出优质的均匀膜层,实现反应介质与温度场的均匀化是 DC-PCVD 技术走向工业应用急待解决的课题。因此,在 DHQC

-850型设备上特别设计了一套均温布气装置,大幅度地提高了设备的处理能力,为沉积优质的均匀膜层提供了技术保证。

表4-4是同炉中不同位置样品的测量结果,同批样品的上、中、下不同部位,其沉积膜层的厚度与硬度是相当均匀的。

表4-4 在同一炉中不同位置试样的测量结果

试样	膜层厚度/μm	膜层硬度 HV
上部	5.4	2188
中部	4.8	2367
下部	5.2	2151

上面列举的 DC-PCVD TiN 沉积工艺,是在硬质合金刀具基体上沉积的。上述的工艺,一方面说明,DC-PCVD 法可在刀具上沉积 TiN 硬质膜,另一方面,DC-PCVD 法与热 CVD 法相比,可大幅度降低沉积温度,可避免因沉积温度过高在硬质合金中易形成 η 脆性相。DC-PCVD 技术还可沉积 TiC、TiCN,除刀具之外,在模具的超硬膜沉积上,也有很好的用途。当然硬质合金 TiN 的涂层刀具不一定要用 PCVD 方法,因为硬质合金基体用热 CVD 法也可制作生产,如我国自贡硬质合金厂用进口的热 CVD 设备批量生产硬质合金 TiN 的涂层刀具销售国内外市场。

4.2.3.4 工业应用

应该说,目前 DC-PCVD 技术,基本上可实现批量应用生产。它所沉积的超硬膜,如 TiN、TiC、Ti(CN)等膜层在高速钢的刀具上,可提高切削速度,加大进刀量,使刀具的使用寿命更长。值得指出的是,用 DC-PCVD 法来沉积 TiN 装饰膜层,是不理想的,其所沉积的金黄色 TiN 膜层,尽管沉积出来时很漂亮,但它经不起手摸,一摸就有手印留在沉积的 TiN 表面上,难以去除。因此,用 DC-PCVD 法,来制作 TiN 装饰膜是不适宜的。

4.2.4 脉冲直流等离子体化学气相沉积技术

4.2.4.1 脉冲直流等离子体化学气相沉积设备

图 4-26 是国家 863 计划由西安交通大学研制成功的新一代工业型脉冲直流等离子体化学气相沉积设备示意图。设备容积为 $\varnothing 450 \times 650$ mm，最大承重 500 kg。该套设备的主要特点是：

（1）自主研制的脉冲直流电源采用了先进的逆变式技术和大功率 IGBT 开关，脉冲输出电压 0~1400 V 连续可调，脉冲频率在 1~30 kHz 广域可调，最大输出功率达 5 kW。还设计有先进的短路和过载保护电路，保证了在 500℃ 左右中温区的稳定沉积镀膜。可实现工模具的"盲孔、窄缝"处理，较大的扩展了适用基材范围。

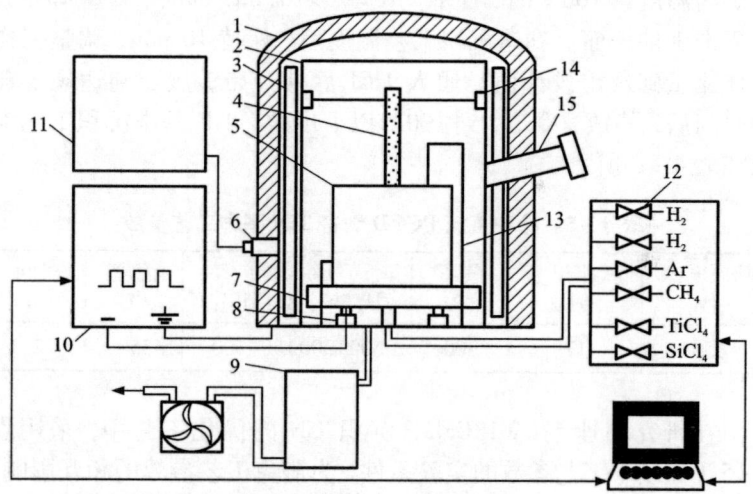

图 4-26 PCVD 设备示意图

1——钟罩式炉体；2——屏蔽罩；3——带状加热器；4——通气管；5——工件；6——过桥引入电极；7——阴极盘；8——双屏蔽阴极；9——真空系统及冷阱；10——脉冲直流电源系统；11——加热及控制系统；12——气体供给控制系统；13——热电偶；14——辅助阳极；15——观察窗

(2)该套设备采用热电分离,进行温度和等离子场的独立调控,有效避免了工艺参数选配不当造成的炉内污染。加热功率高达36 kW。真空镀膜室最高温度650℃,并在真空室内采用了风机强制冷却,提高了冷却速率,有效地缩短了辅助镀膜时间,提高了功效。

(3)采用了5路独立工作气体和2路卤化物蒸发源的配置,加以质量流量计进行监控,保证了气体流量的定量精确。

(4)在工艺上可实现复合离子渗镀一次完成、梯度功能连续过渡、多层结构交替组合、对窄缝、盲孔镀膜层均能实现。

4.2.4.2 沉积工艺

以高速钢(W18Cr4V)切削刀具沉积 TiN 膜为例来看沉积工艺。整个工艺过程是先将真空室抽到 10 Pa 以下,开加热系统。在炉内温度达 100℃时,通 $H_2:Ar = 70:70(mL/min)$,产生辉光放电轰击工件表面。到达沉积工艺温度后,保持 10 min,调整工作气体流量到规定设计值。通入 $TiCl_4$ 后即开始镀膜。到达规定镀膜时间后,停镀、冷却,到 100℃以下出炉。TiN 基本沉积工艺参数如表 4 - 5 所示。

表 4 - 5 脉冲直流 PCVD 制备 TiN 基本工艺参数

脉冲电源 /V	脉冲频率 /kHz	气压 /Pa	气氛比例 ($H_2:N_2:Ar:TiCl_4$)	温度 /℃	时间 /h
650	17	300	600:300:60:100	550	2

在研究高速钢(W18Cr4V)沉积 TiN 的优化工艺中,采用表 4 - 5 TiN 基本工艺参数的实验条件,为避免工艺参数的相互影响,每次仅改变脉冲电压、脉冲频率、$N_2/TiCl_4$ 等一种工艺参数,探索在 W18Cr4V 高速钢上沉积 TiN 膜的结合力、TiN 膜层的 X 衍射谱、TiN 膜层的表面形貌、残余应力以及沉积速率等的影响规律。

实验结果发现:脉冲电压幅值,特别是某一电压阀值两侧电压幅值对 TiN 膜表面形貌影响明显。实验证实,在 650 V 低电压下，TiN 膜界面有一层"扩散层"，这对 TiN/基体的结合力极为有利。在这一电场作用下，大量的 Ti^+ 和 N^+ 和溅射原子反冲注入引起表层非扩散型混合，混合效应利于"扩散层"形成。但在 750 V 时，膜/基界面分离，表明超过某一脉冲电压后，因 TiN 主要在气相中形成，然后再沉积到基体表面上成膜。其离子注入和溅射受抑制，不会出现"扩散层"。研究所得的曲线表明，在 650 V 以下，TiN 膜/基体呈现出较高的结合力；超过 650 V 后，膜/基结合力下降，并通过压入法和划痕法对 TiN 膜/基结合力测定的实验对比显示，两种方法测试结果、变化规律基本一致。

从 X 射线衍射谱中看出，不同脉冲电压、TiN 膜晶体结构均为典型的面心立方结构，呈(200)择优取向。脉冲电压增大，TiN 衍射峰变得锐化，强度明显加强，表明低电压下 TiN 膜的晶粒细小，减小膜层脆性，利于 TiN 膜/基结合力的改善。在高脉冲电压下，结合力迅速下降，这主要是界面处晶格失配所致。若膜基界面上有上述讲到的"扩散层"存在，就可缓和基体和 TiN 膜晶体结构和力学上的差异，呈现梯度延伸，改善膜/基结合。

脉冲电压幅值对膜层中残余力影响，相比 DC–PCVD（直流）法小，DC–PCVD 的 TiN 膜层中的残余应力约为 2.6 GPa，而脉冲残余应力小于 1 GPa，这完全与脉冲等离子体的特性有关。较小的沉积速率($1 \sim 1.5$ μm/h)也可使膜层中应力松弛。因此，掌握好工艺参数的调控和改善膜层中的残余应力，在应用上是十分重要的。即通过低应力的沉积工艺和较小的沉积速率，最终可获得应力仅有数百 MPa 的 TiN 膜。

脉冲频率在 $0 \sim 25$ kHz 间变化，TiN 膜的沉积速率则从 4.5 μm/h 降至 0.8 μm/h，因脉冲频率增大，造成阴极电流密度下降，通过等离子诊断表明，等离子体的密度下降，因而 TiN 沉积速率下降，但在 $0 \sim 25$ kHz 范围中，沉积速率无大的变化。而脉冲频率增大，残余压应力增大，膜/基结合力显著提高。

脉冲 DC–PCVD 的 TiN 膜晶粒细小、表面致密。从 TiN 膜层中残留的氯含量上看,脉冲频率增高,TiN 膜中残余氯含量有增大趋势,这是因脉冲等离子体在激活 $TiCl_4$ 的作用上减弱所造成的。

从改变 $TiCl_4$ 流量对 TiN 膜层的沉积速率和结合力的关系上看(图 4-27 中),$TiCl_4$ 流量从 30~150 mL/min 范围变化时,随 $TiCl_4$ 流量的增大,TiN 膜的沉积速率先增后减,最后基本不变。表明 TiN 的沉积速率受 $TiCl_4$ 流量影响很小。但 $TiCl_4$ 的流量对膜/基结合力 P_c 的影响较大。从图 4-28 中可见,在 $TiCl_4$ 流量

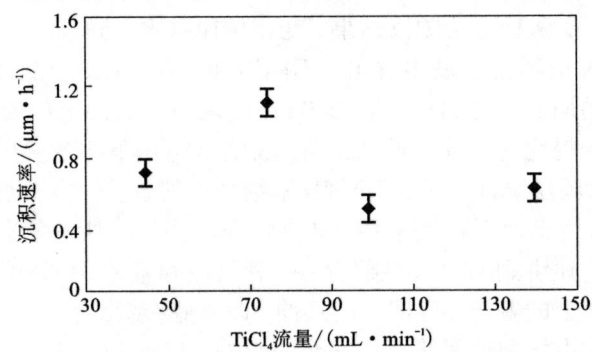

图 4-27　$TiCl_4$ 流量对 TiN 沉积速率的影响

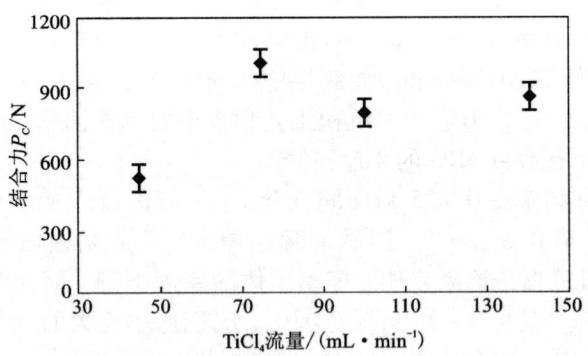

图 4-28　$TiCl_4$ 流量对 TiN 膜基结合力的影响

第4章 薄膜化学气相沉积技术

为 75 mL/min 时，膜/基结合力 P_c 较高；随 $TiCl_4$ 流量的升高，膜/基结合力下降。这是因为过大的 $TiCl_4$ 流量，造成过多的 $TiCl_4$ 量没有分解，导致残余 Cl^- 含量的增大。图 4-29 显示出 N_2 的流量对 TiN 膜沉积速率和膜/基结合力 P_c 的影响；N_2 的流量增加，膜/基结合力虽然略有下降，总的看结合力还是比较好的。图 4-30 是 N_2 流量对阴极电流密度的影响。从图中可知，TiN 的沉积速率与阴极电流密度呈线性关系的较大影响。为此，应特别调整好 N_2 流量对阴极电流密度的作用，因此它直接影响 TiN 膜的沉积速率和膜层品质。通过上述实验参数分析，优化出 "650 V、550 ℃、300 Pa、17 kHz、$H_2:N_2:Ar:TiCl_4=600:380:70:75$、2 h"的工艺。在这一优化工艺参数下，在 W18Cr4V 高速钢基体上沉积 TiN 膜的主要性能列于表 4-6。

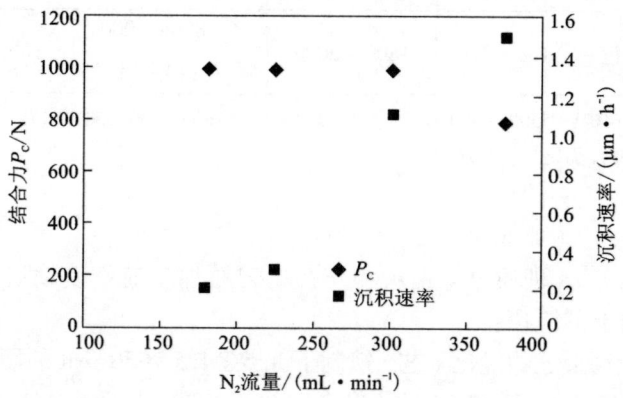

图 4-29 N_2 流量对 TiN 沉积速率和膜基结合力的影响

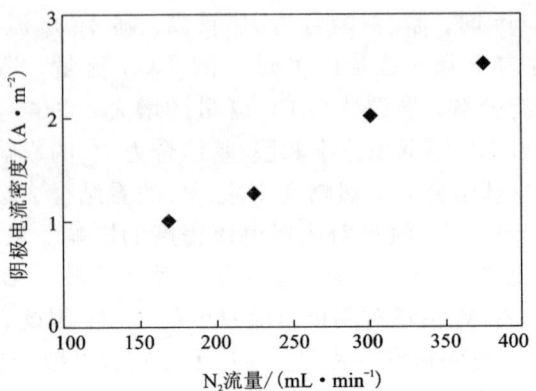

图 4 – 30 N_2 流量对阴极电流密度的影响

表 4 – 6 优化工艺条件下 TiN 膜层的性能

TiN 外观	膜厚/μm	硬度 HV0.05	结合力/N	残余应力/MPa
金黄色	1.8 ~ 2.0	1800 ~ 2000	P_c:800 ~ 1000 L_c:40 ~ 45	-100 ~ -450

注：650 V、550℃、300 Pa、17 kHz、H_2：N_2：Ar：$TiCl_4$ = 600：350：70：75、沉积 2 小时（优化工艺参数）

4.2.4.3 工业应用

（1）TiN 硬质合金钻头和立式铣刀在加工航空发动机超硬高温材料上的应用：

1）用上述的优化工艺，镀制了 K35⌀4.5×50 mm 的硬质合金钻头。镀 TiN 后的 K35 钻头带有金黄色光泽。从图 4 – 31 中可知，在加工航空发动机超硬高温材料零件时使用寿命可提高一倍。值得指出的是，提高加工寿命一倍后的钻头经刃部修磨后，TiN 层在边缘的部位并未脱落，加工中，还会起到提高寿命的作用。

2）用上述优化工艺镀制的 TiN 立铣刀。经航空工厂现场加

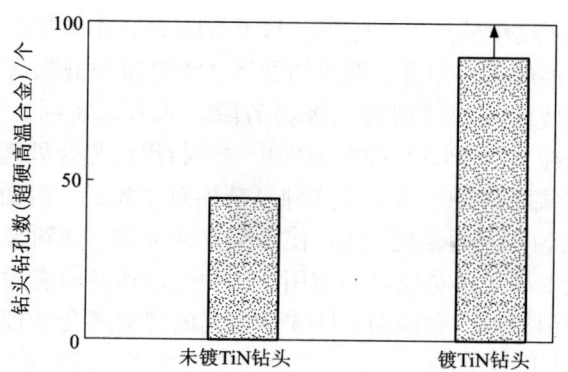

图4-31 硬质合金钻头涂敷 TiN 后的切削状况

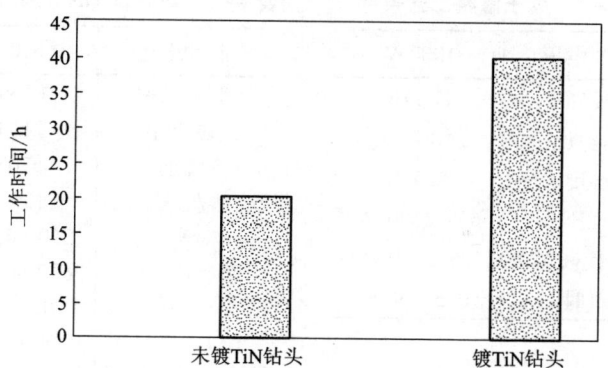

图4-32 PCVD TiN 涂敷的立式铣刀切削条件对比结果

试验条件：1——立式铣床粗铣 1Cr18Ni9Ti 工件,180 HB；
2——油润滑；
3——150~190r/min

工用后表明，镀制后的铣刀，切削速度明显加大，出屑率加快，工件余热很快导出，刀具刃部不易发热，生产效率和刀口精度明显提高。图4-32是立铣刀切削不锈钢的对比的结果。从中可知，镀有 TiN 的立铣刀，其使用寿命可延长一倍。

(2) 在热作模具上的应用。基于 H13 钢热作模具的复杂工作表面,较高的工作温度,剧烈的摩擦、磨损和冲击载荷等恶劣工况条件,使模具的使用寿命极为有限。从考虑实际工业应用出发,在脉冲 DC—PCVD 技术的同炉中进行渗镀复合处理,加上脉冲直流等离子体的引入,使这种复杂模具中狭缝、沟槽、深孔均可实现均匀的表面强化,还可使渗镀复合处理,得到最佳的表面性能匹配,满足各类模具的使用。这种先进独特的表面渗镀复合工艺,很值得推广和应用。H13 钢模具的渗镀复合处理工艺参数见表 4-7 和表 4-8。

表 4-7 离子渗氮工艺条件

脉冲电压	1000 V
脉冲频率	17 kHz
占空比	1:1
温度	520℃
气压	60~1000 Pa
$N_2/(H_2+N_2)$	25%/50%
渗氮时间	0.5~30 h

表 4-8 PCVD TiN 沉积工艺条件

脉冲电压	650 V
脉冲频率	17 kHz
占空比	1:1
温度	520℃
气压	300 Pa
N_2	350 mL/min
H_2	600 mL/min
Ar	70 mL/min
$TiCl_4$(载 H_2)	75 ml/min
沉积时间	2 h

在 400~500℃高温挤压下的铝型材与模具,在挤压摩擦与间断激冷工况条件下,经渗镀复合处理后的铝型材挤压模具,有较好的耐磨性和抗疲劳性,通料量由原来的 2.5 t 提高到 5 t 以上。而且还可以继续使用,使用寿命至少提高 1 倍以上。

从处理后的精密叶片热锻模具锻压钛合金叶片数量上看,等离子体渗镀处理后的模具锻钛合金叶片的数量较之淬火回火态及离子渗氮的有显著的提高,对比见图 4-33。而且所锻的钛合金叶片表面品质也好。

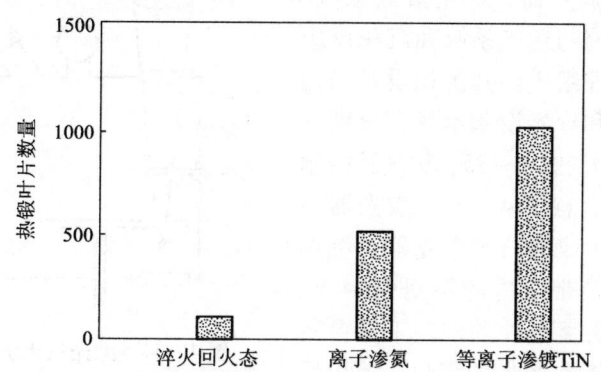

图4-33 精密叶片热锻模具经PCVD复合处理后的使用效果图

4.3 激光化学气相沉积(LCVD)技术

1972年由Nelson和Richardson用CO_2激光聚焦束沉积出碳膜，开创了发展激光化学气相沉积技术。

4.3.1 激光化学气相沉积设备

激光化学气相沉积是用激光诱导来促进化学气相沉积。它的沉积过程是激光光子与反应主体或衬底材料表面分子相互作用的过程。依据激光的作用机制，可分为激光热解沉积和激光光解沉积。激光热解沉积是用波长长的激光进行(如：CO_2激光，YAG激光，Ar^+激光等)。而激光光解沉积要求光子有大的能量，且是短波长激光，(如紫外、超紫外激光，准分子XeCl,ArF等激光器)。但是紫外和超紫外激光器还未实现商品化，激光光解还停留在实验室阶段，而CO_2激光器已商品化，性能稳定可靠，价格低，因此热解沉积已开始走向工业应用。

激光化学光气相沉积装置，主要由激光器、导光聚焦系统、真空系统与送气系统和沉积反应室等部件组成。其沉积设备结构示意图和导光设备示意图分别见图4-34，图4-35，配气及控制系统见示意图4-36，激光器一般用 CO_2 或准分子激光器。沉积反应室是带水冷的不锈钢制成。内设有温度可控的样品工作台及通入气体和通光的窗口，沉积反应室有真空分子泵相连，能使沉积反应室的真空度 $<10^{-4}$ Pa，气源系统装有 Ar.、SiH_4、N_2、O_2 的质量流量计，沉积过程中工作总炉压通过安装在沉积反应室与机械泵之间的阀门调节，通过容量压力表进行测量。

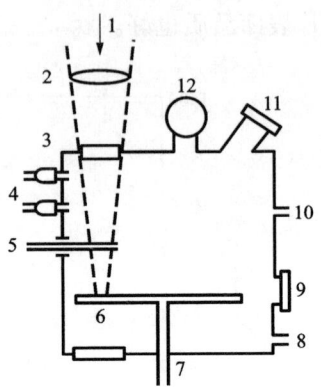

图4-34 激光气相沉积设备结构示意图

1——激光；2——透镜；3——窗口；4——反应气进入管；5——水平工作台；6——试样；7——垂直工作台；8——真空泵；9——测温加热电控；10——复合真空计；11——观察窗；12——真空泵

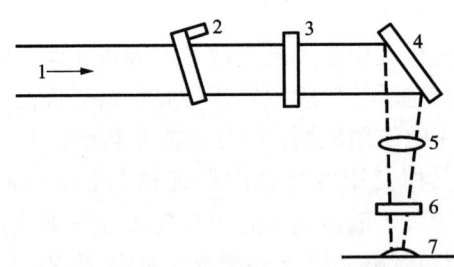

图4-35 导光系统示意图

1——激光；2——光刀马达；3——折光器；4——全反镜；5——透镜；6——窗口；7——试样

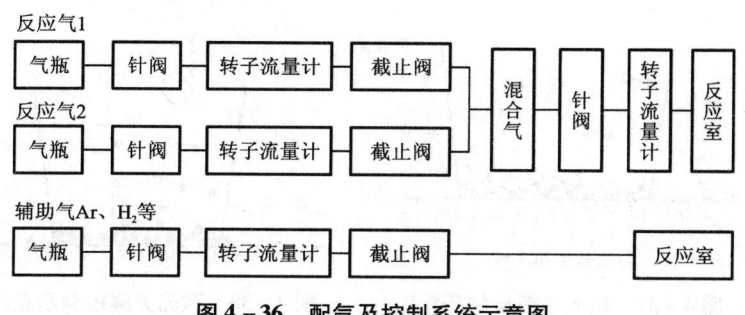

图 4-36 配气及控制系统示意图

4.3.2 激光化学气相沉积工艺

按激光作用机制,分激光热解和激光光解沉积。在激光热解沉积中,激光波长的选择,要求反应物质对激光是透明的,无吸收;要求基体是吸收体。这就可在基体上产生局部加热点,利于该点的沉积。其沉积机制,如图 4-37 所示,而激光光解沉积,要求气相有高的吸收截面,基体对激光束是透明与不透明均可,化学反应是光子激发,不需加热,沉积可在室温下进行。但沉积速度太慢是它致命的弱点,大大限制了它的应用,其沉积机制如图 4-38 所示。若能开发出高功率的、廉价的准分子激光器,激光光解沉积就可与热 CVD、激光热解沉积相竞争。特别在诸多关键的半导体器件加工技术应用上,降低沉积温度对工艺技术至关重要。

这里以 CO_2 激光诱导 SiH_4 沉积 Si_3N_4 膜层为例,看一下激光化学气相沉积的工艺。图 4-39 是沉积与激光功率密度和辐照时间的关系。可看出,激光的功率密度与辐照时间对有沉积膜层关系密切。图 4-40 是不同激光功率和辐照时间与沉积膜层厚度的关系。其关系同样表明,沉积膜层厚度与激光功率与辐照时间关系密切。图 4-41,图 4-42 分别为沉积速率与反应区表面温度和反应气体压力的关系。表明随温度的升高,沉积速率增大;随反应气体压力的升高,沉积速率增大;到 8 kPa 时,沉积速率最高,之后,随反应气体压力的继续升高,沉积速率呈下降趋势。

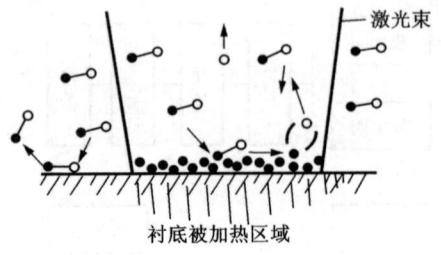
图 4-37 激光热解机制示意图

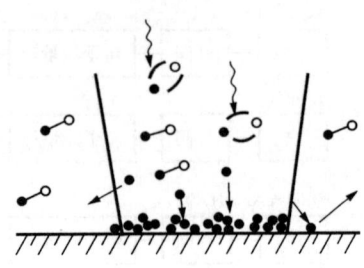
图 4-38 激光光解机制示意图

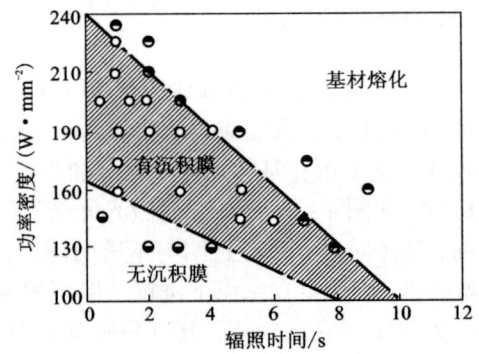
图 4-39 沉积与激光功率密度及辐照时间关系图

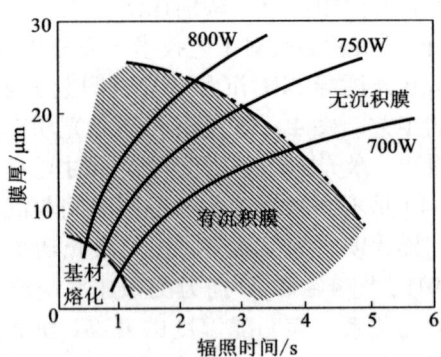
图 4-40 沉积膜厚度与激光参数关系图

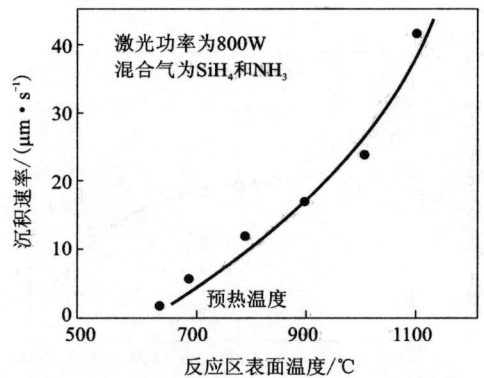

图 4-41　沉积速率与反应区表面温度的关系

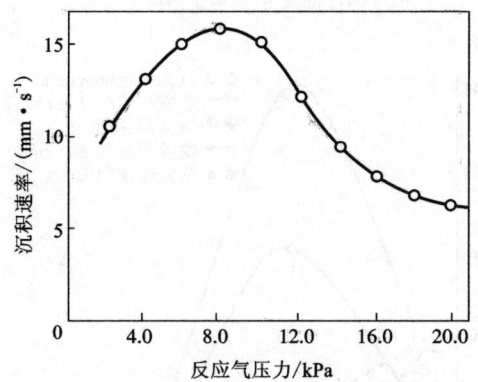

图 4-42　沉积速率与反应气体压力的关系

图 4-43 为膜的成分与反应气配比之间的关系。有使用 $SiH_4:Ar$ 混合气,在基体温度为 200℃ 时,沉积出具有平行结构的品质优良的 α-Si:H 膜层。

图 4-44、图 4-45 为气流稳定区与气源压力、气体流速和喷嘴形状、角度等参数的关系。

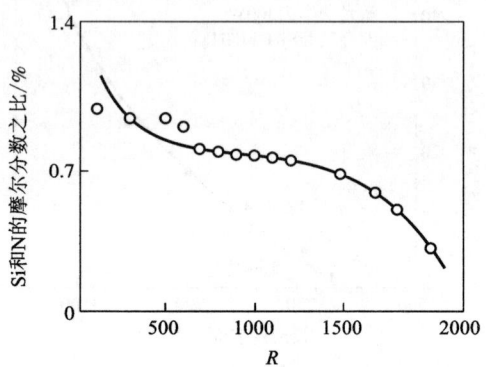

图 4-43　膜层成分与反应气配比 R 的关系

R 为 NH_3 的流量与 SiH_4 的流量之比

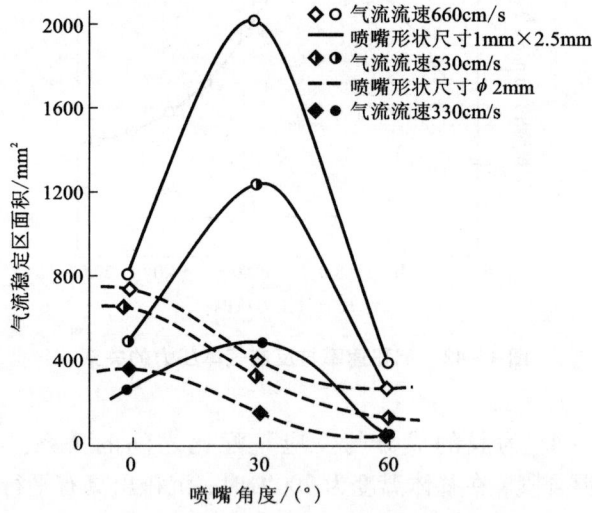

**图 4-44　气流稳定区面积与气源压力
及气体流速的关系**

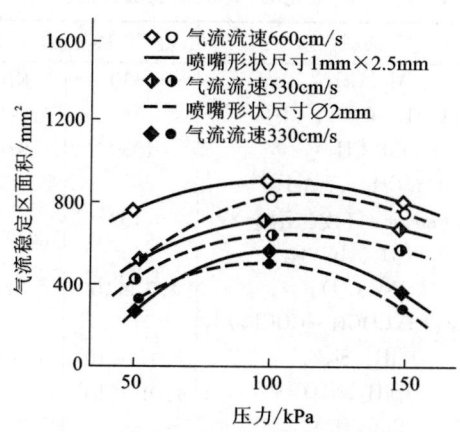

图 4-45 气流稳定区面积与喷嘴形状、
角度及气流流速的关系

从上述的关系曲线中可以看出沉积膜层生成的特点由气体总压力、流速、喷嘴角度、形状尺寸、表面温度及激光参数等工艺条件所决定。需精确调整这些工艺参数，来有效的控制激光 CVD 膜层的处理。

激光 CVD 工艺，主要应用于半导体器件加工中，用作薄膜的"直接写入"。使用卤化物一次沉积具有线宽仅为 $0.5\ \mu m$ 的完整线路花样。也可用作空心硼纤维、碳化硅纤维。采用热解激光化学气相沉积的部分薄膜材料列于表 4-9。

和一般的 CVD 工艺特点相比，激光 CVD 工艺上也有其独特的特点。诸如可局部加热选区沉积，膜层成分灵活，可形成高纯膜、多层膜，也可获得快速非平衡结构的膜层。沉积速率高，而且可低温沉积（基体温度 200℃）。还可方便的在工艺上实现表面改性的复合处理。

表 4-9 热解激光 CVD 沉积的部分薄膜材料

材 料	反应气体	压力/Pa	激光/nm
Al	$Al_2(CH_3)_6$	1330	Kr(476~647)
C	C_2H_2,C_2H_6,CH_4		Ar~Kr(488~647)
Cd	$Cd(CH_3)_2$	1330	Kr(476~647)
GaAs	$Ga(CH_3)_3$,AsH_3		Nd:YAG
Au	Au(ac.ac.)(戊二酮金)	133	Ar
氧化铟	$(CH_3)_3In$,O_2		ArF
Ni	$Ni(CO)_4$	4.7×10^4	Kr(476~647)
Pt	$Pt[CF(CF_3COCH-COCF_3)]_2$		Ar
Si	SiH_4,Si_2H_6	1.01×10^5	Ar~Kr(488~647)
SiO_2	SiH_4,N_2O	1.01×10^5	Kr(531)
Sn	$Sn(CH_3)_4$		Ar
SnO_2	$(CH_3)_2SnCl_2$,O_2	1.01×10^5	CO_2
W	WF_6,H_2	1.01×10^5	Kr(476~531)
$YBa_2Cu_3O_x$	卤化物		准分子激光

应该指出的是,尽管激光光解 CVD 目前还停留在实验室中,但近四年来,已开始进入用准分子激光进行激光光解沉积的活跃期,已从准分子激光沉积金属(如:Cd,In,W,Fe,Ni,Cr,Al)及 α-Si:H 进入开始用准分子激光器低温沉积金刚石膜和类金刚石膜的探索及微细加工,而且在低温沉积金刚石膜方面已经取得进展。

4.3.3 应用

激光化学气相沉积是近几年来迅速发展的先进表面沉积技术,其应用前景广阔。在太阳能电池,超大规模集成电路,特殊的功能膜及光学膜、硬膜及超硬膜等方面都会有重要的应用。虽然目前大多数还处在研究开发,有的也较成熟或即将开始走上工业应用,现分别简述如下。

(1)正在研究开发的一些膜层与应用:见表 4-10。从表中可知,它可应用于微电子工业、化工、能源、航空航天以及机械工业。

表4-10 正在研究开发的膜层与用途

膜层	基材	反应式	层厚/μm	层硬度(HK)	用途
SiC	碳钢	$2SiH_4 + C_2H_4 \xrightarrow{激光} 2SiC + 6H_2\uparrow$	0.1~30	1300	光通信、制半导体器件
Fe	Si	$Fe(CO)_5 \xrightarrow{激光} Fe + 5CO\uparrow$			用于集成电路
Fe_2O_3	Si	$Fe(CO)_5 \xrightarrow{激光} Fe + 5CO\uparrow$ $4Fe + 3O_2 \longrightarrow 2Fe_2O_3$			集成电路
Ni	不锈钢	$Ni(CO)_4 \xrightarrow{激光} Ni + 4CO\uparrow$			石油工业
碳(功能膜)	不锈钢	$C_2H_4 \xrightarrow{激光} 2C + 3H_2\uparrow$			太阳能电池
TiN	Ti	$2NH_3 \xrightarrow{激光} 2N + 3H_2\uparrow$ $Ti + N \longrightarrow TiN$	0.1~2.0	1950~2050	在航空、航天、化工、电力等领域有广泛应用前景
TiN-Ti(CN)-TiC复合膜	Ti	$2NH_3 \xrightarrow{激光} 2N + 3H_2\uparrow$ $Ti + N \longrightarrow TiN$ $C_2H_4 \longrightarrow 2C + 2H_2\uparrow$ $Ti + N \longrightarrow TiN$ $Ti + N + C \longrightarrow Ti(CN)$ $Ti + C \longrightarrow TiC$	在0.2μm厚度的TiN膜基础上可调节三个膜层不同比例的厚度,总厚度0.4~20μm	2200~2800	膜层硬度比TiN还高,且保持与基材良好的结合,用于航天、航空等领域

(2)正走向工业应用：例如用激光 CVD 法制造的 Si_3N_4 光纤传输透镜已开始走上工业应用。其衬底材料选用石英或 2Cr13，反应气用 $SiH_4 - NH_3$，辅助气体为 N_2，沉积的膜厚根据工艺可控制在 $0.2 \sim 40\ \mu m$，膜层深度方向的硬度见图 4-46 所示。膜层的平均硬度为 2200 HK，最高可达 3700 HK。沉积可得的 Si_3N_4 膜的耐磨性能比基材提高 9 倍之多。沉积的 Si_3N_4 与基材在 H_2SO_4 溶液中的抗蚀性能大大提高。

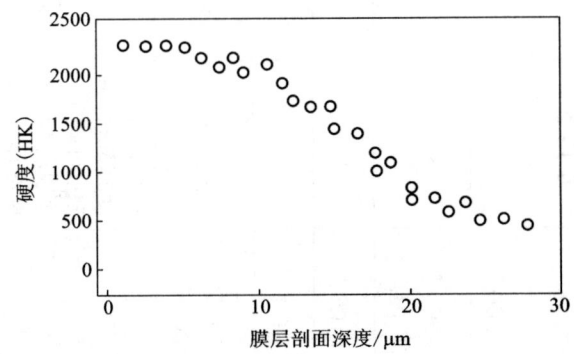

图 4-46　膜层沿深度方向的硬度分布

4.4　微波等离子体化学气相沉积技术

这是一种用微波放电产生等离子体进行化学气相沉积的先进方法。微波放电具有放电电压范围宽、无放电电极、能量转换率高、可产生高密度的等离子体。在微波等离子体中，不仅含有比射频等离子体更高密度的电子和离子，还含有各种活性基团（活性粒子），可以在工艺上实现气相沉积、聚合和刻蚀等各种功能，是一种先进的现代表面技术。

4.4.1 微波等离子体 CVD 装置

(1)微波等离子体 CVD 装置(Microwave Plasma CVD Reactor):微波等离子体 CVD 装置一般由微波发生器、波导系统(包括环行器、定向耦合器、调配器等)、发射天线、模式转换器、真空系统与供气系统、电控系统与反应腔体等组成。图 4-47 是一台典型的微波等离子体 CVD 装置示意图。从微波发生器(微波源)产生的 2.45 GHz 频率的微波能量耦合到发射天线,再经过模式转换器,最后在反应腔体中激发流经反应腔体的低压气体形成均匀的等离子体。由于微波放电非常稳定,从 10^{-3} Pa 至高达大气压的宽度范围内所产生的等离子体并不与反应容器壁接触,对制备沉积高品质的薄膜极为有利;然而,微波等离子体放电空间受限制,难以实现大面积均匀放电,对沉积大面积的均匀优质薄膜尚存在技术难度。

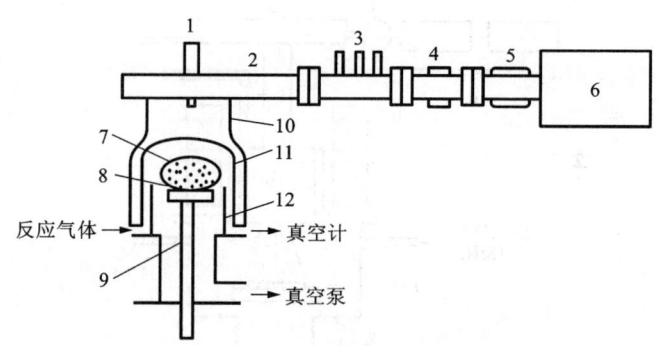

图 4-47　微波等离子体 CVD 装置
1——发射天线；2——矩形波导；3——三螺钉调配器；
4——定向耦合器；5——环行器；6——微波发生器；
7——等离子体球；8——衬底；9——样品台；
10——模式转换器；11——石英钟罩；12——均流罩

近几年来,在发展大面积的微波等离子体 CVD 装置上,已经取得了较大进展,美国 Astex 公司已有 75 kW 级的微波等离子体 CVD 装置出售,可在 $\varnothing$200 mm(8 英寸)的衬底上实现均匀的薄膜沉积。

(2) 电子回旋共振等离子体 CVD 装置(ECR Microwave Plasma CVD Reactor):这是一种用电子回旋共振产生等离子体。它是从核聚变的研究中发展起来的"电子回旋共振加热"。最初用来在磁镜实验装置中产生和加热等离子体,后来又被发展成为托卡马克、串级磁镜等聚变装置实验中进行等离子体加热的主要手段之一,当今这一技术又被用作低压、低温沉积各种优质薄膜。典型的微波电子回旋装置如图 4-48 所示。这种装置具有两大优点:①可大大减轻因高强度离子轰击造成衬底损伤。如在上述的 RF 放电等离子体反应器中,离子能量可达 100 eV,很易使那些具有亚微米尺寸的线路特征的器件中的衬底(如砷化镓、磷

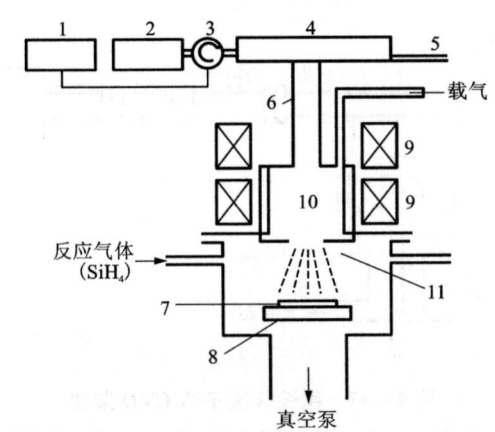

图 4-48 ECR 微波等离子体 CVD 沉积装置
1——微波电源;2——微波源;3——环行器;4——微波天线;
5——短路滑板;6——波导;7——基片;8——试样台;
9——磁场线圈;10——等离子体;11——等离子体引出窗口

化铟、碲镉汞、镓铝砷等Ⅲ~Ⅴ族、Ⅱ~Ⅵ族化合物半导体衬底）造成损伤；②可比RF产生的等离子体更低的温度下沉积，进一步减小了对热敏感衬底在沉积过程中受破坏的可能性，还可减少形成异常沉积小丘的可能性。

电子回旋共振，是指输入的微波频率 ω 等于电子回旋频率 ω_e，其微波共振耦合给电子，获得能量的电子使中性气体电离，产生放电，电子回旋频率为

$$\omega_e = eB/m \tag{4-1}$$

在一般情况下，所用的微波频率为 2.45 GHz。因此要满足电子回旋共振的条件，要求外加磁场强度 B 为：

$$B = \omega_e m/e = 875 \text{ Gs} = 8.75 \times 10^{-2} \text{T} \tag{4-2}$$

式中 Gs（高斯）和 T（特斯拉）分别为磁感应强度和磁极化强度（磁场强度或磁通密度）的单位符号。也就是说，当微波频率在 2.45 kHz 时，满足电子回旋（ECR）的条件的磁通密度为 8.75×10^{-2} T。

电子回旋放电产生的等离子体是一种无极放电，能量转换率高（可把 95% 以上的微波功率转换成等离子体的能量），能在 1.33×10^{-3} ~ 0.133 Pa 的低气压下产生高密度的等离子体，而且离化率高（一般在 10% 以上，有的可达 50%），电子能量分散性小，可通过调节磁场位形来控制离子平均能量和分布，可以使电子回旋（ECR）等离子体 CVD 在很低的温度下高速度地沉积各种薄膜。有的报道称，可以在 300℃沉积 SiO_2 薄膜，在 140℃沉积出多晶金刚石薄膜。

4.4.2 微波等离子体 CVD 沉积工艺与应用

这里重点列举用此法沉积金刚石薄膜的工艺实例。

(1) 在用 1 kW，频率为 2.45 GHz 的微波，通过矩形的波导管传送入石英放电管中，当放电管真空达 6.5×10^{-2} Pa 时，便通

过 $CH_4(5\%)-H_2$、$CH_4(5\%)-Ar$ 或 $CH_4(1\%\sim10\%)-H_2O$ $(0\%\sim7\%)-H_2$ 等混合气体。混合气的流量为 $1.5\ cm^3/s$，压力为 $13\sim530\ Pa$，放电功率为 $150\ W$，放电管温度 $600\sim800℃$，沉积基片为 Si 单晶片，沉积时间为 3 h。当通入 CH_4-H_2 时，产生粒状金刚石，通入 CH_4-Ar 时，沉积出膜状金刚石，同时伴随有石墨，在 CH_4-H_2 中加入水蒸气，可明显提高沉积速率，这是因为水蒸气的存在加速了 CH_2 的分解，在等离子体中产生的 OH^- 加速了对石墨的刻蚀，从而把沉积的石墨清除，沉积出优质的金刚石薄膜。

Matsumoto 对装置进行设计改进后，可实现在大面积上沉积金刚石薄膜。在压力为 $5\sim15\ kPa$ 下，金刚石膜的生长速率为 $0.5\sim3\ \mu m/h$，若工作在常压下，金刚石膜的生长速率可达 $30\ \mu m/h$。

(2)在用磁场增强的微波电子回旋装置中，由于电子回旋的频率与微波频率相等，就产生了电子回旋共振现象，促成了等离子体的密度大大增强。对频率为 $2.45\ GHz$ 的微波，在外加 $8.75\times10^{-2}\ T$ 的磁场强度下，压力为 $0.1\sim1\ Pa$，用不大于 $20\ eV$ 的低离子能量，便可保持高密度的放电(不小于 $10^{12}/cm^3$)，使导入的气体获得高的离化率。在 693 K 时，可生长出晶面较好的金刚石，甚至在 453 K 低温下还生长出微晶金刚石。其生长速率达 $0.01\sim0.1\ \mu m/h$。

(3)应用：微波等离子体 CVD 设备昂贵，工艺成本高，且微波还有一定的辐射。在设计选用微波等离子体 CVD 沉积薄膜时，重点应考虑利用它具有沉积温度低和沉积的膜层质优的突出优点。因此，它主要应用于低温高速沉积各种优质薄膜和半导体器件的刻蚀工艺。目前，应用在制备优质的光学用金刚石薄膜较多。美国已经研制成半球形的金刚石导弹整流罩，并已在导弹上实现了实用化。

4.5 金属有机化学气相沉积(MOCVD)技术

金属有机化学气相沉积(MOCVD)技术是使用金属有机化合物和氢化物(或其他反应气体)作原料气体的一种热解 CVD 法(金属有机源 MO 也可在光解作用下沉积)。它能在较低温度下沉积各种无机物材料,如金属氧化物、氢化物、碳化物、氟化物及化合物半导体材料和单晶外延膜。多晶膜和非晶态膜,特别是最近在微电子、半导体工业中的应用,更促进了 MOCVD 技术自身的发展。从现状看,MOCVD 技术最重要的应用是Ⅲ~Ⅴ族,Ⅱ~Ⅵ族半导体化合物材料,如 GaAs、InAs、InP、GaAlAs、ZnS、ZnSe、CdS、CdTe 等气相外延。现今,可以说 MOCVD 技术,不仅可改变材料的表面性能,而且可直接构成复杂的表面结构。制造出多种新的功能材料,特别是复杂结构的新功能材料,在微电子的应用中,已获得很大的成功。

在沉积金属镀层上,已用金属有机化合物沉积出金属的氧化物、氮化物、碳化物、硅化物和金属镀层。许多有机化合物在中温分解,可沉积在钢的基体上,因此,MOCVD 又可视为中温 CVD(MTCVD)。

与传统的 CVD 相比,MOCVD 沉积温度低,可沉积单晶、多晶、非晶等多层和超薄膜层,甚至是原子层的特殊结构表面材料,还可大规模的低价格的制备,生产各款新的复杂组分的薄膜和化合物半导体材料;并且,沉积能力强,在每一种或每增加一种 MO 源,便可增加沉积材料中的一种组分或一种化合物,如果用两种或多种 MO 源,便可沉积二元、多元或二层、多层的表面沉积层,其工艺通用性强。MOCVD 技术的主要缺点是沉积速度较慢,仅适合沉积微米级的表面膜层,而所用的原料 MO 源,往往又具毒性,这给防护和工艺操作带来难度。近 10 余年来,我国的 MOCVD 技术发展较快，继 1986 年中科院上海冶金所组装成第一台 MOCVD 装置后，国内至今已有 20 余个单位从事 MOCVD 研究与应用工作，目前，主要是研制多层和超晶格量子阱结构的化合物半导体材料。

4.5.1 金属有机化学气相沉积的原理

MOCVD 技术的原理并不复杂，比较简单，以Ⅲ～Ⅴ族化合物半导体沉积的 GaAs 薄膜为例，通常用金属有机化合物和氢化物 TMGa(三甲基镓)、TMAl(三甲基铝)、TMIn(三甲基铟)、TMAs(三甲基砷)、AsH_3(砷烷)、PH_3(磷烷)，其典型的化学反应原理是：

$$(CH_3)_3Ga(g) + AsH_3(g) \xrightarrow{600 \sim 800℃} GaAs(s) + 3CH_4(g)$$

$$(4-1)$$

其化学反应原理虽不复杂，但其反应机理却比较复杂。

而Ⅱ～Ⅵ族化合物半导体则用ⅡB 和ⅥA 族元素有机化合物和氢化物热分解反应沉积制备。通常用的原料气体是$(CH_3)_2Cd$(DMCd 二甲基镉)、$(CH_3)_2Te$(DMTe 二甲基碲)、$(CH_3)_2Zn$(DMZn 二甲基锌)、和 H_2S、H_2Se 等，其典型的化学反应原理是：

$$DMCd + DMTe \longrightarrow CdTe + 2C_2H_6 \qquad (4-2)$$

大多数金属有机化合物易燃，与 H_2O 接触易爆；部分金属有机化合物和氢化物有剧毒。因此使用这些化合物在设备安全上，工艺操作上，应严格依据有关的防护、安全规定进行操作。

4.5.2 MO 源

4.5.2.1 金属有机化合物

MO 源指的是 MOCVD 技术用的金属有机化合物，其在加热或光照下分解，并沉积出各种无机材料薄膜的前置体。在 MOCVD 技术中所用的金属有机化合物大多为烷基化合物，是用脂肪族碳氢化合物或烷基卤化物与金属反应而制成。也可从脂环族碳氢化合物和芳香族碳氢化合物来制取。常用的烷基化合物及其性质见表4-11。这类烷基化合物大都是挥发性的非极性液体。一般甲基化合物和乙基化合物分别在200℃和110℃左右分解。表中的化合物大多是挥发性的，化学活性很强，且可自燃。某些情况下和H_2O接触可能发生爆炸，有的还有剧毒，这在使用中应严格引起注意。

表4-11 金属烷基化合物及其性质

化合物	简名	分子式	状态	熔点/℃	沸点/℃	蒸气压/Pa（温度/℃）
三甲基铝	TMAl	$(CH_3)_3Al$	液体	15	126	1119.72(20)
三乙基铝	TEAl	$(C_2H_5)_3Al$	液体	-58	194	
三异丁基铝		$(C_4H_9)_3Al$	液体	4	130	
二异丁基氢铝		$(C_4H_9)_2AlH$	气体	-70	118	
三甲基砷	TMAs	$(CH_3)_3As$	液体	-87.3	53	31725.4(20)
二乙基砷	DEAs	$(C_2H_5)_2AsH_2$	液体		13.9	106.64(18)
二乙基铍	DEBe	$(C_2H_5)_2Be$	液体	12	194	
二苯基铍		$(C_6H_5)_2Be$	液体			
二甲基镉	DMCd	$(CH_3)_2Cd$	液体	4	105	3732.4(20)
三甲基镓	TMGa	$(CH_3)_3Ga$	液体	-15	5	8531.2(0)
三乙基镓	TEGa	$(C_2H_5)_3Ga$	液体	-82	143	2399.4(48)
二甲基汞	DMHg	$(CH_3)_2Hg$	液体		94	
二乙基汞	DEHg	$(C_2H_5)_2Hg$	液体		159	
三甲基铟	TMIn	$(CH_3)_3In$	固体	88	134	226.61(20)
三乙基铟	DEIn	$(C_2H_5)_3In$	液体	-32	184	399.90(53)
二乙基镁	TEMg	$(C_2H_5)_3Mg$				
环戊烷镁		$(C_5H_5)_2Mg$	固体	176		
三甲基磷	TMP	$(CH_3)_3P$		-85	37.8	
三乙基磷	TEP	$(C_2H_5)_3P$		-88	129	1439.64(20)
四甲基铅		$(CH_3)_4Pb$	液体	-27.5	110	

续表 4-11

化合物	简名	分子式	状态	熔点/℃	沸点/℃	蒸气压/Pa（温度/℃）
四乙基铅		$(C_2H_5)_4Pb$				
二乙基硫	DES	$(C_2H_5)_2S$				
三甲基锑	TMSb	$(CH_3)_3Sb$	液体	-62	80.6	
三乙基锑	TESb	$(C_2H_5)_3Sb$	液体	-98	160	
四甲基锡		$(CH_3)_4Sn$	液体	-54.9	76.8	
二乙基碲	DETe	$(C_2H_5)_2Te$				933.10(20)
二甲基锌	DMZn	$(CH_3)_2Zn$	液体	-42	46	16529.20(0)
二乙基锌	DEZn	$(C_2H_5)_2Zn$	液体	-28	118	853.12(20)

4.5.2.2 氢化物

氢化物是 MOCVD 反应重要的前驱气体。其可用来沉积单质元素，如硼和碳。在 MOCVD 工艺中，氢化物与金属有机化合物配合的用作Ⅲ~Ⅴ族，Ⅱ~Ⅵ族半导体的外延沉积。许多元素都可形成氢化物，现今，只有不多的几种氢化物用作 CVD 的前驱气体，它们主要是ⅢA、ⅣA、ⅥA 族元素的氢化物。表 4-12 列出的部分氢化物大都是剧毒气体，在使用操作上应严格按照规定进行使用操作。

表 4-12 CVD 反应用的部分氢化物

元素	氢化物	分子式	熔点/℃	沸点/℃	元素	氢化物	分子式	熔点/℃	沸点/℃
As	砷烷	AsH_3	-117	-62.5	S	硫化氢	H_2S		-60
B	二硼烷	B_2H_6		-92	Sb	锑烷	SbH_3	-88	-17
Ge	锗烷	$GeH4$	-165.7	-88	Si	硅烷	SiH_4	-185	-111
N	氨烷	NH_3	-77.7	-33	Se	硒化氢	H_2Se	-64	3
P	磷烷	PH_3	-133	-87	Te	碲化氢	H_2Te		-2

4.5.3 金属有机化学气相沉积设备与工艺

4.5.3.1 设备

金属有机化学气相沉积设备,由反应室、反应气体供给系统、尾气处理系统和电气控制系统等四个部分组成。如图4-49所示。从反应室的结构上又分卧式和竖式。卧式反应结构简单,

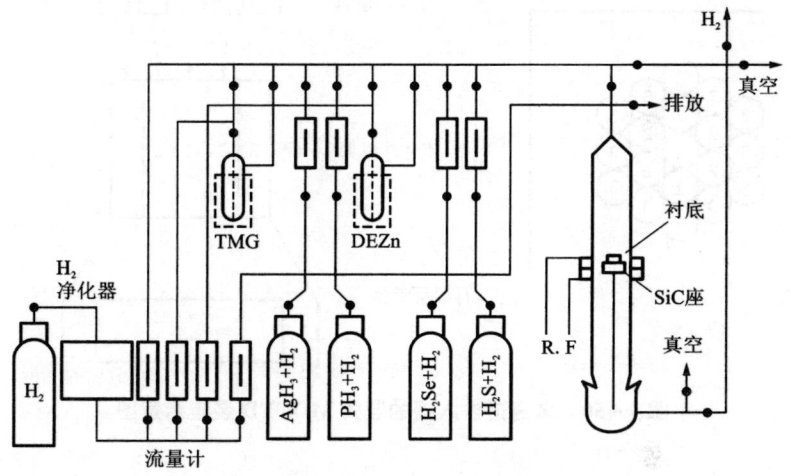

图4-49 MOCVD设备(竖式反应室)示意图

TMG——Ga源,AsH_3和PH_3和PH_3——As源和P源,H_2Se、HzS和DEZn——Se、S和Zn的掺杂源,H_2——载流气体,R.F——射频

内中放置衬底的基座一般呈短形,迎气流方向倾斜2°~6°。而竖式反应室结构较为复杂。密封要求严,且基座宜旋转。衬底既可平放又可倾斜放置。为增大薄膜材料的面积并改善其均匀性,现今设计了多通道的气体注入器组成的大面积入口装置和径向流平面反应管。图4-50为竖式MOCVD设备中使用的多通道气体注入器的示意图,其中注入器的径向位置为三组。用这种设备生长

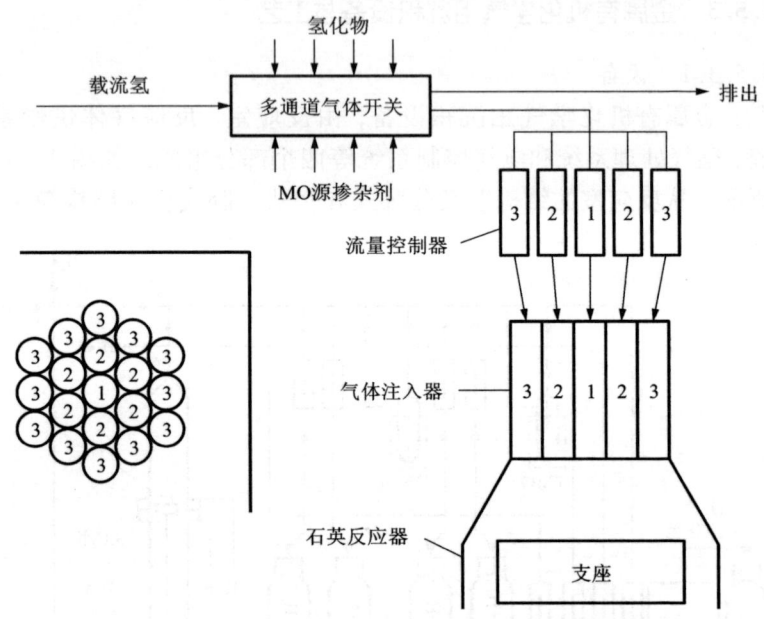

图 4-50 多通道注入器的竖式 MOCVD 装置示意图

了单片、多片和不同组分的 InGaAs 化合物半导体薄膜材料,其厚度均匀性 2 英寸圆片为 ±1%,3 英寸圆片为 ±2%,3 片的 2 英寸圆片为 ±3%,光致发光谱波长的标准偏差为 1.5~4 nm,晶格失配对单片均匀性为 $\pm 10^{-4}$。表明,InGaAs 中的组分是十分均匀的,在这类设备中,竖式、卧式反应中的基座通常都用高频感应或电阻进行加热,近来国外也有用"聚焦光束"加热,测温一般采用热电偶,整个设备气路管道均用不锈钢管,所用阀门,采用气动波纹管式密封截止阀。由于对密封的性能要求严格(接口处的气体泄漏量 $<10^{-7} \sim 10^{-8} \mathrm{~cm}^3/\mathrm{s}$),因此管路间的连接均采用焊接、双卡套连接和垫圈压紧式密封连接。气体流量采用质量流量

计控制。基于 MOCVD 工艺中所选的原料气均为剧毒和易燃,因此对气体的尾气排放前必须处理。最为有效的处理是裂解,就是把尾气中的 AsH_3 等气体在温度为 400℃ 以上进行热解,然后用活性碳吸附或碱性高锰酸钾溶液喷淋吸收,或通入微氧进行氧化燃烧。实践证明,一般可用裂解和三种方法中的两种进行串联处理。即可使尾气达到排放的指标要求。电控系统主要是对反应室中基座和若干个 MO 源的温度控制,气体管路中的气动阀开关,阀门互连互锁,气体流量,有毒气体的泄漏,气压过载报警,真空炉压的维持,自动控制以及各工艺参数的计算机全自动操作控制。

生产这种 MOCVD 设备的公司主要有美国的 EMCORE 和德国的 AIXTRON 公司。售价昂贵,50~80 万美元/台。1987 年后,我国进口约有 10 台之多,而在 1986 年中科院上海冶金所成功组装了国内首台微机控制的全自动 MOCVD 设备,后又有不少单位陆续组装带微机全自动控制的设备,价格为 50~80 万元人民币。现今已有定型的 MOCVD 设备市售,总的来看,售价相当昂贵,而且所用的金属有机化合物也很昂贵。只有要求很高品质的外延膜层时,才用 MOCVD 的方法。

4.5.3.2 工艺

金属有机化学气相沉积工艺主要有:

(1)常压 MOCVD(APMOCVD)

由于常压 MOCVD 操作方便,价格成本相对较低,一般常被用来沉积各种薄膜,特别是从超大规模集成电路的互连材料中发现,铜比铝好,而 APMOCVD 是制备铜膜的最佳方法。现已经用双-六氟化乙酰丙酮铜[$Cu(HFA_2)$]于 45℃ 作铜的 MO 源,在流量为 200 cm^3/min 载氢气氛下,于 220℃ 的 TiN 衬底上沉积出铜膜,并可作大规模集成电路互连材料的制膜方法。

(2)低压 MOCVD(LPMOCVD)

低压 MOCVD 主要在考虑亚微米级涂镀层和多层的结构上采用，特别是多层结构，要求每层间的层次分明，界面陡峭，掺杂浓度或组分的缓变层又限在 <10 nm 量级的条件下采用，其工作压约为 13.3 kPa，在工艺操作中，气体流速较高。已用 LPMOCVD 工艺成功的生长出多层和超晶格结构，制备的新功能材料使材料的性能与器件的性能都得到了提高。

(3) 原子层外延(ALE)

原子层外延是生长单原子级薄膜与制备新型电子和光电子器件的先进技术。它首先用在高品质的发光显示膜上沉积非晶和多晶Ⅱ～Ⅵ族化合物与绝缘氧化物薄膜。用 MOCVD 技术进行Ⅲ～Ⅴ族化合物的原子层外延时，需在一定的温度范围内，根据Ⅲ MO 源的控制与自制机理，其生长速率被控制在每一周期为一个原子层。而且原子层外延的低温和逐层生长可解决杂质的互扩散及表面形貌的改善。

(4) 激光 MOCVD(LMOCVDJ)

由于 MOCVD 通常是在加热条件下进行，可能导致来自反应室内杂质的玷污。用激光，一方面可增强 MOCVD 的工艺过程，另一方面又可实施局部进行。可用激光的特点，使用低温生长从而减少玷污。最近已发展出不用气态的 MO 前置体。而用旋转的 MO 源涂膜的 LMOCVD 法，不仅降低了设备的成本，而且用低温沉积使膜层品质得到提高。已经用 Ar^+、Nb、YAa 和受激激光热解 MO 薄膜，制取了 Au、Pd、Ir、Ca 等金属薄膜。并且还进行了用激光束直接"书写"MO 薄膜制备各种几何图形的涂层研究，当今甚为活跃。

(5) MOCVD 技术沉积的一些镀层

表 4-13 与表 4-14 是一些常用的金属有机化合物源及沉积的膜层。

表 4-13 用金属有机化合物 CVD 沉积的镀层

镀层	初始反应物(MO 前置体)	温度/℃	压强/Pa
Al_2O_3	$Al(OC_3H_7)_3$ Al-三异丙基氧化物	700~800 270~420	<1333 13332
B_7O	$B(C_2H_5O)_3-H_2$	800	101
Co	$Co_2(CO)_8$	200~400	
Co, Fe, Ni	$M(C_2H_5)_2$	550	5×10^{-3}
CoSi	$H_3SiCo(CO)_4$	670~700	53~267
Cr_7C_3	$Cr[CH(CH_3)_2]_2$	300~550	67~6666
β-$FeSi_2$	$(H_3Si)_2Fe(CO)_4$	670~700	53~267
Mn_3Si	$H_3SiMn(CO)_4$	670~700	53~267
SiC	$CH_3SiCl_3-H_2$ $(CH_3)_2SiCl_3-H_2$ $CH_3SiCl_2-H_2$ $CH_3SiCl_3-H_2$ 聚碳酸硅烷 $CH_3SiCl_3-H_2$ $CH_3SiCl_3-C_3H_8-H_2$ $(CH_3)_4Si-H_2$	800~1200 900~1200 350~800 1150~1450 1150~1250 1000	101323 89324 101323 9332 30664 2000
Si_3N_4	$(CH_3)_4Si-NH_3$	525~1500	133~101323
SnO_2	$(CH_3)_4Sn$ $(C_2H_5)_4Sn$ $(C_4H_9)_4Sn$ $(C_4H_9)_2(CHCOO)_2Sn$	400~500	
TiC	$(C_5H_5)_2TiCl_2-H_2$	825~1050	133~933
Ti(C,N)	$(CH_3)_3N-TiCl_4$ $CH_3CN-TiCl_4$ $CH_3(NH)_2CH_3-TiCl_4$ $HCN-TiCl_4$	560~950	200~95990

续表 4-13

镀 层	初始反应物(MO 前置体)	温度/℃	压强/Pa
TiO_2	$Ti(C_3H_7O)_2$	190~550	101323
Y_2O_3	$Y_2(Thd)_3$	430~490	1000~3000
ZrO_2	$Zr(OC_3H_7)_4$	700~800	360
	$Zr(OC_5H_{11})_4$	750~950	101323
	$Zr(tfacac)_4 - O_2$	450~750	101323
	$Zr(thd)_4 - O_2$		
	Zr_2, 4 戊二醇	300~430	1000~323
	$Zr(tfacac)_4 - O_2$	450	101323
	$Zr(C_3H_7O)_2$	<425	101323

表 4-14 用 MOCVD 法外延的化合物半导体材料

化合物半导体	前 置 体
GaAs	$TMGa - AsH_3 - H_2$
	$TEGa - AsH_3 - H_2$
GaAlAs	$TMGa - TMAl - AsH_3 - H_2$
GaInAs	$TMGa - TMIn - AsH_3 - H_2$
GaSb	$TMGa - TMSb - H_2$
GaInSb	$TMGa - TMIn - TMSb - H_2$
GaInAsSb	$TMGa - TMIn - TMSb - AsH_3 - H_2$
AlGaAsSb	$TMGa - TMAl - TMSb - AsH_3 - H_2$
GaInP	$TMGa - TMIn - PH_3 - H_2$
AlGaInP	$TMGa - TMAl - TMIn - PH_3 - H_2$
GaN	$TMGa - NH_3 - H_2$
CdTe	$DECd - DETe - H_2$
HgCdTe	$DMCd - DETe - Hg - H_2$
ZnSe	$DMZn - H_2Se - H_2$

4.5.4 金属有机化学气相沉积技术的应用

MOCVD 技术主要广泛应用于微波和光电子器件、先进的激光器设计，如双异质结构、量子阱激光器、双极场效应晶体管、红外探测器和太阳能电池等。从 MOCVD 在表面技术材料中的应用上看，主要包括涂层、化合物半导体材料、细线与图形的描绘。

(1) 化合物半导体材料

表 4-15 ~ 表 4-17 是 Rockwell 公司，Manasevit 研究小组用 MOCVD 技术的方法在绝缘的基片上沉积的 Ⅲ ~ Ⅴ 族和 Ⅱ ~ Ⅳ 族、Ⅳ ~ Ⅵ 族化合物半导体材料，主要用于微电子领域。

表 4-15 用 MOCVD 方法在绝缘基片上生长的 Ⅲ ~ Ⅴ 族化合物

化合物	绝缘基片	反应物	生长温度/℃
GaAs	Al_2O_3, $MgAl_2O_4$ BeO, ThO_2	$TMGa - AsH_3$	650 ~ 750
GaP	Al_2O_3, $MgAl_2O_4$	$TMGa - PH_3$	700 ~ 800
$GaAs_{1-x}P_x$ ($x=0.1 \sim 0.6$)	Al_2O_3, $MgAl_2O_4$	$TMGa - TMAl - AsH_3$	700 ~ 725
$GaAs_{1-x}Sb_x$ ($x=0.1 \sim 0.3$)		$TMGa - AsH_3 - TMSb$	
GaSb	Al_2O_3	$TEGa - TMSb$	500 ~ 550
AlAs	Al_2O_3	$TMAl - AsH_3$	700
$Ga_{1-x}Al_xAs$	Al_2O_3	$TMGa - TMAl - AsH_3$	700
AlN	Al_2O_3, SiC	$TMAl - NH_3$	1250
GaN	Al_2O_3, SiC	$TMGa - NH_3$	925 ~ 975
GaN	Al_2O_3	$TMGa - NH_3$ (不稳定)	800
InAs	Al_2O_3	$TEIn - AsH_3$	650 ~ 700
InP	Al_2O_3	$TEIn - PH_3$	725

续表 4-15

化合物	绝缘基片	反应物	生长温度/℃
$Ga_{1-x}In_xAs$	Al_2O_3	$TEIn - TMGa - AsH_3$	675~725
InSb	Al_2O_3	$TEIn - TESb - AsH_3$	460~475
$InAs_{1-x}Sb_x$ ($x=0.1~0.7$)	Al_2O_3	$TEIn - TESb - AsH_3$	460~500

表 4-16 用 MOCVD 方法在绝缘基片上生长的 II~VI 族化合物半导体材料

化合物	绝缘基片	反应物	生长温度/℃
ZnS	$Al_2O_3, BeO, MgAl_2O_4$	$DEZn - H_2S$	~750
ZnSe	$Al_2O_3, BeO, MgAl_2O_4$	$DEZn - H_2Se$	720~750
ZnTe	Al_2O_3	$DEZn - DMTe$	~500
CdS	Al_2O_3	$DMCd - H_2S$	475
CdSe	Al_2O_3	$DMCd - H_2Se$	600
CdTe	$Al_2O_3, BeO, MgAl_2O_4$	$DMCd - DMTe$	~500

表 4-17 用 MOCVD 方法在绝缘基片上生长的 IV~VI 族化合物半导体材料

化合物	反应物	生长温度/℃
PbTe	$TMPb - DMTe, TEPb - DMTe$	500~625
$Pb_{1-x}Sn_xTe$	$TMPb - TESn - DMTe$	550~625
PbS	$TMPb - H_2S$	~550
PbSe	$TMPb - H_2Se$	~550
SnTe	$TESn - DMTe$	~625
SnS	$TESn - H_2S$	~550
SnSe	$TESn - H_2Se$	~500

(2)涂层材料

主要是各种金属、氧化物、氮化物、碳化物和硅化物等涂层材料。在沉积的衬底材料不能承受 CVD 所需的高温时，MOCVD 法能在较低工艺温度下沉积各种涂层材料。其中 Al_2O_3、B_7O、Co、Co、Ni、Fe、CoSi、Cr_7C_3、β-$FeSi_2$、SiC、Mn_3Si、Si_3N_4、SnO_2、TiC、Ti(CN)、TiO_2、Y_2O_3、ZrO_2 等就是用 MOCVD 法沉积的各种涂层材料。对于金属涂层，在上面沉积金属薄膜用的 MO 新源中已经提及(如 Au、Pt、Cu、Al 等)，这里就不再叙述。

(3)在器件上的应用

1)电子器件：在电子器件上，MOCVD 的膜只限于具有高迁移率的化合物半导体 n 型 GaAs、InP。这类电子器件要求的外延生长层的载流子深度与膜厚要有精确的控制(如 GaAs 的电子器件，膜厚需在两个数量级内，而电子浓度要在四个数量级内进行精确控制)。MOCVD 法均可在这一范围内满足要求。有关电子器件制作上的一些工艺细节就不在本书中加以叙述，可参考相关的微电子元器件制作的相关资料。

2)光器件：用 MOCVD 法制作的 $Ga_{1-x}Al_xAs$ 系激光器。在临界电流值上与其他方法制作的(如用 LPE、MBE)没有差别，在使用寿命上，MOCVD 法制作的 $Ga_{1-x}Al_xAs$ 激光器的寿命已经接近唯一得到实用的 LPE 激光器的寿命。对一般的激光器的结构运用 MOCVD 方法，可精确控制薄膜的组成和膜层的厚度；也可用 MOCVD 方法可制备多量子阱(MQW)激光器，表 4-18 表示了多量子阱(MQW)激光器的特性和性能。

在开发高性能的新功能器件中，技术上所要求的极薄异质多层结构的精确控制，MOCVD 技术已引起人们的广泛关注。MOCVD 法不仅适用于一般结构的电子器件、光学器件的批量生产或多品种的少量生产的 GaAs、GaAlAs、InP、GaInAsP 等最通用的化合物半导体，也适用制作Ⅲ~Ⅴ族、Ⅱ~Ⅵ族化合物半导体的材料。作为真正的实用性的 MOCVD 技术会在新功能器件的开发上得到发展。

表 4-18 多量子阱特性

优 点	特 性	作 者
①用外延生长厚度控制波长（用于制备短波器件）	$\lambda = 706.5$ nm$(j = 1$ kA/cm$^2)$	Burnham 等(1982)
	$\lambda = 650.0$ nm	Camras 等(1982)
②低临界值	$J_{th} = 168$ W/cm^2 (70 A/cm^2) @ 8200Å	Camras 等(1983)
	$J_{th} = 240$ A/cm^2 单量子阱光抽运	Kasamset 等(1982)
	$J_{th} = 260$ A/cm^2	Hersee 等(1982)
③低温对临界值的决定作用	$(T_0 = 154 \sim 171$ K$)$	Hersee 等(1982)
④高功率输出（多条排列）	$P_{out} = 1.5$ W/mirror	Scifres (1983)

(4) 细线与图形的描绘

许多薄膜在微电子器件的应用中，都要求描绘出细的线条和各种几何图形。运用 MOCVD 的 MO 源可在气相或固体中形成的特点，在已知的某些 MO 化合物对聚焦的高能光束和粒子束具有很高的灵敏度，选择曝光法可使已曝光的 MO 化合物不溶于溶剂，而制备出细线条和各种几何图形。用于微电子工业中的互联布线和有关元件。现今已用了许多聚焦光束（如激光束、电子束、离子束等）。激光束可局部热解 MO 源化合物，电子束和离子束可诱导 MO 源化合物中的键断裂，使其不溶于有机溶剂中制备出各种几何图形。

用固体激光束从铜的甲酸盐书写成 Cu 的细线条，用快速光解激光从金属聚合物薄膜书写成 Au 线，用激光从含 Au 碳氢化合物的薄膜书写出导电的 Au 迹(tracing)；还用激光从有机化合物涂膜中直接书写出 Fe_2O_3 的细线等。这些书写成的细线其边界的分辨率很好,因此,可以看出 MOCVD 要比一般的 CVD 更具有应用的广泛性、通用性和先进性。它在现代表面技术中,随微电子工业和高技术应用的严格高要求,一定会得到进一步的发展。

4.6 分子束外延技术

4.6.1 分子束外延的特点

分子束外延技术(Molecular Beam Epitaxy,MBE),是在超高真空条件下一种或多种组元加热的原子束或分子束以一定的速度射入被加热的基片上面进行的外延生长。分子束外延把生长的薄膜材料的厚度从微米量级推进到亚微米量级。由于分子束外延生长是在非平衡条件下完成的,MBE 法有下列特点:

(1)超高真空下进行的干式工艺,(MBE 系统本底真空度为 2.67×10^{-9} Pa),提供了极为清洁的生长环境,适合于生长活泼、易氧化元素的外延材料,生长产量高(生产型的 MBE 设备,3 片/炉,4 英寸(10.16 cm)或 24 片/炉,2 英寸(5.08 cm),操作上可自动快速换片,无须破坏真空。

(2)生长温度低(GaAs,500~600℃;Si,500℃左右生长),可清除体扩散对组分和掺杂浓度分布的干扰。通过对束源炉快门的控制,可实现立即喷射或立即停止分子束,可制备出超突变的界面和陡变的掺杂浓度分布的结构和组成的器件。

(3)膜的生长速率高度可控(可以从 0.1 μm/h 甚至到 1~2 μm/h 还能生长单原子层材料)。

(4)可在大面积上得到均匀性、重复性、可控制好的外延生长膜。这是因为它通过从束源炉喷口至衬底的几何尺寸的合理设计,在线监控仪和样品架旋转来控制外延层厚度、组分、掺杂浓度,均匀性为 ±0.05%。

(5) MBE 是在非平衡态下生长，因此可以生长不受热力学机制控制的外延技术（如液相外延等技术）无法生长的又处于互不相溶的多元素材料，可实现 II ~ VI 族半导体的 p、n 型导电，而且因其生长机制受动力学因素控制，对大多数衬底晶向都可获得均匀光滑表面。

(6) MBE 配置了多种在线原位分析仪器，可进行原位观察。如配置了反射高能电子衍射仪（RHEED）及其强度振荡仪（IORHEED）、器极质谱仪（QMS）、组元束流强度测试仪、原子力显微镜（AFM）、扫描隧道显微镜（STM）等仪器，用来监控外延生长前要求衬底表面的清洁度与表面结构，研究生长机制界面的状态和性质，可把得到的晶体生长中的薄膜结晶性和表面状态的数据，立即反馈以控制晶体的生长。

4.6.2 分子束外延的原理

MBE 法是把加热的组元的原子束（或分子束）入射到衬底表面，并与衬底表面进行反应的过程。这个过程的步骤包括：组元原子或分子吸附于衬底表面；吸附的分子在表面迁移和离解为原子；该原子与近衬底的原子结合成核并外延成单晶薄膜；在高温下部分吸附在衬底薄膜上的原子脱附。根据有关蒸气压、温度等数据，依据有关公式分别可计算出组元、掺杂剂原子到达衬底的表面速率和生长速率。图 4 - 51 是砷稳态下，As_2 和 As_4 入射到 GaAs 衬底表面外延过程的原理示意图。

4.6.3 分子束外延装置与分类

4.6.3.1 分子束外延装置

MBE 装置由样品进样室、预处理分析室和生长室等所组成。室间用闸板阀隔开，以确保生长室的超高真空与清洁。

(1) 根据 MBE 系统的几何结构相应的配置真空系统，三个室

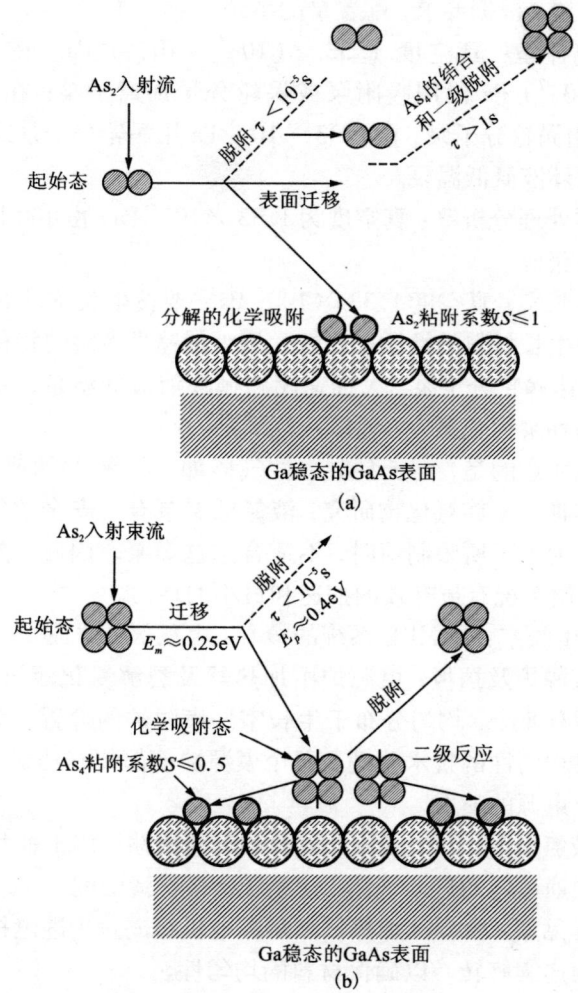

图 4-51　砷稳态结构下，As_2 和 As_4 入射到 GaAs 衬底表面的外延过程的原理示意图

(a) 由 Ga 和 As_2 生长 GaAs 的模型；(b) 由 Ga 和 As_4 生长 GaAs 的模型

的真空配置，根据要求，配置泵的系统并非一样。

1）进样室：真空度 $1.33 \times (10^{-6} \sim 10^{-8})$ Pa。在 $1.33 \times (10^{-6} \sim 10^{-7})$ Pa 段用吸附泵或涡轮分子加离子泵；在 1.33×10^{-7} Pa 用涡轮分子泵；在 1.33×10^{-8} Pa 用涡轮分子泵或其他泵加闭路循环液氮低温泵。

2）预处理分析室：真空度为 1.33×10^{-8} Pa，由 400 L/s 抽速的离子泵获得。

3）生长室：真空度 1.33×10^{-9} Pa。要按生长室的容积大小和所用的生长材料的性质来配置。用大抽速带冷阱的特种油扩散泵、大抽速涡轮分子泵、大抽速闭路循环液氮低温泵、大抽速离子泵等四种泵为主泵，再辅以钛升华泵。

应该注意的是，离子泵对惰性气体如 Ar、N_2 的抽速率很小，不适用作Ⅲ~Ⅴ族氮化物研究；液氮低温泵有一安全放气阀，在生长室压力大于所限制值时，不适合选这类泵。因此，在选择泵类时，要使系统有最有效的抽速和最小的玷污。

（2）生长室：是 MBE 系统的核心，由三部分组成。

1）束源炉及挡板：束源炉由加热器及裂解氮化硼坩埚组成，坩埚通常有 8 个，均匀分布于生长室。束源炉的位置，是决定所生长材料均匀性的技术关键。每个束源炉前都装有挡板，用于开启或停止束源的喷射。

2）液氮冷阱：在生长室，束源炉配置冷阱，用于捕集生长室及束源炉通道内的剩余气体，使系统达最佳清洁度。

3）样品架：由样品加热器和步进电机组成。步进电机用来驱动样品架连续旋转，以确保材料的均匀性。

（3）监控与测量：在生长室内一般都装有若干原位测量仪器。

1）反射高能电子衍射仪（RHEED）及强度振荡仪（IORHEED）。RHEED 用来监控衬底表面氧化物脱附情况。衬底表面的情洁度，外延层的表面再构。确定外延层的生长成核状态和外延层平整度。并非所有的 MBE 系统都配 IORHEED。但从强度振荡的周期间距,可算出所生长的外延层厚度和组分。其中 RHEED 是 MBE 系统中关键的在线监控仪。

2)束源强度测试仪:用离子规检测组元的离子流,算出每组元的束流强度比,达到控制多元系的组分,保证生长多元系材料的重复性。同时还可获得束源是否耗尽的信息,是关键的在线测量仪。

3)四极质谱仪(QMS):用来测量喷射炉组元的束流强度,研究吸附和脱附力学,检测系统剩余气体与检漏。

4)测温仪:在生长室外,用红外测温仪通过观察窗对衬底进行表面温度测量。

5)在 MBE 系统的预处理分析室,有的装有俄歇分析仪等其他监控设备仪器。

MBE 系统所用的结构材料,要求蒸气压低,在工作状态下,不放气,耐高温等,其中一些受热部件均选用高纯钼、高纯钽,热电偶用 W - Re,坩埚用不起化学反应的高纯裂解氮化硼(PBN)。

4.6.3.2 分子束外延装置的分类

分子束外延装置其分类归结有:

(1)固态源分子束外延(SSMBE);

(2)气态源分子束外延(GSMBE);

(3)化学束外延(CBE);

(4)金属有机物分子束外延(MOMBE);

(5)等离子体分子束外延(PMBE)。

图 4 - 52 和图 4 - 53 分别为Ⅲ ~ V族固态源分子束外延系统和Ⅲ ~ V族气态源分子束外延系统装置。

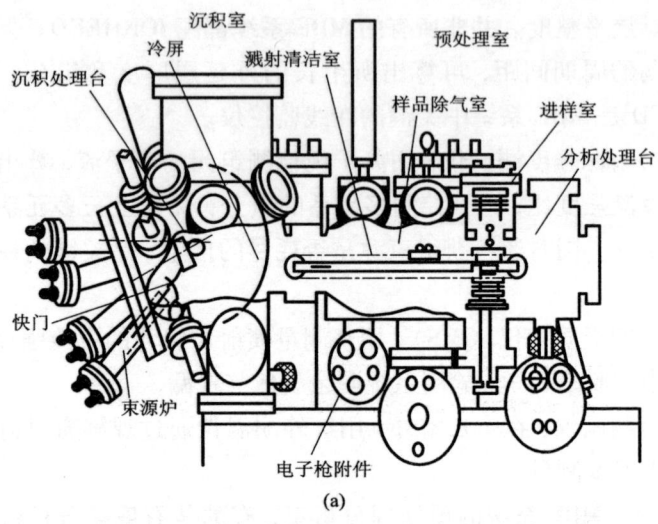

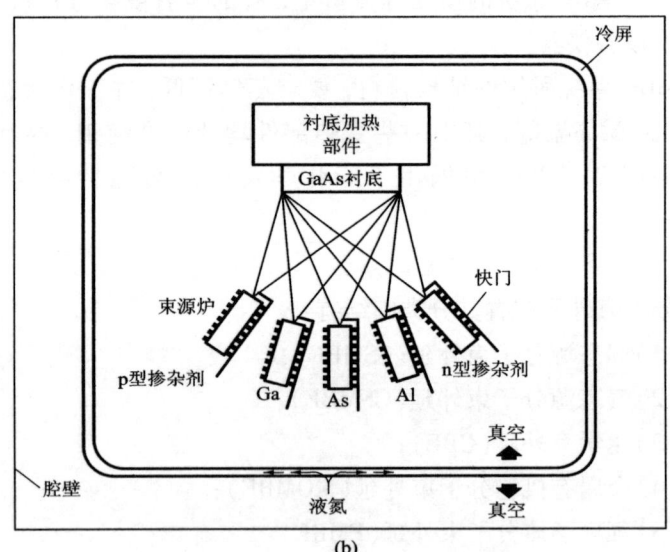

图 4-52　Ⅲ~Ⅴ族固态源分子束外延系统
(a) Ⅲ~Ⅴ族 MBE 系统；(b) SSMBE 生长这 P 型和 N 型 $Al_xGa_{1-x}As$ 过程示意图

第4章 薄膜化学气相沉积技术

图4-53 Ⅲ~Ⅴ族气态源分子束外延系统

4.6.4 分子束外延的生长工艺

4.6.4.1 分子束外延工艺流程

首先,对衬底进行化学清洗,除去油污和表面氧化物,这是成功制取高品质 MBE 外延材料不能忽视的重要步骤,它是保证"高度清洁"的前提。第二步,用 In 粘贴在钼基层上。第三步,装入样品室,抽真空到 1.33×10^{-6} Pa 后,在 150~200℃除气,脱出表面吸附水气。第四步,样品传送到预处理室,加热到 400~500℃进一步除气。第五步,样品传送到生长室,在 Ⅴ族保护气氛下加热到相应的氧化物离解温度,除去氧化物及 CO 等,这时采用 RHEED 来跟踪监测衬底表面氧化物的脱附情况,衬底表面的清洁度。第六步,用 RHEED 表面结构监控,当在 RHEED 的图像中衍射点突然清晰,表明氧化物已去除,立即降到工艺上所定的生长温度,开始外延和掺杂。

4.6.5 分子束外延的应用

分子束外延已经在 GaAs、InP、AlGaAs、InGaP、InGaAs 等 Ⅲ~Ⅴ族半导体单晶膜外延。在原子面和平面掺杂的控制上也已取得较好的效果。并且还制备 Ⅱ~Ⅳ族 ZnS 单晶膜;GaF_2、SrF_2、BaF_2 等绝缘膜和 PtSi、Pb_2Si、$NiSi_2$、$CoSi_2$ 等硅化物。还用分子束外延技术生长出异质结、超晶格、量子阱、量子点等半导体微结构材料,并制备出多种异质结外延构件和器件。用分子束外延法得到的铋锶钙铜氧膜具有超导性。随着分子束外延设备与工艺的不断发展和完善,以及新的物理概念的提出与验证;随着能带裁剪工程的合理优化和器件设计水平的提高,新器件的不断提出,材料、器件物理的优化组合,必将促进分子束外延技术整体水平的提高,从而推动半导体领域、信息领域、低维材料领域与物理领域、纳米材料领域等学科技术的变革。

4.7 化学气相沉积金刚石薄膜技术

金刚石薄膜被誉为 21 世纪的新型功能材料。20 世纪 80 年代中期以来,在席卷全球的金刚石薄膜研究与开发热潮中,金刚石所具有的性能组合显示了极其诱人的广泛应用前景,吸引了众多跨学科的科技工作者的积极投入。从 1970 年前苏联学者 Deryagin,Spitsyn 等人冲破了"高温高压才能制备金刚石"的禁锢,首先在"低温低压"条件下用化学气相沉积方法,实现了由石墨到金刚石的转变,到 80 年代初日本学者 Setake 等人,在化学气相沉积金刚石薄膜的研究中,初步展现出实际应用的可能,又从 90 年代初,开始取得实质性进展。至今近 20 年,经全球科技工作者的研究与开发,在理论和相关的测试方法,在沉积制备工艺技术与装备,在应用研究与产品开发等都取得了令人瞩目的成绩。我国 863 高技术新材料计划,抓住时机,有效地组织了国内的骨干力量,在沉积制备工艺和相关的测试方法、超硬材料、热沉材料、金刚石半导体和光学材料等研究和应用上,取得了可喜的进展。

4.7.1 金刚石薄膜的优异的性能

集力学、热学、声学、光学、耐蚀等优异性能于一身的金刚石膜是一种难得的功能薄膜材料。

4.7.1.1 极优异的力学性能

表 4-19 是天然金刚石与 CVD 薄金刚石的主要力学性能。

表 4-19 金刚石的主要力学性能

力 学 性 能		天然金刚石	CVD 金刚石薄膜
维氏硬度(HV)		10000	7000~10000
密度/(g·cm^{-3})		3.515	2.8~3.5
熔点/℃		4000	接近 4000
弹性模量/GPa		1200	1050
泊松比		0.2	
热冲击系数/(W·m^{-1})		10^7	
摩擦系数		0.08~0.1	
断裂韧性/(MPa·m$^{1/2}$)		约 3.4	1~8
抗拉强度 σ_b/MPa		约 3000	200~400
线膨胀系数 /×10^{-6}K^{-1}	300 K	1.0	1.0
	500 K	2.7	2.7
	1000 K	4.4	4.4

从表中可知,金刚石薄膜的硬度已基本接近天然金刚石。加之低的摩擦系数,就是优异的切削刀具、模具的涂镀材料和真空

条件下需用的干摩擦材料；低的密度和高的弹性模量，在声音中传播速度大，可作高保真扬声器的高音单元振膜，是高档扬声器的优选材料和电－声转换材料。摩擦系数低，散热快，可作宇航高速旋转的特殊轴承；加上耐辐射性能和碳原子在金刚石中键能密度高于其他物质，因此，能承受高能加速器内接近光速移动的基本粒子撞击；当带电粒子进入金刚石膜，其电荷可由仪器测知，又是高能加速器粒子的探测材料；它的高散热率，低摩擦系数，透光性又可作军用导弹整流罩材料。

4.7.1.2 优异的电学性能

表4–20是天然金刚石与CVD金刚石薄膜的主要电学性能。它的低介电常数，是理想的微波介质材料。其禁带宽、载流子迁移率高、高热导、高的击穿电压，可在半导体器件中制作600℃以

表4–20 金刚石的主要物理性能

电 学 性 能	天然金刚石	CVD金刚石
禁带宽度/eV	5.45	5.45
电阻率/($\Omega \cdot$cm)	10^{16}	$>10^{12}$
击穿电压/(V·cm^{-1})	3.5×10^6	
电子迁移率/[cm$^2 \cdot$(V·s)$^{-1}$]	2200	
空穴迁移率/[cm$^2 \cdot$(V·s)$^{-1}$]	1600	
饱和电子漂移速度/(cm·s^{-1})	2.5×10^7	
介电常数	5.5	5.5
中子蜕化横截面/mb	3.2	
产生电子空穴对能量/eV	13	
质量密度/(g·cm^{-3})	3.515	2.8~3.5
热导率/[W·(cm·K)$^{-1}$]	20	10~20
每100 μm所产生的平均最小电率信号/e	3600	

下能正常工作的耐高温器件；因工作温度高，又可作大功率晶体管和半导体温度计，作为耐强辐射器件，可在宇宙飞船和原子反应堆等强辐射环境下正常工作。金刚石膜掺杂可半导体化，成为极优的半导体材料；在半导体应用中，可引发电子领域的革命。

4.7.1.3 热学性能与光学性能

表4-21是天然与人工合成的金刚石热学性能。金刚石具有最高的热导率。现今，金刚石膜的热导率已基本接近天然金刚石。热导率高，热容小，尤其在高温时，散热显著，是散热极好的热沉材料。由于电阻率高，可作集成电路的基片和绝缘层以及固体激光器的导热绝缘层。

表4-21 金刚石的热学性能

项目	热导率/W·(cm·K)$^{-1}$		线膨胀系数/×10^{-6}℃$^{-1}$	介电常数
	理论	单晶		
人工合成	20	20	1.1×10^{-6}	5.2
天然	20	20	1.1×10^{-6}	5.2

表4-22是金刚石的光学性能。它从紫外到远红外整个波段都具有高的透过率，是大功率红外激光器和探测器理想窗口材料；折射率高，可作太阳能电池的防反射膜。金刚石的高透过率、高热导、优良的

表4-22 金刚石光学性能

光学性能	性能
透明性	225 nm～远红外
光吸收	0.22
折射率	(5900 nm)0.241

力学性能，发光特性和化学惰性，可作为光学上最佳的应用，如各种光学透镜、磁盘、光盘的保护膜；雷达波穿透金刚石不易失真，可作雷达罩。经曝晒，金刚石在暗室中发淡青蓝色磷光。它的化学

稳定性能耐各种温度下的非氧化性酸。其成分为碳，无毒，对人体的血液和其他液体不起排异反应，又是理想的医学生物体植入材料，可制作人工心脏瓣膜。

4.7.2 沉积制备金刚石膜的方法

4.7.2.1 化学气相沉积法(CVD)

从近20年的发展实践总结看，图4-54是低压法也主要是CVD法沉积制备金刚石膜的方法：图4-55、图4-56分别为有产业化发展前景的热丝CVD装置和直流等离子喷射装置。

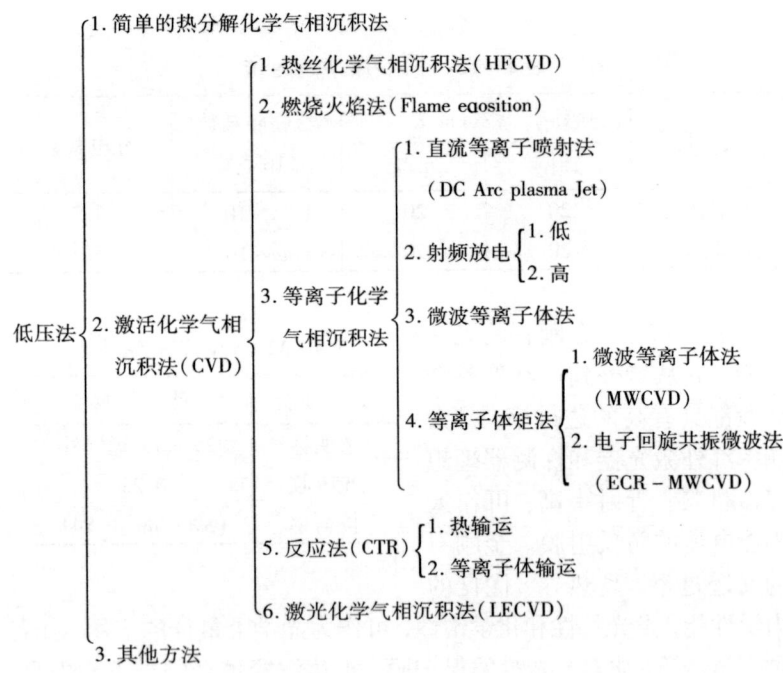

图4-54 低压法的各种方法分类

第4章 薄膜化学气相沉积技术

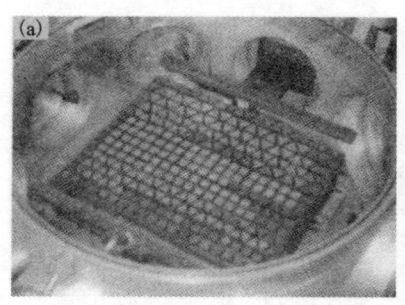
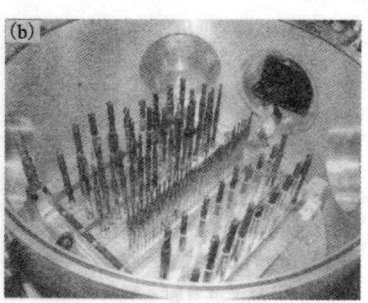

图 4-55 热丝 CVD 装置中刀片、钻头的摆放位置图
(a)刀片布局；(b)钻头布局

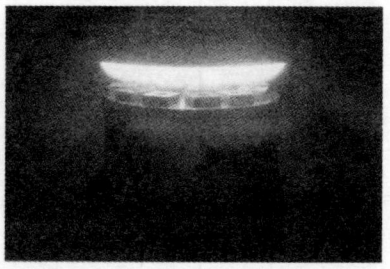

图 4-56 直流等离子喷射装置及其装置内镀制金刚石膜刀具的实况

4.7.2.2 各种化学气相沉积方法的比较

Bachmen 等学者根据等离子生产的原理对各种化学气相沉积的方法特点进行比较，总结于表 4-24 之中。作者根据自己的实践，总结、比较后认为：化学气相沉积方法中，比较有发展前途，又有产业化前景的是：①热丝化学气相沉积；②直流等离子喷射法(DC. Arc Plasma Jet CVD)；③微波等离子体法。在这些方法中，共同的特点是：①在气相中有高的激活态产生，并有较高浓度的活性基团；②能在非金刚石的基体上沉积生长金刚石膜；③在生长金刚石膜的过程中，必须要抑制石墨的生长或生长金刚

表 4-24 各种化学气相沉积方法的比较

方 法	速率 /(μm·h^{-1})	直径 /mm	品质 /Raman	优 点	缺 点
火焰法	30~100	<10	+++	简单	面积小,稳定性差
热丝 CVD	0.3~2	可以很大	+++	简单,面积大	灯丝污染,稳定性差,速率偏低
EACVD	>10	100	+++	速率高于 HFCVD	灯丝污染稳定性差
直流辉光放电	<1	50	+	简单,面积大	品质不高,速率低
热阴极放电	>10	50~70	+++	速率高,品质好	面积小
CD Plasma Jet	930,40~50	200	+++	速率高,品质好	工艺复杂,设备贵
低压射频放电	<0.1	200	+	放大容易	品质差,速率低
常压射频放电	180	30	+++	速率高	面积小,稳定性差,不均匀
微波 CVD	1~30	50~350	+++	品质好,低温沉积	设备贵,速率低
ECR 微波	0.1	>100	+	低温沉积	品质不高,速率低

石的同时,石墨被刻蚀;④可选择多种含碳气源,对碳、氢、氧的比例在体系中有较为严格的限制。沉积温度在一定的范围;膜的品质与碳氢氧的组成、基体的温度、工作压力关系密切。

4.7.2.3 影响金刚石膜生长的主要因素

从金刚石成核生长的热力学与动力学等方面来考虑,共同的主要因素有:基体材料、基体材料的预处理、沉积温度、工作炉压、基体温度,偏压与气源的比例和氢气的特殊作用等。这些因素对金刚石膜的品质、沉积速率都有影响。由于成膜过程复杂,各种不同制备方法与各工艺参数又互相关联,彼此间又有差异,各工艺参数对沉积金刚石膜品质、沉积速率的影响还没特定的规律和精辟的解释。所谓最佳工艺参数,均是某种方法中一定条件下的实验结果,难免有一定的局限性。应该指出,也并非没有启示性的规律可循,至少在一定的工艺范围内,还是显示出它的科学性、规律性、可行性。

4.7.3 化学气相沉积金刚石膜机理

化学气相沉积金刚石膜主要是靠 C–H 化合物的裂解反应或者说非平衡的热力学耦合反应,在 C–H 两种元素体系中,非平衡耦合反应主要是:

$$C(石墨) = C(金刚石), \quad (4-3)$$
$$\Delta G_1 > 0 \ (T, p \leqslant 10^5 \text{ Pa})$$

式中:ΔG_1 是反应式 4–3 的 Gibbs 自由能的改变。Gibbs 自由能增量的符号,是确定恒温压下反应是否能自发进行的判据。因为反应式(4–3)的 ΔG_1 是正值,反应式(4–3)将自发向左进行。

$$H^* = 0.5H_2 \ (H^* 原子缔合成 H_2 分子) \quad (4-4)$$
$$\Delta G_2 < 0 \ (T \ll T_{激活}, p \ll 10^5 \text{ Pa})$$

式中:H^* 代表超平衡氢原子,它表示氢原子相当于激活温度下的平衡浓度，对衬底温度而言，是远远超过平衡的浓度。

当式(4-3)+式(4-4)反应式发生热力学耦合时

$$C(石墨) + 2H^* = H_2 + C(金刚石) \qquad (4-5)$$

$$\Delta G_3 = \Delta G_1 + \Delta G_2 < 0$$

即耦合反应式(4-5)的物理含义就是只要有超平衡原子氢的浓度足够大时，氢原子的缔合反应速率就不会太小，相应地可以使反应式(4-5)以一定的速率向右进行。因为反应 Gibbs 自由能的变化 ΔG 是判别等温等压下反应方向的依据。$\Delta G_3 < 0$ 表明由石墨与超平衡原子氢反应生成金刚石与氢分子是完全符合热力学基本定律的。金刚石薄膜的沉积大量事实的成功，证明了在低温低压下石墨碳可以和超平衡氢原子反应而转化成金刚石。这是一种"固-气-固"转化，即通过气相的碳氢中间化合物(如甲烷、乙炔等)作为碳源和氢气混合生长成金刚石。

在激活的低温低压条件下，只需有足够超平衡的活性氢原子存在，并参予反应，在金刚石稳定生长的同时，石墨就会被刻蚀。

实际上，这 C—H 两种元素体系中的非平衡耦合反应过程十分复杂。但是在这过程中，有两个条件必不可少。①含氢气源的活化；②沉积过程中尚需足够的超平衡的原子氢。目前，含氢气源主要选用 CH_4，除 CH_4 外，还可选用乙醇、酮、聚乙烯、聚丙烯、聚苯乙烯、脂肪族和芳香族碳氢化合物及卤素等。这是因为这些碳氢化合物都能裂解成 CVD 金刚石膜沉积中起主要作用的 CH_3 和 C_2H_2 的活性稳定基团。图4-57是用 CH_4 沉积金刚石膜机制过程的示意。原子氢是在等离子体作用下由 H_2 分子分解而成，在金刚石膜沉积条件下，原子氢半衰期为 0.3 s，复合时并放出大量潜热，在金刚石膜沉积的表面和等离子体化学过程中起着极为重要作用，一方面它稳定了金刚石晶面的 sp^3 悬键。没有原子氢，SP^3 悬键无法维持，金刚石的 $\{111\}$ 面就可能崩塌成石墨结构；另一方面是它极强的化学活性，保证了原子氢刻蚀石墨的速率远远高于刻蚀金刚石的速率。这就从激活的低温低压气相的非平衡热力学耦合反应上,沉积出金刚石膜。

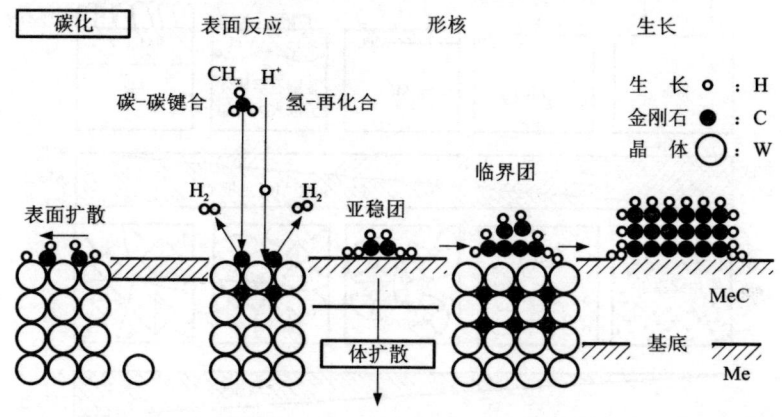

图 4-57　金刚石气相形核生长过程

从工艺角度看,低压气相沉积金刚石薄膜是个"形核与生长"的过程。第一阶段为"形核"。含碳气源在合理工艺参数下,沉积在基体上,形成一定量的孤立的金刚石核。要求是尽快在基体表面上形成金刚石晶核,并能有效控制晶核的密度。第二阶段为"生长"阶段。金刚石晶核不断长大,连成一片,覆盖整个基体表面,在沿垂直方向生长形成一定厚度的金刚石薄膜。这阶段目的是让已形核的金刚石晶核长大,能有效控制生长速度、金刚石膜的质量。其中"形核"阶段是金刚石沉积中最关键的一步,没有金刚石形核,就没有后续的金刚石生长。现今已提出有"两步形核","气相形核"机理。图4-57和4-58分别是金刚石膜的形核生长过程和金刚石在强碳化物(Ti、W、Mo、Ta)上的形核生长过程。

金刚石沉积过程是一个比较复杂的物理化学过程。动力学因素是金刚石形核,快速生长成核,抑制石墨相生长的重要控制因素。

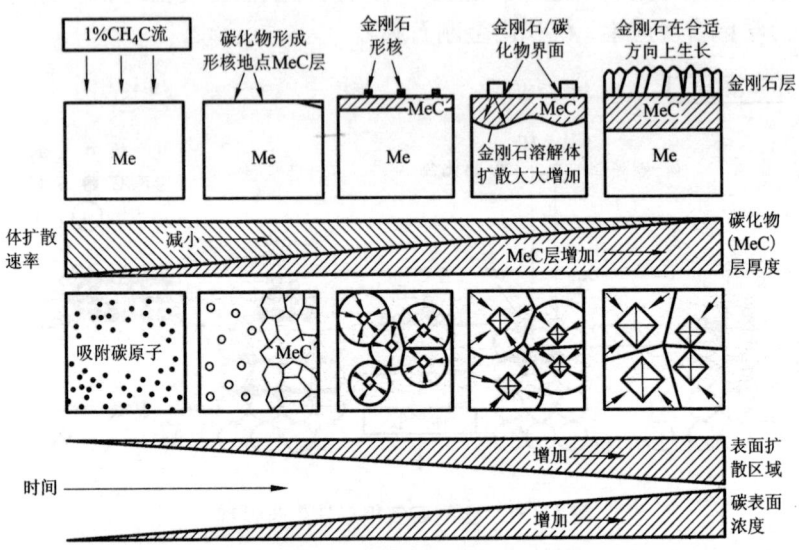

图 4-58 金刚石在强碳化物形成元素基体上的形核生长过程

4.7.4 金刚石薄膜制备与应用研究的主要进展

4.7.4.1 金刚石薄膜制备与应用研究的主要进展

近十年来,对金刚石的薄膜材料性能与沉积制备研究已达到相当高的水平。国内外的研究都取得了一些令人瞩目的进展。为便于比较,把反映国内外在金刚石膜部分的主要制备技术、应用研究、应用基础研究的主要进展,列于表 4-25。理论上,基本摸清了化学气相沉积金刚石膜的生长机制,其理论模型计算与实验结果都能较好吻合。金刚石低压气相生长非平衡热力学耦合模型,非平衡定态相图及生长动力学因素、等离子体原位测量、金刚石膜性质的新的表征方法、薄膜与厚膜的制备技术和应用等方面都取得了很大进展。特别在制备技术的沉积速率、沉积面积、

表 4-25 国内外金刚石膜部分研究进展比较

研究领域		国外(主要是日本、美国)	国内
金刚石膜制备技术	制备方法	MW-PCVD,HF-CVD,EA-CVD,DC-Jet,DC-PCVD,ECR-CVD,火焰燃烧法等	MW-PCVD,HF-CVD,EA-CVD,DC-Jet,DC-PCVD,火焰燃烧法等
	大面积金刚石膜	Ø150 mm(EA-CVD 方法) Ø300 mm(DC-Jet CVD 方法)	Ø100 mm(EA-CVD 方法) Ø100 mm(DC-Jet CVD 方法)
	生长速率	20 μm/h(EA-CVD 方法) 980 μm/h(DC-Jet CVD 方法)	15 μm/h(EA-CVD 方法) 40 μm/h(DC-Jet CVD 方法)
	外延生长	天然金刚石上大面积同质外延、Ni、SiC、CBN 上的异质外延,Si 上的定向生长,大单晶金刚石	高压金刚石上同质外延,CBN 上的异质外延,Si 上的定向生长,Si 实现异质外延
	掺杂	p 型掺杂(B),电阻率达到 10^{-2} Ω·cm,n 型掺杂(P),电阻率为 50~100Ω·cm	p 型掺杂(B),电阻率达到 10^{-2} Ω·cm,n 型掺杂(P),电阻率为 100Ω·cm 以上
	高品质金刚石膜	透明(大面积厚膜) 高热导:22 W/(cm·K) 超薄膜:0.5 μm 厚,具有很好的气密性 高度定向膜(100)面、纳米金刚石膜	半透明(大面积厚膜) 透明Ø60×0.6 mm(双面抛光) 高热导:20 W/(cm·K)

续表 4-25

研究领域		国外(主要是日本、美国)	国内
金刚石膜应用研究	金刚石膜在刀具方面的应用	金刚石膜涂层刀具已有产品出售(镀在硬质合金、Si_3N_4等基底),金刚石厚膜工具,有批量产品,它可代替高压金刚石聚晶工具	金刚石厚膜工具金刚石膜涂层刀具,拉丝模已有批量产品出售
	金刚石膜热沉	实现金刚石膜的表面金属化,制备出高热导金刚石厚膜,金刚石膜热沉主要用于半导体通讯用半导体激光器、微波器件上,有批量产品出售	实现金刚石膜的表面金属化,制备出高热导金刚石厚膜,金刚石膜热沉主要用于光通讯用半导体激光器,可供应批量产品,膜层热导:20 W/cm·K
	电子学方面的应用	用掺硼半导体多晶金刚石膜制作的二极管、场效应管 各种传感器:热敏电阻,压力传感器	各种传感器:温度传感器、生物传感器、声传感器等
	光学窗口	超薄金刚石膜X光探测窗口 金刚石膜红外窗口 金刚石膜涂层红外窗口	金刚石膜红外窗口 $\varnothing$60×0.6 mm红外透过率达70.559%
应用基础研究		生长机理、生长特性、结晶特性、界面、表面,杂质、缺陷,力、电、光、热、声等性质	生长机理、生长特性、结晶特性、界面、表面、杂质、缺陷,力、电、光、热、声等性质 相生长非平衡热力学——非平衡定态相图

结晶质量、组分纯度、透光性、结构致密性、表面平整度等性能指标，都达到了较高水平。金刚石膜半导体材料、超硬材料、光学材料、热沉材料等都取得了成功。与初期相比，沉积速率提高近 1000 倍，成本约降低原来的 1/1000。特别是 20 世纪 90 年代制成的"光学级金刚石膜"质量可与天然的 IIa 型宝石级金刚石单晶相比美。在其他物理、化学性能上都不相上下，仅只在力学机械强度上与天然金刚石单晶差距较大。所有这些令人瞩目的进展，为金刚石薄膜的产业化和多方面的应用，为 CVD 金刚石涂层刀具、模具、高保真扬声器振膜涂层，X 射线能谱仪的金刚石窗口，红外成像装置窗口，强激光窗口，高功率微波窗口，导弹弹头罩，磁盘、光盘防霉保护，大规模集成电路制造工艺中的 X 射线光刻掩模板衬底、高效率散热片，高功率半导体激光二极管，多芯片三维组装技术(MCMs)，导体激光器绝缘导热衬底及半导体器件的封装，各种类型金刚石膜探测器、传感器、粒子探测器，金刚石膜真空微电子器件，声波表面波器件，显示器应用等提供了强有力的技术支撑。

  从 21 世纪初至 2006 年国内的主要进展看，北京科技大学通过对"直流喷射"装置的气体循环系统、真空系统、膜面抛光等技术改造，进一步挖掘"直流喷射法"的潜力，使金刚石膜沉积过程中，污染进一步下降，制备成的金刚石光学膜，经双面抛光，对 $\varnothing 60 \times 1$ mm 的膜层，测定结果表明：其红外透过率已十分接近理论值，达 70.599%；其热导达 20 W/(cm·K)。并已制备成光学级的窗口材料。为解决产业化技术，在直流射流法生长金刚石膜的"等离子弧"上，稳定实现了把电弧的"弧粒"拉长到 400 mm，使开发的金刚石涂层刀具，特别是像钻头、端铣刀达到中试规模的稳定化量产。从 2006 年在美国召开的国际金刚石学术会上论文交流看，新的东西、拓展面不断出现，吸引着人们的注意；但在金刚石膜的产业化上，全球并没有取得突破性进展。用 CVD

法制备生产金刚石膜最大的亮点是:"大的金刚石单晶和纳米金刚石膜";其中"大的金刚石单晶"一个很重要的用途是做首饰,有粉红色、黑色、蓝色和红色。美国称,这方面前景看好。目前,日本也有大的金刚石单晶出售。由于在技术上已经实现了可使金刚石膜层中的缺陷降到很低很低,体现在电子器件制作上已经做得比较好了,已达到很高的水平,技术上完全能满足应用,可以说,在"芯片级"的技术突破上,问题已经不大,进展可贵。由于金刚石膜有极低的摩擦系数,最高的热导、硬度和弹性模量以及极佳的化学稳定性,也是当今被认为制作微机电系统(MEMS)的运动部件(如齿轮、轴)的最佳材料,可显著降低 MEMS 器件的功耗,延长其使用寿命。此外,在金刚石膜基于 MEMS 技术的生物(医学)传感器、探测器和微泵(可用作微量药物供给系统)等新型器件的研发中也显示了极好的应用前景。在微纳器件上,过去大多用 Si 来制作,现今可用纳米金刚石膜来制备微纳器件,美国已有专门的公司用纳米金刚石膜来研究开发做微纳米电子器件。

就作者的认识,在产业化的道路上,开发低端用的金刚石涂层产品,诸如金刚石工具镀膜产品,在产业化的技术上已经实现,有金刚石工具镀膜产品在市场上销售;其中端产品中,诸如像作"热沉"用的金刚石膜产品,在技术上也已完全突破,为产业化打下了基础;目前,只是在高端产品上,诸如军事用途的金刚石涂层光学器件、微纳器件等,在技术研究开发上虽有很大进步,也有像样的器件样品研制成功,但要能真正的应用上,还有许多应用中的难关需要攻克,从难度上看,还会有一段艰难的路要去跨越,距产业化的距离还不小,需要科技工作者和器件设计者的共同努力,方能突破难关,实现金刚石膜在高端产品上的产业化应用。

在一些主要指标上,已达到了如下水平:

沉积面积:$\emptyset 300$ mm。

结晶品质：已能制备出不含石墨和无定形碳的高品质金刚石多晶薄膜，在薄膜的硬度、密度、热导率、弹性系数、介电常数、折射率等性能上，都已达到或接近天然金刚石的性能。

组分纯度：非碳的不纯物痕量已达光谱分析极限。

透光性：基本接近 II a 型宝石级金刚石单晶的透光性。

结构致密性：用 He 质谱图检漏仪测量，泄漏率在 10^{-6} ~ 10^{-7} 范围，0.5 μm 超薄膜（100 面）有很好的致密性。

表面平整度：50 mm 径向上，表面不平度小于 20 nm。

沉积速率：大功率等离子射流法已接近 1000 μm/h。

n 型半导体金刚石膜的合成与多晶金刚石膜 p-n 结的制备也有突破。

沉积温度：金刚石膜沉积温度一般在 700~1000℃，沉积在光学与半导体衬底上的金刚石膜，这一沉积温度太高，需要进行低温沉积。低温沉积的金刚石膜面平整，晶位细小，无需抛光即可作光学涂层或工模具涂层。要大幅度的降低金刚石膜的沉积温度，一个十分有效的方法是在沉积的气氛中加入适量的氧，其可在较低沉积温度下对沉积过程中产生的大量非金刚石碳成分去除。其次是提高等离子体密度也会促成沉积金刚石膜温度的降低，诸如采用微波等离子化学气相沉积，特别是 ECR-CVD 方法。

有关室温至 80℃ 范围内能沉积金刚石膜时有报道，笔者认为，难以证实。因为，这类报道大都属类金刚石膜（即 DLC 膜）居多。真正称为完整的优质多晶金刚石膜的最低沉积温度约为 700℃。

4.7.4.2 当前产业化中要解决的重要技术

要制备各种用途的优质金刚石膜并在工程上取得应用，技术上是个比较复杂的系统工程。现今制备成的大面积金刚石膜大部分是多晶金刚石膜，结构上存在缺陷和杂质，有高的晶界密度。

在光学、热学、电学等性能上还达不到单晶金刚石在光学、电学、热学等方面的高性能，应用上受到局限。由于实际应用领域不同，对金刚石膜性能的主要要求也会有大的差异。目前看，制备金刚石涂层刀具、工具、热沉等方面，在产业化上比较成熟。当前，在产业化中要解决的主要技术是：

(1) 高速大面积的金刚石膜沉积技术；

(2) 控制金刚石膜的晶界密度和缺陷密度的技术；

(3) 金刚石膜中的 n 型掺杂和准单晶金刚石膜的制备技术；

(4) 金刚石膜在钢铁材料上的沉积技术；

(5) 有效控制金刚石膜的成核与生长技术；

(6) 金刚石膜的低温生长技术；

(7) 批量生产的质量控制和检测技术；

(8) 与应用密切相关联的相关技术(如：金刚石膜片的抛光、光学粘结、场发射、复杂的金属化处理、摩擦磨损的应用等等)。

4.7.4.3　金刚石膜的部分应用及产品

图 4-59、图 4-60 分别为国内外镀制的金刚石膜刀具、高保真扬声器、窗口材料、热沉片材料、金刚石 CVD 导弹罩等部分产品。

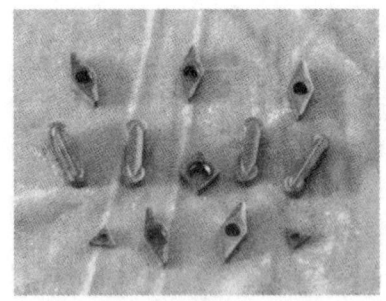 

广州有色金属研究院研制的金刚石膜刀具、扬声器

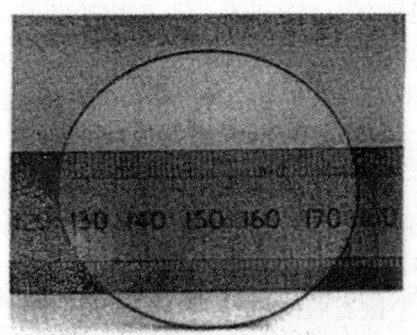

北京科技大学研制的金刚石膜窗口材料

图 4-59 国内镀制的金刚石膜刀具、高保真扬声器、窗口材料

 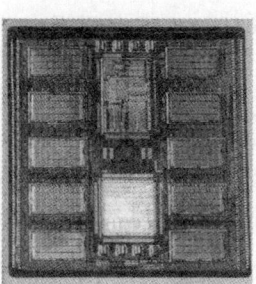 

CVD 导弹罩　　　　Narton 公司用金刚石膜　　　南非 De Beers 公司生产
　　　　　　　　　散热片的 IC 组合　　　　　的大片金刚石窗口材料

图 4-60 国外镀制的金刚石膜导弹球罩、散热片 IC 组合、窗口材料

4.7.5 展望

被誉为 21 世纪新型功能材料的金刚石薄膜的优异性能和广泛的应用前景,备受科技界、企业界、商界的关注和重视。可望在不远的将来,作为新型的机械加工涂层刀具材料、微电子材料、新型光学材料、半导体材料、光电子材料,会在众多领域,特别是高新技术领域中实现应用,进展可喜。但还有不少关键技术

亟待解决。特别是金刚石产业化中要更快的发展和完善制备技术和应用研究中的精细加工技术。有的技术难度甚大，离真正解决还需要较长时日，要付出较大代价。对实际应用前景，应该充满信心，保持乐观态度。金刚石膜的涂层刀具、热沉片、高保真扬声器等已经在批量生产的质量控制上取得突破，实现了一定的产业规模，已有商品进入市场；光学窗口材料、半导体激光二极管列阵的金刚石热沉，金刚石涂层手术刀，$\varnothing 0.7$ mm 的金刚石涂层微型钻头、镀有金刚石膜的拉丝模等都有小批量产品出售，实现产业化的为期不会太远。但金刚石膜在电子学、微电子学和军事光学方面的应用研究还需解决一些重要技术关键，这些重要的技术关键有望会在新世纪的头 15 年中解决。

金刚石薄膜的研究开发历程还很短。在理论研究、技术开发应用扩展等方面还很不完善、不系统，还有待更多、更深更广泛的研究。在研究、开发、应用、产业化中遇到的困难很大，技术难度很高，研究开发中应结合具体的产品，存在的技术难点，开展一些针对性强的新的基础性理论研究；需要科技界、企业界、商界付出更大的努力，克服产业化应用中的难关。展望未来，前程似锦。再经过 10 余年的发展与不断开拓，金刚石薄膜作为 21 世纪的重要新型功能材料将会在各个工业部门，特别对促进电子学、微电子学、军事光学中的高新技术领域的发展产生深远影响。

值得指出的是，在研究开拓金刚石薄膜的同时，对类金刚石薄膜(DLC 膜)的研究和开拓应用，决不能放松。从应用上看，更应抓紧开拓应用领域。这是因为类金刚石薄膜一方面在性能上很接近金刚石薄膜，另一方面更重要的原因是当今类金刚石膜在产业化的沉积工艺和设备在一定程度上满足了产业化的要求，其开拓应用已经拓开，已有不少镀有类金刚石膜的军用产品和民用产品进入市场，而且售价相对讲也不高，很有发展潜力。

参考文献

[1] 戴达煌,周克崧,袁镇海等编著. 现代材料表面技术科学. 北京:冶金工业出版社, 2004. 303, 307, 311, 319~325, 330~334, 337~345, 348~363, 367~383
[2] 胡传炘主编. 表面技术处理手册. 北京:北京工业大学出版社, 1997. 733~736
[3] 张通和,吴瑜光编著. 离子束表面工程技术与应用. 北京:机械工业出版社, 2005. 10~13
[4] 邹斯洵. 王季陶. 等离子化学气相沉积. 见钱苗根主编. 材料表面技术及应用手册. 北京:机械工业出版社, 1998:759~769, 772~773
[5] T. S. SUDARSHAN 著. 表面改性技术工程师指南. 范玉殿等译. 北京:清华大学出版社, 1992:175~180
[6] 戴达煌. 谢红希. 候惠君等. 直流等离子化学气相沉积法在硬质合金上TiN膜的研究. 广东有色金属学报. 1996. 6(2), 119~124
[7] K S Mogensen, N B Thomsen, S S Eskildsen, C Mathiasen, J B φttiger. A parametric study of the microstructural, mechanical tribological properties of PACVD TiN Coatings, Surf Coat Technol, 99(1998)140~146
[8] K T Rie, A Gebauer, J Woehle. Inve-stigation of PACVD of TiN: relations between proess parameters, spestroscopic measurements and layer properties, surf. Cost Technol, 1993, 60: 385~388
[9] 马胜利. 工业型脉冲直流PCVD过程等离子体特性诊断及硬质薄膜制备技术研究. [博士论文]. 西安:西安交通大学. 2001. 10
[10] 朱晓东. 奥氏体不锈钢等离子体复合处理研究. [博士论文]. 西安:西安交通大学. 1999. 12
[11] 苏宝蓉. 激光化学气相沉积. 见钱苗根主编. 材料表面技术及应用手册. 北京:机械工业出版社, 1998:782~785
[12] 彭瑞伍. 金属有机化学气相沉积. 见钱苗根主编. 材料表面技术及应用手册. 北京:机械工业出版社, 1998:777~781
[13] Handbook of Thin Film Deposition Processes and Techniquse. Schuegraf, K K, (ed), Noyes Publications, Park Ridge, NJ. 1998

[14] 王建军. 吕反修等. 高技术通讯, 1994, 14(11)
[15] Hu Y Z etal. "proc. 11th. Int. Conf. On CVD", eds. Spear, K. E. Cullen, G. W. (eds.), 166, Eleatrochem. Soc., Pennington, NJ 08534, 1990
[16] 宁兆元, 任兆杏. 等离子体物理与核聚变. 1990, 2(3)
[17] MuranaKa Y, Yamashita H, Miyadera H J. Appl. Phys, 1991, 69: 8145
[18] 李爱珍. 分子束外延. 见钱苗根主编. 材料表面技术及应用手册. 北京: 机械工业出版社, 1998: 786
[19] 江崎玲于奈. 通过分子束外延发展起来的半导体、超晶格和量子阱. 见张立纲. 克劳斯·普洛洛编. 复旦大学表面物理研究室译. 上海: 复旦大学出版社, 1988: 1~37
[20] 孙亦宁, 谭继廉等. 真空科学与技术学报, 1997, 17(5): 336~339
[21] 吕反修. 金刚石薄膜, 见: 李金桂主编. 现代表面工程设计手册. 北京: 国防工业出版社, 2000: 515, 517
[22] 戴达煌, 周克崧等编著. 金刚石薄膜沉积制备工艺与应用. 北京: 冶金工业出版社, 2001: 68, 190, 130~136, 139, 150~151, 194~195, 200~201
[23] 王季陶, 张卫, 刘志杰. 金刚石气相生长的热力学耦合模型. 北京: 科学出版社, 1998: 46~50
[24] 付一良, 吕反修, 王建军, 钟国仿, 王亮, 杨让. 稀土金属抛光金刚石膜技术. 高技术通讯, 1996, 6(1): 1
[25] Schneider D, Schultrich B, Burck P, et al. Diamond and Related Materials, 1998, 7: 590~595
[26] Haubner R, Lux B. Dianond Films and technology, 1994, 3(4): 209
[27] Ford L J J Appl. Phys, 1996, 29: 2229~2234
[28] Olson DS, Kelly MA, Kapoor S J Appl. Phys. 1993
[29] Robertson J. Diamond-like amorphous carben. Mater. Sci. Eng., R37 (2002)129
[30] 袁镇海等. TFC'99 全国薄膜学术讨论会会议论文集, 1999
[31] 宋建民. 超硬材料. 中国台湾: 全华科技图书股份有限公司. 2000: 7~18, 7~52
[32] 周克崧, 戴达煌. 金刚石膜. 见宋健主编. 中国科学技术前沿(中国工程院版: 第五卷). 北京: 高等教育出版社, 2002: 337~382

第 5 章 薄膜物理气相沉积技术

5.1 概述

早期，人们把通过高温加热金属或化合物蒸发成气相或通过电子、离子、光子等荷能粒子的能量把金属或化合物靶溅射出相应的原子、离子、分子(气态)，在固体表面上沉积成固相膜，并不涉及物质的化学反应(分解或化合)称为物理气相沉积(PVD)。随着气相沉积技术的发展和应用，人们又把等离子体、离子束引入到传统的物理气相沉积技术的蒸发和溅射中，参与其镀膜过程，同时又通入反应气体，也可在固体表面上进行化学反应，生成新的合成产物固体相薄膜，称其为反应镀膜，说明物理气相沉积也可包涵有化学反应。在本章中，仍依照已有的习惯，以镀料形态的区别来区分化学和物理气相沉积。把固态(液态)镀料通过高温蒸发、溅射、电子束、等离子体、离子束、激光束、电弧等能量形成产生气相原子、分子、离子(气态、等离子态)进行输运，在固态表面上沉积凝聚(包括与其他反应气相物质进行化学反应生成反应产物)，生成固相薄膜的过程称为物理气相沉积。

人们把等离子体与离子束技术列入到真空蒸发与溅射沉积，使传统的物理气相沉积技术得到迅速发展，出现了许多非常有效的气相沉积门类，如主要产生的离子镀技术和离子束辅助沉积技术。而离子镀技术门类又很多，已成为物理气相沉积新发展的主流技术；离子束辅助沉积技术是在真空中以蒸发或溅射沉积的同时，又用具有一定能量的离子束进行轰击，利用沉积原子与离子间一系列的物理化学作用,改善膜层与基体的结合和膜层品质。再把离子镀与离子束辅助沉积技术相结合,更强化了离子干预镀膜的过程,这就是新近出现的复合型物理气相沉积。所以离子与等离子体的干预大大加速了传统物理气相沉积技术的迅猛发展产生许多非常有应用价值的气相沉积技术。

物理气相沉积包括有:真空蒸发、直流二极、三极溅射、磁控溅射、反应磁控溅射、射频溅射、非平衡磁控溅射、中频交流磁控溅射、磁控溅射离子镀,直流二极、三极型离子镀、空心阴极离子镀、真空电弧离子镀、热阴极强流电弧离子镀、离子束沉积、离子束辅助沉积、离子束辅助溅射沉积、离子束辅助电弧沉积等。本章着重讲述常用的溅射技术和离子镀技术及其新发展。

物理气相沉积的技术类型虽然五花八门,但都具有气相沉积的三个环节,即镀料(靶材)气化→气相输运→沉积成膜。各种沉积技术类型之所以不同,主要是在上述三个环节中能量供给方式不同、固-气相转变方式不同、气相粒子形态不同、气相粒子荷能大小不同、气相粒子在输运过程中能量补给方式及粒子形态转变不同、镀料粒子与反应气体的反应活性不同,以及沉积成膜基体表面条件不同而已。与化学气相沉积技术相比,物理气相沉积的特点和优点是:

(1)镀膜材料广泛,容易获得,包括纯金属、合金、化合物,导电或不导电,低熔点或高熔点,液相或固相,块状或粉末,都可以使用或经加工后使用。

(2)镀料汽化方式:可用高温蒸发,也可用低温溅出。

(3)沉积粒子能量可调节,反应活性高,通过等离子体或离子束介入,可以获得所需的沉积粒子能量进行镀膜,提高膜层品质,通过等离子体的非平衡过程提高反应活性。

(4)低温型沉积:沉积粒子的高能量高活性,不需遵循传统的热力学规律的高温过程,就可实现低温反应合成和在低温基体

第 5 章 薄膜物理气相沉积技术

上沉积,扩大沉积基体适用范围。

(5)可沉积各类型薄膜:如纯金属膜、合金膜、化合物膜等。

(6)无污染,利于环境保护。

物理气相沉积技术已广泛用于各行各业,许多技术已实现工业化生产。其镀膜产品涉及到许多实用领域。例如:

(1)装饰膜:主要利用其色泽多样鲜艳美观的功能。如在塑料上蒸镀铝后染色称塑料金属化。在包装塑料薄膜上蒸镀铝,除有装饰作用外还有防潮功能。

(2)装饰耐磨膜:主要利用彩色和耐磨耐蚀功能。如有不锈钢、黄铜、锌合金上离子镀 TiN(仿金)、TiC(仿枪色)、TiAlCN 和 ZrCN(各种颜色),制品包括表壳表带、洁具、家具、建筑五金、皮具五金配件和饰物等等。

(3)耐磨超硬膜:主要利用高硬度高耐磨性。如在刀具、工具、模具机械构件上离子镀 TiN、TiC、TiCN、TiAlN、ZrN、CrN 以及 TiN 系列多层膜等,高尔夫球棒的镀膜也属此类,兼有装饰功能。

(4)减摩润滑膜:主要利用低摩擦系数的干摩擦润滑功能。如在干摩擦轴承上,刀具和模具硬质涂层的顶层上离子镀 MoS_2、DLC 等。

(5)光学膜:主要利用膜的折射率差异,以多层结构获得增透、减反、选择透光(滤光)保护等功能,如用蒸发镀或离子束辅助蒸发镀 MgF、ZnS、SiO_2、TiO_2 等。制品有冷光碗、镜头、眼镜片、舞台灯滤光片等等。

(6)热反射膜:主要利用对红外和远红外反射功能。如在建筑幕墙玻璃上溅射沉积阳光控制膜(如 $TiN/Cr/TiO_2$)。

(7)耐热膜:主要利用耐高温腐蚀功能。如在发动机叶片上离子镀 M – CoCrAlY。

(8)微电子学应用:包括电极、引线、绝缘层、钝化膜等。膜系包括 Al、Al – Si、Ti、Pt、Au、Mo – Si、TiW、SiO_2、Si_3N_4、Al_2O_3 等等。

(9)磁性膜：主要利用软磁和硬磁性能，应用于磁盘、磁头等。膜系包括：Fe－Ni、Fe－Si－Al、Ni－Fe－Mo 等软磁膜，γ-Fe_2O_3、Co、Co－Cr、MnBi 等硬磁膜，以及过渡金属和稀土类合金等特殊材料。

(10)平面显示应用：主要利用透明导电性和变色功能。如在玻璃和塑料膜上溅射 ITO 透明导电性。WO_3 即属光色膜。

(11)医学生物：主要利用生物相容性。如在植入体和手术器械上离子镀 DLC、Ti 膜，也有在人造合金假牙上镀 TiN。

随着物理气相沉积技术的不断发展，其工业应用领域将会随技术的发展不断扩大。

5.2 真空蒸发镀膜技术

5.2.1 简介

气相沉积技术中蒸发镀膜是一种发展较早和应用较广泛的镀膜技术。在薄膜沉积技术发展的最初阶段，蒸发法相对于溅射法具有一些明显的优点，包括较高的沉积速率、相对简单的设备与工艺方法、较高的真空度，可沉积非常纯净的薄膜；并且在适当的工艺条件下，能制备非常纯净的、在一定程度上具有特定结构和性能的膜层，因此，蒸发镀膜至今仍有着重要的地位，同时也增添了很多新的内容。

真空蒸发镀膜技术主要优点：

(1)镀膜材料及被镀件材料范围广；能在半导体、绝缘体甚至塑料、纸张、织物等材料表面上沉积金属、半导体、绝缘体、不同成分的合金、化合物及部分有机聚合物等薄膜。还可同时蒸镀不同材料而得到多层膜。

(2)可以不同的沉积速率、不同的基板温度和不同的蒸气分子入射角蒸镀成膜，因而可得到不同显微结构和结晶形态（单晶、多晶、非晶等）的薄膜。

（3）易于在线检测和控制膜厚与成分，精度最高可达单分子层量级。

（4）薄膜纯度高、表面光亮、产品品质高，可连续化生产。

蒸发镀膜技术的缺点是：因需真空设备投资费较高；薄膜厚度一般最高为微米量级。

5.2.2 真空蒸发镀膜原理

5.2.2.1 膜料在真空状态下的蒸发特性

真空蒸镀时是先将工件放入真空室，并用一定的方法加热，然后使镀膜材料（简称膜料）蒸发或升华，飞至工件表面凝聚成膜。其原理见图5-1所示。

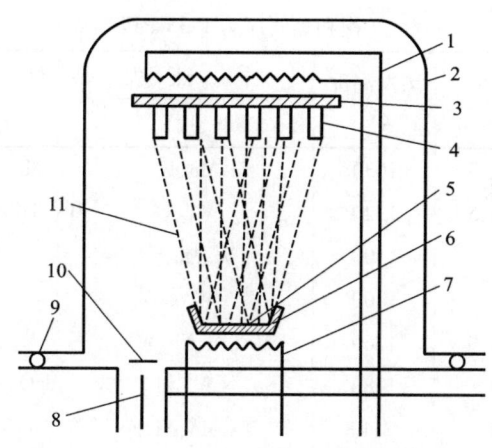

图5-1 真空蒸发镀膜原理图

1——镀件加热电源；2——真空室；3——镀件支架；4——镀件；
5——蒸发制膜材料；6——蒸发器；7——加热电源；8——排气口；
9——真空密封；10——挡板；11——蒸气流

单位时间内膜料单位面积上蒸发出来的材料质量称为蒸发速率。理想的最高速率 G_m [单位为 kg/($m^2 \cdot s$)]：

$$G_m = 4.38 \times 10^{-3} p_s \sqrt{A_r/T} \qquad (5-1)$$

式(5-1)中，T 为蒸发表面的热力学温度（单位为 K）；p_s 为温度 T 时的材料饱和蒸发压（单位为 Pa）；A_r 为膜料的相对原子质量或相对分子质量。蒸镀时一般要求膜料的蒸气压在 $10^{-1} \sim 10^{-2}$ Pa 量级。材料的 G_m 通常处在 $10^{-4} \sim 10^{-1}$ kg/($m^2 \cdot s$) 量级范围，因此可以估算出已知蒸发材料的所需加热温度。

膜料的蒸发温度最终要根据膜料的熔点和饱和蒸气压等参数来确定。表 5-1 和表 5-2 分别列出了部分元素和化合物的熔点以及饱和蒸气压为 1.33 Pa 时相应的蒸发温度。

表 5-1 部分元素的蒸发特性

（饱和蒸气压为 1.33 Pa）

元素	熔点 /℃	蒸发温度 /℃	蒸发源材料 丝、片	蒸发源材料 坩埚
Ag	961.9	1030	Ta、Mo、W	Mo、C（石墨）
Al	660.5	1220	W	BN、TiC/C、YiB_2-BN
Au	1064	1400	W、Mo	Mo、C
Cr	1863	1400	W	C
Cu	1804.9	1260	Mo、Ta、Nb、W	Mo、C、Al_2O_3
Fe	1538	1480	W	BeO、Al_2O_3、ZrO_2
Mg	650	440	W、Ta、Mo、Ni、Fe	Fe、C、Al_2O_3
Ni	1455	1530	W	Al_2O_3、BeO
Ti	1670	1750	W、Ta	C、ThO_2
Pd	1550	1460	W（镀 Al_2O_3）	Al_2O_3

第 5 章 薄膜物理气相沉积技术

续表 5-1

元素	熔点 /℃	蒸发温度 /℃	蒸发源材料	
			丝、片	坩埚
Zn	419.6	345	W、Ta、Mo	Al_2O_3、Fe、C、Mo
Pt	1769	2100	W	ThO_2、ZrO_2
Te	449.6	375	W、Ta、Mo	
Rh	1963	2040	W	Mo、Ta、C、Al_2O_3
Y	1522	1649	W	ThO_2、ZrO_2
Sb	630.8	530	铬镍合金、Ta、Ni	Al_2O_3、BN、金属
Zr	1855	2400	W	
Se	221	240	Mo、Fe、铬镍合金	金属、Al_2O_3
Si	1414	1350		Be、ZrO_2、ThO_2、C
Sn	232	1250	铬镍合金、Mo、Ta	Al_2O_3、C

5.2.2.2 蒸气粒子的空间分布

蒸气粒子的空间分布显著地影响了蒸发粒子在基体上的沉积速率及基体上的膜厚分布。它与蒸发源的形状和尺寸有关。最简单的理想蒸发源有点和小平面两种类型。在点源的情况下,以源为中心的球面上膜厚均相同,所以工件放在球面上就可得到膜厚相同的镀膜。如果是小平面蒸发源,则发射具有方向性。现在已有一些理论计算方法。

实际蒸发源的发射特性应按具体情况加以分析。例如用螺旋状钨绞丝作蒸发源,可以简化为由一系列小点源构成的一个短圆柱形蒸发源,但对于距离相对很大的平板工件(例如平板玻璃)来说,这种假设的计算结果几乎完全等效于点源模型。在忽略空间残余气体分子及膜材料蒸气分子间的碰撞损失情况下,单一空间点源对于平板工件上任一点 B 处的沉积膜厚为:

$$t = (m/4\pi\rho)h/(h^2+L^2)^{3/2} \qquad (5-2)$$

式(5-2)中，t 为任一点 B 处的膜层厚度；m 为一个点源蒸发出的总膜料质量，h 为点源中心到平板工件的垂直距离(即蒸距)；L 为 B 点至 A 点的距离(即偏距，A 是平板工件上与点源垂直的点处)；ρ 为膜材料的密度。

显然，A 点处($L=0$)的膜层厚度最大，其值为：

$$t_0 = m/(4\pi\rho h^2) \qquad (5-3)$$

任一点 B 处相对于 A 处的相对膜厚为：

$$t/t_0 = [1+(L/h)^2]^{-3/2} \qquad (5-4)$$

表 5-2 部分化合物的蒸发特性(饱和蒸气压为 1.33 Pa)

化合物	熔点/℃	蒸发温度/℃	蒸发源材料	观察到的蒸发种
Al_2O_3	2030	1800	W、Mo	Al、AlO、O、O_2、$(AlO)_2$
Bi_2O_3	814	1840	Pt	
CeO	1950		W	CeO、CeO_2
MoO_3	795	610	Mo、Pt	$(MoO_3)_3$、$(MoO_3)_{4,5}$
NiO	2090	1586	Al_2O_3	Ni、O_2、NiO、O
SiO		1025	Ta、Mo	SiO
SiO_2	1730	1250	Al_2O_3、Ta、Mo	SiO、O_2
TiO_2	1840			TiO、Ti、TiO_2、O_2
WO_3	1473	1140	Pt、W	$(WO_3)_3$、WO_3
ZnS	1830	1000	Mo、Ta	
MgF_2	1263	1130	Pt、Mo	MgF_2、$(MgF_2)_2$、$(MgF_2)_3$
AgCl	455	690	Mo	AgCl、$(AgCl)_3$

5.2.2.3 凝结、生长过程

蒸发粒子与基材碰撞后一部分被反射，另一部分被吸附。吸附原子在基材表面发生表面扩散，沉积原子之间产生两维碰撞，形成簇团，有的在表面停留一段时间后再蒸发。原子族团与扩散原子相碰撞，或吸附单原子，或放出单原子，这种过程反复进行，当原子数超过某一临界值时就变为稳定核，再不断吸附其他扩散原子而逐步长大，最后与邻近稳定核合并，进而变成连续膜。

5.2.3 真空蒸发镀膜方式及设备和工艺

5.2.3.1 真空蒸发方式及蒸发源

真空蒸发所用的方式及蒸发源根据其使用目的有很大的差别，从简单的电阻加热方式的蒸发源到极为复杂的分子束外延设备，都属于真空蒸发镀膜装置的范畴。在蒸发镀膜装置中，最重要的组成部分是蒸发源，它是用来加热膜料使之气化蒸发的部件。目前使用的蒸发源主要有电阻加热、电子束加热、高频感应加热、电弧加热和激光加热等五大类，根据其加热原理可以将真空蒸发装置分为以下各种类型。

(1) 电阻式蒸发方式及蒸发源

电阻式蒸发方式是应用最为普遍历史最为久远的一种蒸发加热装置。电阻加热的发热材料一般是用片状或丝状的高熔点金属（如钨、钼、钽等），做成适当形状的蒸发源，将膜料放在其中，利用大电流通过蒸发源所产生的焦耳热，使膜料直接加热蒸发，或者把膜料放入Al_2O_3、BeO 等坩埚中进行间接加热蒸发，这便是电阻加热蒸发法。由于电阻加热蒸发方式结构简单、价格低廉、易于操作，所以是一种应用很普遍的蒸发装置。

采用电阻加热方式时应考虑蒸发源的材料和形状。通常对蒸发源材料基本要求是：

1) 高熔点：必须高于待蒸发镀料的熔点。常用的镀料熔点多数在 1000～2000℃之间，在蒸发温度下不会与膜料发生化学反应或互溶，具有一定的机械强度。

2) 低的平衡蒸气压：主要是防止或减少在高温下蒸发源材料

随膜料的蒸发而成为杂质进入蒸发膜层中,而且在蒸发时又具有最小的自蒸发量,不致影响系统真空度或污染膜层。电阻加热法中常用蒸发源材料的熔点和达到规定的平衡蒸气压时的温度可参照表 5-1。为了使蒸发源材料所蒸发的数量非常少,在选择蒸发源材料时,应使蒸发源材料在蒸发温度下不与膜料发生化学反应或互溶,并具有一定的机械强度,保证在蒸发状态下稳定。

3)化学性能稳定:在高温下某些蒸发源材料与蒸发材料之间会发生反应和扩散而形成化合物和合金。特别是形成低熔点合金,蒸发源材料就很容易烧断。例如在高温时钽和金会形成合金,铝、铁、镍、钴等也会与钨、钼、钽等蒸发源材料形成合金。钨还能与水汽或氧发生反应,形成挥发性的氧化物如 WO、WO_2 或 WO_3;钼也能与水汽或氧反应而形成挥发性 MoO_3 等。因此,应选择在高温下不会与镀膜材料发生反应或形成合金的材料做该材料的蒸发源材料。

电阻加热蒸发制膜的局限性是:①难熔金属蒸气压低,很难制成薄膜;②有些元素容易和加热丝形成合金;③不易得到成分均匀的合金膜。

常用的蒸发源材料有 W、Mo、Ta、石墨、氮化硼等。电阻蒸发的形状是根据蒸发要求和特性确定,通常有多股线螺旋形、U型、正弦波形、圆锥筐形、薄板形、舟形等。

(2)电子束蒸发方式及蒸发源:采用电阻加热蒸发已不能满足蒸镀难熔金属和氧化物材料的需要,同时也难以制作高度纯净的薄膜,于是发展了将电子束作为蒸发源的方法。它是将蒸发材料放入水冷铜坩埚中,利用高能密度的电子束加热,使蒸发材料熔融气化并凝结在基板表面成膜。如图 5-2 所示。在电子束加热装置中,被加热的物质被放置于水冷的坩埚中,电子束只轰击到其中很少的一部分物质,而其余的大部分物质在坩埚的冷却作用下一直处于很低的温度,即后者实际上变成了被蒸发物质的坩坩埚。因此,电子束蒸发沉积方法可以做到避免坩埚材料的污染。在同一沉积装置中可以安置多个坩埚,这使得人们可以同时或分别蒸发沉积多种不同的物质。

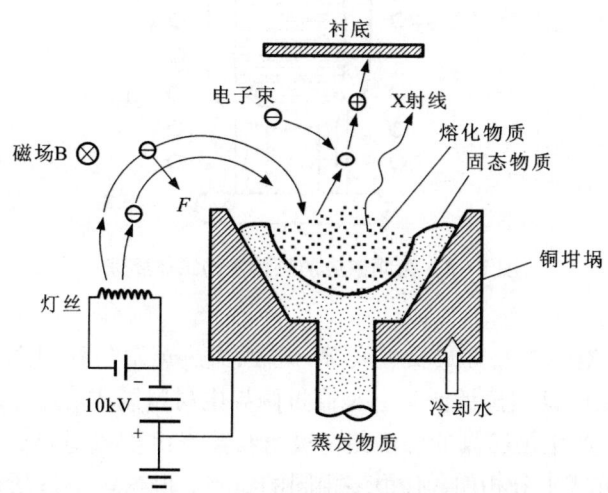

图 5-2 电子束蒸发装置示意图

电子束蒸发源的结构型式可分为直式枪(布尔斯枪)、环形枪(电偏转)和 e 形枪(磁偏转)三种。

(3)高频感应蒸发方式及蒸发源:高频感应加热蒸发是将装有蒸发镀料的坩埚放在高频螺旋线圈的中央,使蒸发材料在高频电磁场的感应下,产生强大的涡流损失和磁滞损失(指对铁磁体),致使蒸发镀料升温,直至气化蒸发。蒸发源一般由水冷高频线圈和石墨或陶瓷(氧化镁、氧化铝、氧化硼等)坩埚组成。高频电源采用的功率为 1 万至几十万赫兹,输入功率为几至几百千瓦。图 5-3 是高频感应加热示意图。此法主要用于铝的大量蒸发。

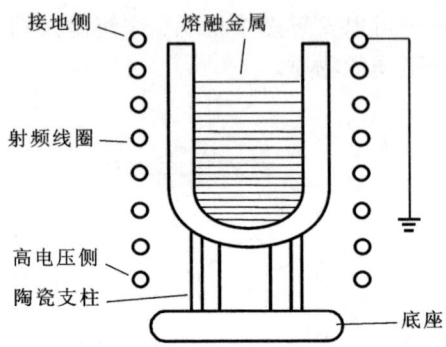

图 5-3 高频感应加热蒸发的工作原理

(4)电弧蒸发方式及蒸发源：电弧加热蒸发是利用高真空中电弧放电的真空蒸镀法。它是通过两导电材料制成的电极之间形成电弧，产生足够高的温度使电极材料蒸发沉积成薄膜。与电子束加热方式十分相似，有很多相同的特点，但这一方法所用的设备比电子束加热装置简单，是一种较为廉价的蒸发装置。它避免了电阻加热法存在的加热丝、坩埚与蒸发物质发生反应的问题，且还可制备如 Ti、Hf、Zr、Ta、Nb、W 等高熔点金属在内的几乎所有导电性材料的薄膜。

电弧加热蒸发可以分为交流电弧放电、直流电弧放电和电子轰击电弧放电，如图 5-4 所示。在电弧蒸发装置中，使用欲蒸发的材料制成放电的电极。在薄膜沉积时，依靠调节真空室内电极间距的方法来点燃电弧，而瞬间的高温电弧将使电极端部产生蒸发从而实现物质的沉积。控制电弧的点燃次数或时间就可以沉积出一定厚度的薄膜。

总之，电弧放电蒸发法可以简单快速地制作无污染薄膜，并且不会引起由蒸发源辐射作用而造成基体温度的提高。缺点是电

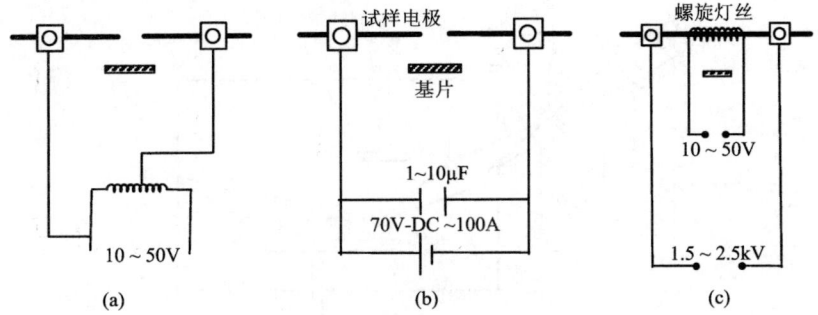

图 5-4 电弧加热蒸发示意图

(a)交流电弧放电；(b)直流电弧放电；(c)电子轰击电弧放电

弧放电会飞溅出微米级大小的电极材料的微粒。这些微粒是红热的，当它们碰撞蒸镀膜时会伤害膜层。

(5)激光加热方式及蒸发源：使用高功率的激光束作为能源进行薄膜的蒸发沉积的方法被称为激光蒸发沉积法。由于不同材料吸收激光的波段范围不同，需要选用相应的激光器。例如 SiO、ZnS、MgF_2、TiO_2、Al_2O_3、Si_3N_4 等膜料，宜用 CO_2 连续激光(波长：10.6 μm、9.6 μm)；Cr、W、Ti、Sb_2S_3 等膜料，宜用玻璃脉冲激光(波长：1.06 μm)；Ge、GaAs 等膜料宜用红宝石脉冲激光(波长：0.694 μm、0.692 μm)。这种方式经聚焦后功率密度可达 10^6 W/cm^2，可蒸发任何能吸收激光光能的高熔点材料，蒸发速度极高，制得的膜层成分几乎与膜料成分一样。图 5-5 是激光蒸发原理图。激光器置于真空室之外，高能量的激光束透过窗口进入真空室中，经透镜或凹面镜聚焦之后照射到制成靶片的蒸发材料上，使之加热气化蒸发，然后沉积在基体上。

目前，准分子激光蒸发镀膜技术已经成为高温超导薄膜和高温超导电子器件以及铁电薄膜制备的一项重要工艺。

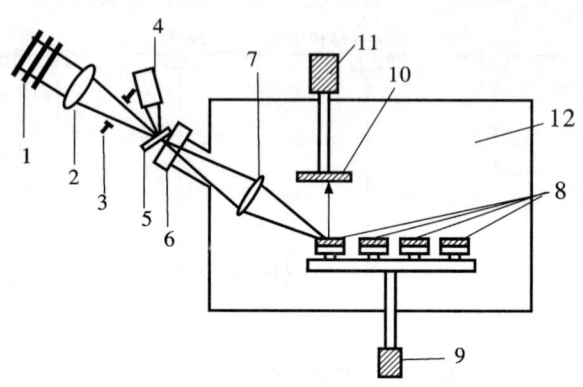

图 5-5 激光蒸发实验装置原理

1——玻璃衰减器；2——透镜；3——光圈；4——光电池；
5——分光器；6——沉积室窗口；7——透镜；8——旋转靶；
9——旋转电机；10——基片；11——旋转电机；12——真空室

5.2.3.2 真空蒸发镀膜设备

真空蒸发镀膜设备系统一般包括前处理设备、蒸发镀膜机和后处理设备三部分。蒸发镀膜机是主机，通常由真空室、真空（排气）系统、蒸发系统和电器设备等组成。真空室内除工件架外，有加热（烘烤）、离子轰击或离子源等装置。为提高镀膜厚度均匀性，工件架有转动机构。连续镀膜机还有卷板和传动装置。排气系统一般由机械泵、罗茨泵和扩散泵组成。蒸发系统包括蒸发源及电气设备。连续镀膜机还有加料装置等。电器设备用于测量真空度、膜层厚度及控制台等。

在镀膜过程中，特别是光学镀膜，对膜厚的测量和控制是非常重要的，有的产品要求镀多层膜，层数甚至多达几十层，而每层膜厚又是纳米量级，需要用特殊技术来测量。常用的有光干涉极值法和石英晶体振荡法两种。前者基于光线垂直入射到薄膜上其透射率和反射率随薄膜厚度而变化,适用于透明光学薄膜,测量仪器主要有调制器、单色仪(或滤光片)和光电倍增管。后者是基于石英晶片的振荡频率随沉积薄膜厚度而变化,目前已广泛使用,测量仪器主要有石英晶体振荡片、频率计数器、微分电路或数字电器等。

5.2.3.3 真空蒸发镀膜工艺

(1) 一般工艺

真空蒸发镀膜工艺是根据产品要求来确定。一般非连续镀膜的工艺流程是:镀前准备→抽真空→离子轰击→烘烤→预热→蒸发→取件→镀后处理→检测→成品。

镀前准备包括工件清洗、蒸发源制作和清洗、真空室和工件架清洗、安装蒸发源、膜料清洗和放置、装工件等。这些工作是重要的,它直接影响了镀膜品质。对不同基材或零部件有不同的清洗方法。例如玻璃在除去表面脏物、油污后用水揩洗或刷洗,再用纯水冲洗,最后要烘干或用无水酒精擦干;金属经水冲刷后用酸或碱洗,再用水洗和烘干;对于较粗糙的表面和有孔的基板,宜在水、酒精等清洗的同时进行超声波洗净。塑料等工件在成型时易带静电,如不消除,会使膜产生针孔和降低膜的结合力,因此常需要先除去静电。有的工件为降低表面粗糙度,还涂 $7\sim10~\mu m$ 的特制底漆。

工件放入真空室后,先抽真空至 $1\sim0.1~Pa$ 进行离子轰击,即对真空室内铝棒加一定的高压电,产生辉光放电,使电子获得很高的速度,工件表面迅速带有负电荷,在此吸引下正离子轰击工件表面,工件吸附层与活性气体之间发生化学反应,使工件表面得到进一步的清洗。离子轰击一定时间后,关掉高压电,再提高真空度,同时进行加热烘烤,控制一定温度,使工件及工件架吸附的气体迅速逸出。达到一定真空度后,先对蒸发源通以较低功率的电,进行膜料的预热或预熔,然后再通以规定功率的电流,使膜料迅速蒸发。

蒸发结束后,停止抽气,再充气,打开真空室取出工件。有的膜层如镀铝等,质软和易氧化变色,需要施涂面漆加以保护。

(2) 合金蒸镀工艺

合金中各组分在同一温度下具有不同的蒸气压,即具有不同的蒸发速率,因此在基材上沉积的合金薄膜与合金膜料相比,通常存在较大的组分偏离,为消除这种偏离,可采用下列工艺:

1) 多源同时蒸镀法。将各元素分别装在各自的蒸发源中,然后独立控制各蒸发源的蒸发温度,设法使到达基材上的各种原子与所需镀膜组成相对应。

2) 瞬源同时蒸镀法(闪蒸发)。把合金做成粉末或细颗粒,放入能保持高温的加热器和坩埚之类的蒸发源中。为保证一个个颗粒蒸发完后就有下次蒸发颗粒的供给,蒸发速率不能太快。颗粒原料通常是从加料斗的孔一点一点出来,再通过滑槽落到蒸发源上。除一部分合金(如 Ni - Cr 等)外,金属间化合物如 GaAs、InSb、PbTe、AlSb 等,在高温时会发生分解,而两组分的蒸气压又相差很大,故也常用闪蒸法制薄膜。

(3) 化合物蒸镀工艺

化合物在真空加热蒸发时,一般都会发生分解。可根据分解难易程度,采用两类不同方法:

1) 对于难分解或沉积后又能重新结合成原膜料组分配比的化合物(前者如 SiO、B_2O_3、MgF_2、NaCl、AgCl 等,后者如 ZnS、PbS、CdTe、CdSe 等),可采用一般的蒸镀法。

2) 对于极易分解的化合物如 In_2O_3、MoO_3、MgO、Al_2O_3 等,必须采用恰当蒸发源材料、加热方式、气氛,并且在较低蒸发温度下进行。例如蒸镀 Al_2O_3 时得到缺氧的 $Al_2O_3 - X$ 膜,为避免这种情况,可在蒸镀时充入适当的氧气。

(4) 高熔点化合物薄膜

氧化物、碳化物、氮化物等材料的熔点通常很高，而且制取高纯度的这类化合物也很昂贵，因此常采用"反应蒸镀法"来制备此类材料的薄膜。具体做法是在膜料蒸发的同时充入相应气体，使两者反应化合沉积成膜，如 Al_2O_3、Cr_2O_3、SiO_2、Ta_2O_5、AlN、ZrN、TiN、SiC、TiC 等。如果在蒸发源和基板之间形成等离子体，则可提高反应气体分子的能量、离化率和相互间的化学反应程度，这称为"活性反应蒸镀"。

(5) 离子束辅助蒸镀法

蒸发原子或分子到达基材表面时能量很低（约 0.2eV），加上已沉积粒子对后来飞达的粒子造成阴影效果，使膜层呈含有较多孔隙的柱状颗粒聚集体结构，结合力差，又易吸潮和吸附其他气体分子而造成性质不稳定。为改善这种状况，可用离子源进行轰击，镀膜前先用数百电子伏的离子束对基材轰击清洗和增强表面活性，然后蒸镀中用低能离子束轰击。离子源常用氩气。也可以进行掺杂，例如用锰离子束辅助蒸镀 ZnS，得到电致发光薄膜 ZnS：Mn。另外还可用这种方法制备化合物薄膜等。

(6) 激光束辅助蒸镀法

在电子束蒸发膜料的同时，用 10～60 W 的宽束 CO_2 激光辐照基板，制得性能优良的 HfO_2 和 Y_2O_3 等介质薄膜。

(7) 单晶蒸镀法

基材通常为一定取向的单晶材料，选择较高的基板温度和较低的沉积速率，以及控制薄膜厚度、蒸发粒子入射角、残余气体种类与压力以及电场等参数，可以制备单晶薄膜。

(8) 非晶蒸镀法

采用快速蒸镀，有利于非晶薄膜的形成。Si、Ge 等共价键元素和某些氧化物、碳化物、钛酸盐、铌酸盐、锡酸盐等在室温或其以上温度下可得到非晶薄膜,而纯金属等需在液氦温度附近的基板上才能形成非晶薄膜。采用金属或非金属元素或两种在高浓度下互不相溶的金属元素共同蒸镀,比纯金属容易形成非晶薄膜。另外也可通过加入降低表面迁移率的某些气体或离子来获得非晶薄膜。非晶薄膜往往有一些独特的性能和功能,有着重要用途。

真空蒸发镀膜工艺操作注意要点:

1)选用的真空度应从 5×10^{-3} Pa 开始。但注意真空度并非越高越好,因为在真空室内真空度超越 1.33×10^{-6} Pa 时,必须经过对系统的烘烤才能获得,这种烘烤过程会造成对被镀件的污染。

2)残余气体对镀膜有影响,因为残余气体轰击着真空室中的所有表面,要使镀膜纯度好,则必须使蒸发材料原子到基片的速率比残余气体的到达速率大,这样应先提高真空室温度,减少活性气体。

3)对被镀件加温,因为在真空下加热被镀件是使其净化,使存在于被镀件表面上的污染物解吸,同时也会使凝聚的原子在被镀件表面上的移动性增大,从而改变薄膜的晶体结构。相邻层间的扩散,也会随温度的提高而增加,使合金薄膜变得更加均匀。

总之,真空镀膜室的真空度、镀膜材料的蒸发速率、基板和蒸发源的间距,以及基板表面状态和温度等都是影响镀膜层品质的因素。

5.2.4　真空蒸发镀膜的应用

真空蒸发镀膜的应用非常广泛,已有相当规模的工业化生产。表 5-3 列出了真空蒸镀技术的应用实例。

表 5-3 真空蒸镀技术的应用实例

蒸发技术	典 型 应 用	薄 膜 实 例
电阻加热	1. 制镜工业 2. 塑料、纸、钢板上金属化涂层	Al Al,Co、Ni
电子束加热	1. 光学工业(如塑料透镜) 2. 抗腐蚀和高温氧化涂层 3. 热障涂层 4. 塑料、纸、钢板上金属涂层	SiO_2 MCrAlY(M：Co、Fe、Ni) ZrO_2 Al,Co、Ni、Fe 的合金或氧化物
感应加热	核工业	Ti,Be
电弧加热	导电层	C,W
激光加热	超薄薄膜	Y、Ba、Cu 的氧化物

蒸发镀 Al 膜是最大的应用领域,其中塑料金属化占非常大的份额,已非常普及。在塑料件上蒸铝成金属质光亮表面再染色,应用范围涉及玩具、灯饰、饰品、工艺品、家具、日用品、化妆品的容器、钮扣、钟表等,几乎眼睛所及的塑料构件都可以用镀 Al 变色美化。但其美中不足的是耐候性差,这涉及到涂油的老化问题。另一大类的应用是卷绕式柔性塑料薄膜以及纸张蒸镀铝,是包装材料一大家族(见图 5-6)。食品、香烟、礼品、服装的包装都用上了镀铝包装膜。另外,纺织物中的闪光的彩色丝也是镀铝变色的塑料丝。电解电容也用镀铝膜作电容电极

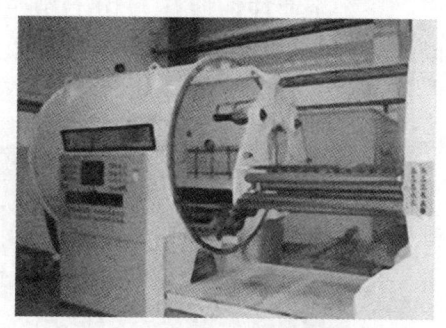

图 5-6 计算机控制与光学监测的包装薄膜卷筒镀膜机

(见图5-7)。还有在织物上蒸镀铝,用于反射热的消防服。

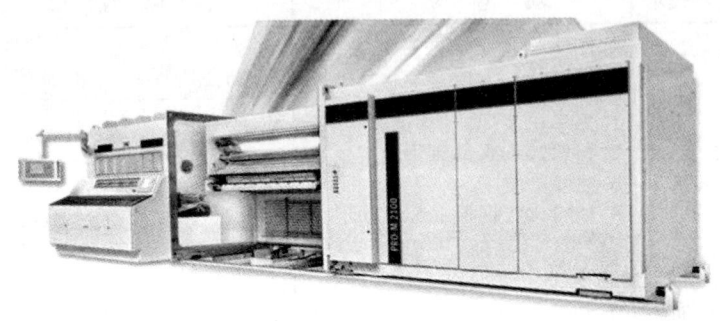

图5-7　电容器用铝薄膜卷筒镀膜机

光学膜有相当的产品也是用真空蒸镀生产的。目前大宗节能灯的冷光碗就是用真空蒸镀 MgF_2/ZnS 多层膜制备,一般采用21层以上达到红光向后冷光向前的效果。国内月产几千万只这种冷光灯碗,大多用1100~1400 mm大型真空蒸发镀膜机生产。一个企业往往拥有上10台镀膜机三班生产,月产500万只以上。图5-8为镀制冷反光碗的真空蒸发镀膜机。

图5-8　冷反光碗真空蒸发镀膜机

第5章 薄膜物理气相沉积技术

手表玻璃和手机视窗玻璃镀膜，生产量都是以千万计。

镜面反射铝膜、铬膜也是用蒸发镀生产的，包括汽车后视镜、反光镜、汽车灯具反光镜也已成为大的蒸发镀膜产业。

蒸发镀 SiO（一氧化硅）膜呈现珠光色，塑料珠上镀 SiO 可作各种饰品。

由于蒸发镀设备简单，工艺易控制，其应用非常广泛。

5.3 溅射镀膜技术

5.3.1 简介

用离子轰击靶材表面，靶材的原子被轰击出来的现象称为溅射，溅射产生的原子沉积在基体表面成膜即为溅射镀膜。通常是利用气体放电产生离子，其中正离子在电场作用下高速轰击阴极靶体，轰击出的阴极靶体原子或分子以很高的速度飞向基体表面沉积成薄膜。

早在 1852 年 Grove 就在气体辉光放电管中发现离子对阴极材料的溅射现象，其离子束来源气体辉光放电产生的等离子体。自 1870 年开始，人们就利用溅射现象发展了直流二极溅射技术；1877 年 Wringt 将二极溅射技术用于镜面镀制反射膜；20 世纪 30 年代，美国西屋电气公司采用二极溅射在留声机的蜡制母板上镀金，作为电镀的导电底层。由于溅射镀膜速率比真空蒸法镀膜速率低一个数量级，致使其在工业化应用方面处于劣势，直到 1963 年美国贝尔实验室和西屋电气公司才采用连续溅射装置在集成电路上镀钽膜，开始实现溅射镀膜的产业化。随后溅射技术得到长足的发展，出现了三极溅射和磁控溅射。三极溅射是利用热丝弧光放电增强辉光放电产生等离子体，但三极溅射难以实现大面积均匀镀膜，工业上未能获得广泛应用。磁控溅射是在阴极靶面建立跑道磁场,利用其控制二次电子运动,延长其在靶面附近的行程,增加与气体的碰撞几率,从而提高等离子的密度,这样可以大大提高靶材的溅射速率,最终提高沉积速率。磁控溅射技术相对其他溅射技术而言有较高的镀膜速率,一般二极溅射和射频溅射的镀膜速率为 20~250 nm/min,三极溅射为 50~500 nm/min,而磁控溅射可以高达 200~2000 nm/min。20 世纪 70 年代磁控溅射镀膜已实现工业化,80 年代我国的磁控技术有较大的发展,90 年代已可以提供大型磁控溅射装置并大规模生产镀膜制品。磁控溅射是当今镀膜主流技术之一,人们仍一直致力于提高磁控溅射技术的效率和应用范围。为了改善镀膜品质,20 世纪 80 年代,出现了一种新型镀膜方式,它是把镀件连接偏置电源产生几十到几百伏的偏压,使工件接受较高能量的离子轰击,称之为磁控溅射离子镀,简称溅射离子镀(Sputtering Ion Plating, SIP)。为了提高偏流密度,20 世纪 90 年代人们又开发了非平衡磁控阴极。其特点是通过磁路的设计,让磁力线把等离子体引向被镀基体,同时对电子进行磁场约束和静电反射。非平衡磁控溅射将会获得更广泛的应用。在反应溅射制备介质膜技术中,存在靶中毒、溅射工况不稳定、沉积速率低,化合物组成和结构、应力、表面性能较难控制等问题。一直困扰着生产上的应用。直到 20 世纪末,中频交流磁控溅射技术和非对称脉冲溅射技术的出现才解决上述问题。中频交流磁控溅射在化合物薄膜制备中将会开创新天地。

溅射镀膜一般具有以下特点:①溅射出来的粒子能量约为几十电子伏特,膜/基结合较好,成膜较为致密;②可实现大面积靶材的溅射沉积;粒子飞行过程中会不断发生碰撞,沉积面积大且膜层比较均匀;③可用于高熔点金属、合金和化合物等材料的成膜。溅射镀膜已广泛应用于工具镀硬质合金膜、各种彩色的装饰膜、建筑用玻璃阳光控制膜、太阳能吸收膜、各种光学器件和玻璃的光学膜(增透、减反、全反、选择透过等等)、磁学膜、光电子器件膜、微

第 5 章 薄膜物理气相沉积技术

电子器件的各种用途薄膜、传感器功能膜、平面显示功能膜等等。此外,溅射还可以用来清洁固体表面和溅射刻蚀。溅射镀膜从 20 世纪 70 年代起,就成为一种重要的薄膜沉积技术。

5.3.2 溅射镀膜原理

5.3.2.1 溅射现象

用几十电子伏或更高动能的入射荷能粒子轰击靶材表面,使其原子获得足够的能量而溅出进入气相,这种溅出的、复杂的粒子散射过程称为溅射。它可以用来刻蚀、成分分析(二次离子质谱)和镀膜等。

被轰击的材料称为靶。由于离子易在电磁场中加速或偏转,所以入射荷能粒子一般为离子,这种溅射称为离子溅射。用离子束轰击靶而发生的溅射,则称为离子束溅射。

入射一个离子所溅射出的原子个数称为溅射率或溅射产额,单位通常为原子个数/离子。显然,溅射率越大,生成膜的速度就越大。影响溅射率的因素很多,大致分为三个方面。

(1)与入射离子有关:包括入射离子的能量、入射角、靶原子质量与入射离子质量之比、入射离子的种类等。入射离子的能量降低时,溅射率就会迅速下降;当低于某个值时,溅射率为零,这个能量值称为溅射的阈值能量。对于大多数金属,溅射阈值在 20~40 eV 范围。当入射离子能量增至 150 eV,溅射率与其平方成正比;增至 150~400 eV,溅射率与其成正比;增至 400~5000 eV,溅射率与其平方根成正比,以后达到饱和;增至数万电子伏,溅射率开始降低,离子注入数量增多。

(2)与靶有关:包括靶原子的原子序数(即相对原子质量以及在周期表中所处的位置)、靶表面原子的结合状态、结晶取向以及靶材是纯金属、合金或化合物等。溅射率随靶材原子序数的变化表现出某种周期性,随靶材原子 d 壳层电子填满程度的增加,溅射率变大,即 Cu、Ag、Au 等最高,而 Ti、Zr、Nb、Mo、Hf、Ta、W 等最低。

(3)与温度有关:一般认为溅射率在和升华能密切相关的某一温度内,溅射率几乎不随温度变化而变化;当温度超过这一范围时,溅射率有迅速增加的趋向。

溅射率的量级一般为 $10^{-1} \sim 10$ 个原子/离子。溅射出来的粒子动能通常在 10 eV 以下,大部分为中性原子和少量分子,溅射得到离子(二次离子)一般在 10% 以下。在实际应用中,溅射产物的考虑也是重要的,包括有哪些溅射产物,状态如何,这些产物是如何产生的,其中有哪些可供利用的产物和信息,还有原子和二次离子的溅射率、能量分布和角分布等。

5.3.2.2 直流辉光放电

辉光放电是在 $10 \sim 10^{-2}$ Pa 真空度范围内,在两个电极之间加上高压时产生的放电现象,它是离子溅射镀膜的基础,即离子溅射镀膜中的入射离子一般利用气体放电法得到。

气体放电时,两电极之间的电压和电流的关系不能用简单的欧姆定律来描述,而是如图 5-9 所示的变化曲线。

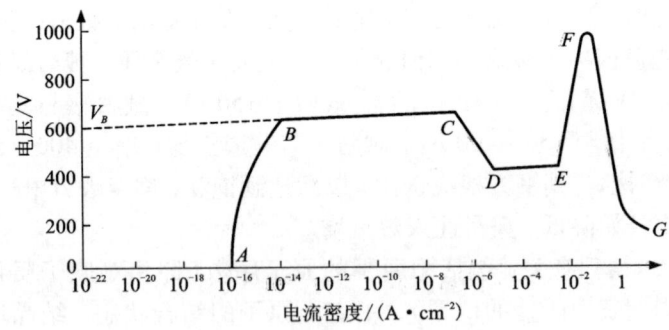

图 5-9 直流辉光放电特性

开始加电压时电流很小，AB 区域为暗光放电；随电压增加，有足够的能量作用于荷能粒子，它们与电极碰撞产生更多的带电荷粒子，大量电荷使电流稳定增加，而电源的输出阻抗限制着电压，BC 区域称汤逊放电；在 C 点以后，电流自动突然增大，而两极间电压迅速降低，CD 区域为过渡区；在 D 点之后，电流与电压无关，两极间产生辉光，此时增加电源电压或改变电阻来增大电流时，两极间的电压几乎维持不变，D 至 E 之间区域为辉光放电；在 E 点之后再增加电压，两极间的电流随电压增大而增大，EF 区域称非正常放电；在 F 点之后，两极间电压降至一很小的数值，电流的大小几乎是由外电阻的大小来决定，而且电流越大，极间电压越小，FG 区域称做弧光放电。

正常辉光放电的电流密度与阴极物质、气体种类、气体压力、阴极形状等有关，但其值总体来说较小，所以在溅射和其他辉光放电作业时均在非正常辉光放电区工作。

气体放电进入辉光放电阶段即进入稳定的自持放电过程，由于电离系数较高，产生较强的激发、电离过程，因此可以看到辉光。仔细观察则可发现辉光从阴极到阳极的分布是不均匀的，可分为如图 5 - 10 所示的八个区。

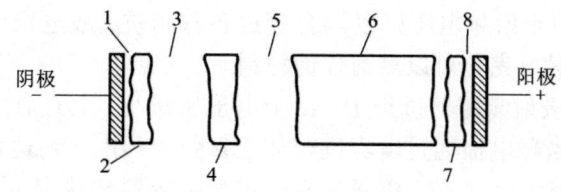

图 5 - 10　直流辉光放电图形

1——阿斯顿暗区；2——阴极辉光区；3——克鲁克斯暗区；4——负辉光区；
5——法拉第暗区；6——正离子光柱区；7——阳极辉光区；8——阳极暗区

自阴极起分别为：阿斯顿暗区（Aston 暗区）、阴极辉光区、克鲁克斯暗区（阴极暗区），以上三个区总称为阴极位降区，辉光放电的基本过程都在这里完成：负辉光区、法拉第暗区（Faraday 暗区）、正离子光柱区（正柱区）、阳极辉光区、阳极暗区。各区域随真空度、电流、极间距等改变而变化。

阴极位降区是维持辉光放电不可缺少的区域，极间电压主要降落在这个区域之内，使辉光放电产生的正离子撞击阴极，把阴极物质打出来，这就是一般的溅射法。若其他条件不变，仅改变极间距离，则阴极位降区始终不变，而其他各区相应缩短。阴极与阳极之间的距离至少应比阴极位降区即阴极与负辉光区之距离长。

5.3.2.3 射频辉光放电

上面分析了直流辉光放电的情况。在气体放电产生的正离子向阴极运动，而一次电子向阳极运动。放电是靠正离子撞击阴极产生二次电子，通过克鲁克斯暗区被加速，以补充一次电子的消耗来维持。如果施加的是交流电，并且频率增高到 50 kHz 以上，那么会发生两个重要的效应：

（1）辉光放电空间中电子振荡达到足够产生电离碰撞能量，故减少了放电对二次电子的依赖性，并且降低了击穿电压。

（2）由于射频电压可以耦合穿过各种阻抗，故电极就不再要求是导电体，完全可以溅射任何材料。

在二极射频溅射过程中，由于电子质量小，其迁移率高于离子，所以当靶电极通过电容耦合加上射频电压时，到达靶上的电子数目远大于离子数，电子又不能穿过电容器传输出去，这样逐渐在靶上积累电子，使靶具有直流负电位。在平衡状态下靶的负电位使到达靶的电子数目和离子数目相等，因而通过电容与外加射频电源相连的靶电路中就不会有直流电通过。实验表明，靶上形成的负偏压幅值大体上与射频电压峰值相等。对于介质材料，正离子因靶面上有负偏压而能不断轰击它,在射频电压的正半周时,电子对靶面的轰击能中和积累在靶面上的正离子。如果靶为导电材料,则靶与射频电源之间必须串入 100~300 pF 的电容,以使靶具有直流负电位。

5.3.2.4 反应溅射原理

自从人们发明射频溅射装置后,就能比较容易地制取 SiO_2、Al_2O_3、Si_3N_4、TiO_2、玻璃等蒸发比较低的绝缘体薄膜。但是,在采用化合物靶时,多数情况下所获得的薄膜成分与靶化合物成分发生偏离。为了对薄膜成分和性质进行控制,特地在放电气体中加入一定的活性气体而进行溅射,这称为反应溅射,以此可得到所需要的氧化物、氮化物、碳化物、硫化物、氢化物等。它既可用直流溅射,又可用射频溅射;若制取绝缘体薄膜,一般用射频溅射。

一般认为,化合物薄膜是到达基底的溅射原子和活性气体在基底上进行反应而形成的。但是,由于在放电气氛中引入了活性气体,在靶上也会发生反应,依化合物性质不同,除物理溅射外也可能引起化学溅射,后者在离子的能量较低时也能发生。如果离子能量升高,会加上物理溅射,使溅射率随溅射电压成比例增加。人们以沉积速率与活性气体压力之密切关系的实验结果为依据,提出了在靶面上由表面沿厚度方向的反应模型、由吸附原子在靶面上的反应模型、被溅射原子的捕集模型等,试图说明反应溅射的机制,取得了一定的成功。

5.3.3 溅射镀膜的方式

5.3.3.1 二极溅射

(1)原理:直流二极溅射是利用气体辉光放电来产生轰击靶的正离子,工件与工件架作为阳极,被溅射材料做成靶作为阴极。射频二极溅射与直流二极溅射的主要区别是电源不同,相应的镀膜原理也有不同。

(2)工艺参数:DC 1 kV~7 kV,0.15 mA/cm² ~1.5 mA/cm²;RF 0.3 kW~10 kW,1 W/cm² ~10 W/cm²。氩气压力约1.3 Pa。

(3)特点:构造简单,在大面积的工件表面上可以制取均匀的薄膜,放电电流随压力和电压的变化而变化。

5.3.3.2 三极或四极溅射

(1)原理:通过热阴极和阳极形成一个与靶电压无关的等离子区,使靶相对于等离子区保持负电位,并通过等离子区的离子轰击靶来进行溅射。有稳定电极的,称为四级溅射;没有稳定电极的,称为三极溅射。稳定电极的作用就是使放电稳定。

(2)工艺参数:DC 0 kV~2 kV;RF 0 kW~1 kW。氩气压力 6×10^{-2} Pa~1×10^{-1} Pa。

(3)特点:可实现低气压、低电压溅射,放电电流和轰击靶的离子能量可独立调节控制。可自动控制靶的电流。也可进行射频溅射。

5.3.3.3 磁控溅射

(1)原理:在阴极靶表面上方形成一个正交电磁场(即利用磁控管原理,使磁场与电场正交,磁场方向与阴极表面平行)。当溅射产生的二次电子在阴极位降区被加速为高能电子后,并不能直接飞向阳极,而是在正交电磁场作用下来回振荡,近似于作摆线运动,并不断地与气体分子发生碰撞,把能量传递给气体分子,使之电离,而本身变为低能电子,最终沿磁力线漂移到阴极附近的辅助阳极,进而被吸收,这就避免了高能粒子对基底的强烈轰击,消除了二极溅射中基底被轰击加热和被电子辐照引起损伤的根源,体现了磁控溅射中基底"低温"的特点。

另一方面,正因为磁控溅射产生的电子来回振荡,一般要经过上百米的飞行才最终被阳极吸收,而气体压力为 10^{-1} Pa 量级时电子的平均自由程只有 10 cm 量级,所以电离效率很高,易于放电,它的离子电流密度比其他形式溅射高出一个数量级以上,

溅射速率高达 $10^2 \sim 10^3$ nm/min，体现了"高速"溅射的特点。

（2）工艺参数：0.2 kV～1 kV（高速低温），3 W/cm^2～30 W/cm^2。氩气压力 10^{-2} Pa～10^{-1} Pa。

（3）特点：在与靶表面平行的方向上施加磁场，利用电场和磁场相互垂直的磁控管原理减少了电子对基底的轰击（降低基底温度），使高速溅射成为可能。

5.3.3.4　对向靶溅射

（1）原理：两个靶对向放置，在垂直于靶的表面方向加上磁场，以此增加溅射的电离过程。

（2）工艺参数：用 DC 或 RF，氩气压力 10^{-2} Pa～10^{-1} Pa。

（3）特点。可以对磁性材料进行高速低温溅射。

5.3.3.5　射频溅射

（1）原理：在靶上加射频电压，电子在被阳极收集之前，能在阳、阴极之间的空间来回振荡，有更多机会与气体分子产生碰撞电离，使射频溅射可在低气压（1 Pa～10^{-1} Pa）下进行。另一方面，当靶电极通过电容耦合加上射频电压后，靶上便形成负偏压，使溅射速率提高，并能沉积绝缘体薄膜。

（2）工艺参数：RF 0.3 kW～10 kW，0～2 kV，射频频率通常为 13.56 MHz。氩气压力约 1.3 Pa。

（3）特点。既能沉积绝缘体薄膜，也能沉积金属膜。

5.3.3.6　偏压溅射

（1）原理：相对于接电的阳极（例如工件架等）来说，在基底上施加适当的偏压，使离子的一部分也流向基底，即在薄膜沉积过程中基底表面也受到离子轰击，从而把沉积膜中吸附的气体轰击出去，提高膜的纯度。

（2）工艺参数：在基底上施加 0～500 V 范围内的相对于阳极的正或负的电位。氩气压力约 1.3 Pa。

（3）特点：在镀膜过程中同时清除 H_2O、H_2 等杂质气体。

5.3.3.7 非对称交流溅射

(1) 原理：采用交流溅射电源，但正负极性不同的电流波形是非对称的，在振幅大的半周期内对靶进行溅射，在振幅小的半周期内对基底进行较弱的离子轰击，把杂质气体轰击出去，纯化了膜。

(2) 工艺参数：AC 1 kV ~ 5 kV, 0.1 mA/cm^2 ~ 2 mA/cm^2。氩气压力约 1.3 Pa。

(3) 特点。能获得高纯度的镀膜。

5.3.3.8 吸气溅射

(1) 原理：备有能形成吸气面的阳极，能捕集活性的杂质气体，从而获得洁净的膜层。

(2) 工艺参数：DC 1 kV ~ 7 kV, 0.15 mA/cm^2 ~ 1.5 mA/cm^2；RF 0.3 kW ~ 10 kW, 1 W/cm^2 ~ 10 W/cm^2。氩气压力 1.3 Pa。

(3) 特点：能获高纯度的镀膜。

5.3.3.9 反应溅射

(1) 原理：在通入的气体中掺入易与靶材发生反应的气体，因而能沉积靶材的化合物膜。

(2) 工艺参数：DC 1 kV ~ 7 kV, RF 0.3 kW ~ 10 kW。在氩气中掺入适量的活性气体。

(3) 特点：沉积阴极物质的化合物薄膜。例如，若阴极（靶）是钛，可以沉积 TiN、TiC。

5.3.3.10 离子束溅射

(1) 原理：从一个与沉积室隔开的离子源子中引出高能离子束，然后对靶进行溅射。这样，沉积室真空度可达 10^{-4} ~ 10^{-8} Pa，残余气体少，可得高纯度、高结合力的膜层。另一方面，由于基底与等离子体隔离，不必考虑成膜过程中等离子体的影响，靶与基板又可保持等电位，靶上放出的电子或负离子不会对基底产生轰击的损伤作用。此外，离子束的入射角、能量、密度都可在较大范围内变化，并可单独调节，因而对薄膜的结构和性能能在相当广泛范围内进行调节和控制。

目前常用的离子源有双等离子体离子源和考夫曼离子源两种。

(2)工艺参数：用 DC。氩气压力约 10^{-3} Pa。

(3)特点：在高真空下利用离子束溅射镀膜是非等离子体状态下的成膜过程。成膜品质高，膜层结构和性能可调节和控制。但束流密度小，成膜速率低，沉积大面积薄膜有困难。

5.3.4 溅射镀膜装置和工艺

5.3.4.1 装置

溅射镀膜装置的真空系统与真空蒸镀膜装置比较，除增加充气装置外，其余均相似；基材的清洗、干燥、加热除气、膜厚测量与监控等也大体相同。但是主要的工作部件是不同的，即蒸发镀膜装置的蒸发源被溅射源所取代。现以目前普遍使用的磁控溅射镀膜装置为例对溅射镀膜装置作扼要的介绍。

磁控溅射镀膜装置主要由真空室、排气系统、磁控溅射源系统和控制系统四个部分组成，其中磁控溅射源有多种结构形式，具有各自的特点和适用范围：

(1)平面磁控溅射源。按靶面形状又分为圆形和矩形两种。在溅射非磁性材料时，磁控靶一般采用高磁阻的锶铁氧体作磁体，溅射铁磁材料时则采用低磁阻的铝镍钴永磁铁或电磁铁，保证在靶面外有足够的漏磁以产生溅射所要求的磁场强度。用平面磁控溅射源制备的膜，膜厚均匀。适合于大面积连续大规模的工业化生产。

(2)圆柱面磁控溅射源。它有多种形式，其特点是结构简单，可有效地利用空间，在更低的气压下溅射成膜。如用空心圆管制作，管内装有圆环形永磁铁，相邻两磁铁同性磁极相对放置，并沿圆管轴线排列，形成了所需的磁场。圆柱面磁控溅射源适用于形状复杂几何尺寸变化大的镀件,内装式镀管子内壁,外装式镀管子外壁。

(3)S枪型磁控溅射源。其靶呈圆锥形,制作困难,可直接取代蒸发镀膜装置上的电子枪。这种源适合于小型制作,科研用。

5.3.4.2 工艺

现以典型的磁控溅射为例,如果是间歇式工作的,一般工序为:

(1)镀前表面处理。与蒸发镀膜相同。

(2)真空室的准备。包括清洁处理,检查或更换靶(不能有渗水、漏水,不能与屏蔽罩短路),装工件等。

(3)抽真空。

(4)磁控溅射。镀膜室的真空度通常在 $0.066\ Pa \sim 0.13\ Pa$ 时,通入 Ar 气,其分压为 $0.66\ Pa \sim 1.6\ Pa$ 后通入靶的冷却水,调节溅射电流或电压达到工艺规定值时进行溅射。自溅射电流达到开始溅射的电流算起,到时即停止溅射、停止抽气。这仅是一般操作情况,实际上对不同材料和产品,所选用的工艺条件是不一样的,应按具体要求而定。但有些条件须严格控制。

(5)镀后处理。根据产品需要达到预定出炉温度方可出炉,出炉后需进行产品检验,合格后进行产品包装,最后登记入库。

值得指出的是:靶的选择和靶的冷却十分重要,对导热率小、内应力大的靶,溅射功率不能太大,溅射时间不宜太长,以免局部区域的蒸发量多于溅射量,在正式溅射时,最好进行预溅射,并适当的提高功率,去除靶面上吸附的气体和杂质。为增强膜/基结合力,可对基体进行反溅射(在基体上加相对于等离子体为负偏压)或离子轰击。

5.3.5 溅射镀膜的应用

溅射镀膜工艺易控,重复性好,被广泛应用于各类薄膜的制备和工业生产。就其应用分类看主要列举于表5-4之中,就其应用膜层的种类看主要有纯金属膜、合金膜和化合物膜。

表5-4 溅射膜的应用分类

应用分类			材料
电子工业	IC半导体元件	电极,引线	铝及铝合金、Ti、Pt、Au、Mo-Si、TiW
		绝缘层,表面钝化膜	SiO_2、Si_3N_4、Al_2O_3
	显示元件	透明导电膜	In_2O_3,SnO_2
		光色膜	WO_3
		绝缘层,表面钝化膜	SiO_2
	磁记录	软磁性膜	Fe-Ni,Fe-Si-Al,Ni-Fe-Mo,Mn-Zn,Ni-Zn
		硬磁性膜	$\gamma(Fe_2O_3)$,Co,Co-Cr,Mn-Bi,Mn-Al-Ge
		磁头缝隙材料,绝缘层	Cr,SiO_2,玻璃
		特殊材料	过渡金属和稀土类的合金
	约瑟夫森元件	超导膜	Nb,Nb-Ge
		绝缘膜	SiO_2
	光电子学	光IC	各种玻璃
	其他电子元件	电阻薄膜	Ta,Ta-N,Ta-Si,Ni-Cr
		印刷机薄膜热写头	Ta-N,SiO_2,Ni-Cr,Au,Ta_2O_5,SiC,Ta-Si,Ta-SiO_2,Cr-SiO_2
		压电薄膜	ZnO,PZT,$BaTiO_3$,$LiNbO_3$
		电极引线	Al,Cr,Au,Ni-Cr,Pb,Cu
太阳能利用		太阳能电池	Si,Ag,Ti,In_2O_5
		选择吸收膜	金属碳化物,氮化物
		选择反射膜	In_2O_3

续表 5-4

应用分类		材料
光学应用	反射镜	Al,Ag,Cu,Au
	光栅	Cr
机械、化学应用	润滑	MoS_2,Ag,Cu,Au,Pb,Cu-Au,Pb-Sn
	耐磨损	Cr,Pt,Ta,CrN,CrC,TiN,TiC,HfN
	耐腐蚀	Cr,Ta,CrN,CrC,TiN,TiC 等
	耐热	Al,W,Ti,Ta,Mo,Co-Cr-Al 系合金
塑料工业	塑料装饰，硬化	Cr,Al,Ag,TiN

5.3.5.1 纯金属膜的溅射

在集成电路金属化采用溅射纯铝膜取代蒸发纯铝膜。溅射的铝膜附着力强，晶粒细小，台阶覆盖好，电阻率低，可焊性好。

高反射率的镜面，采用溅射镀铝，其晶粒、镜面反射率和表面平滑性远优于蒸发镀铝膜。

5.3.5.2 合金膜的溅射

溅射与其他物理沉积技术相比最适于镀制合金膜。其镀制方法有多靶溅射、镶嵌靶溅射和合金靶溅射。多靶溅射是采用两个或更多的纯金属靶同时对工件进行溅射，通过调节各靶的电流来控制膜合金成分，可获得合金成分连续变化的膜层。镶嵌靶溅射是将两种或多种纯金属按设定的面积比例镶嵌成一块靶材，同时进行溅射。镶嵌靶的设计是根据膜层成分要求，考虑各种元素的溅射产额，即可计算每种金属所占靶面积的份额。表 5-5 列举了一些典型溅射合金膜的应用。

表 5-5 一些典型的溅射合金的应用

膜层材料	工件	功能
不锈钢	平板玻璃	光电反射层
Al – Cu – Si	集成电路硅片	导电层
Ti – W	集成电路硅片	扩散阻挡层
Co – Ni	计算机硬盘	磁记录介质层
Fe – Ni	计算机硬盘磁头	磁路导磁层
CoCrAlY	燃气轮机叶片	抗高温腐蚀层

5.3.5.3 化合物膜的溅射

化合物膜通常是指金属元素与 C、O、N、B、S 等非金属元素相互化合而生成的膜层，也有用化合物靶直接溅射获得，其镀制方法有直流溅射、射频溅射和反应溅射。

直流溅射化合物膜必须采用导电的化合物靶材，例如 SnO_2、TiC、MoB、$MoSi_2$、ITO(氧化铟锡)等。化合物靶材通常用粉末冶金方法制成，价格昂贵。ITO 透明导电膜的镀制是直流溅射化合物膜的工业应用实例。

射频溅射不受靶材是否导电的限制，但因其设备昂贵还有人身防护，故只有溅射绝缘的化合物靶材时才采用。镀 ITO 透明导电膜的 SiO_2 隔离层就是射频溅射镀制化合物膜的工业应用实例。

反应溅射是在金属靶材进行溅射时，同时向镀膜室中通入所需的非金属元素的气体，在工件上通过化学反应而生成化合物膜。例如，镀 TiN 时，采用 Ti 靶和 N_2 气；镀 Al_2O_3 时采用 Al 靶和 $Ar + O_2$ 混合气；镀碳化物时反应气体用 CH_4 或 C_2H_2。中频交流磁控溅射的出现将为化合物的溅射开辟广阔天地。表 5-6 列出了一些溅射化合物膜的应用实例。

表 5-6　溅射化合物膜的应用实例

膜层材料	工　件	功　能
TiN	高速钻头和铣刀	超硬耐磨
	不锈钢表具、洁具、家具	仿金装饰
ITO	透明导电玻璃	透明导电
SiO_2	透明导电玻璃	防钠离子扩散
AlN	玻璃太阳能吸热	选择吸收太阳光
TiO_2	平面玻璃	减反、增透、自洁
SnO_2	平面玻璃	热反射
MoS_2	干摩擦轴承	减摩润滑
Al_2O_3	集成电路硅片	绝缘钝化

5.3.5.4　应用实例

(1) 阳光控制膜

高层建筑外墙广泛采用幕墙玻璃——阳光控制膜玻璃(Glass with Solor Control Coating)。其基本功能是使阳光中可见光的部分通过,而红外线和远红外的部分反射。建筑物的热能传递主要通过墙体和窗口,阳光中的可见光部分对室内采光是必需的,但红外部分的热能辐射只能使室内温度升高。在中央空调的高层建筑,采用阳光控制膜玻璃,可以让空调能源能耗至少节约 1/3 以上。阳光控制膜玻璃色调鲜艳,有美化建筑物的功能。

阳光控制膜玻璃适用于温带和热带地区,其可见光透过率在 8%～30% 之间。阳光控制膜最简单的膜系,一般分为三层,第一层是化合物膜(InO_3、SnO_2、TiN、Ti(NO)等),由于镀膜厚度不同,可能因界面反射干涉效应而呈现出不同的色彩;第二层是调整透过率和反射率的金属薄膜(Cr、Cu、Ti、不锈钢、Ag 等);第三层是保护层(例如 TiO_2)防止膜层在环境条件下的变质和划伤。复杂的膜系有五层、七层,有不同颜色和不同的光、热性能。各膜层均用溅射镀膜技术来实现。图 5-11 是镀膜玻璃生产线示

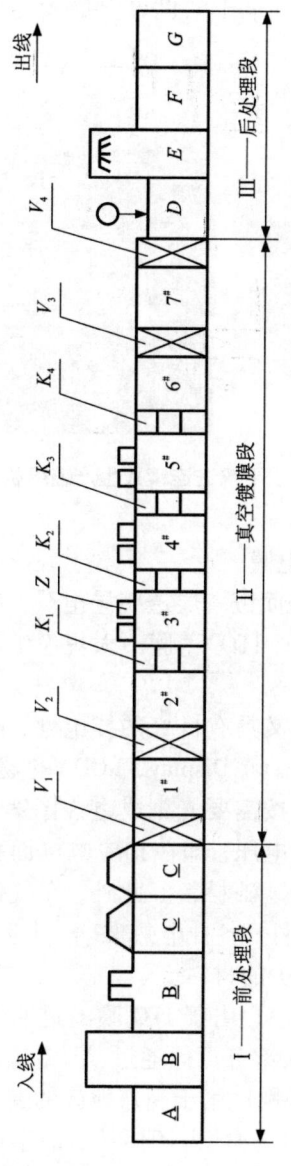

图 5-11 平面玻璃连续溅射装置

A——进线工作台；B——打毛机；C——玻璃洗涤机；D——防尘加热烘烤装置；D——膜层透射率检查台；
$V_1 \sim V_4$——阀门闸板阀；$K_1 \sim K_4$——隔离腔；Z——平面磁控溅射阴极；
$1^\#$——预储室；$2^\#$、$6^\#$——过渡室；$3^\# \sim 5^\#$——溅射室；$7^\#$——输出室；$1 \sim 5$——中频电源
E——膜层清洗后处理机；F、G——膜层物理外观检查台

意图,图 5-12 是莱宝公司安装在瑞士的世界上最大的大面积平板玻璃水平输送连续生产镀膜机。

图 5-12 大面积平板玻璃水平输送连续式生产镀膜机

(2)氧化铟锡(ITO)透明导电膜

透明导电玻璃是指在玻璃表面镀一层透明导电膜,最常见的是氧化铟锡(Indium-Tin-Oxide,ITO)薄膜。大规模生产 ITO 膜仍然是用反应磁控溅射技术。

ITO 膜对可见光有高透过率又具有良好的导电性,因而被广泛用于液晶显示器件(Liquid Crystal Display,LCD)的透明电极,液晶盒的两端面都是 ITO 玻璃,按需要光刻成电极图案,组成一对电极,在相应的图形电极加上电压,即在相应电极面积上显现颜色。ITO 玻璃是液晶显示器的基础材料。此外,在气体放电显示、电致发光器件、电致变色器件、各种电热玻璃、太阳能电池、电磁波屏蔽等,ITO 都是不可缺少的材料。

ITO 膜的光学特性见图 5-13。由于 ITO 膜的透明截止波长在 $2\ \mu m$ 附近,因此,太阳光谱大部分可以通过,而室温状态下的低温与辐射有反射作用。这一特性适用于高寒地区的窗口和温室棚,提高保温功能,即阳光输入的热能并不减少,而室内低温辐射损失减少。ITO膜可以镀在玻璃上,也可以镀在聚脂薄膜上。

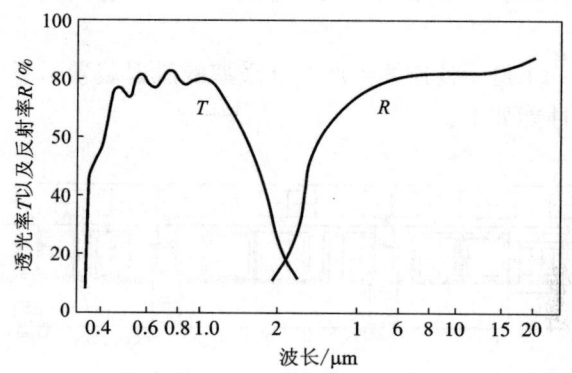

图5-13 ITO($In_2O_3 - SnO_2$)系列选择性
透光膜的光学特性(聚脂薄膜衬底)

用于LCD的ITO玻璃的要求比用于窗的隔热玻璃的要求高得多。它对透光率、方电阻(导电性)、化学与热稳定性都有严格要求;对玻璃和ITO膜上的线、点缺陷要求特别严。因为缺陷会直接影响显示图像品质。整个显示屏上某个疵点就可能导致报废。因此,镀制ITO玻璃的溅射镀膜设备配置和工艺有严格的要求,不同的ITO玻璃技术指标有相应的生产工艺。

LCD用ITO膜分几种等级,LCD手表等静止画面显示屏要求较低,方块电阻要求在200~500 Ω/口;对于图形功能和彩色的LCD屏,例如记事本、膝上计算机等,要求方块电阻在20~50 Ω/口;而对于LCD电视屏的要求最高,其方块电阻要求为10~20 Ω/口。它们之间的镀膜工艺都有所区别。

LCD用的ITO膜玻璃的结构是三层,即玻璃/SiO_2/ITO。其中SiO_2用于阻隔玻璃的Na^+、K^+游离离子向ITO膜扩散,从而防止向液晶材料扩散。

目前成熟的ITO膜玻璃的镀制技术：SiO_2采用SiO_2靶，用射频溅射法，ITO膜采用缺氧的ITO靶，用加氧反应直流磁控溅射法。

图5-14是一种连续生产ITO玻璃的溅射装置示意图，其构成与产品性能如下：

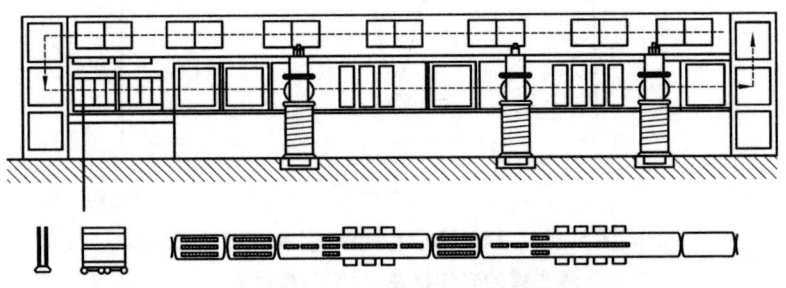

图5-14　SDp-850 VTM型ITO玻璃连续溅射系统外观和内部示意图

1) ITO膜的厚度和产品的方块电阻有下列对应关系：10 nm—300 Ω/口，15 nm—200 Ω/口，75 nm—20 Ω/口，150 nm—10 Ω/口。

2) 生产能力：每月生产16万片~22万片，300 mm×400 mm×1.1 mm的玻璃片，平均每3 min生产16片玻璃。

3) 系统组成：六个真空室，七道真空锁。其中包括溅射SiO_2和ITO膜的两个主要工艺真空室，其他为装载、加热、等待出片等辅助功能的真空室。另外，外围还有一套传动提升机构。

4) 溅射方式：立式双面对靶溅射，SiO_2用射频溅射靶，ITO用直流溅射靶，SiO_2有六个靶（三对），ITO有八个靶（四对）。SiO_2靶材尺寸为142 mm×1100 mm×6 mm。ITO靶材尺寸为200 mm×1100 mm×8 mm，SiO_2膜的沉积厚度是30 nm，ITO膜厚150 nm。

均匀性 SiO_2 膜为 ≤ ±10%，ITO 膜为 < ±5%。溅射气体为 $Ar + O_2$，溅射压强为 1~0.5 Pa，靶—片距 60~80 mm。

5）加热溅射 ITO 膜时温度为 365 ± 15℃，最高不得超过 450℃，溅射 SiO_2 膜时为 250℃。

6）在溅射时的移动速度为 475 mm/min。

7）电源：SiO_2 用 10 kW 的射频电源 6 台，ITO 用 10 kW 的直流电源 8 台，加热功率 262 kW。

(3) 柔性基材透明导电 ITO 膜

柔性基材透明导电 ITO 膜是指镀在聚脂（PET）薄膜上的 ITO 膜，它可以打卷，可以张贴，使用上有极大的灵活性。

柔性基材透明导电 ITO 膜主要用于 LCD 的背光源、TFT - LCD 的背电极、ELD 显示（电致发光显示器）、显示器触摸屏和透明触摸开关、电磁屏蔽和静电泄放。近年来随着 TFT - LCD 产业的爆发性增长，柔性透明导电 ITO 膜的需求也急剧增长。TFT - LCD 的主要应用领域是笔记本电脑、台式计算机显示器、工业监视器、全球卫星定位系统（GPS）、个人数据处理器、游戏机、可视电话、便携式 VCD 和 DVD 及其他一些便携式装置等。

柔性基材为聚脂薄膜镀 ITO 膜，一是要在低温（室温）下成膜，对膜的电阻率、电阻稳定性、透光率和结合力都受到一定限制；二是基膜柔软，热膨胀率高，对工艺实施操作有一系列困难。现较成熟可靠的工艺是：采用 ITO 靶，加氧反应溅射镀膜。膜的方阻控制在 30~500 Ω/口，可见光（550 nm）透过率为 80%~85%。在常温溅射镀膜过程中，氧分压控制特别重要，氧分压太低，透光率低；氧分压太高，电阻率过高。必须选择合适的氧分压，才能满足两方面的要求。大生产采用多靶连续卷绕式溅射镀膜的方式；为保证镀膜均匀，必须配稳定的溅射电源，保证溅射速率恒定，同时要求稳定的抽气系统，布气也必须均匀。采用透过率监控法控制膜厚。由于基材是有机膜，其膨胀系数与 ITO 膜也不匹配，膜极易开裂和划伤，给生产过程带来很多麻烦，在生产各环节都必须非常小心。

(4) ITO 透明导电膜值得注意掌控的技术

基于 ITO 膜的电学、光学性能主要取决于它们的结构及化学配比等，不同的沉积技术获得的最佳性能的工艺又各不相同。尽管如此，但在工业生产上，还是有一些共同遵循的原则，经过多年的生产实践，在普遍采用的磁控溅射生产系统中，为获取性能优良的 ITO 膜，在沉积制备工艺上有几点很值得注意掌控的技术。

1) 生产 ITO 导电玻璃的磁控溅射装置系统

这类系统，大致分成两类：一类为批量生产设备，另一类为连续生产设备。

批量生产设备，适用于生产不同用途的 ITO 膜，即宜于生产多品种、小批量的 ITO 导电玻璃。

连续生产设备宜用于大批量、大规模生产。若采用机器人进行装、卸片，可实现全自动的连续规模化的批量生产，设备尘埃污染少，能在大面积的基片上沉积生产出膜层均匀的优质 ITO 膜。

日本真空技术株式会社生产的 SDP 系列和德国莱宝生产的 ZV 系列连续镀膜生产线均是连续磁控溅射生产的镀 ITO 膜的设备。如日本 SDP – 500V 型，是一种中型连续生产线，其生产能力为 2.5 min 生产出 4 片 300 mm × 400 mm 的 ITO 镀膜玻璃。德国 ZV – 350 型设备也是一种中型连续生产线，它的生产能力为 3.5 min 生产 5 片 356 mm × 356 mm 的 ITO 镀膜玻璃，两种设备均采用放电电压为 – 250 ~ 260 V 的低压溅射，空气锁室也均装有防止放大气和启动抽空时扬起尘埃的装置，即所谓"软放大气"和"软抽气"的技术。目前这类设备有人工装卸基片，也有新设计的用机器人装卸基片，同时在工件架上也作了改进。

2) 靶材

工业上用于磁控溅射靶有 InSn 合金靶和 $In_2O_3 - SnO_2$ 陶瓷靶两类。合金靶溅射时，工艺上应注意，在溅射过程中，作为反应气体中的氧会与靶金属发生很强的电化学反应，在靶面上覆盖一层化合物，使溅射蚀损区域会缩得很小，以至难以用直流溅射法稳定地沉积制备出按一定化学配比的 ITO 膜。就是说，用合金靶时，不仅工艺参数窗口很窄，而且在膜的沉积过程中还极不稳定。因此，在工艺监控上要特别注意。

上世纪 90 年代中期发展起来的 ITO 陶瓷靶，因能抑制溅射过程中氧的选择性溅射，能稳定地将金属铟和锡与氧的反应物按所需的化学配比稳定地获得电阻率的 ITO 薄膜。为了获得稳定的成膜工艺，扩大氧气流量的参数窗口，可把 ITO 陶瓷靶做成高密度的局部还原的缺氧状态。这类氧化物陶瓷靶因电导率较高，和金属靶一样，也可采用直流磁控溅射。优质的 ITO 靶不仅要求有适当的化学组分和高的密度，而且对其结构也有很高的要求，它的结构应该是 SnO_2 处在 In_2O_3 立方晶体中心的结晶状态，为获得电阻率低的 ITO 膜，靶的 SnO_2 含量通常设计为 10%，靶的密度应大于 90%。

3) LCD 对 ITO 透明导电膜的性能要求

LCD 对 ITO 膜性能的要求是：面电阻、光学透过率、蚀刻性能（图线加工性能）、热稳定性、化学稳定性、表面形貌、膜层附着强度、硬度以及外观要求无异物、无污染、无裂纹等。随 LCD 产品应用的不同，其对 ITO 膜性能要求也不尽相同，但其中"面电阻、光学透过率和热稳定性"更为重要。这是因液晶显示器的功能、可靠性及制造工艺决定。即按 LCD 矩阵像素电极驱动方式和驱动元件的结构及材料不同，决定着 ITO 膜的特性要求。

①简单矩阵：需要开发最高限膜温度在 200℃ 以下，即较低温度下制备出低电阻率的膜层工艺。这是因为简单矩阵的 LCD，

它的两块ITO透明电极刻蚀有条形的电极，它的像素电极以及$x-y$配线电极均用ITO膜制成，大型的、精细型的平面要求它的配线电阻很低，加上彩色STN平面液晶显示器需在有机过滤色层（PET）上沉积的ITO膜，其最高沉积温度必须<200℃。

②有源矩阵：这些年来，有源矩阵需求急剧增长。有源矩阵的每一像素均由一个薄膜晶体管（TFT）开关单元独立驱动，从而获得可与CRT相匹配的清晰图像。这种有源矩阵的驱动单元一则各个独立的像素电极和对面的公用电极均用ITO膜制成，由于驱动单元一侧的扫描信号连线的表面还镀有Al和Cr膜，因此制作像素电极的ITO膜本身并不要求有很低的电阻，只要求能在LCD工艺中采用精密湿法刻蚀，导电膜能刻蚀出边缘均匀的布线图案，同时ITO膜的成膜温度还受TFT元件结构工艺材料限制，形成非晶硅TFT像素后，最后再镀一层ITO膜时，为避免损伤像素，ITO成膜温度也要求小于200℃。

4）工艺参数

氧分压和基片温度是两个影响性能的关键工艺参数。

①氧分压：生产实践证实，随氧分压增加，当膜的组分接近化学配比时，迁移率有所增加，载流子密度有所减小，两种效应综合结果，使膜电阻率随氧分压的变化呈现极小值，对应这一极小值的氧分压值与成膜的基片温度、Ar气流量及成膜速率等参数有关。必须严格控制溅射工艺气氛中的氧分压。在生产中，为便于控制工艺气氛中的氧分压，通常采用混合比为85:15的Ar/O_2的混合气代替纯O_2，还应保证大面积沉积时，基片各处的氧分压均匀一致，即各处氧分子流场的均匀一致。

②基片温度：当温度在150℃~200℃时，膜结构为非晶和结晶的混合物，刻蚀性也不稳定，均匀性也差；再增高温度，膜结晶度和晶界情况改善，在减小电阻率的同时，刻蚀性也变好。但当温度升至380℃时，晶粒粗大，达数微米以上，对精细图线刻蚀

十分不利。

在 TFT 液晶显示器中,处于开关电路一侧,滤色层上方的 ITO 透明电极,因受基底材料耐温所限,成膜需限制在 200℃ 以下;此时,为获得较一致的结晶度和大面积刻蚀均匀性,不仅需要将基片温度限制在很窄的范围,而且基片各处温度的均匀性也要求十分严格。

③低电压溅射与掺水或氢溅射:目前,在日本真空技术株式会社的 SDP 系列和德国的莱宝 ZV 系列设备中均采用这种新技术。因低电压溅射可减弱负氧离子对 ITO 膜结构的轰击损伤、改善低温成膜时电阻率,获得刻蚀性能稳定的 ITO 薄膜。放电电压从接近 -400 V 降到 $-250 \sim 260$ V,实现低电压溅射办法是采用高约束磁场的阴极,以建立起高密度的等离子体。这种阴极的主要缺点是降低了靶材的利用率,通常只有普通阴极的 1/2,并需要另加触发电压来建立起放电,在负氧离子对 ITO 膜损伤的过程,$In_2O_3 \xrightarrow{离子轰击} InO + O$ 所生成的 InO 是一种黑色的具有绝缘性质的低价氧化物,它导致 ITO 膜载流子密度减少、电阻率增大。

另外低压溅射还提高了膜层光学透过率,其原因在于减少黑色 InO 产生,增加了载流子密度,根据 Brustein-MOSS 的能带理论,使短波侧的光学透过率有所提高。

在气体中掺水或掺氢,并在低的基片温度下沉积制备高导电率的 ITO 膜是一种新的实践中有效的技术。当基片温度为室温时,水汽分压为 2.0×10^{-3} Pa,能制备出电阻率为 6×10^{-4} $\Omega \cdot$ cm。更为重要的是,这种工艺沉积制备的 ITO 膜的电阻率与膜的厚度无关,也就是说,这种方法可提高薄膜层的电导率。

(5)ITO 膜的替代新膜——ZnO:Al 薄膜

在所有的透明导电氧化物薄膜中,一般认为 ITO 膜的透光性与电学性能是最好的,因而已经在电子工业上得到广泛的应用。近年来,国外对 ZnO 薄膜的光学、电学性能进行了 ZnO：Al 薄膜的透明导电性能的研究结果表明,ZnO：Al 薄膜已经表现出可替代 ITO 膜的新型透明导电薄膜,这种新型氧化物透明导电薄膜除具有相当好的电学、光学性外,还具有工艺上易于沉积制备、成本低廉的特点,不仅在实验室研究上取得了成功,在探索工业规模生产上,也取得了可喜的进展。可以认为,是当今替代 ITO 透明导电薄膜的极佳新型氧化物透明导电薄膜。我国留德学者博士姜辛教授,博士洪瑞江教授,在德国比较系统全面地在 ZnO 及 ZnO：Al 透明导电薄膜的微细结构、光学、电学性能、沉积制备技术以及应用的可能性做了多年的研究,并取得了可喜的进展。比较一致的看法是：ZnO：Al 薄膜替代 ITO 薄膜并在电子工业上应用是完全可能的,而且是一种性能优良、成本低廉、工艺易控的替代 ITO 膜的最佳透明导电薄膜。

5.4 离子镀膜技术

5.4.1 简介

离子镀膜技术(简称离子镀,Ion Plating)是在真空蒸发和真空溅射相结合发展起来的一种新的镀膜技术。早在 1938 年,Berghaus 即已申请了有关离子镀的专利,但直到 1963 年由美国人 D. M. Mattox 开发出二极离子镀以后才付诸实践。从而开辟了离子镀膜技术新领域。

离子镀是指荷能粒子参与或者说干预镀膜过程的技术。它是在真空条件下,利用气体放电使气体或被蒸发物质部分电离,并在气体离子或被蒸发物质离子的轰击下,将蒸发物质或其反应产物沉积在基片上。离子镀把真空蒸发技术与气体的辉光放电、等离子体技术结合在一起,使镀料原子沉积与荷能离子轰击改性同时进行,不但兼有真空蒸发和溅射的特点,而且具有镀制膜层的附着力强、绕射性好、可镀材料广泛等优点,因此广受人们的重视,使研究开发得到迅速发展。1971年,Chamber等研究开发出电子束离子镀。1972年,Bunshah等发展了活性反应蒸镀(ARE)技术。1972年,Morley和Smith把真空阴极技术应用于镀膜领域,经后人的进一步完善而发展成为空心阴极放电(HCD)离子镀。1973年,村山洋一等发明了射频激励法离子镀。俄国在阴极电弧离子镀技术上做了大量基础工作,后来美国Multi - Arc公司买了俄国人专利,于1981年开发出工业用阴极电弧离子镀设备,向世界推销。同期,欧洲巴尔泽斯公司,开拓出热灯丝等离子弧的离子镀。1986年我国也相应开发出多弧离子镀设备。上世纪80年代离子镀技术发展迅速,90年代风行全球。

5.4.2 离子镀膜的原理和特点

5.4.2.1 离子镀的物理原理

离子镀有多种形式。图5-15是比较有代表性的直流放电离子镀示意图。其工作原理是:镀前将真空抽至$10^{-3} \sim 10^{-4}$ Pa的高真空,随后通入惰性气体(如氩),使真空度达到$1 \sim 10^{-1}$ Pa。接通高压电源,则在蒸发源(阳极)和基片(阴极)之间建立起一个低压气体放电的低温等离子区。按照气体放电的规律,离子在$2 \sim 5$ kV电压下使负辉光区附近产生的惰性气体离子进入阴极暗区被电场加速并轰击基片表面,可有效地清除基片表面的气体和污物。与此同时,镀料气化蒸发后,蒸发粒子进入等离子区,与等离子区中的正离子和被激活的惰性气体原子以及电子发生碰撞,其中一部分蒸发离子被电离成正离子。正离子在负电压电场加速作用下,沉积到基片表面成膜。利用O_2、N_2、CH_4等气体产生等离子体,又可沉积出相应的化合物薄膜。由此可见,离子镀膜层的成核与生长所需的能量,不是靠加热方式获得,而是由离子加速的方式来激励。在离子镀的全过程中,被电离的气体离子和镀料离子一起以较高的能量轰击基片或镀层表面。因此,离子镀是指镀料原子沉积与荷能离子轰击同时进行的物理气相沉积技术。离子轰击的目的是改善膜层与基片之间的结合强度,并改善膜层性能。显然,只有当沉积作用超过溅射剥离作用时,才能发生薄膜的沉积过程。

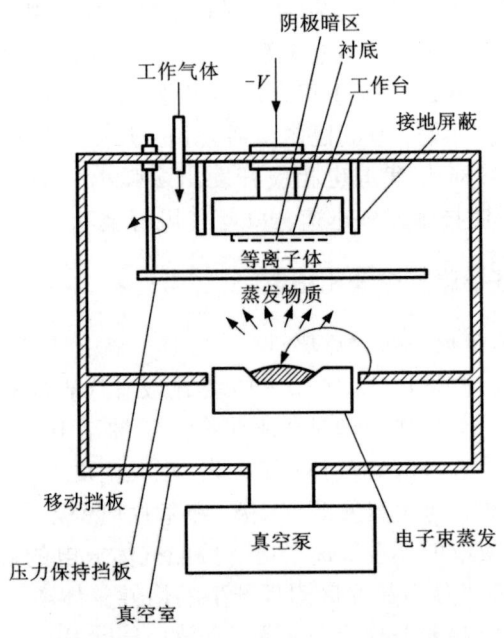

图 5−15 二极直流放电离子镀装置示意图

在上述离子镀的过程中,镀料气化粒子来源于蒸发,而镀料粒子的电离则发生在镀料与基片之间的气体放电空间。处于负电位的基片表面受到等离子体的包围,在镀膜前受到惰性气体正离子的轰击溅射，清理了表面。在镀膜时则受到惰性气体离子和镀料离子的轰击溅射，沉积与反溅共存。所以说离子镀是真空蒸发和溅射技术相结合的产物，只不过溅射的对象是基片和沉积中的膜层。

离子镀技术必须具备三个条件：一是有一个气体放电空间，工作气体部分地电离产生等离子体；二是要将镀料原子或反应气体引进放电空间，在其中进行电荷交换和能量交换，使之部分离化，产生镀料物质或反应气体的等离子体；三是在基片上部施加负电位，形成对离子加速电场。

在离子镀镀膜过程中，等离子体提供了一个增加沉积原子的离化率和能量的源，等离子的主要作用是离化、分解、电子碰撞激活，离子荷能以及离子轰击。基片的负电位则提供一个对离子加速的电场，补给和调节离子的能量。

5.4.2.2 离子镀中放电空间的粒子行为

在离子镀中到达基片的离子通量和能量起着决定性的作用。因此，了解在放电空间等离子体中粒子的电荷和能量转移的各种行为很有必要。

在放电空间中，工作气体(如 Ar)的行为是多样的，一些气体原子与电子碰撞而电离，并受基片前负电位电场加速，到达基体表面。被加速的离子又可能与其他中性原子发生电荷交换，产生高能中性原子(激发态)和离子。这些粒子可能一起到达基体表面或被中和。高能的中性离子或介稳态原子也可能被基片(负电位)反射，当它们到达基体表面时，由于溅射产生二次电子发射和表面溅射粒子。所产生的二次电子被基片前的阴极位降加速，与气体原子碰撞产生电离，维持放电。表面溅射粒子在空间受到散射返回基片，也可能与电子或介稳态原子碰撞产生电离。它们被加速后返回负电位基片或飞出阴极区，沉积在系统的其他地方。

在沉积薄膜时，由蒸发源法出来的中性原子在向基片方向运动的过程中，其中一部分在通过等离子体区时，由于与电子、介稳态原子碰撞而电离成正离子或者与工作气体的离子碰撞交换电荷成为正离子。这些正离子在电场作用下加速向基体运动，并且能量不断增加。在到达基体之前如果与电子相碰撞，或与放电气体原子以及蒸发粒子碰撞产生电荷交换，而本身变为具有较高能量的中性原子。

在通常的离子镀过程，传递给基体的能量中，离子带给的仅占10%，而中性粒子所带给的占90%。在离子镀过程中沉积粒子小部分是高能离子，大部分是高能中性粒子，而离子和中性粒子的能量取决于基体上的负偏压。

5.4.2.3 离子镀中基片负偏压的影响

（1）等离子体鞘：基片（工件）放进等离子体云中，不与等离子体直接接触。基片与等离子体之间隔了一层电中性被破坏了的薄层，是一个负电位区，称等离子体鞘，或称鞘层。等离子体与容器壁，放置在等离子体的任何绝缘体的表面，或插入等离子体的电极近旁都会形成鞘层。轰击基片的离子的能量部分或大部分是在离子鞘内获得，所以在离子镀中调节离子鞘的电位很重要。

（2）悬浮基片处的鞘层：绝缘体插入等离子体中，由于等离子体内离子质量远比电子质量大，若二者热运动的动能相等，则电子的平均速度远大于离子的平均速度，所以在绝缘体刚插入等离子体的瞬间，到达其表面的电子数比离子数多得多，电子过剩，从而使绝缘体表面出现净负电子累积，即绝缘体表面相对等离子体区呈负电势。这个负电势将排斥向绝缘体表面运动的后续电子，同时吸引正离子，直到绝缘体表面的负电势达到某个确定值，使离子流与电子流相等为止。这时绝缘体表面电位趋于稳定，与等离子体电位之差也保持定值。此绝缘体称悬浮基片，此稳定电势叫悬浮电位。它是一个负电位，约 $-10eV$。悬浮基片与等离子体的交界处形成一个由正离子构成的空间电荷层，这几十悬浮基片的等离子鞘。

（3）施加负偏压的导电基片近旁的鞘层：导体插入等离子体中并施加负偏压，导体基片电位负于等离子体电位，那么在带负电位的导体近旁形成的电场将吸引离子并同时排斥电子，以致最终成为离子密度大于电子密度，随着电场的增强，将会在距基片一定距离的范围内形成由离子构成的空间电荷层，形成了带负偏压的导电基片的等离子体鞘。

在带负电导体基片表面近旁形成三个区，即离子鞘区、准中性等离子区和外面的等离子体区。用调节施加的负偏区，建立不同的加速离子的离子鞘电位使离子获得不同的能量，实现离子轰击清洗工件表面或离子参与成膜。

5.4.2.4 离子镀过程中的离子轰击效应

离子镀中离子参与了沉积成膜的全过程，它的最大特色就是离子轰击基片引起的各种效应。其中包括：离子轰击基片表面，离子轰击膜/基界面，以及离子轰击生长中的膜层所发生的物理化学效应。

离子对基片表面的轰击效应：

（1）离子溅射清洗。清除表面吸附气体和氧化物的污染。

（2）产生缺陷。促使晶格原子离位和迁移而形成空位和间隙原子点缺陷。

（3）结晶学破坏。导致破坏表面结晶结构或非晶化。

（4）改变表面形貌。做成表面粗糙化。

（5）气体渗入。气体渗入沉积的膜中。

（6）温度升高。大部分轰击粒子的能量转成表面加热。

（7）表面成分变化。选择溅射及扩散作用使表面成分有异于整体材料成分。

离子轰击对基片和镀层界面的效应：

（1）物理混合。反冲注入与级联碰撞，引起近表面区的非扩散型混合，形成"伪扩散层"界面，即膜基之间的过滤层，厚达几微米，其中甚至会出现新相。这可大大提高膜基附着强度。

（2）增强扩散。高缺陷浓度与温升提高了扩散速率，增强沉积原子与基体原子之间的相互扩散。

（3）改善成核模式。即使原来属于非反应性成核模式的情况，经离子轰击表面产生更多缺陷，增加了成核密度，从而更有利于形成扩散 - 反应型成核模式。

（4）减少了松散结合原子。优先去除结合松散的原子。

（5）改善表面覆盖度。离子镀增强绕镀性。

离子轰击在薄膜生长中的效应：

（1）有利于化合物镀层的形成。镀料粒子与反应气体激活反应，活性提高，在较低温度下形成化合物。

（2）消除柱状晶提高膜层密度。轰击和溅射破坏了柱状晶生长条件，转变成稠密的各向异性结构。

（3）对膜层内应力的影响。使原子处于非平衡位置而增加应力或增强扩散和再结晶等松弛应力。

（4）改变生长动力学。提高沉积粒子的激活能，甚至出现新亚稳相等，改变膜的组织结构和性能。

（5）提高材料的疲劳寿命。基体表面产生压应力和基体表面强化作用。

5.4.2.5 离子镀膜的特点

与真空蒸发和溅射镀膜技术相比，离子镀膜有以下几个主要特点。

（1）附着性能好。在离子镀膜过程中，辉光放电所产生的大量高能离子对基片表面吸附的气体和污物进行了溅射清洗，而且在整个镀膜过程中随时进行，使离子镀膜层具有良好的附着力。而且在镀膜初期，因溅射与沉积两种现象共存，在膜基界面形成组分过渡层，也有效地改善膜层的附着性能。

（2）绕射性能好。在离子镀膜中，因工作为阴极且带负高压，工件的正反表面及其孔、槽等内表面都处于电场之中。其中部分膜材被离化成正离子后，它们将沿着电场的电力线方向运动，只要有电力线分布，膜材离子均能到达，覆盖工件的所有表面。

另外，由于膜材是在压强较高($\geqslant 1$ Pa)情况下被电离，气体分子的平均自由程小于源基之间的距离，所以离子或分子在到达基片的路程中将与惰性气体分子、电子及蒸气原子之间发生多次碰撞，产生非定向的气体散射，使膜材离子散射在整个工件的表面上。

(3) 可镀材质范围广。利用离子镀技术可以在金属或非金属表面上，涂覆具有不同性能的单一镀层、化合物镀层、合金镀层及各种复合镀层；采用不同的镀料、不同的放电气体及不同的工艺参数，能获得表面强化的耐磨镀层、表面致密的耐蚀镀层、润滑镀层、各种颜色的装饰镀层以及电子学、光学、能源科学所需的特殊功能镀层。

(4) 沉积速率快。离子镀的沉积速率通常为 $1\sim 500~\mu m/min$，而溅射(二极型)只有 $0.01\sim 1~\mu m/min$。

离子镀与真空蒸发和溅射镀膜的比较见表 5-7。

表 5-7 PVD 的三种基本镀膜方法比较

项 目		真空蒸发	溅 射	离 子 镀
工作压强/×133 Pa		$10^{-5}\sim 10^{-6}$	$1.5\times 10^{-1}\sim 2\times 10^{-2}$	$2\times 10^{-1}\sim 5\times 10^{-3}$
粒子能量	中性	$0.1\sim 1$ eV	$1\sim 10$ eV	$0.1\sim 1$ eV
	离子	—	—	数百~数千 eV
淀积速率/($\mu m\cdot min^{-1}$)		$0.1\sim 70$	$0.01\sim 0.5$	$0.1\sim 50$
绕射性		差	较好	好
附着性		不太好	较好	很好
镀层密度		低温时密度低	密度高	密度高
镀层气孔		低温时多	少	少
内应力		拉应力	压应力	压应力

离子镀膜的最主要优点在于在镀膜过程中等离子体的活性有利于降低化合物的合成温度；离子轰击又可提高膜的致密性和膜/基结合力；并改善了膜的组织结构。

5.4.3 离子镀膜的工艺

要获得符合预先要求性能的薄膜，就要使沉积的薄膜具有合适的成分和组织结构与膜/基结合力。可以利用离子轰击效应对成膜过程各环节有利影响来实现。离子镀影响成膜的主要因素是到达基片的各种粒子，包括镀料原子和离子、工作气体（如 Ar）的原子和离子、反应气体的原子和离子的能量、通量和各通量的比例。此外，还有基片的表面状态和温度。实施的手段关键是调控粒子的等离子体浓度和能量以及基片温升。不同的离子镀技术和设备产生和调控等离子体的机制有所不同。这里先就有共同规律性的影响成膜的离子镀工艺参数进行讨论。

5.4.3.1 镀膜室总气压

对于真空离子镀，镀膜室总气压就是工作气体（如 Ar）的气压；对于反应离子镀，镀膜室总气压是指工作气体分压和反应气体分压之和。镀膜室的总气压是决定气体放电和维持稳定放电的条件，它对蒸发镀料的粒子的碰撞电离至关重要。所以，镀膜室总气压是建立等离子体，调控等离子体浓度和各种粒子离子到达基片的数量的重要参数之一，它影响着沉积速率。气压还会影响成膜的渗气量。另外，镀料粒子在飞越放电空间会受到气体粒子的散射。气压值增加，散射也增加，可提高沉积粒子的绕镀性，使工件正反面的涂层趋于均匀，有利于镀层的均匀性。当然，过大的散射会使沉积速率下降。所以气压对沉积速度的影响是有极值的曲线。

随着工作气压的增加，沉积速率先增大，待达到最大值后随工作气压的继续增大而减小，有一个最佳气压问题（见图 5 - 16）。

由于被离化的蒸发镀料粒子的趋极性(即奔向阴极基片)和粒子散射效应,随着工作气压(亦密度)的增加,散射也增加,导致离子镀中沉积粒子的绕镀性增强,可使基片各个表面膜厚趋于一致(趋于均匀),有利于镀层的均匀。当然,过大的散射会使沉积速率下降,气压对沉积速率的影响有极值曲线。气体工作压力对于沉积速率和薄膜的均匀性的影响如图5-16所示。

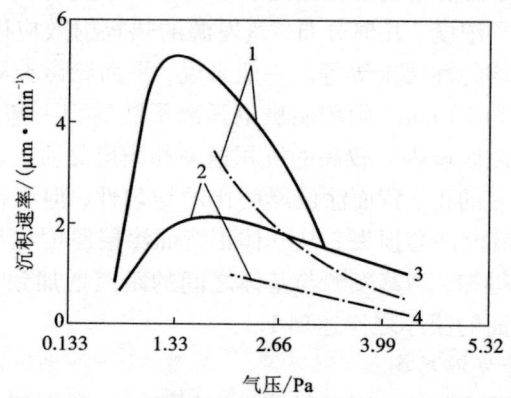

图 5-16 基体正面与背面的在沉积速度(实践)、
膜厚均匀性(点划线)与 Ar 气压力之间的关系曲线
1——正面;2——背面;3——金镀膜;4——不锈钢镀膜

5.4.3.2 反应气体的分压

在反应离子镀中,往往通入工作气体和反应气体是混合气体。比如,要沉积 TiN,除蒸发镀料 Ti 外,会通入 Ar + N_2 混合气体,以工作气体 Ar 稳定放电,以 N_2 与 Ti 进行反应生成 TiN。除控制 Ar + N_2 总气压外,还应调节 Ar 与 N_2 的比例。在恒定压力控制时,只调节 N_2 的分压,在恒流量控制时,调节 Ar 和 N_2 的流量比例。N_2 的分压(或流量)高低会影响合成反应产物的化学计量配比,它们可以生成 TiN,TiN_2,Ti_2N 或 Ti_xN_y,也会影响生成各种不同反应产物的比例,最终会影响膜的硬度和颜色。特别对反应离子镀合成 $TiAlC_xN_y$ 等多元化合物,反应气体涉及 N_2、O_2、CH_4 等,它们的分压(流量)都必须有精确和灵敏的调控,同时还要配合合理的反应气体的均匀布气系统,才能获得良好的效果。

5.4.3.3 蒸发源和基体之间的距离

蒸发源和基片之间的最佳距离对不同的离子镀技术和装置不同,它实际是最佳镀膜区域划定,涉及最有效的等离子体区、蒸发源蒸发粒子浓度、几何分布、蒸发源的热辐射效应以及膜层的沉积速率和均匀性要求等等。一般来说,平面靶磁控溅射离子镀的靶-基距为 70 mm,圆靶阴极电弧离子镀的靶-基距在 150～200 mm,在此区域内有较高的沉积速率和膜层品质。增加靶-基距可改善基片的正、背面涂层厚度比的均匀性,但沉积速率会下降,离子能量也许会损失。从基体正背面涂层厚度比与蒸发源和基体间距离得知,当蒸发源与基体之间的距离增加到一定时,基体正面与背面的膜厚之比达到 1。

5.4.3.4 蒸发源功率

蒸发源功率提高,则镀料蒸发率增加,一般而言,膜的沉积速度也相应增加。蒸发源功率对蒸发速率的影响比较直接,但蒸发粒子达到基片之前需飞越放电空间,要受到空间气体粒子的碰撞、散射,受到空间电场的吸引和排斥,到达基片后会受到反溅和反应,成膜过程又会受到界面应力、膜生长应力、热应力的影响。因此,蒸发源的功率对沉积速率的影响不那么直接。

调控蒸发源功率最主要的目的是以最快速度得到最好品质的沉积薄膜。品质好的膜层可能要在适当的成核生长速度下成膜,所以要调控合时的蒸发功率进行离子镀过程。

阴极电弧沉积功率过高,伴随"液滴"发射多而大,导致膜层表面粗糙,不光亮。因此,必须有合理的蒸发源功率。

5.4.3.5 基片的负偏压

基片的负偏压促使镀料粒子电离并加速，赋予离子轰击基片的能量，镀料粒子在沉积的同时还具有轰击作用。负偏压增加，轰击能量加大，膜由粗大的柱状结构向细晶结构变化。细晶结构稳定、致密、附着性能好。但过高的负偏压会使反溅增大，沉积速率下降，甚至轰击造成大部的缺陷，损伤膜层。负偏压一般取 $-50 \sim -200$ V。高的基片偏压（大于 600 V）用于轰击清洁基片的表面，溅出附着在表面的污染物、氧化物等，获得离子清洁的活性表面。

5.4.3.6 基体温度

不同的基体温度可以生长出晶粒形状、大小、结构完全不同的薄膜涂层。涂层表面的粗糙度也完全不同。

离子镀膜过程中，在各种条件保持不变的情况下，涂层组织结构随基体温度的变化而变化。基体温度升高，吸附原子表面迁移率加大，结构形貌开始由紧密堆积的纤维状晶粒转变为等轴晶形貌。基体温度低，涂层表面粗糙，温度高时，涂层表面平滑。

在离子镀过程中，基体表面温度一般在室温至 400℃ 范围内。表面温度的高低，主要取决于要求得到何种膜层组织结构。同时要考虑在镀膜过程中粒子轰击引起的温升，特别在轰击清洗阶段。因为粒子轰击能量在工件表面进行能量交换，要考虑工件的材料的导热率、工件的热容量，特别是工件尖角、薄刃受轰击的局部温升是否导致退火，还要考虑蒸发源的辐射热的影响。

5.4.4 活性反应离子镀

活性反应离子镀（Activated Reactive Evaporation，ARE）又称活性反应蒸镀，是离子镀的一种，通过引入活化的反应气体形成化合物薄膜。在放电空间增加一个具有正电位的探测极（活化极），目的是提高蒸发粒子的离化率，利于化合物的形成。活化极与蒸发源之间放电电压为 20~80 V,但着火电压较高,为 200~400 V。一旦着火后,电压陡降,电流突然增加,电流达几安培到几十安培。活化极电流随一次电子束束流的增大而提高,也随放电气压的增加而增加。活化极与蒸发源之间由于电子密度和蒸气粒子密度很高,即使真空度为 10^{-2} Pa,也能维持放电。为提高化合物涂层与基体的附着力,基体还必须附加负偏压 0~3 kV,活性反应离子镀的装置如图 5-17 所示。

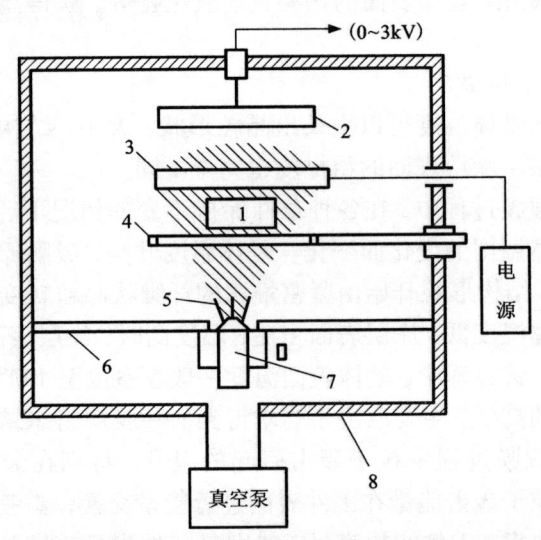

图 5-17 活性反应离子镀装置示意图
1——等离子体;2——基体;3——活化极;4——反应气体导入;
5——正气流束;6——差压板;7——电子束蒸发源;8——真空室

活化极(探测极)又叫探极,带正电位。探极用 ⌀2.3 mm 的 Mo 丝绕成,呈环状(⌀45 mm)或网状,它有两个用途。

(1) 将熔池(坩埚)上面的初次电子和二次电子吸引到反应区

域中来，促进电子与蒸发出来的金属原子（如 Ti 原子）和反应气（如 N_2）相碰撞而离化。

(2) 促使反应物激活，如果没有探测极，因激活作用差，尽管也通入反应气体（如C_2H_2），但并不能得到 TiC 的沉积物，而只能得到 Ti 的沉积物，但也有例外，如（钇）蒸气和氧气之间不管有无激活作用都能生成 Y_2O_3。

一般来讲，探测极电流取 150 mA，电压取 25~40 V 是合适的。

活性反应离子镀有如下的特点：

(1) 衬底温度低。在较低的温度下可获得硬度高，附着性良好的镀层，即使对要求附着强度很高的高速钢刀具、模具等的涂层，如 TiN、TiC 涂层时，也只需要加热到 550℃，故可安排在淬火和回火精密加工之后进行。对于高熔点金属化合物涂层也可以在低的基体温度下进行合成与沉积。

(2) 可在任何基体上进行涂层沉积，不仅在金属上，而且在非金属（玻璃、塑料、陶瓷等）上均能沉积性能良好的涂层，并可获得多种化合物薄膜。

(3) 沉积速率高而且可控。通过改变蒸发源功率及改变蒸发源与工件之间的距离，都可以对镀层生成速度进行控制。ARE 法沉积速率至少比溅射沉积速率高一个数量级。在沉积 TiC 涂层时，电子枪功率为 3 kW，Ti 的蒸发速率为 0.66 g/min，C_2H_2的气压为 6.67×10^{-2} Pa，蒸发源到基体之间距离在 24~15 cm，其沉积速率可达 3~12 μm/min，因此可沉积厚膜。

(4) 化合物的生成反应和沉积物的生长是分开的，而且可分别独立控制。反应主要在活化极和蒸发源之间的等离子区进行，因而基体温度在一定范围内可调。

(5) 沉积过程清洁无公害，安全可靠。由于在工艺中不使用有害物质，反应生成物也不是有害物质，所以说是无公害。由于不使用氢气,不用担心氢气爆炸。

活性反应离子镀种类,据放电的导入方式不同,有多种多样,见表 5-8。反应活性 HCD 离子镀采用 HCD 电子枪作为放电源,由于它能发出大电流低电压的电子束,其离子化率同其他方法比较约高 10 倍。

表 5-8 各种活性反应离子镀法

种 类	放电导入法	附加电压	特 征
离子镀(IP)	直接加于工件上	数百~数千伏	温度难于控制,易大型化
高频离子镀(RFIP)	高频电极		离子化率高,但难大型化,温度难控制
活性反应离子镀(ARE)	探测极(DC)①	数十伏	温度易于控制,可大型化
低压等离子体沉积(LPPD)	直接加于工件上(DC 或 AC)	数十伏	温度可以控制,可大型化
空心阴极离子镀(HCD)	电子束	0 至数十伏	离子化率高
活性反应磁控溅射离子镀(ARE-MSIP)	复合等离子体(DC)	数百至千伏	离子化率高,易控制

注:①RF 为高频;AC 为交流;DC 为直流。

表 5-9 是利用活性反应离子镀获得的一些镀层的实例,影响镀层性能的主要因素,包括探测极电流和电压、氮气分压、工件温度、沉积速率、反应时间等。最终集中表现在通过影响镀层的组织和结构来影响镀层的性能。

表 5-9　用 ARE 法得到的化合物的工艺参数

蒸发金属与反应气体	气体压力 /×10^{-2}Pa	探测极电压	工件温度 /℃	沉积速度 /(μm·min^{-1})	沉积化合物
Y - O_2	1	有或无	室温	1.3	Y_2O_3
Ti - N_2	4	有或无	室温	4.0	Ti + TiN
Ti - N_2	4	有	室温	3.0	TiN
Ti - NH_3	4	有	室温	3.0	TiN
Ti - C_2H_2	5	有	450	4.0	TiC
Zr - C_2H_2	4	有	540	5.0	ZrC
Hf - C_2H_2	4	有	515	2.5	HfC
V - C_2H_2	5	有	555	3.0	VC
Nb - C_2H_2	4	有	540	2.5	NbC

图 5-18 是改进后的热电子辅助电离活性反应离子镀，又称为"强化活性反应离子镀"。就是在装置上附设一个电子发射极（增强极），使该电极发射的电子促进和增强蒸气粒子与反应气体的活性反应。这样可以严格控制镀层厚度及尺寸精度，ARE 法最低沉积速率为 0.24 μm/min，强化 ARE 沉积速度可低到 0.1 μm/min。因此膜厚易控制，有利于应用到电子领域的通信元件等需要精确控制镀层厚度的电子元器件。

该装置在热电子发射灯丝的周围加了一个线圈，用于产生一个约束磁场。并设置一个加有正偏压的加速电极，使发射灯丝产生的热电子能更有效地到达蒸发源与基体之间的等离子体区域，提高了与蒸气粒子、反应气体原子碰撞电离几率，因而强化电离作用。另外，采用了正偏压的蒸发源，使蒸发源能吸引足够大的电子流促使涂层材料蒸发。这种改进的活性反应离子镀装置，能量消耗少，设备利用率较高。

电子发射极及探测极均接直流电源。电子发射极由直径为 0.3 mm 的钨丝制成。这种附加电子发射极的强化 ARE 装置的特

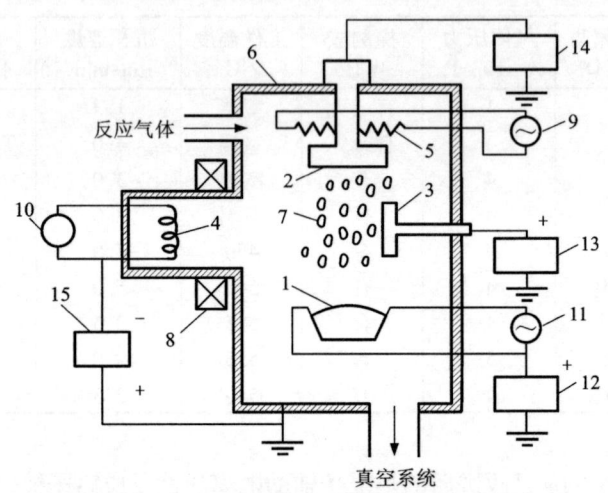

图 5-18 强活性反应离子镀装置示意图

1——蒸发源；2——基体；3——加速电极；4——发射灯丝；5——基体加热器；
6——机壳；7——等离子体；8——磁场线圈；9——加热器交流电源；
10——灯丝电极交流电源；11——蒸发源交流电源；12——蒸发源正偏压电流；
13——加速电极正偏压电源；14——基体负偏压电源；15——发射灯丝负偏压电源

点如下。

（1）反应物金属的蒸发以及等离子体的产生和维持可以独立地加以控制。

（2）等离子体状况可以广泛地变化，但是沉积速率可保持一个恒定值。即探测极电流可以随着电子发射极输入功率的改变而变化，与金属蒸发率无关。

（3）镀层可以在低于 $0.1\ \mu m/min$ 的沉积速率下制备，故镀层厚度可以得到精确控制。

（4）电子发射极提供的电子可以产生等离子体，所以可采用电阻加热和激光加热使反应金属蒸发，而不用电子束加热。这样可使设备简化。电子发射极的作用明显地表现在探测极的伏安特性曲线上。

图 5-19 是 ARE 法与强化 ARE 法的伏安特性曲线。

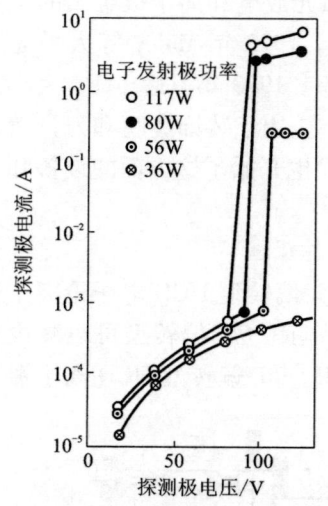 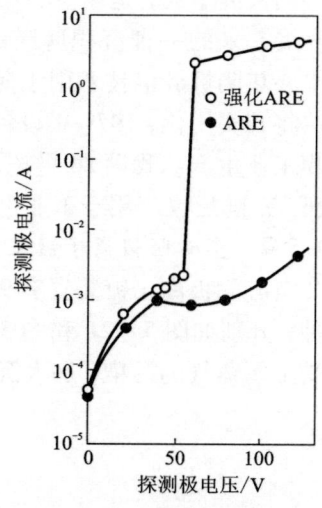

图 5-19 ARE 法与强化 ARE 法的探测极伏安特性曲线
电子枪功率 0.5 kW,
氩分压 1.33×10^{-1} Pa

图 5-20 强化 ARE 法的探测极伏安特性曲线
电子枪功率 0 kW,
氩分压 1.33×10^{-1} Pa

由图可以看出，ARE 法在低于 120 V 时探测极电流只有几毫安，不可能明显地观察到辉光放电；而在强化的 ARE 法中，探测极电流在 55 V 时突然增加，产生辉光放电，此时电子发射极的功率为 36W。图 5-20 是电子枪功率为 0 时，强化的 ARE 装置的探测极伏安特性。选择电子发射极的输入作为一个参数。当电子发射极的输入功率为 56W 时，探测极电流在电压为 100 V 时突然增加。这说明此时产生辉光放电。可以说明没有电子枪，仅仅由电子发射极提供电子就可以产生等离子体。

5.4.5 空心阴极离子镀

空心阴极放电(Hollow Cathode Discharge,HCD)离子镀又称空心阴极离子镀,是在空心热阴极弧光放电和离子镀金属的基础上发展起来的一种沉积薄膜的技术。1972 年 Moley 等人最先利用空心热阴极放电技术用于薄膜沉积。1973 年以后,日本人小宫宗治将其实用化,1979 年设备定型,应用于装饰镀膜和刀具镀超硬膜工业生产。我国 20 世纪 80 年代也开始了这方面的设备和工艺研究,随后也应用于工业生产。

5.4.5.1 空心阴极离子镀装置及工作原理

空心阴极离子镀装置有 90°和 45°偏转型 HCD 电子枪离子镀两种,分别如图 5-21 和图 5-22 所示。90°偏转型可以减少钽管受金属蒸气的污染,加大沉积面积。90°偏转型 HCD 离子镀装

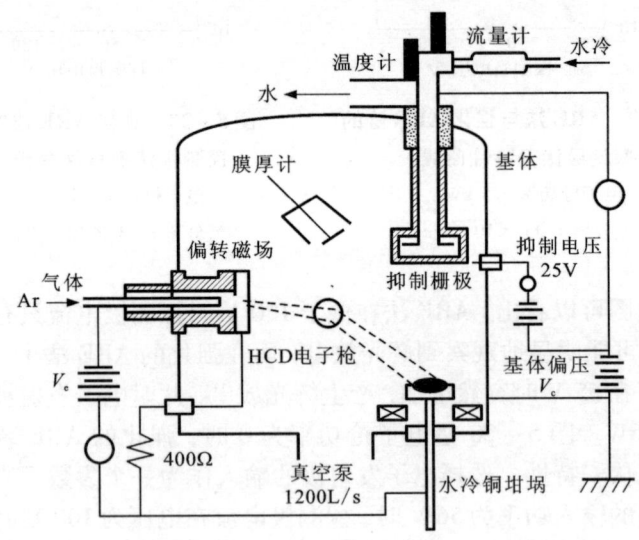

图 5-21 空心阴极离子镀(90°偏转型)

置由水平放置的 HCD 枪、水冷铜坩埚、基板和真空系统组成。HCD 枪产生低电压大电流电子束,空心阴极是一个钽管。钽管收成小口,使氩气经过钽管和辅助阳极流进真空室时能维持管内的压强在几百帕,而真空室的压强在 1.33 Pa 左右。工作时,在阴极钽管和辅助阳极之间加上数百伏的直流电压引燃电弧,产生异常辉光放电。中性的低压氩气在钽管内不断被电离,氩离子又不断地轰击钽管表面,当钽管温度上升到 2300 ~ 2400 K 时,钽管表面发射出大量的热电子,辉光放电转变成弧光放电。此时,电压降至 30 ~ 60 V,电流上升至一定值维持弧光放电。

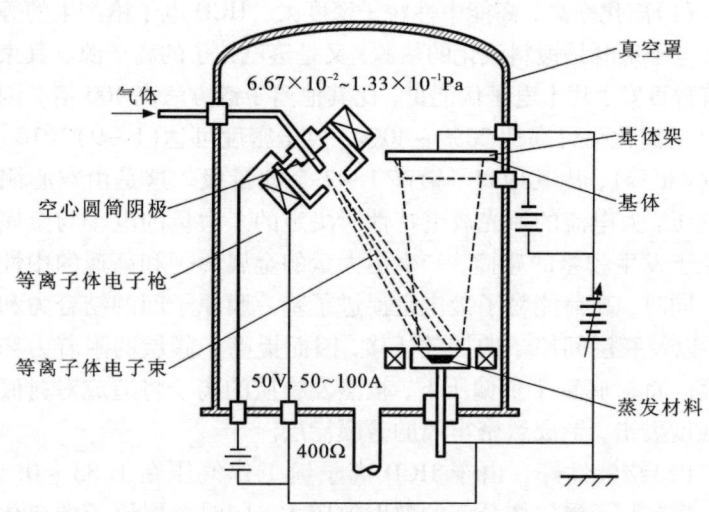

图 5 - 22 空心阴极离子镀(45°偏转转型)

弧光放电产生的等离子体主要集中在钽管口,等离子体的电子经辅助阳极初步聚焦后,在偏转磁场的作用下偏转 90°,再在坩埚聚焦磁场作用下,束直径收缩而聚焦在坩埚上。等离子电子束的聚焦和偏转磁场感应强度为 $10^{-3} \sim 2 \times 10^{-2}$ T。HCD 枪的使用功率一般为 5~10 kW，电子束功率密度可达 0.1 MW/cm², 仅次于高压电子枪能量密度(0.1~1 MW/cm²)，可蒸发熔点在 2000℃以下的高熔点金属。但由于工作气压高，这种蒸发源的热辐射严重，热效率低。

等离子体的电子束集中飞向作为阳极的坩埚中的镀料，使其熔化、蒸发。电子在行程中不断使氩气和镀料原子电离，当在基板上施加几十至几百伏负偏压时，即有大量离子和中性粒子轰击基板沉积成膜。

5.4.5.2 空心阴极离子镀的特点

(1) 离化率高，高能中性粒子密度大。HCD 电子枪产生的等离子体电子束既是镀料汽化的热源，又是蒸汽粒子的离子源。其束流具有数百安、几十电子伏能量，比其他离子镀方法高 100 倍。因此 HCD 的离化率可高达 20%~40%，离子密度可达 $(1~9) \times 10^{15}$ 离子/$(cm^2 \cdot s)$，比其他离子镀高 1~2 个数量级。这是由空心阴极低电压、大电流的弧光放电特性所决定的。大量的电子与金属蒸汽原子发生频繁的碰撞，产生出大量的金属离子和高速的中性粒子。同时，高荷能粒子轰击也促进了基－膜原子间的结合力和扩散，以及膜层间原子的扩散迁移，因而提高了膜层的附着力和致密度。将衬底置于负偏压下，被蒸发物质的离子将造成对衬底的高强度轰击，形成致密牢固的薄膜涂层。

(2) 绕镀性好。由于 HCD 离子镀工作气压在 1.33~0.133 Pa，蒸发原子受气体分子的散射效应大，同时金属原子的离化率高，大量金属离子受基板负电位的吸引作用，因此具有较好的绕镀性。

(3) HCD 离子镀采用低电压、大电流电源，可选用一般电焊机整流电源或自耗炉、喷涂、喷焊整流电源设备。设备及操作都比较简单、安全、易于推广。

5.4.5.3 空心阴极离子镀某些工艺参数的作用

(1) 基板电压：在 HCD 离子镀中，基板所加偏压不高，这可避免刀具刃部受到离子严重轰击而变钝，或者过热而回火软化。轰击基板的离子能量可控制在数十电子伏，这不但远超过表面吸附气体的物理吸附性能 $0.1 \sim 0.5$ eV，也超过了化学吸附能 $1 \sim 10$ eV，因而能起清洗作用。基板负偏压升高会提高离子的运动速度，使表面获得更高的平均能量。它不仅会增强膜层与基体的附着力，影响镀层的表面状态，而且会影响镀层的晶体结构及其他物理特性。

(2) 工作气压：工作气压的大小对镀层性能的影响符合一般规律。但反应气体分压的大小对活性反应镀层来说，将直接决定化合物的成分及结构，从而影响镀层的性质。

(3) 基板温度：基板温度对镀层的生成、生长及膜的性能将产生直接的影响。一般说来，基板温度高，有利于膜的生成、生长，增大薄膜的沉积速率，也有利于提高膜层与基板的附着力，并使膜层晶粒长大，表面平整光亮。如果温度过高，在制作纯金属硬质耐磨镀层时，会引起晶粒粗大，强度和硬度下降。但在制作化合物硬质镀层时，提高基板温度有利于提高镀层的硬度。

5.4.5.4 空心阴极离子镀的应用

HCD 离子镀已广泛用于装饰、刀具、模具、精密耐磨件的镀膜。装饰镀制的 TiN 膜层色泽比较鲜艳，这与 HCD 的离化率高有关。在工具镀硬质耐磨膜的效果良好，但因工件架在坩埚上方，装卡工件系统操作比较麻烦。此外，HCD 离子镀还可沉积 Ag、Cu、Cr、CrN、CrC、TiN、TiC 等优质膜和多种复合膜、多层膜。

5.4.6 射频溅射离子镀

射频溅射离子镀包含于溅射离子镀中。溅射离子镀是在溅射沉积的基础上，在基体设置各种方式的偏压，并通入反应气体沉积成薄膜的方法。根据沉积放电特征，主要有直流、射频和磁控溅射。仅在本节和下节讨论射频和磁控溅射。

射频离子镀（Radio frequency ion plating，RFIP）的装置如图 5-23 所示。图 5-23 中蒸发源采用电阻加热或电子束加热。在蒸发源和基板之间设置高频感应线圈。感应圈一般为 7 圈，用直径为 ⌀3 mm 的铜丝绕制而成，高度为 7 cm。基板与蒸发源的距离为 20 cm。射频频率为 13.56 MHz 或 18 MHz，功率多为 0.5~2 kW。基板接 0~2000 V 负偏压放电气压只有直流二极型的 1%，为 $10^{-1} \sim 10^{-3}$ Pa。

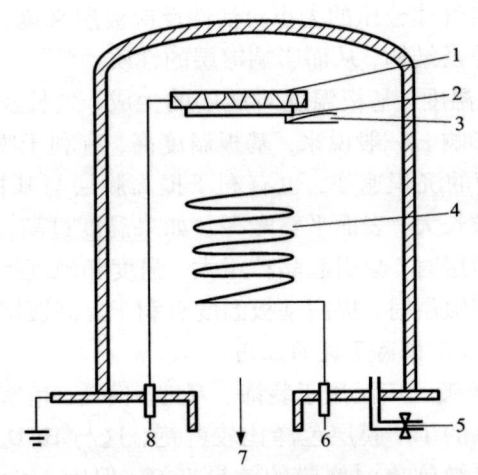

图 5-23　射频离子镀
1——阴极；2——基片；3——热电偶；4——射频线圈；
5——进气口；6——射频电源；7——抽气系统；8——直流电源

镀膜室内分成三个区域：①以蒸发源为中心的蒸发区；②以感应线圈为中心的离化区；③以基片为中心的离子加速区和离子到达区。通过分别调节蒸发源功率，感应线圈的射频激励功率，基体偏压，可以对三个区域进行独立控制，从而有效地控制沉积过程，改善镀层地性能。

在反应离子镀合成化合和用多蒸发源配制合金膜时，精确调整蒸发源功率，控制物料的蒸发速率是十分重要的。

在感应线圈射频激励区中，电子在高频电场作用下作振荡运动，延长了电子到达阳极的路径，增加了电子与反应气体及金属蒸气碰撞的几率，这样可提高放电电流密度。正是由于高频电场的作用，使着火气压降低到 $10^{-1} \sim 10^{-3}$ Pa，即可在高真空进行高频放电。因而以电子束加热蒸发源的射频离子镀，不必设置差压板。

射频离子镀的金属离化率可达 5%～15%，提高了沉积粒子的总能量，改善了镀层的致密度和结晶的结构。

射频离子镀具有下述特点：

(1)通过调节蒸发源功率、线圈的激励功率和基板负偏压，对蒸发、离化和加速三个过程可分别独立控制。离化靠射频激励，而不是靠直流加速电场，基板周围不产生阴极暗区。

(2)由于电子在高频电场作用下，沿圆周做振荡运动，增加了和气体与金属的碰撞几率，使射频离子镀在 $1.33 \times (10^{-1} \sim 10^{-3})$ Pa 的高真空下也能稳定放电，且离化率最高可达 15% 左右，镀层品质好。

(3)基体温升，且容易控制。基体温升的主要原因不是气体离子的轰击，而仅是蒸发源的辐射热和沉积原子放出的凝结热，因此可以通过调节射频功率和加速电压在较低的基片温度下成膜。对于耐热性较差的塑料制品和塑料膜等基体上都可镀膜。但在制取较厚的膜（$10 \sim 20~\mu m$）时，由于蒸镀时间长，放出的凝结热多，有必要采取适当的方法对基片加以冷却。

(4)由于工作真空度较高，沉积粒子受气体粒子的散射较小，故镀膜的绕射性差。

(5) 射频辐射对人体有害，必须注意采用合适的电源与负载的耦合匹配网络，同时要有良好的接地，防止射频泄漏。另外，要有良好的射频屏蔽，减少或防止射频电源对测量仪表的干扰。

5.4.7 磁控溅射离子镀

磁控溅射离子镀(MSIP)是把磁控溅射和离子镀结合起来的技术。在同一个装置内既实现了氩离子对磁控靶(镀料)的稳定溅射，又实现了高能靶材(镀料)离子在基片负偏压作用下到达基片进行轰击、溅射、注入及沉积过程。

5.4.7.1 磁控溅射离子镀的工作原理

磁控溅射离子镀的工作原理如图5-24所示。

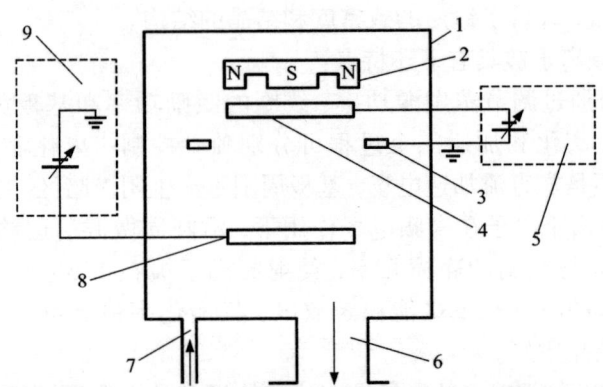

图5-24 磁控溅射离子镀装置原理简图
1——真空室；2——永久磁铁；3——磁控阳极；4——磁控靶；5——磁控电源；
6——真空系统；7——Ar气离气系统；8——基体；9——离子镀供电系统

真空室抽至本底真空 5×10^{-3} Pa 后，通入氩气，维持在 $1.33 \times (10^{-1} \sim 10^{-2})$ Pa。在辅助阳极和阴极磁控靶之间加 400~1000 V 的直流电压，产生低气压气体辉光放电。氩气离子在电场作用下轰击磁控靶面，溅出靶材原子。靶材原子在飞越放电空间部分电离，靶材离子经基片负偏压(0~3000 V)的加速作用,与高能中性原子一起在工件上沉积成膜。其可以在膜/基界面上形成明显的混合界面,提高了附着强度。可以使膜材和基材形成金属间化合物和固溶体,实现材料表面合金化,甚至出现新的相结构。磁控溅射离子镀可以消除膜层柱状晶,生成均匀的颗粒状晶结构。

5.4.7.2 磁控溅射偏置基片的伏安特性

磁控溅射离子镀的成膜品质受到达基片上的离子通量和离子能量的影响。离子必须具有合适的能量和足够到达基片的数量(离子到达比)。就工艺参数看就是工件的偏置电压(偏压)和偏置电流密度(偏流密度)。偏流密度 J_s 与离子通量 Φ_i 成正比,即

$$J_s = 10^3 e\Phi_i (\mathrm{mA/cm^2}) \tag{5-5}$$

式中:Φ_i 为入射离子通量,离子数/($\mathrm{cm^2 \cdot s}$),e 为电子电荷 1.6×10^{-19} C。

图 5-25 是 Musil 等人发表的磁控溅射偏置基片的伏安特性曲线,所用的靶为直径 120 mm 的圆靶。磁场由电磁铁产生,功率为 1.5 kW。各曲线已标明测试时的靶-基距,这些曲线分两类:

第一类为恒流特性。例如图 5-25 中的 60 mm、70 mm 和 80 mm 曲线。这时靶-基距较大,基片位于距靶面较远的弱等离子区内,这类曲线的特点是,最初偏流是随负偏压而上升,当负偏压上升到一定程度以后,偏流基本上饱

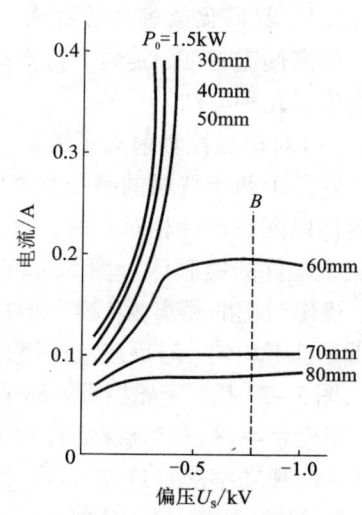

图 5-25 磁控溅射偏置伏安特性曲线

和，处于恒流状态。这时偏流为受离子扩散限制的离子流（即离子扩散电流）。

第二类为恒压特性。如图 5-25 中的 40 mm 和 50 mm 曲线。这时靶-基距较小，基片位于靶面附近的强等离子区内，偏流为受正电荷空间分布限制的离子电流（即空间电荷限制离子电流）。这类曲线的特点是，偏流始终随负偏压的上升而上升。当负偏压上升到一定程度，例如 200 V 以后，处于恒压状态。

要求偏压和偏流可独立调节，且偏流要稳定，这些都只有在恒流工作状态下才能实现。对于本试验条件，工件适于放置在距靶面 60～80 mm 处。对于不同的靶结构，不同的靶功率，不同的基片大小，不同的镀膜室结构而言，产生恒流状态的偏置基片伏安特性是不同的。要使沉积速率达到实用的要求，偏流既要独立可调，又要有较大的密度。

5.4.7.3 提高偏流密度的措施

提高偏流密度，实质上是提高基片附近的等离子体密度。人们提出了几种办法。

(1) 对靶磁控溅射离子镀

它是由两个普通的磁控溅射阴极相对呈镜像放置，即两者的永磁体以同一极性相对对峙，两个阴极的强等离子体相互重叠的区域是工件的镀膜区。图 5-26 为对靶磁控溅射离子镀的示意图，镜像对靶的距离为 120～200 mm。相距太远会使等离子密度降低，且不均匀，对反应离子镀极为不利。

图 5-27 是对靶磁控溅射离子镀的偏置伏安特性曲线。测试条件：靶尺寸 48.8 cm×8.8 cm，靶面积 430 cm^2，靶电压 460 V，靶电流 10 A，靶功率密度 11 W/cm^2，试样面积 143 cm^2（靶面积的 1/3）。

对靶溅射离子镀 TiN 的速率 3.5 nm/s，偏流密度必须超过 8～40 mA/cm^2。由图 5-27 可见，在通常负偏压 100～200 V 时，偏流为 1～2A，相应的偏流密度为 7～14 mA/cm^2，大致符合上述要求。

第 5 章 薄膜物理气相沉积技术

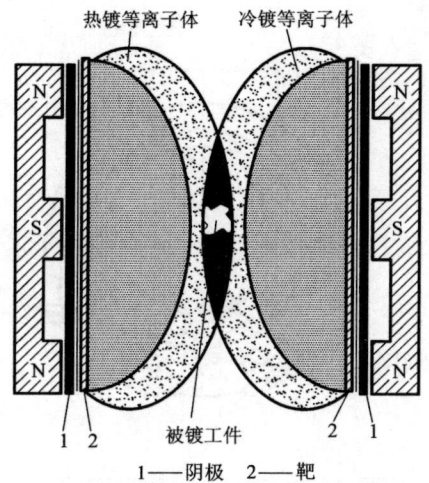

图 5-26 镜像对靶布置

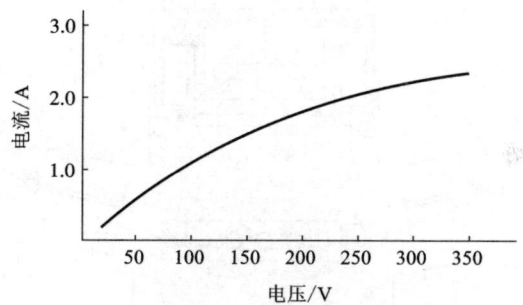

图 5-27 对靶磁控溅射装置的伏安特性曲线

图 5-28 为德国 Leybold-Heraeus 公司生产的 Z700P2/2 对靶磁溅射离子镀装置。真空室直径和高度均为 700 mm。工件装在绕中心轴转动的工件架上，工件架携带工件在两组镜像对靶之间穿行(图 5-29)。对靶相距 120 mm，靶尺寸 488 mm × 88 mm。靶面磁场强度 0.02 T。

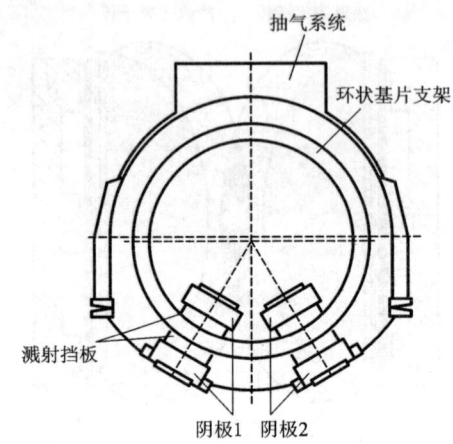

图 5-28　对靶溅射离子镀装置

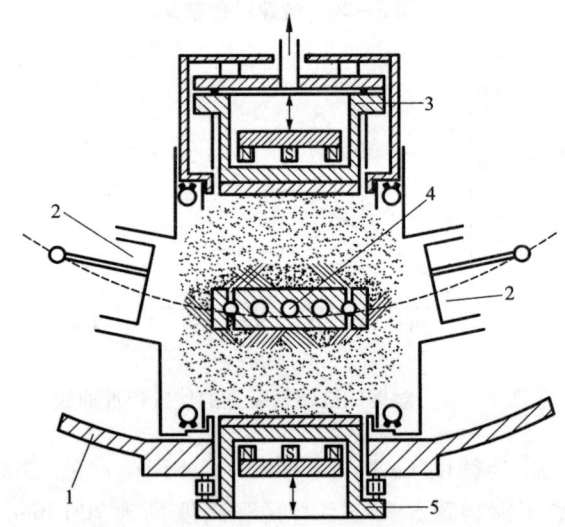

图 5-29　对靶溅射镀膜机局部示意图

1——真空室；2——转轮；3——内置阴极；4——基片；5——转轮

工件在镀膜前先溅射刻蚀,在工件施加刻蚀负电位逐渐增大至 1700 V。共刻蚀 5 min。为提高溅射刻蚀的等离子体密度,对靶阴极同时维持低功率工作:Ar 压强 1.2 Pa,靶压 275 V,刻蚀完后,磁控阴极转入溅射工作状态,并将加在工件上的刻蚀电位降为离子镀所需的负偏压 110~150 V。Ar 压强 0.8~2 Pa,靶压 500~520 V,靶功率密度 7.5 W/cm^2,进行溅射离子镀膜。该装置镀 TiN 时,8h 生产 2000 支⌀6 mm 钻头或 1500 个表壳。

对靶磁控溅射离子镀也有连续式多室生产线。

(2)添加电弧电子源

图 5-30(a)为热丝电弧放电增强型磁控溅射,其原理与三极溅射阴极相似。

图 5-30(b)为空心阴极电弧放电增强型磁控溅射阴极。

(3)对电子进行磁场约束和静电反射

图 5-30(c)是 Naoe 的溅射阴极,利用同处于负电位的两个靶面相互反射电子,磁场的作用是将电子约束在两个靶面之间。在溅射阴极的阴极暗区和负辉区中,磁力线与电子力是平行的,不存在由正交磁场引起的 $E \times B$ 漂移。电子绕磁力线螺旋前进,一旦接近靶面即被静电反射,于是在两个靶面之间振荡,从而将其能量充分用于电离。这种阴极实质上是采用静电反射提高等离子密度的二极溅射阴极,并非磁控溅射阴极。

图 5-30(d)是对靶阴极的另一类型,它与上述平面对靶阴极的差别在于采用环形靶材替换其中一个平面靶材。

(4)非平衡磁控溅射阴极

图 5-30(e)为 II 型非平衡磁控阴极,其磁力线将等离子体引向基体,可以满足溅射离子镀的要求。其缺点是径向均匀性较差。

采用非平衡磁控阴极同时对电子进行磁场约束和静电反射,这是磁控溅射离子镀技术中赖以提高等离子体密度的基本措施。

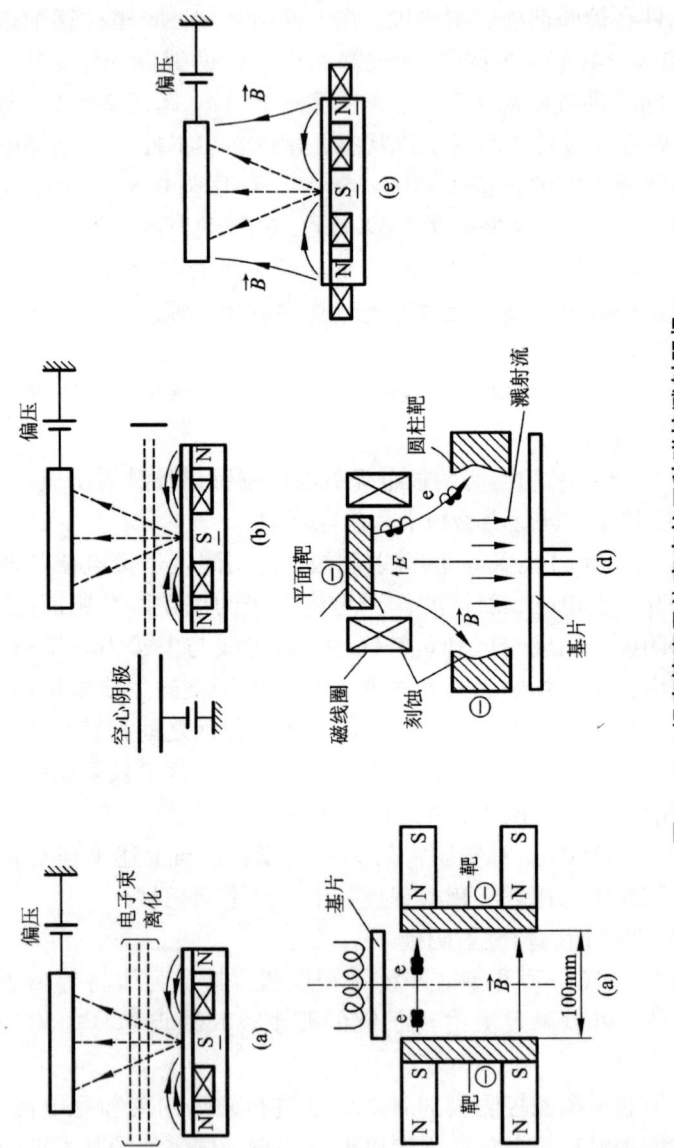

图 5-30 提高等离子体密度的五种磁控溅射阴极

5.4.7.4 非平衡磁控溅射离子镀

(1)对靶非平衡磁控溅射离子镀

图 5-31 是对靶非平衡磁控阴极的两种布局。图 5-31(a) 是镜像对靶布置时两个阴极的磁力线相斥;图 5-31(b) 是反像对靶布置时,磁力线相连构成封闭磁场。

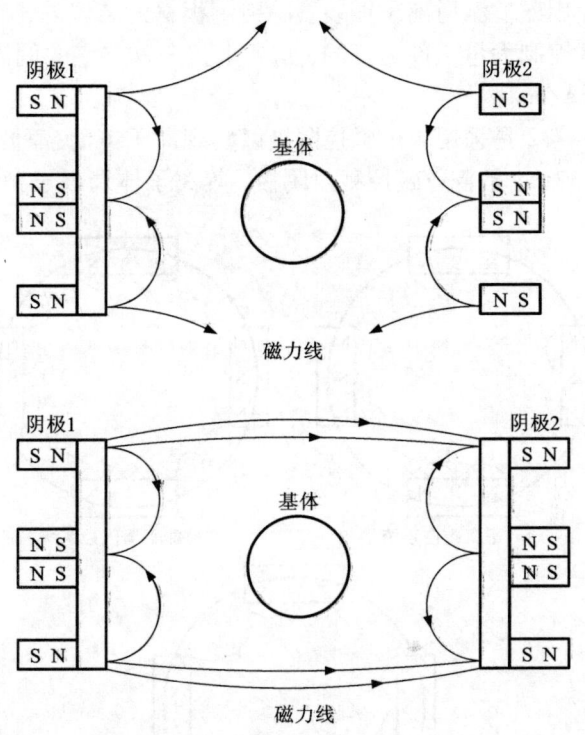

图 5-31 磁控对靶的布置方式

反像对靶布置的偏流高于镜像布置的,这是由于反像对靶布置的磁力线形成了封闭磁场,能够最大限度地约束电子,而镜像对靶布置的磁力线分布是将电子引向阳极。有实验表明,反像对靶放置的饱和离子电流和电子电流分别比镜像对靶放置的大约高76%和50%。反像对靶放置的等离子体电位约为 -21 V,而镜像对靶放置的接近零。两者的差距表明,反像对靶放置的封闭磁场对电子进行了有效约束,使其难以到达阳极(机壳)。

(2)封闭磁场磁控溅射离子镀

工业用磁控溅射离子镀装置除镀制板材的装置外,均以大体积镀膜区镀制大量工件为目的,这要求整个真空室的偏流密度都超过 2 mA/cm^2。

图 5-32 是采用 4 个磁控阴极以实现离子镀的三种方案,其中图 5-32(a)是普通磁控溅射阴极,等离子体局限于靶面附近;

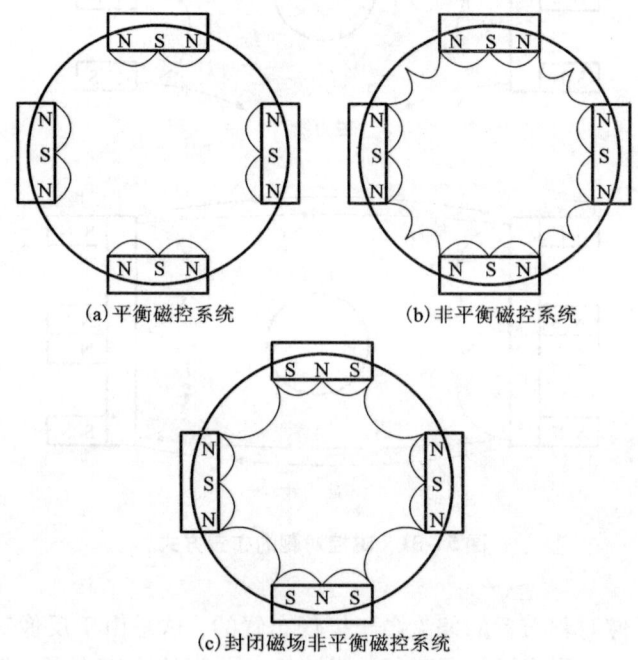

(a)平衡磁控系统　　(b)非平衡磁控系统

(c)封闭磁场非平衡磁控系统

图 5-32　磁控溅射离子镀装置中的阴极布置方式

图 5-32(b)是非平衡磁控阴极,等离子体区域有所扩展;图 5-32(c)是非平衡磁控阴极构成封闭磁场,各个阴极之间是以异极性磁极相邻,彼此的磁力线相互连接,这能够对电子进行最有效的约束,使整个真空室的等离子体密度得以提高。

图 5-33 是 Hauzer 公司的 HTC1000-4ABS 离子镀膜装置示意图,它装有 4 具两用阴极,即矩形平面非平衡磁控溅射阴极与矩形平面阴极电弧靶可互换。真空室高度 1000 mm,双门结构,门上各装两个阴极,相对的两个阴极之间的靶间距 1000 mm,靶的尺寸为 160 mm × 190 mm²。该装置的 4 个阴极的磁极 N 和 S 交替相邻布置,构成封闭磁场。

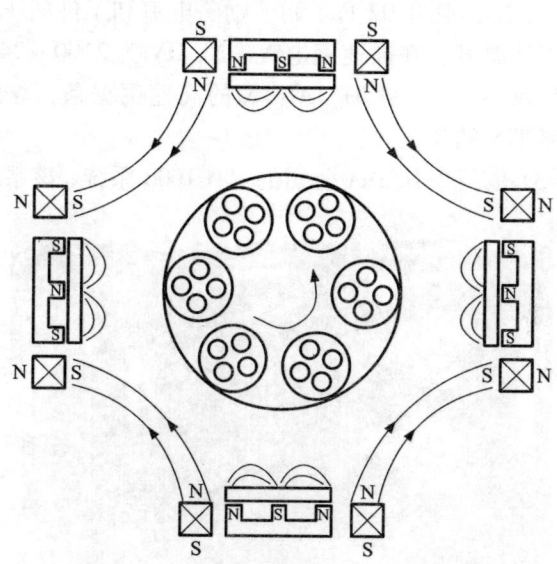

图 5-33 4 个非平衡磁控阴极构成的封闭磁场

Sproal 等人利用该装置对 TiN 和 $Ti_{0.5}Al_{0.5}N$ 的镀制进行了研究。真空室抽至 8×10^{-4} Pa 后进行离子刻蚀,可采用溅射辅助刻蚀或电弧辅助刻蚀两种方式。

溅射辅助刻蚀：充 Ar 至 0.3 Pa，工件加 1200 V 负电压产生辉光放电进行溅射刻蚀，各个阴极以 0.5 kW 低功率按磁控溅射方式运行，以增加等离子体密度，刻蚀至工件达 300℃ 为止，满载约需 100 min。

电弧辅助刻蚀：充 Ar 到 0.3 Pa，工件加负电位 1200 V 产生辉光放电进行刻蚀，同时 1~2 个阴极以 50A 的低电流按电弧蒸发方式运行，产生 Ti 离子以供刻蚀（此时阴极外沿永磁体离开靶材，电磁铁励磁电流 0.5A），刻蚀 15 min，工件达 300℃。

工件达 300℃ 后进行溅射离子镀膜：靶功率密度 8.3 kW/cm^2，Ar 压强 0.3 Pa，N_2 压强 0.02 Pa，调节励磁电流和工件偏压，控制偏流密度和工件温升。在高速钢上镀 TiN，HV 为 2100~2400，划痕临界载荷为 50~70N，镀 $Ti_{0.5}Al_{0.5}N$ 的高速钢锯条，寿命为阴极电弧离子镀 TiN 的 3 倍。

图 5-34 是荷兰 Hauzer 公司的 HTC1000 系统，该系统有 4 个

图 5-34　荷兰 Hauzer 公司的 HTC 1000 离子镀系统

矩形非平衡磁控溅射靶,图5-35是德国Cemecon公司的非平衡磁控溅射离子镀系统,也是矩形靶,靶功率密度可达35 W/cm^2,并有增强等离子密度措施,用于工具镀膜。图5-36是Cemecon公司生产的镀层钻头。

图5-35 Cemecon公司的磁控溅射离子镀系统

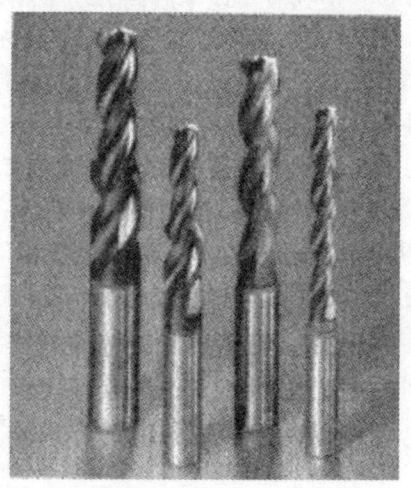

图5-36 Cemecon公司生产的镀层产品

5.4.7.5 中频交流磁控溅射

由于中频交流磁控溅射有高的沉积速率，溅射过程中，又可稳定在设定的工作点，沉积过程中消除了"打火"现象等优点，它为化合物反应磁控溅射实现工业化奠定了基础。因此，这里再谈下中频交流磁控溅射。

中频交流磁控溅射过程中，要把处于负半周电位时，靶面被正离子轰击溅射；而在正半周时等离子体的电子被加速到达靶面，中和在靶面绝缘面上累积的正电荷，从而抑制了打火。中频交流磁控溅射电源频率，选在 10~100 kHz，可以保证绝缘材料和金属靶面上的绝缘沉积层导通。研究表明，频率过高溅射靶的正离子能量低，溅射速率低，在满足抑制打火的前提下，电源频率应取较低值，一般不应该超过 60~80 kHz。

实验证实，交流电的波形对溅射工艺有影响。矩形波响应曲线不理想，如果匹配不合适，滞后比较严重。而正弦波形电源的电流响应要好得多。正弦波实现半波调节功率相对较困难，一般采取对称输出。现在一般推荐的中频交流磁控溅射电源是 40 kHz 正弦波形，对称供电，带有自匹配网络的交流电源。

中频交流磁控溅射常用于对两个靶同时供电，通常两个尺寸大小和外形相同的靶并排配置，称为孪生靶。它们是悬浮安装。在反应溅射过程中，两个靶轮流作阳极和阴极，在同半周期互为阳 - 阴极，这样既可抑制了靶面打火，又消除了"阳极消失"的现象，同时采用了等离子体发射光谱监控并快速响应反应气体供气，稳定了溅射过程。图 5 - 37 是孪生靶磁控溅射运行的连续过程示意，图 5 - 38 是德国莱宝公司装有孪生磁控靶的连续绿色中频交流磁控溅射装置。中频交流磁控溅射技术的出现为化合物磁控溅射成膜技术实现批量工业化生产奠定了基础。

第 5 章 薄膜物理气相沉积技术

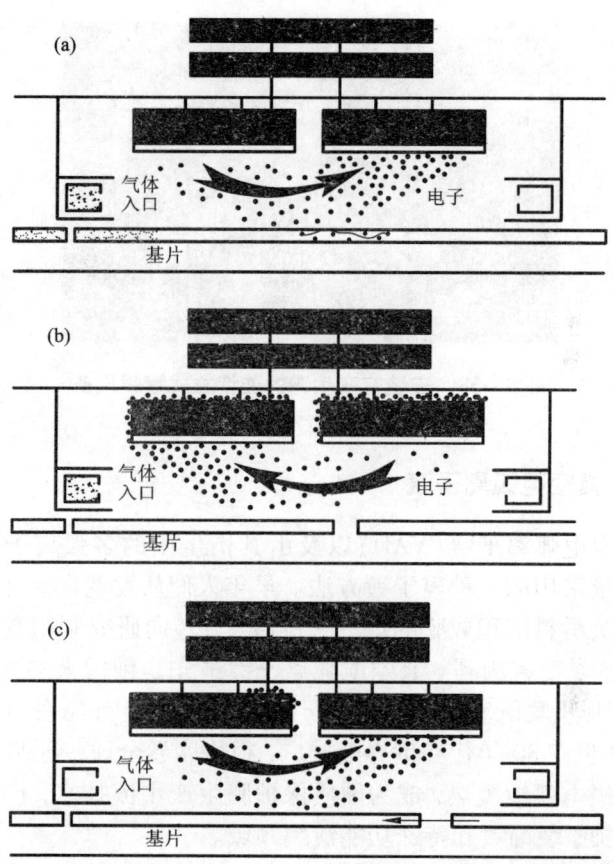

图 5 – 37 孪生磁控靶中频交流溅射装置连续运行过程示意图
(a) 洁净的镀膜室，大的导电面积；
(b) 阴极上有连续的镀层，被绝缘层包围着；
(c) 在阴极四周有厚的绝缘镀层，在正的磁控靶上导电跑道区成为有效的阳极，以绝缘层的放电抑制了散弧（阴极 – 阳极交替）

图 5-38 安装有孪生靶的连续立式镀膜设备
(Leybold A 700V, Fraunhofer - IST)

5.4.8 真空电弧离子镀

真空电弧离子镀(VAD)以及由其衍生出的多弧离子镀是工业上大量采用的一种离子镀方法。早年人们从发现真空开关电弧烧蚀触头材料沉积成膜的现象获得启发,转向研究利用真空电弧沉积镀膜,变害为利。真空电弧离子镀最先是俄国人的专利,后来美国人开发研究成工业化生产设备和技术,首先在刀具上镀TiN,20世纪80年代在世界上推广,很快席卷全球,到90年代促成了阴极电弧镀膜热,成为硬质保护膜生产主流技术,广泛应用在工具镀、装饰镀和特殊功能镀膜领域。

真空电弧离子镀沉积之所以得到广泛应用,归因于它的许多优点:如离化率高,离子流密度大,离子流能量高,沉积速度快,膜/基结合力好,利用固体靶,没有熔池,靶可以任意位置安装以保证镀膜均匀,可以沉积金属膜、合金膜,也可以反应镀合成各种化合物膜(氮化物、碳化物、氧化物),甚至可以合成DLC膜、C-N膜等,设备操作简便,技术易于推广。美中不足的是,在沉积时,从靶表面飞溅出微细液滴,在所镀膜层中冷凝后膜层粗糙度增加。不过，已经有许多有效的方法，减少和消除这些液滴。真空电弧沉积技术已广泛用于涂镀刀具、膜具的超硬保护层。

人们一直努力改进真空电弧离子镀技术。近年来，有很多新技术的运用，促使电弧技术和产品都有很大的发展。在电弧靶方面除小圆靶外，发展了大面积矩形靶和柱弧靶，靶的磁场控制方面有永久磁铁，可动永久磁铁和电磁铁可调磁场控制。在电源方面发展了各种逆变电源和脉冲电源技术，如逆变弧电源、脉冲偏压电源、脉冲弧电源等。人们花了很大努力发展减少和消除阴极电弧的微滴喷溅的各种磁过滤技术。近年来特别注意各种新技术与电弧技术的结合，发展了电弧与溅射结合，电弧与各种离子源结合，以适应高品质产品的镀膜技术。

5.4.8.1 真空电弧离子镀的设备

真空电弧离子镀已相当普遍。图 5-39 和图 5-40 分别是我国制造的 ZZ-2000 型和 AS700DTX 型($\varnothing$900 mm ×1200 mm)12 弧源计算机全自动控制真空电弧离子镀膜机，用于工具镀膜。图 5-41 是美国 Multi-Arc 公司的新型 PVD-3367 电弧离子镀系统。图 5-42 是荷兰 Hanzer 公司的 HTC1500 系统，镀膜室直径

图 5-39　国产 ZZ-2000 型真空离子镀膜机

1200 mm，高 1000 mm，配有多个矩形平面电弧蒸发源，质量可在 650 kg 的模具上沉积 TiN。

图 5-40　AS700DTX（$\varnothing$900 mm × 1200 mm）12 弧源计算机全自动阴极多弧离子镀设备

图 5-41　美国 Multi-Arc 公司新型 PVD-3367 阴极电弧离子镀系统

第5章 薄膜物理气相沉积技术

图5-42 荷兰 Hanzer 公司 HTC-1500-1 系统

下面介绍用于生产电弧离子镀膜机的主要技术要求和配置。

(1) 真空系统。镀膜室的形式和尺寸要适合镀膜的工件数量和种类。一般采用立式侧开门形式，方便装卸工件。极限真空度应大 5×10^{-4} Pa，抽气速率影响生产效率。系统的升压率是必须保证的指标，行业标准定为小于 1×10^{-3} Pa·L/s。该指标与镀膜过程中大气渗入污染镀膜室气氛的程度关系密切。

(2) 阴极电弧蒸发源。阴极电弧蒸发源有多种形式和结构。

1) 形状尺寸。圆靶直径 60~100 mm；矩形靶长 1000~1500 mm；柱状靶直径 70~100 mm×长度 100~130 mm。

2) 磁体与结构。磁体有固定永磁体与运动永磁体两种。圆靶的磁体有圆柱形和环形；柱状靶有直线安排磁体，螺旋线安排磁体。另有电磁铁结构，磁场强弱与磁场分布均可调，可以控制弧斑运动轨迹。

3) 引弧机构。分机械接触式和高频脉冲非接触式。机械接触式是通过阳极引弧杆与阴极靶面接触短路后即脱离而点燃电弧。引弧杆的动作分气动式和电动式两种。频率接触短路引弧时，引弧杆材料蒸发以及撞轰靶面溅出的靶材碎片会污染膜层；但结构简单。高频脉冲非接触式引弧系统包括一个高压高频脉冲引弧电源和电弧蒸发源上特殊的传输通道，它对于直流供电是绝缘的，而对于高压高频脉冲可以击穿通过到达靶面引弧。这种机构是非接触式，自然没有机械式的缺点，而且高频脉冲不停供电，不会有感觉到的息弧现象。

4）冷却方式。分直冷式和间接冷却式。直冷式的冷却水与电弧蒸发源的靶材背部直接接触，靶材通过橡胶圈与冷却水套连接实现水封。直冷式的冷却效果好，但万一漏水，处理麻烦，而且只适用于金属靶材，对多孔性靶材不适用。间接冷却式冷却水只与铜靶座接触，而靶体连在靶座上，不与水接触，这样冷却效果虽然差些，但使用时安全，不会漏水，适用于各类靶材。

5）合金靶的形式。分合金材料型和镶拼型。合金材料型靶是采用真正的合金材料制成，而镶拼型靶是采用合金靶中所含有的各种单纯金属块拼镶而成的。其制作方法是：用主要成分做成靶基体，将其他元素在合金靶中所占的质量比换算成面积比，制成相应的圆饼，按照需要在靶机上均匀的挖出多个小圆孔，把制成地圆饼镶嵌进去。

6）电弧蒸发源的技术要求（以直径 60 mm 圆形靶为例）。在正常镀膜气压下（5×10^{-1} Pa），靶流可调范围 35~100 A（Ti 靶），在低靶流 35 A 时能稳定运动；在高真空下（10^{-3} Pa），可正常稳弧；磁场可调，靶面弧斑线细腻，弧斑线向靶心收缩且向靶边扩展运动均匀，靶面刻蚀均匀。

(3) 负偏压系统。分直流偏压和脉冲偏电源。直流偏压电源应具有自动快速熄灭闪弧的功能，0~1000 V 连续可调，具预置和自动升压功能。脉冲偏压电源有单极性和双极性，频率一般在 30 kHz，占空比可调。偏压电源要有足够的功率容量，耐电压冲击，元器件可靠。偏压系统的抑止闪弧能力是镀膜品质地关键性指标。

（4）供气方式。由于抽气速率的波动，工作气体和反应气体的消耗，镀膜室壁的结构件的工件放气，导致炉内气压不断变化。为了获得稳定地镀膜气氛环境，要不断地、及时地补给工作气体和反应气体。目前常用地供气模式分恒压强和恒流量两种供气模式。

（5）烘烤加热系统。目前多采用发热管辅助加热。发热管除安排在炉中央，也还分布在炉壁附近。烘烤加热一方面使工件均匀地升温，另一方面有利于系统解吸杂质气体，净化真空环境。

（6）测温系统。一般是将铠装热电偶固定在炉内某个位置上测温，所显示的温度是该位置的环境温度，不一定反映工件的实际温度。

在镀膜过程中测量工件的表面实际温度是比较困难的，但监控工件表面实际温度又非常必要，因为基片温度是影响成膜品质的重要因素。

（7）工件架运动系统。为了镀膜均匀这一系统是必不可少的。工件架的运动方式有公转，公自转，三维转动。

（8）冷却系统。长时间运行的设备镀膜室应采用不锈钢的夹层水套，内有控制水流方向导流水道，保证充分均匀冷却。在潮湿气候地区，应考虑可冷热供水切换系统，在开炉门前供温水，防炉壁结露。

（9）保护系统。应有冷却水失压警示，电弧蒸发源短路警示。真空测量仪表与放气阀连锁，真空系统合理程序的连锁，以及高电压的安全保护，电气系统的可靠保护。

5.4.8.2 真空电弧离子镀的缺点

真空电弧离子镀一个显著的缺点，就是在弧光放电过程中会产生显微喷溅颗粒沉积于膜层之中。影响薄膜的表面品质和性能。为抑制显微颗粒的喷溅，一是减少和消除颗粒的发射，二是从阴极等离子束流中把颗粒分离出来。减少或消除颗粒的方法有降低弧电流，减弱电弧放电（也降低了沉积速率），加强阴极冷却，让弧斑热量快速导走，缩小熔池面积，减少液滴发射，增大反应气体分压，加快弧斑运动速度，降低局部高温加热影响，减少熔池面积，降低液滴发射，采用脉冲弧放电；在颗粒分离的方法中，高速旋转阴极靶体和遮挡屏蔽在工业上应用都有较大困难，弯曲型磁过滤是最彻底的消除微滴的方法（见示意图 5 – 43），可获得 100% 离化率的高纯粒子束用于薄膜沉积，但要损失相当大的沉积速率，沉积效率太低；阴极前置螺旋管磁场，利用靶外磁场增强离化率，同时减少微滴。实际上起的是电磁透镜的作用，即等离子束

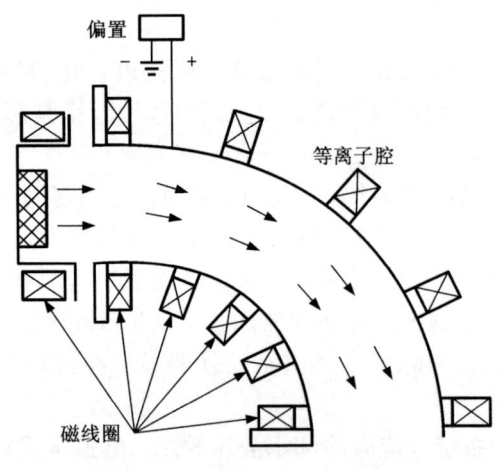

图 5 – 43　弯曲管磁过滤装置

通过电磁透镜，会产生离子流导向、旋转、压缩、聚集，使等离子密度增高，高能电子非弹性碰撞增加，使微滴细化，甚至蒸发，提高了离化率，因而抑制了微滴。这种螺线管型增强弧源应该有

合理的几何结构尺寸、磁场强度与分布设计，才能有预期效果，有关文献报道称，沉积速率基本没有降低。笔者认为，工业上应用，应综合考虑沉积覆盖面积和平均沉积速率，才有真实的意义。直线型的结构，给工业带来方便，很值得关注。改善薄膜的表面品质，可以采用磁场过滤技术，即在真空阴极电弧蒸发源的后面装置一个曲线形的磁过滤通道。在沿轴分布的磁场作用下，电弧等离子体中的电子将呈螺旋线状的轨迹绕磁力线而通过磁过滤通道。电子的这一运动将对离子形成一静电引力，引导其通过过滤通道，喷溅产生的颗粒则被过滤器所阻挡。因此，在磁过滤通道的出口可以获得纯度极高、不含有喷溅颗粒的100%离化的高纯粒子束以用于薄膜的沉积。但是，采用磁过滤技术的代价也是明显的，即薄膜的沉积速率会大大地降低。

5.4.8.3 真空电弧离子镀 TiN、DLC 膜的生产工艺

（1）TiN 硬质膜生产的典型生产工艺

采用小圆靶（直径60 mm）8 弧源阴极电弧离子镀膜机，在直径 $6\sim 8$ mm 高速钢麻花钻头上沉积 TiN 膜的工艺如下：

靶/基距 $150\sim 200$ mm，本底真空度 5×10^{-3} Pa，基体加热温度 $\geqslant 350$ ℃。

离子轰击溅蚀清洗：靶压约 20 V，靶流约 50A（后同），单靶轮流轰击，Ar 气压约 10^{-1} Pa，负偏压由 0 升至 $700\sim 800$ V，各靶轰击 1 min。

预镀 Ti 打底：Ar 约 10^{-1} Pa，负偏压 300 V，$4\sim 8$ 靶同时作业 $2\sim 3$ min。

镀 TiN 膜：N_2 $1.5\sim 0.5$ Pa，负偏压 $50\sim 150$ V，$4\sim 8$ 靶同时作业 $30\sim 40$ min。

效果：TiN 膜层呈金黄色，膜厚 $2\sim 2.5$ μm，硬度大于 2000 HV。

附着力划痕试验临界负载 $\geqslant 60$ N，膜层组织致密、细晶结构，

麻花钻头使用寿命按 GB1436-85 标准测试，钻层钻头钻削长度平均值 13.8 m，比未镀钻头的 1.98 m 高 6 倍。

(2) DLC 膜的生产工艺

真空阴极电弧沉积 DLC 的典型工艺：

本底真空度：5×10^{-3} Pa，炉温 150~250℃；

轰击清洗：Ar 10^{6}~10^{-2} Pa；起动 Ti 靶，靶流 40~60 A，负偏压 0~800 V，5~10 min；

沉积过渡层：Ar + H_2 1~10^{-2} Pa，负偏压 50~300 V，按浓度梯度的要求设计好 Ti 靶和石墨靶起动的顺序和数目，分别起动 Ti 靶和(或)石墨靶。石墨靶流 30~60 A，5~10 min；

沉积 DLC：H_2 1~10^{-2} Pa，石墨靶(3~6 个)，负偏压 50~300 V。

在优化工艺条件下所沉积 DLC 膜的性能：

1) 硬度(DLC/Ti) 为 3000~5000 HV0.01。

2) 结合强度。临界强度 60~80 N，达到 TiN 的结合强度。

3) 喇曼谱。沉积的膜具有典型的 DLC 特征。

DLC 膜应用于硬质合金刀具上，材质 YG6，刀片型号 41610N，被切削材料为 kk 高强度耐磨铝青铜合金，其主要成分(%)为：9.0~10.5Al，3.0~5.0Fe，1.0~2.5Ni，1.6~25Mn，微量 Ti、B、Pb，余量为 Cu，硬度为 170 HB 左右。DLC 涂层刀具的切削长度较未涂层的高 7 倍。

DLC 膜应用于扬声器振膜上，家用音响直径 25 mmDLC/Ti 高音振膜与纯钛振膜比较，DLC/Ti 复合扬声器振膜的频响上限比纯钛振膜的 20 kHz 提高了 10 kHz，为 30 kHz。提高了保真度主观听感，高音清脆亮丽。专业长筒式高音扬声器振膜尺寸为直径 30~100 mm，采用 DLC/Ti 复合振膜与纯钛振膜相比提升了频响上限。如直径 44.5 mm 振膜，从原来的 15 kHz 提高到 18 kHz，高频端声压值可提高 3 dB，同时高频谐波失真降低，瞬态特性改善。

5.4.9 热阴极强流电弧离子镀

热阴极强流电弧离子镀是一种别具特色的离子镀蒸发源,是列支登士敦公司的巴尔泽斯公司发明的,图5-44为热阴极强流电弧离子镀装置的示意图,在离子镀膜室的顶部安装热阴极低压电弧放电室,热阴极用钽丝制成,通电加热至发射热电子,是外热式热电子发射极,低压电弧放电室通入氩气。热电子与氩气分

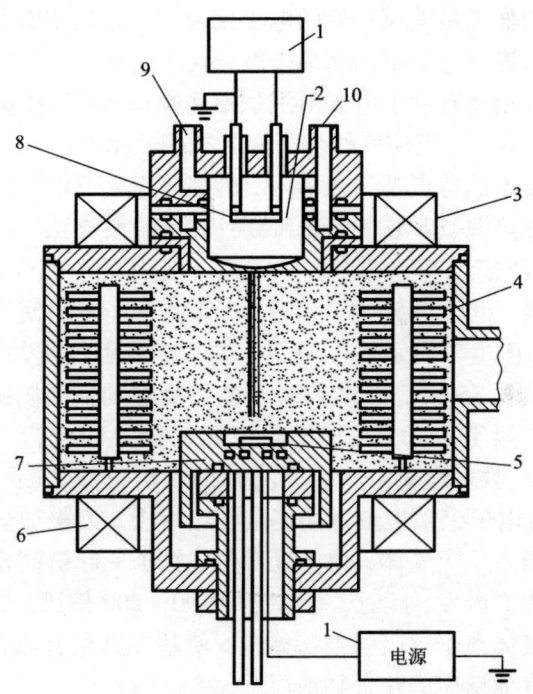

图5-44 热阴极强流电弧离子镀装置示意图
1——热灯丝电源;2——离化室;3——上聚焦线圈;4——基体;5——蒸发源;
6——下聚焦线圈;7——阳极(坩埚);8——灯丝;9——氩气进气口;10——冷却水

子碰撞，发生弧光放电，在放电室内产生高密度的等离子体。在放电室的下部有一气阻挡孔与离子镀膜室相通，放电室镀膜室形成气压差，在热阴极与镀膜室下部的辅助阳极（或坩埚）之间施加电压，热阴极接负极，辅助阳极（或坩埚）接正极，这样，放电室内的等离子体中的电子被阳极吸引，从枪室下部的气阻孔引出，射向阳极（坩埚），在沉积室空间形成稳定的、高密度的低能电子束，它起着蒸发源和离化源的作用。

沉积室外上下个设置一个聚焦线圈，磁场强度约为 0.2T，上聚焦线圈的作用是使束孔处的电子聚束。下聚焦线圈的作用是对电子束聚焦提高电子束的功率密度，从而达到提高蒸发速率的目的。轴向磁场还有利于电子沿沉积室作圆周运动，提高带电粒子与金属蒸气粒子、反应气体分子间的碰撞几率。

这种技术的特点是一弧多用，热灯丝等离子枪既是蒸发源又是基体的加热源、轰击净化源和镀料粒子的离化源。镀膜时先将沉积室抽真空至 1×10^{-3} Pa，向等离子枪内充入氩气，此时基体接电源正极，电压为 50 V。接通热灯丝，电子发射使氩气离化成等离子体，产生等离子体电子束，受基体吸引加速并轰击基体，使基体加热至 350℃，再将基体电源切断加到辅助阳极上，基体接 -200 V 偏压，放电在辅助阳极和阴极之间进行，基体吸引 Ar^+，被 Ar^+ 溅射净化。然后再将辅助阳极电源切断，再加到坩埚上，此时电子束被聚焦磁场汇聚到坩埚上，轰击加热镀料使之蒸发。若通入反应气体，则与镀料蒸气粒子一起被高密度的电子束碰撞电离或激发，此时，基体仍加 100~200 偏压，故使金属离子或反应气体离子被吸引到基体上，使基体继续升温，并沉积镀料和反应气体反应的化合物涂层。

下面是 TiN 的沉积试验工艺。把块状金属钛放入坩埚中，装置抽成真空至 10^{-2} Pa，N_2 从进气口进入热阴极放电室，通过小孔再进入蒸发室，真空泵对蒸发室抽气，维持放电室 N_2 气压为

5 Pa，而蒸发室的 N_2 气压为 0.52 Pa。然后，接地热阴极以 1.5 keV 加热，随后在阳极上加 + 70 V，短时间把阳极电压加在热阴极放电室和蒸发室之间的隔离壁上，点燃低压电弧。116 A 电流流过热阴极，131 A 电流流过阳极，两者之差为 15 A，显示电流有通过基片和炉壁的回路。由于电子流流过（坩埚），在坩埚里的钛被熔化，并以 0.3 g/min 的速度蒸发。由于热阴极和阳极之间的低压电弧放电引起 N_2 和蒸发的镀料粒子强烈离化效应，在基片上沉积上金黄色，硬度高附着力强的 TiN 膜层。它有很好的耐磨性和装饰性。

该技术的特点是在放电室高真空（1 Pa 左右）起弧，对镀膜室污染小。由于高浓度电子束的轰击清洗和电子碰撞离化效应好，TiN 的镀层品质非常好。我国在 20 世纪 80 年代曾对用空心阴极离子镀、电弧离子镀、热阴极强流电弧离子镀镀制的麻花钻镀层作评比。结果表明，用热阴极强流电弧离子镀镀制的麻花钻头使用寿命最长。该技术用于工具镀层品质最具优势，采用多坩埚可镀合金膜和多层膜。

缺点是可镀区域相对较小，均匀可镀区更小，现有的标准设备只有 350 mm 高的均镀区。用于装饰镀生产不太适宜。但国外将设备改进后已用于高档表件沉积 TiN。

目前巴尔泽斯（Balzers）公司虽以"热弧"技术闻名于世，其热弧产生的高密度离子束流沉积的工模具硬质膜层性能也很好；因其沉积膜层种类所限，公司已开发使用了改型的热阴极镀膜装置来生产工具、模具镀层产品。这种改进的新机型实际上是在结合多种镀膜技术的同时，仍保留原有专利热弧技术的基础，与电弧技术或磁控溅射技术组合在一起，形成以热弧进行离子轰击或辅助沉积，依靠电弧或磁控溅射进行镀膜。在这种新装置技术中，有两个突出的技术特色，一是电弧蒸发源用的是一种靶体直径较大的间接水冷的特殊设计，在被冷的靶体与冷却水间隔上一层很薄的又紧贴靶体的铜箔，冷却实效好；二是在靶体的后部用可调磁场的电磁铁结构，以达到实现细化液滴的效果。应用这种新开发的装置，沉积的主要膜系有 TiN、TiCN、TiAlN、CrN、CrC、TiAlN + WC/C、WC/C、DLC 和金刚石膜等。据巴尔泽斯(Balzers)公司称，这种先进的新装置已于 2007 年进入我国珠三角地区，投入生产高档的工模具硬质膜涂层产品投放市场。巴尔泽斯(Balzers)公司在我国苏州已设有涂层中心，计划明年在广州建立独资的涂层中心，主要装备有"热弧 + 磁控溅射"和"热弧 + 阴极电弧(倒开门)"的新机型。

参 考 文 献

[1] 戴达煌, 周克崧, 袁镇海等编著. 现代材料表面技术科学. 北京：冶金工业出版社, 2004
[2] 钱苗根, 姚寿山, 张少宗编著. 现代表面技术. 北京：机械工业出版社, 1999：232~237
[3] M Ohring. The Materials Science of Thin Films, (Academic Press, Inc., Boston, 1992)
[4] 郑伟涛等. 薄膜材料与薄膜技术. 北京：化学工业出版社, 2003
[5] 陈光华等. 新型电子薄膜材料. 北京：化学工业出版社, 2002
[6] 李金桂主编. 现代表面工程设计手册. 北京：国防工业出版社, 2000
[7] 唐伟忠. 薄膜材料制备原理、技术及应用. 北京：冶金工业出版社, 2003
[8] 曲敬信, 汪泓宏主编. 表面工程手册. 北京：化学工业出版社, 1998
[9] Brown Ian G. The physics and Technology of Ion Soures. John Willey and Sonc, 1989
[10] 范毓殿. 磁控溅射离子镀. 北京：磁控溅射新技术研讨会, 2001
[11] Beister G, et al. Surf Coat Technol, 1995. 76~77, 776·
[12] Colligon J S, et al. Surf Coat Technol, 1997, 70：9

[13] Siemroth P, Schnltrich B, Suchlke T. Surface and Coatings Technology, 1995. 74~75: 92~96
[14] Olbrich W, et al. Surf Coat Technology. 1993, 59: 274~280
[15] 袁镇海, 林松盛, 候惠君等. 类金刚石/钛扬声器高音振膜的研究及应用. 电声技术, 2003, 214(4)
[16] 袁镇海. 珠三角地区离子镀工模具硬质膜产业的技术进步. 材料研究与应用, 2007, (1): 13

第 6 章 表面复合离子处理技术

6.1 概述

当今国内外表面技术的发展和实际应用时，都把各类表面技术作为一个系统工程进行优化设计和优化组合。从技术上看，这种优化组合就是一种"表面复合处理"技术。其中有两层含义：一层是"膜层或涂层"的优化设计，特别是"多层膜层、膜系"的优化设计，使膜层材料或涂层材料"物尽其用"；另一层含义是通过各种表面处理技术的优化组合，使各类表面技术"各展所长"。把两种或多种表面技术加以组合来制备复合涂层、膜层、复合改性层等这类表面处理工艺称之为表面复合离子处理技术。在德国、日本、法国、美国等发达国家已广泛应用。诸如渗钛与离子渗氮的复合，在工件表面形成硬度极高、耐磨性又好且耐腐蚀的 TiN 化合物层，其在性能上十分明显地高于单一的渗钛层和单一的离子渗氮层；在对 AISIH11 的基体，经离子氮化和物理气相沉积 TiN 处理、表面硬度由基体 470 HV 提高到经离子氮化的 1150 HV，再经物理气相沉积 TiN，表面硬度 HV 就能达到 2500；同样对 AISIM 基体，经离子氮化后由 940 HV 提高到 1450 HV，再经物理气相沉积 TiN，表面硬度 HV 能达到 2700；激光与离子渗氮的复合，钛合金经激光处理再渗氮，硬化层硬度从单纯的离子渗氮处理的 600 HV 提高到 790 HV；在强束流的金属离子注入技术不理想的条件下，运用镀膜与离子注入的复合，即离子反冲注入技术；先用离子束辅助涂覆（IAC），并用轻离子的离子束轰击涂层表面，使涂层元素部分混入基体。因轰击中的离子和涂层中的金属原子间的化学反应，使涂层部分或全部地转变成氮化物或氧化物，涂层性能得到提高；用离子辅助沉积（IAD）在钢、镍、碳纤维增强铝合金及 Ni_3Al 上沉积 Si_3N_4 梯度薄膜。目前已沉积出一侧具有热、电绝缘性能，另一侧具有导电、导热性能的薄膜材料；用激光、电子束与气相沉积技术复合，如在 Al 上沉积的 Ti 或 Al 粒子，在通入 N_2 或 O_2 的同时，用 CO_2 激光照射，可在 Al 表面上形成高硬度的 TiN 或 Al_2O_3，使 Al 的耐磨性能提高 $10^3 \sim 10^4$ 倍；离子注入与气相沉积组合的离子束混合复合表面处理也正在不断发展。国内新近开发成功的"镀膜—注入—扩渗"复合新技术也很有特色；等离子喷涂陶瓷涂层-激光束网纹辊雕刻技术复合制备柔版彩色印刷的网纹辊复合处理技术等。当然还有一些热处理方面技术复合，诸如表面热处理与表面化学热处理的复合强化，热处理与表面形变强化的复合、镀覆层与热处理的复合等等。本章因以现代表面技术为主和篇幅所限，仅介绍与现代表面技术相关的较为成熟的表面复合离子处理新技术。

6.2 离子注入与镀膜的技术复合

6.2.1 离子束辅助沉积技术

6.2.1.1 简介

离子束辅助沉积（Ion Beam Assisted Depositon 或 Ion Beam Enhanced Deposition，简称 IBAD 或 IBED）是把离子束注入与气相沉积镀膜技术相结合的复合表面离子处理技术，也是离子束表面优化的新技术。这种复合沉积技术于 1979 年由 Weissmantel 等人首先提出。在离子注入材料表面改性过程中，由半导体材料拓展到工程材料，往往就希望改性层的厚度远超离子注入的厚度，但又希望保留离子注入工艺的优点，如改性层与基体间无尖锐界面，又可在室温下处理工件等。于是，人们设想用别的方法先在基体上生长一层膜,然后再用高能离子注入,使膜与基体在界面上由注入离子引发的级联碰撞造成混合,产生过渡层而牢固结合。这种被称为离子束辅助沉积的新工艺既保留了离子注入工艺的优点又可实现在基体上覆以与基体完全不同的薄膜材料。从20世纪80年代诞生以来,并已在某些方面实现了工业应用。它是离子束改性技术的重要发展,也是离子注入与镀膜技术相结合的表面复合离子处理新技术。

6.2.1.2 离子束辅助沉积的机理与装置

(1) 机理

离子辅助沉积的过程是离子注入过程中物理及化学效应同时作用的过程。其物理效应包括碰撞、能量沉积、迁移、增强扩散、成核、再结晶、溅射等;化学效应包括化学激活、新的化学键的形成等。图6-1是离子束辅助沉积所发生的各种微观过程。

整个过程在 $10^{-2} \sim 10^{-4}$ Pa 高真空中进行。由于粒子的平均自由程大于离子源(或蒸发源)与基片之间的距离。因此在工艺过程中基本无气相反应。在沉积原子(0.15 eV 或 1~20 eV)与高能离子($10 \sim 10^5$ eV)同时到达基片表面时,离子与中性气体分子或沉积原子发生电荷交换而中和。沉积原子经离子轰击获得能量,提高了原子的迁移率,导致不同的晶体生长和晶体结构。离子轰击的另一个表面作用是释放能量,即与电子发生非弹性碰撞,而与原子发生弹性碰撞。原子就被撞出原有的点阵位置。在入射离子束方向和其他方向上发生材料转移,即产生离子注入、反冲注入和溅射过程。其中某些能量较高的撞击原子又会产生二次碰撞,即级联碰撞。这种级联碰撞导致沿离子入射方向剧烈的原子运动,形成了膜层原子与基体原子的界面过渡区。在过渡区内膜原子与基体原子的浓度值是逐渐过渡的。当级联碰撞完成离子对膜层原子的能量传递,增大了膜原子的迁移能力及化学激活能力,有利于调整两相的原子点阵排列,形成合金相。级联碰撞

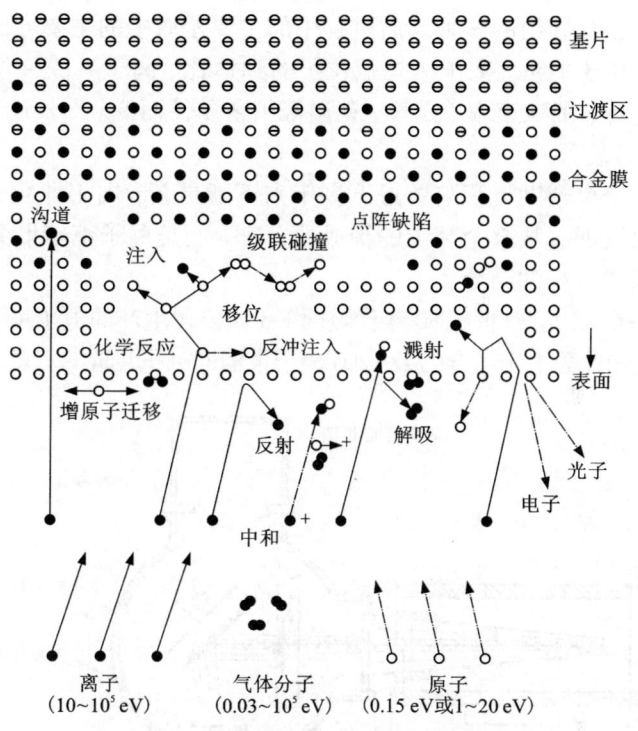

图6-1 离子束辅助沉积的各种微观过程

也会发生在远离离子入射方向。当近表面区碰撞能量足够高时,将会有原子从表面原子区中逐出,形成的反溅射降低了薄膜的生长速率。因组成元素的溅射产额不同,也会使薄膜成分改变。但是,高能量的离子束轰击会引起辐照损伤,产生点缺陷、间隙缺陷和缺陷聚集团。当入射离子沿生长薄膜的点阵面注入时,将会产生沟道效应。离子通过电子激活释放能量,而不发生原子碰撞引起的辐照损伤。总之离子束辅助沉积膜的生成机制十分复杂,它不仅包含了一般的物理气相沉积及离子束轰击中存在的多种相互矛盾的机制。各对矛盾间还存在着关联。其膜生成的最终面貌取决于相互制约的多种矛盾过程中的主要矛盾中的主要方面。它随诸如离子能量、离子-沉积粒子的到达比、离子-膜-沉积基体的组合、沉积速率、充气、靶温等工艺条件而变。

(2) 装置

离子束辅助沉积装置近十多年来不断更新，向工业化、实用化方向发展。从整个装置的构成看，基本上是离子束辅助轰击和物理气相沉积的结合。

图6-2是20世纪80年代美国Eaton公司生产的电子束蒸发与离子束辅助轰击相结合的Z—200离子束辅助沉积装置的示意图。

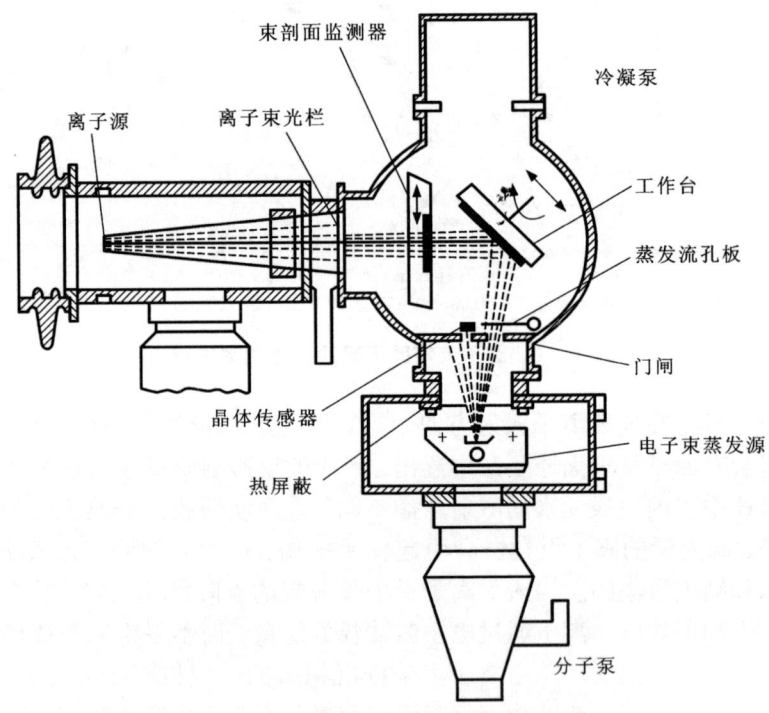

图6-2　Z—200离子束辅助沉积装置示意图

第6章 表面复合离子处理技术

图中下方为电子束蒸发装置。当电子束加速到 10 keV 轰击坩埚内材料时,材料熔化蒸发(升华),形成喷向靶台的粒子流。蒸发台上有四个坩埚,顺次转位,保证在不破坏真空条件下,可沉积四种不同的材料,沉积靶台与离子束及蒸发的粒子流成 45°,可绕台轴旋转转位。由弗里曼离子源引出的离子束,在靶台处呈 20.32 cm×25.4 cm 的矩形,借离子源与引出电极系统同步摇摆,实现束流在靶台的机械扫描。离子能量为 20~100 keV 范围可调。束流最大达 6 mA。工作室真空度可达 6.5×10^{-5} Pa,工作过程中,因有离子源中气体泄出,真空下降至 1.2×10^{-3} Pa。靶台具有水冷。膜的沉积速率在 0.1~1.0 nm/s。

图 6-3 是离子束溅射与离子束轰击相结合的宽束离子束混合装置的示意图。它是中科院上海冶金所自行研制,具有三个考

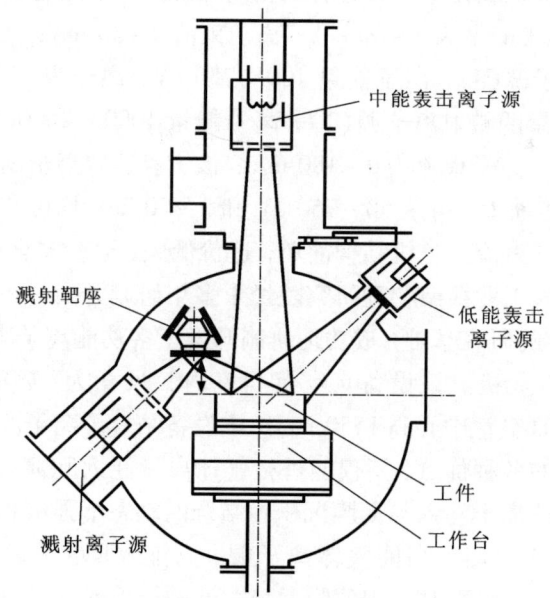

图 6-3 宽束离子束混合装置示意图

夫曼源。从圆形多孔网栅中引出的离子束具有圆形截面，分别用作溅射、中能和低能离子轰击。其能量分别为 2 keV、5~100 keV 和 0.4~1 keV。中能束在靶台平面上的直径为 $\varnothing 200$ mm，最大束流密度为 60 $\mu A/cm^2$。低能束斑在靶台平面呈椭圆形，束流 < 120 $\mu A/cm^2$。靶台直径为 350 mm，具有水冷，可绕台轴旋转和倾侧。工作直径为 1 m，长 0.9 m，真空度可达 6.5×10^{-4} Pa。当工作时有离子源气体泄出而下降至 10^{-2} Pa。沉积速率在 3~20 nm/min。溅射靶座可安三个溅射靶，在不破坏真空的条件下可沉积三种材料。该装置因工作室较大，可处理较大的部件和数量较多的小部件。

图 6-4 是中科院空间中心与清华大学合作研制的多功能离子束辅助沉积装置。该装置有三台离子源，即中能宽束轰击离子源(1)，离子能量为 2~50 keV，离子束流 0~30 mA；低能大均匀区轰击离子源(8)，离子能量 100~750 eV，离子束流为 0~180 mA；可变聚的溅射离子源(7)，离子能量 1000~2000eV 和 2000~4000 eV，离子束流为 0~180 mA。该实验装置轰击离子能量范围广，覆盖面大，可从 50~750 eV 和 2~50 keV 均可获得辅助沉积所需离子束流。整机结构简单，造价低廉，运行安全可靠。

我国核工业西南物理研究院经十多年研制开发，并结合国内外近 20 年的研究基础，成功地研制开发了多功能离子束辅助(增强)沉积工业机。该设备真空沉积室内腔尺寸为：$\varnothing 800$ mm × 900 mm，真空室中心高 1550 mm。该设备结合了离子注入和薄膜沉积技术的各种优点，不仅能进行气体离子注入和薄膜沉积，还能进行气体离子注入与薄膜沉积相结合的动态增强沉积成膜。

该设备配置了高能气体离子源、高能 MEVVA 金属离子束源、低能离子束溅射沉积薄膜系统，可进行单元离子注入，也可进行双元离子注入、薄膜沉积、静态和动态离子束增强沉积等多

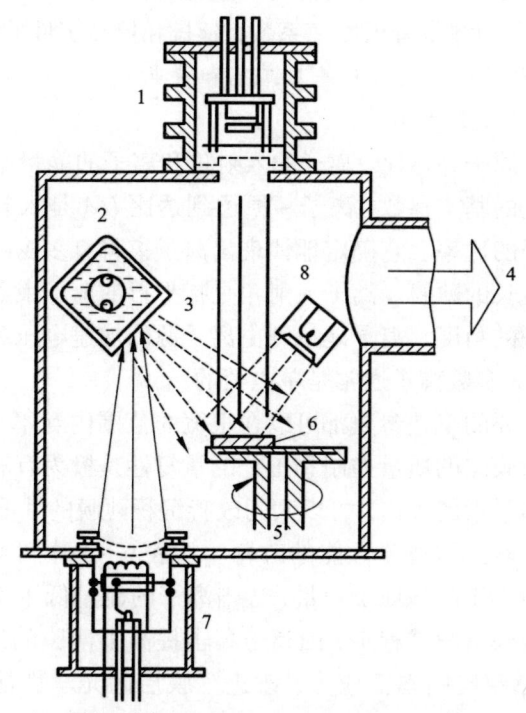

图 6-4　多功能离子束辅助沉积装置
1——轰击离子源；2——四工位靶；3——靶材；4——真空系统；
5——样品台；6——样品；7——溅射离子源；8——低能离子源

种功能。因而可实现离子注入材料表面改性、金属材料表面合金化及制备各种功能薄膜等多种功能。整个工件台可以一个工位或六个工位工作，靶台又可倾斜、自转、公转、平移、水冷，可承载 50 kg 的沉积工件。

由于沉积温度低于 300℃，该设备可广泛应用于机械、航空、航天工业用的工模具、量刃具、精密零部件的处理，可在保证被处理工件精度和尺寸不变的情况下显著改善工件表面的耐磨、耐蚀、抗疲劳等性能，降低摩擦系数，延长和提高工件的使用寿命。

6.2.1.3 离子束辅助沉积基本工艺和特点

(1) 基本工艺参数

离子-原子到达比、离子的入射角和离子的能量是离子束辅助沉积工艺的基本参数，离子-原子到达比 I/A 是入射的离子数对沉积原子的比率。它确定地体现出离子束将有多少能量和动量输送给生长的薄膜。离子入射角是指平行的离子束轰击生长薄膜表面所呈的角度。离子能量则由离子源的加速电压和离子的电荷态决定（大多数离子通常是单电荷的）。

这些主要的工艺参数都可以在很宽的范围内互不干扰，独立控制。这对膜层的质量控制和工艺的重复性是极为有利的。

辅助离子束的轰击，可以大为改善沉积薄膜的性能。表6-1是离子轰击对沉积薄膜性能的改善。从表6-1中可知，轰击离子通量一般小于沉积原子通量，轰击离子的能量低于离子束溅射的能量。薄膜沉积过程中，因离子轰击提高了薄膜的致密度，消除或减轻了膜层的本征应力，改进了膜层的光学性能和抗蚀性能。通过离子轰击可以得到较宽的膜原子与基体原子的界面过渡区。这对提高膜/基结合力极为有利；离子轰击还可改变薄膜的形态和结构，使薄膜晶粒度变细，提高晶化程度或强烈的织构倾向，还可实现低温外延。通过反应离子的轰击，还可控制薄膜的化学组成，确保化学计量的稳定，制备高硬度的抗磨损的氧化物、氮化物和碳化物等超硬薄膜。总之离子束轰击对薄膜颗粒与密度、薄膜的相结构、薄膜的组分及分布、薄膜的结构等都有影响。

表6-1 离子轰击对沉积薄膜性能的改善

薄膜材料	离子类型	性能改善	离子能量/eV	离子/原子到达比 I/A
Ge	Ar^+	应力,附着力	65~3000	$2\times10^{-4}\sim10^{-1}$
Nb	Ar^+	应力	100~400	3×10^{-2}
Cr	Ar^+,Xe^+	应力	3400~11500	$8\times10^{-3}\sim4\times10^{-2}$
SiO_2	Ar^+	台阶遮蔽	500	0.3
AlN	N_2^+	择优取向	300~500	0.96~1.5
Au	Ar^+	5 nm厚掩膜	400	0.1
GdCoMo	Ar^+	磁各向异性	1~150	~0.1
Cu	Cu^+	外延生长	50~400	10^{-2}
BN	$(B-N-H)^+$	立方结构	200~1000	~1.0
ZrO_2,SiO_2,TiO_2	Ar^+,O_2^+	折射率、非晶→晶态	600	$2.5\times10^{-2}\sim10^{-1}$
SiO_2,TiO_2	O_2^+	折射率	300	0.12
SiO_2,TiO_2	O_2^+	光透过率	30~500	0.05~0.25
Cu	N^+,Ar^+	附着力	50000	10^{-2}
Ni/Fe	Ar^+	硬度	10000~20000	~0.25

(2)特点

1)优点

①离子束辅助沉积不需在真空工作室中进行气体放电以产生等离子体,可以在$<10^{-2}$ Pa中镀膜,气体污染减少。

②基本工艺参数(离子束能量、离子束密度)为电参数,一般不需控制气体流量等一些非电参数,可方便的控制膜层的生长、调整膜的组成、结构和工艺重复性。

③可在低温条件下($<200℃$)给工件表面镀覆上与基体完全不同而且厚度不受轰击离子能量限制的薄膜。比较适用于电子功能膜、冷加工精密模具,低温回火结构钢的表面处理。

④离子束辅助沉积是一种在室温下控制的非平衡过程。可在室温得到高温相、亚稳相、非晶态合金等新型功能薄膜。

2)缺点

①因离子束具有直射特性,难以处理表面形状复杂的工件。

②因离子束流尺寸限制,难以处理大型的、大面积的工件。

③离子束辅助沉积通常在 1 nm/s 左右,较宜制备薄的膜层,不宜大批量产品的镀制。

6.2.1.4 离子束辅助沉积技术的应用与发展

离子束辅助沉积技术,是一种新的复合处理技术,研究工作虽做了不少,但工作尚处在与应用密切相关的基础性研究阶段,工业规模的应用还不多,仅有个别的付诸实用,如:

(1)硬质薄膜:用高能和低能离子束辅助沉积的方法沉积成 TiN、SiC、BN、DLC 等硬质薄膜,并对膜层的微结构、力学性能、光学性能、电学性能、内应力、膜/基结合力以及在表面工程中的应用,进行过程探索与试验。表 6-2 是离子束辅助沉积所合成的硬质薄膜的一些工艺参数和性能,硬质膜的组分,主要取决于轰击离子的种类、能量、离子-原子到达比和靶室中充入气体的分压。图 6-5 是用 Ar^+ 离子溅射 Si 靶、CH_4 气体离子轰击衬底的双离子束辅助沉积 SiC 薄膜的试验结果。从中可知,轰击离子的能量必须达 300eV,才能形成 SiC 薄膜。当超过 300eV 能量后,因会产生反溅射,致使 SiC 薄膜生长速率下降。图 6-6 是 SiN_x 和 TiN 离子辅助沉积时,离子-原子到达比的组分控制。对 SiN_x 薄膜,因化学吸附几乎不起作用,所以组分随轰击离子与沉积原子的到达比(N/Si)呈线性变化(见图 6-6(a));而对 TiN 薄膜,因 Ti 原子强烈的吸附作用,在 TiN 中 N 原子主要源于靶室中 N_2 气氛。用 N^+ 离子轰击时,成分比值可达到 1.45。过量的氮可完全键合在 TiN 薄膜中。

表6-2 离子束辅助沉积合成某些硬质薄膜的工艺参数和性能

薄膜材料	轰击离子能量和束流	溅射离子能量及束流	靶	基片	工作气压/Pa	沉积速率/(nm·s⁻¹)	膜厚	显微硬度 HV	显微结构
TiN	Ar⁺或N₂⁺, 100~500eV, 5~50μA/cm²	Ar⁺, 1keV, 250~350 μA/cm²	Ti	NaCl	$N_2, 3\times10^{-2}$		0.1μm		多晶或(100)取向
	N_2^+, 40 keV			Si, 9Cr18钢	$N_2, 6.5\times10^{-4}$	0.3	2μm	1500~1700	多晶或(111)取向
SiC	Ar⁺, 0~500eV, 10~40 μA/cm²	Ar⁺, 1keV, 250~1000 μA/cm²	Si	Si, 铸铁	$CH_4, (0.5\sim1.8)\times10^{-2}$	0.1~0.2	900nm	1700	非晶
BN	N_2^+, 2~20keV			高速钢	$30\% Ar-N_2, 8\times10^{-3}$	0.1~0.3	1μm	5000	立方结构
Si₃N₄	N_2^+, 120μA/cm²			316L 不锈钢, Al, Si	$<10^{-4}$	0.35~3.5	350nm	1200	非晶
TiB₂	Ar⁺, 320keV, Xe+2, 320keV	Ar⁺, 1.2keV, 370μA/cm²	TiB₂	高速钢	5×10^{-2}	0.06	1μm		立方晶体结构
DLC	CH_n^+, 0.2~25keV, 5~10mA	Ar⁺, 3.5keV, 130~150 μA/cm²	C	Si, AISIS₂100钢	$CH_4, 1.3\times10^{-2}$	0.1	600nm	5100	sp^2+sp^3

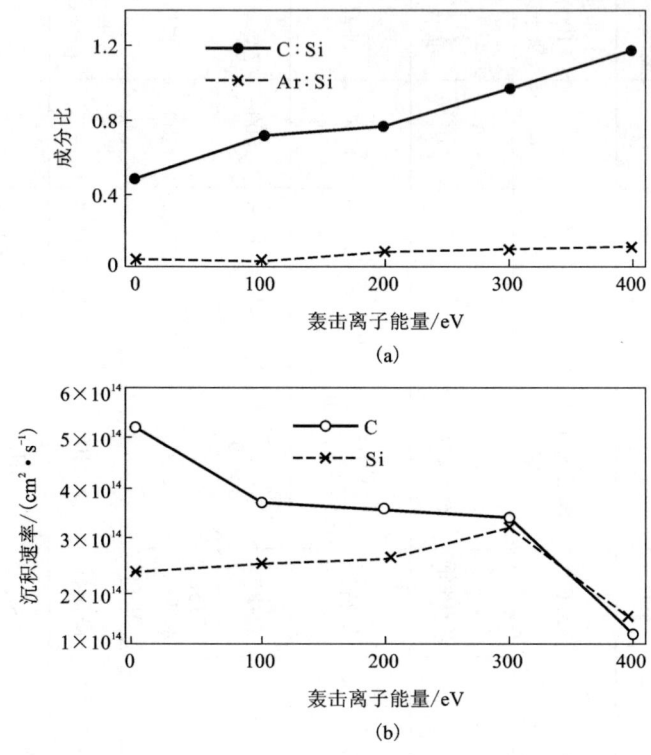

图 6-5 离子束辅助沉积 SiC_x 薄膜

(a) 成分比和离子能量的关系；(b) 沉积速率和离子能量的关系

在用离子束辅助沉积的工艺中，离子的轰击会使薄膜晶粒变细，并呈现强烈的织构倾向。如 TiB_2 薄膜在 Si(111) 基体上呈现 (002) 织构，在 Si(100) 基体上呈 (100) 织构。而 TiN 膜呈 (200) 织构，在 N/Ti > 1 时，TiN 膜的 (111) 取向增强。值得指出的是，过高的能量，会使沉积薄膜的晶粒长大，不利于晶化，对于大多数的超硬膜，只有晶化，才有利于硬度的提高。

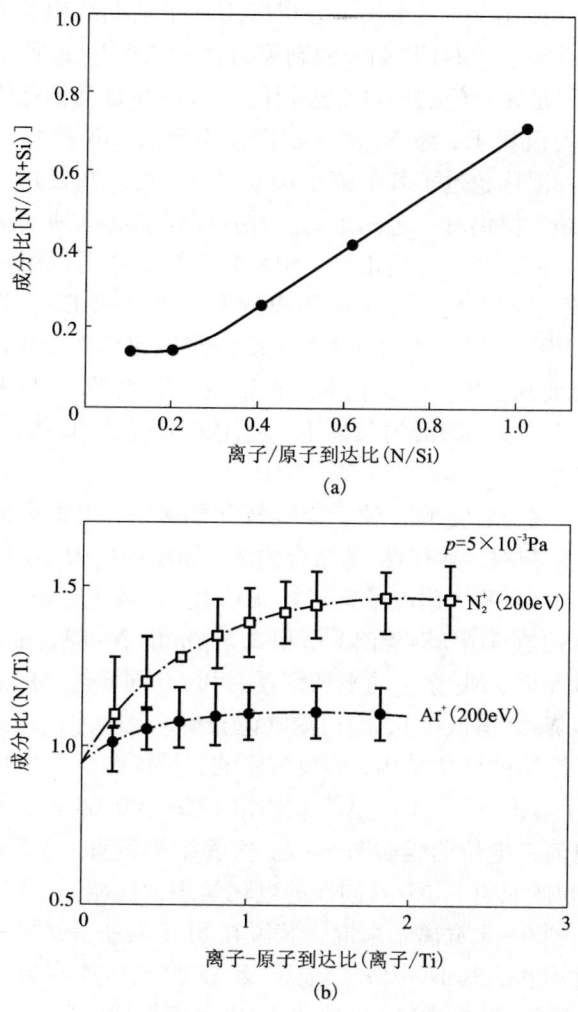

图 6-6 离子束辅助沉积组分控制
(a) SiN_x 薄膜; (b) TiN_x 薄膜

在实际应用上，日本松下公司以用离子辅助沉积的方法，研究了马氏体钢（AISI410）制成的剃须刀上镀制 0.1 μm 厚的 TiN 薄膜，其沉积是在专门的装置上进行的。刀片在自动输运带上，经电子束蒸发沉积 Ti，经 N^+ 离子辅助轰击形成 TiN 薄膜。在耐磨耐蚀性上，据称超过了其他离子镀膜方法，可永久使用，其价格比一般昂贵，但仍有一定的市场。并且还建立起电动刮脸刀网镀膜生产线，都有产品投放市场。中科院上海冶金所运用离子辅助沉积，在银质和铜质纪念币压印模具上镀制沉积 TiN，消除了表面损伤及压印过程中的粘铜现象，使压印模使用寿命提高了 3～10 倍。澳大利亚用离子束辅助法在钻头上沉积 TiN，与未经沉积的钻头相比，在无润滑的条件下，使用寿命提高 10 倍，而且膜/基结合较好。

（2）金属与合金膜：对于金属与合金薄膜，用离子束辅助沉积的方法来制取，具有膜/基结合力强，膜层内应力小，结构致密等优点。Hsieh 等人用电子束蒸发 Nb，用 Ar 离子轰击（0.25 keV 和 0.5 keV）在 316L 不锈钢上沉积 2.5 μm 的 Nb 膜，在 I/A 达到 0.68 和 0.8 时，Nb 涂层的不锈钢具有和 Nb 同样优异的耐点蚀性能（在 3% NaCl 溶液中），经扫描电镜分析，是因为在强离子轰击下消除了涂层的柱状结构，形成致密的膜层所致。在用 0.25 keV 的 Ar 离子轰击下，$I/A = [Ar^+]/[Nb + Cr] = 0.68$ 时，不同合金成分的电流-电位曲线如图 6-7。实验结果表明，富 Nb 的 Nb-Cr（70/30）膜具有与 Nb 材同样的电化学耐蚀性能。

曾用图 6-3 宽离子束混合装置在 Si 上制备 Ag/Ni-Cr 合金双层膜背电极，其 Ni-Cr 合金膜及 Ag 膜先后用溅射法沉积生长，在沉积的同时，用 10 keV 的 Ar 离子束作辅助轰击。（沉积前先用 Ar^+ 离子束对 Si 沉积表面作离子清洗）结果表明，比用电子束蒸发沉积 Ag/Cr/Ni 三层膜系来说，减少了高温合金化这一步骤，膜系中特别是界面上的氧含量也少得多。界面上的过渡层

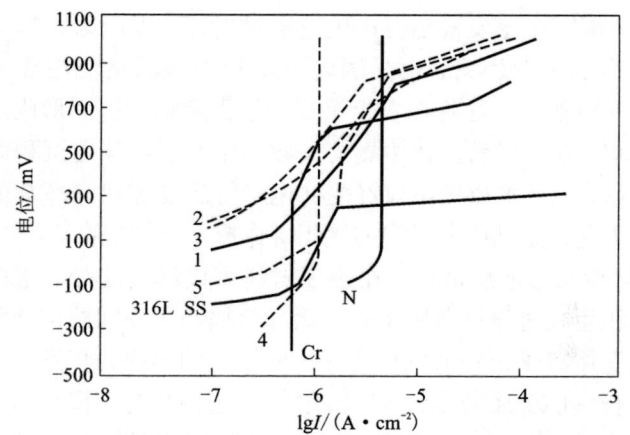

图 6-7　Nb-Cr 合金膜的电流-电位曲线
1——无离子轰击，Nb：Cr = 50：50；2——Nb：Cr = 50：50，$I/A = 0.4$；
3——Nb：Cr = 50：50，$I/A = 0.68$；4——Nb：Cr = 70：30，$I/A = 0.68$；
5——Nb：Cr = 30：70，$I/A = 0.68$

保证了界面处粘附良好。在用于蓝光二极管背电极的制作中，使产品的成品率提高几倍，有较高的经济效益。

（3）功能薄膜：我国山东大学曲保春等曾用低能离子束辅助沉积 $PbTiO_3$ 铁电薄膜。用 $PbTiO_3$ 陶瓷压块作溅射靶，用 O^+、Ar^+ 各 50% 的混合离子束轰击（125 keV）。Si(111)衬底在室温下沉积的铁电薄膜，经 600℃ 退火，获得近于 100%（100）取向的 $PbTiO_3$ 铁电体薄膜。

Park 等人用离子束辅助沉积法，首次成功在 Si(100)衬底上用 200℃ 低温外延生长出 $Si_{0.5}Ge_{0.5}$ 单晶薄膜。$Si_{1-x}Ge_x$ 薄膜是一种可变能隙的新型半导体材料。若用分子束外延生长法生长温度需 550~600℃，而离子束辅助沉积法，由于低能离子束的轰击，降低了生长温度，抑制了三维岛状生长，改进了结晶的完整性。

在国内的栅－阴间距较小的电子管生产中,工作一定时间后,栅极因阴极蒸发被玷污产生电子发射,一直成为影响电子管使用寿命的重要因素,也是国内电子管不能满足使用要求的关键。用热沉积的方法在栅极上沉积一层无定形碳。因形成的碳膜粘附不牢,在电子管工作中剥落失效。用离子束辅助沉积无定型的石墨膜,生产的碳膜不仅经受住电子管反复加热和冷却的冷热循环不剥落,而且使电子管的使用寿命成十倍的提高。

(4) 生长过渡层薄膜:在诸多材料难以结合之处,用离子束辅助沉积生长过渡层薄膜来解决诸如金属与陶瓷间的结合强度难题。其是用离子束辅助沉积构建牢固结合的界面的特点。先在陶瓷上生长一层金属薄膜,然后再用其工艺将其与金属件接合,使结合强度大为提高。日本用 Ti^+、Ar^+ 或 N^+ 离子束对蒸发沉积在 Si_3N_4、SiC、Al_2O_3 基材上的 Cu 膜或 Mo 膜作辅助离子轰击。沉积后部分加热至 973 K,在氩气保护下用钎焊与 Cu 焊合;部分用粘焊剂与 Al 钎焊合。做抗拉试验结果表明,Cu 与基体的结合强度高达 70 MPa,过渡层用 Mo 膜,其抗拉强度达 120 MPa;而且有的组件拉断时,断裂部位发生在陶瓷部分内。

若能把高温超导材料钇钡铜氧(YBCO)沉积在柔性的 Ni－Cr 合金基底带上,其制作的线材和带材,很有用途。为防止 YBCO 与基体 Ni－Cr 反应而降低性能,带掺钇的二氧化锆固溶体(ZrO_2－Y_2O_3)作隔离过渡。用许多方法在这类合金上生长的多晶 ZrO_2－Y_2O_3 膜。在表面法线方向上一般都显示出很好的轴织构。但在 a－b 面的晶粒的晶向杂乱无章,影响 YBCO 膜在沿面方向晶向的整齐排列,因而使膜的临界电流密度较低。为使 YBCO 膜有整齐一致的取向织构,首先就要使 ZrO_2－Y_2O_3 膜是双轴择优取向。研究结果表明,用辅助轰击的离子束的入射线与膜面生长的法线偏离一个 θ 角,θ 角取 48°～55°时,ZrO_2－Y_2O_3 膜具有最佳的双轴择优取向,这样的 ZrO_2－Y_2O_3/合金结构上生长的 YBCO

膜电流密度 J_c 达到 10^6 A/cm^2 量级，显示出超导 YBCO 应用的光明前景。

这里，顺便再提一下用离子注入与镀膜技术相结合的离子束混合、离子束反冲注入。实际上，这两种都归属离子束辅助沉积范围，为明确起见，这里再扼要地提及一下。

离子束混合就是把所需的几种元素交替地镀在基体上，组成多层薄膜。每层约 10 nm 厚，然后用加速器易获得的单能离子，如 Ar 气离子轰击。通过原子碰撞级联反应，使多层膜界面消失，变成均匀的原子级上的混合，而在基体表面上形成新的表面合金。

离子束混合，首先由 Mayer 提出。当初主要是研究硅化物，适应大规模集成电路浅结欧姆接触的需要。离子束混合，可在双层介质间进行，也可在多层金属膜间进行。应根据需要采取不同的混合形式，有：

1) 单层金属膜与衬底的混合：如图 6-8，在集成电路浅结欧姆接触就采用了这种单层金属膜与衬底的混合形式。经离子束混合后，界面处形成了硅化物，降低了欧姆的接触电阻。

2) 双层金属系统制备成多层叠加膜沉积到衬底上：离子束混合在多层叠加膜中进行，图 6-9 是多层叠加膜离子束混合的示意。可用来研究两种金属的合金相变。其衬底可以是金属，也可以是陶瓷或绝缘体。总之，通过离子束混合，使表面交替叠加的 A、B 膜层，均匀混合，达到性能优化的效果。混合后的膜层为 50～100 nm。

离子束反冲注入是把所需用的元素，特别是难熔的金属元素，经真空蒸发或离子溅射，在基体表面形成膜层，然后用惰性离子如 Xe^+、Ar^+、Kr^+ 等轰击，把膜层的原子撞击反冲到基体中去，起到对所需元素进行间接注入的作用。反冲离子又分为静态和动态注入两种方式。

3) 静态注入：是先在洁净的基体材料表面上用真空镀膜法镀

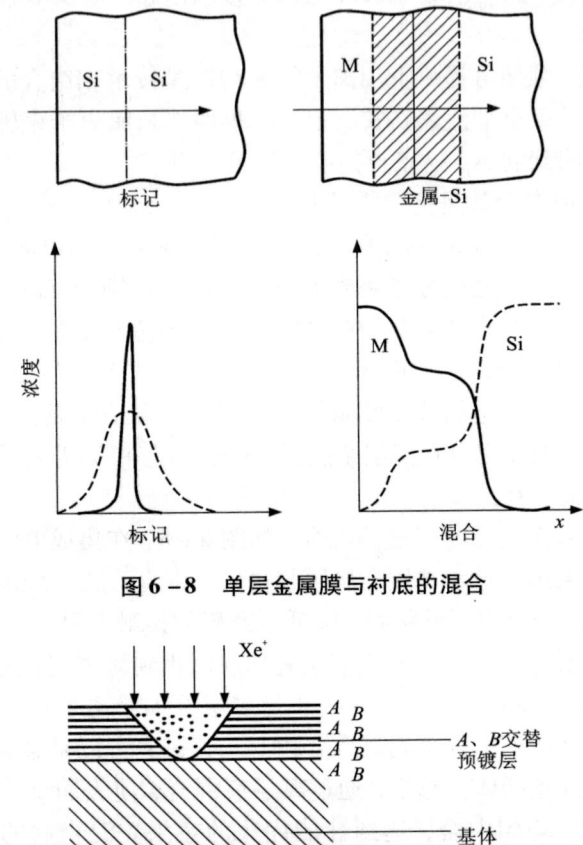

图 6-8 单层金属膜与衬底的混合

图 6-9 多层叠加膜离子束混合

上一层所需的添加元素薄膜(几十纳米)。然后装入注入机真空靶室。用几百 keV 的惰性气体离子轰击镀膜层,使镀层原子反冲注入到基材中去。如图 6-10 所示。这种方法比较麻烦,因事先要在真空镀膜机中镀上一层所需膜层,在选取轰击离子能量和种类时,又必须与薄膜的材料和厚度恰当的匹配,致使注入离子的能量主要沉积在界面附近。这是因为薄膜与基体界面在离子轰击下易发生混合和互相扩渗,从而形成新的合金,因而镀层不能太厚。太厚的镀层其反冲注入效果较差。因此,反冲注入所得到的合金层结构要看具体条件而定,可以是过饱和固溶体、化合物或非晶态。近几年来,在较高温度下进行的反冲离子注入,称为离子束轰击扩散镀膜,显示出更高的应用价值,其示意图如6-11所示。这

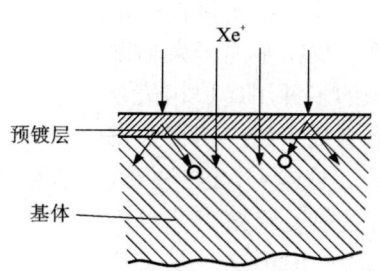

图 6-10 离子束反冲注入
(预镀层原子反冲进入基体)

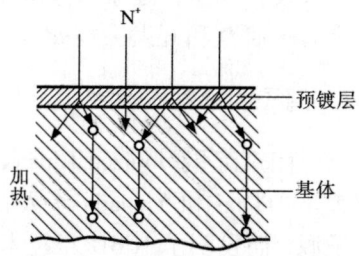

图 6-11 离子轰击至扩散层

种方法是利用离子束轰击时,再适当加热,使反冲原子在金属基体内增强扩散以利于得到厚的合金化表面层。通常或得 20~100 nm 的膜厚。如在 Ti6Al4V 的常用钛合金表面上镀一层 70 nm 的 Sn 膜,然后在 450~500℃下,用 N^+ 注入(剂量为 $4×10^{17}$ 离子数/cm^2),背散射分析结果证实,Sn 的扩散深度达 3~5 μm。经测试,Ti 合金的摩擦系数和磨损速度明显下降。因 N^+ 产生的化学作用,还提高了 Ti6Al4V 合金的抗氧化性。

4) 动态注入:就是用多功能离子注入机同时进行镀膜和反冲注入,其示意如图 6-12。和前面谈及的离子束辅助沉积相类同,这一过程是一个动态过程。这里就不再加以叙述了。

上述这些实例在一定程度上反映了离子束辅助沉积的多种用途。相信今后会有更多的应用会开发成功。总体看，这一新方法，目前还未被工业界广泛接受，原因之一是工业界对该新方法不够了解，但更重要的还是目前现有

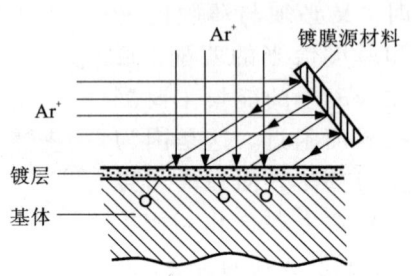

图 6-12 动态离子注入

的离子束设备和工艺还难以适应生产中遇到的复杂多变情况。这有待今后的研究和开发去拓展这一新方法的发展。

6.2.2 离子团束沉积技术

离子团束沉积(Ionized Cluster Besm Depostion, ICBD)是日本京都大学 Takagi 和 Yamada 等人在 1972 年首先提出的一种新型的离子源，而发明了 ICBD 新技术。它是一种用真空蒸发和离子束方法相结合的在非平衡条件下的薄膜沉积新技术。这种方法在电子、光学、声学、超导等的应用上，都很有用。尤其是近几年来，在 Si、Ge、GaAs、CaF 衬底上外延生长高品质的单晶铝膜；在 Si 和 GaAs 衬底上外延生长达到器件质量的 GaAs 单晶膜。用此方法镀制的大面积高反射率的 Au 膜已用于 CO_2 激光反射镜和 X 射线反射镜上。这种方法适合为各种功能器件制备高精度薄膜。

6.2.2.1 离子团束沉积装置与沉积过程

（1）装置

离子团束沉积装置结构示意如图 6-13。

（2）沉积过程

在沉积中，将沉积的材料先放置于特殊的坩埚之中。通过加热线圈使坩埚中的材料形成 1.33~133 Pa 的高温过饱和蒸气。

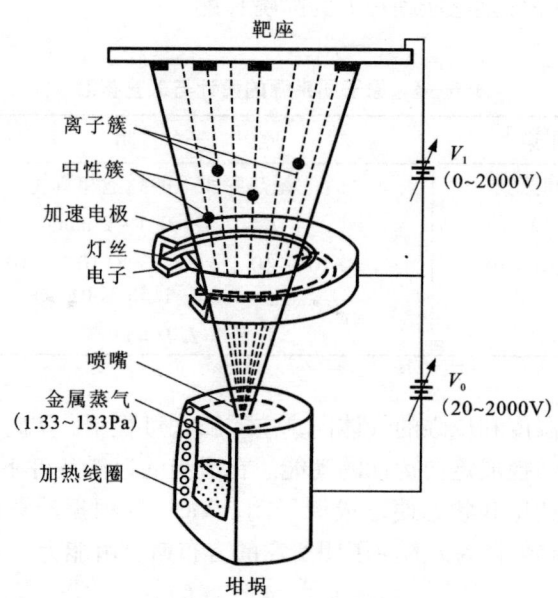

图 6-13 离子团束沉积装置结构示意图

经过喷管(喷嘴)喷出而形成超声气体。向高真空沉积室喷射,利用绝热膨胀产生的过冷现象,形成 $10^2 \sim 10^3$ 个的原子团束(粒)。其内部原子间连结松散,在强大的电流照射下,团束(粒)会被电离。其离化团束(粒)占团束(粒)总数份额高达百分之几十,其随照射电子流强度而变化。若在靶处加上负偏压,带正电的团束(粒)就会加速撞向沉积靶面,与喷向靶面的中性原子团一起构成团束(负偏压一般为千伏量级),最后薄膜沉积在衬底上。其中原子团的形成、离化与增大沉积速率是十分关键的技术。

1)原子团的形成:原子团束源是带有喷嘴的圆柱形坩埚。表 6-3 列出了原子团束源的设计与工艺参数,并与分子束源作了比较。D 为喷嘴直径,λ 为坩埚中原子的平均自由程。p_0 为坩埚内压强，p 为真空室压强，L 为喷嘴长度。

表 6-3 原子团束源的设计与工艺参数

分子束	原子团束
非饱和蒸气	绝热膨胀下的超饱和蒸气
$D < \lambda$	$L \gg D (D = 0.1 \sim 2 \text{ mm})$
$p_0/p < 10^4 \sim 10^5$	$p_0/p \geqslant 10^4 \sim 10^5$，$p = 1.33 \times (10^{-5} \sim 10^{-3})$ Pa，$p_0 = 1.33 \sim 1.33 \times 10^2$ Pa
$D \gg \lambda$	$L/D = 1$

一定温度和压强的气体向真空室膨胀过程中，其离子随机运动的热能转换成定向运动的动能。在适当的迟滞条件下，气体的绝热膨胀达饱和状态便形成原子团。Yamada 根据经典的凝聚态理论，形成半径为 r 的原子团所需的吉布斯自由能为：

$$\Delta G = 4\pi r^2 \sigma - \frac{4}{3}\pi r^3 \left(\frac{KT}{V_c}\right) \ln S \tag{6-1}$$

式(6-1)中：σ 为表面张力，V_c 为每个分子的体积，S 为饱和率。

当 r 比较小时，$\frac{d\Delta G}{dr} > 0$，即普通的蒸发过程所满足的条件。当 r 大于形成原子团的临界半径 r^* 时，$\frac{d\Delta G(r^*)}{dr}$，$dG < 0$。形成临界半径为 r^* 的原子团的自由能 $\Delta G(r^*) = \Delta G^*$。此时原子团的成核速率为：

$$J = K\exp\left(-\frac{\Delta G^*}{KT}\right) \tag{6-2}$$

式(6-2)中 K 为常数，$\frac{\Delta G^*}{KT}$ 为成核的势垒高度，其表达式为：

$$\frac{\Delta G^*}{KT} = \frac{16\pi}{3}\left(\frac{\sigma}{KT}\right)^3 \left(\frac{V_c}{\ln S}\right) \tag{6-3}$$

从式(6-2)、式(6-3)看,原子团成核速率是$\left(\dfrac{\sigma}{T}\right)^3$的函数。过去认为金属与半导体等固体材料表面张力大,难以形成原子团。而金属与半导体在凝聚态压强下的蒸发温度通常要比气体高。实际上其形成原子团的势垒高度和成核速率是与气体相当。图 6-14 是飞行时间(TOF)谱仪测得的碲原子团的试验结果。从图中可知,碲原子团体积和分布在 500~1500 范围内。当坩埚温度升高,原子团的体积和原子团束流强度也随之增大。原子团经坩埚喷嘴的喷射速率 V_0 的方程为:

$$V_0^2 = \frac{2\nu}{\nu-1}\frac{\rho_0}{\rho}\left[1-\left(\frac{\rho_1}{\rho_0}\right)^{\frac{\nu-1}{\nu}}\right] \qquad (6-4)$$

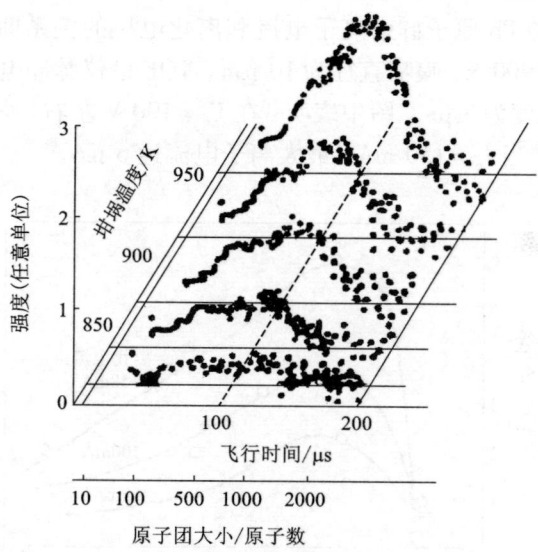

图 6-14 碲原子团的 TOF 谱

式(6-4)中，ν 为金属蒸气的比热系数，ρ 为蒸气密度，其值为
$$\rho = (T/\theta_{ev})(dp_s/dT) \qquad (6-5)$$
式(6-5)中，θ_{ev} 为蒸发热，T 为坩埚内蒸气温度，p_s 为蒸气压强。

对 Cu 原子团，当 $p_0 = 133$ Pa，$T = 1890$ K 时，$\theta_{ev} = 72.8 \times 4.1896$ kL/mol，$dp_s/dT = 1.13$ Pa/K。经计算，由 1000 个 Cu 原子组成的原子团的喷射速度相当于离化原子团在 400 V 加速电压下所具有的速度。实验证实，原子团的喷射速度随坩埚的温度升高而增大。在采用大直径喷嘴时，在较低温度下就可得较大的喷射速度。

2) 原子团的离化：坩埚喷嘴喷射出来的原子团，经电子轰击发生离化。因原子团体积大，离化面积大，易形成离化原子团。其离化原子团的含量(指在整个原子团束中)可由电子轰击电压 V_e 和离化电流 I_e 来控制，一般占 10% ~ 50%。图 6-15 是 TOF 谱仪测得的 Pb 原子群束离子电流和离化电压的关系曲线。其坩埚温度为 1900 K，喷嘴直径为 10 μm。TOF 谱仪脉冲电压为 1000 V，脉冲宽度为 3 μs。图中表明：在 $V_e = 100$ V 左右，得到的离子电流量大，当 $I_e = 150$ mA，最大离子电流达 6 μA。

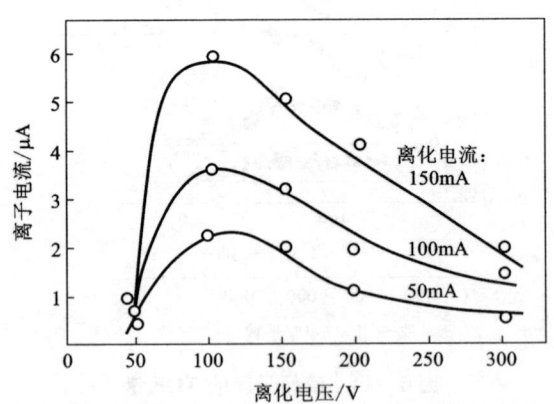

图 6-15　离子电流和离化电压的关系曲线

离化原子团一般带正电,电子轰击离化原子团的机率比中性原子团小。带双正电荷的原子团在库仑排斥力作用下会分裂成两个带单电荷的原子团。因此,离化原子团荷质比较小,就消除了离化团束在输运过程中空间电荷的相互影响,减少了正电荷在绝缘材料衬底上的积累,并可得到高的沉积速率。

在离化原子团与衬底表面碰撞时,破碎为单个原子。每个原子的平均能量为:

$$\bar{E} = \frac{ZV}{N} \qquad (6-6)$$

式(6-6)中,Z 为电子电荷,V 为加速电压,N 为原子团的大小,即每个原子团的原子数。

控制加速电压,使每个原子的能量大于表面扩散能($\bar{E} \approx 1$),而小于导致膜层产生缺陷的能量($\bar{E} < 5$ eV)。而常规的离子束沉积为使束流聚集和有大的沉积速率。要每个原子的能量大于 20eV。相比之下,ICBD 的低电荷含量和低能量对生长高精度薄膜起着很大的作用。

3)多源 ICBD:在真空系统中用多源的 ICBD(两个或两个以上的源)或增大沉积速率和沉积面积。在各个束源放不同的材料,控制每个源的参数,也可制备出化合物膜。也可在 ICBD 装置中通入反应气体,沉积氧化物、氮化物薄膜。

6.2.2.2 离子团束沉积技术的特点

图 6-16 是离子团束沉积薄膜生长的物理过程,其主要有:溅射效应;衬底局部加热;离子注入;增强原子迁移等。这些对薄膜的附着强度、沉积率和表面原子的迁移的作用,都体现在了 ICBD 生长膜层的形态和性能特点。

(1)附着强度:原子团束的溅射,清除了衬底表面的吸附气体和污染,同时溅射的衬底材料与沉积原子的混合,形成紧密结合的界面层。如在玻璃上沉积 Cu 膜。通过实验测定,当离化电

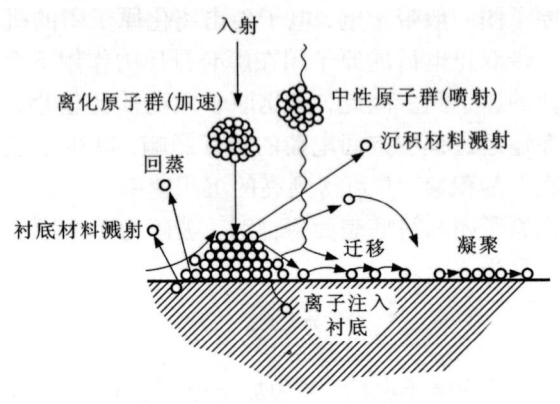

图 6-16 ICBD 薄膜生长的物理过程

压从 0 升到 10 kV，Cu 膜在玻璃上的附着强度从 40N/cm² 升至 1000 N/cm²。从中可知，只要控制离化原子团的能量和离子含量，就可在低温衬底上生长致密的附着力强的膜层。

（2）沉积速率：由于离化原子团的荷质比小，可在低的能量下获得高的沉积速率。沉积的质量与衬底的温度、加速电压相关。图 6-17 是单晶 Si 衬底上生长 Si 膜，其质量 M 随衬底温度的倒数（$10^3/T$）的变化趋向。对中性原子团（$V_a=0$），沉积质量随衬底温度的升高而减小。而离化原子团沉积质量随温度升高而增加。在加速电压增

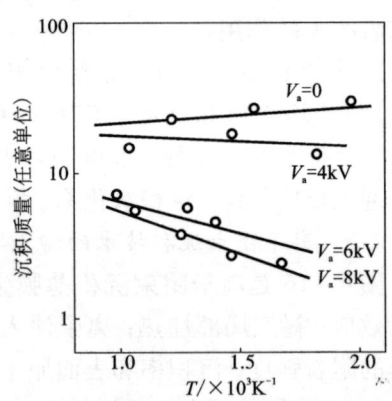

图 6-17 沉积质量和衬底温度的关系

大，$\ln M \sim 1/T$ 直线的斜率发生变化。在一定的衬底温度下，因溅射效应，加速电压越大，沉积质量越小，所以 ICBD 可在低能下获得高的沉积速率。

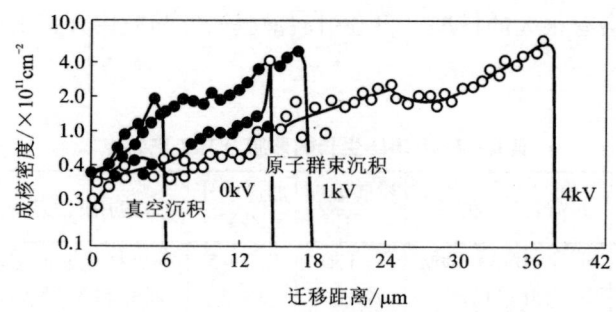

图 6-18　金在 SiO_2 上沉积核密度与迁移距离的关系

(3) 迁移效应：在中性和离化原子团与衬底碰撞、破碎时为具有一定能量的单个原子。其一方面在衬底表面作横向迁移，另一方面参与形成薄膜，提高薄膜的结晶性能。这一显著的特点，Pakagi 在 SiO_2 膜上沉积 Au 膜来研究原子的迁移效应。图 6-18 是 Au 在 SiO_2 上沉积核密度与迁移距离的关系。从中可知，真空蒸发沉积的原子迁移率很小，而 ICBD 加速电压为 0，也有较大的原子迁移距离。随加速电压的增大，其高能量原子增多。因而迁移距离和成核密度都增大。当加速电压达 4 kV，最大迁移距离已大于 30 μm。而其他方法均不可能达到这样的迁移距离。原子的这种迁移，有助改善薄膜的结构和形态。因此，可以用控制沉积条件来制备取向度高、结晶完善的单晶薄膜。

6.2.2.3　离子团束沉积技术应用研究进展

离子团束沉积技术主要研究制备各种功能薄膜，包括金属、半导体、绝缘介质、光学涂层、光电涂层、热电材料、磁性材料和有机材料等。表 6-4 列出了用 ICBD 制备的部分薄膜与工艺特点。目前看，对 ICBD 的研究大多应用于电子功能器件。其实在需要制备光滑的薄膜、致密的薄膜、附着力强的薄膜时，ICBD 技术也很有用。根据 ICBD 制备薄膜的特点，可以预计，其在应用领域上会有很大的扩展。将会引起薄膜研究与应用开拓工作者的兴趣。

表 6-4 ICBD 生长的薄膜及其工艺特点

薄膜材料	衬底	衬底温度/℃	加速电压/kV	应用或工艺特点
Al	Si, Ge, GaAs, CaF$_2$	<150	0.2~5	外延择优取向多晶薄膜
Au	Si(111)	室温	1~3	激光和 X 射线反射镜
Si	Si(111), Si(100), 蓝宝石($1\bar{1}02$)	620	6	低温外延，在半导体装置中形成 p-n 结
GaAs	Si, GaAs	550	6	低温外延单晶膜
CdTe	Si, GaAs	250	1~3	外延单晶薄膜
ZnSe	GaAs	100~350	0.5~3	外延单晶薄膜
ZnTe	GaAs(100) Si(100)	300	0.8	外延单晶薄膜
非晶 Si	玻璃	300	1~3	薄膜太阳电池
InSb	蓝宝石	250	3	可控晶体结构；磁敏感器
PbO	玻璃	室温	3	低温生长；超导体
BeO	玻璃	400	0	c 轴择优取向，高电阻率，高热导率
ZnO:Li	蓝宝石($1\bar{1}02$)	230	0.5~1	外延单晶薄膜；光波导
GaN/ZnO	玻璃	450	0	低温生长，发光二极管
SiC	Si, 玻璃	600	0~8	可控晶体状态，表面保护层
TiN/Ti	Si	300	1	用于大规模集成电路
MnBi	玻璃	300	0	c 轴取向，磁性薄膜
GdFe	玻璃	200	0	非晶态，磁光记录介质
聚乙烯	玻璃	-10~0	0~2	控制结晶取向，发光二极管

6.3 激光与气相沉积、电子束与气相沉积技术复合

6.3.1 激光与气相沉积技术复合

激光与气相沉积复合技术比较适合于有色金属和陶瓷涂层的涂覆,如铝合金表面的涂覆要比钢铁困难,因铝合金与涂覆材料的熔点差别太大,而且在铝合金的表面还存在高致密度、高表面张力、高熔点的 Al_2O_3 膜。因此,涂层易开裂、脱落,产生气孔或与铝合金混合时产生新的合金。气相沉积上涂覆层后,通过激光的照射,可从根本上改变工件的表面性能。如西安交通大学在 ZL101 铝合金发动机缸套内涂覆 Si 和 MoS_2。用激光涂覆后,发现有 0.1~0.2 mm 的硬化层,其表面硬度比 ZL101 铝合金的硬度高 3.5 倍。

在 Al 的表面上用阴极多弧镀的方法涂覆 Ti 后,用 CO_2 激光照射。同时通入 N_2 气,可形成高硬度的 TiN,使耐磨性能提高 $10^3 \sim 10^4$ 倍。

在钛合金用激光气相沉积成 TiN 后,再沉积 Ti(C.N)形成的复合层,硬度 2750 HV。

6.3.2 电子束与气相沉积技术的复合

这方面,最典型的就是等离子体辅助电子束蒸镀,包括离子镀和活化反应蒸镀。这是产生等离子体的工作压强范围 $10^{-2} \sim 1$ Pa,也是电子束蒸发与基体材料之间所允许的压强。图 6-19 就是一种具有横向电子束枪和环型电极的等离子体活化反应沉积的复合处理设备。用这种设备可以沉积一系列的氧化物、碳化物、氮化和硫化物。

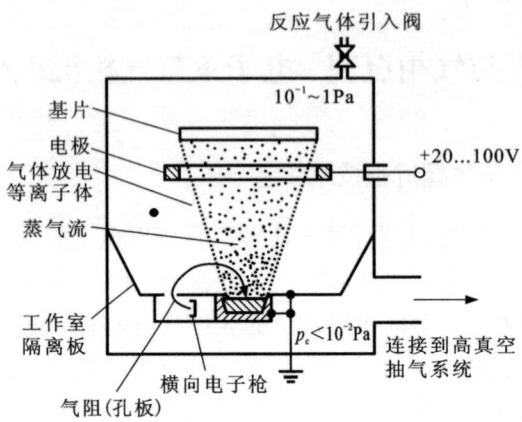

图 6-19 具有横向电子束枪和环型电极
的等离子体活化反应沉积设备

6.4 等离子喷涂与激光技术复合

在工程应用中,可利用等离子喷涂的方法,先在工件表面形成所需性能要求含有的合金化元素的涂层,然后再用激光加热的方法,使它快速熔化,形成符合性能要求、经过改性的优质表面工作层。

6.4.1 用等离子喷涂与激光复合技术提高钢基材的性能

用等离子喷涂在钢基材上涂覆一层优质的合金,然后再用 1.2 kW 的 CO_2 激光器进行熔融和表面合金化,使钢材的表面可获得优质性能的涂层。如表 6-5 是 Metco 公司为钢激光表面合金化前为等离子喷涂提供的 Ni-Cr 合金、WC 合金、碳化铬-NiCr、ZrO_2 陶瓷和金属 Mo 等喷涂材料。这些合金在工程上极为实用。用等离子喷涂这些合金到钢基材上,再用 1.2 kW 的 CO_2 激光进行复合处理,大大提高了 AISI6150 钢材的表面硬度和耐磨性能,大大延长了工件的使用寿命。

表6-5 AISI6150钢激光表面合金化前等离子喷涂材料

Metco 粉末	名称	组成元素 / %									
		Cr	Si	B	Fe	Cu	Mo	W	WC+8%Ni	C	Ni	碳化铬	ZrO₂
19E	S/FNr-Cr合金	16.0	4.0	4.0	4.0	2.4	2.4	2.4		0.5	余量		
36C	S/F WC合金	11.0	2.5	2.5	2.5				35.0	0.5	余量		
81VF-NS	碳化铬-Ni-Cr	余量									20.0	75.0	
201B-NS-1	ZrO₂陶瓷								CaCO₃ 8.0				92.0
铝粉	Mo							99					

6.4.2 用等离子喷涂与激光复合涂层技术提高精锻机芯棒的高温、高速锻打的使用寿命

现今大多数国家使用的大型精锻机大多从奥地利 GFM 公司进口，其芯棒表面是采用爆炸喷涂工艺形成一层耐高温、耐冲击、耐磨蚀、抗热疲劳的薄涂层。这一先进的涂层技术，被美国联合碳化物公司垄断。奥地利 GFM 公司制造的精锻机，也是配以美国联合碳化物公司的涂层芯棒。针对爆炸喷涂的特点进行分析，也可用两种工艺技术来提高精锻机芯棒的使用寿命，一是采用低压等离子喷涂替代爆炸喷涂，另一技术途经也可用等离子喷涂加激光重熔的复合涂层工艺。

用低压等离子喷涂，既可保证喷涂过程中 WC 涂层不失碳，涂层成分不变，粉末飞行速度快，涂层致密，与精锻机芯棒基材结合强度高，可减少涂层应力。经生产现场试验，精锻机涂层芯棒在高速、高温锻打石油钻铤达 89 根/支芯棒，达美国联合碳化物公司涂层芯棒的国际先进水平。

另外也可用等离子喷涂加激光重熔的涂层复合技术，用超音速等离子把能耐 850~900℃ 高温和抗冲击性良好的 WC-10Co-4Cr(平均粒度 7.3 μm)涂层粉末，先喷涂在 ⌀76 mm 的精锻机芯棒表面上(其中加 Cr 的目的是为提高涂层的高温性能)。喷涂后，辅以 CO_2 激光器对涂层进行重熔。其目的是使涂层进一步致密、相结构稳定，并使涂层中的组分对芯棒基材有一定的扩散作用，更进一步提高 WC-10Co-4Cr 涂层与芯棒基材的结合强度，延长精锻机芯棒在 850~900℃ 高温高速苛刻条件下锻打石油钻铤的使用寿命。这类涂层与复合技术，也可用于各类模具的强化和修复。

6.4.3 激光雕刻柔版印刷用高线数陶瓷涂层网纹辊

柔版印刷具有周期短、成本低、印刷适应性强等突出特点，特别是采用水性油墨，正在演变成一种绿色无污染的印刷技术。柔版印刷机中有不少重要的辊轴零件，如轧光辊、碾光辊、顶压辊、瓦楞辊、网纹辊等。其中网纹辊是柔版印刷设备中的关键部件，在辊面上需要雕刻有不同密度和不同容积的孔穴，以保证在孔穴中储存墨水，使之在印刷过程中把墨水转移到印版上。传统的网纹辊是用机械或电雕的方法，在金属表面上进行网孔的刻蚀，刻蚀网孔后再进行镀铬。镀铬的网纹辊耐磨性能不佳，线数不高，只能刻蚀到 200～300 线/英寸的低线数网纹，因而图像不够清晰，印刷质量不理想，网纹辊使用寿命低。20 世纪 90 年代初，美日研究开发出激光陶瓷网纹辊新技术。其采用高密度（孔隙率小于 1%）、高硬度（1200～1300 HV）的陶瓷涂层网纹辊，达 1600 线/英寸的高线数，使网纹辊的形状、容积更均匀，更精确，大幅度地提高了印刷质量，特别是使用了陶瓷涂层，耐磨性能又十分优异，寿命比镀铬刻花网纹辊提高 20 倍以上。这一新技术的应用，使柔版印刷在印刷行业中得到迅速发展。到 2000 年，美国的柔版印刷比例上升到 40%，很快就可与胶印齐头并进。

经分析、研究，这一先进的新技术是采用激光束技术雕刻的高线数陶瓷网纹辊。其技术关键是陶瓷涂层的制备和精加工，再辅以激光束雕刻技术（或激光束刻蚀技术），便可制成能精确转移墨水的油墨计量辊。

柔版印刷于 20 世纪 90 年代中期引入我国印刷行业，目前，年需进口 5 万条～10 万条（约 10 万 m^2 陶瓷涂层面积）陶瓷网纹辊。这种先进的高线数陶瓷网纹辊，就是应用等离子喷涂与激光束表面复合优化组合技术制备的。

6.4.3.1 用等离子喷涂高密度、高硬度、耐磨的 Cr_2O_3 陶瓷涂层

(1) 喷涂前的预处理：首先对钢基材辊进行除油、打砂。其目的一是去除钢基辊表面油污，二是粗化辊基表面，使辊的表面成为新鲜的活性面，并与涂层能牢固地结合。辊表面的前处理是保证涂层高品质的前提，是提高陶瓷涂层与辊基结合力的重要措施。

(2) 打底层：除油、打砂使辊面保持新鲜活性后，立即进行装夹，对辊面进行喷涂打底。所谓打底就是在陶瓷涂层与辊基材之间增加一层结合层。因为陶瓷涂层与钢基材性能差异大，难以保证涂层牢固的结合，通过打底的中间结合层，Ni – Al 或 Ni – Cr 层来过渡。在打底前，需对辊面进行预热，预热后再喷涂 Ni – Al 或 Ni – Cr 底层。

(3) 陶瓷涂层 Cr_2O_3 的喷涂：打完 Ni – Al 或 Ni – Cr 中间结合层后，即进行 Cr_2O_3 涂层的等离子喷涂。现用的是超音速等离子喷涂，其整套装置如图 6 – 20 所示。在喷涂过程中，需根据工件的大小，控制好工件的转速、气体的流量、喷涂的移动速度、喷距、喷涂功率等工艺参数，以保证 Cr_2O_3 涂层均匀、致密、微孔等缺陷。整个涂层 0.4 ~ 0.5 mm 厚，喷完后应注意冷却，一般冷却

图 6 – 20　超音速等离子喷涂设备
(a) 设备全貌；(b) 陶瓷涂层喷涂

到 90~200℃即可。

(4)机加工磨光：由于喷涂在辊面上的 Cr_2O_3 涂层表面比较粗糙。无法进行激光雕刻。在转入激光雕刻前，必须对 Cr_2O_3 涂层表面进行机械加工磨光，磨到粗糙度 Ra 0.5 μm 时（Cr_2O_3 涂层）方可转入下步激光雕刻。

6.4.3.2 用激光雕刻陶瓷网纹辊

(1)激光雕刻前的辊坯检查：滚坯与 Cr_2O_3 涂层表面检查：首先要检查辊坯尺寸精度、动平衡、定平衡有否达到技术要求。其次，检查涂层的粗糙度 Ra 是否在 0.4~0.8 μm 范围（高线数 Ra 为 0.2~0.4 μm）和涂层厚度达 0.4~0.5 mm。最后检查横向、纵向震纹。特别对雕刻高于 1000 线/英寸的高线数产品，表面粗糙度就很重要。

(2)确定雕刻线数和载墨量：激光雕刻前，一般根据使用的要求、场合、印刷产品来确定线数和载墨量的多少。对

涂布辊、涂胶水、金银卡纸：200 线/英寸；

包装印刷（粗线条）：200~300 线/英寸；

大实地印刷：300~600 线/英寸；

网点印刷：600 线/英寸以上；

层次板印刷：800~1000 线/英寸。

产品对象不同，选择不同的网纹。网纹的形状一般采用六角形。这是因为六角形在相同的面积时网墙所占的比例最小，其释墨量好。

(3)激光雕刻：图 6-21 是一台引进国外先进的高线数激光设备。用于雕刻柔版印刷高精度陶瓷涂层网纹辊。

1）经喷涂磨光后的 Cr_2O_3 陶瓷涂层辊上激光雕刻机后先要进行机械调整，以确保激光斑点的大小，刻蚀的均匀；

2）试雕：试雕刻的目的是视其雕刻效果，寻求最佳工艺参数。重点调整激光功率、频率、雕速等工艺参数，以达到满意的

图 6-21 先进的高线数激光生产设备

网纹品质。

3) 雕刻:试雕品质满意后,即按调好的工艺参数正式雕刻。在雕刻过程中,一般低线数雕刻时用 CO_2 激光器,高线数雕刻时选用 YAG 激光器。

(4) 抛光

激光雕刻,实际上是对辊面上的 Cr_2O_3 陶瓷涂层加热、微区熔融的过程。在这个微区熔融的过程中,会有微区的熔化飞溅物。造成微观表面的凹凸。因此对雕刻后的辊面还需抛光。抛光的目的有二:一是把微区的熔化飞溅物磨除,把激光雕刻的辊表面凹凸磨平、抛光;二是改变载墨量的大小(当然只能改小,因网纹的深度磨后只能变浅)。

(5) 品质(质量)检验

一般来说,检查:

1) 涂层检查:检查涂层的孔隙率、硬度、厚度、结合强度。

2) 辊的尺寸检查:一般按设计图纸进行精度和尺寸检查。

3)网纹的品质检查:一般检查网纹的形状、深度、载墨量。图6-22是激光雕刻的陶瓷网纹辊产品。

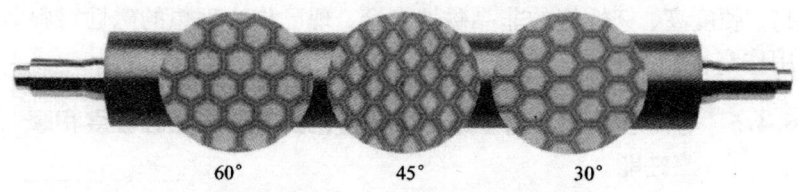

图 6-22 激光雕刻的陶瓷网纹辊

6.4.4 等离子喷涂与激光涂覆技术复合提高涂层的性能

6.4.4.1 提高涂层的高温抗氧化性能和高温摩擦性能

用等离子喷涂的方法喷涂在 Rene-80 合金材料上的 NiAlCrHf 涂层和喷涂在 Incoloy800H 合金上的 NiCoAlZrY 涂层比较粗糙、多孔、不够致密;经过与激光重熔工艺复合,一方面获得孔隙度显著降低的表面光滑涂层,另一个重要方面是分别提高了 NiAlCrHf 和 NiCoAlZrY 两种涂层在 1200℃ 的高温抗氧化性能。还有用等离子喷涂的 Cr-C-W、Co-Cr、W-C 涂层,经激光重熔,又可提高涂层的高温摩擦性能。

6.4.4.2 提高涂层的硬度

用等离子喷涂方法制备的 NiCoAlZrY 底层和 ZrO_2/Y_2O_3 面层经过激光重熔后,可制备出少裂纹或无裂纹、组织细化、显微硬度提高的热障涂层。

另外,在金属基体上,用等离子喷涂的 Co 基、Ni 基、Fe 基、Cu 基合金和金属陶瓷,经过激光熔覆,都可大幅度提高材料的硬度和耐磨性能。如在钢基材料表面,通过这种复合工艺涂覆一层 WC、TiC、ZrO_2、Al_2O_3 等金属碳化物、氧化物,可获得一层硬度和韧性能理想结合的表面覆合涂层。特别是利用激光的快速加热、超速急冷，在金属与合金的表面制备厚度达几十纳米级的非晶态合金组织；可利用非晶态合金组织的各向同性、无晶界的优异性能，诸如没有方向、导磁性高、矫顽力低、软磁性好、电阻高、硬度高、韧性好的非晶磁性合金，现已作为理想的磁性材料，用作高性能的磁头。

6.4.5 等离子喷涂与离子注入技术复合提高材料表面硬度和摩擦性能

在 GCr15 钢上，用等离子喷涂 Cr_2O_3 涂层后，再用离子注入的方法，向涂层中注入 N^+ 离子后，不仅使 Cr_2O_3 涂层的表面硬度得到提高，还使涂层表面的粗糙度下降，改善了摩擦条件，使表面晶粒细化，造成表层残余压应力，改善了 Cr_2O_3 涂层耐磨性能。

6.5 多种表面沉积技术制备多层复合膜层

6.5.1 用多种气相沉积技术制备发光器件的多功能复合膜层

在微电子工业中，特别利用声、光、电、磁的功能转换，相当多的运用溅射沉积、电子束蒸发、有机金属化学气相沉积、分子束外延、原子束外延等气相沉积技术，沉积成各种功能各异、多种膜层相结合的复合膜层。如日本夏普公司开发的具有双层绝缘结构的高辉度（约 1500 F1、5 kHz、250 V）、长寿命（连续工作 15000 h 以上）、高稳定性的器件。这种器件实际上是在玻璃基板上，用电子束蒸发、沉积上一层 In_2O_3 透明导电膜后，再用射频溅射沉积厚约 200 nm 致密的 Y_2O_3 或 Si_3N_4 高介电性的绝缘膜，然后再用电子束蒸镀含有 Mn、厚度约 500 nm 的 ZnS 荧光薄膜作发光体，紧接着在发光薄膜层上用射频溅射沉积一层厚度尽可能同前一绝缘层膜厚 200 nm 接近的 Y_2O_3 膜或 Si_3N_4 膜，最后再用电子束蒸镀一层 Al 金属作背面电极，如图 6-23。同样，这种双层绝缘膜层结构交流场致发光器件，如采用原子束外延生长，含 Mn 的

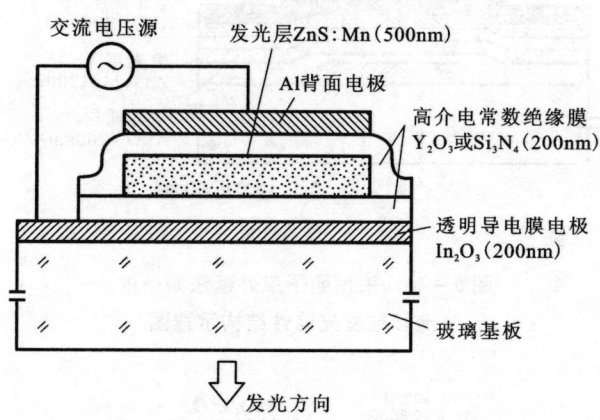

图 6-23　交流场致发光器件结构图

ZnS 发光膜层和 Al_2O_3 绝缘膜层，可使发光效率大幅提高。只不过 ZnS 发光层在沉积上，把 Zn 或 $ZnCl_2$ 及 S 或 H_2S 蒸气依次以半结合状态原子形式相互重叠外延生长形成。即在玻璃基板上用溅射法形成厚度为 50 nm 的 ITO 薄膜后，再用原子外延生长法制作 Al_2O_3 和含 Mn 的 ZnS 所形成的绝缘层—发光层—绝缘层的三明治夹层结构。其示意如图 6-24。

在磁性存储器上使用的磁性多层膜。先在 ∅0.1 mm 的镀青铜表面沉积一层 Cu 后，再交互地沉积 NiFe 和 NiCo 形成多层结构。NiCo 膜作记忆，NiFe 膜作读出。这种四层结构膜的直接结合，在读出操作上，无论反复多少次，记忆不会消失，可实现非破坏记忆效果。

在多层薄膜结构中，有一种具约瑟夫森集成电路特征的 Pb 合金集成电路多层薄膜结构，如图 6-25。采用的是 12~13 层掩

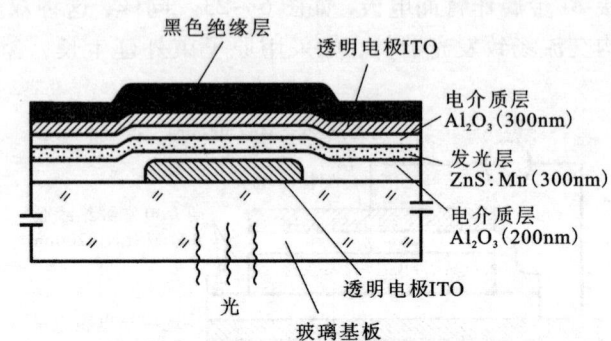

图 6-24　采用原子束外延法制备的交流场致发光器件结构示意图

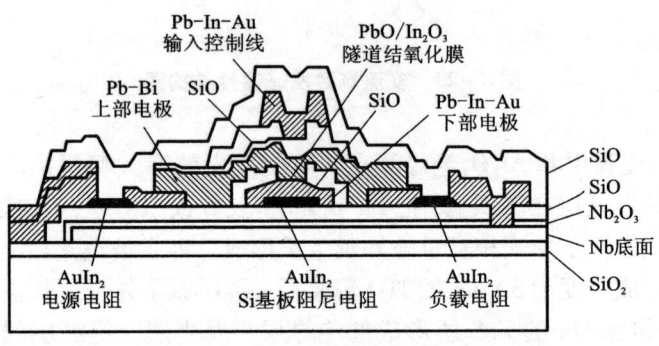

图 6-25　Pb 合金集成电路结构

膜工序制成。不难看出，它与硅集成电路复杂制作工序很相近。另外按最小线宽为 2.5 nm 的集成比例，制取了存储电路、逻辑电路等集成电路。从这类复杂的微电子用器件或集成电路的结构中看到，采用的多层结构膜层材料都是涉及多种有色金属及其化合物和现代的表面薄膜技术相复合的沉积技术。

6.5.2 用多种表面处理技术制备在临界压应力下不易塌陷的多层复合膜

工业实践中发现对工况复杂的零件,虽进行了两种表面技术相复合的表面处理,但仍满足不了工况应用要求。如 Ti 合金进行了物理气相沉积(PVD)的 TiN 和离子渗氮的表面处理,虽提高了耐磨性,但表层渗层厚度仅为 $1\sim3~\mu m$(PVD),以离子渗氮后也仅为 $10~\mu m$,当该零件达到临界接触应力时,由于基体塑性变形,削弱了改性层的结合强度及其对基体材料的结合力,致使改性层塌陷,脱落形成磨粒,导致灾难性失效。如在 PVD 和离子渗氮处理前,先进行高能束氮的合金化(增加基体承载能力)、往往可避免改性层的塌陷或脱落,表 6-6 是钛合金、Al-Si 合金不易塌陷的三种表面技术复合处理后的结果数据。

表 6-6 多种表面复合处理结果

材 料	多种复合表面处理工艺	结 果
钛合金	1. 物理气相沉积 TiN	$1~\mu m$ 厚 TiN, 2100 HV
	2. 高能束(电子束、离子束、激光束)氮的合金化	$5~\mu m$ 厚 TiN, 1400 HV $4~\mu m$ 厚富氮 α-TiN, 1070 HV
	3. 离子渗氮	$1000~\mu m$ 厚富氮的 α-Ti, 800 HV
Al-Si 合金	1. 电子束 Si、Ni 合金化	产生含 Si 颗粒为主或 Ni、Al 的金属间化合物(NiAl3)
	2. 二次合金化	$w(Si)=40\%$,>220 HV
	3. PVD 沉积 Cu、Ni、Cr	$w(Ni)=20\%$,>300 HV 基体硬度最高 140 HV

三年多前,由西安交通大学、核工业西南物理研究院、国家 863 产业基地三家联合研制的"注—掺—镀"生产型复合镀膜机,

可从技术上在同一机中完成制备在临界压力下不易塌陷的多层复合膜。

6.6 磁控溅射与阴极多弧离子镀的技术复合

图 6-26 是一台 $\varnothing 800 \times 1000$ mm 无灯丝长条离子源的非平衡磁控溅射和阴极多弧离子镀技术相复合的生产设备。该国产设备成功地用在 $\varnothing 0.3$ mm、$\varnothing 0.35$ mm 微型钻（线路板钻孔）上，沉积出膜厚为 $0.2 \sim 0.3$ μm，膜层多达 100 余层的（CrAlTi）N 膜（见图 6-27）。膜层显微硬度高达 3500 HV。明显高于 CrN(2000~2400 HV)

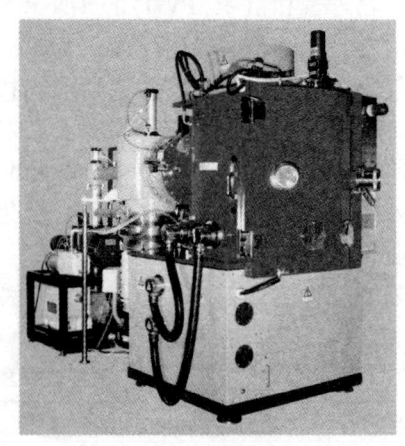

图 6-26 全自动镀膜设备

和 TiN(2300 HV)。这是因为膜层中的晶粒细化及 Ti、Al、Cr 原子间互相部分置换了原氮化物晶格中的金属原子，产生晶格畸变，从而使（CrAlTi）N 膜层显微硬度高达 3500 HV。但是（CrAlTi）N 膜要获得应用，在很大程度上，又取决于膜/基结合力的大小。若膜/基间热膨胀系数相差越大，其间形成的残余应力就越大，膜/基结合力就越低，适应宽温差环境的能力就越差。为降低膜/基之间的热膨胀系数差，提高膜/基结合力，在微钻硬质合金基体上沉积（CrAlTi）N 膜时，设计用 Cr-CrN-（CrAlTi）N 膜的梯度膜层过渡，同时在整个沉积过程中，用离子源加以辅助轰击，以提高膜层质量，增强膜/基结合力。经用划痕法对该膜层检测的声发射曲线得知,膜/基结合强度高达 80 N 以上,完全达到并优于用阴极电弧离子镀 TiN 膜的结合强度。

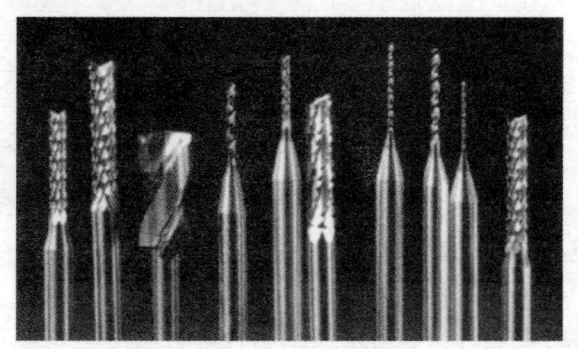

图 6-27　微型钻头照片

在沉积的(CrAlTi)N 膜层中是含有(CrAlTi)N、CrN、TiN、AlN 的混合相,其晶粒细小,其中(CrAlTi)N 膜具有(111)面择优取向。根据谢乐(Sherrer)公式计算,(111)面薄膜生长的晶粒尺寸为 9.5 nm,在(200)、(220)、(311)面的 X 射线衍射峰明显宽化,一方面是因晶粒尺寸较小,另一方面是含有(CrAlTi)N、CrN、TiN、AlN 的多相结构的叠加。镀有(CrAlTiX)N 膜层的 $\varnothing 0.3$、$\varnothing 0.35$ mm 的微型钻,在线路板小批量生产上使用,其钻孔的使用寿命,比未镀膜的微型钻提高 1~4 倍,大幅度地降低了线路板的钻孔成本和换钻的生产时间,提高了钻孔工效。为改善(CrAlTi)N 的膜层钻屑性能,添加了某一元素后,沉积的(CrAlTiX)N 膜层进一步降低了钻屑的摩擦系数,钻孔的品质和使用寿命有所提高。

还有,用此国产设备在高精密(镜面级)$\varnothing 250$ ~ $\varnothing 350$ mm 光盘模具上成功地沉积厚为 3 μm、光洁、均匀、细腻的含 Ti - DLC(类金刚石)膜。在生产实际应用考核中光盘开闭合达 400 万次以上(未镀模具开闭合为50万次),使用寿命提高7倍以上。不仅大大降低了高精密光盘模具使用的生产成本,还缩短了生产周期。为我国在提高高精密模具生产上提供了技术支撑。图6-28是经DLC膜表面处理的光盘模具。

图6-28 镀有DLC膜的光盘模具

图6-29是镀有DLC膜空调器的翻边冲头,用来加工铝合金材质的空调器零件。经DLC镀膜强化后使用寿命提高2~3倍,达1500万次以上,与日本镀膜进口翻边冲头使用寿命相当,但单件成本降低很多。

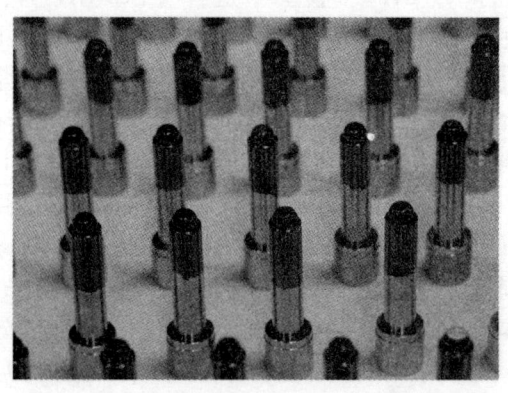

图6-29 镀有DLC膜的空调器翻边冲头

图6-30和图6-31分别为镀有DLC膜的塑料和玻璃成型模具。经DLC镀膜后,在使用上明显提高了脱模性和使用寿命,制备的零部件表面品质远优于镀膜前。

图 6-30 镀有 DLC 膜的塑料成型模具

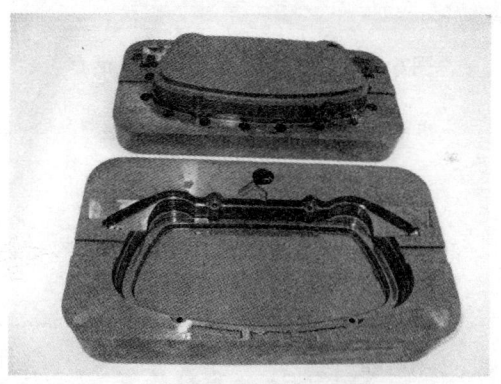

图 6-31 镀有 DLC 膜的玻璃成型模具

利用 DLC 膜的低摩擦系数来降低摩擦力。经 DLC 膜沉积的制冷活塞(见图 6-32)提高了无润滑摩擦性能和使用寿命。图 6-33 是经沉积 DLC 膜处理的"不锈钢、钛合金基材高尔夫球头"。在高尔夫球头上，沉积制备一层 3 μm 左右的 DLC 膜后，挥杆敲击在1500次后仍未露基材。而市面上镀有TiCN装饰膜的高尔夫球头，敲击几十次就有较深（露基材）的划痕。

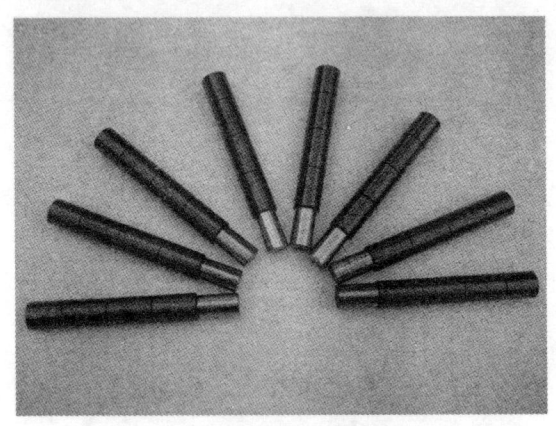

图6-32 镀有DLC膜制冷机活塞

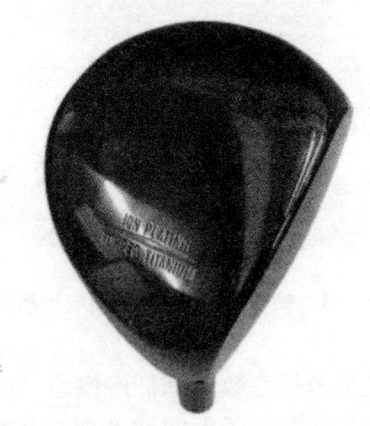

图6-33 镀有DLC膜的高尔夫球头

6.7 多层硬质复合膜与纳米多层膜技术

6.7.1 多层硬质复合膜与纳米多层膜沉积设备

近年来,物理气相沉积的硬质耐磨膜系发展趋势已从多元单层膜向多层膜系发展,其发展大致有两种模式:其一是用不同性能的单层膜复合在一起,获有多种功能的膜系或具有优质综合性能的膜系;其二利用两种不同的成分、性能的纳米膜层重复交叠,即所谓的纳米多层膜系。工艺上控制两种不同膜的厚度比例(调制比)和两层膜的厚度(调制周期)来沉积制备纳米级多层膜的结构,最终获得理想的超硬耐磨纳米多层膜系。国际上,对这种新的不同性能的多层膜的复合和纳米多层膜进行了研究。有的已开始进入工程化。同时,相应的多层膜的沉积制备技术,沉积设备也得到同步的发展。目前最常见的多层复合膜的沉积工艺方法是磁控溅射(有直流多靶溅射、射频溅射、单极或双极溅射、非平衡磁控溅射)、过滤的阴极电弧沉积、多源的等离子辅助化学气相沉积、电弧与激光、带离子源的阴极电弧与非平衡磁控溅射相组合的复合沉积等等。

诸如,纳米多层膜在一机中,通过不同靶源开启、关闭或屏蔽不同靶源或通过工件旋转时,经过不同部位的源来沉积制备。这些源可以是金属、氮化物、碳化物、氧化物或通入气体,产生化学反应或直接沉积在工件表面上。具体采用的工艺技术方法组合,往往又需根据应用的性能要求与工件的实际形状进行工艺方法的组合选择。

6.7.2 多层硬质耐磨膜

最先提出研究多层化的膜层结构主要是出于半导体器件、光学器件应用的需要。现今,已把多层化的膜层结构研究扩展到耐磨耐蚀、磁记录、超导及多层膜层的结合匹配。

就硬质膜而言,多层化的目的,从力学性能上,不仅要提高膜层硬度,而且对膜层的韧性、裂纹扩展、耐磨耐蚀等性能都要求得到显著的改善。

我们知道,在单层硬质膜系中,研究最多的是过渡金属氮化物、碳化物、氧化物系列;而在超硬膜上,研究最多的是金刚石膜、DLC 膜、C-BN、B_4C 以及一些三元的 B-N-C 膜。

在多层硬质膜系研究上,较多的模式是在硬质膜最顶层上生长一层低摩擦系数的固体润滑膜,以减少表面摩擦系数,提高耐磨寿命。其典型的膜层是 TiN/MoS_2、TiN/Me + C(即掺金属的类金刚石)等等。这些已用于刀具、汽车零件、纺织机械零件、信息存储器、医学植入体上。

6.7.3 纳米超硬多层膜

6.7.3.1 纳米超硬多层膜

这些年来,对纳米超硬多层膜的研究备受重视。这是因为在 1987 年发现有两种很薄很薄的膜层(纳米级)的材料(典型为氮化物)重复交叠成纳米级的多层结构出现异常的高硬度,有的甚至高达金刚石硬度的一半。这表明,性能差异的氮化物可组成一种具有特殊性能的新材料。从研究多层膜的物理和力学性能的结果可知,它们强烈地依赖着多重界面的性质,其性能对制备方法和生长条件十分敏感。这些结构主要包括界面韧性、界面共格、内扩散、单向取向、纳米结构等。有人认为,这种超硬性和力学性能的提高取决于它们的显微结构。研究结果证实,在微米尺度范围内,多层膜的硬度依据 Hall - Pectch 方程(经大量实践证实总结的多晶材料屈服应力(或硬度)与晶粒尺寸的关系即 $\sigma_y = \sigma_{0.2} + kd^{-1/2}$ 或 $H = H_0 + kd^{-1/2}$。$\sigma_{0.2}$ 为 0.2% 屈服应力,是移动单个位错所需克服的点阵摩擦力；k 为常数，d 为平均晶粒尺寸，H 为硬度）。随调制周期的减少而上升，它的机制为 Hall – Pectch 效应。一旦进入纳米尺度范围内时，其硬度曲线显示出峰值（见图 6 – 34 中 1），对其硬度出现的峰值，尽管有理论解释，但仍需进一步的论述。对纳米多层膜的超硬度、超模量效应在材料科学理论中提出过一些比较合理的解释，其机制有量子效应、协调应变效应、界面应力效应、界面对位错的阻塞作用等理论对纳米多层膜的力学性能进行解释、探讨。这些理论解释虽有一定的说理性，但结合对实验中观察到的一些现象和结果的数据还不能令人信服；理论很不完善，还需要深入的研究探讨。尽管如此，纳米多层超硬膜存在大量与基体平行的内界面确实能引起阻碍裂纹的扩展，阻塞位错的运动，增加材料的韧性。这在工程应用的刀具耐磨上已取得很好的效果。

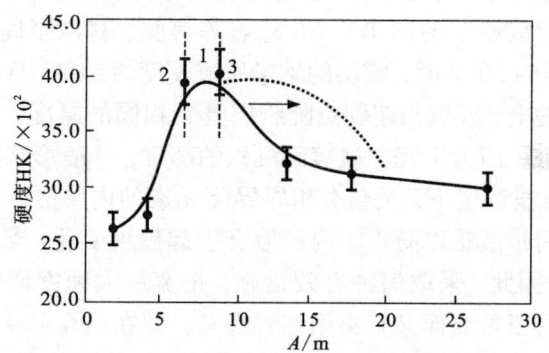

图 6 – 34　纳米多层膜硬度峰值的调制周期示意图

从人们已研究的纳米超硬多层膜看，它是由氮化物、碳化物、氧化物膜与金属膜所组成。大体有：

（1）氮化物/氮化物：TiN/VN（5600 HV），TiN/NbN（5100

HV)、TiN/VNbN(4100 HV);

(2)碳化物/碳化物:TiC/VC(5200 HV);

(3)氮化物/碳化物或碳化物/氮化物:TiN/CN$_x$(4500~5500 HV)、ZrN/CN$_x$(4000~4500 HV)、iC/NbN(4500~5500 HV)、WC/TiN(4000 HV);

(4)氮化物或碳化物/金属:TiN/Nb(5200 HV)、(TiAl)N/Mo(5100 HV);

(5)氮化物/氧化物:(TiAl)N/Al$_2$O$_3$

M.Shinn 等人用磁控溅射沉积制备了 TiN/NbN、TiN/VN、TiN/VNbN 等超硬点阵薄膜在调制周期为 4.6 nm, TiN/NbN 膜的最高硬度达 4900 HV,相对比它们的单层 TiN 膜或 NbN 膜硬度得到了大幅度的提高。

M.Shinn 认为,硬度大幅度得到提高的原因是两种膜中其位错的线能量有差异和界面共格应变共同作用所致。Zong 用非平衡磁控溅射沉积制备的 TiN/Nb 超点阵薄膜,其调制周期为 7.3 nm,偏压为 -50 V 时,膜层的纳米压痕硬度为 5100 HV。

在工程上,要沉积超硬点阵膜层具有相同的厚度,工艺控制上十分困难。因为工程上被镀制沉积的部件,一般形状都比较复杂,其在服役温度下,又会有相邻界面元素的内扩散。这种相邻界面元素内扩散难以防止。内扩散会引起硬度变化(或者说超硬膜退化)。因此,采取何种有效措施,拓宽最大硬度调制周期的范围就显得很重要而又有实用工程意义。即在图 6-34 中,把多层纳米膜硬度峰值的调制周期范围向区域 3 更大的单位厚度扩展。

6.7.3.2 纳米超硬混合(复合)膜

纳米超硬混合(复合)膜是一种在薄膜基底上具有纳米尺寸单晶金属或粒子的纳米复合膜层材料;或者说是由两相或两相以上的固态物质组成的薄膜,其中至少有一相是纳米晶,其他相可以是纳米晶,也可以是非晶。这种超细结构的纳米混合(复合)膜层材料显示出异常的电子输运、磁、光、超导、力学性能。S. Veprek 提出了纳米超硬混合(复合)膜的设计原则:

(1)采用三元或四元化合物,在高温下发生析晶,实现达到成分调制;

(2)采用低温沉积技术时,避免异质结构在小调制周期易出现的内扩散,而不致使硬度下降;

(3)为容纳多晶材料自由取向晶粒错配,对两种材料中各组分的晶粒尺寸应控制在纳米范围,接近晶向稳定态的极限。

S. Veprek 认为,在纳米晶尺寸小于 10 nm 时,位错增值源不能开动,无定形相对于位错具有镜向斥力,可阻止位错迁移。即是在高压力下,位错也不能穿过无定形晶界基体,无定型材料可较好地容纳随机取向的晶粒错配。这种材料表现为脆性断裂强度、硬度和弹性模量成比例。其强度由纳米裂纹的临界应力所确定。由此提出制备纳米 TiN 晶粒和无定形 Si_3N_4 所组成的纳米混合(复合)膜的硬度达 5500 HV,热稳定性、抗氧化性达 800℃。获得的 nc-TiN/α-Si_3N_4/α 或 nc-TiSi$_2$ 混合(复合)膜的硬度超过 10000 HV。用纳米压痕法在载荷为 50~70 mN 时,硬度为 10000 ±2000 HV;当载荷在 100 mN 时,硬度为 9000 HV;此时的压痕深度已超过了膜厚的 7% (膜厚为 3.5 μm)。纳米金刚石在 30 mN 和 50 mN 下硬度为 10300 ±2200 HV;载荷增大,硬度急剧下降。这种纳米混合(复合)膜显示了高弹性恢复和韧性在压痕坑中仅出现环状裂纹,无角裂纹产生。当尺寸小到了 3 nm 时,再结晶温度为 1150℃;尺寸为 5 nm 时,再结晶温度为 850℃,显示出这种纳米混合(复合)膜还有高的热稳定性。类似的超硬膜还有 $\overline{nc}$-W_2N/α-Si_3N_4, nc-VN/α-Si_3N_4,(Ti-Al-Si)N 等。还有 Ti-B-N, Ti-B-C 所组成的 TiN-TiB$_2$、TiC-TiB$_2$ 的纳米混合(复合)膜。随膜中组分的不同,膜层硬度可在 5000~7000 HV 间变化。

从研究的纳米混合(复合)膜看,主要有四类:

(1) $nc-\text{MeN}/\alpha$-氮化物:$nc-\text{TiN}/\alpha\text{-Si}_3\text{N}_4$,$nc-\text{WN}/\alpha\text{-Si}_3\text{N}_4$,$nc-\text{VN}/\alpha\text{-Si}_3\text{N}_4$;

(2) $nc-\text{MeN}/nc-$氮化物:$nc-\text{TiN}/nc-\text{BN}$;

(3) $nc-\text{MeN}/$金属:$nc-\text{ZrN}/\text{Cu}$,$nc-\text{ZrN}/\text{Y}$,$nc-\text{CrN}/\text{Cu}$;

(4) $nc-\text{MeC}/\alpha-c$:$nc-\text{TiC}/\alpha-c$,$nc-\text{WC}/\alpha-c$。

Me = Ti, Zr, V, Nb, W;nc——纳米晶,α——非晶相。

从超硬纳米混合(复合)膜的制备,实际上可有两种模式:

(1) 纳米氮化物+氮化物,如 $nc-\text{MeN}/\text{MeN}(/\alpha\text{-Si}_3\text{N}_4$ 等);

(2) 纳米氮化物+金属,如 $nc-\text{MeN}/\text{M}(\text{M}=\text{Cu, Ni, Y, Ag, Co}$ 等)。

从今后发展方向上看,就应用而言,纳米多层膜和纳米混合(复合)膜应努力解决的技术问题归结起来是:

(1) 纳米多层膜硬度范围的扩展;

(2) 纳米尺寸的稳定性;

(3) 高温性能的稳定性;

(4) 薄膜中应力松弛与硬度退化的理论解释;

(5) 工业应用中的均匀化;

(6) 纳米多层与纳米混合(复合)膜性能的科学评价与评价标准。

就今后理论研究发展上:

(1) 对纳米超硬膜的超硬性的起源进行深入的理论研究;

(2) 对用不同沉积方法制备的纳米多层和纳米混合(复合)膜层的工艺参数对力学性能的影响规律的深入研究。

(3) 对可控硬度、弹性模量、弹性恢复及新功能的纳米混合(复合)膜开展深入研究;

(4) 对提高膜/基结合力的深入研究;

(5)对晶粒尺寸在 1 nm 左右的膜层进行研究。

差不多所有的纳米超硬膜都处于非平衡态,大量界面和点阵缺陷的存在,使它的自由能状态高,热激活过程中必然导致内扩散和再结晶,使超硬膜的性能发生变化。尽管 TiN/NbN、TiN/ZrN 复合膜在 800～1000℃是稳定的,但 TiN/NbN、TiN/ZrN 在室温下时效 1～2 年,硬度却发生了变化。超硬复合膜的退化,对其工程应用将产生很大的影响。如何理解此种退化现象和发展有针对性的理论解释对纳米多层复合膜的应用具有重要的指导意义。

纳米多层膜和纳米混合(复合)膜,虽然已有成功应用的范例,但其应用主要是在一些特定场合,如日本住友公司的 TiN/AlN 纳米多层膜铣刀(单层厚度 2～3 nm,层数达 2000 层),以及线路板钻孔用⌀0.3～0.35 mm,涂有纳米多层膜的微型钻等。这类应用的成功,令人兴奋,人们更期望的是通过纳米多层和纳米混合(复合)膜层获得新的结构和新的物理、力学性能。可以认为,纳米多层和纳米混合(复合)膜研究开发的时间不长,还仅仅是个开始,尽管影响纳米超硬多层膜和纳米超硬混合(复合)膜的因素很多,如组成多层膜的两种组元的材料种类、弹性模量的差异、界面反应状态和纳米超硬多层膜与混合(复合)膜的制备方法与工艺等等;而且很多实验已经证实超硬现象的存在,但人们对那些材料以及如何调制参数才能得到超高硬度的规律性还知之甚少。但扩展现有的超硬膜应用范围,研究突破现有的理论框架,开发设计新的纳米超硬多层膜与混合(复合)膜,会在当前和今后一段时间内,成为薄膜材料研究领域十分关注之一的热点;与此同时,在应用过程中,由于实用的零部件形状复杂,要保证所有点阵的膜层都有相同厚度,十分困难;加上高服役温度下,所形成相邻界面元素的内扩散引起膜层硬度的变化等因素,给纳米超硬多层膜和纳米超硬混合(复合)膜在沉积制备中带来相当大的工艺困难,正因为有这些困难的存在,还会吸引更多的跨学科的科技工作者去探索研究开发它的工程应用。

参 考 文 献

[1] 戴达煌,周克崧,袁镇海等编著. 现代材料表面技术科学. 北京:冶金工业出版社,2004. 503~524
[2] 钱苗根主编. 材料表面技术及其应用手册. 北京:机械工业出版社,1998. 799,800,806~808
[3] Ensinger W. Surf. Coat. Technol., 1996, 80:38
[4] Miyano T, Kitamura H. Surf. Coat. Technol., 1994, 65:179
[5] Hsieh J H, et al. Surf. Coat. Technol., 1991, 49:83
[6] Hsieh J H, et al. Surf. Coat. Technol., 1992, 51:212
[7] Park S W, et al. J. Appl. Phys., 1995, 78(10):5993
[8] 中国材料研究学会编. 中国材料研讨会论文集. 北京:化学工业出版社,1995
[9] 袁骏等. 具有双轴取向 YSZ 缓冲层离子束辅助沉积合成研究. 科学通报,1996,41(22):2103~2106
[10] 柳百新. 离子束和材料表面的作用. 北京:第二届中国材料研讨会特邀报告,1990
[11] S Veprek. Vac. Sci. Technol., 1999:A17:2401~2420
[12] M Shinn, L Hultman S A. Banett. J. Mater. Res., 1992, 7(4):901~911
[13] X T Zeng. Surface and Coatings Technology, 1999, 113:75~79
[14] S Veprek. Thin Solid Films, 1998, 317:449~454
[15] 李成明,吕反修,唐伟忠. 硬质纳米多层膜与复合膜的研究进展. 首届中国热处理活动周论文集,2002:Ⅱ-1
[16] Niederhofer P, Nesladek H D. Mannling, et al, Surf. Coat. Technol., 1999, 120/121:173~178
[17] E Ribeiro, A Malczyk, S. Carualho, et al. Surf. Coat. Technol., 2002, 151/152:515~520

[18] S Carvalho, L Rebouta, A Cavalerro. Thin Solid Films, 2001~398/399: 391~396

[19] C E Egstron, J Birch, L Hultman, et al. J. Vac. Sci. Technol., 1999, A17: 2920~2927

[20] Nmusil. Surface and Coatings Technology, 2000, 125: 322~330

[21] 赖倩茜, 虞晓江, 戴嘉维, 李戈杨, 宁兆元. TiN/NbN 纳米多层薄膜的交变应力场和超硬效应. 真空科学与技术, 2002, 22(4): 315

[22] 付志强, 蔡育平, 袁镇海等. 真空阴极电弧沉积(TiAl)N 薄膜的应用研究. 机械工程材料, 2001, 25(8): 25~26

[23] Huang Feng, Wei Guohua, John A, et al. Microstructure and Strees Development in Magnetron Sputtered TiAlCr(N) Films. Surface and Coatings Technology, 2001, 146~147: 391~397

[24] 马大衍, 王昕, 马胜利等. Ti-Si-N 纳米复相薄膜及 Si 含量对脉冲直流 PCVD 镀膜品质的影响. 金属学报, 2003, 39(10): 1047~1050

[25] 茅昕辉, 陈国平, 蔡炳初. 反应磁控溅射的进展. 真空, 2001(4): 1~7

[26] Lewis D B, Wadsworth I, Munz W D et al. Structure and Stress of TiAlN/CrN superLattice Coatings as a Function of CrN Layer Thickness. Surface and Coatings Technology, 1999, 116~119: 284~291

[27] 林松盛, 代明江, 候惠群, 朱霞高, 李洪武, 林凯生、戴达煌. 离子束辅助中频反应溅射(Cr、Ti、Al)N 薄膜研究. 真空科学与技术学报, 2006(26): 162~165

[28] Ribeiro E, Malczyk A, Carvalho S. Effects of ion bombardment on properties of d.c. sputtered superhard(Ti, Si, Al)N nanoconposite coating. Surf Coat Technol 2002, (151~152): 515

第 7 章　材料表面微细加工技术

7.1　概述

所谓微细加工是一种加工尺寸从微米到纳米量级的制造微小尺寸元器件或薄膜图形的先进制造技术。表面微细加工技术是表面技术的一个重要组成，是微电子工业工艺技术的主要基础。微电子工业的发展在很大程度上依赖于微细加工技术的发展，在集成电路的每一道制造工序中，它都起到关键性作用。

集成电路制作过程中微细加工技术起着核心作用，其工艺精度决定了集成电路的特征尺寸。由于微电子工业产品不断更新换代，目前加工尺寸已从微米量级、亚微米量级发展到纳米量级。当今随着半导体集成电路微细加工技术和超精密光机电加工技术的发展，微型传感器、微型执行器（微马达、微泵、微阀、微开关、微谐振器）、微光机电器件和系统、微生物化学芯片、微型机器人、微型汽车、微型飞机、微型双级元火箭发动机等高技术微光机电系列产品的问世，充分显示出微细加工技术在微电子工业以及未来的微光机电产业中发挥着重要的关键作用，微细加工技术不仅是集成电路、半导体、微波技术、声表面波技术、光集成技术发展的工艺基础，而且也是未来会形成的微光机电产品制造技术发展的工艺基础，

由于应用于微电子工业和微光机电系统等方面的表面微细加工技术属于一个十分精密的专业技术领域，在本章仅就一些重要的表面微细加工技术作简要的论述，以加深对现代表面技术内容

不断拓展与应用前景的认识。

7.2 表面微细加工技术简介

7.2.1 光刻加工

光刻加工是一种复印图像和化学腐蚀相结合的表面微细加工技术,在平面器件和集成电路生产中广泛应用。它是用照相复印的方法将光刻掩模上的图形印制在涂有光致抗蚀剂的薄膜或基材表面,之后通过选择性腐蚀,刻蚀出临界尺寸在微米范围的目标图形,使一块晶片上并行制造众多结构,可经济地进行大规模生产。

7.2.1.1 光刻工艺

光刻的工艺按技术要求不同而有所不同,但基本过程包括涂胶、前烘、曝光、显影、坚膜、腐蚀和去胶等七个步骤。见图7-1光刻工艺过程示意图。在SiO_2层表面涂布一层光刻胶膜,并在一定温度下进行前烘处理→在光刻胶层上加掩膜,用紫外光曝光→将基片在适当的溶剂里,溶除应去除的部分胶膜,然后在一定温

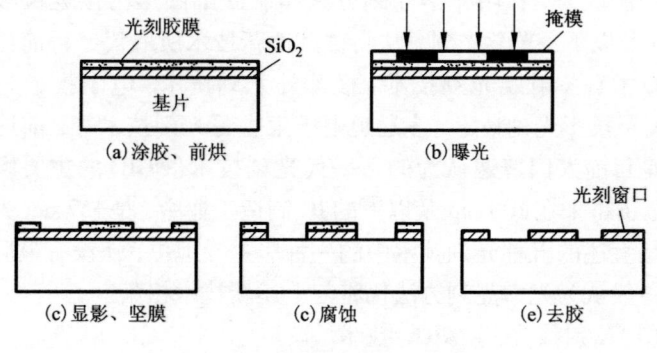

图7-1 光刻工艺过程示意图

度下烘焙坚膜→浸入适当的腐蚀剂,对未被胶膜覆盖的基片进行腐蚀以获得完整、清晰、准确的光刻图形→再次显影使光刻胶全部溶除。在集成电路的制作中,这样的过程往往需要多次重复。

7.2.1.2 新一代光刻技术

目前光学光刻方法已从接触-接近式、反射投影式、步进投影式发展到步进扫描投影式,光源波长从436 nm 和365 nm(汞弧灯)缩短到248 nm(KrF 准分子激光源)。通过对光源、透镜系统、精密对准、光刻胶以及相移掩模(PSM)技术等方面深入的研究,光学光刻方法可以在芯片上印制出特征尺寸比光源波长更小的图形。表7-1 是 SIA1997 年发展指南中对集成电路制造技术发展的预测。

表 7-1 SIA1997 年发展指南(摘要)

年	特征尺寸/μm	
	稠密度	孤立线
1997	0.25	0.2
1999	0.18	0.14
2001	0.15	0.12
2003	0.13	0.10
2006	0.10	0.07
2009	0.07	0.05
2012	0.05	0.035

一般认为,利用光学光刻方法印制微细图形已接近极限。在 50 nm 及以下,光学光刻方法将被其他新技术所取代。目前正在开发的技术有 x 射线光刻技术、极紫外光刻技术、电子投影光刻技术、离子投影光刻技术、多通道电子束直写光刻技术等,前述五种技术是目前人们普遍认为的下一代光刻技术(NGL)的主要候选技术,至于将来在 100 nm 及以下的 IC 制造工业中,是 157 nm 光学光刻还是上述的五种光刻技术中的一种居主导地位,还没有最后的结论。一般认为光学光刻方法仍将与上述新技术相竞争。

(1) X 射线光刻(XRL)技术

XRL 光源波长为 0.7~1.3 nm 的光源类型。由于易于实现高分辨率曝光,自从 XRL 技术在 20 世纪 70 年代被发明以来,就受到人们广泛的重视。欧洲、美国、日本和中国等拥有同步辐射装置的国家相继开展了有关研究,是所有下一代光刻技术中最为成熟和现实的技术。XRL 的主要困难是获得具有良好机械物理特性的掩膜衬底。近年来掩膜技术研究取得较大进展。SiC 目前被认为是最合适的衬底材料。由于与 XRL 相关的问题的研究已经比较深入,加之光学光刻技术的发展和其他光刻技术的新突破,XRL 不再是未来"惟一"的候选技术,美国最近对 XRL 的投入有所减小。尽管如此,XRL 技术仍然是不可忽视的候选技术之一。

(2) 极紫外光刻(EUVL)技术

极紫外光刻用波长为 10~14 nm 的极紫外光作光源。虽然该技术最初被称为软 X 射线光刻,但实际上更类似于光学光刻。所不同的是由于在材料中的强烈吸收,其光学系统必须采用反射形式。如果 EUVL 得到应用,它甚至可能解决 2012 年的 0.05 微米及以后的问题。

(3) 电子束光刻技术

电子束光刻技术是利用电子束作为曝光光源,即利用电子束在涂有感光胶的晶片上直接描画或投影复印图形,具有分辨率高(极限分辨率可达 $3 \sim 8~\mu m$)、图形产生与修改容易等特点。目前已得到应用和正在发展的电子束光刻技术其曝光技术主要有扫描曝光(包括:扫描电镜电子束、高斯电子束、成型电子束和电子束直写等)和投影曝光(投影电子束)两大类。

贝尔实验室开发的角度限制散射投影电子束光刻 Scalpel 技术如同光学光刻那样对掩模图形进行缩小投影,并采用特殊滤波技术去除掩模吸收体产生的散射电子,从而在保证分辨率条件下提高产出效率。图 7-2 是 Scalpel 的原理图,掩模板由低原子序数的薄膜和高原子序数的图形组成,掩模板由均匀的高能电子束

(100 keV)照射，整个掩模板对电子束是透明的，因而沉积在掩模板上的能量很少，通过高原子序数图形层的电子束将被散射，散射的角度为几毫弧度，在电子投影透镜成像的焦平面上的光阑将阻止散射的电子，通过低原子序数薄膜的电子不受散射，可以通过光阑，在圆片上形成高对比度的图像。Scalpel 把图像的形成和能量的吸收分开，从而形成不失真的图形。Scalpel 技术最有可能应用在特征尺寸为 $0.1~\mu m$ 以下的集成电路制造中，因为其他的一些光刻技术要受到衍射的限制，而这种技术几乎不受衍射的限制，可望得到更高的分辨率。

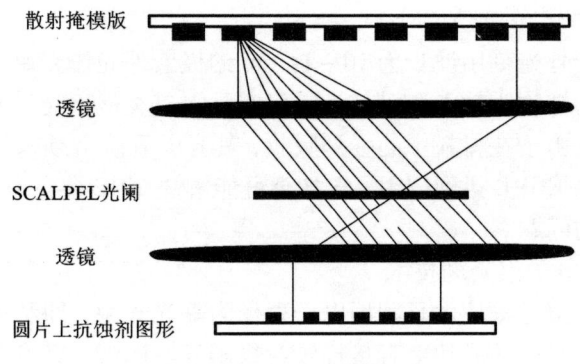

图 7-2　Scalpel 的原理图

电子束直写光刻在现时的工艺水平下光刻技术的束流强度与抗蚀剂的分辨率已接近极限，但这种技术生产效率低，无法与光学光刻竞争。

(4) 离子束投影光刻(IPL)技术

离子束光刻是利用离子源中电离产生的离子，引出后经加速、聚焦形成离子束作为曝光光源的光刻技术，离子束光刻与电子束光刻相比，由于离子质量比电子大，其散射比电子少，邻近效应可以忽略，因此 IBL 具有极高的极限分辨率。但该技术由于生产效率低，很难在生产中得到应用。基于 IBL 技术的限制，人们发展了具有较高曝光效率的 IPL 技术。1997 年欧洲和美国联合了大量企业、大学和研究机构，开展了一个名为 MEDA 的合作项目，用于解决设备和掩模等方面的问题，研制全视场 IPL 设备。2001 年生产商用 IPL 设备，其分辨率 0.10 μm，曝光面积 22 mm ×22 mm，套刻精度 0.04 μm，每套售价 800~900 万美元。

另外，值得注意的是：2002 年 6 月，美国华裔科学家周郁公开了他发明的制造计算机芯片的新方法——激光辅助直接刻印法（LADI），与现有的"光刻法"相比，此种"刻印法"可望生产出体积更小，速度更快，便格更低的电脑芯片。这种芯片与传统的刻蚀工艺不同，它是将模子直接压印在一块硅片上，可印出小至 10 nm 的线路图。这一新技术采用由石英制成的压印模。该压模带有待压印的线路图，压模压向硅片时，用一束大功率的激光射穿透明的压印模，（约五千万分之一秒的激光脉冲）使硅表面熔化后按照模的图案凝固出一个永久的印压线路图。这种工艺可使硅芯片上的晶体管密度增大 100 倍，生产流程简化，采用传统的技术生产一块芯片需 10~20 min，而用此工艺只需四百万分之一秒。使芯片上刻印的功能部件宽度以 10 nm 计。报道这种新技术的"自然"杂志发表专家评论说："该工艺可使电子制造商继续维持芯片小型化进程 Moore 规律在接下来的 20 年里可能仍然有效。"

7.2.2 电子束微加工

电子束微加工是利用阴极发射电子，经加速、聚焦成电子束，直接冲击到真空室的工件上，以此方式按工艺要求对工件进行加工。图 7-3 是电子束产生及工作原理图。此技术具有束径小（用于微细加工时约为 10 μm，用于电子束曝光的微小束径是平行度好的电子束中央部分，仅有 1 μm）、易控制，可加工各种材料等优点，得到广泛应用。目前主要有两类加工方法：一是高能量密度加工；二是低能量密度加工。

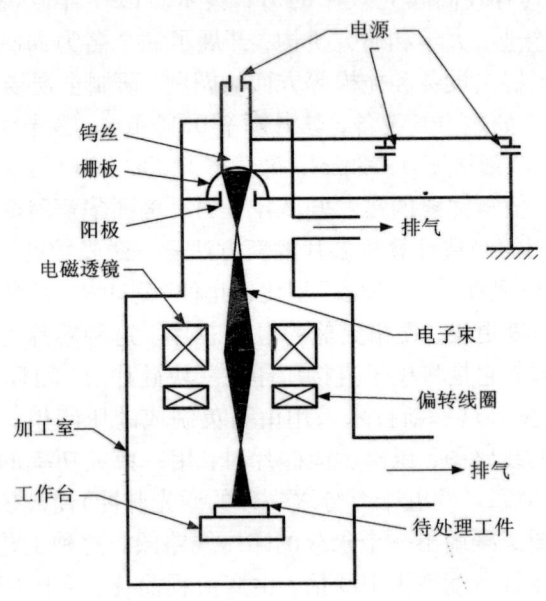

图7-3　电子束产生及工作原理

7.2.2.1　电子束高能量密度加工

电子束高能量密度加工主要应用在热处理、区域精炼、熔化、蒸发、穿孔、切槽、焊接等方面，它是利用经加速和聚焦后的高能电子束（其电子能量密度达 $10^6 \sim 10^9$ W/cm^2）冲击工件表面极小的面积，在几分之微秒内把大部分能量转变为热能，工件受冲击部位的表面温度达到几千摄氏度高温，因作用时间极快，热量还没来得及传导扩散，因此可把材料局部瞬时熔化、气化及蒸发，从而达到加工目的。其作用面积极小，在各种材料上加工圆孔、异形孔和切槽时，最小孔径或缝宽可达 $0.02 \sim 0.03$ mm。

7.2.2.2 电子束低能量密度加工

低能量密度加工在微细表面加工上重要的应用是电子束曝光技术,它是利用电子束轰击涂在晶片上的高分子材料感光胶,使其发生化学反应,达到制作精密图形的目的。电子束曝光分为扫描曝光和投影曝光两大类,其中扫描曝光系统是电子束在工件表面上直接扫描产生图形,分辨率高,生产率低。投影曝光系统即电子束图形复印系统,它将掩模图形产生的电子像按设定的比例复印到工件上,即保证了分辨率,也使生产率大幅度提高。此技术广泛应用于高精度掩模板的制造,其次应用于图形直写制作新器件。

在掩模板制造中普遍采用电子束曝光设备,特别是应用于制作特征尺寸小于 $0.15~\mu m$ 生产线用掩模板,只能采用高精度电子束曝光设备,其工艺过程主要是由电路设计、图形数据准备、图形制作、刻蚀、缺陷检测、修复、定位检测、清洗、总体检测等工序组成。

电子束直接光刻技术是正在发展中的电子束曝光新技术之一,此技术是很灵活的,不需用掩膜版,它是反复利用预先制作的晶片位置标记、芯片套刻标记和工件台标定,进行定位并描绘图形,实现图形曝光。其优点是节约新器件研制成本,缩短研制周期,且可获得极高的分辨率,广泛应用于功能器件、特种器件和新型电路的制造和纳米器件的研究;另一方面,电子束直接是"顺次写",也就存在生产效率低的缺点,限制了它在大规模生产中的应用。

图 7-4 是贝尔实验室的电子束曝光装置简图。电子束装置内的微型计算机控制经过一系列静电和磁性透镜系统后折射并成形,随着曝光机内微机控制电子束的偏转、工作台的位置、以及电子束的通断等,将所读出的设计器件图形直接写在工作台的晶片(或掩模)上,对光刻胶进行曝光从而获得结构图形。电子束光

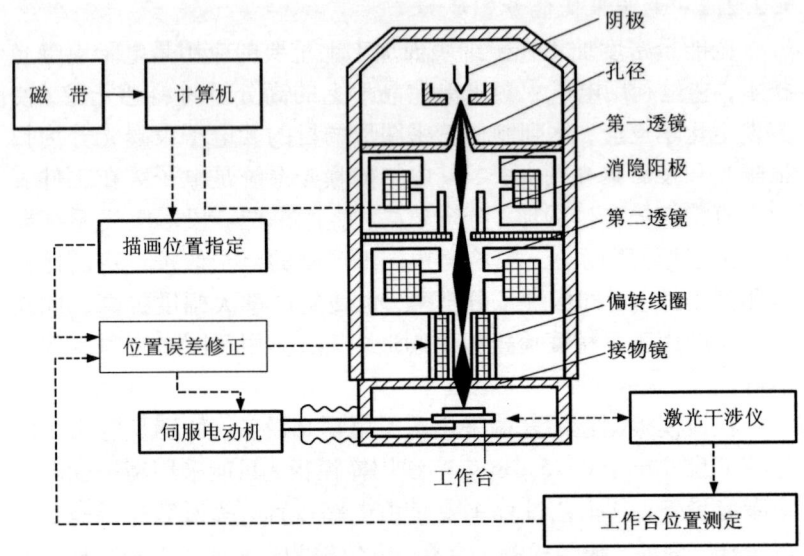

图 7-4 贝尔实验室的电子束曝光装置简图

刻不受衍射极限的影响,可获得极高的分辨率(40 nm)。但通过光刻胶材料,特别是经过衬底的电子散射限制了实际的分辨率。

7.2.3 离子束微加工

离子束加工是利用离子源中电离产生的离子,引出后经加速、聚焦形成离子束,向真空室中的工件表面进行冲击,以其动能进行加工。目前主要用于微细表面加工的离子束技术主要有是离子束注入、刻蚀、曝光、清洁和镀膜等。

7.2.3.1 离子注入

离子注入在集成电路和微电子加工上应用广泛,它是将具有高动能的掺杂离子注入到半导体中,以改变半导体的载流子浓度和导电类型的一种工艺。可精确地控制掺杂杂质的数量、掺杂深度和浓度分布,又称为精密掺杂技术。随着集成电路的规模以及复杂程度的增加,离子注入技术越来越显示出其重要性,其技术的主要发展趋势是离子注入浅结工艺和快速退火技术。

离子注入可独立精确地控制注入离子的能量和剂量,通常适用的能量范围在 50~500 keV 之间,可得到杂质浓度分布形状很特殊的各种分布,它所产生的横向扩散很小,进一步缩小了线条宽度和间距。离子注入可以获得大面积的均匀掺杂,适于大直径硅片生产。在超大规模集成电路工艺中,主要用于芯片表面区域的选择性掺杂。

(1) 离子注入的基本原理

杂质元素经离化变成带电的杂质离子,经强电场加速,获得一定能量(5~500 keV)后,轰击半导体靶片并进入靶片内部,在靶内形成一定浓度的杂质分布,进入靶内的离子称为注入离子,由于具有一定能量的注入离子与靶内部原子核和电子的碰撞作用而损耗其能量,在非晶态 Si 和热生长 SiO_2 中,对于一定能量的入射离子,轻离子比重离子有较长的射程。

离子注入机结构基本上由离子源、分析器、加速器、扫描器、靶室和偏束板、真空系统和电子控制设备等组成。图 7-5 是具有电偏转离子束的离子注入机结构示意图。

(2) 离子沟道效应

由于晶体材料内部存在三维原子排列,沿一定晶向存在开口的沟道,若入射离子沿沟道方向注入,注入离子沿沟道运动,且很少受原子核的碰撞,因此离子注入晶体材料比非晶态材料更深,这种现象称为离子沟道效应。实际操作中,为避免离子浓度的深度分布难以控制,需将离子入射方向偏离沟道方向,保证离子开始时不进入沟道,而类似于非晶态材料入射离子的情况,以便精确控制浓度分布。实际上,入射后有些离子因散射而进入沟道方向,因此,离子穿透的深度可比由理论公式计算的射程更

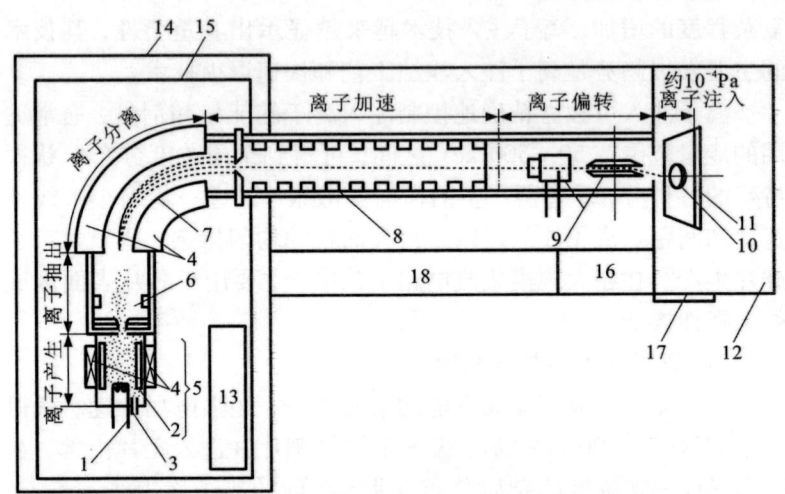

图 7-5 具有电偏转离子束的离子注入机结构示意图

1——炽热的阴极；2——阳极；3——电离介质的引入；4——磁铁；5——离子源；
6——输出腔；7——离子分离器；8——加速管；9——偏转系统；10——工件；
11——实验平台；12——工作靶室；13——电源；14——保护屏；
15——高压区；16——控制台；17——观察口；18——泵系统

深，此影响产生在注入离子浓度的深度分布末端。图 7-6(a) 是 <100> 和 <110> 方向横断面的小球模型显示金刚石(Si)晶格的 "通孔"程度，图 7-6(b) 为在轴向沟内不同入射角的离子轨迹示意图。

(3) 离子注入引起的损伤及其退火行为

当离子进入固体，由于离子与原子核碰撞会使原子移动，若注入离子转移到靶材原子的能量超过极限值(称为位移能量 E_d，一般为几十电子伏特)，原子将离开其所在位置，形成位移损伤，入射离子不断地产生位移损伤，直到离子能量低于 E_d，因有原子核碰撞移动的原子可能获得足够的能量，这些原子还能一个接一

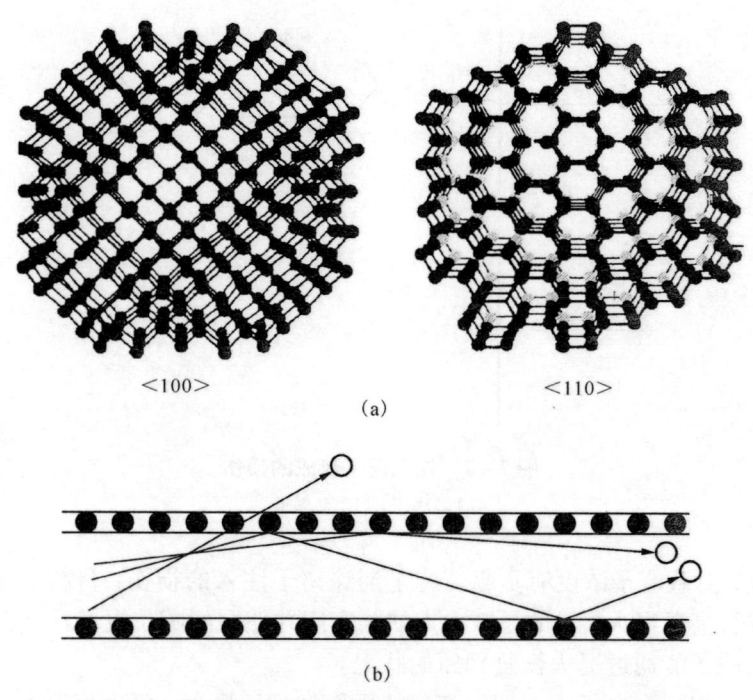

图 7-6

(a) <100>和<110>方向横断面的小球模型显示金刚石(Si)晶格的"通孔"程度；
(b) 在轴向沟内不同入射角的离子轨迹示意图

个撞离其他位于点阵的原子。由于这些碰撞，离子注入靶片引起的损伤是很大的，其损伤程度取决于入射离子能量、离子的剂量、剂量的速率、离子的质量及注入的温度。图7-7显示的是注入轻离子与注入重离子形成的损伤。

由于离子注入产生的损伤范围大，半导体中的点缺陷又是电活性的，所以注入材料电特性很差。通常离子注入后少数载流子的寿命和迁移率急剧下降。因此，仅有一部分注入离子处在替

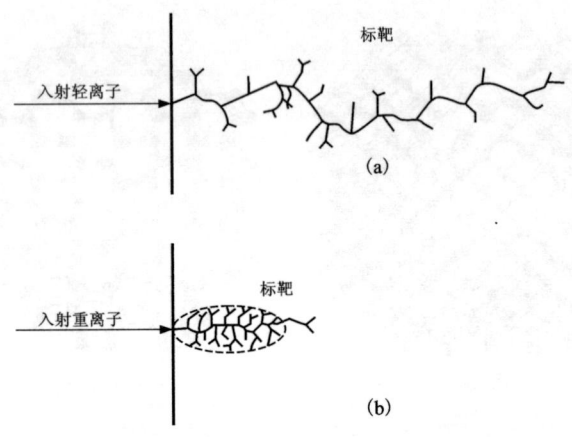

图 7-7　注入离子形成的损伤
(a)轻离子；(b)重离子

位，对载流子浓度有贡献。为了消除离子注入的损伤，材料必须进行高温退火，目的是减少点缺陷密度并使在间隙位置的注入杂质原子能通过退火恢复到原始状况。

实际上离子注入期间产生的损伤是统计概念，要预言退火后残余损伤种类与特性是困难的，为了理解退火期间缺陷结构的演变，以下是已经提出的一些通用观点。

当注入材料退火时，在相互可以相遇的空间范围内空位与间隙原子复合，复合后缺陷消失。由于两种缺陷处于不同空间，它们相互完全复合消失是不可能的。因此短时间退火后，注入材料仍残留有两种类型点缺陷，具有不同的分布与浓度，进一步退火使点缺陷聚结在一起形成位于$\{111\}$面的本征和非本征的错位位错环，此错位位错环是受$\pm(a/3)<111>$ Frank partials 束缚。点缺陷实现聚结的驱动力是要减小缺陷表面能，为了在Ⅲ~Ⅴ族材料中形成这种环，同时需要Ⅲ族和Ⅴ族的空位和间隙原子。

进一步退火后,错位环能生长,这是通过 Frank partials 核上吸收相应的点缺陷实现的。当环生长时,因 partials 的错位面积和长度得到增加,对于某一个尺寸,错位环的能量将变成等于由 $\pm(a/2)<110>$ 位错束缚的无错位环能量,错位环向无错位环转换是由 Schockley partials 穿过错位面而实现的,如果注入材料仍处于饱和点缺陷状态,完整的环也能因吸收点缺陷而扩大。生长期间,各种环可以按下列反应相互作用并形成位错网:

$$\frac{a}{2}\langle 1\bar{1}0\rangle + \frac{a}{2}\langle \bar{1}0\bar{1}\rangle \rightarrow \frac{a}{2}\langle 0\bar{1}\bar{1}\rangle \qquad (7-1)$$

通常,注入离子的共价四面体的半径与主体原子的四面体半径是不同的。所以,在退火期间,注入杂质占据替位会产生局部应力。因位错和杂质应力场的合适的弹性的相互作用,注入原子迁移到退火期间产生的位错环和位错上去可以降低系统的整个应力能。

7.2.3.2 离子束刻蚀

离子束刻蚀技术是一种干法刻蚀工艺,在微光学元件、微电子器件制造中广泛应用。它包括离子束铣削、活性离子束刻蚀、化学辅助离子束刻蚀等主要的刻蚀方法。

离子束刻蚀也常被称为离子束铣削,是利用惰性离子的物理刻蚀方法。图 7-8 是离子刻蚀装置的示意图,通过惰性气体离子在加速栅极的作用向基底运动,轰击基底表面,惰性气体离子与基底表面的原子相碰撞,并将基底表面原子冲击出去从而实现基底表面被刻蚀的目的。刻蚀过程中离子能量通常在 0.1~1 keV 之间变化,基底支架可旋转和倾斜,用以改变离子的入射角。此方法可以进行极精密的加工,还可形成亚微米级的图形,如用于形成磁泡存储的微细电极图形等,但刻蚀速度很慢(约 10 nm/min),选择性通常较低,但是,由于离子腐蚀没有选择性,所以在半导体器件加工方面的应用受到较多限制。

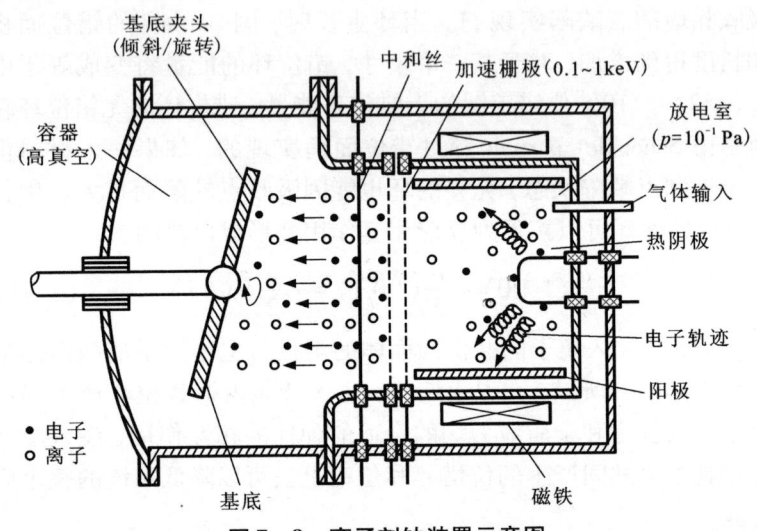

图 7-8 离子刻蚀装置示意图

活性离子束刻蚀和化学辅助离子束刻蚀属于物理化学联合刻蚀方法,在活性离子束刻蚀中可使用与离子束刻蚀相同的装置,只是改用某种活性气体或几种混合化学气体作为离子源,刻蚀过程是不同气体共同作用以及离子与基底撞击的结果。此方法刻蚀速度较高(20~200 nm/min),刻蚀速度与入射角有关,在垂直撞击时最大,在倾斜入射处刻蚀速度明显下降,因此,刻蚀形状呈现强烈的各向异性,能完成高深宽比的结构的制作,从而得到用纯化学或纯物理方法难以得到的性能指标。

7.2.3.3 离子束曝光技术

在光刻工艺中采用液态原子或气态原子电离后形成的离子通过电磁场加速及电磁透镜的聚焦后对光刻胶进行曝光。其原理与电子束光刻类似,但德布罗意波长更短,而且离子质量比电子大,其散射比电子少,邻近效应可以忽略,具有极高的极限分辨率,且曝光场大。离子束光刻主要包括聚焦离子束光刻(FIBL)、离子投影光刻(IPL)等。其中 FIBL 发展最早,最近实验研究中已获得 10 纳米的分辨率。该技术由于效率低,很难在生产中作为曝光工具得到应用,目前主要用作 VLSI 中的掩模修补工具和特殊器件的修整。

7.2.4 激光束微细加工

7.2.4.1 激光束加工的种类

激光加工从光与物质相互作用的机理看,激光加工大致可以分为热效应加工和光化学反应加工两大类。

激光热效应加工是指用高功率密度激光束照射到金属或非金属材料上,使其产生基于快速热效应的各种加工过程,如切割、打孔、焊接、去重、表面处理等。波长 $1 \sim 10~\mu m$ 的红外激光加工大多为热效应加工,热效应迅速向纵深扩散,使加工某些高反射金属材料尤为困难,它的主要缺点是:热熔解、流动及凝结,使加工产生的残留物也难以去除,严重影响加工精度,使材料变形,光洁度变差,产生热应力等。

光化学反应加工主要指高功率密度激光与物质发生作用时,可诱发或控制物质的化学反应来完成各种加工过程。这种加工过程又称为激光冷加工。

7.2.4.2 准分子激光技术

当前用于激光加工的激光器主要有三类:CO_2、Nd:YAG 和准分子(KrF、ArF 等)激光器,前两种激光器主要应在切割、钻孔和焊接等方面应用。准分子激光具有波长短、脉宽窄、峰值功率高等特点,主要用于微细加工中对各种类材料的消融和刻蚀工艺,其刻蚀加工精度可达到微米甚至亚微米级。准分子激光技术因其热影响区域较小,未受照射的区域不受影响,不被破坏,因此准分子激光加工被视为冷加工。

准分子激光是由惰性气体原子与化学性质活泼的卤素原子混合后放电激发出高功率的紫外光，其输出紫外光波长为 157～351 nm，表 7-2 是主要的准分子激光种类及其波长。由于其光子能量大，当光线照射在工件表面，工件吸收准分子激光后，将材料内部的化学键直接打断，当光子密度足够高时，键断裂速度超过复合速度，材料迅速分解，在光照射层内引起压强剧烈增加，被分解的材料高速喷射出去，将多余的激光能量带走，这种在光的化学作用引起材料高速排出的过程称为"光烧蚀离解"。当光子密度较低，不足以引起材料的直接烧蚀时，可以实现各种表面加工。如制作标记、薄膜沉积等。

表 7-2　主要的准分子激光种类及其波长

气体种类	波长/nm
F_2	157
ArF	193
KrCl	222
KrF	248
XeCl	308
XeF	351

7.2.4.3　准分子激光在微细加工中的应用

准分子激光的光子能量大，输入能量密度较低，脉冲窄，作用时间短，材料去除量易控制，无残留物，加工速度快，热影响区小，可获得很高的加工精度和高深宽比。可加工有机物、陶瓷和金属材料以及硅等晶体材料。所以广泛地应用在微机械、微光学、微电子和医学生物微元件等精密加工领域，例如：半导体工业中的光化学气相沉积、激光刻蚀、退火、掺杂和氧化，以及某些非金属材料的切割、打孔和标记等。

准分子激光在表面微细加工上的主要应用有：

(1) 在多芯片组件中用于钻孔；

(2) 在微电子工业中用于掩模、电路和芯片缺陷修补，选择性去除金属膜和有机膜，刻蚀，掺杂，退火，标记，直接图形写入，深紫外光曝光等；

(3) 液晶显示器薄膜晶体管的低温退火；
(4) 低温等离子化学气相沉积；
(5) 微型激光标记、光致变色标记等；
(6) 三维微结构制作
(7) 生物医学元件、探针、导管、传感器、滤网等；

7.2.5　超声波加工

超声波加工（USM，Ultrasonic Machining）是通过超声振动的工具在干磨料中或含有磨料的液体介质中，对被加工件产生磨料的冲击、抛磨、液压冲击及其气蚀作用来去除材料，以及利用超声振动使工件相互结合的加工方法。用它加工出的工件直线性好、尺寸精度高、有较好的表面品质，而且加工过程中不会产生烧伤和表面变质层、热应力，有时加工中产生的表面压应力还对提高工件的疲劳强度和抗应力腐蚀能力有益。超声加工的工件表面粗糙度较低，可达 $Ra\ 0.63 \sim 0.08\ \mu m$。微细超声波加工可加工不导电的非金属硬脆材料，如：玻璃、陶瓷、石英、铁氧体、硅、锗、玛瑙、宝石、金刚石等，还可加工导电的硬质金属，如：碳化钢、淬火钢、硬质合金等，以及不锈钢与钛合金多层的材料等。

7.2.5.1　超声加工的基本原理和空化效应

(1) 设备基本结构

超声加工设备一般包括超声波发生器、超声振动系统、磨料悬浮液循环系统和机床，图 7-9 是超声加工设备结构示意图。超声波发生器的作用是将工频交流电转换为功率为 $20 \sim 4000$ W 的 16 kHz 以上的超声频振荡，以供给工具端面往复振动和去除工件材料的能量。超声波振动系统主要包括换能器、变幅杆、工具。其作用是将由超声波发生器输出的高频电信号转变为机械振动能，并通过变幅杆使工具端面作纵向小振幅为 $0.01 \sim 0.1$ mm 的高频振动。磨料悬浮液循环系统通常使用小型离心泵使磨料悬浮液搅拌后浇注到加工间隙中去。超声加工的精度，除受机床、夹具精度的影响之外，主要与磨料粒度、工具的精度及磨损、横向振动、加工深度、工件材料性质等有关。

超声加工孔时，其孔的尺寸将比工具尺寸有所扩大，扩大量约为磨料磨粒直径的两倍，孔的最小直径约等于工具直径加所用磨料磨粒平均直径的两倍。

此外，孔的形状误差与工具的不均匀磨损及横向振动大小有关。一般可采用工具或工件转动的加工方式来减小孔的圆度误差。

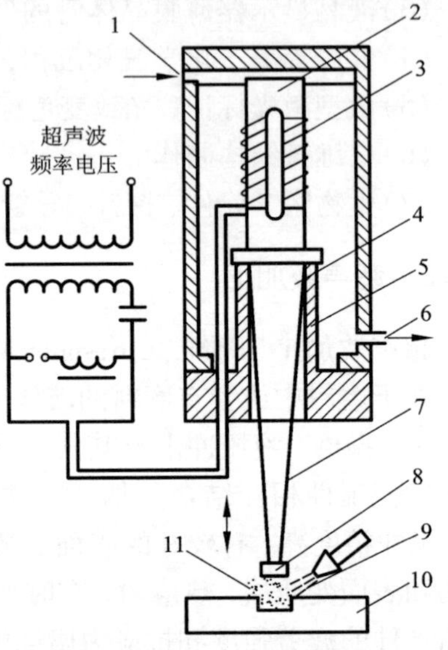

图7-9 超声加工设备结构示意图

1——冷却水入口；2——换能器；3——激励线圈；4——变幅杆；5——谐振支座；6——冷却水出口；7——工具锥；8——工具头；9——磨料射流；10——工件；11——磨料悬浮液

(2) 空化效应

超声波在液体介质中传播时，会使液体介质连续产生压缩和稀疏区域，由于压力差而形成气体空腔，并随着稀疏区的扩展而增大，内部压力下降，同时，受周围液体压力及磨粒传递的冲击力作用，又使气体空腔压缩而提高压力，于是，转入压缩区状态时，迫使其破裂产生冲击波。由于进行的时间极短，因此，会产生更大的冲击力作用于工件表面，从而加速磨粒的切蚀过程。可在界面上产生强烈的冲击和空化现象,由于去除工件材料主要依靠磨粒瞬时局部的冲击作用,故工件表面的宏观切削力很小,切削应力、切削热更小,不会产生变形及烧伤,表面粗糙度也较低,可达 $Ra0.63\sim0.08~\mu m$,尺寸精度可达正负 0.03 mm,也适于加工薄壁、窄缝、低刚度零件。

7.2.5.2 超声加工在精细加工方面的应用

超声加工从 20 世纪 50 年代开始实用性研究以来,其应用日益广泛。随着科技和材料工业的发展,新技术、新材料将不断涌现,超声加工的应用也进一步拓宽,超声加工是一种加工如陶瓷、玻璃、石英、宝石、锗、硅甚至金刚石等硬脆性半导体、非导体材料有效而重要的方法。即使是电火花粗加工或半精加工后的淬火钢、硬质合金冲压模、拉丝模、塑料模具等,最终的抛光加工常使用超声加工。目前,生产上多用于以下几个方面:

(1) 成形加工

超声波加工在成形加工方面可用于加工各种硬脆材料的圆孔、型孔、型腔、沟槽、异形贯通孔、弯曲孔、微细孔、套料等。例如,对硅等半导体硬脆材料进行套料等加工,在直径 90 mm、厚 0.25 mm 的硅片上,可套料加工出 176 个直径仅为 1 mm 的元件,时间只需 1.5 min,合格率高达 90%~95%,加工精度为正负 0.02 mm,现已在玻璃上加工出直径仅 9 μm 的微孔。

(2) 切割加工

超声精密切割半导体、铁氧体、石英、宝石、陶瓷、金刚石等硬脆材料,比用金刚石刀具切割具有切片薄、切口窄、精度高、生产率高、经济性好的优点。例如,超声切割高 7 mm、宽 15~20 mm 的锗晶片,可在 3.5 min 内切割出厚 0.08 mm 的薄片;超声切割单晶硅片一次可切割 10~20 片。再如,在陶瓷厚膜集成电路用的元件中,加工 8 mm、厚 0.6 mm 的陶瓷片,1 min 内可加工 4 片;在 4×1 mm 的陶瓷元件上,加工 0.03 mm 厚的陶瓷片振子，0.5~1 min 以内，可加工 18 片，尺寸精度可达正负 0.02 mm。

(3) 焊接加工

超声焊接是利用超声频振动作用，去除工件表面的氧化膜，使新的工件表面显露出来，并在两个被焊工件表面分子的高速振动撞击下，摩擦发热。亲和粘接在一起。它不仅可以焊接尼龙、塑料及表面易生成氧化膜的铝制品等，还可以在陶瓷等非金属表面挂锡、挂银、涂覆薄层。由于超声焊接不需要外加热和焊剂，焊接热影响区很小，施加压力微小，故可焊接直径或厚度很小的 (0.015~0.03 mm) 金属材料，如：大规模集成电路引线连接，可焊接薄到 2 μm 的金箔等，此方法已广泛用于微电子器件、微电机、铝制品工业以及航空、航天领域。

(4) 超声清洗

超声清洗是由于清洗液(水基清洗剂、氯化烃类溶剂、石油熔剂等)在超声波作用下产生空化效应的结果。空化效应产生的强烈冲击波，直接作用到被清洗部位上的污物，使之脱落下来；同时空化作用产生的空化气泡渗透到污物与被清洗部位表面之间，也促使污物脱落；在污物被清洗液溶解的情况下，空化效应可加速溶解过程。主要用于几何形状复杂、清洗质量要求高的中、小型精密零件，特别是工件上的微孔、弯孔、盲孔、沟槽、窄缝等部位的清洗。目前，在半导体和集成电路元件、仪表仪器零件、电真空器件、光学零件、精密机械零件、医疗器械、放射性污染等的清洗中应用。

7.2.6 微细电火花加工

微电火花加工(Micro electro discharge achining, Micro EDM)应用于微细加工的研究起步于 20 世纪 70 年代，初期以微孔加工为目标，经多年的发展，其加工设备与工艺技术已日益完善与成熟，特别是1984年东京大学增泽隆久等人所发明的线电极电火花磨削技术(WEGD)，解决了微细电极的在线制作问题，提高了加工效率和加工精度的一致性，使得此技术步入实用化阶段并拓展到了三维微细型腔的加工。

7.2.6.1 微细电火花加工特点和技术关键

微细电火花加工具有加工间隙小、电蚀产物排出困难、工具电极损耗严重、加工稳定性差、电源利用率低、伺服进给灵敏度和精度要求高等特点。在微细电火花加工设备中，工具电极为直流电源的负极(成型电极)，工件为正极，两极间充满液态电介质。当正极与负极靠得很近时(几微米至几十微米)，液体电介质的绝缘被破坏而发生火花放电，电流密度达 $10^5 \sim 10^6 \mathrm{A/cm^2}$ 电流，电源供给的是放电持续时间为 $10^{-7} \sim 10^{-3}\mathrm{s}$ 的脉冲电流，电火花在很短时间内就消失，因而其瞬时产生的热来不及传导出去，使放电点附近的微小区域达到很高的温度，金属材料局部蒸发而被蚀除，形成一个小坑。如果这个过程不断进行下去，便可加工出所需形状的工件。

在加工过程中微能脉冲电源参数、微进给伺服机构的控制的灵敏度和步进精度，以及电极的制备和装夹、工具电极损耗及补偿方案、加工间隙监测等技术关键直接影响微细电火花加工的各项工艺指标。经过三十多年技术发展，目前应用微细电火花加工技术已可稳定得到尺寸精度高于 $0.1\ \mu\mathrm{m}$，表面粗糙度 $Ra < 0.01\ \mu\mathrm{m}$ 的加工表面。

7.2.6.2 线电极电火花磨削技术

线电极电火花磨削技术(WEGD)的工作原理见图7-10线电极电火花磨削 WEGD 工作原理示意图。在电火花磨削过程中，线电极在导向器上连续移动，导向器垂直工件轴向作微进给，工件轴向旋转的同时作轴向进给，线电极与工件间为点接触放电，由于线电极的连续移动，可忽略电极损耗对加工精度的影响，通过控制工件的旋转与分度，可加工出各种复杂的形状的电极，如柱状电极、多边形、螺旋形等形状的电极，为微细电火花加工各种复杂形状的型腔提供了极为有利的工具，日本东京大学的增泽隆久等人利用 WEDG 技术已加工出 ⌀2.5 μm 的微细轴和 ⌀5 μm 的微细孔。

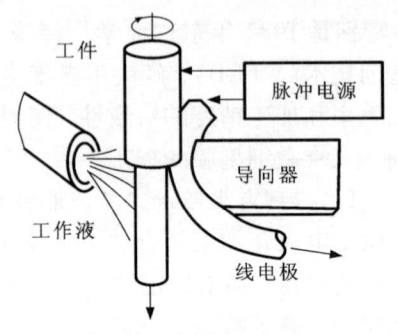

图 7－10　线电极电火花磨削（WEGD）示意图

7.2.6.3　电极损耗与补偿策略

由于加工中，放电间隙和放电面积均极小，放电点位置在空间与时间上容易集中，增加了放电过程的不稳定性，影响火花放电的蚀除率，且电蚀产物不易排除，使有效脉冲利用率降低、加工速度减慢。同时放电点集中于电极的尖角棱边，所以电极在此处的损耗大，从而影响工件加工精度。加工过程中的电极的损耗情况是十分复杂的，它并不是按固定的损耗速度进行的。实验证明，在加工初期，电极损耗较大，随着加工的进行，电极损耗速度逐渐减小，趋于相对稳定。因此，对需要对电极损耗进行适当规划，采取相应的补偿策略，可得到较高的加工精度。目前，提出的电极等损耗概念的应用已大大地简化了电极损耗的补偿策略，例如：分层进行电火花磨削，并在每一加工层面上合理安排电极运动轨迹，实现电极等损耗，图 7－11 为分层电火花铣削示意图，每层加工厚度应小于放电间隙，将放电过程局限在电极底面，其电极损耗也在底面，可有效地避免电极尖角及侧面的损耗，实现电极等损耗。有效地提高了微细电火花加工的精度。

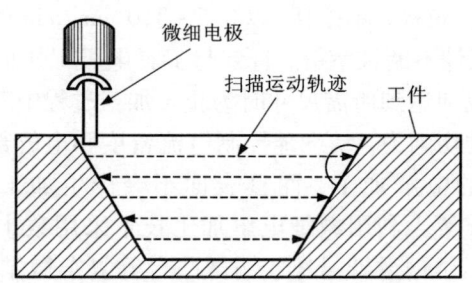

图 7-11　分层电火花铣削示意图

7.2.7　微细电解加工

微细电解加工技术（Electrochemical Micromachining，EMM）它是在电解抛光的基础上，利用金属在电解液中因电极反应出现阳极溶解的原理对工件进行加工。具有工具无损耗、生产效率高（其加工效率约为电火花加工的 5～10 倍）、加工表面品质好、材料选择面广，不受金属材料硬度和强度的限制，且不存在切削力的影响，无残余应力的变形等优点。广泛用于打孔、切槽、雕模、去毛刺等加工。但电解加工也存在着加工间隙较大，较难达到更高的加工精度和稳定性，不适宜进行批量生产，且电解液具有一定的腐蚀性等缺点。

电解加工时，把按预先设计的形状制成的工具电极与工件相对放置在电解液中，电解液通常为 NaCl、$NaNO_3$、NaBr、NaF、NaOH、KOH、HCl 等，要根据加工材料等情况来定，两者距离一般为 0.02～1 mm，工具电极为负极，工件接电源正极，两极间的直流电压为 5～20 V，电解液以 5～20 m/s 的速度从电极间隙中流过，被加工面上的电流密度为 25～150 A/cm^2。加工开始时，工具与工件相距较近的地方通过的电流密度较大，电解液的流速较高，工件（正极）溶解速度也较快。在工件表面不断被溶解的同时，工具电极(负极，不损耗)以 0.5~3.0 mm/min 的速度向工件方向推进，工件不断被溶解，直到与工具电极工作面基本相符的加工形状形成和达到所需尺寸时为止。加工过程中工具与工件间不存在宏观的切削力，精细地控制电流密度和电解部位，可实现纳米级精度的电解加工，而且表面不会产生加工应力。德国 Viola Kirchner 等人利用微细电解加工技术采用数十纳秒级脉冲电源加工出不锈钢微臂悬梁、铜微凸台等复杂微结构。韩国 Se Hyun Ahn 等人在 20 μm 厚的不锈钢片上加工出直径为 8 μm 的微孔。美国路易斯安那州立大学 S. Akkaraju 等人组合 LIGA 和微细电解加工技术批量制造出尖端曲率半径为 1.9 μm 的扫描探针阵列和腰形结构。图 7-12 为微细电解加工系统示意图。

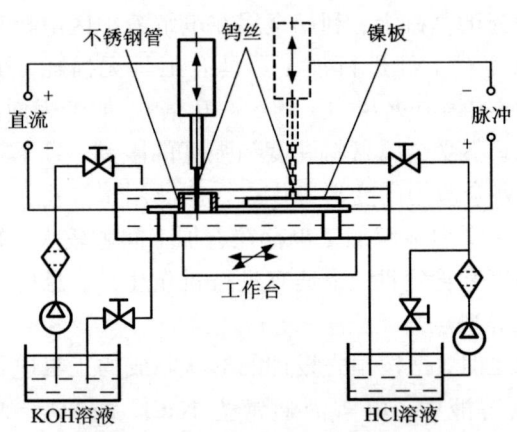

图 7-12 微细电解加工示意图

7.2.8 微电铸

7.2.8.1 微电铸原理

微电铸是通过电沉积金属或合金的方法制作电铸件的过程，它可直接复制精密复杂的器件，具有极高的复制精度和尺寸精度。其原理与电镀相类同，但不是在工件表面的电镀，而是在高深宽比的微构件芯模内沉积与之密合的、但附着不牢固的金属物，沉积完成后再将镀层与芯模分离，获得与芯膜

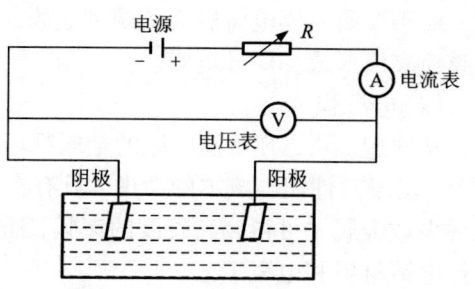

图 7-13　微电铸装置示意图

型面凸凹相反的电铸件。图 7-13 是微电铸装置示意图，其装置主要由电极、电解液和电源组成，电极的阴极是芯模，阳极是与微电铸件同材料的金属物。它的过程是一个电化学过程，通过在电解液中金属离子在阳极深的微槽中的沉积，制作出高深宽比的微结构件。

7.2.8.2　微电铸加工特点及基本工艺

微铸具有可精密复制复杂型面的细微结构，复制精度和尺寸精度高，表面精度可达 1 nm 以下的优点；而且使用范围广，芯模可以用铝、钢、石膏、石蜡、环氧树脂等，对于非金属芯模仅对其表面进行导电处理也可使芯模的表面密合上一层有一定厚度附着不牢的金属层。电铸具有较高的淀积速度，可加工高深宽比的结构件。

微电铸加工的主要工艺过程为：芯模制造及芯模的表面处理→电沉积至规定厚度→脱模、加固和修饰→成品。

（1）芯模制造

要根据所需电铸件的形状、结构、尺寸精度、表面粗糙度、产量、机加工工艺等来设计制造芯模。对于永久性的芯模一般用于产品的长期制造；对于消耗性的芯模一般在电铸后不能用机械脱膜，要求选用的芯模材料可用热熔化、分解或化学法溶解脱

膜。对于金属芯模电铸后为了顺利脱膜，常用化学或电化学法使芯膜模表面形成一层导电膜。

(2) 电沉积

从原理上讲，凡是能电镀的金属都可用于电铸。但在实际应用上，出于对性能与成本的考虑，只有在 Cu、Ni、Fe、Ni-Co 等几种少数金属才可得到高硬度的镀膜，通常按产品的特点和用途选择电镀材料和电镀工艺。

(3) 脱膜

常用的脱膜方法有机械法、化学法、熔化法、热胀冷缩法等。由于电镀后，除较薄的电铸层外，一般的电铸层表面都较粗糙，两端棱角处常有结瘤和树枝状沉积层，因此需进行适当的机械加工后再脱膜

(4) 在微电铸加工中，制作工艺中应注意：模具的寿命；制作高深宽比的微结构；深孔电铸；高表面精度；残留应力等。

7.2.9 LIGA 技术加工

(1) LIGA 技术加工：LIGA 技术(LI-G-A 分别是 X 射线光刻—电铸成型—注塑的德文缩写) 是 20 世纪 80 年代初德国卡尔斯鲁原子能研究所 W. Ehrfelg 等发明的一种制造微型零件的新工艺技术。它是集光刻加工、电铸成型和塑料模铸技术的复合工艺，是制造三维立体微结构零件极具发展前景的新加工技术，是制作多种不同微型器件和微型装置和微机械、微机电系统加工发展的重要工艺。

(2) LIGA 技术制造微器件的简要过程：图 7-14 是用 LIGA 技术制造微器件的过程。同步辐射 X 射线透过掩膜照向基片向基片上的光敏胶(PMMA)使其感光，经显影把光敏胶被照射部分除去，留下精确的主体光刻胶模型结构。进行批量生产时，所得到的金属结构可用作所要制造的微型器件的铸模，再用电铸法批

量复制,得到需要的微型器件,LIGA 技术之所以能加工出高精度的微型器件,其关键是使用了透射力极强的深度同步辐射 X 射线进行光刻,可使很厚的光敏胶(最厚达 1000 μm)高宽比达 200 μm 精度的 PMMA 胶微构件。再以 PMMA 胶微构件为模型,通过电铸、塑铸成型复制成金属或塑料的成型构件。

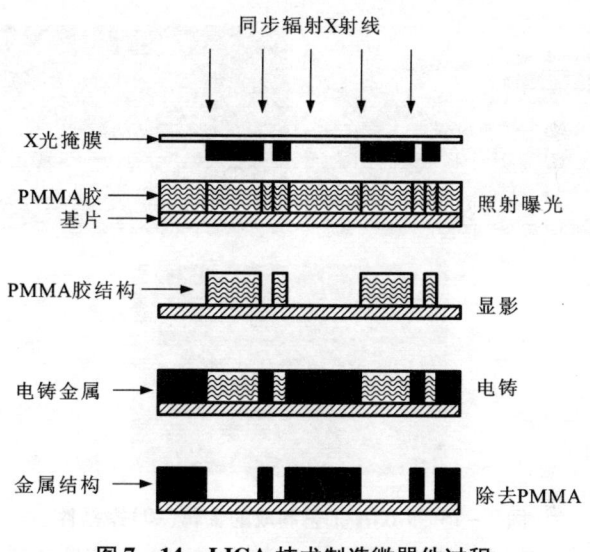

图 7-14　LIGA 技术制造微器件过程

(3)LIGA 技术精度和应用:由于 LIGA 技术使用深度同步辐射 X 射线这一关键技术,这是目前强度最高的软 X 射线,是普通 X 射线强度的几千到上万倍。它发射出来的辐射谱从微波波长区,经过红外波长区、可见光、紫外光波长区。一直延伸到 X 射线波长区。所以它制作的微型器件最大高度可达 1000 μm、加工横向尺寸为 0.5 μm,高宽比大于 200 的立体微结构,加工精度可达 0.1 μm。刻出的图形侧壁陡峭、表面光滑。能加工金属与合金、陶瓷、聚合物、玻璃等材料,且可成批地复制生产高品质的微结构器件。在应用上,已经用 LIGA 技术研制成微轴、微齿轮、微弹簧、多种微机械零件、多种传感器、微电机;多种微执行器、集成光学和微光学器件、微电子元件、微医疗器械装置、流体技术微元件;多种微纳米元件及系统。图 7-15 是 LIGA 技术制成的金属(镍)微器件。

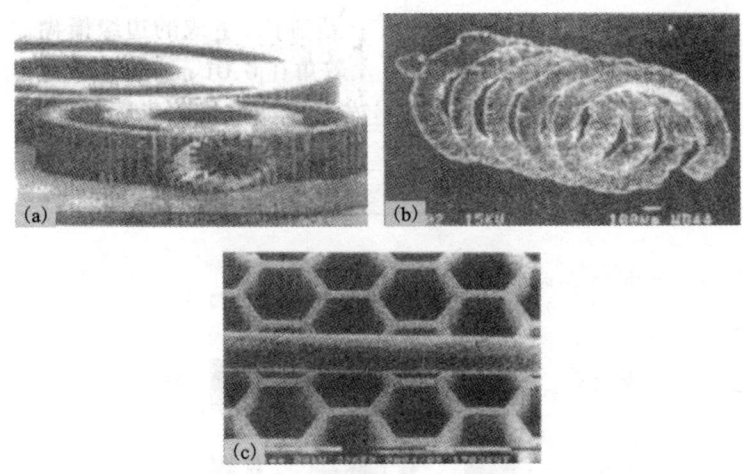

图 7-15　LIGA 工艺制成的金属(镍)微器件
(a)微齿轮;(b)微弹簧;(c)蜂窝结构,高 180 μm,壁厚 8 μm

(4) LIGA 的扩展工艺:现今已开发有几种 LIGA 新工艺用来加工较为复杂的三维立体结构,并开发了 LIGA 工艺和牺牲层工艺相结合的复合加工工艺,能加工复杂的微结构器件,大为拓宽了工艺的应用范围(这里就不详谈了)。

值得指出的是 LIGA 技术比较昂贵,需用同步辐射加速器及特别的掩模板。国内研究开发了 DEM(Deepetching Electroforming and Microreplication)技术,该技术用反应离子或电感耦合等离子体(ICP)刻蚀代替同步辐射软 X 光刻蚀,并不需要特别的掩模版，后续工序与 LIGA 相同（即微电铸及微复制），但 DEM 技术、LIGA 技术与 IC 制造工艺的相容性较差，因此开发与 IC 工艺制造相容、线条特征比（深宽比）较大的准 LIGA 技术相当重要。

7.2.10 准 LIGA 技术加工

前面谈到 LIGA 工艺可加工高度大、结构较复杂的精密结构器件。但其价格昂贵，需用深度同步辐射 X 光源，有这种设备的单位又很少，没有深度同步辐射 X 光源的单位，就只能用紫外线光源或普通 X 射线光源来进行加工。基于光源的光辐射强度较弱，波长较长，平行性也不理想，因此光刻质量稍差，加工件的最大高为 $100\sim200~\mu m$，把这种用紫外线光源或普通的 X 射线光源替代同步 X 辐射射线光源进行的类似 LIGA 技术的工艺加工，一般称之为准 LIGA 技术加工。

用准 LIGA 工艺也可加工高度为 $100\sim200~\mu m$，截面图形结构较复杂，上下形状一致的立体微结构器件，只是精密性差些。这是因为它的光刻使用标准的 IC 工艺技术方法。如由于光刻掩膜要求较低，普通 IC 工艺中的标准光刻掩膜亦可使用（厚度为 $0.1~\mu m$ 的 Cr 膜）。光刻胶也用 IC 工艺常用的聚酰亚胺等，光刻胶的显影化学试剂也可用 IC 工艺中使用的显影试剂。这样，准 LIGA 工艺就比 LIGA 工艺简便得多。准 LIGA 加工工艺不足之处是：其曝光使用的紫外线光与普通的 X 射线穿透能力不强、曝光时间较长、而且照射深度受限、光线的平行性也不高、在光刻胶中的衍射和散射又较严重、边缘模糊、在照射深度增加时此现象尤为严重，造成加工出的微结构边缘粗糙、侧面垂直度误差较大，加上普通光刻胶的结构不够紧密坚固，因而制成的微结构侧表面也较粗糙。但这种准 LIGA 加工方法可用于精密不太高的立体微结构器件的制造，有一定的应用前景。

7.3 微细加工技术是微电子技术发展的工艺基础

7.3.1 微电子微细加工技术

上面简要地讲述了光刻、电子束、离子束、激光束、超声、微细电火花、电解、电铸、LIGA 技术等微细加工技术，从目前微电子的微细加工研究和生产技术的现况归纳看，微电子的微细加工大致由微细图形加工技术、精密控制掺杂技术、超薄层晶体及薄膜生产技术等三部分组成。其涵义和内容见列表 7-3。

表 7-3 微电子微细加工的涵义和内容

类 别	涵 义	内 容
微细图形加工技术	在基板表面上微细加工成要求的薄膜图形，具体方法有反向刻蚀法等，目前常用掩模法，包括光掩模制作技术（即制版）和芯片集成电路图形曝光刻蚀技术（简称光刻）	①掩模制作技术，包括：计算机辅助设计、制版、中间掩模制作、工作掩模制作、缩微掩模图形合成、掩模缺陷检查、修补技术等；②图形曝光技术，包括：遮蔽式复印曝光、投影成像曝光、扫描成像技术；③图形刻蚀技术，包括：湿法、干法刻蚀技术
精密控制掺杂技术	应用离子掺杂技术、精密地控制掺杂层杂质浓度、深度及掺杂图形几何尺寸	①离子注入技术②离子束直接注入成像技术
超薄层晶体及薄膜生长技术	集成电路生产过程中在半导体基体表面生长或沉积各种外延膜、绝缘膜或金属膜的工艺技术	①离子注入成膜技术②离子束外延技术③分子束外延技术④热生长技术⑤低温化学气相沉积技术

7.3.1.1 微细图形加工技术

在基板表面形成所设计的薄膜图形的方法有：

(1) 反向刻蚀法：它是借助丝网印刷或光刻胶在基板表面形成负图像，再用真空镀膜方法，如：真空蒸镀、溅射镀、CVD 等方法进行镀膜，镀膜后，把镀制的基板浸泡在易使负图像溶解的溶液中，使形成负图像的物质泡胀、溶解在溶液中，将镀在上面的薄膜刻蚀下来，使基板表面留下设计要求的正像薄膜图形。

(2) 光刻法：先用真空蒸镀法在基板表面蒸镀一层薄膜，再用丝网印刷正像或光刻胶在基板上形成正像，然后用化学刻蚀（湿法）或干法刻蚀去除露出部分的薄膜。并把残留在正像上的丝网印刷用物料用溶剂溶解，最后在基板上形成设计要求的薄膜正像。

(3) 掩模法：把具有负图像的掩模贴在基板上，贴合后用真空蒸镀把薄膜镀在基板上，取下掩模后就可得到设计要求的薄膜正像。

这些方法中，各有优缺点。但掩模方法工序简便，蒸镀用掩模常用 Mo、Co 等金属以及石墨和玻璃，开孔加工用超声或电子束等方法。

在制造高密度的集成电路时，提高光刻的分辨率和生产效率十分重要。现已有一系列的措施，诸如在光掩模制作上采用移相掩模；通过准分子激光器曝光光源提高曝光分辨率；化学上用反差增强技术，用高能粒子束直接扫描成像等。

基于芯片制作工艺精细而复杂，特别是对复杂精细的立体多层结构，需经过外延、沉积、氧化、扩散、离子注入等工艺，加上每层介质材料的几何图形及层与层之间的相互关系，通常是借助一整套掩模板采用多次光刻工艺才能刻蚀出微细的图形。

7.3.1.2 掺杂技术

随着集成电路高集成度发展的要求，对掺杂要求越来越精细。硅的掺杂工业上常用的方法有：

(1) 化学源扩散法：把硅放置于扩散源蒸气中，使用扩散源（含杂质的化合物液体，如：$POCl_3$、$B(CH_3O)_3$、BBr_3或气体，如：PH_3、BCl_3等），通过控制扩散温度、扩散时间等工艺参数来决定掺杂的浓度和深度。

(2) 平面扩散法：把氮化硼、氧化硼微晶玻璃片等片状杂质源与硅片间隔相间的置于石英舟上平行放置，并用高纯氮保护，杂质源表面蒸发的杂质蒸气有一定的浓度梯度，于高温化学反应下杂质原子向硅片扩散形成 p 层。

(3) 固态源扩散法：把硅片与杂质源置于密闭箱内，在氮气保护下进行高温扩散。双极型隐埋层扩散大多用 Sb_2O_3 为杂质源的箱法扩散，形成 n 层。

(4) 离子注入法：离子注入法均匀性高于上述方法，剂量偏差 $< \pm1\%$，适用于制作浅结。用控制加速电压，通过预先设置的半导体表面薄膜或掺杂层向其内部掺杂。掺杂温度低（$<300℃$，扩散法一般在 $900\sim1200℃$）甚至在剂量小时可室温注入，且不受溶解度限制，可实现非平衡态下掺杂。各种掺杂剂均可使用，注入的浓度变化大，范围宽，污染小，无横向扩散。其缺点是高浓度注入时间长，注入后晶格损伤较大（因此，注入后一般需对工件进行退火）。难以深结，设备费用昂贵。

7.3.1.3 外延技术

外延是半导体器件制备的重要技术。是在单晶基底上沿晶向连续生长具有特定参数的单晶薄层的方法。从生长上来看有：

(1) 真同质外延生长：其基底与外延层的化学组成相同（包括掺杂剂与浓度都完全相同）的外延生长。

(2) 赝同质外延生长：其基底与外延层的主化学组成相同，掺杂剂或掺杂浓度不同的外延生长。

(3) 真异质外延生长：其基底与外延层的化学组成完全不同

的外延生长。

(4) 赝异质外延生长：其基底与外延层的化学组成有一个或部分相同的外延生长。

从方法上看有化学气相外延、液相外延、固相外延、分子束外延、离子束外延、化学分子束外延等。目前用得最多的是化学气相外延。硅的化学气相外延是以 H_2 为载气，用 $SiCl_4$、$SiHCl_3$、SiH_2Cl_2 或 SiH_4 作硅源，外延温度较高（1150~1250℃），生长速度为 $0.4~1.5~\mu m/min$，n 型掺杂用 PH_3 或 AsH_3；p 型掺杂用 B_2H_5。若在绝缘体上进行外延，则是异质外延。一般在绝缘基底上外延 Si 或在原硅片上生长薄的 SiO_2 后再外延 Si。在 SiO_2 上外延 Si 的 SOI 结构有几种，如注入隐埋 SiO_2 上外延，其先在 Si 片上用束流为 $2\times10^{18}cm^2$，150 keV 注入氧，氧在进入表层下约 40 nm 薄的单晶层后，在 1150℃，氮气保护下退火 3 h，再结晶得到 0.15 μm 厚的单晶硅，这样总的单晶厚 0.35 μm，可用来制作 CMOS 超大规模集成电路。

异质外延也可用固相外延制得。在开有窗口的 SiO_2 上沉积一层多晶硅，用硅离子注入使其成为非晶硅（α-Si），经 500~600℃ 退火，这时窗口下的单晶硅成仔晶，使 α-Si 转化成单晶硅，并侧向生长，使 SiO_2 上的 α-Si 全部转变成单晶硅。

7.3.1.4　表面薄膜生长技术

在大规模和超大规模集成电路制作中，要求镀制各种厚度的薄膜材料，随着集成度和器件运行速度越来越高的要求，各种绝缘膜、钝化膜、金属膜、光学薄膜的沉积所需用的各种化学气相沉积、物理气相沉积的方法对膜层的控制也应越来越精细。特别是当今纳米级微细加工技术的飞速发展，人们预计的 10 亿个晶体管元件的吉规模集成电路（GSI）的设想将成为现实。现今业已表明，微细加工技术不仅是集成电路发展的工艺基础，同时也是其他众多先进高技术发展的基础。目前微细加工技术正渗入到其

他高新技术领域,特别是微机械技术领域,逐步展现出微细加工技术是具有远大发展前景和规模的先进技术

7.3.2 微细加工技术是微电子技术发展的工艺基础

第一,微电子技术是制造和使用小型电子器件、元件和电路的组合而实现的电子系统功能技术,具有尺寸小、质量轻、可靠性高、成本低、功能多的特点。它的基础是大规模集成电路。集成电路的制作,从晶片、掩模制备开始,经多次氧化、光刻、腐蚀、外延、掺杂、扩散等复杂工序,甚至以后的划片、引线、焊接、封装、检测等工序直至成品;表面的微细加工都起到了核心的作用,是微电子技术的工艺基础。现今,微细加工尺度已从微米量级发展到了纳米量级。它不仅是大规模(LSI)、超大规模(VLSI)、特大规模(ULSI)、吉规模(GSI)集成电路的工艺基础,同时还是半导体微波技术、声表面波技术、光集成等先进技术发展的工艺基础。一块芯片已经可集成线宽达 $0.1 \sim 0.18\ \mu m$ 的 1 吉位 DRAM(1024兆位动态随机存储器)。芯片的集成度每隔 3 年,大约以上升 4 倍的高速度向前发展。其发展速度之快,很大程度上得益于高速发展的微细图形加工技术。

第二,不断提高器件的速度。即在把集成电路做小的同时,使载流子在半导体内运动速度更快。目前,选用电子迁移率高的半导体材料使电子运动速度更快的材料已开发出来的有砷化镓和超晶格材料。通过改变材料内部晶体结构,把砷化镓和镓铝砷一层一层按原子厚度交替生长,使材料的横向和纵向性能不一样,形成高的电子迁移率。目前通过分子束外延(MBE)和有机化学气相沉积(MOCVD)等方法来实现超薄层的表面技术工艺已经突破,并成功地成为现实。

第三,在解决了高速的集成电路后,就要解决降低联结晶体管与晶体管之间的引线和延迟时间问题。目前通过多层布线来减

小线间电容。实践证明,多达 8~10 层的布线就是一种重要的微细加工技术。

从上述三点中可以看出,表面微细加工技术是微电子技术先进新技术发展的工艺基础,对微电子产品的批量生产和技术发展有重大、深远的影响。

7.4 微机电系统加工技术

近三年微细加工技术已经扩展成为微纳米加工技术,被纳米科技发展提升到举足轻重的地位。当今,在应用开拓发展上主要是超大规模集成电路技术、纳米电子技术、光电子技术、高密度磁存储技术,生物芯片技术、纳米技术和微机电系统技术等七个方面。这里我们简要地列举微细加工技术应用最为广泛的微机电系统(Micro Electro-MeChanical System, Mems—MEMS)加工技术。

微机电系统是融合硅微加工、光刻铸造成型(LIGA)和精密机加工等多种微加工技术制作微传感器、微执行器和微系统。它是在微电子基础上发展起来,又区别于微电子技术。在 MEMS 中不存在通用的 MEMS 单元。MEMS 器件不仅工作在电能范畴,还可工作在机械能或其他能量(如磁、热等)范畴。

微机电系统(MEMS)也是微电子器件(包括集成电路)与微机械器件的功能集成。在该系统中,微机械器件与微电子器件有相同量级的尺寸,用微细加工技术(包括微电子技术和微机械技术)制造。系统中的微机械器件是由微电子器件来测量控制。特别需要指明的是,这种微机械技术不是通常精密机械加工技术的缩小,而是对功能薄膜进行"二维"或平面加工的微细机械加工技术。

MEMS 器件的研制始于 20 世纪 80 年代后期,从 1982 年美国 UC Berkeley 发明的微马达在国际上引起轰动,到 1993 年美国

ADI 公司采用该技术成功地将微型加速度计商品化，并大批量应用于汽车防撞气囊，标志了 MEMS 技术的商品化的开端。在 1988 年利用多晶硅薄膜制备的多晶硅静电马达标志了 MEMS 器件的诞生，经过 16~17 年的努力，人们研制成诸多 MEMS 器件，这些器件可望在计量测试、仪表、电磁信号处理、光信号显示处理、生物化学分析、微位置控制等方面得到应用。自 1990 年始，众多国家投入巨资设立国家重大项目，促进 MEMS 技术发展。此后，特别运用了新的、先进的现代表面技术在解决"深槽刻蚀"后，围绕该技术发展了多种新型加工工艺，使 MEMS 技术与产品在全球蓬勃迅速发展。

7.4.1 微机电系统加工技术与特点

微机电系统加工技术主要是从半导体加工工艺中发展出来的硅平面工艺和体硅工艺。它也是 20 世纪 80 年代中后期运用硅微加工、光刻技术、电铸技术、铸模的 LIGA（Lithogtaph Galvanformung und Abformug——德文）和精密机械加工等技术而发展形成的微细机电加工体系。在加工技术上，主要包括硅的表面加工和体硅微细加工、LIGA 加工、紫外光光刻的准 LIGA 加工、微细电火花加工、超声波加工、等离子体加工、激光束、离子束、电子束加工、立体光刻成形和微机电系统的封装等技术。而微机电系统指的是集微型机构、微型传感器、微型执行器、信号处理与控制的电路、接口、通讯、电源等于一体的微型器件。它是伴随着半导体集成电路微细加工与精密细小的机加工技术的发展而诞生。应用它制成的器件具有体积小、重量轻、能耗低、惯性小、谐振频率高、响应时间短等特点；还可把不同的功能、不同敏感方向形成微传感器阵列，微执行器阵列或把多种功能集成形成复杂的微系统。MEMS 器件不仅工作在电能范畴，还工作在机械能或其他能量（如磁能、热能等等）范畴。所以它是当今涉及电子、机械、材料、信息、自动控制、物理、化学和生物等多学科交叉的尖端技术。人们可以通过微型化、集成化探索出一些具有新原理、新功能的元件与集成系统，可以开创一个新的高技术产业，在 21 世纪，微机电系统加工会随着国防与高新技术发展需要，从实验室逐步走向实用化、产业化，成为 21 世纪高技术产业的亮点。

7.4.2 微机电系统加工的典型器件与系统

微机电系统典型的器件与系统有：

(1) 微型传感器：微型传感器是微机电系统的一个主要组成。已经形成微型传感器的产品和正在研究的微型传感器有：力、力矩、速度、加速度、压力、位置、流量、温度、电量、磁场、气体成份、湿度、浓度、pH 值、微陀螺、触觉等传感器。目前正向集成化、智能化方向发展。如，国外某公司可批量生产的硅微加速度计，其中间是传感的机械部分，四周为电信号源、放大器、信号处理器和自校正电路等集成电路，集成在 3 mm×3 mm 的芯片上。用硅平面微细加工工艺制造，在一块直径 10 cm 的硅片上可制备出几百只微加速度计，并可大量用于汽车防撞气袋，而且每只仅需几美元。现今微型压力传感器、微加速度计、喷墨打印机的微喷嘴和数字微镜显示器件(DMD)已实现规模化生产，创造出巨大的经济效益，美国 ADI 公司集成加速度计系列已大量生产占据汽车安全气囊的大部分市场，年销售约 2 亿美元，TI 公司生产的 DMD 显示器设备占高清晰投影仪大份额的市场。

(2) 微型执行器：微型执行器有微型电机、微开关、微谐振器、微阀、微泵。若把微执行器分布成阵列，可用于物体的搬迁、定位、制成飞机可变形的灵巧蒙皮。其驱动方式主要有：静电驱动、压电驱动、电磁驱动、形状记忆合金驱动、热双金属驱动、热气驱动力等。微型电机是典型的微执行器。

国内清华大学研制成功的微型泵硅微静电机,其微泵有进出口阀,用双金属热致动的泵膜和泵腔,在 2 英寸硅片上制成了 16 个泵片,微电机由两层多晶硅组成转子、定子和轴承,在外围的定子和中间的转子间加上交变电压,静电力拉动转子转动,转子直径仅相当于头发丝粗细。

上海交通大学用形状记忆合金薄膜驱动研制成微泵,其性能优于用压电、静电、热气动驱动的微泵。同时,还研制成直径为 $\varnothing 1$ mm、$\varnothing 2$ mm 的电磁微型马达,其输出力矩高达 4 微牛顿米。

清华大学仿生研究室最近研制出"机器蜂"实物模型,其个头比真蜜蜂大几倍,与普通蜜蜂长相酷似,翅膀是由特殊材料制成的透明体,可上下扇动和旋转,机器蜂身上配有各种微型传感器和一个摄像头。如果这种"机器蜂"能飞,其用途极为广泛,可在极为复杂的条件下完成航空拍摄、摄影、取样,也可协助军方进行侦察或执行间谍任务。

图 7-16 是清华大学研制的微机械加速计、硅微型流量计、硅微静电马达和微机械振动陀螺仪。

(3) 微型光机电系统(MOEMS):微型光机电系统是由微机电系统加工和光器件组合为一体的微型系统。它是微机电加工系统的重要研究方向,美国 Texas Instruments 公司研制的用于投影显示装置,就是用数字驱动微简易阵列芯片样机,它的微镜尺寸为 16 μm × 16 μm,微镜通过反射镜下面的支撑柱和扭转梁悬于基片上,每个微镜下面均有驱动电极,上下电极与微镜间加工一定电压,可产生静电引力,可使微镜倾斜,入射光被反射到镜头上投影到屏幕,没加电压的微镜处在光线反向到镜头外,高速度的驱动微镜使每点产生明暗投影成图像。

(4) 微型生物化学芯片:微型生物化学芯片是用微细加工工艺在厘米见方的硅片和玻璃上集成样品预处理器、微反应器、微分离管道、微检测器等微型生物化学功能器件、微电子器件、微

第7章 材料表面微细加工技术

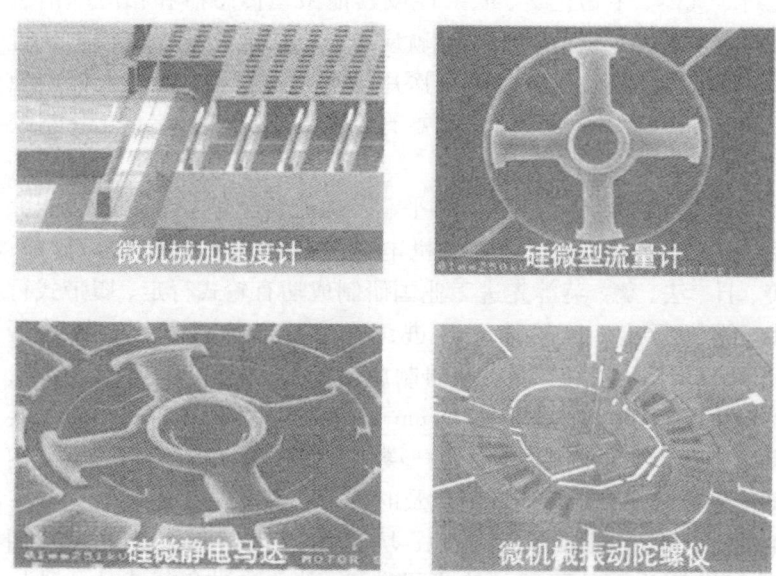

图7-16 清华大学研制的微机电典型器件

流量器件的微型生物化学分析系统。它是集成电路芯片技术在生物化学领域的延伸和推广，是生物化学分析与实验室的微型化。可应用于临床、环境监测、芯片上的化学分析系统可分析数十种甚至上百种的样品，大大缩短基因测序过程，将可成为人类基因组计划分析的手段。

（5）微型机器人：首先，机器人是具有一定的人的行为功能、能自己行走（或爬行）的高级机电系统，发展微型机器人是利用其体积小、灵活机动、能通过狭窄通道或恶劣环境空间。其次，是利用其具有好的隐蔽性进行侦察而不被敌方发现，因此就需配备如侦察功能的微型相机、摄像机、微型数字信息处理、输送系统，并能隐蔽保护自己；要有探测功能就要配备压力、温度、红外、光纤、气体、生物化学、放射性或其他微型传感器和相应的信息处理传输系统；要有清扫功能就应有自己的或受遥控的清扫执行机构和微型摄像等监控系统；医用微型手术机器人，在人体内独立行走到需手术的部位，就要有受控的手术机构和摄像监控系统。

因此，机器人是一套高水平、多功能、含有多个复杂功能分系统的微型机电系统。它是机电系统技术发展的产物。目前，美、日、法、德、英等先进工业国研制成功有轮式行走、履带式行走、用脚行走、自动伸缩步进、蠕动行走的机器人，如美国 SANDIA 国家实验室 2001 年研制成功的履带式微型机器人小车，质量小于 28.4 g，体积约 4.1 cm^3，行驶速度为 50.8 cm/min，装有微处理器、温度传感器、微型数码相机、微型麦克风、微型信息传输系统等，能把侦察信息及时传回指挥中心，还装有化学 - 生物气体传感器能检测平地、坑道内的化学和生物武器。图 7-17 分别为国外研制的轮式履带式、脚、步进爬行式的几种机器人实物。2007 年 6 月我国成功研制成小型履带式机器人已可进入危险地区作业。

日本科学家研制的、微型机器人，能在桌面上组装像硬盘驱动器之类的精密小巧产品，日本已经研制成用太阳能电池产生的电力驱动微型马达，使机器人向着光亮的地方前进，其大小如同钱币。军方对这种微型机器人兴趣很浓，希望这种微型机器人会爬会跳，到敌军后方收集情报，甚至替代人进入危险地区侦察、排雷、探测生化武器，并且希望能大量的部署，并且廉价。2007 年 6 月我国成功研制成履带式小型机器人，可进行危险地区作业。

(6) 微型飞行器、微型车：微型飞行器是一套复杂、可在空中飞行的高水平多功能微机电系统，可完成飞行、升降、自动导航、侦察、信息传输、对敌干扰等多种任务。而微型飞行器 (Micro Air Vehicle, MAV) 一般长宽高均小于 15 cm，质量小于

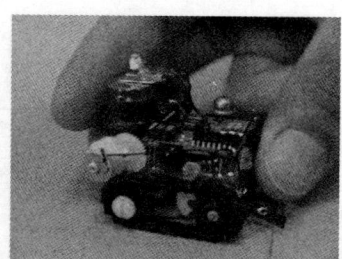
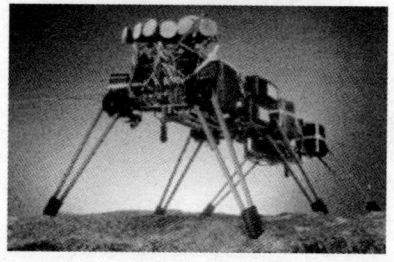

图 7-17　为国外研制的轮式履带式、脚、步进爬行式的几种机器人实物

120 g。对于这种微型飞行器,军方认为极有价值,希望能以军方可以接受的成本执行有价值的军事任务。提出的设计目标是 30~60 km/h 的速度,连续飞行 20~30 min,巡航范围 16 km,美国陆军设想把它装备到陆军排,用于战场侦察、通讯中继,甚至反恐怖活动。微细加工技术为微电子技术和微机电技术的发展提供了技术支撑的工艺基础,为微型飞行器实现细小、复杂功能奠定了基础。诸如用 MEMS 技术在机翼上制作微结构阵列,使其具有提升力,通过天线控制飞行功能,安置探测器、传感器、摄像等实现侦察敌情的目的。

美国麻省理工学院设计的微型飞行器,预计飞行的速度为 30~50 km/h,可在空中停留 1 h,具有侦察和导航能力。为鼓励发展微型飞行器,美国从 1997 年起,每年在 Florida 大学举行一次

图 7-18 国外几种有代表性的微型飞行器

竞赛。图7-18是国外几种有代表性的微型飞行器。我国上海交通大学用电磁微型马达,驱动旋转式微型齿轮泵,外径∅4 mm的微型齿轮减速箱,研制成能开动的微型汽车和能飞的直升飞行器。微型车以2个直径∅2 mm的微马达作驱动器,尺寸为2 mm×2 mm×3 mm,能负重170 mg行驶。用直径∅2 mm的微马达驱动的微泵,泵体直径∅4 mm,最大流量达12.6 mL/min。用两个直径∅2 mm微马达作驱动器,能离地面垂直飞行的直升飞行器,机长18 mm,高5 mm,质量100 mg,图7-19是上海交通大学开发的微减速器、微型车、微马达驱动微泵、微型直升机。

上面谈到的清华大学研制成的"机器蜂",如能装上使微型机器蜜蜂的翅膀产生足够的升力,并能推动前进飞行,那将会使国内微机电技术水平与世界先进水平的距离更加缩小。

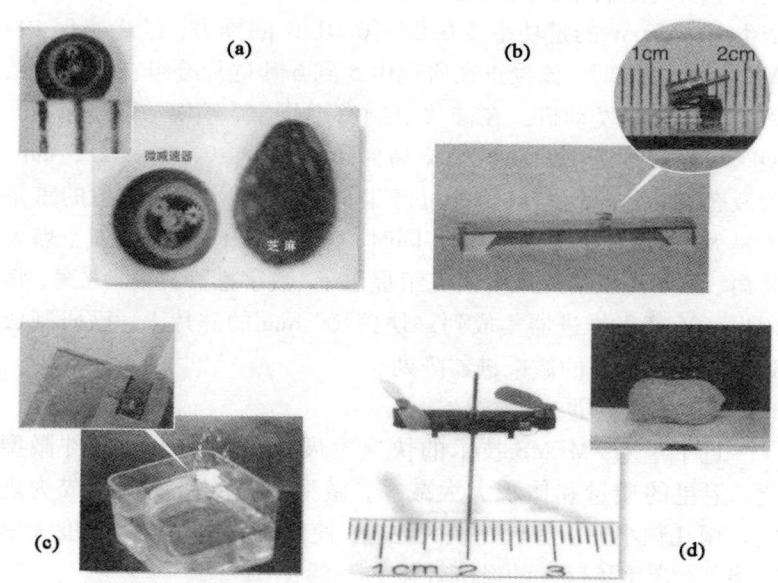

图7-19 上海交通大学开发的微减速器、微型车、
微马达驱动微泵、微型直升机

(a)微减速器；(b)微型车；(c)微马达驱动微泵；(d)微型直升飞机

从上述一些成功的典型不难看出，微细加工技术在微机电系统加工中的作用和地位。可以认为，微细加工技术同样也是MEMS系统制作的重要工艺基础。

(7)微型动力系统

微型动力系统是以毫米到厘米的尺寸，能产生瓦级至十瓦级的电能、热能或机械能的输出的微型系统。美国麻省理工学院从1996年开始利用微机电系统的加工技术研究微型涡轮发动机。它主要包括空气压缩机、涡轮机、燃烧室、燃料控制(泵、阀、传感器等)系统和电启动马达发电机等。美国麻省理工学院已经在硅片上研制出涡轮机的模型，其目标是在直径⌀10 mm 的发动机产生 10~20 W 的是功率或 0.05~0.01 N 的推力，最终实现 100 W 的目标。同时，该校正在研究由 5 到 6 片硅片叠组在一起的微型双级元火箭发动机。在硅片上制有燃烧室、喷嘴、微型泵、微型阀与冷却管道。发动机长宽高为 15 mm × 12 mm × 2.5 mm，用液态氧和乙醇作燃料预计可产生 15 N 的推力，其推力的重量比是大型火箭的 10~100 倍。同时，美国的 TRW 公司、航空航天公司、加州理工学院联合研究组提出了"数字推进概念"方案，将 104~106 个微推进器集成到一块⌀100 mm 的硅片上，已研制成 30 mm × 50 mm 的微推进器阵列。

（8）微型卫星

近十年来，MEMS 技术的快速发展使卫星上多种部件微型化，卫星的质量和体积大大减小，微型卫星的研制逐步成为现实。用几颗小卫星替代一颗大卫星，使发射费用和技术难度大幅度降低，产生了巨大的经济效益。

微小卫星一般指 100 kg 以下的卫星。也有把 10~100 kg 的称为小卫星，1~10 kg 的称为微型卫星，小于 1 kg 的称为纳米卫星。当前国内外研制主要集中在小型和微型卫星上。纳米卫星技术难度大，需多种卫星技术有重大突破后才可能研制成有实用意义的纳米卫星。但微型卫星与纳米卫星是卫星的发展方向，它可发挥很大的作用。当今美国处于技术领先，研制和发射了多颗小型卫星都发挥着主要的作用。例如：1991 年美国在对伊拉克战争期间用"飞马座"火箭，一箭发七颗 21 kg 的微型通讯卫星组网成卫星星系，用于士兵和作战总部的通讯联络。在战后总结中认为：这种微型卫星星系在战争中发挥了重要作用。又如 1995 年，Aprize 公司研制的 Aprize star 微型实验室卫星，一箭三颗发射到空中互联网组成卫星星系，具有 GPS 全球定位、多种探测、信息传输等功能，曾为北极探险队提供通讯与定位服务。还有 1998

年12月瑞典空间物理所研制的 Astrid-2 微型科学探测卫星通过俄罗斯发射,该卫星装有 Linda 密度测量仪、EMMA 电磁场测量仪、MEDUSA 电子和离子测量仪、PIA 光度计等,记录了宝贵的科学数据。美国空军研究实验室的质量仅有 25 kg 的 XSS 实验科学卫星已为太空轨道中运行的卫星提供后勤维修服务,这颗卫星装有多种航天电子仪表、独立的推进系统、高分辨率的相机,入轨后两翼的太阳能电池板展开为卫星提供电能,确保卫星长期正常工作;这颗微型卫星在地面指挥下能使微卫星推进到接近轨道中的其他卫星,对其进行观察检测,分离并放出一套自动化的修理工具对轨道中的卫星进行维修,是颗很有实用价值的空间后勤维修服务工具。

美国 Surrey 卫星技术公司于 2001 年 9 月在 Alaska 成功发射了质量为 67 kg 的 PICOSat 微型实验卫星,工作情况良好。德国 Bremen-based 宇航公司使用俄罗斯 Dnepr 火箭于 2002 年 12 月成功的发射了 RUBIN-2 微小通讯卫星,该卫星装备有多国新仪器,可在太空轨道上试验先进的通讯及其他多项先进技术,RUBIN-2 利用由 30 颗卫星组成的 ORBCOMM 网络可快速、大容量、不间断、及时地与地面站进行通讯联系。因此可利用这种小卫星在任何时间与世界各地通电话、传输信件、图片和资料。现今被称为目前世界上质量最小的(18 kg)、能自主推进的 Dawgstar 微型卫星是由美国 NASA 和空军支持的,由 Washington 大学研制的,该卫星在 M. Campbell 指导下由 75 名 Washington 大学本科生和研究生经 3 年努力研制而成,于 2003 年春发射升空。

我国清华大学、哈尔滨工业大学等单位在研究发展微小卫星上开展了不少工作。清华大学与英国 Surrey 大学合作研制的清华-1 号质量约为 50 kg 的实验微小卫星于 2000 年成功发射;哈尔滨工业大学研制的 203 kg 实验一号小卫星和清华大学的第二颗微型卫星同时用同一火箭于 2004 年 4 月 23 日发射成功,工作情况良好，为我国在微型小卫星领域的发展做出了重要贡献。

微型卫星发展的主要方向是微型化和增强功能，在保证原有功能前提下，缩小体积、减轻重量、增加功能。其发展的核心技术就是 MEMS 技术；卫星本身的发展就是 MEMS 技术发展的具体体现。在微型卫星发展领域中美国 Sandia 国家实验室的技术在全球领先，取得多项重要成果，从 1998 年开始投入巨资和人力，开展研制微/纳卫星。该实验室具有多种技术的综合开发，能把一体化的微机电系统、高速保密的通讯网络、精确跟踪的车辆、飞机和太空航天器的跟踪系统、新能源装置等综合在一起，使微型卫星进一步缩小，功能更齐全、运行更稳定。

发展小型、微型和纳米卫星和使用多个小卫星组成星系，可以及时地跟踪发现各个尖端敏感武器的装备分布，可对地面指定区域进行持续监视，也可直接向战场的部队提供信息的高清晰的照片图像；还可利用调整宽频带的通讯线路与地面超频计算机中心连成太空因特网。为地面接收站和通讯站提供中继服务；虽然单个卫星功能单一，但整个卫星星系功能强大，隐蔽性好，易对敌方进行干扰，而不易被敌方破坏、干扰。正因为使用多个小型、微型卫星和纳米卫星组成的星系具有这些特点，所以美国当今大力发展基于 MEMS 技术的微/纳米卫星技术，其中特别引人注目的是分布天基雷达纳米卫星星系。美国已研究用 MEMS 技术在芯片上制造卫星的方案，即把多种集成微型仪器芯片集成到硅或其他半导体基底上，能应用于制导、导航控制、姿态控制、推进、能源和通讯等航天系统。这种在芯片上制造纳米卫星的计划已在美国得到了"创新研究"计划的支持。相应的其他发达国家都已投入巨资和人力研究开发基于 MEMS 技术的小型、微型和纳米卫星，并已取得不少成果和应用价值。众多的思路和有关概念研究十分值得我国在 MEMS 技术发展上借鉴，应该与时俱进地赶上 MEMS 技术在发展上的前进步伐。

7.4.3 微机械与微机电系统常用材料

就材料而言，微机械与微机电系统常用材料论其性质可分为结构材料、功能材料（包括多功能材料）和智能材料等三类。

(1) 结构材料：具有一定的机械强度，用于构造机械器件基本结构的材料。可以是单一的材料，也可是材料的组合体。现今常用的有单晶硅、多晶硅、Si_3N_4 单晶、Al_2O_3 单晶、金刚石单晶、SiC 单晶、TiC 单晶、Fe 单晶；钢、钨、不锈钢、铝等金属材料；陶瓷；有机聚合物；单层（如金刚石薄膜）和多层膜等。

(2) 功能材料：是指压电材料、光敏材料、形状记忆材料、磁性材料等具有特定功能的材料。如形状记忆材料中的 TiN、CuAlNi、CuZnAl、FeMnSi；压电材料中的压电陶瓷（PZT）有 $BaTiO_3$ 类、$Pb(ZrTi)O_3$ 类和再加入其他材料的复合型压电材料等；其中薄膜型压电材料体积小、灵敏度高，在微传感器件和微制动器的开发中备受重视；磁伸缩材料常用于微机电系统的制动器和执行器中，最近还发展有薄膜磁伸缩材料，因体积小，在制作微传感器和执行器中有其优越性。另外还有电流变体材料、磁流变体材料等等。同样，功能材料可以是单一的材料，也可以是复合材料，在微机械和微机电系统的应用中日益广泛，应用发展很快。

多功能材料是指微机械材料具有多种功能。如微机械中用得最多的硅晶体，它不仅具有很好的强度和力学性能，是一种较好的结构材料，但它同时又具有良好的多种传感性能，如光电效应、光电子效应、热阻效应、磁阻效应等。所以它又是一种很好的多功能性材料。现今，要求功能材料具有多种功能，即要求其结构与功能性的统一，相信多功能材料会在微机械和微机电系统中得到日益广泛的应用。

(3) 智能材料：是微机械新发展的材料。一般具有传感、制动、控制等基本功能，具有能模仿人类或生物的基本特定行为，对外界信息具有反应，对信息激励具有适应能力。智能材料模糊了结构材料与功能材料的明显界限，使结构功能化、功能多样化。智能材料只能是材料的组合体，按功能而组合。但智能材料系统需动力来处理从传感器处获得的输入信息，并对信息产生响应。常用的智能材料有形状记忆合金、电致伸缩材料、导电聚合材料、电流变体和磁流变体材料、储氢材料等。目前智能材料和智能结构的发展为微机械和微机电系统的发展开辟了新的领域。

目前，80%以上的微机电系统(MEMS)的器件都是以硅为基础作材料。这在制作上不但使 MEMS 有加工技术成熟的优势，也有利于与微电子电路相集成。但 MEMS 并不局限于硅。只要具备合适的微细加工技术，许多传统机电系统所用的材料同样可以用来制造微机电系统。由于不同的材料有不同的加工方法，就使得 MEMS 的加工技术远比集成电路加工技术要多样化。

7.4.4 微机电系统加工的多样化与标准化

微机电系统加工多样化与标准化是 MEMS 生产技术中碰到的技术难题。上面提到，不同的材料有不同的加工方法，就使 MEMS 的加工技术远比集成电路加工技术要多样化。从表 7-4 根据的各种 MEMS 加工技术及其所能加工的材料就可看出其加工技术的多样化(其中有些加工技术已在本章中做了简介)。

由于微机电系统加工技术的多样化与微机电系统本身的多样化，就使得标准化的生产产生了极大的困难。集成电路生产技术经 50 年来的发展已形成一整套的非常标准化、规范化的加工体系。一个集成电路的设计，可以发送到全球任何一个集成电路加工厂去生产，无论何地何厂生产所制造的芯片都有相同的性能。而微机电系统还远远未达到这个要求。有一些公司，试图将某些加工技术标准化，标准化后的生产技术却不同程度上限制了微机电系统的性能，满足不了所有的微机电系统的应用所需。目前，

表 7-4 各种 MEMS 加工技术其所能加工的材料

加 工 技 术	加 工 材 料
体微加工,包括化学湿法腐蚀与等离子体、干法深刻蚀	单晶硅、石英、玻璃
面微加工	单晶硅、多晶硅、氮化硅、金属薄膜
LIGA、包括紫外 LIGA 与 X 射线 LIGA	电铸金、镍、铜、SU-8 光刻胶
热模压	塑料
热铸	塑料、金属粉末、陶瓷粉末
冷铸	PDMS
激光剥蚀	聚合物、金属、硅
激光立体快速成型	光固化聚合物
电火花	金属
精密机械加工	金属
喷砂加工	玻璃、硅、陶瓷等脆性材料
丝网印刷	压电陶瓷浆

小批量、多品种仍然是微机电系统工业生产的特点,仅有极少数几种产品真正达到了规模生产的技术水平,如汽车用的加速度传感器、安全气囊传感器、压力传感器、便携式投影仪中的微反射镜阵列芯片、喷墨打印机的喷头等等。欧共体为了逐步实现 MEMS 的标准化生产,在 2003 年组织制定了微系统技术标准化的路线图,目的在于发现当前 MEMS 标准化方面的难点和障碍,由专家发表对今后标准化发展趋势的预测。该路线图不光对 MEMS 加工技术的标准化,还对 MEMS 设计技术、接口技术、封装技术、测量技术等一系列的标准化进行分析和预测。我们有理由相信,经过 MEMS 科技工作者的努力,总会在一定范围、一定程度、一定规模上解决突破 MEMS 标准化的难题。

7.5 微机电系统研究开发概况与产业化前景

7.5.1 国外微机电系统研究开发概况及产业化前景

起初微机械始于20世纪50年代科学家的设想，60年代就有微型传感器研制成功。70年代后美国和欧洲就有许多公司开展研究。由于微型电机和多种微型传感器的研制成功，这项新技术受到多个国家决策部门高度重视，被列入高新技术规划。从1987年美国UC Berkeley微马达的发明，引起国际学术界轰动开始，1993年美国ADI公司采用该技术成功把微型加速度计商品化，并大批量应用于汽车防撞气囊，标志了微机电系统技术商品化的开端，1990年众多发达国家先后投入巨资设立国家重大项目，促进MEMS技术发展。美国现今约有30多个MEMS研究组。航空航天、通讯和MEMS被列为国家三大科研开发重点。美国国防高级研究开发局资助微机电系统技术用于军用开发的军费每年达5000万美元。日本通产省从1991年到2000年，实施10年"微机械技术"大型研究计划，投资250亿日元，准备研制两台MEMS样机，一台用于医疗，可进入人体诊断和进行微型手术等工作；另一台用于工业，对飞行器和原子能设备的微小裂纹进行维修。法国在1993年启动了"微技术和微系统"项目，投资7000万法郎进行研究。德国每年用于微系统的科研费用高达7000万美元，并取得了多项重要研究成果。1993年欧洲有8所院校23个国家级的研究所，共31个MEMS研究组，现今欧洲已有数百所院校和研究所在开展MEMS技术的研究。

微机电系统作为一个新兴的高技术领域，完全有望如同当年微电子技术发展那样发展成为一门先进的高技术产业。从1993年美国ADI公司成功把微型加速计商品化，并大批量应用于汽车

第7章 材料表面微细加工技术

防撞气囊商品化以来,产业的增长一直以高速率向前发展。

据美国 N. Calirona 微电子中心(MCNC)的 MEMS 技术中心预测,当前 MEMS 产业的年增长率是 10%~20%,2001 年有大于 80 亿美元的市场。在过去的 30 年间,美国 Lucas Novsensor 公司介绍,世界花在 MEMS 的费用约 100 亿美元,到 2006 年,预计 MEMS 领域的年产值达 100 亿美元(1995 年产为 15 亿美元),其发展极为迅速。现在在 MEMS 已有竞争力的产品是微加速度计、微继电器、微冲击传感器、微流量传感器、微喷头、惯性传感器等。其产品体积小、售价低、功能良好、有较强的竞争力。现今对 MEMS 产业化的看法是,硅微压力传感器、微加速度传感器、微阀已经是商品,微传感器已占领相当一部分传感器市场。工业界已对 MEMS 感兴趣。目前市场以流体调节与控制的微型机电系统为主,其次是压力传感器和惯性传感器,到 2000 年,微压力传感器占市场的 25%,微光学开关占 21%,微惯性传感器占 20%,流体调节控制微系统占 19%,大容量储存器占 6%,其他微型器件占 9%,MEMS 在工业、信息处理和通讯、国防、航空航天、医学和生物工程、农业和家庭服务等领域有着潜在的巨大应用前景。

从微机电系统的发展和初步的应用,已显示出它的优异特性,具有极大的生命力和发展前景。例如美国在对伊拉克的战争中,使用的微型无人飞机、微型惯性仪表和小型卫星,对战争胜利都起到一定的作用。

近年来微型构件和功能部件的研究开发已取得重大进展。现已经研制成功多种尺寸微小的新的功能部件,如微传感器(温度、力、压力、速度、加速度、湿度、振动、光、化学传感器等)、微执行器、微驱动器(机械手、泵、马达等)、微控制器、微通讯接口、新的驱动能源等,这是微机电系统组成的基础,也是影响微机电系统发展和走向实用化的基础。微型构件和功能部件虽然已经取得重大进展,但要真正满足实际应用,仍有很大差距,还需大力研究开发。

7.5.2　我国微机电系统技术研究开发概况和发展方向

我国 MEMS 技术研究起步并不晚,始于 1990 年初,经过 15 年的发展,已有 70 几家研究机构研制成微型加速度计、微陀螺、微型小车、微马达等多种样机。从全球看目前 MEMS 的应用中领先的有汽车、医疗、环境,正在增长的有通讯、过程自动化、机构工程、在萌芽状态的有家用、化学、食品加工等。从整体看,MEMS 还处在初级阶段,国内研究开发的水平与世界先进水平的差距还不大,某些个别指标和方面甚至已达先进水平,但在产业化水平上却远远落后世界先进水平。

经过 15 年的发展,已有清华大学、上海交通大学、中国科学院上海微系统与信息技术研究所、电子学研究所、长春光机与物理研究所、西北工业大学、东南大学、中国电子科技集团公司第十三所和第四十四所、哈尔滨工业大学等几十家的科研机构在进行 MEMS 的研究,已经形成了几个 MEMS 研究力量比较集中的地区。国家 863 高技术计划也于 2002 年适时地启动了"微机电系统重大专项"。针对国际上 MEMS 技术发展趋势、产业化前景结合国内经济发展需用和核心技术的发展战略,以支撑我国 MEMS 产业化发展的应用基础和关键技术为切入点,重点研究了 MEMS 器件集成系统、先进制造与测试技术及应用,逐步建立中国的 MEMS 研发体系和产业化基地;围绕医疗、环境、石化等行业开发若干小批量、多品种、高品质的 MEMS 器件及微系统、推动 MEMS 可持续发展和未来产业化的形成。"十五"期间重点是打基础;通过平台建设,掌握 MEMS 设计、制造、测试工艺、装备与系统集成等方面的具有自主知识产权的关键技术,在建研发体系与产业化基地的同时,研究开发具有创新性的器件与微系统。在

第 7 章 材料表面微细加工技术

研究国外微机电系统技术发展状况与发展趋势的基础上，结合我国"十五"期间已有的基础情况和国内需要，在"十一五"规划中我国将继续完善 MEMS 制造技术和研发体系，形成 MEMS 的自主开发与批量制造能力，部分 MEMS 器件与微系统实现产业化。并围绕环境监测、医疗健康、公共安全、快速检测与预警等国家需要，研究开发具有自主知识产权的微纳系统设计与核心制造技术、关键装备及单元产品，提升我国微纳系统自主设计和微纳制造技术的竞争力，并在某些方面进入国际领先水平行列。

在国内，目前已突破了若干关键技术，加工能力使成品率得到很大提高。在医疗、环境、石化等行业开发出的若干小批量、多品种、高品质的 MEMS 器件与微系统。在 MEMS 加速度传感器、特种压力传感器、人体腔道诊疗微系统、微型血液检测、气象检测微系统等，基本达到实用和多种方式的产业化。此外在柔性传感器阵列，微型燃料电池，制冷器、透皮药物释放微系统等取得了创新性成果，为我国的 MEMS 技术持续发展奠定了基础。

现今，针对国际微纳技术和 MEMS 发展趋势及我国未来产业化前景，国家在"十一五"期间，一方面将继续完善 MEMS 制造技术与研发体系，形成 MEMS 的自主开发与批量生产能力，使部分 MEMS 器件和微系统实现产业化。另一方面，围绕环境监测、医疗与健康、公共安全、快速检测与预警等国家需要，研发出有自主知识产权的微纳系统设计与制造核心技术、系统集成技术、关键装备和单元产品，从而提升我国微纳制造的核心竞争力，并在某些方面达到国际先进水平，使我国的 MEMS 技术在国际上占有一席之地。

有专家断言，微纳加工技术是 MEMS 制造的工艺基础，是纳米技术发展的基础之一，是纳米技术走向产业化的技术关键，是建筑人类进入微观世界的桥梁，是人类了解和利用微观世界的工具。

参 考 文 献

[1] 戴达煌,周克崧,袁镇海等编著. 现代材料表面技术科学. 北京:冶金工业出版社,2004. 526~542
[2] 陈刚,张立彬,胥芳. LIGA 技术及其在微驱动器中的应用. 微纳电子技术. 2002(3):36
[3] 清华大学仿声研究实验室. 我国科学家研制成机器蜂. 广州:羊城晚报,2002. 12. 27. A6
[4] 蔡炳初. 微光机电系统的发展趋势. TFC'99 僵薄膜学术讨论会论文集,上海. 1999
[5] 姚汉民,刘业异. 21 世纪微电子光刻技术. 半导体技术,2001. 10:47
[6] 郭宝增,田华. 角度限制散射投影电子束光刻. 半导体技术,2001. 10:43
[7] K·A·杰克逊主编. 半导体工艺. 材料科学与技术丛书(第 16 卷). 北京:科学出版社,1999
[8] 刘立建,谢进,王家楫. 聚焦离子束(FIB)技术及其在微电子领域中的应用. 半导体技术,2001,2:19
[9] 顾迅,李克,乐扬. 表面技术在微电子器件和材料上的应用. 见钱苗根主编. 材料表面技术及其应用手册. 北京:机械工业出版社,1998,972~973
[10] 冯伯儒. 准分子激光的应用. 微细加工技术,1994. 3:43
[11] 清华大学,微束纳米技术研究中心. 微纳电子技术,2002(12):50
[12] [德] W Menz J Mohr,U Paul 著. 微系统技术. 王春海等译. 北京:化学工业出版社,2003
[13] 袁哲俊编著. 纳米科学与技术. 哈尔滨:哈尔滨工业大学出版社,2005,439~444,467~473
[14] 崔铮著. 微纳米加工技术及其应用. 北京:高等教育出版社,2005,275
[15] 张琛等编著. 微执行器. 上海:上海交通大学出版社,2005. 68

[16] 明平美,胡洋洋,朱健. 微细电火花加工 MEMS 器件技术关键分析. 南京航空航天大学. 微纳电子技术, 2005(4): 157~163

[17] 张朝阳,朱荻,王明环等. 超短脉冲电流微细电解加工技术研究. 南京航空航天大学. 中国微米纳米技术第七届学术年会, 2005, 1295~1298

[18] 王振宇,成立,祝俊等. 电子束曝光技术及其应用综述. 江苏大学应用科学技术学院. 半导体技术第 31 卷第 6 期, 2006(6): 418~422

[19] 吕文龙,陈义华,孙道恒. 表面微加工中镍的微电铸. 厦门大学. 中国微米纳米技术第七届学术年会, 2005, 407~409

[20] 苑伟政,马炳和等. 微机械与微细加工技术. 西安:西北工业大学出版社, 2000

图书在版编目（CIP）数据

薄膜与涂层：现代表面技术／戴达煌编著． —长沙：中南大学出版社，2008.7

ISBN 978-7-81105-731-7

Ⅰ.膜… Ⅱ.戴… Ⅲ.金属表面处理 Ⅳ.TG17

中国版本图书馆 CIP 数据核字（2008）第 099257 号

薄膜与涂层
现代表面技术

戴达煌　刘　敏　余志明　王　翔　编著

□责任编辑	田荣璋
□责任印制	汤庶平
□出版发行	中南大学出版社
	社址：长沙市麓山南路　　邮编：410083
	发行科电话：0731-8876770　　传真：0731-8710482
□印　　装	长沙瑞和印务有限公司
□开　　本	889×1194　1/32　□印张 20　□字数 494 千字
□版　　次	2008 年 7 月第 1 版　□2008 年 7 月第 1 次印刷
□书　　号	ISBN 978-7-81105-731-7
□定　　价	75.00 元

图书出现印装问题，请与经销商调换